JN493450

AI 리터러시 시대의

정보통신개론

지은이 **고응남** ssken@hanmail.net

연세대학교 수학과를 졸업하고 숭실대학교 정보과학대학원에서 석사 학위를, 성균관대학교 정보공학과 대학원에서 박사 학위를 취득하였다. 대우전자와 대우통신에서 선임연구원으로 근무하였고, 동우대학교 전자계산과와 신성대학교 정보통신과 교수를 역임하였다. 현재는 백석대학교 정보통신학부 교수와 학부장으로 정년 퇴임을 하였다. 디지털콘텐츠학회 회장과 모바일학회 회장, 멀티미디어학회 부회장, 정보처리학회 학회지 편집위원장, 정보과학회 이사, IEEE 학술대회 Chair를 역임하였다.

[주요 수상 경력]

근정포장(2021년), 국무총리상(2010년), 행정안전부장관상(2010년), 지식경제부장관상(2008년), 서울시장상(2015년), 한국과학기술정보연구원장상(2015년), 정보통신연구진흥원장상(2007년), 아인쉬타인상(미국, 2012년), 최고과학기술자상(미국, 2011년), IT분야최고기술자상(영국, 2010년), APIS국제학술대회 우수논문발표상(일본, 2009년), 정보처리학회학술대상(2009년), 멀티미디어학회우수논문상(2006년), 디지털콘텐츠학회우수논문상(2009년), 모바일학회우수논문상(2010년), 정보통신연구진흥원 최우수과제선정(2005년), 백석대학교 최우수교수상(2013년/2014년), 백석대학교 최우수강의상(2005년), 디지털콘텐츠학회공로상(2002년), 모바일학회공로상(2004년) 등을 수상하였다. 세계 3대 인명사전(Marquis Who's Who in the World/ABI/IBC) 세 군데에 각각 인명이 등재되었다.

[주요 저서와 논문]

『비주얼 베이직 프로그래밍』(한빛아카데미), 『자바 프로그래밍 기초』(한빛아카데미), 『HTML&CSS』(다올미디어), 『컴퓨터 개론』(웰북), 『인터넷 프로그래밍』(정익사), 『ASP 기초 및 응용 실습』(okpress), 『C 프로그래밍 단계별 실습』(21세기사), 『자바스크립트의 기초 및 응용 실습』(정익사), 『Turbo C 언어 기초 실습』(이한출판사), 『한번에 이해되는 파이썬 기초 실습』(인피니티북스), 『C로 배우는 알기 쉬운 자료구조』(인피니티북스) 등을 집필하였다. 외국 유명 논문지(SCIE 등 포함)에 약 100여 편, 국내 유명 학술지에 약 300여 편의 논문을 발표하였다.

AI 리터러시 시대의 **정보통신개론**

초판발행 2024년 01월 05일

지은이 고응남 / **펴낸이** 전태호
펴낸곳 한빛아카데미(주) / **주소** 서울시 서대문구 연희로2길 62 한빛아카데미(주) 2층
전화 02-336-7112 / **팩스** 02-336-7199
등록 2013년 1월 14일 제2017-000063호 / **ISBN** 979-11-5664-011-0 93000

총괄 박현진 / **책임편집** 유경희 / **기획 · 편집** 김미정 / **교정** 박서연
디자인 표지 고충열 내지 박정화 / **전산편집** 김미경 / **제작** 박성우, 김정우
영업 김태진, 김성삼, 이정훈, 임현기, 이성훈, 김주성 / **마케팅** 길진철, 김호철, 심지연

이 책에 대한 의견이나 오탈자 및 잘못된 내용에 대한 수정 정보는 아래 이메일로 알려주십시오.
잘못된 책은 구입하신 서점에서 교환해 드립니다. 책값은 뒤표지에 표시되어 있습니다.
홈페이지 www.hanbit.co.kr / 이메일 question@hanbit.co.kr

Published by HANBIT Academy, Inc. Printed in Korea

AI 리터러시 시대의

정보통신개론

고응남 지음

한빛아카데미
Hanbit Academy, Inc.

고도로 다양화된 4차 산업혁명과 인공지능 시대로의 진입에 좋은 길잡이가 되기를 바라며

미래 사회를 상상하면 날아다니는 택시, 인공지능 로봇 도우미, 시공간을 초월한 스마트 공장 등이 떠오를 것입니다. 미래의 컴퓨터는 인간의 사고 체계와 유사한 방식으로 동작하는 바이오 컴퓨터, DNA 컴퓨터, 광컴퓨터, 양자 컴퓨터, 신경망 컴퓨터 등으로 그려볼 수 있습니다. 이처럼 미래 사회는 컴퓨터와 통신 기술의 발달, 사회 전반의 융합으로 고도로 다양화된 지능화 사회가 될 것입니다. 이러한 변화는 과거부터 현재까지 점진적으로 나타나 처음에는 큰 변화가 없는 것 같았지만, 30여 년간 누적되어 현재 사회 전반에 큰 변화를 가져다주었습니다. 무혈의 정보혁명이 80년대 후반부터 소리 없이 진행되어 온 것입니다. 정보통신 기술은 더 이상 특수 집단에서 사용하는 특수 기계가 아니라 일상생활의 필수 도구가 되었으며 앞으로도 사회 전 분야에 더 많은 영향을 미칠 것입니다.

정보통신 기술(ICT)은 다른 영역과의 융합(Convergence)을 통해 계속 진화하고 있습니다. 오늘날 전자 공간은 물리 공간과의 융합을 통해 새로운 공간을 만들고 있는데, 이는 정보혁명과 4차 산업혁명 때문입니다. 4차 산업혁명 시대의 주요 기술로는 사물인터넷(IoT), 클라우드 컴퓨팅, 빅데이터, 6G(또는 7G) 이동통신, 인공지능 기술 등이 있습니다. 사물인터넷 기술로 빅데이터를 얻고, 클라우드에 저장하며, 저장된 빅데이터를 인공지능 기술로 분석하고 활용합니다.

이 책은 이러한 정보통신 환경의 변화를 읽어 정보통신(통신 기술과 컴퓨터 기술)의 기본 이론과 네트워크 기본 이론, 보안과 최신 정보통신 기술 흐름을 배울 수 있도록 구성하였습니다. 이 책의 구성과 특징은 다음과 같습니다.

구성

1부. 정보통신 시스템 인류 사회의 변천 과정을 통해 정보통신의 발전 과정과 지능 기반 사회의 탄생 배경을 알아봅니다. 그리고 정보통신 시스템의 개념, 기능, 구성 요소 등을 살펴본 후 부호화, 변조, 다중화 같은 정보 전송 기술과 OSI 7계층으로 대표되는 통신 프로토콜에 대해서도 알아봅니다.

2부. 정보통신망의 이해 근거리 통신망과 광역 통신망, 고속 광역 통신망의 정의, 프로토콜, 교환 방식을 배운 후 인터넷에서 데이터를 전송하는 과정에 대해 살펴봅니다. 그리고 이동통신을 비롯한 무선 통신망의 세대별 특징에 대해서도 살펴봅니다.

3부. 최신 정보통신 서비스 멀티미디어 통신 융합 서비스, 소셜미디어 등 정보통신 기술을 활용한 서비스의 종류와 사례를 살펴봅니다. 정보통신 보안과 윤리도 배워 정보통신 윤리의 중요성을 몸소 느껴 봅니다. 그리고 4차 산업혁명 시대의 핵심 기술인 사물인터넷, 클라우드 컴퓨팅, 빅데이터, 6G 이동통신, 인공지능, 실감 미디어, 디지털 트윈, 메타버스, 스마트 공장, 블록체인, 인간을 닮아 가는 컴퓨터 등의 개념과 기술 사례를 살펴봅니다.

특징

- 정보통신의 기본 이론을 먼저 설명하여(1~4장) 책 전체 내용을 이해하는 데 초석으로 삼을 수 있도록 했습니다.
- 300여 개의 그림과 100여 개의 표로 본문의 설명을 쉽게 이해하고 체계적으로 정리할 수 있도록 했습니다.
- 배운 내용을 확인하고 각종 국가 자격시험에 대비할 수 있도록 풍부한 연습문제(객관식/단답식/OX/서술식)와 최신 3년간의 기출문제를 제공합니다.

아무쪼록 이 책이 지능 기반 사회(4차 산업혁명 시대)로의 진입과 정보화 사회의 발전을 이해하는 데 좋은 길잡이가 되었으면 하는 바람입니다. 부족한 점은 앞으로도 계속 연구해 보완할 예정입니다.

마지막으로, 이 책이 나오기까지 수고해 주신 많은 분들께 감사드립니다. 특히 출판에 적극적으로 협조해 주신 한빛아카데미(주) 대표님과 직원 여러분, 항상 격려해 주시는 양가 부모님과 친지, 내조를 아끼지 않는 사랑스러운 아내와 아이들에게 진심으로 감사의 마음을 전합니다.

저자 **고응남**

이 책의 사용 설명서

| 강의 보조 자료 |

한빛아카데미 홈페이지에서 '교수회원'으로 가입하신 분은 인증 후 교수용 강의 보조 자료를 제공받을 수 있습니다. 한빛아카데미 홈페이지 상단의 [교수전용공간] 메뉴를 클릭하세요.

http://www.hanbit.co.kr/academy

| 연습문제 해답 안내 |

이 책은 대학 강의용 교재로 개발되었으므로 연습문제 해답은 제공하지 않습니다.

| 학습 로드맵 |

이 책은 통신 프로토콜부터 다양한 유무선 통신망, 인공지능 개념까지 정보통신 전반의 기술 흐름을 다룹니다. 정보통신망을 이해하는 데 필요한 네트워크 이론과 LAN/WAN/인터넷/무선 통신망 등의 기술과 서비스, 그리고 인공지능을 중심으로 한 4차 산업혁명 시대의 기술 이슈까지 살펴봅니다.

| 구성 요소 |

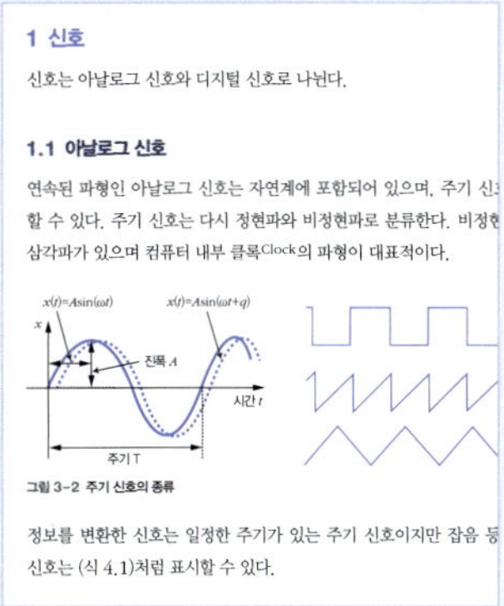

본문

정보통신의 주요 개념을 핵심 위주로 설명합니다.

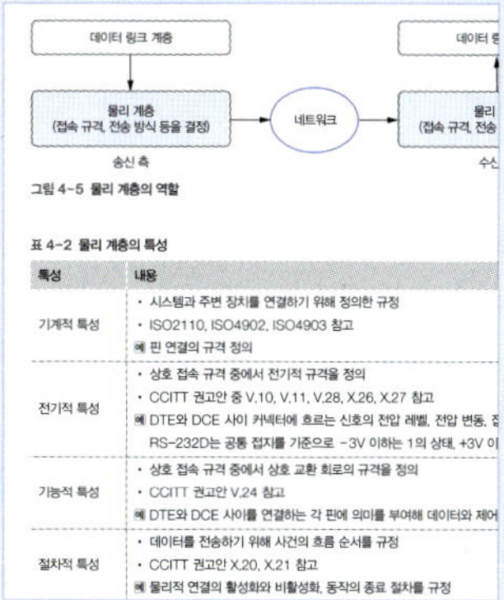

그림과 표

개념 간의 관계를 명확히 보여주고, 핵심 개념을 일목요연하게 정리합니다.

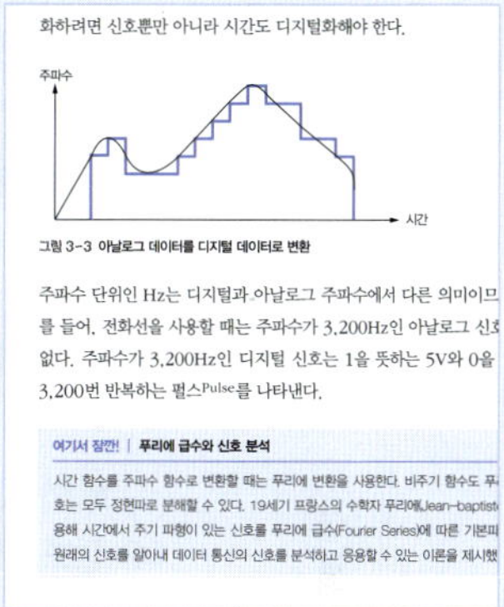

여기서 잠깐

본문과 관련된 도움말이나 참고로 알아두면 좋은 내용을 담고 있습니다.

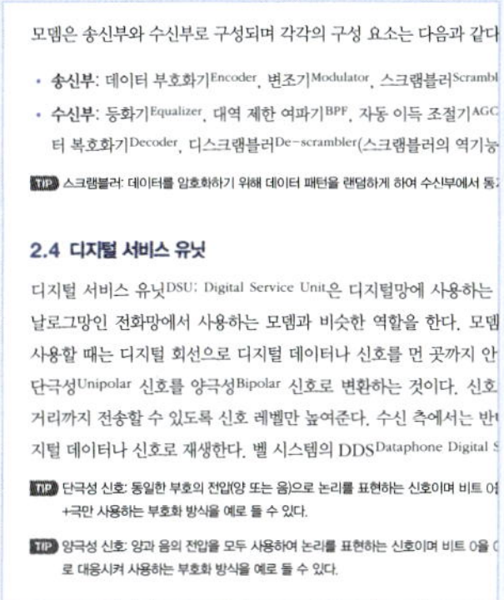

TIP

본문에 대한 보충 설명, 용어 등을 정리했습니다. 본문 학습 중에 참고하면 많은 도움이 됩니다.

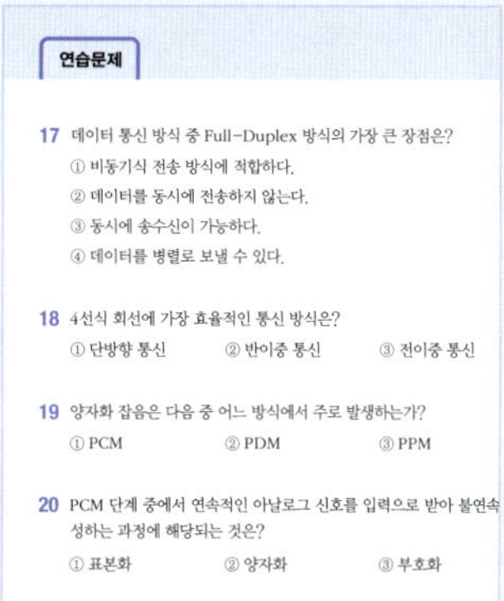

연습문제

장이 끝날 때마다 본문에서 익힌 내용을 다양한 유형의 문제로 풀어봅니다.

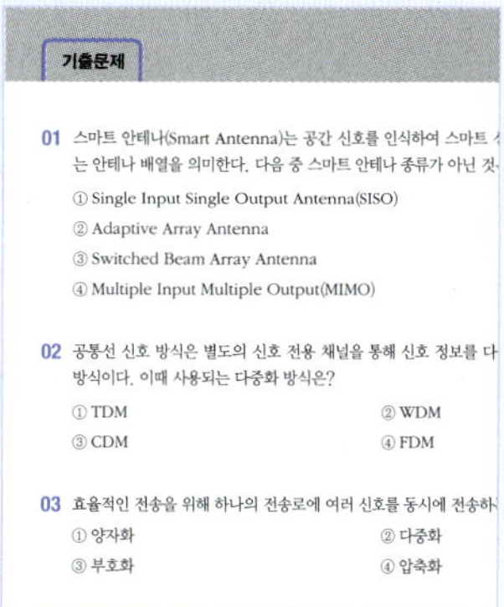

기출문제

정보통신과 관련된 각종 국가 자격시험을 대비할 수 있는 최신 기출문제를 해답과 함께 제공합니다.

차례

Part 01 정보통신 시스템

Chapter 01 정보통신의 이해

Chapter 02 정보 전송 시스템

Chapter 03 정보 전송 방식과 기술

차례

Chapter 04 통신 프로토콜

Part 02 정보통신망의 이해

Chapter 05 근거리 통신망

Chapter 06 광역 통신망과 광대역 융합망, 초고속 유선 가입자망

Chapter 07 인터넷

Chapter 08 무선 통신

차례

Part 03 최신 정보통신 서비스

Chapter 09 멀티미디어 통신과 미디어

차례

Chapter 10 정보통신 보안

차례

Part 01

정보통신 시스템

Part 01
정보통신 시스템

Chapter

01

정보통신의 이해

학습목표

- 인류 사회에서 정보통신이 등장한 배경을 이해한다.
- 정보통신과 정보통신 기술의 개념을 이해한다.
- 정보 처리 기술의 탄생과 개략적인 발전 과정을 이해한다.

01 인류 사회와 정보통신

1 인류 사회의 변천 과정

인류 역사를 정확히 구분하기는 쉽지 않지만, 많은 학자들은 인류 역사의 변천 과정에서 크게 네 가지 혁명이 일어났다고 말한다.

첫 번째 농업혁명은 토지의 가치를 증대시켜 기존의 수렵 사회를 농업 사회로 전환시켰다. 두 번째 산업혁명은 급격한 공업화로 기술과 자본의 가치가 증대되었고 이를 계기로 인류 문명은 농업 경제에서 산업 경제 체제로 발전했다. 세 번째 정보혁명은 개인용 컴퓨터가 발명되고 통신 기술의 발달로 인터넷이 등장하면서 정보 가치가 증대되었다. 네 번째 4차 산업혁명은 현재 진행 중인 것으로, 정보통신 기술의 융합으로 지식 또는 지능의 가치가 증대되고 있다. 4차 산업혁명은 인공지능AI과 로봇 분야의 기술 발전으로 더욱 가속화되고 있다.

2 산업혁명과 정보통신

인류 사회에 큰 변화를 가져다준 산업혁명은 다음과 같이 4단계로 나눌 수 있다.

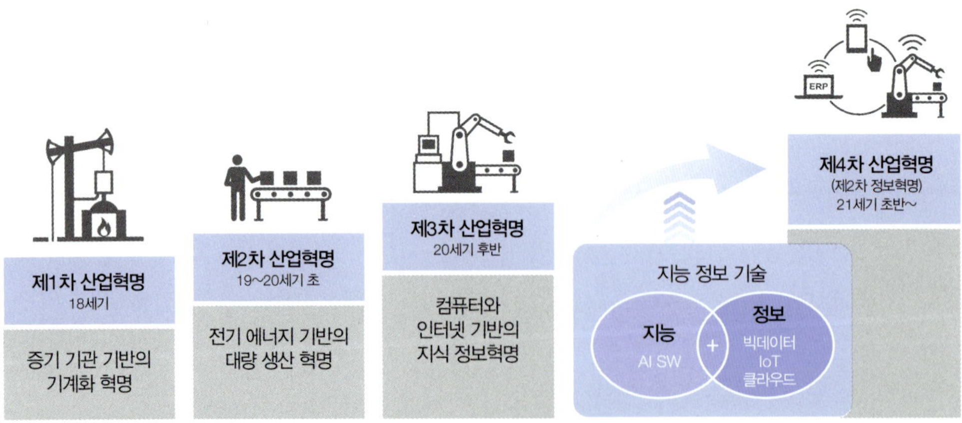

그림 1-1 산업혁명의 4단계 출처: 미래창조과학부 블로그

각 산업혁명의 특징을 간단히 살펴보면 다음과 같다.

- **1차 산업혁명**(1760년~1840년): 영국에서 증기 기관이 발명되던 시점으로, 증기 기관은 생산 방식을 인간의 손에서 기계로 넘기는 결정적인 계기를 제공한다. 이러한 변화 덕분에 노동 생산성은 전에 비해 2~3배 이상 급증했다. 이처럼 철도와 증기 기관의 발명 후에는 육체에 의한 생산에서 기계에 의한 생산으로 바뀌게 된다.
- **2차 산업혁명**(19세기 말~20세기 초): 전기를 활용해 대량 생산이 이루어진 시점으로, 철도 건설, 대규모 철강 생산, 제조업 기계의 발전이 있었다. 2차 산업혁명의 가장 큰 특징은 전기와 생산 라인 등을 통한 대량 생산 체계 구축이다.
- **3차 산업혁명**(1차 정보혁명): 컴퓨터를 활용한 정보화, 자동화 생산 시스템이 등장하고 인터넷처럼 정보통신과 신재생 에너지 개발이 활성화되었다. 스마트폰을 비롯한 모바일을 통해 전통적인 제조업 중심 시대는 끝나고 사회적 협업과 네트워크 등에 의한 새로운 시대가 탄생했다.
    - **1960년대**: 반도체와 메인 프레임 컴퓨터의 발달을 통한 정보 기술 시대
    - **1970~1980년대**: 개인용 컴퓨터PC의 발달을 통한 정보 기술 시대
    - **1990년대**: 인터넷의 발달을 통한 정보통신 기술 시대
    - **2007년~2019년**: 모바일의 발달을 통한 정보통신 기술 시대
- **4차 산업혁명**(2차 정보혁명, 2016년 이후): 알파고AlphaGo와 같은 AI를 이용한 바둑 소프트웨어가 등장했다. 초연결성Hyper-Connected, 초지능화Hyper-Intelligent의 특징을 가지며, 사물인터넷IoT; Internet of Things, 클라우드Cloud, 빅데이터Big Data 등 정보통신 기술ICT을 통해 인간과 인간, 사물과 사물, 인간과 사물을 상호 연결한다.

3 공간 혁명과 정보통신

인간의 삶은 시공간에서 이루어진다. 그래서 인간은 시간과 공간을 효율적으로 사용하는 방향으로 경제적·사회적 활동(물질, 에너지, 정보를 생산, 가공, 전달)을 발전시켜 왔다. 특히, 정보혁명 이후에 정보의 비중이 높아지면서 4차 산업혁명에서는 정보의 가치까지 융합된 지능형 환경을 만들게 된다.

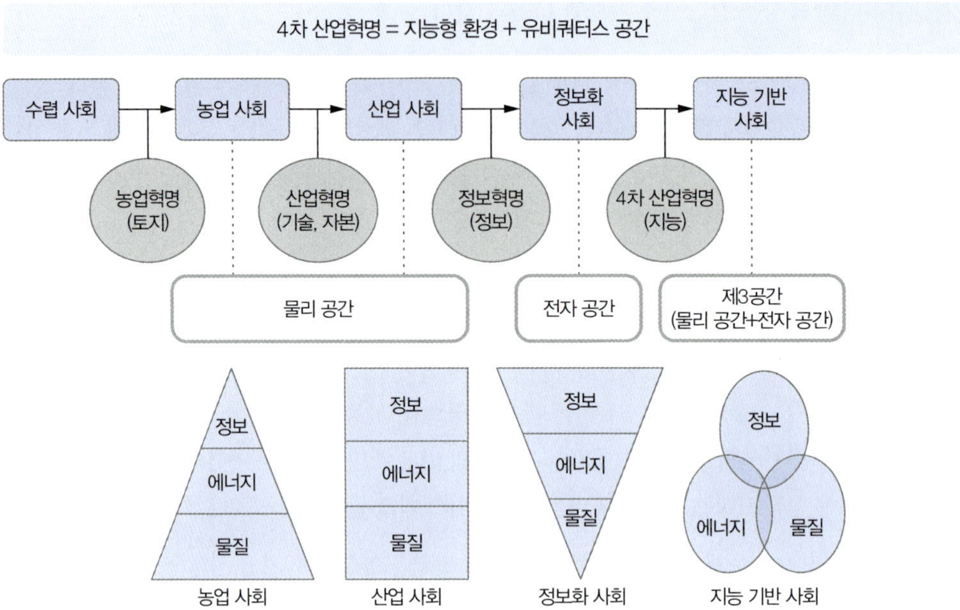

그림 1-2 인류 사회에서 정보와 지식 가치의 비중 변화

산업혁명은 물리 공간Physical Space에서, 정보혁명은 전자 공간Electronic Space에서 일어나는데 4차 산업혁명은 이 물리 공간과 전자 공간을 지능적으로 결합해 제3의 공간인 유비쿼터스 공간Ubiquitous Space을 새롭게 창출한 혁명이다. 즉, 산업혁명은 물리 공간을 분화해 공간의 생산성을 확대했고 정보혁명은 시간 제약을 극복하기 위해 물리 공간을 컴퓨터에 집어넣었으며, 4차 산업혁명은 물리 공간과 전자 공간을 통합하기 위해 컴퓨터를 물리 공간에 집어넣어 지능형 환경을 만들었다.

4 융합과 정보통신

4차 산업혁명의 핵심은 연결과 융합이다. 11장에서는 인공지능을 비롯한 4차 산업혁명의 핵심 기술에서 정보통신 기술이 어떻게 활용되는지 살펴볼 것이다. 여기서는 연결과 융합으로 대변되는 4차 산업혁명의 기술 흐름에서 정보통신 기술이 어떤 역할을 하고 있는지 살펴본다.

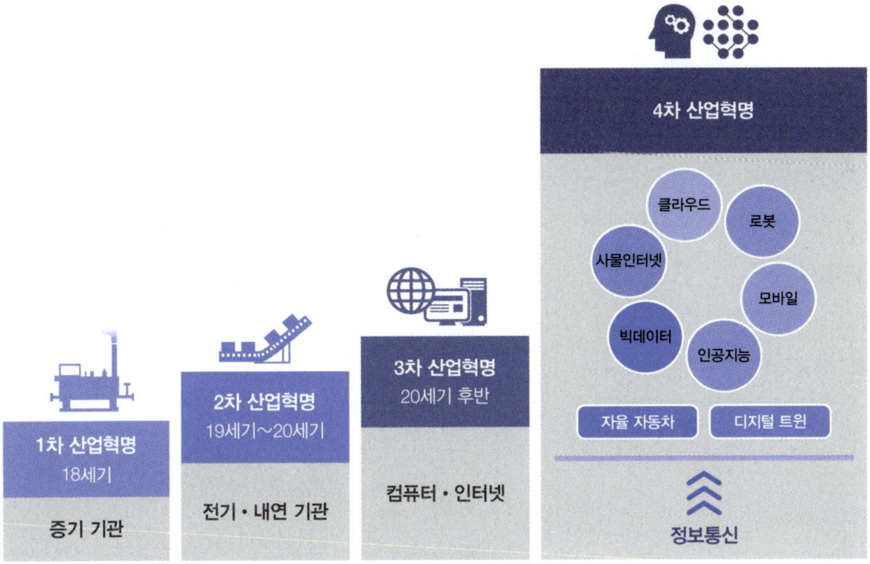

그림 1-3 4차 산업혁명의 핵심 기술과 정보통신의 활용

4.1 다른 영역과의 융합

정보통신과 다른 영역의 융합은 1980년~1990년 사이에 주로 이루어졌다. 시초는 컴퓨터와 통신의 융합이며 2000년대 들어서면서 본격적으로 진행되었다.

다른 영역의 대표 기술로는 나노 기술^NT^, 생명 공학 기술^BT^, 문화 기술^CT^, 환경 공학 기술^ET^, 우주 과학 기술^ST^ 등이 있다. 나노 기술은 길이가 1~100나노미터인 원자와 분자를 다룬다. 예를 들어, 통신 서비스와 소프트웨어, 통신과 디지털 콘텐츠, 통신과 바이오, 통신과 나노, 통신과 환경 등을 서로 융합한다. 물론, 통신, 나노, 바이오처럼 세 가지 이상의 기술을 융합하는 것도 해당한다. 이러한 융합의 흐름은 정보통신 기술이 인간 중심형 기술로 변화한다는 것을 의미한다.

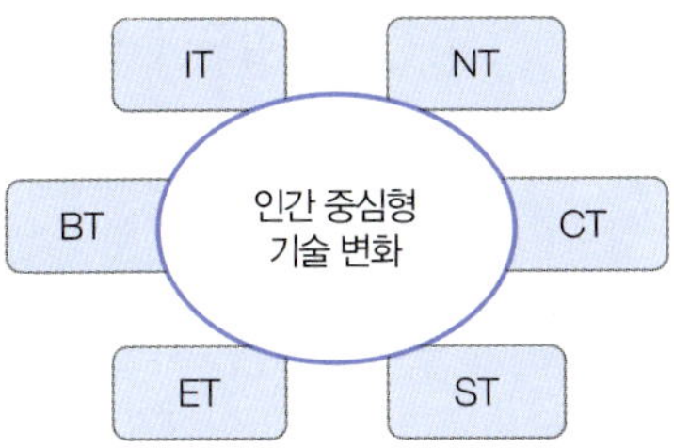

- IT: Information Technology
- NT: Nano Technology
- BT: Bio Technology
- CT: Culture Technology
- ET: Environment Technology
- ST: Space Technology

그림 1-4 정보통신 기술과 다른 영역의 융합

4.2 사물 및 공간과의 융합

사물과 정보통신 기술의 융합을 통해 사물의 인터넷화가 이루어진다. 예를 들어, 시계라는 사물에 정보통신 기술을 융합한 스마트 시계는 이미 대중적으로 자리 잡았다. 스마트 시계는 웨어러블 컴퓨터Wearable Computer의 대표적인 예다. 사물의 인터넷화를 통해 과거에 직접 얼굴을 마주보고 생활하던 대면 문화에서 컴퓨터를 이용해 원격으로 소통하는 비대면 원격 통신 문화로 전환된다.

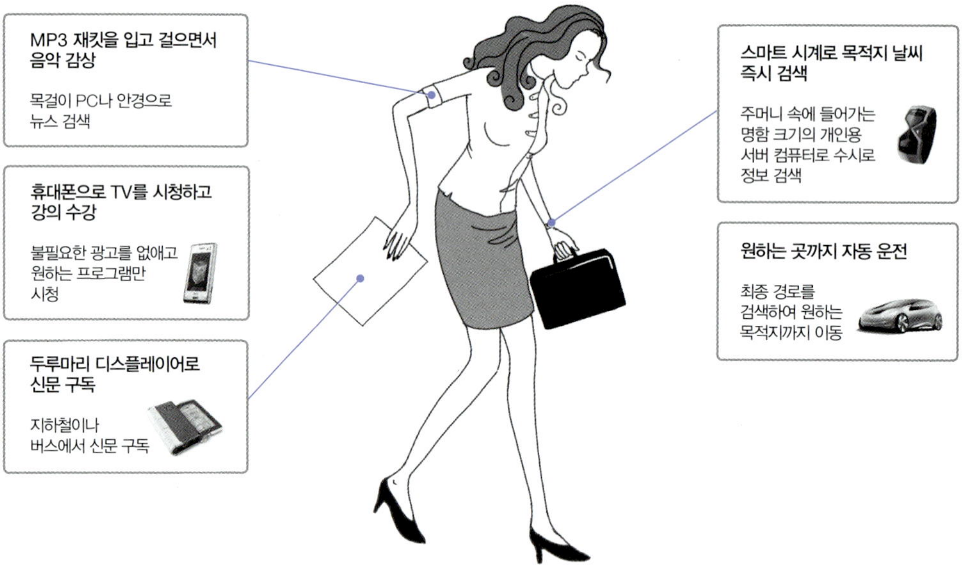

그림 1-5 사물인터넷 사회의 생활 모습

공간과 정보통신 기술의 융합을 통해 공간의 사물인터넷화도 이루어진다. 대표적인 예로는 스마트 홈Smart-Home, 스마트 도시Smart-City, 스마트 카Smart-Car 등이 있다. 정보통신 기술과 융합한 도시는 '스마트 ICT'를 기반으로 물리적인 도시 공간과 전자적인 도시 공간을 연계해 새로운 서비스가 구현되는 공간을 만든다. 기존의 도시보다 정보 중심으로 운영되기 때문에 인구, 교통, 업무의 분산이나 적절한 배치가 가능하다. 언제 어디서나 정보 접근이 용이하여 효율적으로 도시를 관리할 수 있다. 사물인터넷 기술이 도시와 생태에 접목되면 환경 친화적인 도시로 발전할 것이다.

스마트 도시Smart City를 위해서는 초연결 지능 통신망, 도시의 관리 및 운영을 위한 시설과 기반 시설, 공공시설, 정보통신 융합 기술을 적용해 지능화된 시설 등이 필요하다.

4.3 인간과의 융합

인간과 정보통신 기술 융합의 대표적인 예로 로봇 분야를 들 수 있다. 인간과 유사한 기능을 갖춘 휴머노이드Humanoid는 인간형 로봇으로 가장 고난도의 지능형 로봇이다. 휴머노이드는 인간의 외모뿐만 아니라 인식 및 운동 기능을 구현하기 위해 관련 기술이 총체적으로 집약되어 있다.

1997년 일본의 혼다는 세계 최초로 계단을 오르내리는 이족 보행 로봇인 P2를 발표하고 이를 발전시켜 아시모를 만들었다. 우리나라는 2004년 카이스트KAIST에서 휴보Hubo를 개발했다. 휴보는 휴머노이드Humanoid와 로봇Robot의 합성어다. 2005년 11월에 개발된 알버트 휴보는 키 137cm, 몸무게 57kg으로 대화가 가능하며 30여 개의 얼굴 근육을 움직여 표정을 지을 수 있다. 또한 66개의 관절을 갖고 있어 보행과 계단 오르기가 가능하다. 2023년에 가장 진보된 형태의 휴머노이드 로봇은 회색 피부의 아메카Ameca다. 아메카는 '사람 같은 표정을 짓는 로봇'으로, 영국의 로봇 기업인 엔지니어드 아츠가 12가지 표정을 얼굴에 추가해 공개했다. 2022년 1월 첫선을 보인 이후 진화를 거듭하고 있으며 챗GPT-3와 GPT-4 등으로 학습해 여러 언어를 구사하고 창작 능력을 갖췄다.

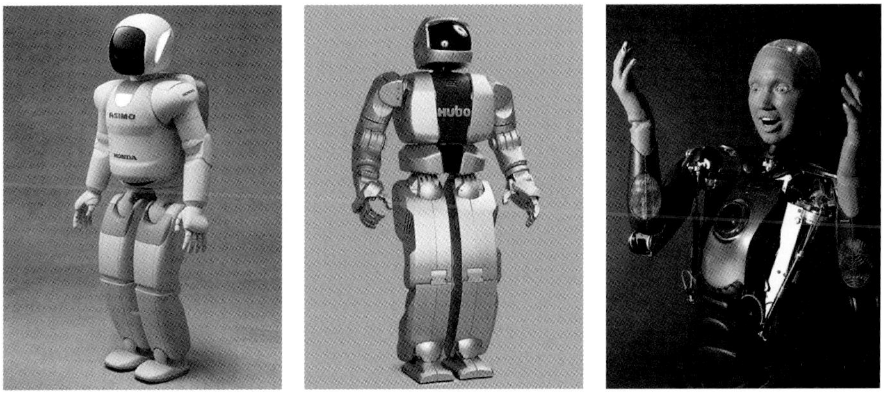

(a) 일본의 아시모 (b) 한국의 휴보 (c) 영국의 아메카

그림 1-6 휴머노이드 로봇의 예

사이보그는 생체 일부가 로봇으로 구성된 인간이다. 인간과 기계의 인공 기관을 결합해 유기적 복합체로써 하나의 시스템을 구성한다. 인공 신장, 인공 심장, 인공 팔 등이 대표적인 예다. 사이보그 기술은 1998년 인류 최초로 체내 컴퓨터 칩 삽입, 로봇 팔, 인공 신경, 망막 이식 등의 실험이 전개되었으며 이후 인간과 기계를 접목해 장애를 극복하는 의료 기술로 발달

했다. 인간의 뇌와 컴퓨터를 직접 연결하는 인터페이스Interface 기술이 개발된다면 인간과 기계 간의 소통Communication이 가능해질 것이다.

4.4 인공지능(AI)과의 융합

인공지능AI; Artificial Intelligence은 인간이 지닌 사고나 학습 등 지적 능력의 일부 또는 전체를 인공적으로 구현하는 기술이다. AI의 예로는 인공지능 바둑 프로그램인 알파고AlphaGo, 의료 분야에 사용되는 왓슨Watson 등이 대표적이다.

바둑은 게임 특성상 엄청나게 많은 경우의 수를 생각해야 하기 때문에 정밀한 계산 처리에 강한 컴퓨터가 정복하기 어려운 분야로 여겨왔다. 그러나 인공지능의 딥러닝Deep Learning 소프트웨어인 알파고가 세계 바둑 최정상을 격파하는 사건이 발생했다. 딥러닝 소프트웨어 기술은 인간의 뇌 구조를 모방한 인공 신경망 방식을 개량한 것이다. 데이터 전처리 과정을 강화해 인공 신경망의 최적화를 해결했으며, 다층 구조로 설계해 데이터 처리의 질을 높였다.

인공지능과 융합된 소프트웨어 중 현재 가장 큰 화제를 몰고 있는 것은 챗GPT다. 2022년에 공개된 생성형 인공지능Generative AI인 챗GPTChatGPT는 사용자와 주고받는 대화에서 인공지능에 따라 질문에 답하도록 설계된 언어 모델이다. 대화형 인공지능 서비스로, 미국의 연구소 오픈AI가 만든 챗봇Chat Bot이다. 과거의 인공지능은 질문에 정해진 답을 내놓도록 미리 코딩된 형태였다. 예를 들어, 사용자가 "한국의 수도는?"이라고 질문하면 "서울"이라고 답하도록 미리 프로그램에 입력해줘야 한다. 하지만 생성형 AI는 미리 입력해주지 않아도 딥러닝을 통해 스스로 답을 찾아낸다. 천문학적인 학습량을 토대로 가장 그럴듯한 답을 생성해 수많은 사용자가 갖가지 질문을 던져도 어색하지 않게 대답을 한다.

정보통신 기술은 인공지능의 데이터 수집과 전처리에 필수적이며, 인공지능은 대부분의 경우 풍부한 데이터를 기반으로 모델을 훈련시켜야 하는데 정보통신은 센서, 디바이스, 웹 등을 통해 발생하는 데이터를 수집하고 전송하는 역할을 한다.

알파고나 챗GPT 등의 인공지능도 소프트웨어다. 현재의 소프트웨어 연구는 단순히 자료를 다루는 것이 아니라 스스로 판단까지 할 수 있는 인공지능 개발에 집중되고 있다. 인공지능은 소프트웨어SW 코딩을 고도화할 수 있는 다른 차원의 컴퓨터 기술이다.

여기에 컴퓨터를 더 작게 만들기 위한 노력도 계속되고 있다. 많은 전문가들이 가까운 미래에도 집적 회로로 만든 컴퓨터를 계속 사용할 것으로 예상한다. 하드웨어는 인공지능 기술을 포함시켜 점점 더 똑똑한 디지털 생태계로 발전하고 있다. 즉, 인터넷 기술로 모든 것을 초연결하는 디지털 생태계로 발전하고 있다.

5 4차 산업혁명과 인공지능 시대의 미래

4차 산업혁명과 인공지능 시대를 기반으로 가까운 미래 사회를 상상할 수 있다. 집 안의 모든 물건은 사물인터넷으로 연결된다. 가상 현실 및 증강 현실 기술의 발달로 집 안에서 의료, 교육, 오락 활동을 쉽게 할 수 있고 살아 있는 동물 대신 애완 로봇을 반려하는 시대가 된다. 로봇을 수리하거나 성형을 전담하는 로봇 미용사가 인기 직업이 될 것이고 전 세계 100여 개 이상의 언어를 실시간으로 번역하는 기기가 등장해 더 이상 외국어를 배우기 위해 애쓰지 않아도 된다. 자율 주행차가 일상화되고 무인 로봇 택시로 어디든 편안하고 안전하게 이동할 수 있다.

그림 1-7 미래 사회의 상상도

여기서 잠깐! | 미래 학자 커츠와일의 전망

미래 학자 레이 커츠와일(Ray Kurzweil)의 전망에 의하면 2045년 이후의 미래는 현재의 상상으로는 더 이상 예측할 수 없는 세상이라고 한다. 인간이 기계나 기술을 제어할 수 있는 속도를 넘어서게 되고 기술이 기술을 발전시키게 되어 인간은 기술을 통제하기는커녕 이해조차 할 수 없는 시대가 될 수도 있다. 즉, 인공지능이 전 인류의 지능보다 크게 앞서는 '특이점(Singularity)'이 올 것이라고 주장한다.

02 정보통신 기술

정보통신 기술ICT; Information & Communication Technology은 컴퓨터를 이용한 정보 처리 기술IT; Information Technology과 정보를 전달하는 통신 기술CT; Communication Technology을 결합한 것이다. 컴퓨터와 컴퓨터, 스마트폰과 스마트폰, 컴퓨터와 스마트폰 같이 여러 단말 장치를 통신망에 접속해 데이터를 전송, 처리, 교환하는 통신 체계로, 좁은 의미로 데이터 통신이라고도 한다. 인터넷을 이용한 통신(온라인 게임, 인스타그램, 텔레그램 등), 스마트폰을 이용한 대화방(카카오톡 등) 등이 정보통신의 대표적인 예다.

정보통신 기술 = 통신 기술 + 정보 처리 기술

그림 1-8 정보통신 기술의 정의

1 통신 기술

통신은 다양한 방법으로 정의할 수 있다. 인간의 몸동작이나 음성을 이용해 전달하는 넓은 의미의 통신과 기계에 의존해 전달하는 좁은 의미의 통신으로 구분할 수 있다. 이 책에서는 좁은 의미의 통신을 다룬다.

통신 기술은 멀리 떨어진 정보원Information Source과 정보 목적지Information Destination 사이에서 정보를 전송하고 처리하는 기술이다. 여기서 정보원과 목적지는 컴퓨터, 스마트폰, 가전제품 등이 될 수 있다. 통신 기술은 유선 또는 무선의 통신 회선을 이용해 컴퓨터와 컴퓨터 사이에서 정보를 교환한다. 이때 컴퓨터끼리는 다양한 컴퓨터 망Computer Network으로 연결되어 있다.

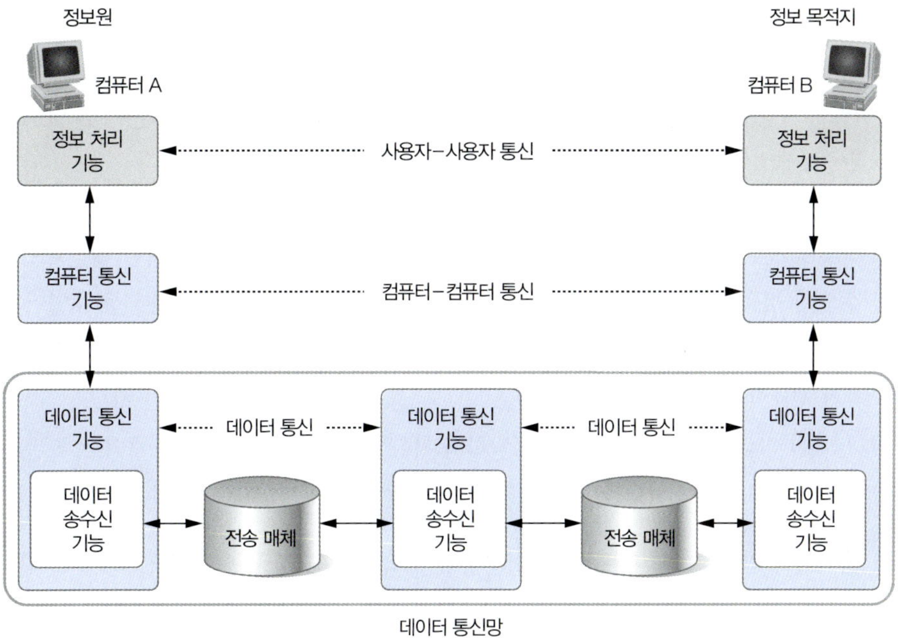

그림 1-9 통신(정보 전송) 기술

앞으로 이 책에서는 통신 기술을 정보 전송 기술로 나타낼 것이다.

2 정보 처리 기술

정보 처리 기술은 데이터Data를 의미 있는 정보Information로 변환하거나 더 발전하여 데이터를 지능Intelligence 또는 지식Knowledge으로 변환하기 위해 컴퓨터를 이용해 처리Processing하는 것이다. 정보 처리 기술의 핵심은 컴퓨터다. 컴퓨터는 정보를 정확하게 계산하고 신속하게 처리하며 효율적으로 관리한다. 원하는 데이터를 빠르게 검색하고, 원하는 형태로 수집 및 분류하고 유지 보수를 한다. 이를 통해 유용한 정보를 제공한다. 더 나아가서 컴퓨터는 인공지능 수준까지 이르렀는데, 어떤 일에 대해 비교 및 판단하는 정보 관리 기능도 한다. 로봇 공학 분야를 보면 반복적인 작업 처리 순서를 기억해 정보를 관리 및 운용하는 모습을 볼 수 있다.

- **데이터**: 현실 세계를 단순히 관찰 · 측정해 수집하거나 생산한 사실Fact 또는 측정치Value를 말하며, 의미는 부여할 수 없는 상태다. 예를 들어, 기상청에서 '오늘 기온은 30℃이고, 내일 기온은 35℃다.'라고 한 경우 단순한 사실을 근거로 측정한 것이므로 데이터라고 할 수 있다.

- **정보**: 데이터를 가공하거나 변환해 얻은 결과물이다. 유효하게 해석하거나 데이터의 상호 관계 등을 알려주어 의사결정을 하는 데 도움이 되는 가치 있는 데이터다. 앞서 예로 든 일기 예보에서, 단순한 사실을 근거로 한 측정치(데이터) 외에 '오늘보다 내일 기온이 더 높으므로 더위에 대비해 반소매 옷을 준비하는 것이 좋다.'라고 하면 의미가 들어간 정보가 된다.
- **지식(지능)**: 지식은 교육과 학습 등을 통해 사람이 재활용할 수 있는 정보와 기술 등이다. 즉, 불특정 다수의 정보를 선택하고 조합해 주어진 문제에 대해 시간과 공간에 적합한 해결책으로 활용할 수 있는 것을 지식이라고 한다. 지식에는 보편타당성이 필요하고, 사고의 작용이 있어야 하며 사물의 성질, 다른 것과의 관계 등에 관해 옳은 판단을 포함한다. 지능은 지식을 쌓거나 사물을 바르게 판단하는 지적인 능력을 말한다.
- **컴퓨터**: 방대한 양의 데이터를 신속하고 정확하게 처리하고 분석해 사용자에게 유용한 결과를 제공한다. 이런 의미에서 컴퓨터를 데이터 처리 시스템Data Processing System이라 한다.

데이터와 정보와의 연관성에서 데이터는 정보의 원재료, 정보는 가공 처리된 자료다. 데이터는 어떤 사실이나 개념을 나타내는 값Value 또는 그런 값의 집합이다. 기술 정보와 기술 지식의 차이는 기술 정보는 비체계적으로 가공되어 있고, 기술 지식은 필요에 맞게 체계적으로 가공되어 있다는 점이다. 정보나 지식을 처리하고 활용하는 주체는 국가나 기업, 개인 등이 될 수 있다. 정보나 지식을 활용할 때 컴퓨터를 도구로 이용하면 일의 효율성이 높아진다. 데이터, 정보, 지식(지능)의 관계는 다음과 같다.

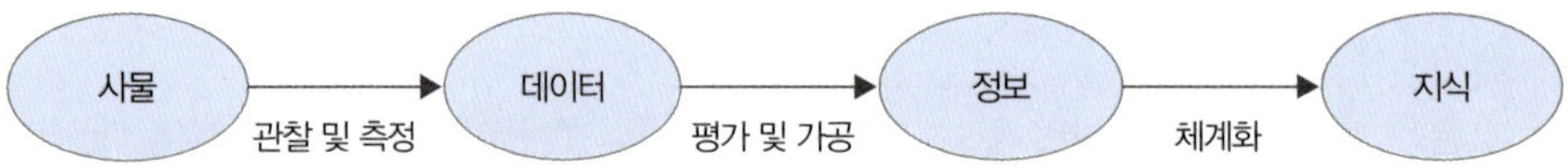

그림 1-10 데이터와 정보, 지능(지식)과의 관계

표 1-5 정보 형태에 따른 정보통신 서비스

정보 형태	설명	서비스 예
데이터 통신	숫자/문자를 디지털 형태로 전송하는 통신	전자 우편
음성 통신	전화망으로 음성을 전달하는 통신	음성 응답 서비스(ARS)
이미지 통신	정지 영상을 전달하는 통신	팩스
영상 통신	동영상을 전달하는 통신	영상 응답 시스템(VRS), 영상 회의
멀티미디어 통신	복합된 여러 매체를 전달하는 통신	원격 회의, 스마트폰 통신

정보통신 서비스의 기능에는 전송 기능, 교환 기능, 통신 처리 기능, 정보 처리 기능 등이 있다.

- **전송 기능**: 통신 회선을 이용해 정보를 전달한다.
- **교환 기능**: 정보를 상호 교환하는 데 필요한 회선 점유 방법 및 전송 방식을 결정한다.
- **통신 처리 기능**: 통신 신호의 형태 및 전달 방법 등을 변환하여 서로 다른 단말기끼리 통신이 가능하게 하거나 서로 다른 시간대를 이용해 정보를 교신할 수 있게 한다.
- **정보 처리 기능**: 컴퓨터의 데이터 처리 기능을 이용해 정보의 생성, 가공, 저장, 변환 등을 처리하고 정보 관리 및 데이터베이스 구축을 한다.

정보통신과 관련된 산업은 다음과 같이 정리할 수 있다.

표 1-6 정보통신 관련 산업

<table>
<tr><th colspan="3">분류</th><th>산업 예</th></tr>
<tr><td rowspan="6">정보통신 산업</td><td rowspan="4">통신 산업</td><td>전기 통신 산업</td><td>• 전화, 전신, 팩스, 텔렉스, 원격 화상 회의</td></tr>
<tr><td>정보통신망 산업</td><td>• LAN, WAN, MAN, PSTN, PSDN, ISDN, 위성 통신망, 디지털 전용망</td></tr>
<tr><td>정보 제공 서비스업</td><td>• VAN, CATV, VRS, 온라인 정보 서비스</td></tr>
<tr><td>방송 산업</td><td>• 라디오, TV, CATV</td></tr>
<tr><td rowspan="2">정보 처리 산업</td><td>하드웨어 산업</td><td>• 컴퓨터 주변 기기, 반도체, 집적 회로의 제조 및 판매</td></tr>
<tr><td>소프트웨어 산업</td><td>• 소프트웨어 생산: 각종 프로그램 개발
• 정보 제공: 데이터베이스 서비스
• 정보 처리: 수탁 업무 계산</td></tr>
</table>

요약

01 융합과 정보통신

- **다른 영역과의 융합**: 통신 서비스와 소프트웨어, 통신과 디지털 콘텐츠, 통신과 바이오, 통신과 나노, 통신과 환경 등을 서로 융합
- **사물과의 융합**: 사물과 정보통신 기술의 융합을 통해 사물의 인터넷화
- **공간과의 융합**: 공간과 정보통신 기술의 융합을 통해 공간의 사물인터넷화
- **인간과의 융합**: 인간과 유사한 기능을 갖춘 인간형 로봇인 휴머노이드를 구현하기 위해 정보통신 기술 필요
- **인공지능(AI)과의 융합**: 인공지능은 풍부한 데이터를 기반으로 모델을 훈련시켜야 하는데 정보통신은 센서, 디바이스, 웹 등을 통해 발생하는 데이터를 수집하고 전송하는 역할

02 정보통신 기술의 정의

- 컴퓨터를 이용한 정보 처리 기술 + 정보를 전달하는 통신 기술
- 컴퓨터와 컴퓨터, 스마트폰과 스마트폰, 컴퓨터와 스마트폰 같이 여러 단말 장치를 통신망에 접속해 데이터를 전송, 처리, 교환하는 통신 체제

03 정보 전송 통신 기술의 발전 과정

- 정보 전송 기술의 발전 단계는 전기 통신 이전의 통신, 전기 통신, 정보통신으로 구분
- 전기 통신 이전의 통신은 몸동작, 언어, 물리적 도구를 이용하는 원시 통신
- 전기 통신 시대는 전신을 사용하는 제1세대, 전화를 사용하는 제2세대로 구분
- 정보통신 시대는 데이터 통신을 사용하는 제3세대, 통신과 컴퓨터 기술을 융합한 제4세대로 구분

01 괄호 안에 들어갈 알맞은 용어는?

> (　　　　　　)은 컴퓨터를 이용한 정보 처리 기술(Information Technology)과 정보를 전달하는 통신 기술(Communication Technology)을 결합한 것이다. 즉 컴퓨터와 컴퓨터, 스마트폰과 스마트폰, 컴퓨터와 스마트폰, 컴퓨터와 단말 장치를 통신망에 접속하여 데이터를 처리하고 전송하며 교환하는 통신 체계다.

① 정보통신 기술　　② 인터페이스 기술
③ 데이터 처리 기술　　④ 데이터 전송 기술

02 4차 산업혁명의 주된 특징은?

① 디지털 정보 처리, 복합 매체
② 양방향 동시 서비스
③ 초연결성
④ 창조 사회

03 웨어러블 컴퓨터의 대표적인 예는?

① 스마트 시계
② 스마트 도시
③ 스마트 워크
④ 스마트 홈

04 괄호 안에 들어갈 알맞은 용어는?

> 인공지능을 활용하고, 인공지능과 협업해야 하는 인공지능 시대에는, 인공지능 기술의 원리, 인공지능 기술의 한계, 인공지능 윤리 등을 잘 알고 인공지능이 사회에 미치는 영향을 비판적으로 이해하는 역량인 (①)가 필수적이다.
>
> (②) 소프트웨어 기술은 기존 인간의 뇌 구조를 모방한 인공 신경망 방식을 개량한 것이다. 데이터 전처리 과정을 강화함으로써 인공 신경망의 최적화를 해결했으며, 다층 구조로 설계하여 데이터 처리의 질을 높였다.

05 괄호 안에 들어갈 알맞은 용어는?

2023년 가장 진보된 형태의 휴머노이드 로봇은 주목받은 회색 피부의 (①)이다. '사람 같은 표정을 짓는 로봇'이며, 영국의 로봇 기업 엔지니어드 아츠가 얼굴에 12가지 표정을 추가해 향상된 모습을 공개했다. 2022년 1월 첫선을 보인 이후 진화를 거듭하고 있으며 (②)와 GPT-4 등으로 학습해 여러 언어를 구사하고 창작 능력을 갖췄다.

인간형 로봇은 가장 고난도의 지능형 로봇이다. (③)는 인간의 외모뿐만 아니라 인식 기능, 운동 기능을 구현하기 위해 로봇 기술이 총체적으로 집약되어 있다.

06 다음은 무엇을 설명한 것인가?

인공지능(AI)과 머신러닝(ML; Machine Learning) 기술을 활용한 최적의 탐색 기술과 예측 네트워크 기술은 관리자에게 예상되는 네트워크 문제를 최대한 빠르게 알려주고 해결책도 제시한다. 미래의 네트워크 기술 중 하나다.

07 다음은 무엇을 설명한 것인가?

생체의 일부가 로봇으로 구성된 인간을 말한다. 인간과 기계의 인공 기관을 결합하여 유기적 복합체로써 하나의 시스템을 구성한다. 인공 신장, 인공 심장, 인공 팔 등이 대표적인 예다.

08 설명이 맞으면 ○, 틀리면 ×를 표시하시오.

(1) 사이보그는 인간형 로봇 중 가장 고난도의 지능형 로봇이다.( )

(2) 인공지능 시대에는, 인공지능 기술의 원리, 인공지능 기술의 한계, 인공지능 윤리 등을 잘 알고 인공지능이 사회에 미치는 영향을 비판적으로 이해하는 역량인 생성형 인공지능이 필수적이다.( )

(3) 스마트 시계는 웨어러블 컴퓨터(Wearable Computer)의 대표적인 예다.( )

(4) 사물인터넷은 기존의 유비쿼터스(Ubiquitous)나 사물 지능 통신(M2M; Machine to Machine)의 기본 전제에 지능(Intelligence)을 더하여 만든 기술이다.( )

09 통신 기술을 설명하시오.

10 정보통신 서비스를 정보의 형태별로 분류하여 설명하시오.

11 정보통신 관련 산업을 통신 산업과 정보 처리 산업으로 분류하고 각각 예를 나열하시오.

12 제3세대 데이터 통신의 발전 과정을 설명하시오.

13 제4세대 정보통신의 발전 과정을 설명하시오.

14 정보통신 기술과 다른 영역과의 융합의 예를 설명하시오.

15 컴퓨터의 탄생 배경과 발전 과정을 설명하시오.

16 컴퓨터의 발전 과정 중 5세대 컴퓨터에 대해서 설명하시오.

17 딥러닝에 대해서 설명하시오.

18 4차 산업혁명 시대의 정보통신 기술혁명과 특징에 대해서 설명하시오.

19 스마트 도시(Smart-City)에 대해서 설명하시오.

20 사이보그에 대해서 설명하시오.

01 개인의 컴퓨터나 기업의 응용 서버 등의 컴퓨터 데이터를 별도 장소로 옮겨 놓고, 네트워크를 연결하여 인터넷 접속이 가능한 다양한 단말기를 통해 언제 어디서나 데이터를 이용할 수 있는 사용자 환경은?

① 클라우드 컴퓨팅　　② 사물인터넷 컴퓨팅
③ 빅데이터 컴퓨팅　　④ 유비쿼터스 컴퓨팅

02 스마트 도시 기반 시설에 해당되지 않은 것은?

① 초연결 지능 통신망
② 스마트 도시 통합 운영 센터 등 스마트 도시의 관리, 운영에 관한 시설
③ 도시 정보 데이터베이스
④ 기반 시설 또는 공공시설에 건설, 정보통신 융합 기술을 적용하여 지능화된 시설

03 정보통신 서비스의 각 기능 설명으로 알맞지 않은 것은?

① 전송 기능: 통신 회선을 이용하여 정보를 전달하는 기능이다.
② 교환 기능: 정보를 상호 교환하는 데 필요한 회선 점유 방법 및 전송 방식을 결정하는 기능이다.
③ 통신 처리 기능: 통신 신호 형태 및 전달 방법 등을 변환하여 서로 다른 단말기 간의 통신을 가능하게 하거나 서로 다른 시간대를 이용하여 정보를 교신할 수 있도록 하는 기능이다.
④ 정보 처리 기능: 컴퓨터의 데이터 처리 기능을 이용하여 정보의 생성, 가공, 저장, 변환 등은 물론 정보를 관리하나, 데이터베이스를 구축하지는 못하는 기능이다.

01 ①　02 ③　03 ④

Chapter

02

정보 전송 시스템

학습목표

- 정보통신 시스템의 개념과 구성 요소, 구성도, 기능을 이해한다.
- 정보 전송 시스템의 하드웨어에 대해 알 수 있다.
- 정보 전송 시스템의 소프트웨어에 대해 알 수 있다.

01 정보통신 시스템의 개요

1 정보통신 시스템의 구성

정보통신 시스템은 정보 전송 시스템과 정보 처리 시스템으로 구성되며 각 구성 요소는 [그림 2-1]과 같다.

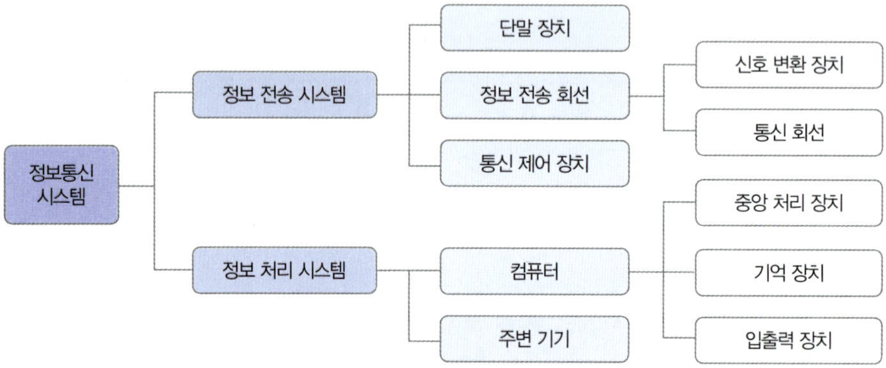

그림 2-1 정보통신 시스템의 구성 요소

정보 전송 시스템은 데이터를 전송하는 데이터 전송계 역할을 하고 정보 처리 시스템은 데이터를 가공 및 처리하여 보관하는 데이터 처리계 역할을 한다.

[그림 2-2]는 역할에 따른 정보통신 시스템의 구성도다. 데이터 단말 장치DTE는 디지털 데이터를 입출력할 때 사용하고 데이터 회선 종단 장치DCE는 DTE를 네트워크에 연결할 때 사용한다.

여기서 잠깐! | DTE와 DCE

DTE는 데이터 단말 장치(Data Terminal Equipment) 또는 데이터 종단 장치(Data Terminating Equipment)를 나타내고 DCE는 데이터 통신 장치(Data Communication Equipment) 또는 데이터 회선 종단 장치(Data Circuit-terminating Equipment)를 나타낸다. 이 책에서는 DTE를 데이터 단말 장치, DCE를 데이터 회선 종단 장치로 나타내며 상황에 따라 혼용하기도 한다.

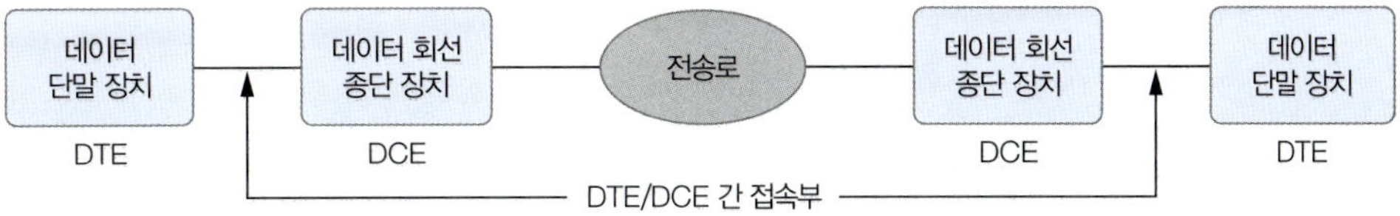

그림 2-2 정보통신 시스템의 구성도

2 정보통신 시스템의 분류

정보통신 시스템은 [표 2-1]과 [그림 2-3], [그림 2-4]와 같이 기능별, 구조별, 유형별로 분류할 수 있다.

표 2-1 정보통신 시스템의 기능별 분류

	구성 요소	기능
정보 전송 시스템: 통신 시스템(데이터 전송계)	단말 장치	정보의 입력과 수신
	신호 변환 장치	변조와 복조(예 모뎀)
	통신 회선	변환된 신호의 이동 통로나 통신망
	통신 제어 장치	송수신 데이터를 처리하기 좋은 형식으로 변환하는 것으로 컴퓨터와 모뎀 사이에 위치
정보 처리 시스템: 컴퓨터 시스템(데이터 처리계)	중앙 처리 장치	컴퓨터에서 입력된 데이터를 가공, 처리, 축적, 수정, 변경, 추가
	기억 장치와 입출력 장치	컴퓨터에서 데이터를 저장하는 것으로 저장 장치와 입출력 장치로 구성

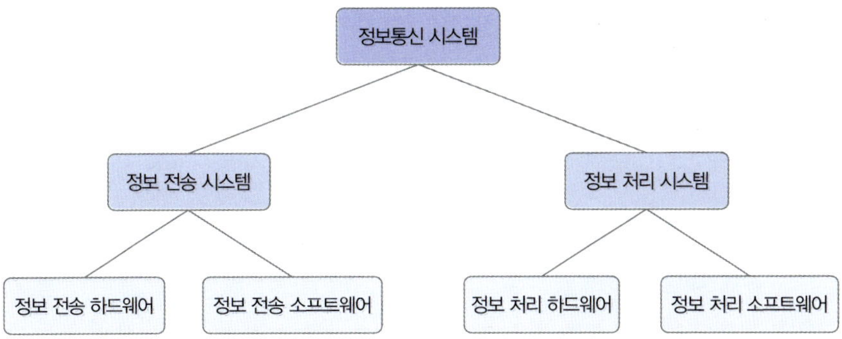

그림 2-3 정보통신 시스템의 구조별 분류

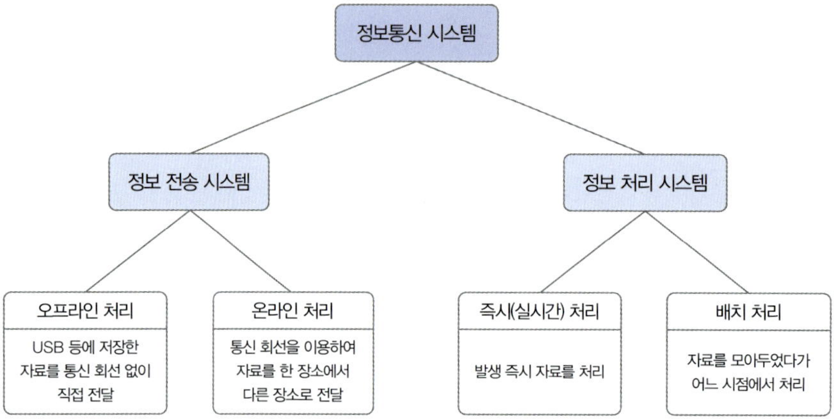

그림 2-4 정보통신 시스템의 유형별 분류

02 정보 전송 시스템의 하드웨어

정보 전송 시스템은 구조(시스템의 특성)에 따라 하드웨어와 소프트웨어로 분류할 수 있다. 하드웨어와 소프트웨어를 적절하게 사용하면 사용자가 시스템을 더 잘 운용할 수 있다.

1 단말 장치

단말 장치DTE; Data Terminal Equipment는 디지털 데이터를 입출력하는 데 사용한다. 키보드, 모니터, 프린터 등 컴퓨터와 연결되는 모든 주변 장치를 말하며 단말기 또는 단말, 터미널Terminal이라고도 한다. 컴퓨터 네트워크에서는 컴퓨터나 스마트폰, 태블릿 자체를 단말 장치로 사용한다.

(a) 하드 디스크 (b) 모니터 (c) 프린터 (d) 스마트폰

그림 2-5 단말 장치의 예

단말 장치는 다음과 같이 네 개의 제어부로 구성된다.

표 2-2 단말 장치의 구성과 기능

구성	기능
입출력 제어부	• 외부에서 정보 입력받기 • 정보통신 시스템에서 처리한 결과를 외부로 출력하기 • 입출력에 필요한 제어 수행하기
송수신 제어부	• 데이터 송수신하기 • 전송 제어 문자 검사하기 • 단말 장치가 필요한 동작을 수행할 수 있게 하기
오류 제어부	• 오류 검출 및 복구하기
공통 제어부	• 입출력 제어, 오류 제어, 송수신 제어 등 단말 장치를 종합 제어하기

단말 장치의 입출력 기능은 사람이 식별 가능한 데이터를 통신 장비가 처리할 수 있는 2진 신호로 변환하거나 그 반대로 행하는 것이다.

단말 장치는 용도에 따라 다양하게 분류할 수 있으며 데이터를 입출력하는 단순한 기능에서 점차 지능화되고 있으며 특수한 용도에 맞게 발전하고 있다.

표 2-3 단말 장치의 종류와 기능

기준	종류	기능
일반	범용	• 단순히 조합해서 사용하는 단말 장치 – 광학 문자 판독기(OCR; Optical Character Reader): 종이에 인쇄되거나 손으로 쓴 문자에 빛을 비추어 반사된 광선으로 문자를 판독하는 장치 – 광학 마크 판독기(OMR; Optical Mark Reader): 종이에 기록된 데이터를 기계가 직접 읽는 판독 장치 – 자기 잉크 문자 인식(MICR; Magnetic Ink Character Recognition): 자기 잉크로 인쇄된 문자를 읽는 것으로 위조하기 어려워 수표 등에 많이 사용함 – COM: 마이크로 필름을 광학 카메라로 촬영하지 않고 컴퓨터로 출력하는 시스템 – COM/CAR: 데이터를 문자나 도형으로 변환하여 마이크로 필름에 기록하고 정보를 검색하는 장치
	전용	• 회계, 의료, 주가 표시, 생산 관리 등의 특수 목적으로 사용하는 단말 장치 – 판매 시점 정보 관리(POS; Point of Sales): 금전 등록기와 컴퓨터 단말 장치 기능을 결합한 것으로 가격 코드를 판독기로 읽는 계산대 단말기가 대표적임
기능	입력 전용	• 외부 정보를 입력받는 장치
	출력 전용	• 처리 결과를 외부로 출력하는 장치
데이터 매체	직접 입출력	• 사용자가 데이터를 직접 입출력하는 장치
	간접 입출력	• 신용 카드 리더기처럼 다른 매체를 이용해 데이터를 입출력하는 장치
처리 능력	비지능형	• 프로그램을 수행할 수 없는 단말 장치로 더미 터미널(Dummy Terminal)이라고도 함
	지능형	• 프로그램이 포함된 하드웨어를 내장하고 있어 자체적으로 데이터를 처리할 수 있는 단말 장치 • 인텔리전트 터미널(Intelligent Terminal)이라고도 하며 PC, 스마트폰 등에 통신 기능을 부여한 것이 여기에 속함

스마트폰이 발전함에 따라 정보 단말기는 소형화되고 있다. 이러한 휴대형 정보 단말기의 특성은 고용량 전지, 대용량 메모리 IC, 저전력 RF Radio Frequency 부품 기술이다. 예를 들어, RFID는 소형 전자 칩과 안테나로 구성된 전자 태그Tag를 제품에 부착하여 정보 단말기가 사물을 인식하고 인식된 정보를 IT 시스템과 실시간으로 교환하는 기술이다. RFID의 구성 요

소로는 태그, 리더, 안테나, 서버 등이 있다.

TIP RFID(Radio-Frequency IDentification): IC칩과 소형 안테나를 탑재한 태그나 카드에 전파를 개입시켜 정보를 읽어 내는 비접촉식 자동 인식 기술

지능형 단말 장치는 단말기에 마이크로프로세서를 내장하여 분산 처리 방식에 적합하다. 출력 장치는 전기 신호를 인간이 이해할 수 있는 형태로 출력한다. 정보 단말기는 변조 기능을 이용해 잡음과 간섭을 줄이고 무선 전송 매체를 사용하여 전파 복사Radiation를 쉽게 만든다. 그리고 전송 신호를 전송 매체에 정합시키는 역할을 한다.

TIP 정합: 최대 효율로 전송이 이루어지도록 서로 간의 조건을 조정하는 일

단말 장치 중 디지타이저Digitizer는 그림, 차트, 도표, 설계 도면 등을 읽어 디지털로 바꾼 뒤 컴퓨터에 입력시키는 기기다. 그리고 케이블 모뎀은 표준 인터페이스 규격인 DOCSISData Over Cable Service Interface Specification를 활용하는 단말기다.

2 신호 변환 장치

정보통신 시스템에서 DCE(데이터 회선 종단 장치)가 원격지와 정보를 주고받으려면 신호 변환 장치를 이용해 송신자 정보를 전기 신호로 변환한 후 전송 매체(통신 회선)를 거쳐서 보낸다. 전기 신호는 수신자의 신호 변환 장치를 이용해 원래 정보로 변환된다. 예를 들어, 컴퓨터 단말기, 스마트폰, 비디오카메라, 스캐너 등으로 생성된 다양한 형태의 정보(음성, 동영상, 이미지 등)는 전기 신호로 변환되어 송신된다. 생성된 정보를 변환시켜서 보낸 후 다시 원상태로 복원하는 과정에 적용되는 것이 정보 전송 기술이다. DCE는 신호 변환 외에 전송 신호의 동기 제어 송수신을 확인하고 전송 절차를 제어하는 역할도 한다.

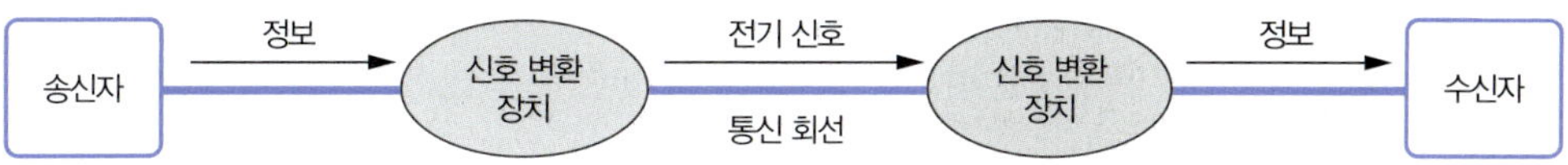

그림 2-6 정보의 변환

2.1 신호

신호는 아날로그와 디지털로 구분할 수 있다. 아날로그Analog는 '비슷하다'는 뜻의 Analogous에서 파생한 것으로 연속적인 성질이 있고 디지털Digital은 '손가락'이라는 뜻의 Digit에서 유래한 것으로 이산적인 성질이 있다. 아날로그가 자연 현상처럼 자연스럽다면 디지털은 인공적이다.

아날로그 신호는 여러 개의 전압값이 연속적으로 변하는 것이고 디지털 신호는 미리 정해진 전압값(유한 개)만 있는 것이다. 아날로그 신호의 대표적인 예는 음성, 음악, 텔레비전 영상, 사진 등이고 디지털 신호의 대표적인 예는 단말 장치, 컴퓨터, 팩스 등으로 생성된 정보다.

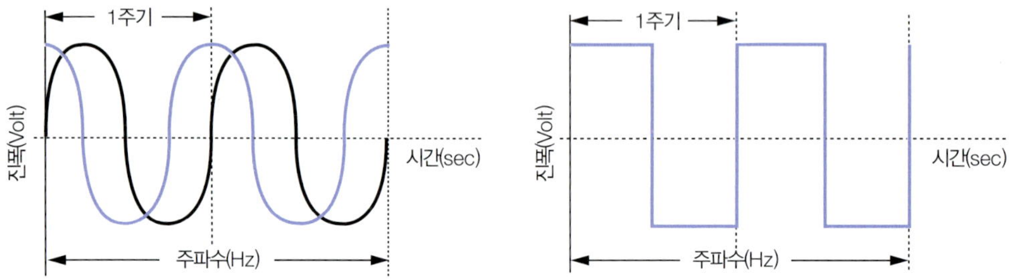

(a) 아날로그 신호 (b) 디지털 신호

그림 2-7 아날로그 신호와 디지털 신호

2.2 정보 전송 과정

원격지에서 정보를 주고받으려면 [그림 2-8]처럼 생성된 정보를 변환하는 과정이 필요하다. 컴퓨터에서 생성된 디지털 데이터는 신호 변환 장치를 통해 아날로그 형태인 전기 신호로 바뀐 뒤 통신 회선으로 전송한다.

이 신호는 전송 선로의 영향을 덜 받도록 고주파수로 변환하는 변조Modulation 과정을 거쳐 송신된다. 그리고 다시 복조Demodulation 과정을 거쳐 디지털 신호로 수신부에 입력된다. 변조와 복조 기능을 수행하는 장치를 신호 변환 장치(모뎀 또는 디지털 서비스 유닛)라고 한다.

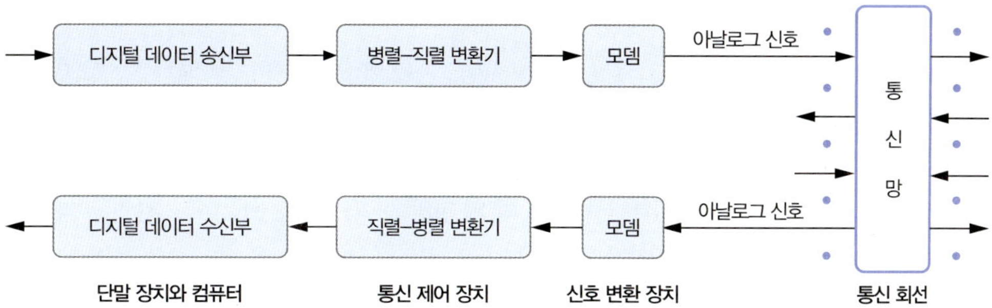

그림 2-8 신호 변환 장치를 이용한 정보 전송 과정

2.3 모뎀

대표적인 신호 변환 장치는 아날로그 전화선을 이용하는 모뎀과 디지털 전용 회선을 이용하는 디지털 서비스 유닛DSU; Digital Service Unit이다. 전송 회선이 아날로그이면 모뎀을 사용하고 디지털이면 DSU를 사용한다.

모뎀MODEM은 MOdulator(변조기)와 DEModulator(복조기)의 합성어로 단말 장치에서 발생한 디지털 신호를 아날로그 신호로 변환(변조)하여 통신 회선으로 전송한다. 통신 회선에서 수신한 아날로그 신호를 통신 제어 장치나 컴퓨터로 전송하기 위해 디지털 신호로 변환(복조)하는 역할도 한다. 디지털 데이터인 0 또는 1에 해당하는 특정 주파수가 있는 정현파 형태의 전송 신호를 생성(변조)하거나 정현파 형태의 전송 신호를 0 또는 1에 해당하는 디지털 데이터로 변환(복조)한다.

TIP 정현파: 파형이 삼각 함수의 사인 곡선인 파

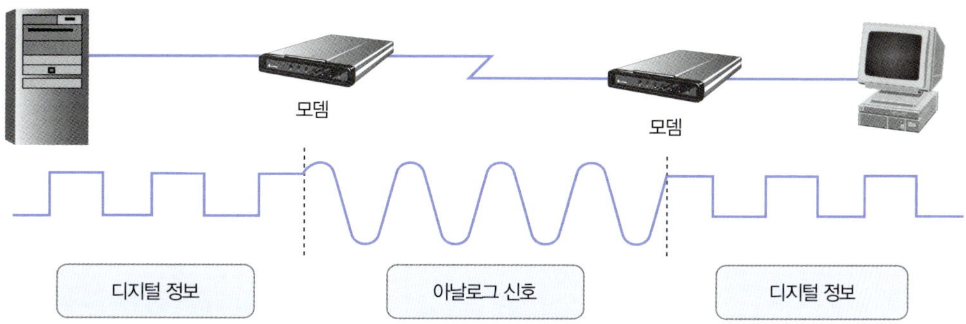

그림 2-9 모뎀을 이용한 신호 변환

모뎀의 변조 상태는 [표 2-4]와 같다. 컴퓨터에서 처리된 디지털 신호 데이터는 전압의 크기가 0V와 5V인 직류 성분으로 구성되는데 이것을 −12V와 +12V로 변환해야 한다. 변환된 신호를 송신할 때는 −12V는 1,070Hz, +12V는 1,270Hz의 변조 주파수로 바꿔서 전송한다. 아날로그 전송로에서는 이 신호를 송수신할 수 없어서 주변 잡음에 강하게 대응할 수 있는 전압으로 변조하는 것이다. 수신할 때는 대응 전압을 −12V와 +12V로, 변조 주파수는 2,025Hz와 2,225Hz로 각각 바꾸는 복조 과정을 거친다. 이러한 변조와 복조 과정을 거치고 직렬 전송을 담당하는 장치가 바로 모뎀이다.

표 2-4 모뎀의 변조 상태

송신 측			수신 측		
논리값	대응 전압	변조 주파수	논리값	대응 전압	변조 주파수
0	−12V	1,070Hz	0	−12V	2,025Hz
1	+12V	1,270Hz	1	+12V	2,225Hz

[그림 2-10]은 다양한 모뎀의 예를 보여준다. 특히 발전된 형태의 모뎀은 차후에 프로세서에 통합하여 차세대 5G 반도체로 선보일 전망이다. 예를 들어, 모뎀은 삼성전자가 5G 토털 모뎀 솔루션을 공식적으로 출시했다. '엑시노스 모뎀 5100'과 함께 무선 주파수 송수신 반도체 '엑시노스 RF 5500', 전력 공급 변조 반도체 '엑시노스 SM 5800'을 양산하였다. 모뎀 칩과 RF칩, SM칩은 초고속 데이터 통신을 가능케 하는 무선 통신 기술의 핵심 반도체다. 모뎀 칩이 휴대폰의 음성과 데이터 정보를 신호로 변환하거나 외부 신호를 음성과 데이터로 변환해 준다. RF칩은 신호를 전파로 주고받을 수 있도록 조정하는 역할을 하고 이 과정에서 SM칩은 전파 신호를 더 효율적으로 보낼 수 있게 전압을 조정하는 역할을 한다.

(a) 내장형 모뎀 (b) 외장형 모뎀 (c) 노트북용 카드형 모뎀 (d) 5G 반도체 모뎀

그림 2-10 다양한 모뎀의 예

모뎀은 설치 장소, 전송 속도, 대역폭, 등화 방식, 동기 방식, 사용 회선, 사용 거리, 포트 수, 변조 방식 등을 기준으로 다양하게 구분할 수 있다.

표 2-5 모뎀의 종류와 특징

분류 기준	종류	특징
설치 장소	내장형	컴퓨터 내부에 카드 형식으로 삽입하여 사용
	외장형	컴퓨터 외부에 단독으로 사용
전송 속도	저속	전송 속도 1,200bps 이하
	중속	전송 속도 1,200~9,600bps
	고속	전송 속도 9,600bps 이상
대역폭	음성 이하 대역	전송 속도 50bps 이하
	음성 대역	전송 속도 대부분 9,600bps, 300~3,300bps
	광대역	전송 속도 48,000bps, 96,000bps, 240,000bps 이상
등화 방식	고정 등화	등화 회로의 특성이 고정
	가변 등화	등화 회로의 특성을 선로 특성에 맞게 조정 가능
동기 방식	동기식	중속 이상 모뎀에서 사용
	비동기식	저속 모뎀에서 사용
사용 회선	전용 회선	2선식 또는 4선식 전용 회선 이용
	교환 회선	다이얼-업(Dial-Up) 이용
사용 거리	근거리	저속부터 고속까지 전송 가능하며 수 킬로미터 내에서 사용
	장거리	일반 전화선 이용
포트 수	단일 포트	포트가 1개
	멀티 포트	포트가 여러 개이며 고속 모뎀에 사용
변조 방식	진폭 편이 변조	진폭 편이 변조 방식을 사용하며 구조가 간단하고 저렴함
	주파수 편이 변조	저속, 비동기식 모뎀에 주로 사용
	위상 편이 변조	중속 및 고속 모뎀의 동기식 전송에 주로 사용
	진폭 위상 편이 변조	고속 모뎀에 사용

동기식은 데이터를 송수신할 때 양쪽의 모뎀을 일정한 속도로 동기화시키는 방식이다. 동기식으로 설계된 모뎀은 특정 속도 범위 내에서 고정 속도로만 작동이 가능하다. 위상 변동에 민감하며 음성 통신 회선과 광대역 통신 회선에 모두 사용할 수 있다. 대화형 단말기나 지능형 단말기에 주로 사용한다.

비동기식은 시작 비트와 정지 비트를 가지고 있어 동기식보다는 조금 더 느린 편이다. 컴퓨터 통신에서 사용하는 모뎀은 대부분이 비동기식 모뎀이다. 비동기식 전송은 키보드의 데이터 전송 같은 경우에 적당하고 최대 속도 내에서 임의의 속도로 작동할 수 있지만 비효율적이다.

멀티 포트 모뎀은 4개 이하의 채널을 다중화할 때 사용하는 것이다. 그리고 멀티 포인트 모뎀은 멀티 포인트(1:N)에서 발생하는 전송 지연을 최소화하기 위해 고속 폴링Polling을 할 수 있게 설계되었다.

모뎀은 송신부와 수신부로 구성되며 각각의 구성 요소는 다음과 같다.

- **송신부**: 데이터 부호화기Encoder, 변조기Modulator, 스크램블러Scrambler, 주파수 체배기Multiplier
- **수신부**: 등화기Equalizer, 대역 제한 여파기BPF, 자동 이득 조절기AGC, 복조기Demodulator, 데이터 복호화기Decoder, 디스크램블러De-scrambler(스크램블러의 역기능) 등

TIP 스크램블러: 데이터를 암호화하기 위해 데이터 패턴을 랜덤하게 하여 수신부에서 동기를 잃지 않게 하는 기능

2.4 디지털 서비스 유닛

디지털 서비스 유닛DSU; Digital Service Unit은 디지털망에 사용하는 회선 종단 장치DCE로 아날로그망인 전화망에서 사용하는 모뎀과 비슷한 역할을 한다. 모뎀과 차이점은 디지털망을 사용할 때는 디지털 회선으로 디지털 데이터나 신호를 먼 곳까지 안전하게 전송할 수 있도록 단극성Unipolar 신호를 양극성Bipolar 신호로 변환하는 것이다. 신호 형식은 그대로 둔 채 먼 거리까지 전송할 수 있도록 신호 레벨만 높여준다. 수신 측에서는 반대 과정을 거쳐 원래의 디지털 데이터나 신호로 재생한다. 벨 시스템의 DDSDataphone Digital Service에 주로 사용된다.

TIP 단극성 신호: 동일한 부호의 전압(양 또는 음)으로 논리를 표현하는 신호이며 비트 0을 0V, 비트 1을 +5V에 대응시켜 +극만 사용하는 부호화 방식을 예로 들 수 있다.

TIP 양극성 신호: 양과 음의 전압을 모두 사용하여 논리를 표현하는 신호이며 비트 0을 0V, 비트 1을 +5V와 −5V에 교대로 대응시켜 사용하는 부호화 방식을 예로 들 수 있다.

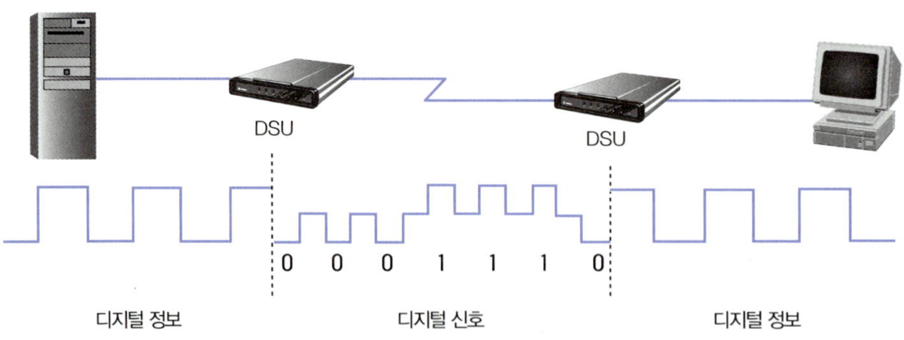

그림 2-11 디지털 서비스 유닛(DSU)을 이용한 신호 변환

다음은 디지털 서비스 유닛의 예다.

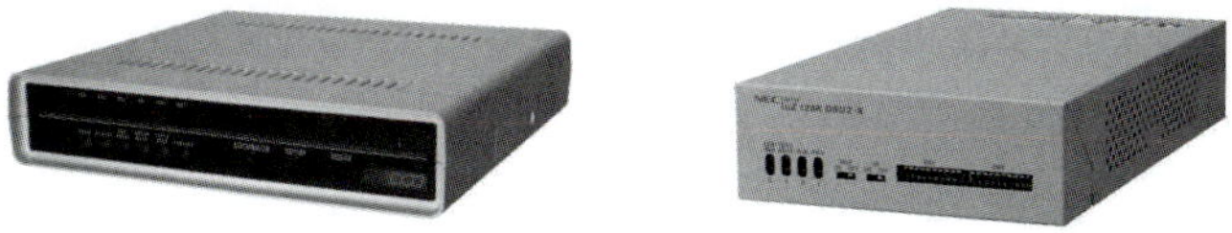

그림 2-12 디지털 서비스 유닛의 예

3 통신 회선

통신 회선은 데이터를 전송하는 통로로 데이터가 전달되는 선로라 할 수 있다. 그리고 단말 장치와 단말 장치, 단말 장치와 컴퓨터, 컴퓨터와 컴퓨터처럼 통신 기기 사이를 연결하는 역할을 한다. 데이터를 부호화한 신호로 변환하여 송신 측에서 수신 측으로 전송할 때 이용하는 통로다. 데이터 전송 선로 또는 정보 전송 매체라고도 한다. 통신 회선에는 전화선, 동축 케이블, 광섬유 케이블, 마이크로파, 위성 통신 등이 있다. 전송 매체인 데이터 전송 선로는 유선을 의미하는 하드와이어Hardwire와 무선을 의미하는 소프트와이어Softwire로 구분할 수 있다. 다음은 대표적인 전송 선로의 종류를 간략히 정리한 것이다.

표 2-6 전송 수단에 따른 전송 선로의 종류

구분	전송 수단	종류
유선 선로	전기(금속 도체)	꼬임선(전화선)
		동축 케이블
	빛	광섬유 케이블
무선 선로	전파	마이크로파 (위성, 지상)
		라디오파

[표 2-7]은 전송 선로의 장단점을 비교한 것이다. 전송 선로는 전송 속도에 영향을 준다. 전송 속도는 다양한 방법으로 나타낼 수 있지만 여기서는 가장 흔히 사용하는 bps(초당 전송된 비트수)bit per second로만 나타낸다.

표 2-7 전송 선로별 장단점 비교

전송 선로	신뢰도	전송 속도(bps)	장단점	리피터(중계기) 설치 거리
꼬임선(전화선)	부족	1,800~1,900	보편적, 실용적	2~10km
동축 케이블	양호	~50,000	장거리 설치가 어려움	1~10km
광섬유 케이블	매우 우수	~수백만	외부 잡음이 거의 없지만 응용 기술 필요	10~100km
마이크로파	양호	~50,000	리피터 필요	10~100km
위성 통신	양호	~50,000	장치 가격이 비쌈	필요 없음

3.1 유선 선로

유선 선로는 물리적 경로를 따라 전자기파를 전달한다. 지형에 따라 설치 시 제약이 있을 수 있고 사용하는 도중에 전선이 끊어질 수도 있다. 가입자에게만 데이터 전달이 가능하고 근거리 통신에 적합하다. 유선 선로에 사용하는 전송 매체는 꼬임선, 동축 케이블, 광섬유 케이블이 대표적이다.

■ 꼬임선

꼬임선Twisted Pair Cable은 구리선 두 가닥을 서로 균일하게 꼬아서 여러 다발로 묶은 후 보호용 피복선을 입힌 케이블이다. 인접한 케이블 사이의 전자기 간섭 현상을 줄이기 위해 전선을 꼬아서 사용한다. 여러 쌍(2~2,400쌍)의 피복된 도선을 하나로 묶어 케이블(선) 하나를 만든다. 단거리에는 직경이 0.4mm(0.015인치)인 선을 사용하고 장거리에는 1.6mm(0.56인치) 선을 사용한다.

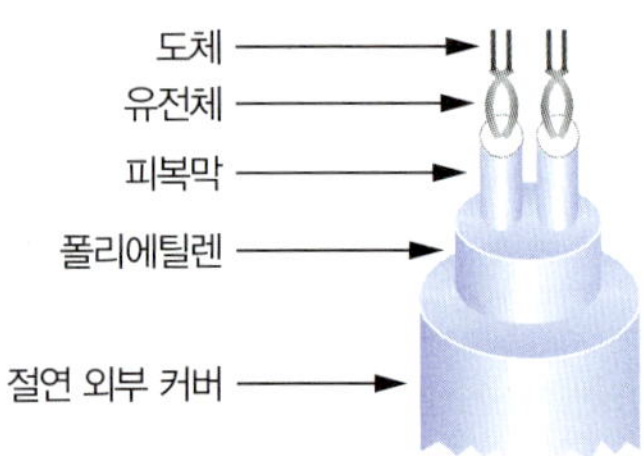

그림 2-13 꼬임선(트위스티드 페어 케이블)의 구조

꼬임선은 전자기 간섭EMI; Electro Magnetic Interference을 차단하는 피복 방법에 따라 분류한다. 전화선에 사용하는 UTPUnshielded Twisted Pair, 비차폐 꼬임선와 FTPFoiled Twisted Pair,

UTP보다 성능이 우수한 STP Shielded Twisted Pair, 차폐 꼬임선로 구분한다. 전자기 간섭을 덜 받는 순서대로 꼬임선을 나열하면 STP, FTP, UTP 순이다. 꼬임선은 저렴하고 신호의 감쇄 및 간섭에 약하며 아날로그 및 디지털 전송에 모두 사용할 수 있는 것이 특징이다. 하지만 대역폭이 넓지 못하다.

표 2-8 꼬임선의 종류와 기능

종류	기능
UTP	• 차폐 처리가 안 된 상태에서 꼬여져 있는 케이블 • 두 선 사이의 전자기 유도를 줄이기 위해 절연 구리선이 제품 전선과 피복만으로 구성되어 있음 • 일반적으로 전화용이지만 근거리 통신망 케이블이나 사무실 배선용으로도 사용함 • 카테고리(CAT 또는 Category)별로 1~6까지 분류하며 숫자는 단위 거리당 케이블의 꼬임수를 나타냄. 케이블의 꼬임수가 클수록 간섭이 줄어들어 전송률이 높아짐
FTP	• 차폐 처리가 되어 있지 않고 알루미늄 은박으로 네 가닥의 선을 감싸고 있는 케이블 • UTP에 비해 절연 기능이 탁월하여 공장 배선용으로 많이 사용함
STP	• 차폐 처리된 선이 두 개씩 꼬인 상태

TIP 차폐: 연선으로 된 케이블로, 겉에 외부 피복 또는 접지 역할을 하는 차폐재가 추가된다. 외부 노이즈를 차단하거나 전기적 신호의 간섭에 강하여 옥외 배선용으로 많이 사용한다.

■ 동축 케이블

동축 케이블 Coaxial Cable은 내부에 있는 단일 구리선과 외부 도체로 구성된다. 내부 도체와 외부 도체 사이에는 절연 물질이 있고 외부 도체는 피복으로 보호된다. 이것은 2선식 케이블의 표피 효과를 보완한 케이블로, 차폐된 구조를 가지고 있다. 케이블 내에는 질소 가스가 봉입되어 있어 케이블의 고장을 미리 알 수 있다. 표준 동축 케이블의 내부에 있는 중심 도체는 반지름이 약 2.6mm, 외부 도체는 반지름이 약 9.5mm이다. 내부 도체 반지름이 1.18mm, 외부 도체 반지름이 4.44mm인 세심 동축 케이블을 사용하기도 한다. 꼬임선(트위스티드 페어 케이블)은 표피 효과 때문에 높은 주파수에서 도선의 실효 저항이 상승한다. 이러한 결점을 보완한 것이 동축 케이블이다.

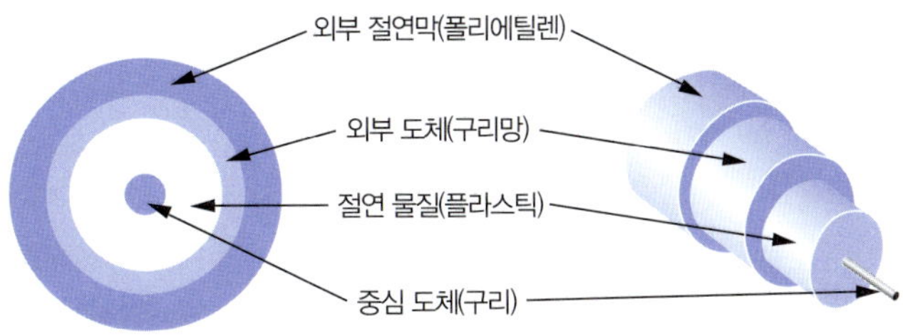

그림 2-14 동축 케이블

동축 케이블은 트위스티드 페어 케이블보다 잡음에 강하고 폭넓은 주파수 범위를 허용하여 더 멀리까지 연결할 수 있기 때문에 고품질의 신호도 전송할 수 있다. 동축 케이블 1개는 3,600~10,800개의 음성 신호를 동시에 전송할 수 있으며 10Mbps에서 수백 Mbps까지 전송 가능하여 수 km 영역에서 사용할 수도 있다. 그래서 유선 TV, 근거리 통신망, CATV 등 고주파 신호의 광대역 전송과 장거리 전화 전송에 주로 사용한다. 동축 케이블의 가격과 성능은 트위스티드 페어 케이블과 광섬유 케이블의 중간쯤 되는데 설치는 트위스티드 페어 케이블보다 어렵다. 그리고 동축 케이블은 저주파에서 누화가 발생하기 때문에 60kHz 이하에서는 사용하지 않는다. 고주파에서는 외부 도체의 차폐가 우수하여 누화 현상이 개선되는데 내부 도체와 외부 도체의 절연이 좋아서 전력 전송이 가능하다.

동축 케이블에는 저항값이 50Ω인 기저대역 동축 케이블과 70Ω인 광대역 동축 케이블이 있다. 두 가지를 비교하면 다음과 같다.

표 2-9 기저 대역 동축 케이블과 광대역 동축 케이블 비교

구분	기저 대역 동축 케이블	광대역 동축 케이블
전송 거리	수백 m~1km	수십 km
전송 속도	수십~500Mbps	수십~수백 Mbps
신호 종류	디지털	아날로그
활용 분야	근거리 통신망	CATV

■ 광섬유 케이블

광섬유 케이블Optical Fiber Cable은 지름이 0.1mm 정도인 석영(유리 섬유) 여러 가닥을 케이블 안에 넣어서 레이저 광선의 전반사 현상을 이용해 데이터를 전송하는 원통형 선로다. 광통신에 사용하는 레이저는 매우 순수한 단색광을 방출하고 간섭성이 좋으며 단위 면적당 출력이 매우 강한 것이 특징이다. 광통신 시스템에서 전송 속도를 제한하는 주된 요인은 광분산이다.

광섬유 케이블의 장점은 트위스티드 페어 케이블이나 동축 케이블에 비해 대역폭이 수십 GHz로 넓어서 고속 전송이 가능하고 상대적으로 감쇄 영향도 아주 낮다. 또 외부 전자기장에 영향을 받지 않으므로 오류 발생률도 매우 낮고 유연성이 좋아서 케이블이 작고 가볍다. 하지만 가격이 비싸고 탭을 이용하여 분기선을 만들기 어렵다는 것이 단점이다. 즉, 트위스티드 페어 케이블이나 동축 케이블은 절연체를 벗긴 후 필요한 부위를 쉽게 연결하거나 납땜하여 케이블끼리 연결할 수 있는 데 반해, 광섬유 케이블은 연결할 부위를 일직선으로 만들어야 해서 정교한 납땜 기술이 필요하다.

광섬유 케이블은 광코어Optical Core, 광클래딩Optical Cladding, 재킷Jacket으로 구성된다. 광코어(❶)는 광섬유의 가장 안쪽 부분에 위치하며 광을 전송하는 영역이다. 거울과 같은 역할을 수행하여 빛을 반사한다. 굴절률이 큰 유리나 플라스틱으로 만든 하나 이상의 매우 가는 가닥이다. 광클래딩(❷)은 굴절률이 작은 유리나 투명 플라스틱으로 되어 있다. 재킷(❸)은 플라스틱으로 외부를 코팅한 절연막Plastic Coating으로 외부의 위험 요소인 습기, 파손, 마모 등으로부터 광코어와 광클래딩을 보호하는 역할을 한다.

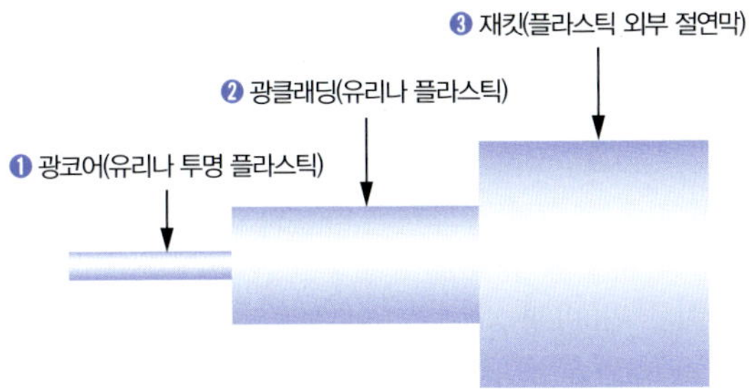

그림 2-15 광섬유 케이블의 구성

광섬유 케이블에서 신호를 전달할 때는 전반사로 빛을 전달하는 원리를 이용한다. 즉, 2진수 0과 1을 구현하기 위해 광섬유가 빛을 켜고 끄는 캐리어Carrier 역할을 한다.

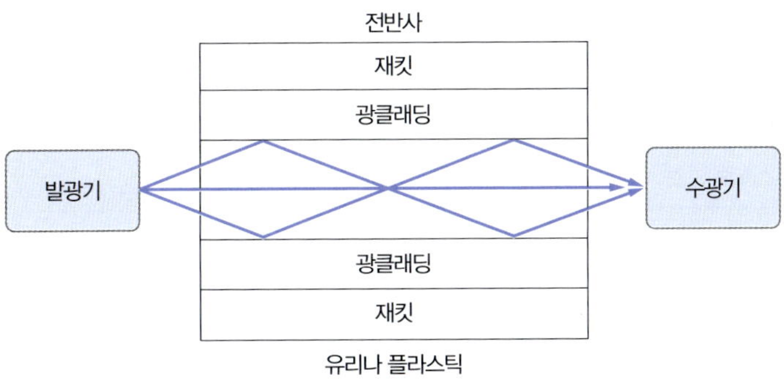

그림 2-16 광섬유 케이블에서 빛의 신호 전달

다음은 광섬유 케이블을 이용해 빛을 전송하는 과정이다.

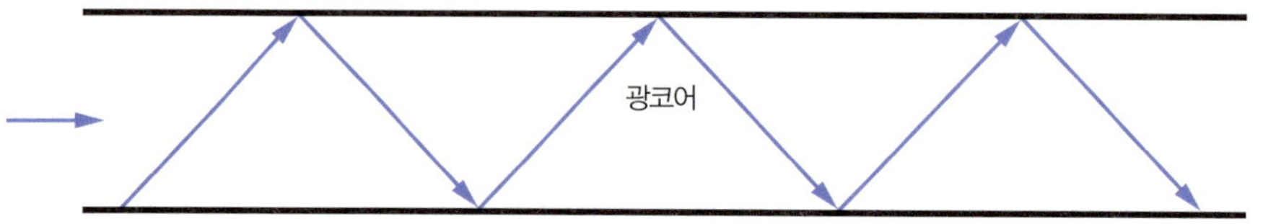

그림 2-17 광섬유 케이블을 이용한 빛의 전송 과정

광통신은 빛과 광섬유를 이용하는 디지털 통신 매체다. 전송하려는 정보를 파장이 긴 전파 대신에 파장이 매우 짧은 광신호(레이저 광선)로 바꾸어 광섬유를 통해 전달한다. 발광 다이오드는 자연 방출 현상으로 빛을 발생시키고 레이저 다이오드는 유도 방출 현상으로 빛을 발생시킨다. 빛을 발생시키고 처리하고 감지하는 기능이 있는 전자장치를 광소자라고 한다.

광통신 과정, 즉 광섬유 케이블을 이용하여 빛을 전송하는 과정은 다음과 같다.

① 송신 측에서 레이저 다이오드인 발광기LD와 발광 다이오드LED를 이용해 전기 신호를 광신호(빛)로 변환한 후 변환된 광신호를 광섬유 케이블로 수신 측에 전달
② 수신 측에서는 수광기PD와 애벌런치 포토 다이오드APD; Avalanche Photo Diode 또는 핀 광다이오드PIN-PD를 이용해 광신호를 전기 신호로 변환한다.

TIP
- LD: Laser Diode
- LED: Light Emitting Diode
- PD: Photo Diode
- APD: Avalanche Photo Diode

〈광통신 흐름도〉

음성/영상 신호 → 변조 회로 → 발광 소자(레이저나 발광 다이오드: 전기 신호를 빛으로 변환) → 광섬유 → 수광 소자(광검출기: 광신호를 전기 신호로 변환) → 복조 회로 → 음성/영상 신호

광섬유는 가볍고 가늘며 경제적 측면에서 손실이 거의 없고 광대역성을 갖는다. 정보를 빠르게 전송할 수 있으며 전자기파의 영향을 거의 받지 않는다. 네트워크 보안성이 높으며 전송 에러율도 매우 낮다. 하지만 가공 및 접속이 어렵다는 것이 단점이다. 광섬유의 장단점은 다음 표와 같다.

표 2-10 광섬유의 장단점

장점	단점
• 광대역성 및 고속 정보 전송 • 저손실성과 비간섭성 • 보안성 및 무누화 • 높은 경제성과 소형 경량화	• 접속 어려움 • 충격에 약함 • 케이블 장애 대책이 금속 케이블보다 어려움 • 비전도체이므로 중계기에 별도의 급전 기술 필요함

광섬유의 형태에는 발광기에서 발생한 광신호의 전파 경로가 1개뿐인 단일 모드와 광신호를 여러 각도로 전파할 수 있는 다중 모드가 있다. 단일 모드는 장거리 대용량 전송, 광해저 케이블 통신 등에 이용한다. 다중 모드에서는 여러 경로로 전파되는 광신호에 따라 주파수의 요소가 시간대별로 각기 다르게 퍼지므로 전송에 장애가 되는 왜곡이 일어날 수 있다. 재료 분산은 광섬유의 재질인 석영 유리의 굴절률이 전파하는 빛의 파장에 따라 변하면서 생긴다. 다중 모드는 단일 모드 광섬유보다 제조 및 접속이 용이하다. 코어 내를 전파하는 모드가 여러 개 존재하지만 모드 간 간섭이 있어 전송 대역이 제한된다. 다음은 단일 모드와 다중 모드 광섬유의 특징을 비교한 것이다.

표 2-11 모드별 광섬유의 특징

단일 모드 광섬유	다중 모드 광섬유
• 코어의 지름이 작아 빛을 잘 모으지 못함 • 빛의 산란이 적음 • 가격이 비싸고 고속 전송에 용이함 • 장거리 전송에 적합함 • 광섬유끼리의 접속이 상대적으로 어려움	• 코어의 지름이 커서 빛을 잘 모음 • 빛의 산란이 심함 • 가격이 싸고 저속 전송에 용이함 • 단거리 전송에 적합함 • 광섬유끼리의 접속이 상대적으로 쉬움

3.2 무선 선로

무선 선로는 전자기파를 이용하여 대기 중에 데이터를 전송하는 비유도체로 물리적 회선을 이용하지 않는다. 지형이나 기후에 따라 전파 방법이 다르며 수신 범위가 넓어 다수에게 데이터를 전달할 수 있다. 광대역 통신에 적합하며 주파수 대역에서 전파법 규제를 받는다.

전자기파는 신호의 주파수와 대역폭이 전기적 특성을 결정짓는다. 전자기파는 파장이 짧을수록 직진성과 지향성이 강한데 γ선, x선, 적외선 순으로 파장이 길어진다. 전자기파는 진공 또는 물질 속에서 전자장의 진동을 전파함으로써 전자 에너지를 운반한다.

무선 선로는 주파수의 범위와 방향성에 따라 마이크로파Micro Wave와 라디오파Radio Wave로 분류한다. 마이크로파는 방향성이 있어 분리된 지역에 유선 선로를 설치할 때 발생하는 어려움과 고비용 문제를 해결할 수 있다. 주파수 범위는 2~40GHz이며 위성 마이크로파와 지상 마이크로파로 나뉜다. 라디오파는 방향성이 없어 방송용으로 주로 이용하고 주파수 범위는 30kHz~1GHz이다.

무선 선로를 사용하는 통신은 날씨에 따라 감쇄 현상이 많이 발생하여 전송 영역 등이 중첩되고 주파수 영역을 할당할 때는 엄격하게 조정해야 한다. 그리고 증폭기나 리피터의 설치 간격이 길다는 단점이 있다. 무선 선로에 기반을 둔 무선 통신은 1896년 헤르츠H. Hertz가 전자기파가 있음을 입증한 후 마르코니G. Marconi가 전파를 이용한 통신에 성공하면서 시작되었다.

무선 통신의 기본 구성은 다음과 같다.

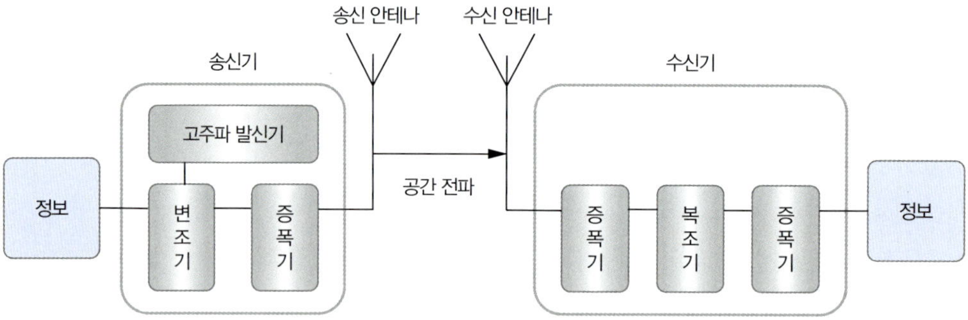

그림 2-18 무선 통신의 기본 구성

무선 통신에서는 송신 측과 수신 측이 전파로 정보를 송수신한다. 송신 측에서는 고주파 발신기로 고주파를 발생시키고 변조기를 이용해 전파 신호로 변조한다. 그리고 증폭기로 전파를 증폭시켜 송신 안테나로 자유 공간에 송신한다. 그러면 수신 측에서는 수신 안테나로 전파를 수신한 후 전파 신호를 복조기로 복조하고 증폭기로 증폭해서 정보를 추출한다.

아날로그 신호의 기본은 정현파Sinusoid Wave다. 여기서 주파수 단위인 Hz와 주기 T의 단위인 sec(초)의 관계는 다음과 같다.

$$f = \frac{1}{T}\text{Hz}$$

- 1Hz = 1sec
- 1kHz = 10^3Hz
- 1MHz = 10^6Hz
- 1GHz = 10^9Hz
- 1THz = 10^{12}Hz
- 1PHz = 10^{15}Hz

TIP • k=kilo: 킬로 • M=mega: 메가 • G=giga: 기가 • T=tera: 테라 • P=peta: 페타

마이크로파는 보통 1GHz 이상의 전파를 총칭하며 인공위성이나 지상 마이크로파의 통신에 많이 사용한다. AM 방송은 500~1,500kHz(중파)에 해당하고 FM 방송은 초단파VHF 대역이며 휴대용 전화기나 차량용 전화기는 극초단파UHF 대역이다.

여기서 잠깐! | 안테나 기술

안테나란 송신 시에는 송신기에 의해 변조된 교류 전압을 전자기파로 대기 중에 방사(Emitting)하고 수신 시에는 수신기에 의해 평가된 교류 전압으로 전자기파를 변환시키기 위해 공중에 가설한 도선이다. 안테나는 곤충의 '촉각'이라는 의미이며 전파를 잡는 촉각과 같은 작용을 한다는 데서 이름이 붙여졌다.

송신용과 수신용 안테나는 기본 원리가 같으나 사용하는 주파수(파장)에 따라 모양이 여러 가지다. 안테나를 효율적으로 작동시키기 위해서는 사용하는 주파수에 안테나를 서로 공진시킬 필요가 있다. 수직형 안테나는 동축 안테나 또는 슬리브(Sleeve) 안테나라고 하며 택시 무선이나 기타 초단파를 사용하는 통신 장치의 송수신 안테나로 많이 사용된다. 텔레비전 방송에 사용되는 송신용 안테나는 슈퍼턴 스타일 안테나, 수신용 안테나는 야기 안테나라고 한다. 다음과 같이 안테나에는 다양한 종류가 있다.

홀극 안테나

포물선 안테나

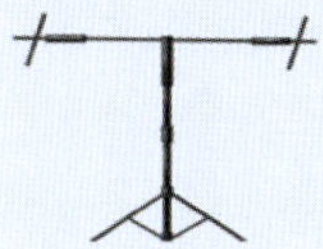

쌍극 안테나

혼 안테나

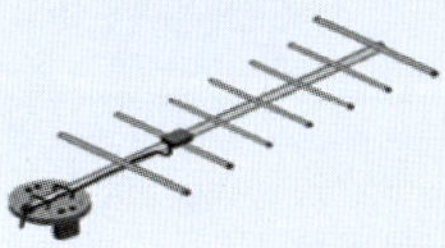

야기 안테나

링 안테나

■ 위성 마이크로파

인공위성은 무선 선로를 전송 매체로 사용한다. 그래서 전자기파를 이용하여 데이터를 전송할 수 있는데 이 전송 매체의 한 예가 바로 위성 마이크로파Satellite Microwave이다. 위성 마이크로파는 지상에서 약 35,860km 상공에 위성을 띄워놓고 지상의 여러 송수신국을 서로 연결한다. 즉, 지상 마이크로파의 중계국 역할을 하는 것이다.

지상 송신국에서는 안테나 빔을 이용하여 송신한 신호의 주파수 대역을 증폭(아날로그 전송)하거나 재생(디지털 전송)하여 다른 주파수로 바꾼 후 지상 수신국으로 송신한다. 이때, 통신 위성은 어떤 주파수 대역을 수신(상향 링크, 업 링크)하여 증폭하거나 재생하여 송신(하향 링크, 다운 링크)한다. 하나의 위성을 통해 송신 지구국과 수신 지구국이 연결되는 경로를 위성 링크Satellite Link라고 한다. 지상의 송신국과 수신국은 위성을 통해 상호 연결Link되어 송수신의 전송 경로 또는 회선을 개설한다. 상향 링크(업 링크)는 송신 지구국에서 위성을 향하여 신호를 쏘아 올리는 링크를 말하며, 하향 링크(다운 링크)는 위성에서 수신 지구국으로 신호를 송출하는 링크를 의미한다. 업 링크와 다운 링크에 있어서 상호 간의 간섭을 방지하기 위하여 업 링크 주파수는 다운 링크 주파수보다 높은 대역을 사용한다.

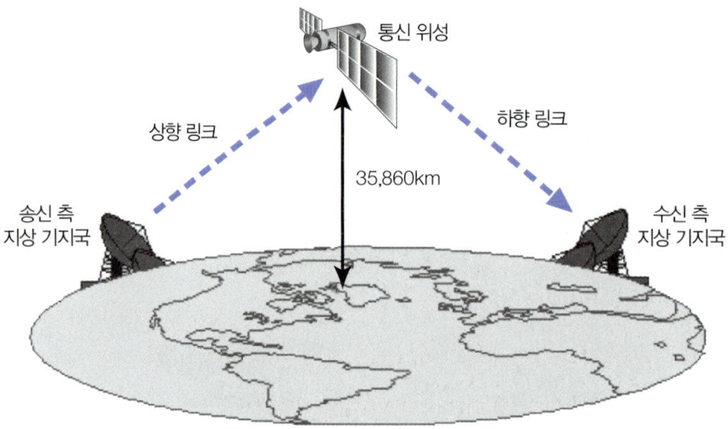

그림 2-19 위성 마이크로파를 이용한 위성 통신

통신 위성은 약 35,860km 적도 상공에서 마치 고정된 것처럼 관측되는데, 이를 정지 궤도 위성이라고 한다. 이렇게 통신 위성이 고정된 것처럼 보이는 이유는 통신 위성이 지구의 인력과 원심력의 균형 때문에 등속 타원 운동을 하고, 그 주기도 지구의 자전 주기와 일치하기 때문이다.

위성 통신은 다원 접속이 가능하며 기상 이변 등의 지상 재해에 영향을 적게 받는다는 특징이 있다. 다음은 위성 통신의 장단점을 비교한 것이다.

표 2-12 위성 통신의 장단점

장점	단점
• 광대역 고속 통신이 가능 • 한 지점에서 다수의 지점으로 동시에 정보를 전달하는 동보 통신 가능 • 통신망을 신속하게 건설 가능 • 장거리 전송에 적합하고 넓은 지역에서 통신 가능 • 통신 비용과 품질이 균일 • 지리적 제약(바다, 산) 없이 회선 구성 가능	• 사용 가능한 위성의 수 제한 • 내구성이 약하고 고장 수리가 어려움 • 극지방은 서비스 지역에서 제외 • 전파 지연(최소 238ms, 최대 278ms)이나 반향 현상 발생 • 점대점 네트워크만 가능 • 데이터 전송 시 암호가 있는 스크램블링(Scrambling) 필요

■ 지상 마이크로파

지상 마이크로파Terrestrial Microwave를 극초단파 전송 또는 마이크로파 라디오Microwave Radio라고도 한다. 지상 마이크로파는 방향성이 강하기 때문에 동축 케이블 등 유선 선로를 설치하기 곤란한 지역(습지대, 사막 등)에서는 접시형 안테나(파라볼라)를 장거리 통신 서비스용으로 사용한다. TV나 음성 전송용 동축 케이블보다 장거리 통신에 더 적합하다.

접시형 안테나는 직경이 10피트 내외로 안테나는 고정되어 있고, 수신 안테나는 가느다란 빔을 발사한다. 마이크로파 통신은 접시형 안테나를 이용하는데, 송신과 수신 안테나 사이에 장애물을 없애려고 주로 높은 지대에 설치한다. 그래서 장거리 전송을 할 때는 수 km마다 중계소가 필요하다. 단거리 전송에서는 빌딩 사이의 짧은 지점을 서로 연결(근거리 통신망 등)하는 데 사용한다. 대역폭은 대략 2~40GHz 정도다.

■ 라디오파

마이크로파는 방향성이 있지만 라디오파는 방향성이 없다. 따라서 라디오파를 이용하여 송수신을 할 때는 접시형 안테나가 필요 없고, 안테나를 정해진 위치에 정확히 설치하지 않아도 된다. 주로 AM, FM 라디오와 VHF, UHF TV 방송 등에 사용한다. 주파수 범위도 30MHz~1GHz로 매우 넓어 방송 통신용으로 적합하다. 30MHz 이상의 라디오파는 전리층을 통과하므로 멀리 떨어진 수신기도 반사나 강우에 덜 민감하다. 그러나 디지털 통신에서는 전송률이 높지 않다는 단점이 있다.

■ **이동통신**

이동통신은 이동체 통신이라고도 하는데 고정된 통신과는 반대되는 개념이다. 항공기, 선박, 열차, 자동차 등 계속 움직이는 대상에서 일반 전화로 통신할 때나 이들 이동체 상호 간에 일어나는 무선 통신을 말한다. 시스템은 서비스 종류에 따라 이동국, 기지국, 교환국으로 구성된다. 이동국은 모든 이동체에 설치된 통신 단말기를 뜻한다. 기지국은 이동국과 교환국을 연결하는 기능을 하고 안테나, 송수신기, 제어 부분 등으로 구성된다. 교환국은 이동통신망과 일반 공중망을 연결하는 기능을 하고, 가입자의 위치를 검출하거나 가입자 상호 간의 정보를 교환하는 데 사용한다. 이동통신 시스템에 대해서는 8장에서 자세히 살펴본다.

4 통신 제어 장치

통신 제어 장치CCU; Communication Control Unit는 주로 단말 장치/컴퓨터와 모뎀 사이에 위치하며, 통신 회선과 단말 장치 사이를 연결하여 송신이나 수신되는 데이터를 처리하기 좋은 형식으로 바꾸는 역할을 한다. 즉, 컴퓨터의 중앙 처리 장치와 데이터 전송 회선 사이에서 이들을 전기적으로 연결시킨다. 통신 제어 장치는 전송 제어 전용 장치이며, 통신 회선은 주 컴퓨터와 접속되는 것이 아니라 통신 제어 장치와 접속된다. 예를 들어, 문자 하나를 송신할 때는 병렬 비트를 직렬 비트로 바꾸어 전송하고, 수신할 때는 비트 여러 개를 모아서 문자 하나로 만들어 출력한다. 또 데이터의 오류를 검사하거나 정정하는 등 여러 기능을 수행한다. 즉, 문자의 조립 및 분해, 코드 변환, 회선의 제어, 에러 제어 등의 기능을 수행하고 통신 회선의 감시 및 접속, 전송 오류 검출을 수행한다.

그림 2-20 통신 제어 장치의 역할

통신 제어 장치의 예는 다음과 같다.

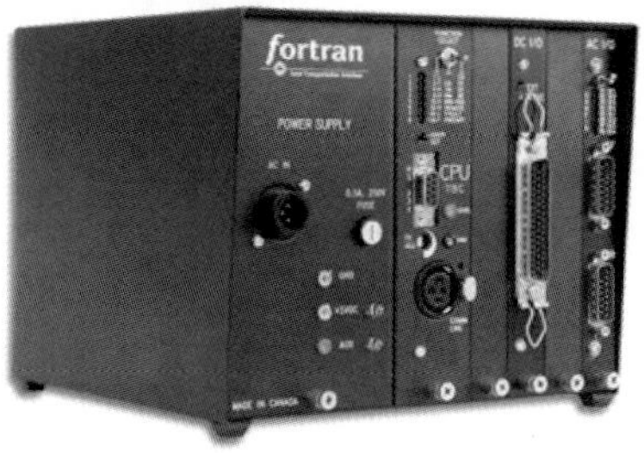

그림 2-21 통신 제어 장치의 예

참고로 DCUData Control Unit라는 장비가 있는데, 고가인 CCU가 24채널(T1급)이나 30채널(E1급)을 관리하는 통신 제어 장치인 데 반해 DCU는 채널 1개로 회선 1개만 관리한다.

신호를 처리할 때 컴퓨터는 0이나 1 신호를 사용하는데, 이 신호를 그대로 선로(예 일반 전화선)로 보내면 10m도 못 가서 끊기거나 오류가 발생한다. 그러므로 선로 쪽으로 보낼 때는 전기 신호를 사용해야 멀리 보낼 수 있다.

통신 제어 장치는 장비 측(디지털 신호)과 선로(아날로그 → 전기 신호) 측이 상호 교류할 수 있게 해준다. 중앙 처리 장치에서 처리되는 데이터의 송수신뿐만 아니라 제어 신호의 송수신을 제어한다. 그리고 통신 회선을 감시하고 접속 및 데이터 전송 시 오류가 생기지 않도록 제어한다. 그밖에도 통신 회선의 시분할 제어, 문자 및 메시지의 조립 및 분해, 버퍼링 기능, 데이터 신호의 직병렬 변환 등의 기능을 한다.

통신 제어 장치CCU는 전송 문자를 조립하고 분해하는 기능을 한다. 예를 들어, 전화를 24대까지 지원하는 디지털 장비가 있다고 가정하면 이것을 CCU가 담당한다. 전화 1대당 선로를 1개씩 이용하면 회선 낭비가 심하므로 선로 1개를 이용해 내보내는 작업을 수행할 필요가 있다. 이를 전문 용어로 다중화Multiplexing(멀티플렉싱), 역다중화Demultiplexing(디멀티플렉싱)라고 한다.

다중화는 '조립', 역다중화는 '분해'이다. 전화 24대를 선로 1개로 내보내려면 모으는 작업인 조립(다중화) 과정을 거쳐 선로 1개에 모은 전기적 신호를 다시 24개로 분해(역다중화)해야 한다. 통신 제어 장치의 기능을 통신 접속 기능과 정보 전송 기능으로 분류하면 [표 2-13]과 같다.

표 2-13 통신 제어 장치의 기능

기능	설명
통신 접속 기능	• 교환 접속 제어: 물리적 교환 회선과 논리적 교환 회선의 경로 설정과 해제 • 통신 방식 제어: 송신권 확보와 통신 방식 제어 • 다중 접속 제어: 분기 회선에서는 마지막에 주소 부여 • 우회 중계 회선 설정: 회선에서 오류가 발생하면 우회 경로나 중계 경로로 정보 전송
정보 전송 기능	• 동기 제어: 송신 측과 수신 측을 일치시키려고 동기 방식 제어 • 오류 제어: 메시지 중첩이나 비트 오류 등의 오류 검출과 정정 • 흐름 제어: 중계 장치에서 버퍼 초과를 방지하고 흐름 제어 • 응답 제어: 수신 정보에 응답하려고 확인 메시지 전송 • 우선권 제어: 우선권이 있는 정보에 긴급으로 정보 전송

통신 제어 장치는 공중 통신 회선에 접속하기 위한 발신과 착신, 통신 종료 후의 통신 회선 복귀 등의 기능을 수행하는 장치이므로 네트워크 제어 장치NCU; Network Control Unit라고도 한다. 통신 제어 장치의 부가 장치로 전처리 장치FEP와 후처리 장치BEP, 통신 제어 처리 장치CCP가 있다.

컴퓨터 앞쪽에 위치하여 통신 기능을 보강하는 주 프로세서에 결합되어 통신 제어와 메시지 처리까지 하는 통신용 프로세서이므로 전처리 장치FEP; Front End Processor라고 한다. 주 컴퓨터에 부가로 이용하여 부하를 줄이는 역할을 하므로 후처리 장치BEP; Back End Processor라고 한다.

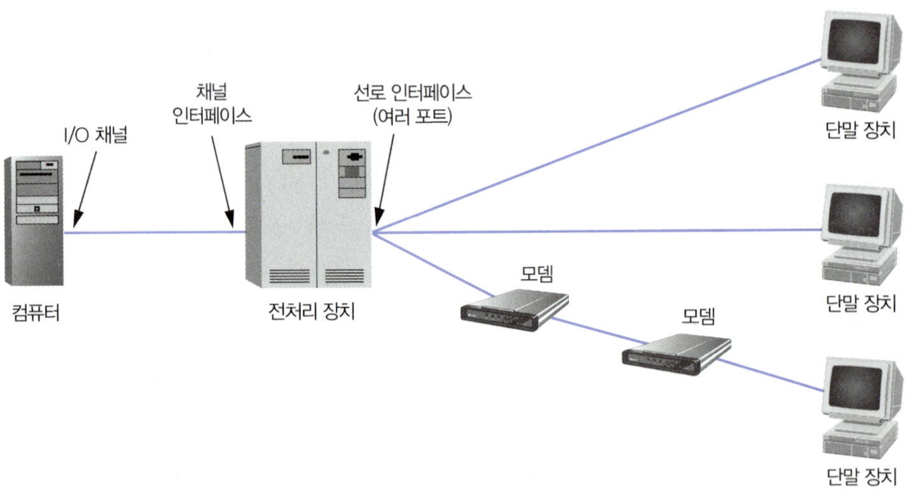

그림 2-22 전처리 장치

통신 제어 처리 장치CCP; Communication Control Processor는 통신 제어 장치CCU; Communication Control Unit를 개선한 것이다. 즉, 프로그래밍이 가능한 프로그램 제어 방식의 통신 제어 장치CCU다. 프로그래밍에 의해 복잡한 제어를 용이하게 하며 프로그램 제어가 가능한 소형의 중앙 처리 장치를 사용한다. 온라인 컴퓨터 시스템에서 주 컴퓨터에 접속되어 주 컴퓨터와 단말 간 또는 다른 주 컴퓨터 간의 통신 제어 기능을 수행하는 장치인 면에서 동일하지만 프로그래밍을 사용한 더 개선된 형태인 점이 다르다. 통신 제어 처리 장치CCP는 컴퓨터가 처리하는 단위인 메시지 단위로 데이터를 조립하고 분해하는 메시지 제어에 관한 부분까지도 처리하기 때문에 주 컴퓨터 중앙 처리 장치CPU의 부담을 덜어 준다. CCP는 프로그래밍이 가능한 제어 장치이기 때문에 단말의 증설이나 회선의 고속화 등 확장성, 기능의 변경이나 추가가 용이하여 유연성이 크다는 장점을 갖고 있다.

5 인터페이스와 접속 규격

인터페이스Interface는 데이터 단말 장치DTE와 데이터 통신 장치DCE 간의 접속 관계를 표시한다. 연결기Connector, 커넥터와 케이블Cable로 구성되며 연결기의 신호선 핀 배치에 따라 종류가 다르다. 다음 그림에서 다양한 모양의 커넥터를 볼 수 있다. 이들 상호 간에는 기계적, 전기적, 기능적 특성이 맞아야 한다.

그림 2-23 다양한 모양의 커넥터

인터페이스를 표준화하면 사용자가 매우 편리하게 사용할 수 있는데, 가장 대표적인 인터페이스 표준화는 RS-232다. RS-232C나 EIA-232C라고도 하며, 1969년에 EIA에서 제정되었다. RS-232C는 DTE와 DCE 간의 물리적 연결과 신호 수준을 정의하며 25핀과 9핀 연결기를 모두 지원한다. RS-232에는 C와 D가 있는데 RS-232D는 RS-232C를 수정하여 표준화한 것으로 특수한 케이블 연결기를 정의한다. RS-232에서 D형D-type 커넥터는 알파벳 D자를 닮아서 이렇게 명명하였는데 9핀, 15핀, 25핀 등이 있다. D형 커넥터 25핀의 구조는 다음과 같다.

TIP RS-232 외에도 RS-422, RS-423, RS-449, RS-485 등이 있다.

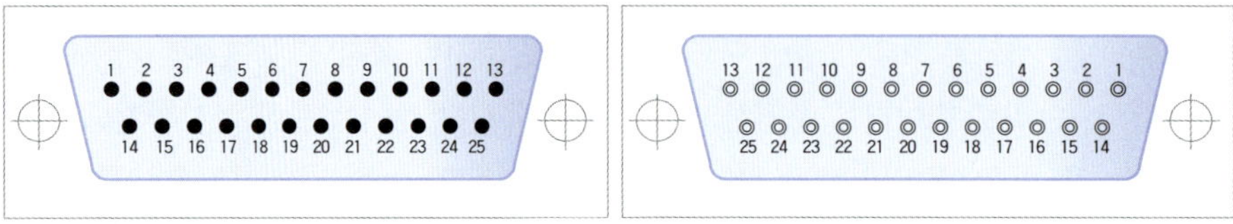

그림 2-24 D형 커넥터 25핀의 구조

DTE와 DCE 장치를 원활하게 작동하려면 연결기의 모양과 전압, 타이밍, 통신 회선의 종류 등 여러 제반 조건을 잘 조정해야 한다. 따라서 인터페이스 조건은 표준으로 정한 규약을 따른다.

전기적 변조는 양극 변조Bipolar Modulation 방식으로 속도는 20Kbps, DTE와 DCE 간의 최대 이격 거리는 15m 이내다. DTE-DCE 인터페이스 규격은 ITU-T 권고에 정의되어 있으며 V 시리즈, X 시리즈, I 시리즈 인터페이스가 있다.

V 시리즈 인터페이스는 DTE와 아날로그 통신 회선 간의 접속 규정을 정의한다. 모뎀 인터페이스라고도 하며, V.24/RS-232가 가장 대표적 인터페이스다. 마찬가지로 X 시리즈 인터페이스는 DTE와 디지털 교환망 간의 접속 규정, I 시리즈 인터페이스는 DTE와 종합정보통신망ISDN 간의 접속 규정을 정의한 것이다.

다음은 RS-232를 중심으로 네 가지 특성을 나타낸 것이다.

- **기계적 특성**: 연결기의 크기와 핀 개수 등을 정의하며 물리적 연결을 기술한다.
- **전기적 특성**: DTE와 DCE 사이의 커넥터에 흐르는 신호의 전압 레벨과 전압 변동, 잡음 정도 등 전기적 신호법을 규정한다.
- **기능적 특성**: DTE와 DCE 사이를 연결하는 각 회선에 의미를 부여하여 데이터 제어, 타이밍, 접지 등을 수행하는 기능을 규정한다.
- **절차적 특성**: 데이터를 전송하기 위해 사건이 일어나는 순서를 규정한다. 물리적 연결의 활성화와 비활성화, 동작의 종료와 절차 등을 정의한다.

2 응용 소프트웨어

응용 소프트웨어는 사용자가 컴퓨터를 다양한 분야에 활용하기 위해 개발한 프로그램이다. 회계, 인사, 행정 등 일반 업무를 디지털로 해결하기 위해 작성하는 프로그램으로 고급 프로그래밍 언어를 주로 사용한다. 응용 프로그램에는 사용자가 편리하게 사용할 수 있도록 컴퓨터 제조회사나 소프트웨어 전문 회사가 만든 소프트웨어 패키지Package가 들어 있는데 이는 특별한 목적을 위해 상품으로 만든 프로그램이다. 통계 패키지 프로그램, 워드프로세서, 자료계산 프로그램, 그래픽 관련 프로그램, 게임 프로그램, 과학용 프로그램 등이 여기에 속한다.

3 통신 소프트웨어

정보 전송 시스템은 컴퓨터 상호 간에 접속하여 정보를 교환할 수 있게 하는 소프트웨어 프로그램의 총칭을 말한다. 그리고 통신 소프트웨어Communication Software는 데이터 전송 회선과 통신 제어 장치를 이용하여 컴퓨터와 단말 장치 사이에서 정보를 송수신하기 위한 프로그램을 말한다. 통신 소프트웨어는 사용자 요구에 따라 다양하게 구성할 수 있다. 일부는 시스템 소프트웨어, 일부는 응용 소프트웨어에 속할 수도 있다. 다음은 소프트웨어 구성의 한 예다.

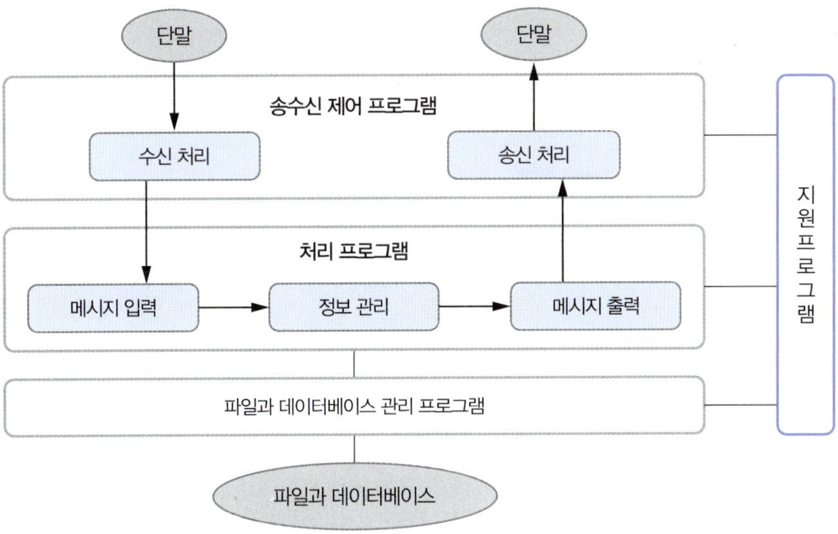

그림 2-26 정보 전송 시스템의 소프트웨어 구성의 한 예

TIP 송수신 제어 프로그램, 메시지 입력/정보 관리/메시지 출력 등을 담당하는 처리 프로그램, 진단/장애 복구를 지원하는 프로그램 등으로 구성한 예다.

통신 소프트웨어는 인터넷과 접속하기 위한 월드 와이드 웹 브라우저 소프트웨어와 전화 회선을 이용하여 PC 통신 서비스나 각종 데이터베이스 서비스와 접속하기 위한 소프트웨어, 단말기에서 제어하는 역할을 하는 단말 대행 소프트웨어Terminal Emulation Software 등이 있다.

통신 소프트웨어는 통신처나 프로토콜의 등록, 자동으로 호스트에 접속하는 자동 로그온, 파일을 전송하는 업로드, 수신된 데이터를 디스크 등에 기록하는 다운로드, 2진 데이터를 다루는 데이터 전송 프로토콜, 통신 기록을 남기는 로그, 통신 중에 화면에서 없어진 부분을 참조하는 백 스크롤 기능 등이 있다.

[그림 2-27]은 통신 소프트웨어의 기능을 나타낸다.

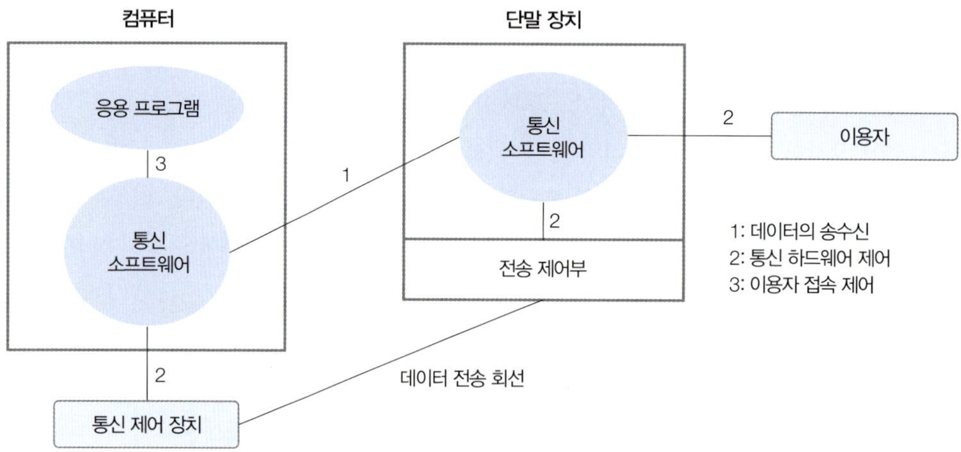

그림 2-27 정보 전송 시스템의 소프트웨어 기능의 한 예

- **데이터 송수신**: 컴퓨터와 단말 장치에 내장된 통신 소프트웨어 간에 데이터 전송을 수행하는 기능이다.
- **통신 하드웨어의 제어**: 통신 하드웨어(통신 제어 장치와 단말 장치의 전송 제어부)와의 제어 신호 및 데이터 송수신을 행하는 프로그램이 있는데, 이를 드라이버Driver라고 한다.
- **이용자 접속의 제어**: 단말 장치의 이용자(사람 또는 입출력 프로그램)가 통신할 수 있도록 통신 소프트웨어는 기본 명령이 준비되어 있다. 세부적인 구조를 몰라도 쉽게 통신 프로그램에 동작을 지시할 수 있다.

01 정보통신 시스템의 구성

- **정보 전송 시스템**: 단말 장치, 신호 변환 장치, 통신 회선, 통신 제어 장치 등으로 구성되는 데이터 전송계
- **정보 처리 시스템**: 컴퓨터의 중앙 처리 장치, 기억 장치, 입출력 장치, 주변 기기로 구성되는 데이터 처리계

02 단말 장치(DTE)

- 디지털 데이터를 입출력하는 장치
- 키보드, 모니터, 프린터 등 컴퓨터와 연결된 주변 장치
- 단말기, 단말, 터미널이라고도 함
- 컴퓨터 네트워크에서는 컴퓨터, 스마트폰, 태블릿 등이 단말 장치임

03 신호 변환 장치

- **모뎀**: 아날로그 전화선 이용
- DSU(**디지털 서비스 유닛**): 디지털 전용 회선 이용
- 전송 회선이 아날로그면 모뎀, 디지털이면 DSU 사용

04 통신 회선

- 데이터 전송 통로 또는 데이터 전달 선로
- 단말 장치와 단말 장치, 단말 장치와 컴퓨터, 컴퓨터와 컴퓨터 등 통신 기기를 연결
- 부호화한 신호로 변환한 데이터를 송신에서 수신으로 전송할 때 이용하는 통로

05 통신 제어 장치

- 통신 회선과 단말 장치를 연결해 송수신 데이터를 처리하기 좋은 형식으로 바꾸는 역할
- 단말 장치와 모뎀, 컴퓨터와 모뎀 사이에 위치
- 전송 제어 전용 장치로 주 컴퓨터가 아니라 통신 제어 장치와 접속

06 통신 소프트웨어

- 데이터 전송 회선과 통신 제어 장치를 이용해 컴퓨터와 단말 장치 사이에서 정보를 송수신하는 프로그램
- **종류**: 인터넷과 접속하기 위한 월드 와이드 웹 브라우저 소프트웨어, 전화 회선을 이용해 PC 통신이나 데이터베이스 서비스와 접속하기 위한 소프트웨어, 단말기에서 제어 역할을 하는 단말 대행 소프트웨어 등

연습문제

01 광섬유의 특징으로 알맞지 않은 것은?

① 네트워크 보안성이 높다.

② 전송 에러율이 매우 낮다.

③ 정보 손실률이 높다.

④ 전송 속도가 아주 빠르다.

02 다중 모드 광섬유에 대한 설명으로 옳지 않은 것은?

① 단일 모드 광섬유보다 제조 및 접속이 용이하다.

② 코어 내를 전파하는 모드가 여러 개 존재한다.

③ 모드 간 간섭이 있어 전송 대역이 제한된다.

④ 고속 및 장거리 대용량 전송에 사용된다.

03 소프트와이어(Softwire)를 이용한 전송 방법으로 알맞은 것은?

① 트위스트 페어 케이블

② 광섬유 케이블

③ 동축 케이블

④ 지상 마이크로파 통신

04 전자기파(전파)에 대한 설명으로 옳지 않은 것은?

① 파장이 짧을수록 직진성과 지향성이 강하다.

② 파장이 짧은 것부터 순서대로 나열하면 y선, x선, 적외선이다.

③ 전파는 인공적인 유도에 의해 공간에 퍼져나간다.

④ 진공 또는 물질 속에서 전자장의 진동이 전파함으로써 전자 에너지를 운반한다.

05 단말 장치의 기능 중 사람이 식별 가능한 데이터를 통신 장비가 처리 가능한 2진 신호로 변환하거나 그 역을 행하는 것은?

① 오류 제어 기능

② 입출력 기능

③ 송수신 제어 기능

④ 신호 변환 기능

06 데이터 전송계에서 신호 변환 외에 전송 신호의 동기 제어 송수신 확인, 전송 절차 제어 등을 담당하는 장치는?

① DTE ② DCE

③ DID ④ DDU

07 동축 케이블의 특징으로 알맞지 않은 것은?

① 저주파에서는 누화가 발생하기 때문에 60kHz 이하에서는 사용하지 않는다.

② 협대역 전송에 이용되며 근단 누화가 많이 발생한다.

③ 고주파에서는 외부 도체의 차폐가 우수하며 누화 특성이 개선된다.

④ 내부 도체와 외부 도체의 절연이 극히 좋아 전력 전송이 가능하다.

08 물리 계층의 네 가지 특성 중 DTE와 DCE 사이에 흐르는 신호의 전압 레벨, 상승 시간, 하강 시간, 잡음 정도를 규정한 것은?

① 절차적 특성

② 기능적 특성

③ 전기적 특성

④ 기계적 특성

09 광통신에 사용되는 레이저의 특징으로 옳지 않은 것은?

① 직진성이 약하다.

② 단위 면적당 출력이 매우 강하다.

③ 매우 순수한 단색광을 방출한다.

④ 간섭성이 좋다.

10 광통신 시스템에서 전송 속도를 제한하는 주된 요인으로 알맞은 것은?

① 전반사 ② 굴절

③ 광손실 ④ 광분산

11 괄호 안에 들어갈 알맞은 용어는?

> 대표적인 신호 변환 장치는 아날로그 전화선을 이용하는 (①)과 디지털 전용 회선을 이용하는 (②)이다.

12 괄호 안에 들어갈 알맞은 용어는?

> (①)은 데이터를 이동하는 역할, (②)은 데이터를 가공하고 처리하며 보관하는 역할을 담당한다. (①)은 단말 장치, 정보 전송 회선(신호 변환 장치와 통신 회선), 통신 제어 장치로 구성되고 (②)은 컴퓨터의 중앙 처리 장치, 기억 장치, 입출력 장치와 주변 기기로 구성된다.

13 괄호 안에 들어갈 알맞은 영어 용어는?

> (①)는 디지털 데이터를 입출력하는 데 사용하는 장치로 일반적으로 단말 장치라고 한다. (②)는 DTE를 네트워크에 연결시켜주는 데이터 회선 종단 장치다.

14 다음은 광섬유의 구성 중 어떤 것을 설명한 것인가?

> 광을 전송하는 영역으로 거울과 같은 역할을 수행하여 빛이 반사한다. 유리나 플라스틱으로 구성된다.

15 다음은 무엇을 설명한 것인가?

> 데이터 단말 장치(DTE)와 데이터 통신 장치(DCE) 간의 접속 관계를 표시해 준다. 연결기(Connector; 커넥터)와 케이블(Cable)로 구성되며 연결기의 신호선 핀 배치에 따라 종류가 다르다.

16 다음은 무엇을 설명한 것인가?

> 내부에 있는 단일 구리선과 외부 도체로 구성되어 있다. 내부 도체와 외부 도체 사이에는 절연 물질이 있으며 외부 도체는 피복으로 보호된다. 케이블 내에는 질소 가스가 봉입되어 있어 케이블이 고장나면 미리 알 수 있다.

17 다음은 무엇을 설명한 것인가?

> 지상에서 약 35,860km 상공에 있는 위성과 지상의 여러 송수신국을 서로 연결한다. 즉 지상 송신국으로부터 받은 주파수 대역을 증폭하거나 재생한 후 지상 수신국으로 보내는 역할을 한다.

18 다음은 무엇을 설명한 것인가?

> 방향성이 강하기 때문에 동축 케이블 등 유선 선로를 설치하기 곤란한 지역(습지대, 사막 등)에서는 접시형 안테나(파라볼라)를 장거리 통신 서비스용으로 사용한다. TV나 음성 전송용 동축 케이블보다 장거리 통신에 더 적합하다.

19 다음은 무엇을 설명한 것인가?

> 이것을 이용하여 송수신을 할 때는 방향성이 없으므로 접시형 안테나가 필요 없고 안테나를 정해진 위치에 정확히 설치하지 않아도 된다. 주로 AM, FM 라디오와 VHF, UHF TV 방송 등에 사용한다. 주파수 범위도 30MHz~1GHz로 매우 넓어 방송 통신용으로 적합하다.

20 다음은 무엇을 설명한 것인가?

> 항공기, 선박, 열차, 자동차 등 계속 움직이는 대상에서 일반 전화로 통신할 때나 이들 이동체 상호 간에 일어나는 무선 통신을 말한다. 서비스 종류에 따라 이동국, 기지국, 교환국으로 구성된다.

21 설명이 맞으면 ○, 틀리면 ×를 표시하시오.

(1) 정보통신망의 구성 요소 중 스마트폰이나 휴대폰은 전송 장치에 속한다.(　　)

(2) 위성 통신에서 다운 링크(Down Link)는 위성으로부터 수신 기지국으로의 회선이다.(　　)

(3) 통신 제어 장치의 기능은 오류의 검출 및 제어, 회선의 감시 및 접속 제어, 문자의 조립 및 분해 등이 있다.(　　)

(4) RFID 시스템의 구성 요소로는 태그와 리더, 안테나, QR 코드다.(　　)

22 설명이 맞으면 ○, 틀리면 ×를 표시하시오.

(1) 사물에 전자 태그를 부착하여 사물의 정보를 자동으로 인식하고 실시간으로 네트워크를 연결하여 정보를 관리하는 기술을 RFID라고 한다.(　　)

(2) 동기식 모뎀의 특징은 위상 변동에 민감하며 동기를 시작/정지 비트에 두어 데이터의 스페이스 마크를 감지하는 방식이다.(　　)

(3) 신호 변환 외에 전송 신호의 동기 제어 송수신 확인, 전송 절차 제어 등의 역할을 하는 장치는 DCE다.(　　)

(4) 단말기에서 모뎀으로 데이터를 보내기 위한 신호로 송신을 요구하는 것을 RTS(Request To Send)라고 한다.(　　)

23 설명이 맞으면 ○, 틀리면 ×를 표시하시오.

(1) 모뎀의 분류 기준과 관련되는 것은 변조 방식, 동기 방식, 사용 회선, 기기 크기 등이 있다.(　　)

(2) 모뎀 송신부의 구성 요소는 변조기, 스크램블러, 데이터 부호화기 등으로 구성된다.(　　)

(3) 모뎀의 수신기 구성 요소는 변조기, 등화기, 자동 이득 조절기 등으로 구성된다.(　　)

(4) RS-232의 25핀 커넥터의 3번 핀 기능은 데이터의 수신(RxD)이다.(　　)

24 RS-232의 특성 4가지를 열거하고 각각을 설명하시오.

25 모뎀(MODEM)과 디지털 서비스 유닛(DSU; Digital Service Unit)의 차이점을 설명하시오.

26 통신 제어 장치(CCU)를 설명하고 통신 제어 처리 장치(CCP)와의 차이점을 설명하시오.

27 통신 회선의 종류를 나열하고 종류별로 간략히 설명하시오.

28 신호 변환 장치를 이용한 데이터 통신 과정을 설명하시오.

29 소프트웨어와 통신 소프트웨어의 개념을 설명하시오.

01 통신 제어 장치의 설명으로 올바른 것은?

① 중앙 처리 장치의 부하를 가중시킨다.
② 회선 접속 장치를 원격 처리 장치로 연결한다.
③ 중앙 처리 장치의 제어를 받지 않는다.
④ 통신 회선의 감시 및 접속, 전송 오류 검출을 수행한다.

02 다음은 정보 단말기의 어떤 기술을 설명한 것인가?

> 소형 전자 칩과 안테나로 구성된 전자 Tag를 제품에 부착하여 사물을 정보 단말기가 인식하고 인식된 정보를 IT 시스템과 실시간으로 교환하는 기술

① HSDPA ② IPTV
③ PLC ④ RFID

03 통신 제어 장치(CCU)의 종류 중 다음 설명에 해당되는 것은?

> 공중 통신 회선에 접속하기 위한 발신과 착신, 통신 종료 후의 회선 복귀 등의 기능을 수행하는 장치

① 전처리 장치(FEP) ② 후처리 장치(BEP)
③ 원격 처리 장치(RP) ④ 네트워크 제어 장치(NCU)

04 정보통신 시스템의 기본 구성에서 데이터 전송계에 속하지 않는 것은?

① 전송 회선 ② 단말 장치
③ 통신 제어 장치 ④ 중앙 처리 장치

05 단말기에 마이크로프로세서를 내장하여 분산 처리 방식에 적합한 것은?

① 전용 단말 장치
② 범용 단말 장치
③ 복합 단말 장치
④ 지능형 단말 장치

06 DSU(Digital Service Unit)의 특징으로 옳지 않은 것은?

① 디지털 정보를 디지털 신호로 변환한다.

② 디지털 정보를 장거리 전송하기 위해 사용한다.

③ 디지털 네트워크에서 사용하는 회선 종단 장치다.

④ 양극성 신호를 단극성 신호로 변환하여 전송한다.

07 정보통신 시스템의 통신 회선 종단에 위치한 신호 변환 장치 중에서 디지털 전송로를 사용할 때 송신 측에서 단극성 신호를 쌍극성 신호로 변환하는 장치는?

① DSU
② CODEC
③ CPU
④ CSU

08 일반적인 모뎀의 기능에 멀티플렉서(Multiplexer)가 혼합된 형태로 4개 이하의 채널을 다중화할 때 사용하기에 가장 적절한 모뎀은?

① 단거리 모뎀

② 장거리 모뎀

③ 멀티 포인트 모뎀

④ 멀티 포트 모뎀

09 출력 장치의 기능을 설명한 것은?

① 입출력 장치의 제어 및 호스트 컴퓨터와의 제어를 수행하는 것

② 발생한 정보의 입력을 부호화하여 전기 신호로 변환하는 것

③ 전기 신호를 인간이 이해할 수 있는 형태로 출력하는 것

④ 발생한 정보의 출력을 부호화하여 변환하는 것

10 정보 단말기가 이용하는 변조 기능의 목적 또는 필요성에 맞지 않는 것은?

① 잡음과 간섭을 줄인다.

② 역다중화가 이루어진다.

③ 무선 전송 매체를 사용하여 전파 복사(Radiation)를 용이하게 한다.

④ 전송 신호를 전송 매체에 정합시킨다.

11 DSU에 대한 설명으로 옳지 않은 것은?

① 유니폴라 신호를 바이폴라 신호로 변환시키는 디지털 모뎀이다.

② 송수신 전단에 위치하여 원거리 디지털 전송을 보장한다.

③ T1/E1 간의 타이밍을 보정한다.

④ 벨 시스템의 DDS에 사용된다.

12 위성 통신 시스템에 대한 설명으로 옳지 않은 것은?

① 기상 이변 등 지상 재해의 영향이 적다.

② 동시 동보성을 지닌다.

③ 다원 접속이 가능하다.

④ 전파 지연이 생기지 않는다.

13 동축 케이블의 특징으로 옳지 않은 것은?

① 2선식 케이블의 표피 효과를 보완한 케이블이다.

② 차폐된 구조를 가진 케이블이다.

③ 세심 동축 케이블의 내경/외경은 1.18/4.44mm다.

④ 외부 도체는 신호 전송용으로 사용한다.

14 DSU(Digital Service Unit)의 기능으로 옳은 것은?

① 아날로그 데이터를 디지털 신호로 변환

② 아날로그 신호를 디지털 데이터로 변환

③ 디지털 데이터를 디지털 신호로 변환

④ 디지털 신호를 아날로그 데이터로 변환

15 RS-232C 통신 방식에서 DTE와 DCE 사이의 최대 이격 거리는?

① 5m ② 15m

③ 10m ④ 2m

16 정보 처리 시스템으로 분류되지 않는 것은?

① 중앙 처리 장치　　② 통신 회선
③ 기억 장치　　④ 입출력 장치

17 괄호 안에 들어갈 알맞은 용어는?

> (　　)는(은) 데이터 단말 장치(DTE)와 데이터 통신 장치(DCE) 간의 접속 관계를 표시한다. 연결기(Connector), 커넥터, 케이블(Cable)로 구성되며 연결기의 신호선 핀 배치에 따라 종류가 다르다. 이들 상호 간에는 기계적, 전기적, 기능적 특성이 맞아야 한다.

① 데이터 처리　　② 인터페이스
③ 데이터 전송　　④ 모뎀

18 그림, 차트, 도표, 설계 도면을 읽어 이를 디지털화하여 컴퓨터에 입력시키는 기기는?

① 문자 판독기　　② 그래픽 단말기
③ 디지타이저　　④ 플로터

19 DOCSIS(Data Over Cable Service Interface Specification)라는 표준 인터페이스 규격을 활용하는 단말은?

① 케이블 모뎀　　② 유선 일반 전화기
③ 스마트 패드　　④ 휴대폰

20 정보통신 시스템의 구성 요소는 기능상 정보 전송 시스템(데이터 전송계)과 정보 처리 시스템(데이터 처리계)으로 분류한다. 다음 중 정보 전송 시스템에 해당되지 않는 것은?

① 단말 장치　　② 통신 회선
③ 신호 변환 장치　　④ 통신 소프트웨어

01 ④　02 ④　03 ④　04 ④　05 ④　06 ④　07 ①　08 ④　09 ③　10 ②　11 ③　12 ④
13 ④　14 ③　15 ②　16 ②　17 ②　18 ③　19 ①　20 ④

Chapter

03

정보 전송 방식과 기술

학습목표

- 정보 전송 방식의 원리와 기술의 필요성, 전송 방식의 종류를 이해한다.
- 정보 전송 시스템과 기본 요소를 살펴본다.
- 통신 회선의 전송 방식과 교환 방식 등 정보 전송 방식을 학습한다.
- 부호화와 변조 방식, 다중화 방식 등 정보 전송 기술과 최신 동향을 학습한다.

01 정보 전송의 개요

1 정보 전송의 원리

전화기, 컴퓨터 단말기, 팩스, 비디오카메라, 스캐너 등으로 생성되는 다양한 형태의 정보(음성, 데이터, 화상 비디오 등)는 전기 신호로 변환되어 송신된다. 이 신호는 복조 과정을 거쳐 수신부에 디지털 신호로 입력되는데, 변조와 복조 기능을 수행하는 장치를 신호 변환 장치(모뎀 또는 디지털 서비스 유닛)라고 한다.

2 정보 전송 방식과 기술

전송 매체를 이용해 데이터를 전송할 때는 한꺼번에 많은 사용자가 제한된 전송 선로를 사용한다. 이를 좀 더 효율적으로 사용하려면 나름의 정보 전송 방식이 필요하다. 그리고 전송할 때 발생하는 감쇄, 잡음 등의 손상을 최소화하는 정보 전송 기술도 필요하다. 정보 전송 방식과 기술은 관점에 따라 다양한 형태로 분류할 수 있다.

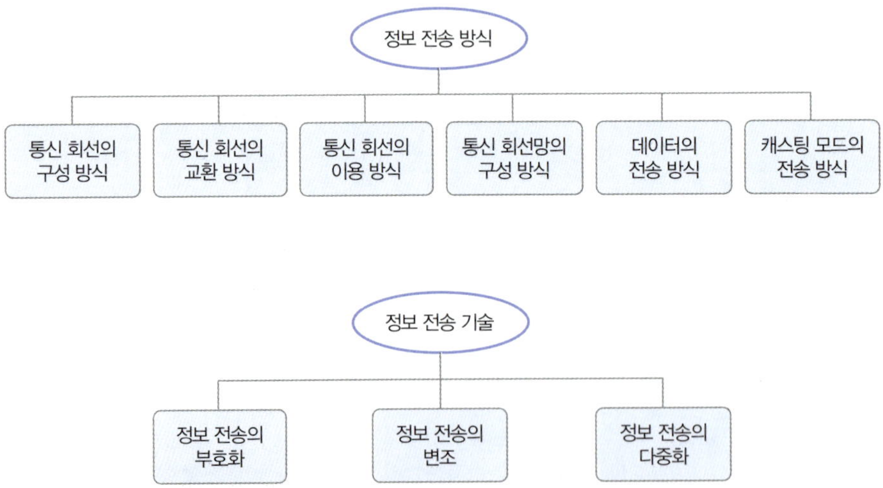

그림 3-1 정보 전송 방식과 기술의 분류

02 정보 전송의 기본 요소

1 신호

신호는 아날로그 신호와 디지털 신호로 나뉜다.

1.1 아날로그 신호

연속된 파형인 아날로그 신호는 자연계에 포함되어 있으며, 주기 신호와 비주기 신호로 분류할 수 있다. 주기 신호는 다시 정현파와 비정현파로 분류한다. 비정현파에는 계단파, 직선파, 삼각파가 있으며 컴퓨터 내부 클록Clock의 파형이 대표적이다.

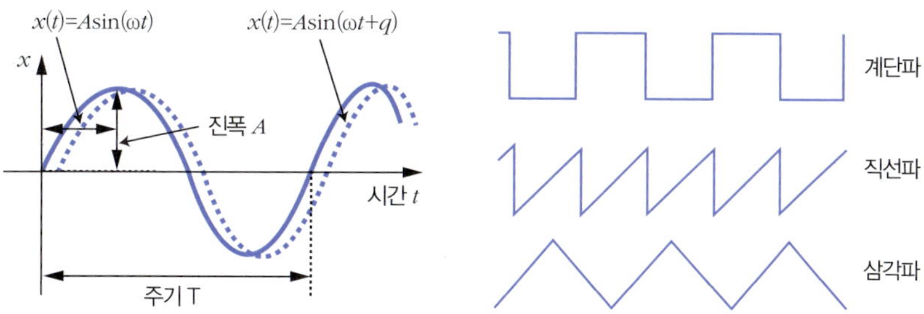

그림 3-2 주기 신호의 종류

정보를 변환한 신호는 일정한 주기가 있는 주기 신호이지만 잡음 등은 비주기 신호다. 주기 신호는 (식 4.1)처럼 표시할 수 있다.

(식 4.1)

$$x(t) = A(T + t)$$

- T : 주기

주기 신호 중에서 가장 기본인 정현파는 (식 4.2)처럼 표시할 수 있다. 아날로그 신호 변조의 구성 요소는 진폭Amplitude, 주파수Angular Frequency, 위상Phase이고 값을 변화시켜 변조할 수 있다.

(식 4.2)

$$x(t) = A \sin(wt + q)$$

• A : 진폭 • w : 주파수 • q : 위상

- **진폭**: 신호의 크기나 세기를 나타내며 단위는 V(볼트)를 사용한다. 음성의 크기가 진폭이다.
- **주파수**: 단위 시간당 사이클을 반복하는 횟수를 나타내며 단위는 Hz(헤르츠)를 사용한다.
- **위상**: 임의의 시간에서 반송파 사이클의 상대적인 위치를 나타내며 단위는 °(도)를 사용한다.

1.2 디지털 신호

디지털 신호는 이산 신호로, 물리량을 유한한 숫자로 표현한 것이다. 아날로그 신호를 디지털화하려면 신호뿐만 아니라 시간도 디지털화해야 한다.

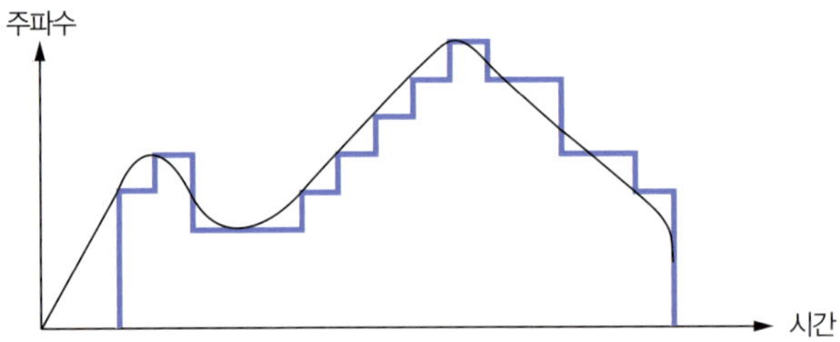

그림 3-3 아날로그 데이터를 디지털 데이터로 변환

주파수 단위인 Hz는 디지털과 아날로그 주파수에서 다른 의미이므로 구별해서 사용한다. 예를 들어, 전화선을 사용할 때는 주파수가 3,200Hz인 아날로그 신호는 있어도 디지털 신호는 없다. 주파수가 3,200Hz인 디지털 신호는 1을 뜻하는 5V와 0을 뜻하는 0V가 1초 동안에 3,200번 반복하는 펄스Pulse를 나타낸다.

여기서 잠깐! | 푸리에 급수와 신호 분석

시간 함수를 주파수 함수로 변환할 때는 푸리에 변환을 사용한다. 비주기 함수도 푸리에 변환을 사용하며, 주기 신호는 모두 정현파로 분해할 수 있다. 19세기 프랑스의 수학자 푸리에(Jean-baptiste Fourier)는 푸리에 변환을 이용해 시간에서 주기 파형이 있는 신호를 푸리에 급수(Fourier Series)에 따른 기본파와 고주파의 합으로 구성한 후 원래의 신호를 알아내 데이터 통신의 신호를 분석하고 응용할 수 있는 이론을 제시했다.

2 통신 속도

통신 속도는 단위 시간당 전달되는 데이터의 양이다. 데이터의 양은 표현 방법에 따라 데이터 신호 속도, 전송 속도, 변조 속도, 베어러 속도 등으로 나타낸다.

2.1 데이터 신호 속도

데이터 신호 속도는 1초 동안 전달되는 비트bit 수로, 전송 속도를 나타낸다. 단위는 bit/sec나 bpsbit per second를 사용한다. 비트는 정보를 표현하는 최소 단위로, 컴퓨터에서는 0이나 1로 표시한다.

데이터 신호를 표시하는 일반식 S는 (식 4.3)과 같다.

(식 4.3)

$$S=\sum_{i=1}^{m}\frac{1}{T_i}\log_2 n_i$$

- S : 데이터 신호 속도(bps)
- m : 병렬 전송에서 전송로의 수, 직렬 전송은 1
- T : i번째 전송로의 펄스 1개당 지속 시간
- n : i번째 전송로의 펄스 1개가 표시할 수 있는 부호의 상태 수

직렬 전송에서 펄스 1개가 표시할 수 있는 부호의 상태 수는 2인 NRZ 부호인데 펄스 폭이 5ms일 때 데이터 신호 속도는 ①과 같이 계산한다. 직렬 전송이므로 m=1, NRZ 부호이므로 n=2, 펄스 폭이 5ms이므로 $T=5\times10^{-3}$이다. 따라서 $S=1\times(1/(5\times10^{-3}))\log_2 2$ = 200bps가 된다.

① 전송로 1개 사용: m = 1

$$S=\frac{1}{T_i}\log_2 n_i$$

② 펄스 상태가 0과 1 두 가지: n = 2

$$S=\frac{1}{T_i}$$

2.2 데이터 전송 속도

데이터 전송 속도는 단위 시간에 전송되는 데이터의 양으로 결정된다. 데이터의 양으로는 바이트, 문자, 블록, 패킷 등을 사용하고 단위 시간은 초, 분, 시를 사용한다. 데이터 전송 속도는 회선의 실제 용량을 나타내기에는 적합하나 시스템마다 문자, 블록 등이 달라질 수 있어 흔히 쓰는 표현은 아니다. 단위는 자/분Character/Minute을 많이 사용한다. 메시지는 크기가 일정한 블록 단위로 분할하여 전송하는데 이때 분할된 블록 단위를 패킷Packet이라 한다. 데이터 전송 속도를 계산하는 일반식은 (식 4.4)와 같다.

(식 4.4)

$$\text{데이터 전송 속도} = \frac{\text{데이터 신호 속도} \times 60}{\text{전송 프레임을 구성하는 비트 수}}$$

데이터 신호 속도가 2,400bps고 ASCII 부호의 문자 하나를 1정지 비트를 이용해 비동기 통신 방식으로 전송할 때 데이터 전송 속도는 다음처럼 계산한다. 전송 프레임을 구성하는 비트 수가 '8+2'인 이유는 실제 데이터가 8이고 시작 비트와 정지 비트가 각각 1이기 때문이다.

$$\frac{2,400 \times 60}{8+2} = 14,400(\text{자/분})$$

동기 전송일 때 전송 프레임을 구성하는 비트 수가 '8'인 이유는 실제 데이터가 8이고 시작 비트와 정지 비트는 없기 때문이다.

$$\frac{2,400 \times 60}{8} = 18,000(\text{자/분})$$

2.3 변조 속도

변조 속도는 신호를 변조하는 과정에서 1초에 몇 회 변조가 발생하는지를 나타낸 것으로 단위는 보Baud를 사용한다. '보'는 전신 코드를 발명한 보드Baudot의 이름에서 유래한다.

변조된 신호(진폭, 주파수, 위상)는 신호를 변화한 위치(유의 시간)에 정보를 표시하는데, 이 변화점 사이에 있는 간격이 가장 짧은 시간의 역을 변조 속도라고 한다. 즉, 0 또는 1을 나타내는 펄스의 수를 1초 동안 몇 개 포함했는지를 의미한다. 변조 속도를 표시하는 일반식은 (식 4.5)와 같다. 예를 들어, 교류 신호의 1비트에 해당하는 시간이 5ms라면 변조 속도는 200인데, 200보 $= 1/(5 \times 10^{-3}) = 1/0.005$이기 때문이다.

(식 4.5)

$$B = \frac{1}{T} = \frac{S}{N}$$

또는

$$S = N \times B = \log M \times B$$

- B : 변조 속도(baud)
- T : 단위 펄스의 시간 길이
- S : 데이터의 신호 속도(bps)
- N : 단위 시간당 비트 수
- M : 변조 방식의 수(예 4상 변조 방식인 경우에 $M = 4 = 2^2$)

정보 전송에서 800baud의 변조 속도로 4상 차분 위상 변조된 데이터 신호 속도 S는 다음과 같다.

$$\log 2^2 \times 800\text{baud} = 2 \times 800 = 1{,}600\text{bps}$$

최단 펄스 시간 길이가 $1{,}000 \times 10^{-6}$sec일 때 펄스의 변조 속도는 다음과 같다.

$$B = 1/T\text{이므로 } B = 1/1{,}000 \times 10^{-6} = 1{,}000\text{baud}$$

bps와 baud(보)의 관계는 'baud=bps/단위 신호당 비트 수'이고, 예는 다음과 같다.

① 비트 1개를 단위 신호 하나로 사용할 때
  - 300bps(데이터 신호 속도)=300baud(변조 속도)×1단위
  - BPSK Binary Phase Shift Keying처럼 한 개 비트가 한 개 신호(0,1)로 사용되면 bps와 baud가 동일하다. BPSK는 동축 케이블로 데이터를 전송할 때 사용하는 디지털 주파수 변조 기술로, QPSK나 64QAM 등의 변조 방식에 비해 효율은 떨어지지만 잡음이 덜하다.

② 비트 2개를 단위 신호 하나로 사용할 때
  - 600bps(데이터 신호 속도)=300baud(변조 속도)×2단위
  - QPSK: (00,01,10,11)처럼 두 개로 구성된 비트가 한 개 신호 단위이고 bps와 baud는 상이하면 bps가 baud의 두 배가 됨

- 8PSK: (000~111)처럼 세 개로 구성된 비트가 한 개 신호 단위이고 bps와 baud는 상이하면 bps가 baud의 세 배가 됨
- 16PSK: (000~111)처럼 네 개로 구성된 비트가 한 개 신호 단위이고 bps와 baud는 상이하면 bps가 baud의 네 배가 됨

2.4 전송 효율

전송 효율은 통신선의 사용 효율이다. (식 4.6)처럼 전송된 총 비트 수에서 순수 정보의 비트 수가 차지하는 비율을 백분율(%)로 표시한다. 동기 전송이 비동기 전송보다 효율이 높은 것은 비동기 전송에서 전송된 총 비트 수에 시작 비트와 정지 비트가 추가되기 때문이다.

(식 4.6)

$$\text{전송 효율} = \frac{\text{순수 정보 비트 수}}{\text{전송된 총 비트 수}} \times 100$$

예를 들어, 문자 600개에서 ASCII 부호 1개를 비동기 통신 방식으로 1정지 비트를 이용할 때와 동기 문자 SYN 세 개를 사용할 때의 전송 효율을 계산하는 방법은 다음과 같다.

TIP 2를 더하는 이유는 시작과 정지 비트가 각각 1이기 때문이다.

① 비동기 전송일 때

- 순수 정보 비트 수: 600문자×8비트=4,800비트
- 전송된 총 비트 수: 600문자×(8+2)비트=6,000비트
- 전송 효율을 구하는 식에 대입하면 $\frac{4,800}{6,000} \times 100 = 80\%$

② 동기 전송일 때

- 순수 정보 비트 수: 600문자×8비트=4,800비트
- 전송된 총 비트 수: 600문자×8비트+3문자×8비트=4,824비트
- 전송 효율을 구하는 식에 대입하면 $\frac{4,800}{4,284} \times 100 = 99.5\%$

여기서 잠깐! | 데이터 신호 속도와 변조 속도의 불일치

데이터 신호 속도와 변조 속도는 전송 형태에 따라 일치할 때도 있고, 일치하지 않을 때도 있다. 직렬 전송에서는 (식 4.5)처럼 진폭 변조나 주파수 변조된 교류 신호의 한 변화점에서 1비트 정보만 전송하므로 변조 속도와 신호 속도가 일치한다. 병렬 전송이나 위상 변조에서는 한 변화점에서 비트 여러 개를 전달하기 때문에 변조 속도와 신호 속도가 일치하지 않는다.

3 전송 용량

전송 채널을 이용해 오류 없이 정보를 전송할 수 있는 최대 속도를 전송 용량 또는 통신 채널 용량이라고 한다. 단위는 데이터 신호 속도와 비슷하고 전송 용량을 표시하는 일반식은 (식 4.7)과 같다. 이 식은 섀넌C. E. Shannon이 증명하고 정리했다. 전송 채널의 정보량은 대역폭과 신호 전력, 채널 잡음과 관련이 있으며 단위는 bps를 사용한다. 잡음이 있는 채널에서는 섀넌의 공식으로 채널 용량을 계산한다. 채널 용량을 증가시키려면 대역폭을 늘이고 S/N비를 증가(신호 전력은 크게, 잡음 전력은 작게)시켜야 한다. 수신 측에 전송된 정보량은 상호 정보량의 최대치다.

(식 4.7)

$$C = W\log_2(1+\frac{S}{N})$$

- C : 통신 용량(Capacity)
- W : 채널의 대역폭(Bandwidth)
- $\frac{S}{N}$: 신호 대 잡음비(Signal/Noise)

예를 들어, 전형적인 음성급 채널에서 사용할 수 있는 최대 주파수 대역은 2,500Hz다. 보통의 환경에서 비율이 30dB일 때 전송 용량은 다음과 같이 계산할 수 있다.

$$C = 2{,}500 \times \log_2(1+1{,}000/1) = 2{,}500 \times \log_2(1{,}001)$$

여기서 $30\text{dB} = 10 \times \log_{10}(\frac{S}{N})$이므로 $(\frac{S}{N}) = 1{,}000$이 된다.

4 오류율

오류는 통신 회선의 순간 절단 현상, 통신 회선의 잡음, 감쇄, 혼선, 찌그러짐, 펄스성 잡음, 에코 현상 등 장치의 기계적, 구조적 원인이나 전원 중단 등을 이유로 발생한다. 데이터 전송 시 발생하는 주요 장애의 종류에는 신호 감쇄Signal Attenuation, 지연 왜곡Delay Distortion, 잡음Noise 등이 있다.

보통 공중 전화선에서는 오류율이 10^{-5}~10^{-6} 정도로 발생하는데 적절한 오류율은 그 이하를 말한다. 오류가 발생할 확률은 아날로그 회선이 디지털 회선보다 더 높다. 오류율을 구하는 식은 다음을 참고한다.

표 3-1 오류율 구하는 공식

종류	식	설명
비트 오류율	$\frac{\text{오류가 발생한 비트 수}}{\text{전송된 총 비트 수}}$	전송된 총 비트 수에서 오류가 발생한 비트 수의 비율
블록 오류율	$\frac{\text{오류가 발생한 블록 수}}{\text{전송된 총 블록 수}}$	전송된 총 블록 수에서 오류가 발생한 블록 수의 비율
문자 오류율	$\frac{\text{오류가 발생한 문자 수}}{\text{전송된 총 문자 수}}$	전송된 총 문자 수에서 오류가 발생한 문자 수의 비율

03 정보 전송 방식

1 통신 회선 방식

1.1 통신 회선의 구성 방식

정보통신 시스템에서 통신 비용을 줄이고 정보를 효율적으로 전송하는 방법으로 회선 하나에 여러 개의 시스템을 연결하거나 몇 개의 회선을 공유하는 방식이 있다.

통신 회선은 2선식과 4선식으로 분류한다. 이것은 물리 매체(전송 회선)와 전송 장치(모뎀)에 연결하는 통신 회선의 수에 따라 분류한 방식이다. 2선식2W, 2Wire은 신호선과 공통 접지선Ground이 두 개의 선으로 구성되며 양방향 통신에서는 위아래로 전송할 때 동일한 전송로를 사용한다. 4선식4W, 4Wire은 신호선과 공통 접지선이 네 개의 선으로 구성되며 2선식과 달리 양방향 통신에서 위아래로 전송할 때 별도의 전송로를 사용한다.

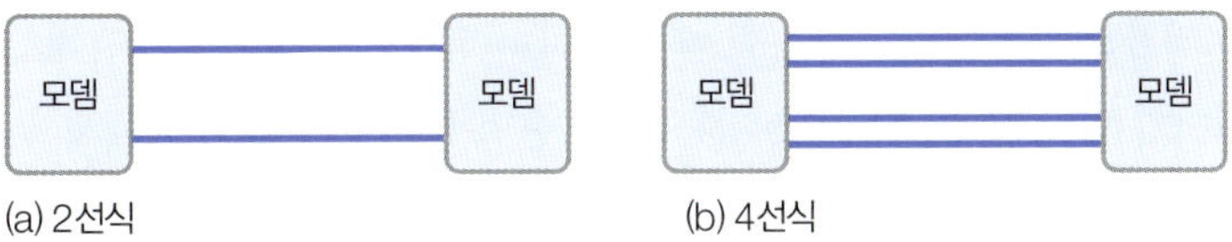

그림 3-4 2선식과 4선식 통신 회선

1.2 통신 회선의 접속 방식

컴퓨터와 단말기를 연결하는 방식에는 점 대 점 회선, 다지점 회선, 집선 회선, 회선 다중 방식이 있다.

■ **점-대-점 회선 방식**

점-대-점Point to Point, Peer-to-Peer 회선 방식은 컴퓨터 시스템과 단말기를 전용 회선으로 직접 연결한다. 단말기를 여러 대 연결할 때도 일-대-일로 연결하므로 언제든지 데이터를 송수신할 수 있다. 이 방식은 전화 회선을 구성하는 데도 이용하는데, 교환기를 이용하여 공중 회선을 사용할 수 있다. 응답 속도가 빨라 고속 처리에 주로 이용한다.

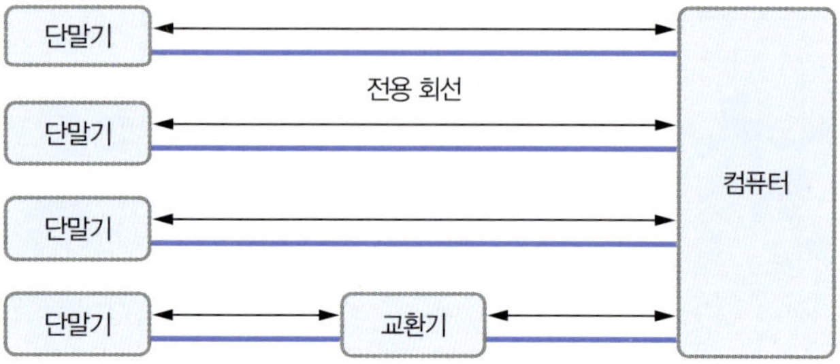

그림 3-5 점-대-점 회선 방식

■ 다지점 회선 방식

다지점 회선Multipoint Line, Multidrop Line 방식은 컴퓨터 시스템에 연결된 전송 회선 한 개에 단말기를 여러 대 연결한다. 여기서는 대부분 전용 회선 한 개를 사용하므로 한 시점에서는 단말기 하나만 컴퓨터로 데이터를 전송할 수 있다. 반면, 컴퓨터에서 데이터를 수신할 때는 단말기 여러 대가 동시에 수신한다. 단말기와 컴퓨터의 통신 선로를 구성하는 방법에는 폴링, 선택, 경쟁이 있다.

폴링Polling은 단말기에서 컴퓨터로 데이터를 전송할 때 사용하며 컴퓨터 감시 프로그램에서 신호를 보내 송신할 데이터가 있는지 주기적으로 검사한다. 선택Selection은 컴퓨터에서 특정 단말기를 지정하여 데이터를 전송할 때 주로 이용하는데 특정 단말기를 지정하는 제어 문자를 데이터 앞에 포함시켜 전송한다. 경제적이며 짧은 시간 동안 회선을 운영하므로 조회 처리에 주로 사용한다. 경쟁Contention은 단말 장치가 서로 경쟁하면서 회선에 접근하는 방법으로 가장 간단하지만 효율적이지 않다.

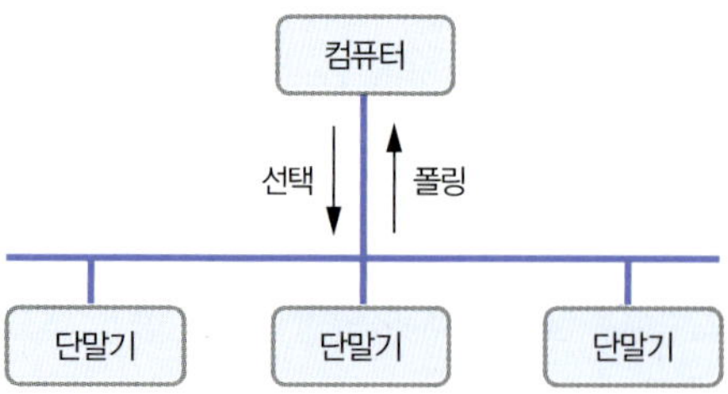

그림 3-6 다지점 회선 방식

■ **집선 회선 방식**

집선Line Concentration 회선 방식은 일정한 지역 내에 있는 중심 부분에 집선 장치를 설치한 후 여기에 단말기를 여러 대 연결하는 방식이다. 컴퓨터와 집선 장치 사이는 속도가 빠른 단일 회선으로 연결하거나 연결한 단말기 수보다 적은 수로 연결할 수 있다. 이 방식은 통신 회선을 효율적으로 사용할 수 있으며 다지점 회선 방식처럼 단말기의 회선 사용률이 낮을 때 적합하다. 집선은 집선 장치의 입구보다 출구 개수를 적게 하는 것이다.

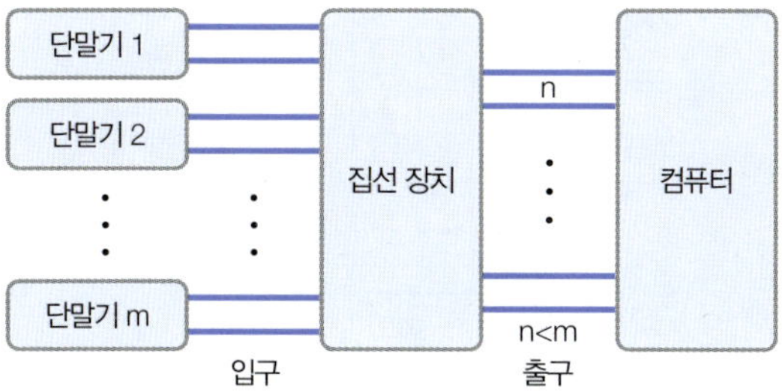

그림 3-7 집선 회선 방식

■ **회선 다중 방식**

회선 다중Line Multiplexing 방식은 집선 회선 방식과 사용 방법이 비슷하다. 일정한 지역에 있는 단말기 여러 대를 그 지역의 중심 부분에 설치된 다중화 장치Multiplexer에 연결하고 다중화 장치와 컴퓨터 사이는 대용량 회선으로 연결한다. 다중화 통신 회선 방식은 회선 사용률이 비교적 높은 단말기에서 데이터를 송수신할 때도 적용할 수 있다.

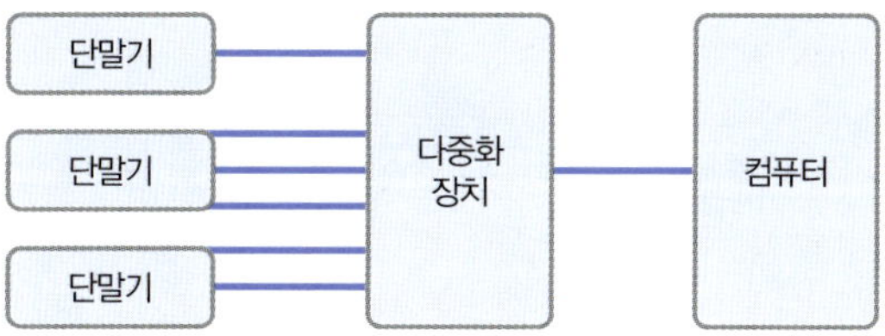

그림 3-8 회선 다중 방식

1.3 통신 회선의 교환 방식

통신 회선은 데이터를 교환하는 형태에 따라 비교환 회선과 교환 회선 방식으로 나눈다. 비교환 회선 방식은 단말 장치끼리 직통 회선을 연결하여 사용하고 교환 회선 방식은 교환기 등을 이용하여 접속한다. 교환 회선 방식에는 회선 교환Circuit Switching과 축적 교환Store and Forward Switching 방식이 있다.

회선 교환 방식은 사용자가 직접 전화기 번호판을 눌러 다이얼Dial 전화망으로 상대방을 호출하여 연결한다. 교환기를 이용하는 축적 교환 방식은 메시지나 패킷 단위로 정보를 저장하고 전송한다.

(a) 회선 교환형 (b) 축적 교환형

그림 3-9 교환 회선의 교환 형태

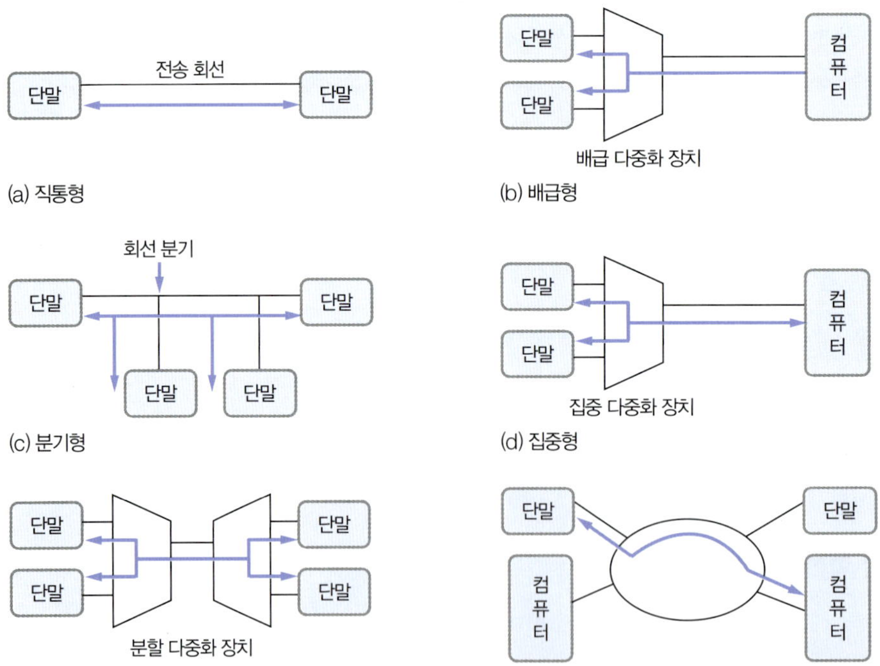

(a) 직통형 (b) 배급형 (c) 분기형 (d) 집중형 (e) 분할 다중형 (f) 루프형

그림 3-10 비교환 회선의 교환 형태

1.4 통신 회선의 이용 방식

데이터를 전송하는 방법은 통신 회선(전송 회선)을 이용하는 방식에 따라 단일 방식, 반이중 방식, 전이중 방식으로 나눈다.

■ 단일Simplex 방식

데이터를 한쪽 방향으로만 전송한다. 주로 단말기에서 컴퓨터 방향으로만 데이터를 전송하고 반대 방향은 잘 사용하지 않는다. 2선식 선로를 사용하며 대표적인 예로 라디오, TV, 무선 호출, 문자 다중 방송Teletext이 있다.

그림 3-11 단일 방식

■ 반이중Half Duplex 방식

데이터를 양방향으로 전송할 수 있으나 동시 전송은 할 수 없다. 거래 지향성 시스템Transaction Oriented System에서 주로 사용하는 방식이다. 단말기에서 데이터를 입력하는 동안에는 컴퓨터에서 단말기로 데이터를 보낼 수 없으나 반대로는 보낼 수 있다. 데이터 전송 방향을 바꾸는 데 소요되는 시간인 전송 반전 시간이 필요하며 전송하는 데이터의 양이 적을 때 사용한다. 2선식 전송로를 사용하며 어느 시점에는 한 방향으로만 데이터를 전송하게 된다. 대표적인 예로 전신, 텔렉스, 팩스, 휴대용 무전기, 휴대용 무선 통신 방식TRS이 있다.

그림 3-12 반이중 방식

■ 전이중Full Duplex 방식

데이터를 동시에 양방향으로 전송할 수 있어 고속 처리가 가능하다. 2선식과 4선식 선로를 사용하며 대표적인 예는 비디오텍스Videotex, 전화다.

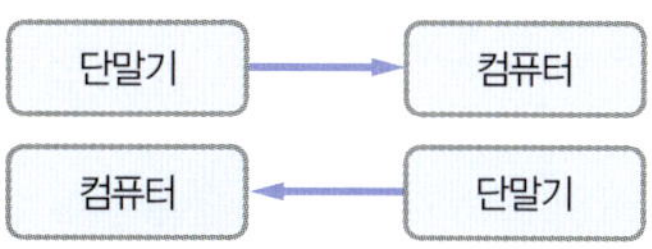

그림 3-13 전이중 방식

1.5 통신 회선망의 구성 방식

통신 회선망은 단말기를 컴퓨터와 서로 밀접하게 결합한 형태로 통신 네트워크라고도 한다. 이 형태와 정보 전송의 우선순위에는 연관성이 있다. 분류 방법은 다양하지만 기본적으로 다음과 같이 분류한다.

TIP 노드를 편의상 단말이라고 표현하지만 컴퓨터 또는 스마트폰도 가능하다.

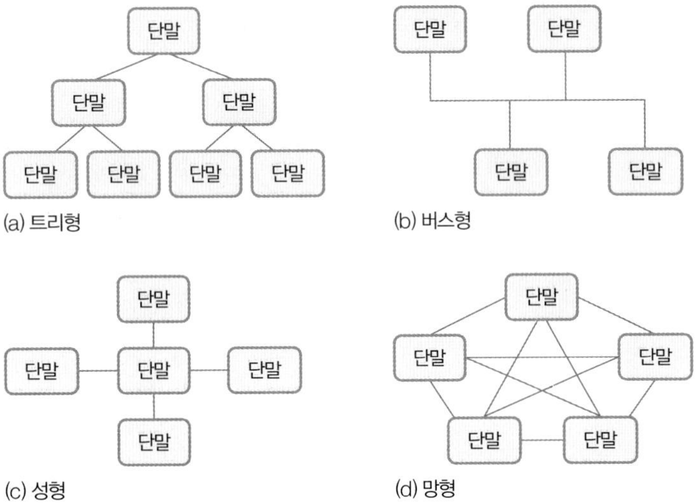

그림 3-14 통신 회선망(네트워크)의 종류

트리Tree형은 트리 형태로 연결되어 있어 데이터 분산 처리 시스템에 사용하면 효율적이다. 버스Bus형은 통신 회선 하나에 각 노드가 분기 접속된다. 성Star형은 하나의 중앙 노드에 단말 노드가 일-대-일인 형태로 중앙 노드에 장애가 발생하면 전체 시스템에 영향을 미치는 것이 단점이다. 망Mesh Loop(메시)형은 정보통신 네트워크에서 주로 사용하는데 통신 회선에 오류가 발생하면 다른 경로를 이용할 수 있어 분산된 자원을 공유하기가 쉽다.

2 데이터 전송 방식

데이터를 전송하는 방식은 데이터를 보내는 방법에 따라 직렬 전송과 병렬 전송, 송수신 측 서로 간의 시간적 위치에 따라 비동기식과 동기식으로 나눌 수 있다.

2.1 직렬 전송과 병렬 전송

컴퓨터는 정보를 전송할 때 1비트씩이 아니라 1바이트(8비트)나 그 정수 배 단위로 전송한다. 직렬 전송은 1바이트를 회선 한 개에 분해하여 전송하는 것이고 병렬 전송은 회선을 여러 개 이용하여 전송하는 것이다.

■ 직렬 전송

직렬 전송Serial Transmission은 데이터의 최소 요소인 문자 하나를 구성하는 각 비트를 전송 선로 한 개를 이용하여 차례로 전송하는 방식이다. 전송 회선 한 개로도 송수신 측이 서로 통신할 수 있어 대부분의 데이터 통신 시스템에서 사용한다.

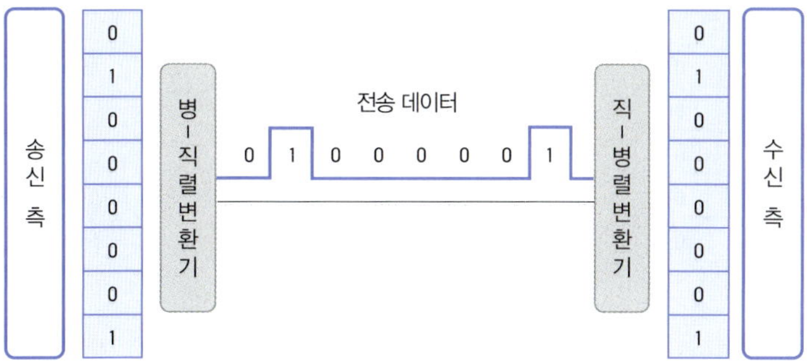

그림 3-15 직렬 전송 방식

직렬 전송은 데이터를 하나의 회선으로 순차적으로 전송하기 때문에 시간이 많이 걸려 송신할 때는 바이트 문자열을 비트열로 바꿔주는 병렬-직렬 변환기가 필요하고 수신할 때는 비트열을 바이트 문자열로 바꿔주는 직렬-병렬 변환기가 필요하다. 하지만 전송로(전송 매체)를 설치하는 비용이 적고 설치 방법이 간단하다는 장점이 있어 장거리 통신에 많이 사용한다. RS-232C 통신이나 일부 근거리 통신망에 주로 사용한다.

직렬의 비트열에서 데이터를 재현하기 위해서는 비트열의 구절을 식별할 필요가 있는데 그 방식에 따라 비동기 통신(조보 동기)과 동기 통신이 있다. 직렬 방식에서의 동기 통신이 비동기 통신보다 전송 효율이 높다.

■ 병렬 전송

병렬 전송Parallel Transmission은 문자 하나를 구성하는 각 비트를 전송 선로 7~8개를 이용해 동시에 전송하는 방식이다. 송수신 측 사이의 거리가 멀어지면 전송 선로를 구성하는 비용이 커지지만 전송 속도가 빠르고 단말기와도 쉽게 연결할 수 있어 편리하다. 컴퓨터와 하드 디스크를 연결하거나 컴퓨터와 측정 장치를 연결할 때 주로 사용한다.

병렬 전송에서는 하나의 문자를 전송한 후 다음 문자를 계속 전송하면 문자와 문자 사이의 간격을 구분할 수 없다. 이를 해결하기 위해 strobe와 busy 신호를 사용해 데이터를 송수신한다.

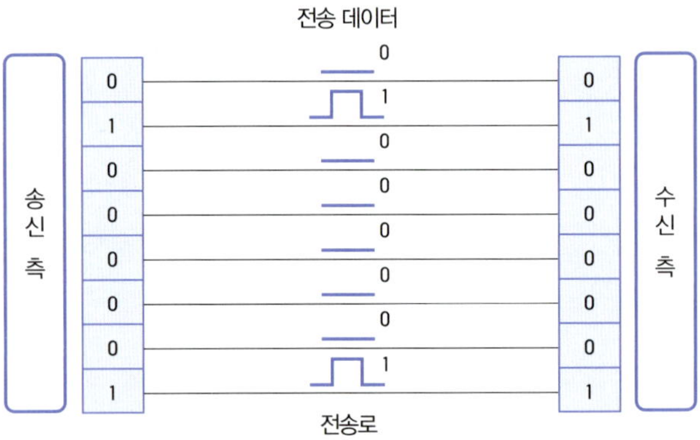

그림 3-16 병렬 전송 방식

2.2 비동기식 전송과 동기식 전송

데이터를 정확하게 송수신하려면 동기가 잘 맞아야 한다. 송신 측이 데이터를 한 번에 1비트씩 전송하면 수신 측은 수신된 비트열의 시작과 끝을 알고 있어야 한다. 따라서 송수신 사이에 각 비트의 전송률과 전송 시간, 간격 등을 규정하는 약속이 필요하다. 이런 동기화는 데이터 통신 시스템에서 꼭 필요하다.

송신 측에서는 비트를 구별해서 전송하는 데이터가 필요한데 이것을 동기 정보라 한다. 수신 측에서 동기 정보를 얻는 방식에는 비동기식 전송, 동기식 전송, 두 가지를 혼합한 혼합형 동기식 전송 방식이 있다.

■ **비동기식 전송**

비동기식 전송Asynchronous Transmission은 송수신에 사용되는 클록을 서로 독립적으로 운용하는 방식이다. 문자 단위로 동기 정보를 부여해서 동기를 유지한다. 시작-정지Start-Stop 전송이라고도 하며 한 번에 한 문자씩 주고받는다. 문자 전송 외에는 송신 측과 수신 측이 항상 동기 상태에 있을 필요는 없다.

각 문자의 시작 비트Start Bit는 1비트, 논리는 0이므로 비트 신호가 1에서 0으로 바뀔 때 송신이 시작된다. 데이터 비트Data Bit는 5~8비트, 패리티 비트Parity Bit는 짝수나 홀수 또는 둘 다 사용하지 않아도 된다. 패리티 비트를 사용할 때는 전송 데이터에 논리 1의 개수가 짝수 개면 논리 1, 홀수 개면 논리 0이 된다. 정지 비트Stop Bit는 1비트, 1.5비트, 2비트 중 하나를 사용한다. 정지 비트는 문자를 처리하고 다음 문자를 수신할 준비 시간을 할애하기 위한 것이다.

비동기식 전송 방식에서는 매 문자마다 시작과 정지 비트를 부가해 전송하므로 수신기는 새로운 문자의 시작점에서 재동기를 수행한다. 저속도의 EIA-232D 데이터 전송에 주로 사용한다. 문자를 연속해서 보낼 때 각 문자 사이에는 일정하지 않은 휴지 기간이 있을 수 있다.

문자를 구성하는 각 비트의 길이는 통신 속도에 따라 일정하다. 전송 속도는 보통 1,800bps를 넘지 않으며 송수신 측을 직접 연결할 수 있을 정도로 가까울 때는 9,600bps까지 전송할 수 있다. 8비트 데이터를 전송할 때는 시작과 정지 비트를 2~3개 추가 전송하며 전체 회선을 이용하는 효율은 70~80% 정도다.

예를 들어, 비동기식 전송 방식에서 데이터가 7비트, 패리티 비트는 없고 정지 비트가 1비트, 문자 'BA'를 ASCII 코드(16진수 값으로 B: 42, A: 41)로 전송할 때 과정은 다음 그림과 같다. '0 0100 0010 1 0 0100 0001 1'처럼 시작 비트, 데이터 비트, 정지 비트 순으로 전송된다.

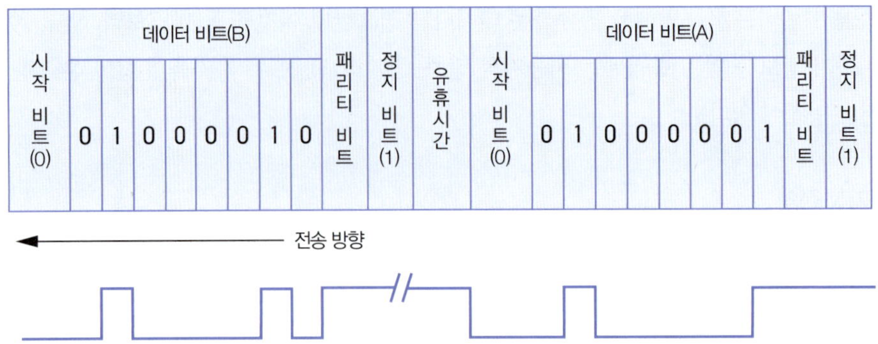

그림 3-17 비동기식 전송 방식

■ 동기식 전송

동기식 전송Synchronous Transmission은 송수신에 사용되는 클록이 상대와 계속 같은 주파수(또는 타이밍)로 동작해 일정한 시간 간격으로 위상을 조절 또는 보완하는 전송 방식이다.

데이터를 문자가 아닌 블록(프레임) 단위로 전송한다. 즉, 송신 측과 수신 측 사이에 미리 정해진 숫자만큼 문자열을 한 묶음으로 만들어 전송한다. 데이터 묶음의 앞쪽에는 반드시 동기 문자가 와야 하는데 이것은 송신 측과 수신 측을 동기화하는 데 사용한다. 한 묶음으로 구성한 문자 사이에는 휴지 간격이 없다.

타이밍 신호는 변복조기, 단말기 등이 공급하는데 전송 속도가 보통 2,000bps를 넘을 때 사용한다. 송신 데이터가 많거나 고속 처리가 필요할 때는 비동기식보다 동기식이 훨씬 효율적이다. 각 비트의 길이는 통신 속도에 따라 정해지며 일정하다. BBC, BASIC 프로토콜에서 사용한다.

동기식 전송 방식에는 문자 동기 방식, 비트 동기 방식, 프레임(또는 블록) 동기 방식이 있다. 문자 동기 방식은 전송 데이터의 블록 앞에 특정 동기 문자인 SYN(00010110)을 붙여 동기를 맞추고 실제 데이터 블록 앞에는 STX(0010000), 뒤에는 ETX(0011000)을 추가해 전송 데이터의 시작과 끝을 나타낸다.

비트 동기Digit 동기 또는 Clock 동기 방식은 전송 단위를 일련의 비트 묶음으로 보고 처음과 끝을 표시하는 특별한 비트인 플래그Flag 비트를 추가해 전송한다. 즉, 데이터와 제어 정보를 8비트 문자 단위로 해석할 필요가 없으며 길이가 8비트인 플래그 비트를 사용한다. 대표적인 비트 동기 방식은 HDLC[High level Data Link Control]라는 프레임 동기 방식이며 플래그 비트(01111110)로 데이터의 처음과 끝을 나타낸다.

HDLC 방식은 송신된 동기 타이밍 신호와 수신 데이터로부터 추출한 타이밍 신호를 이용해 각 비트의 위치를 맞춘다. 보낼 데이터가 없어도 항상 플래그를 보내 동기를 유지하고 데이터 전송의 투명성을 보장하기 위해 비트 스터핑[Bit Stuffing] 기법을 사용한다. 비트 스터핑 기법은 하나의 전송 블록 내에 일반 문자 데이터와 제어 문자 데이터(비트 패턴)를 같이 전송하는 방식으로 제어 문자의 종류는 다음과 같다.

- SYN: 문자 동기 유지
- SOH: 헤딩 개시
- ETX: 텍스트 끝
- ETB: 블록 끝
- EOT: 전송 끝, 데이터 링크의 초기화 표시
- STX: 헤딩 종료, 텍스트 개시
- ENQ: 상대에게 응답 요구
- DLE: 뒤에 따르는 하나 또는 둘 이상 문자의 의미를 바꾸거나 추가 제어 제공
- ACK: 수신 메시지에 긍정 응답
- NAK: 수신 메시지에 부정 응답

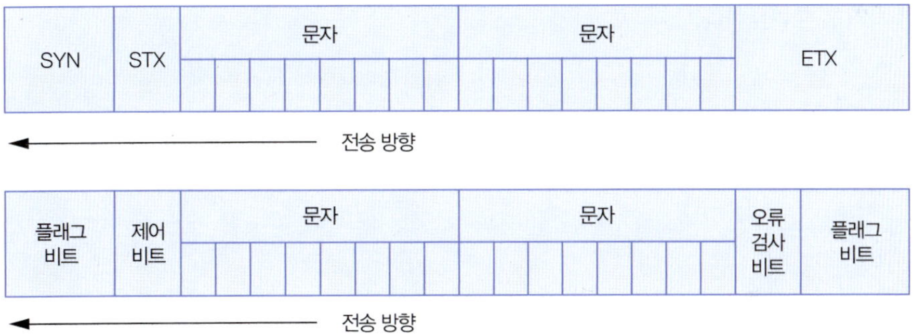

그림 3-18 동기식 전송 방식

■ 혼합형 동기식 전송

혼합형 동기식 전송 방식은 동기식과 비동기식의 전송 특성을 혼합한 것이다. 각 글자가 시작 비트와 정지 비트를 가지고 문자와 문자 사이에는 휴지 기간이 있을 수 있다. 비동기식보다 전송 속도가 빠르다.

3 캐스팅 모드의 전송 방식

캐스팅 모드의 전송 방식에는 유니캐스트, 브로드캐스트, 멀티캐스트, 애니캐스트 등이 있다.

- **유니캐스트**Unicast: 송신 노드 하나가 수신 노드 하나에 데이터를 전송하는 일-대-일 방식이다.
- **브로드캐스트**Broadcast: 송신 노드 하나가 네트워크에 연결된 수신 가능한 모든 노드에 데이터를 전송하는 방식이다. 라디오나 TV 방송이 대표적인 예다.
- **멀티캐스트**Multicast: 송신 노드 하나가 네트워크에 연결된 하나 이상의 수신 노드에 데이터를 전송하는 방식이다. 브로드캐스트와 달리 송신 노드가 수신 노드를 미리 정해둔다. 송신 노드가 하나 이상의 특정 수신 노드에 데이터를 전송하는 일-대-다 방식이다. 전자 우편 서비스를 이용할 때 주소록에 등록된 여러 사람에게 한 번에 메일을 보낼 수 있는 것이 멀티캐스트의 대표적인 예다.
- **애니캐스트**Anycast: 송신 노드가 네트워크에 연결된 수신 가능한 노드 중에서 한 노드에만 데이터를 전송하는 방식이다. 예를 들어, 프린터 서버가 여러 대 연결된 네트워크에서 송신 노드가 특정 프린터 서버를 지정하지 않고 출력 명령을 내려도 현재 프린트 중인 서버를 피해 다른 프린터 서버로 프린트한다.

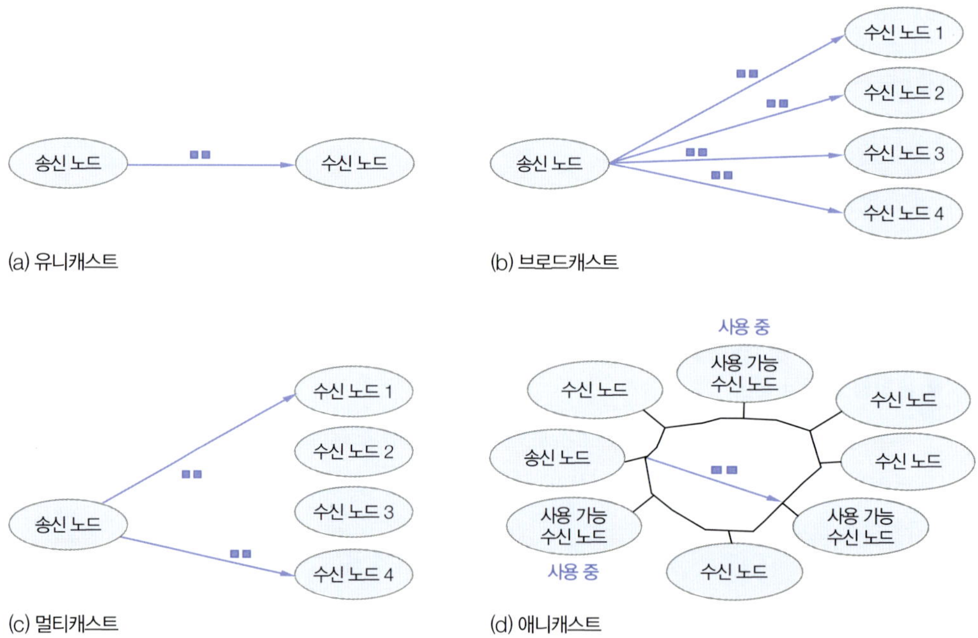

그림 3-19 다양한 캐스팅 모드의 예

04 정보 전송 기술

1 정보 전송의 부호화

정보 전송의 부호화는 서로 떨어진 송신자와 수신자가 정보 전송 시스템을 이용해 데이터를 전송할 때 정보나 신호를 전송이 가능한 다른 정보나 신호로 변환하는 것이다. 전송하려는 정보는 대부분 문자, 숫자, 기호다. 이것은 1바이트의 2진수로 표현할 수 있어 다른 말로 부호Code라고도 하며 이 부호의 집합을 부호 체계라고 한다.

문자를 표현하는 방식은 다양하지만 그중에서 가장 많이 쓰는 방식은 미국에서 만든 표준 코드인 ASCII American Standard Code for Information Interchange, IBM에서 만든 EBCDIC Extended Binary Coded Decimal Interchange Code, BCD(2진화 10진 코드)Binary Coded Decimal Code이다.

2 정보 전송의 변조 방식

디지털 전송 방식은 아날로그나 디지털 정보를 부호기를 이용해 디지털 전송 신호로 변환해 전송한 후 복호기를 이용해 다시 원래 정보로 변환한다. 직류 전송 방식이라고도 한다.

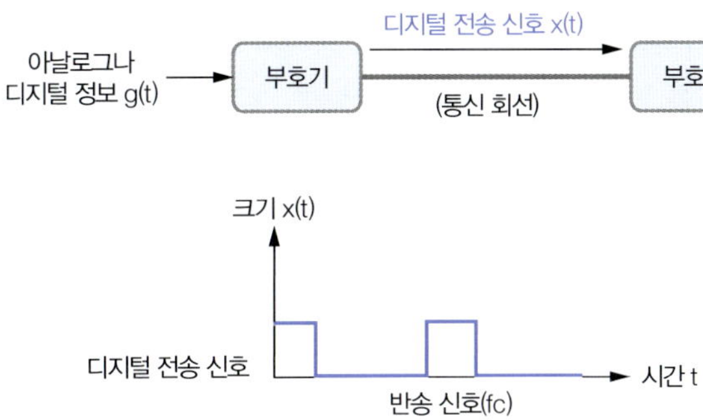

그림 3-20 디지털 전송의 부호기와 복호기

아날로그 전송 방식은 아날로그나 디지털 정보를 변조기를 이용해 아날로그 전송 신호로 변환해 전송한 후 복조기를 이용해 다시 원래 정보로 변환한다. 교류 전송 방식이라고도 한다.

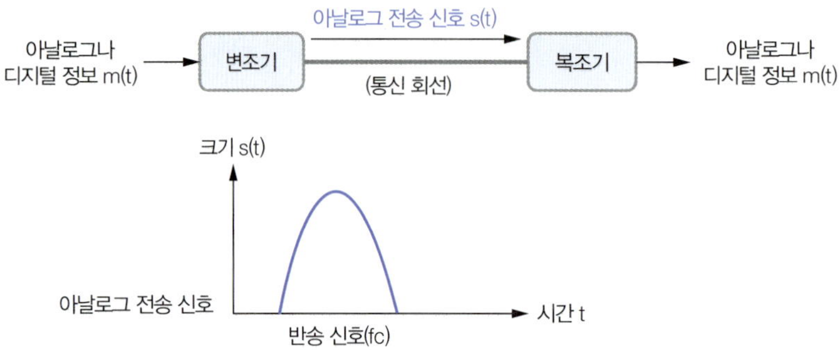

그림 3-21 아날로그 전송의 변조기와 복조기

정보 전송을 위한 변조 방식에는 4가지가 있다.

3 [디지털 전송] 디지털 정보 → 디지털 신호: 베이스밴드

베이스밴드Base Band 방식은 디지털 형태인 0과 1로 출력되는 직류 신호를 변조하지 않은 채 그대로 전송한다. 장거리 전송에는 적합하지 않고 컴퓨터와 단말기 통신, 근거리 통신에 사용된다. 2진수 0과 1비트를 전압값에 대응하는 방법에는 단극성, 극성, 양극성 방식이 있다.

- **단극성**Unipolar **방식**: 신호를 동일한 부호의 전압(양이나 음)으로 부호화하여 표현한다. 2진수의 0비트는 영 전압으로, 1비트는 양이나 음의 전압으로 표현한다. 예를 들어, 0비트를 0V에, 1비트를 +5V에 대응하면 +극만 사용하는 단극성 부호화가 된다.
- **극성**Polar **방식**: 0비트를 –전압값에, 1비트를 +전압값에 대응하는 것으로 복류 방식이라고도 한다. 예를 들어, 0비트를 –5V에, 1비트를 +5V에 대응하면 극성 부호화가 된다.
- **양극성**Bipolar **방식**: 신호를 부호화할 때 양과 음의 전압을 모두 사용한다. 즉, 1비트를 전송할 때만 극성을 교대로 바꾸어 출력하고 0비트를 전송할 때는 영 전압으로 나타낸다. 예를 들어, 0비트를 0V에, 1비트를 +5V와 –5V에 교대로 대응하면 양극성 부호화가 된다. 1은 앞 상태를 반전시켜 나타내므로 두 가지 상태로 나타나고, 0은 0레벨을 유지하므로 한 가지 상태를 나타낸다. 따라서 전송 신호의 상태는 세 가지다. 양극성 방식은 베이스밴드에서 주로 사용하며 RZ 형태와 함께 사용하므로 일명 AMIAlternate Mark Inversion 방식이라고도 한다. 이외에도 사용하

는 형태에 따라 여러 가지 신호 방식이 있는데 보통은 데이터 전송 속도가 느리면(저속) 극성 방식, 빠르면(고속) 양극성 방식을 사용한다.

- **RZ** Return to Zero **방식**: 1비트를 전송할 때 비트 시간 길이의 약 절반은 양이나 음의 전압을 유지하고, 그 나머지 시간은 0의 상태로 되돌아오는 방식이다. NRZ 방식보다 변조율이 2배 더 높으나 NRZ 방식의 단점을 포함하므로 많이 사용하진 않는다.
- **NRZ** None Return to Zero **방식**: 0과 1비트의 값을 전압으로 표시한 후 다시 0V로 되돌아오지 않는 방식이다. 컴퓨터 주변 기기인 단말기, 프린터 등에서 많이 사용한다.
- **2단계** Biphase **방식**: 0비트는 전압이 낮은 곳에서 높은 곳으로 상태가 변할 때, 1비트는 전압이 높은 곳에서 낮은 곳으로 상태가 변할 때 표시하는 방식이다. 2단계란 위상이 두 개 있다는 것이며 RZ와 NRZ 방식의 단점을 보완한 것으로 일명 맨체스터 Manchester 방식이라고도 한다.

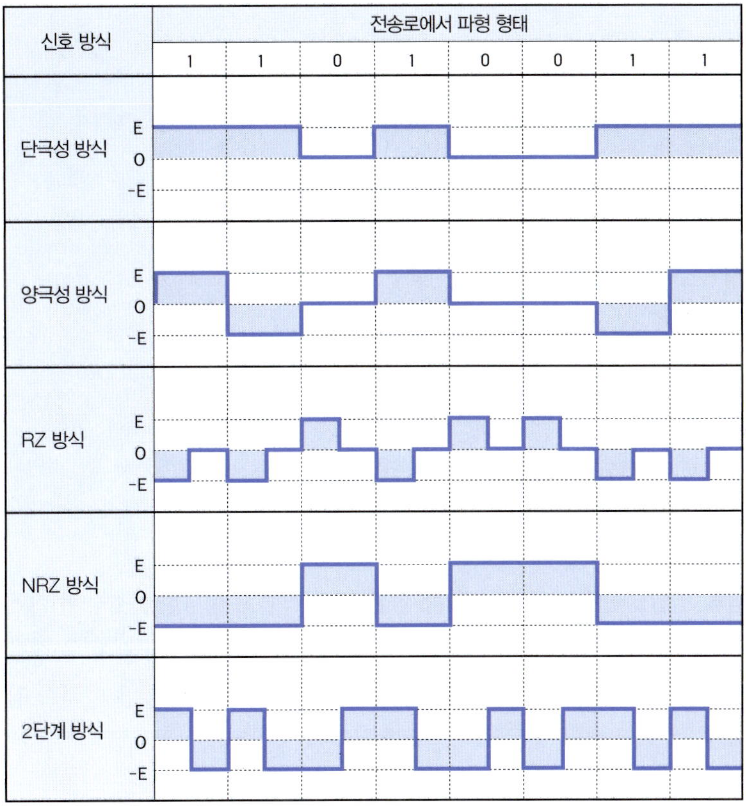

그림 3-22 베이스밴드 방식: 디지털 정보 → 디지털 신호

4 [디지털 전송] 아날로그 정보 → 디지털 신호: 펄스 부호 변조(PCM)

펄스 부호 변조PCM; Pulse Code Modulation 방식은 아날로그 신호를 디지털 신호로 변환하여 전송하는 것이다. 아날로그의 신호를 쪼개는 펄스 진폭 변조PAM; Pulse Amplitude Modulation는 PAM 샘플이라 한다. PCM은 PAM 신호를 0과 1의 이산적인 값으로 바꾸는 과정이라 할 수 있다. 아날로그 정보를 표본화, 양자화, 부호화하는 과정을 거쳐 디지털 신호(펄스 부호)로 변환하여 전송한 후 이를 다시 원래의 아날로그 정보로 복원한다. 1937년 영국의 리브Alice H. Reeves가 개발한 방식으로 대표적인 예는 통신 장비의 디지털망에서 사용하는 회선 종단 장치DCE인 디지털 서비스 유닛DSU이 있다. 잡음에 강하기 때문에 행성을 탐사한 우주선에서 영상을 전송하거나 위성 텔레비전에 음악 프로그램 등을 전송하는 무선 통신에 주로 사용한다.

여기서 잠깐! | 펄스 변조의 종류

- **연속 레벨 변조(아날로그 펄스 변조)**: 아날로그 파형을 표본화시킨 후 값에 따라 진폭, 위상(위치), 폭 등을 변화시키며 변조하는 방식이다.
  - **PAM(Pulse Amplitude Modulation)**: 펄스 진폭 변조. 표본이 되는 진폭 크기에 1:1 대응 관계를 갖는 것으로 가장 많이 사용하는 방식
  - **PWM(Pulse Width Modulation)**: 펄스 폭 변조. 펄스 폭 제어에 의한 변조 방식
  - **PPM(Pulse Position Modulation)**: 펄스 위치 변조. 펄스의 시간적 위치를 변화시키는 변조 방식
- **불연속 레벨 변조(디지털 펄스 변조)**: 신호파의 진폭에 따라 단위 펄스의 수나 위치가 변화하는 변조 방식이다.
  - **PCM(Pulse Code Modulation)**: 펄스 부호 변조
  - **PNM(Pulse Number Modulation)**: 펄스 수 변조
  - **DPCM(Differential Pulse Code Modulation)**: 전체 데이터의 차이만으로 변조
  - **DM(Delta Modulation)**: 델타 변조. 가장 간단한 DPCM 방식으로 전체 데이터의 차이가 1비트임
  - **ADM(Adaptive Delta Modulation)**: 신호의 성질, 특히 진폭의 변화율에 따라 ±1의 양자화 단계 폭을 변경하는 델타 변조

PCM의 특징은 고유 잡음이 발생한다는 것으로 전화 회선에서 통화 시 발생하는 잡음이 이에 해당한다. 펄스 부호 변조PCM 회선에서 통화가 없을 때는 발생하지 않으나 통화 시 고유 잡음이 발생한다. 여기에는 여파 잡음, 표본화 잡음, 양자화 잡음 등이 있으나 대부분은 양자화 잡음이다.

또 다른 특징은 누화에 강하다. 누화란 여러 전화 회선이 접근했을 때 한 전화 회선의 통화 전류가 다른 전화 회선에 유기되어 통화 내용이 다른 전화 회선으로 새어 나가는 현상이다.

S/N비가 좋은 것도 특징이다. 전송로에는 송신에서 전송되는 신호 외에 각종 잡음(전원 잡음, 유도, 누설 등)이 존재하는데 이 잡음에 대한 신호의 평가 척도로 자주 사용되는 것이 S/N(Signal to Noise power Ratio)비(신호 레벨 대 잡음 레벨의 비)다. 일반적으로는 평균 신호 전력과 평균 잡음 전력의 비를 데시벨(dB)로 나타낸다. 이것이 클수록 신호 관측이 용이하다.

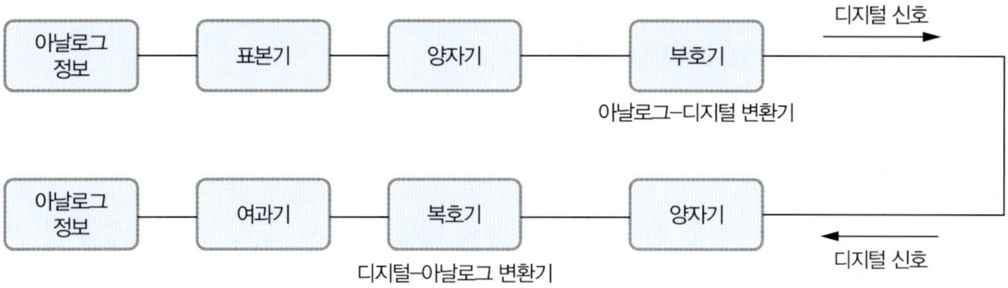

그림 3-23 펄스 부호 변조 방식

펄스 부호 변조 방식의 예는 [그림 3-24]와 같다. 표본화 과정에서는 연속된 아날로그 신호를 일정 시간마다 추출해 이산 신호를 얻는다. 양자화 과정에서는 표본화 과정을 거쳐 얻은 값을 정수로 판독한다. 여기서는 2, 7, 2, 4, 3, 4 값을 얻었다. 부호화 과정에서는 양자화 과정을 거쳐 얻은 정수값을 2진수 '0010, 0111, 0010, 0100, 0011, 0100'으로 변환한다.

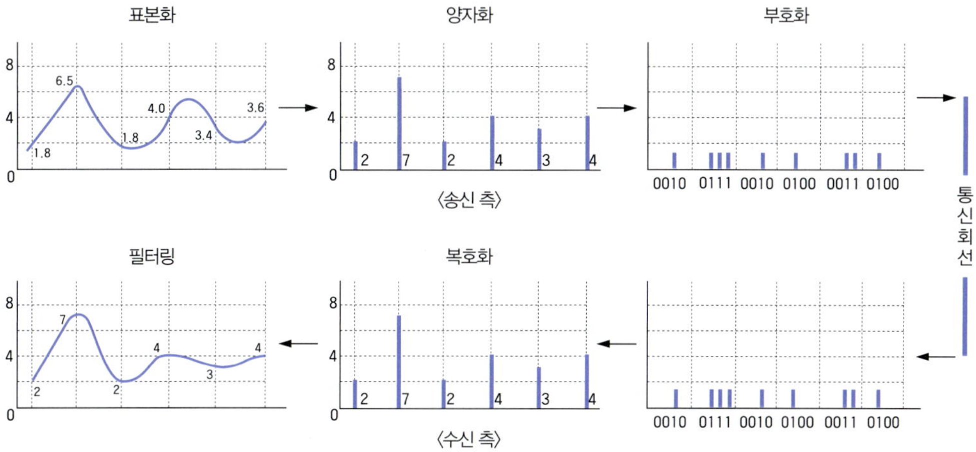

그림 3-24 펄스 부호 변조 방식의 예

표본화는 시간 축을 따라 이산값으로 변환하는 과정이고 양자화는 진폭 축을 따라 이산값으로 변환하는 과정이라는 것이 차이점이다.

4.1 표본화

연속적인 아날로그 정보에서 일정 시간마다 신호값을 추출하는 과정을 표본화Sampling라고 한다. 표본화의 주기가 길면 원래의 아날로그 신호를 재생하는 능력이 떨어지고 주기를 짧게 하여 펄스를 고속으로 전송하면 전송 주파수 대역이 넓어져 원래의 아날로그 신호를 재생하는 능력이 높아진다. PCM 단계에서 연속적인 아날로그 신호를 입력으로 받아 불연속적인 진폭을 갖는 펄스를 생성하는 과정이다.

4.2 양자화

표본화된 신호값을 미리 정해 둔 불연속한 유한개의 값으로 표시하는 과정을 양자화Quantization라고 한다. 무한한 아날로그 신호를 일정한 대푯값으로 연속해서 표시하며 진폭값을 디지털 신호로 변환시키는 과정에서 생기는 잡음이다. 원래의 신호 파형과 양자화된 파형 사이에는 차이가 있는데 이를 양자화 잡음Quantization Noise 또는 양자화 오차라고 한다. 여기서 정수로 판독된 값은 보통 128단계나 256단계로 구분해 표시한다. 양자화 잡음의 크기는 양자화 잡음의 평균 전력으로 표현한다.

128단계로 표시하면 각 값을 7비트, 256단계로 표시하면 8비트로 표현한다. 더 많은 단계로 구분하면 양자화 잡음은 줄일 수 있으나 정보량이 증가한다는 단점이 있다. 양자화 잡음을 최소한으로 줄이려면 양자화 레벨을 진폭에 따라 다르게 조절하는 것이 좋다. 즉, 진폭이 작은 신호일 때는 양자화 간격을 좁게, 큰 신호일 때는 넓게 하여 양자화 잡음을 최소화하면 된다. 입력 진폭이 작을 때 신호 대 양자화 잡음의 비가 크게 나빠진다. PAM이 양자화 기준값을 초과하면 초과된 부분이 잘리고 이로 인해 발생하는 잡음은 과부하 잡음이라 한다. 양자화 비트 수와 양자화 계단 수의 관계는 다음과 같다.

(식 4.8)

$$M = 2^n$$

- M : 양자화 계단 수
- n : 양자화 비트 수

양자화 간격Qantizing Interval이란 펄스 부호 변조PCM 및 디지털 전송에서 인접한 두 결정치 간의 간격이다. 양자화 방법은 진폭, 시간, 대푯값에 따라 다음과 같이 구분할 수 있다.

표 3-2 양자화 방법 분류

방법		내용
진폭 양자화 방법	선형(직선) 양자화(Linear Quantization)	양자화 레벨을 같은 간격으로 취하는 방식. 양자화 계단 폭이 입력 신호 레벨과 관계없이 일정함. 전문가용 디지털 비디오 장비에 사용
	비선형 양자화(Non-linear Quantization), 비직선 양자화(Logarithmic Quantization), 비균일 양자화(Non-uniform Quantization)	입력 신호 레벨이 작으면 양자화 계단 간격을 작게, 크면 크게 하는 방식에 사용
시간 변화에 따른 방법	적응형 양자화(Adaptive Quantization)	입력 신호 레벨에 따라 양자화 계단의 최댓값과 최솟값이 시간적으로 변화하는 방식. ADPCM 등에 사용
	고정형 양자화(Fixed Quantization)	양자화 계단이 시간적 변화 없이 고정된 방식
대푯값을 나타내는 방법	스칼라 양자화	표본을 하나의 대푯값으로 양자화하는 방식
	벡터 양자화	일련의 표본을 특성화된 여러 대푯값(n-tuple)으로 양자화하는 방식

4.3 부호화

양자화 과정에서 얻은 결과 정숫값을 2진수로 변환하는 것을 부호화Encoding라고 한다.

5 [아날로그 전송] 디지털 정보 → 아날로그 신호: 대역 전송(브로드밴드)

대역 전송, 브로드밴드Broad Band 방식은 디지털 정보를 아날로그 신호로 변환하는 것으로 디지털 변조 방식이라고도 한다. 컴퓨터에서 발생하는 디지털 신호를 아날로그 통신망인 전화망을 이용해 전송하려면 디지털 신호를 다시 아날로그 신호로 바꿔주어야 하는데 이때 사용하는 방식이 바로 모뎀 역할을 하는 디지털 변조 방식이다.

이 방식은 직류가 전송되지 않아 송신 측에서는 직류 신호를 교류 신호로 변환하여 데이터를 전송하고 수신 측에서는 교류 신호를 직류 신호로 변환하여 전송한다. 전화망을 이용해 컴퓨터 통신을 할 때 사용하는 모뎀의 신호 변환이 대표적인 예다. 즉, 베이스밴드의 주파수 스펙트럼을 별도의 음성 대역으로 전환한다. 이때 사용하는 대역 내의 주파수를 반송파Carrier(캐리어)라고 하며 일반식으로 표현하면 (식 4.9)와 같다.

(식 4.9)

$$v(t) = A(t)\sin(wt + q)$$

- $A(t)$: 반송파의 진폭
- w : 반송파의 각 주파수($w = 2\pi f$, f는 반송 주파수)
- q : 반송파의 위상

여기서 잠깐! | 섀넌의 표본화 이론

섀넌의 표본화 이론은 어떤 아날로그 신호에서 파형에 있는 최고 주파수를 2배 이상 더 많게 표본화된 신호에는 원래 신호에 있던 정보가 모두 들어 있어 원래의 아날로그 신호로 다시 복원할 수 있다는 것이다. 예를 들어, 인간의 음성 대역인 300~3,400Hz에서 음성 신호인 아날로그 신호를 일정 주기로 추출해 펄스열로 불연속 변환한다고 하자. 이때, 최고 주파수인 3,400Hz(또는 4,000Hz)의 2배인 6,800Hz(또는 8,000Hz) 이상으로 주파수를 표본화하면 디지털로 변환한 음성 신호를 다시 아날로그 음성 신호로 복원할 수 있다. 따라서 음성(8,000Hz인 경우)의 표본화 주기 T는 1/8,000=0.000125sec(초)가 된다.

디지털 변조 방식에는 진폭 편이 변조ASK, 주파수 편이 변조FSK, 위상 편이 변조PSK가 있다. 변조는 진폭, 주파수, 위상 등 변수를 변환해 정보를 전송하는 것이다. 진폭 편이 변조에서 반송파의 진폭인 A(t)는 베이스밴드 신호의 진폭을 변환시키고 주파수 편이 변조에서 반송 주파수 f는 베이스밴드 신호의 주파수를 변환시킨다. 그리고 위상 편이 변조에서 반송파의 위상 q는 베이스밴드 신호의 위상을 변환시킨다.

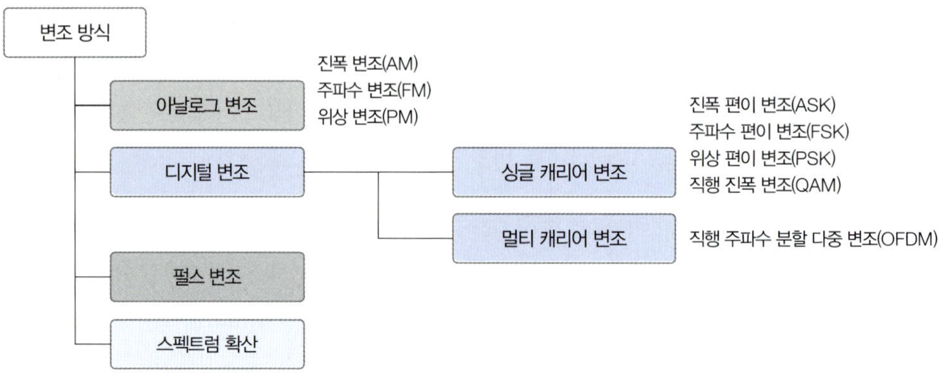

그림 3-25 변조 방식의 종류

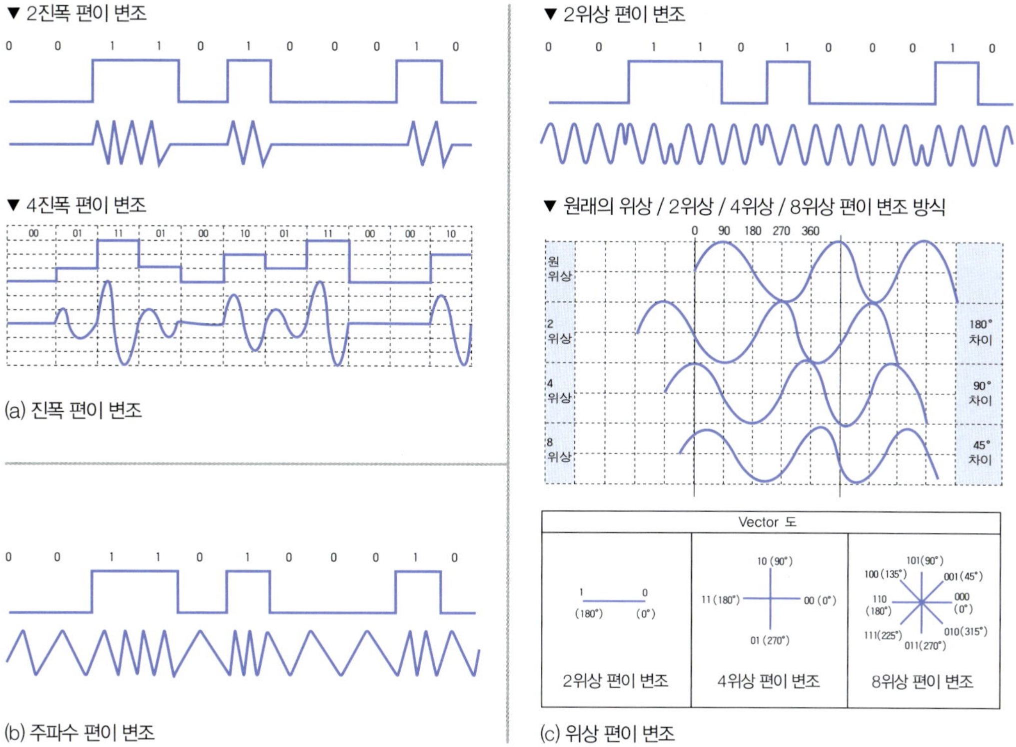

그림 3-26 디지털 변조 방식의 종류

5.1 진폭 편이 변조(ASK)

진폭 편이 변조ASK; Amplitude Shift Keying는 반송파의 진폭을 두 개나 네 개로 정해 놓고, 데이터가 1 또는 0으로 변하면 미리 약속된 진폭의 반송파를 수신 측으로 전송하는 방식이다. 다른 변조 방식보다 오류가 많고 전송 효율이 떨어져 디지털을 전송할 때는 거의 사용하지 않는다. 회로 구성이 간단하고 가격이 저렴하지만 잡음이나 신호 변화에 약하다. 광섬유를 이용한 디지털 전송에서 사용되는 변조 방식이다. 주파수가 일정한 정현파의 진폭을 0과 1의 두 가지 상태로 정의하면 2진폭 편이 변조가 되고 00, 01, 10, 11 등 네 가지 상태로 정의하면 4진폭 편이 변조가 된다.

5.2 주파수 편이 변조(FSK)

주파수 편이 변조FSK; Frequency Shift Keying는 반송파의 주파수를 높은 주파수와 낮은 주파수로 미리 정한 후 데이터가 0이면 낮은 주파수, 1이면 높은 주파수를 전송하는 방식이다. 진폭 편이 변조에 비해 잡음의 영향을 받지 않고 회로도 단순해 많이 사용한다. 전이중 방식으로 동시에 정보를 주고받을 수도 있어 비교적 속도가 낮은 비동기 모뎀에서도 사용할 수 있다.

5.3 위상 편이 변조(PSK)

위상 편이 변조PSK; Phase Shift Keying는 송신 측에서 반송파 위상을 2등분, 4등분, 8등분 등으로 나누어 각각 다른 위상에 0 또는 1을 할당하거나 2나 3비트로 한꺼번에 할당해 수신 측에 전송한다. 2위상(180°) 편이 방식, 4위상(90°) 편이 방식, 8위상(45°) 편이 방식으로 분류한다.

5.4 진폭 위상 편이 변조

진폭 위상 편이 변조는 진폭 편이 변조 방식과 위상 편이 변조 방식을 혼합한 것이다. 고속으로 데이터를 전송할 수 있지만 변조 회로가 복잡하다는 단점이 있다. LSI(대규모 집적 회로) 기술이 발달하면서 실현된 방식이다.

5.5 직교 위상 편이 변조(QPSK), 직교 진폭 변조(QAM)

직교 위상 편이 변조QPSK는 위상 편이 변조PSK 방식이다. 전송하려는 두 값(0 또는 1)의 전송 신호를 반송파의 0위상과 π위상에 대응시켜 전송하는 2진 위상 편이 변조BPSK와 달리, 0과 1의 두 비트를 반송파의 네 개 위상(4진 위상)에 대응시켜서 전송한다.

직교 진폭 변조QAM 방식은 진폭과 위상을 혼합해 변조하는 방식으로 다치 변조Multi-level Modulation 방식이다. 반송파의 진폭과 위상의 쌍방을 조합하여 이용한다. 아날로그 전화 회선을 사용해 디지털을 전송할 때 고속 변조기로 많이 사용한다. 제한된 채널에서 데이터 전송률을 높일 수 있으며 검파는 동기 검파(또는 동기 직교 검파)를 사용한다. 신호 합성 시 I-CH과 Q-CH이 완전히 독립적으로 존재한다.

6 [아날로그 전송] 아날로그 정보 → 아날로그 신호: 아날로그 변조

아날로그 변조는 아날로그 정보를 아날로그 신호로 변환하는 방식이다. 디지털 변조 방식과 기본 원리는 비슷하나 원래 신호가 아날로그라는 점만 다르다. 반송파의 일반식인 (식 4.9)를 참고한다. 라디오나 텔레비전 등 방송에서 많이 사용한다.

6.1 진폭 변조(AM)

진폭 변조AM; Amplitude Modulation는 반송파를 0과 1로 on, off 하는 방식이다. 설계가 간단하며 전송로의 주파수 변동에 강하나 레벨 변동에 영향을 받기 쉬워 왜곡이 발생하므로 수신 측에 보상 회로가 필요하다. 잡음에 따라 불규칙 왜곡이 발생하기도 한다.

6.2 주파수 변조(FM)

주파수 변조FM; Frequency Modulation는 2진 부호이면 FSK 방식으로 0과 1에 해당하는 각 주파수를 전송하는 방식이다. 전송로의 레벨 변동과 잡음에 영향을 적게 받지만 전송로의 주파수 변동에는 약하다. 자동으로 주파수를 제어해 주는 회로와 복조 회로 쪽에 주파수 판별기Frequency Discriminator, 주파수 변별기가 필요하다. FM 수신기에 사용되는 주파수 변별기의 역할은 주파수 변화를 진폭 변화로 바꾼다. 국제전신전화자문위원회CCITT에서 데이터를 전송하는 표준 방식으로 권고하고 있으며 1,200bps 이하 데이터를 전송할 때도 많이 사용한다.

진폭 변조와 비교한 장점은 주파수 방해가 작고 에코나 간섭, 페이딩 영향이 적다. 이득이나 선택도, 감도가 우수하며 저전력 변조를 하므로 소비 전력이 상대적으로 적고 S/N비가 개선된다. 사용 주파수 대역폭(점유 주파수 폭)이 넓고 송수신기 회로가 복잡해지는 것이 단점이다.

6.3 위상 변조(PM)

위상 변조PM; Phase Modulation는 0과 1에 따라 반송파의 위상을 각각 0°, 180°, 90°, 45°로 변환하는 방식이다. 기준파의 위상이 아니라 반송파의 위상이 변화함에 따라 정보를 전송한다. 4상 위상 변조로 2,400bps, 8상 위상 변조로 4,800bps를 실현한다.

7 정보 전송의 다중화

다중화Multiplexing란 전송로 하나에 데이터 신호 여러 개를 중복시켜 하나의 고속 신호를 만들어 전송하는 방식으로 전송로의 이용 효율이 매우 높다. 즉, 단일 링크를 통해 여러 개의 신호를 동시에 전송한다. 하나의 통신로를 여러 가입자가 동시에 이용해 통신할 수 있는 것이 다중화 기술이다. 이때 사용하는 장비를 다중화기MUX; MUltipleXer 또는 다중화 장치라고 한다. 다중화는 통신 선로의 설치 공사비를 절감할 수 있으며 회선도 경제적으로 사용할 수 있다. 또한 통신 회선의 유지 보수가 용이하다.

TIP 다중화기를 사용하지 않으면 단말기 개수만큼 모뎀이 필요해 비용은 높고 효율성은 떨어진다.

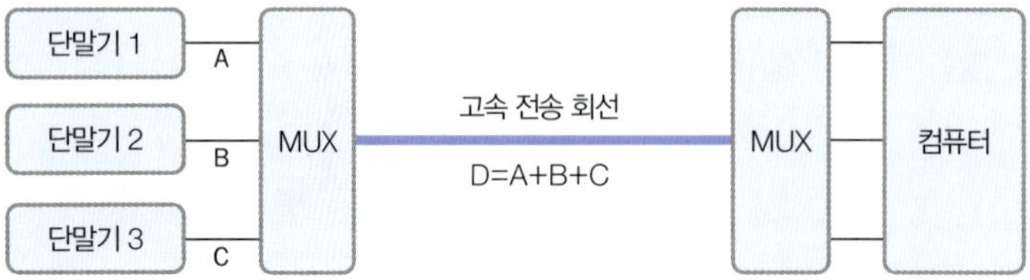

그림 3-27 다중화 방식

> **여기서 잠깐! | 집중화기와 다중화기**
>
> 집중화기는 다중화기처럼 전송 회선을 분할하는 장치라는 점은 비슷하다. 하지만 집중화기는 비동기식, 다중화기는 동기식이다. 집중화기는 여러 입력 회선 채널의 용량을 합한 것이 집중화 채널 용량보다 적고 동적이지만 다중화기는 여러 입력 회선 채널의 용량이 다중화 채널의 용량과 비슷하고 정적이다. 즉, 집중화기는 회선 공유 방식, 다중화기는 회선 고유 방식이다.
>
> 집중화기는 통신 속도를 달리하는 전송 회선과 단말기를 접속하는 방식으로 실제 전송 데이터가 있는 단말기에만 동적으로 채널을 할당한다. 하나의 고속 통신 회선에 많은 저속 통신 회선을 접속하여 공동 이용하는 전송 장비다.

다중화 방식에는 아날로그 방식의 주파수 분할 다중화FDM, 디지털 방식의 시분할 다중화TDM, 코드 분할 다중화CDM가 있다. 주파수 분할 다중화는 채널마다 독립된 주파수 대역으로 분할해 다중화하여 시분할 다중화나 코드 분할 다중화보다 효율이 낮다. 최신 기술로는 직교 주파수 분할 다중OFDM; Orthogonal Frequency Division Multiplexing, 비직교 다중 접속NOMA 등이 있다.

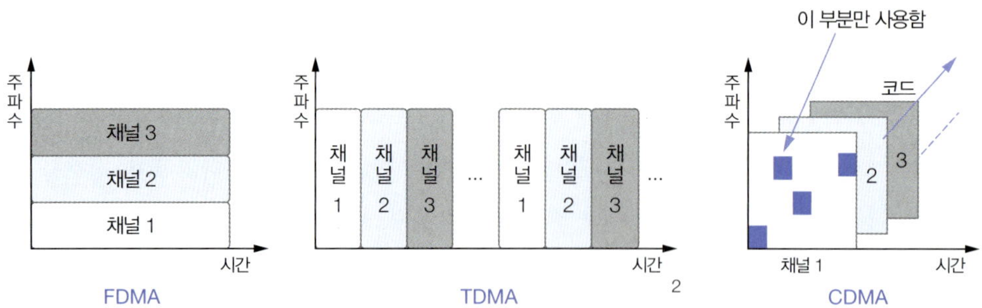

그림 3-28 다중화 방식의 종류와 개념도

7.1 주파수 분할 다중화(FDM)

주파수 분할 다중화FDM; Frequency Division Multiplexing는 하나의 전송로 대역폭을 여러 개의 작은 대역폭(채널)으로 분할해 여러 단말기를 동시에 이용할 수 있게 하는 방식이다. 정보를 똑같은 시간에 전송하기 위해 주파수 채널을 별도로 설정해 이용한다. 채널 간의 상호 간섭을 막으려면 보호 대역Guard Band(보호 밴드)이 필요하고 이 보호 대역은 채널 이용률을 낮춰준다. 그러나 보호 대역을 만들어도 상호 변조 잡음Intermodulation Noise은 여전히 극복할 문제다. 저속의 데이터를 각각 다른 주파수에 변조하여 하나의 고속 회선에 신호를 실으면 가능한데 전송하려는 신호에서 필요한 대역폭보다 전송 매체의 유효 대역폭이 클 때 가능하다. 채널 간 완충 지역으로 보호 밴드Guard Band가 있어 대역폭이 낭비된다.

FDM은 모뎀이 필요 없어 구조가 간단하므로 비용이 저렴하고 사용자가 추가하기 쉽고 각 사용자의 단말기에서 사용하는 코드와 상관없이 다중화가 가능하다는 것이 장점이다. 변복조기가 필요 없는 이유는 주파수 분할 다중화기가 FSK 변복조기 기능을 수행하기 때문이다. TV 방송이나 CATV 등에서 주로 사용한다. 이 방식은 대역 전송(브로드밴드) 방식을 사용하고 전체 주파수 대역을 사용자별로 나누어 배정한다.

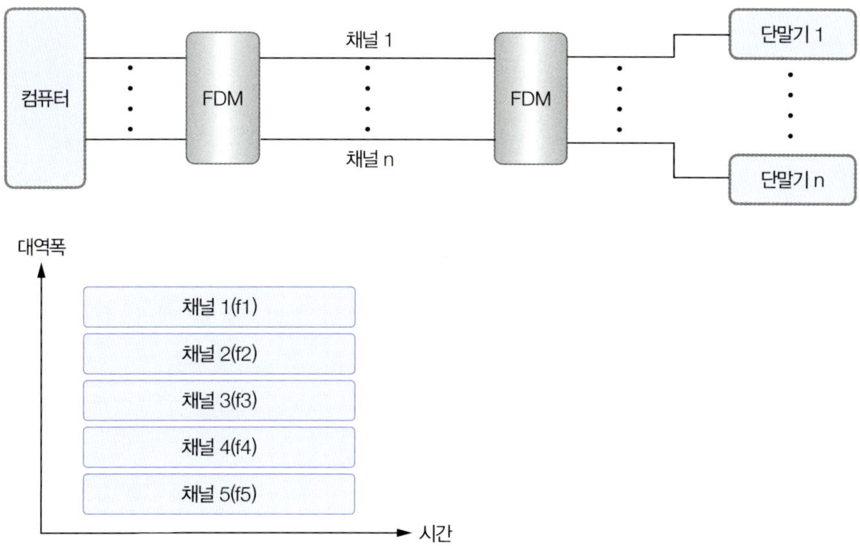

그림 3-29 주파수 분할 다중화 방식

7.2 시분할 다중화(TDM)

시분할 다중화TDM; Time Division Multiplexing는 전송로 대역폭 하나를 시간 슬롯Time Slot으로 나눈 채널에 할당해 몇 개 채널이 한 전송로의 시간을 분할해서 사용한다. 이 방식에서 채널 간 상호 간섭을 방지하기 위해 사용하는 시간 간격을 가드 타임Guard Time이라 한다. 시분할 다중화는 주로 점-대-점Point-to-Point 시스템에서 사용하며 내부에 버퍼 기억 장치가 필요하다. 또한, 고속 전송이 가능하다. 시분할 다중화에서 각 부채널은 고속의 채널이 실제로 분배된 시간을 이용한다. 비트 삽입식과 문자 삽입식의 두 가지 방식이 있다. 그리고 공통선 신호 방식은 별도의 신호 전용 채널로 신호 정보를 다중화하여 고속으로 전송하는 방식이다.

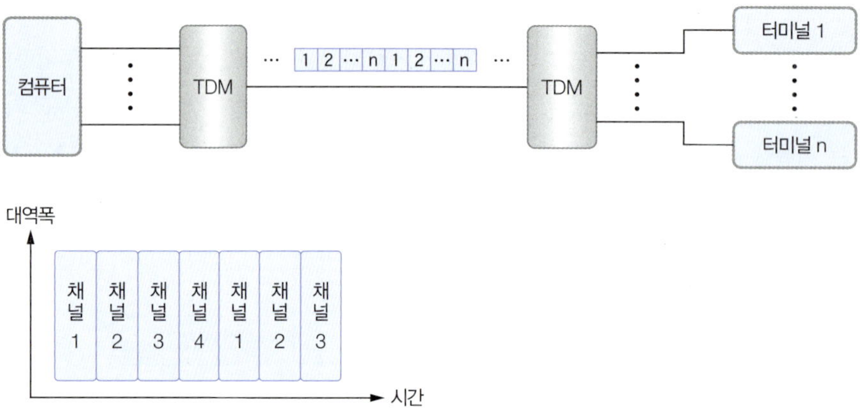

그림 3-30 시분할 다중화 방식

■ 동기식 시분할 다중화

동기식 시분할 다중화Synchronous TDM는 흔히 사용하는 시분할 다중화 방식이다. 전송로 대역폭 하나를 시간 슬롯으로 나눈 채널에 할당해 몇 개의 채널이 전송로 한 개의 시간을 분할해 사용한다. 특히, 비트 단위의 다중화에 사용된다.

■ 비동기식 시분할 다중화

비동기식 시분할 다중화Asynchronous TDM는 통계적Statistical 시분할 다중화 방식, 지능형Intelligent 다중화 방식이라고도 한다. 동기식처럼 의미 없이 시간 슬롯을 할당하지 않고 실제로 전송 요구가 있는 채널에만 시간 슬롯을 동적으로 할당해 전송 효율을 높인다. 똑같은 시간에 많은 양의 데이터를 전송할 수 있으며 전송 과정에서 통계적 추측과 오류 분포 등을 추측할 수 있어 방지책을 세울 수 있다. 하지만 동기식 시분할 다중화 방식보다 접속에 필요한 시간이 길고 버퍼 기억 장치와 주소 제어 장치 등이 필요해 가격이 비싸다.

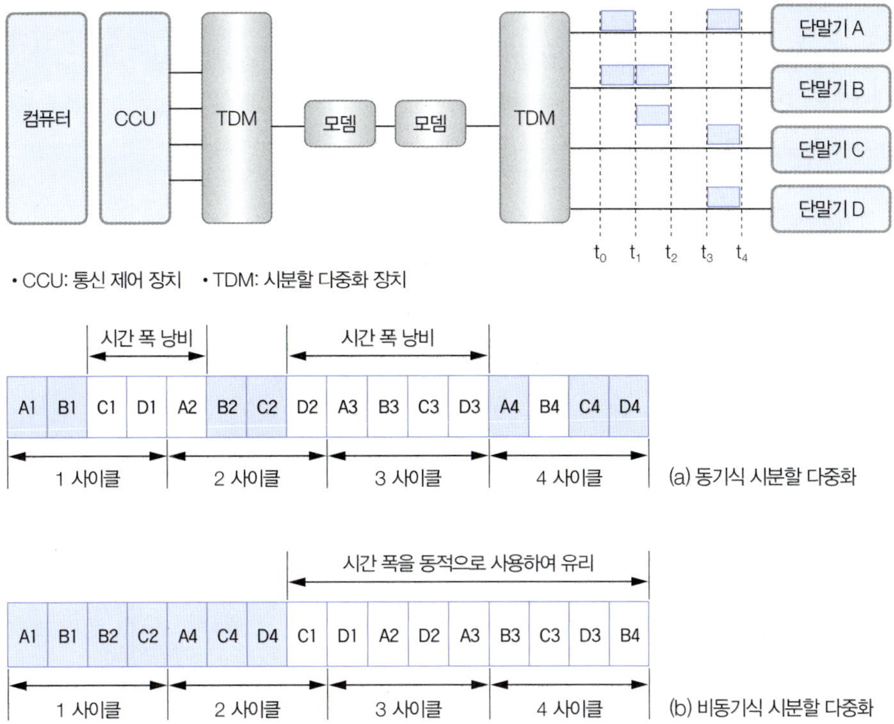

그림 3-31 동기식 시분할 다중화와 비동기식 시분할 다중화 방식

7.3 코드 분할 다중화(CDM)

코드 분할 다중화CDM; Code Division Multiplexing는 스펙트럼 확산SS; Spread Spectrum 다중화라고도 한다. 이 방식은 여러 단계를 거쳐 진행된다.

❶ 단계에 희망 신호 m_1, m_2, m_6가 있다.

❷ 단계에 암호 신호 k_1, k_2, k_6가 있다.

❸ 단계에 스펙트럼으로 확산된 희망 신호 S_1, S_2, S_6를 만든다.

❹ 단계에 스펙트럼으로 확산된 희망 신호 S_1, S_2, S_6가 다중화되어 하나로 합성된 스펙트럼 확산 희망 신호가 된다.

❺ 단계를 거쳐

❻ 단계에서 희망 신호 m_1, m_2, m_6로 다시 복원된다.

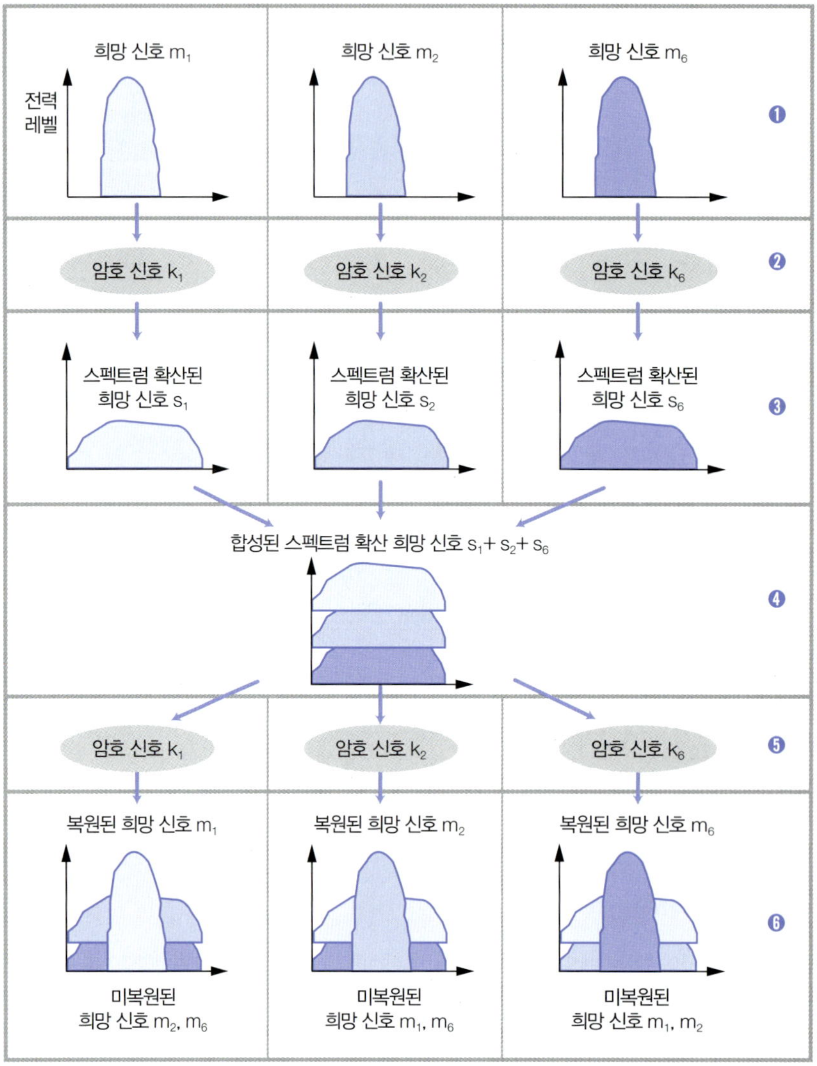

그림 3-32 스펙트럼 확산의 다중화 방식

부호 분할 다원 접속CDMA 방식은 하나의 통신 채널에 여러 사용자의 신호를 간섭 없이 동시 전송하는 다원 접속 방식으로 의사 불규칙 잡음 코드를 사용한다. 정해진 시간에 따라 주파수를 이동하며 통신하는 주파수 도약 방식을 사용하므로 페이딩에 강하다. 사용 스펙트럼의 확산으로 인접 주파수 대역에 대한 간섭을 줄일 수 있다.

7.4 직교 주파수 분할 다중 접속(OFDMA)

직교 주파수 분할 다중 접속OFDMA; Orthogonal Frequency Division Multiplexing Access은 고속의 송신 신호를 수백 개 이상의 직교Orthogonal하는 협대역 부반송파Subcarrier로 변조시켜 다중화하는 방것으로, '변조' 및 '다중화'를 동시에 수행하는 전송 기법이다.

단일 입력의 고속의 원천 데이터 열을 다중의 반송파에 분할해서 전송한다는 측면에서 '다중 반송파 변조' 기술이며 다중의 채널로 동시에 전송한다는 측면에서 '다중화' 기술이다.

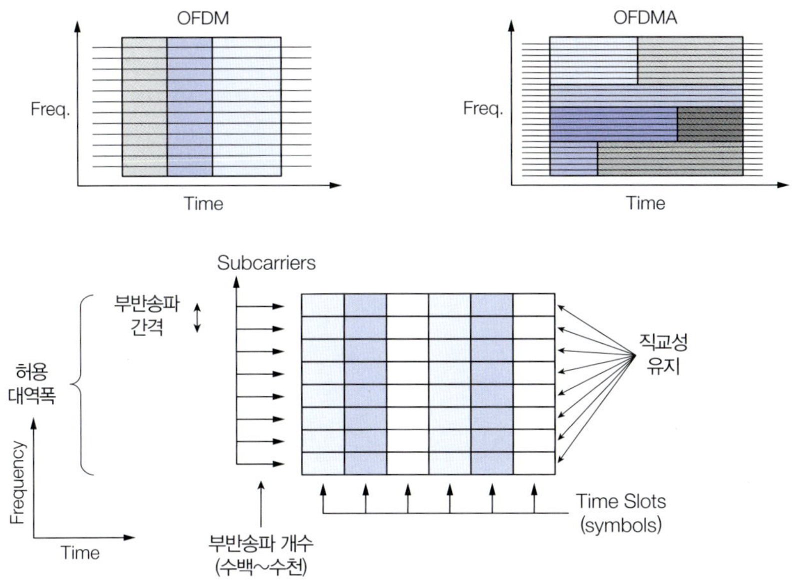

그림 3-33 OFDMA의 개념

OFDMA의 특징은 변조 및 다중화를 동시에 수행하며 부반송파 간 직교성을 유지한다. 또한 주파수 영역에서 부반송파들이 약간의 간격을 두고 촘촘히 겹쳐 보인다. 보통 수백 개 이상의 부반송파를 이용한다. 시간뿐만 아니라 주파수에서도 무선 자원 조절이 가능하고, 대역폭에 관계없이 동일한 기저 대역의 연산 구조를 유지하는 것이 가능하며 대역폭 가변도 가능하다. 주요 활용 분야는 다음과 같다.

- **무선 LAN 분야**: 802.11a, 802.11g, 802.11n, 802.16 등
- **이동 전화 분야**: Beyond IMT-2000(4G LTE)
- **디지털 방송 분야**: 유럽식(DVB), 미국식(ATSC), 일본식 모두 OFDM 채용

7.5 비직교 다중 접속(NOMA)

비직교 다중 접속NOMA; Non-Orthogonal Multiple Access은 셀의 용량 증대를 위해 동일한 시간, 주파수, 공간 자원상에 두 대 이상의 단말에 대한 데이터를 동시에 전송하는 방식이다. 5G 통신망에서 비직교 다중 접속NOMA 방식을 사용한다. NOMA 방식은 동일 시간, 동일 주파수, 동일 공간상에 있는 두 개 이상의 단말기에 데이터를 동시에 전송하므로 주파수의 직교성을 요구하지 않는다. 예를 들어, A 지역에 100대의 자율 주행 단말기가 있다고 할 때, 4G 기술인 OFDMA 방식을 사용하면 100개의 직교 주파수가 필요하지만 NOMA 방식을 사용하면 같은 주파수더라도 자율 주행 제어 신호를 전송할 수 있다. 고속 통신과 높은 주파수 효율성이 있다.

표 3-3 OFDMA와 NOMA의 비교

구분	OFDMA	NOMA
개념도	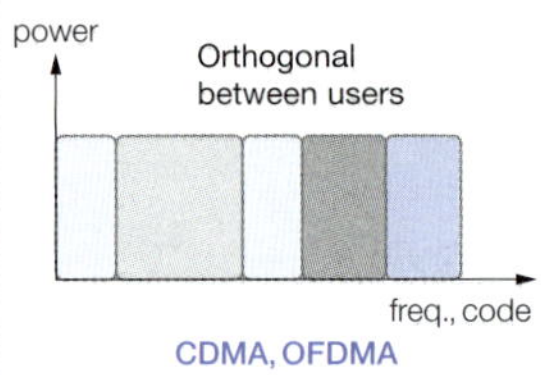	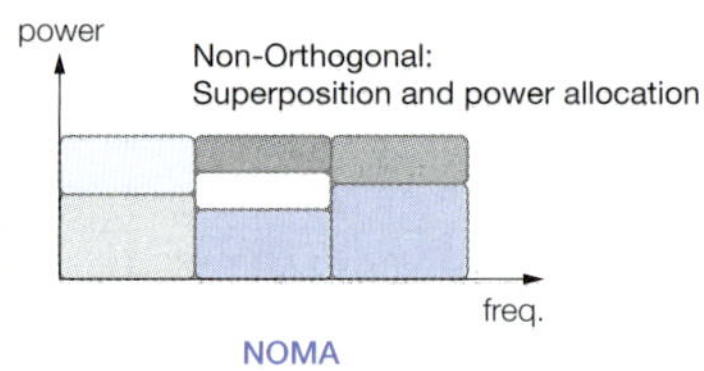
원리	직교 자원 할당	전력 제어를 통한 부반송파 중첩 할당
주파수 효율성	높음	매우 높음
동일 주파수 자원 할당	한 대만 가능	동시에 두 대 가능
직교성 유지	중요함	필요 없음
활용	4G 이동통신	5G 이동통신

TIP OFDMA를 넘어서는 기술로 후보로는 OFDMA를 변형한 필터 뱅크 멀티캐리어(FBMC), 비직교 다중 접속(NOMA) 등이 있다. 5G 시대에는 여러 기술을 혼합하고 주파수 대역도 고주파로 달라져야 구현이 가능하다. 예를 들면, 화웨이는 OFDMA와 코드 분할 다중 접속(CDMA)을 혼합한 스페이스 코드 다중 접속(SCMA) 방식을 제시하고 있다.

여기서 잠깐! | 스마트 안테나

스마트 안테나(Smart Antenna)는 공간 신호를 인식해 스마트 신호 처리 알고리즘을 사용하는 안테나 배열이다. 스마트 안테나의 종류는 다음과 같다.

- **Adaptive Array Antenna**: 적응형 배열 안테나로, 구성된 각 안테나 소자에 적절한 위상차의 전류를 공급해 여러 가지 지향 특성을 얻을 수 있다.
- **Switched Beam Array Antenna**: 송수신되는 빔의 방향을 알고리즘을 이용해 전자적으로 바꿔서 원하는 방향으로 전파를 발사해 빔의 지향성을 예리하게 할 수 있다. 원하는 방향에서 수신되는 전파만 수신해 페이딩의 영향도 감소시키고 수신 전파도 크게 할 수 있다.
- **Multiple Input Multiple Output(MIMO)**: 다중 입출력을 갖는 다중 송수신 안테나 시스템으로 안테나마다 서로 다른 정보를 전송해 정보 전송률을 높이고 전송 정보에 다이버시티 효과를 주어 신뢰도를 높일 수 있다. 즉, 다중 경로 전파를 활용해 송신 측에서는 링크 용량을 증대시키고 수신 측에서는 공간 간섭을 제거한다. 핵심 기술은 공간 다중화(Spatial Multiplexing), 사전 코딩(Pre-Coding), 다이버시티(Diversity) 등이다. 공간 다중화는 서로 다른 데이터를 공간적으로 떨어진 여러 개의 안테나로 송수신하여 전송률을 높이는 방식이다. 사전 코딩과 다이버시티는 MIMO에서 사용하는 전송 코드 형태를 통해 전송 정보에 다이버시티 효과(다중 경로 페이딩 제거)를 주어 전송 정보의 신뢰도를 높인다.

요약

01 정보 전송의 원리

- 디지털 데이터를 아날로그 형태의 전기 신호로 바꾼 후 고주파수로 변환해 송신
- 송신된 신호는 복조 과정 후 디지털 데이터로 수신부에 입력

02 통신 속도와 전송 용량

- **통신 속도**: 단위 시간당 전달되는 데이터의 양. 데이터 신호 속도, 전송 속도, 변조 속도, 베어러 속도 등으로 구분
- **전송 용량**: 전송 채널을 이용해 오류 없이 전송할 수 있는 최대 속도. bps 단위 사용

03 데이터 전송 방식

- **직렬 전송과 병렬 전송**: 직렬 전송은 1바이트를 분해해 하나의 회선으로 전송, 병렬 전송은 여러 회선으로 전송
- **비동기식 전송과 동기식 전송**: 비동기식 전송은 블록 아닌 문자 단위로 동기 정보 전송, 동기식 전송은 데이터를 문자 아닌 블록 단위(프레임)로 전송

04 정보 전송의 부호화

- 서로 떨어진 송수신자가 정보 전송 시스템으로 데이터를 전송할 때, 정보나 신호를 전송 가능한 다른 신호로 변환하는 것
- **부호 체계 종류**: 미국의 표준 코드인 ASCII, IBM에서 만든 EBCDIC와 BCD

05 정보를 전송하는 네 가지 변조 방식

- **베이스밴드**: 디지털 정보 → 디지털 신호. 디지털 형태의 직류 신호를 변조 없이 그대로 전송. 장거리 전송에 부적합. 컴퓨터와 단말기 통신, 근거리 통신에 사용
- **펄스 부호 변조(PCM)**: 아날로그 정보 → 디지털 신호. 표본화, 양자화, 부호화 과정을 거쳐 아날로그 정보를 디지털 신호로 변환하여 전송 후 아날로그 정보로 복원
- **브로드밴드(대역 전송)**: 디지털 정보 → 아날로그 신호. 디지털 신호를 아날로그 신호로 바꿀 때 모뎀 역할을 하는 디지털 변조 방식 사용
- **아날로그 변조**: 아날로그 정보 → 아날로그 신호. 라디오, 텔레비전 등 방송에서 사용

06 정보 전송의 다중화

- 하나의 전송로에 데이터 신호를 여러 개 중복시켜 하나의 고속 신호로 전송하는 방식
- 사용하는 장비를 다중화기(MUX) 또는 다중화 장치
- 주파수 분할 다중화, 시분할 다중화(동기식과 비동기식), 코드 분할 다중화 방식

01 베이스밴드(Base Band) 전송에서 전송 신호의 상태를 세 종류로 나타내는 방식은?

① 단류 NRZ 방식
② 복류 NRZ 방식
③ 바이페이즈(Biphase) 방식
④ 바이폴라(Bipolar) 방식

02 진폭과 위상을 변화시켜 정보를 전달하는 디지털 변조 방식은?

① PSK
② QAM
③ FSK
④ ASK

03 디지털 정보를 디지털 신호로 변환할 때 사용하는 변조 방식은?

① 브로드밴드
② 펄스 부호 변조
③ 아날로그 변조
④ 베이스밴드

04 디지털 데이터를 아날로그 신호로 변조하는 방식이 아닌 것은?

① DPSK
② PCM
③ QAM
④ ASK

05 주파수 분할 다중화기(FDM)에 대한 설명으로 옳지 않은 것은?

① 각 채널은 전용 회선처럼 고속의 채널을 독점하는 것처럼 보이지만 실제로 분배된 시간만 이용한다.
② 주파수 분할 다중화기는 전송하려는 신호에서 필요한 대역폭보다 전송 매체의 유효 대역폭이 클 경우에 가능하다.
③ 저속의 Data를 각각 다른 주파수에 변조하여 하나의 고속 회선에 신호를 싣는 방식이다.
④ 채널 간의 완충 지역으로 가드 밴드(Guard Band)가 있어 대역폭이 낭비가 된다.

06 시분할 다중화기(Time Division Multiplexer)의 특징에 해당되지 않는 것은?

① 좁은 주파수 대역을 사용하는 여러 개의 신호들이 넓은 주파수 대역을 가진 하나의 전송로를 따라서 동시에 전송되는 방식
② 주로 점대점(Point-to-Point) 시스템에서 사용
③ 내부에 버퍼 기억 장치가 필요
④ 고속 전송 가능

07 다중화 방식의 특징에 관한 설명으로 옳지 않은 것은?

① 신호 처리가 단순해진다.

② 통신 선로의 설치 공사비가 절감된다.

③ 회선 사용에 있어서 경제적이다.

④ 통신 회선의 유지 보수가 용이하다.

08 다중화 기술에 대한 설명으로 옳지 않은 것은?

① 주파수 분할 다중화(FDM)는 채널마다 독립된 주파수 대역으로 분할하여 다중화하는 방식으로 시분할 다중화 또는 코드 분할 다중화보다 효율이 낮다.

② 시분할 다중화(TDM)는 정해진 시간으로 슬롯을 배정하고 이를 다시 Frame으로 묶어 다중화하는 방식으로 코드 분할 다중화(CDM)보다 다중화 효율이 높다.

③ 하나의 통신로를 여러 가입자가 동시에 이용하여 통신할 수 있도록 하는 것이 다중화 기술이다.

④ 아날로그 방식의 주파수 분할 다중화(FDM)와 디지털 방식의 시분할 다중화(TDM) 및 코드 분할 다중화(CDM) 기술이 있다.

09 회로 구성이 간단하고 가격이 저렴하며, 잡음이나 신호의 변화에 약하며, 광섬유를 이용한 디지털 전송에서 사용되는 변조 방식은?

① ASK ② FSK

③ PSK ④ QAM

10 채널 간의 상호 간섭을 막기 위해 보호 대역이 필요한 다중화 방식은?

① FDM ② TDM

③ CDM ④ WDM

11 섀넌의 채널 용량의 공식으로 알맞은 것은? (단, B: 대역폭, C: 채널 용량, S: 신호, N: 잡음)

① $C = 2B \times \log_2(1+S/N)$ bps ② $C = B \times \log_2(1+S/N)$ bps

③ $C = B \times \log_2(S/N)$ bps ④ $C = 2B \times \log_2(S/N)$ bps

12 통신 속도가 4,800baud일 때 한 개의 신호 단위를 전송하는 데 필요한 시간은?

① 1/2,400sec
② 1/4,800sec
③ 1/9,600sec
④ 1/1,200sec

13 16진 PSK를 사용하는 시스템에서 데이터 신호 속도가 12,400bps라면 변조 속도는 얼마인가?

① 775baud
② 1,550baud
③ 3,100baud
④ 6,200baud

14 8진 PSK 신호에 5,000Hz의 대역폭이 주어졌을 때 보오율(baud rate)과 비트율(bit rate)은 각각 얼마인가?

① 보오율: 5,000baud/s, 비트율: 15,000bps
② 보오율: 5,000baud/s, 비트율: 20,000bps
③ 보오율: 10,000baud/s, 비트율: 15,000bps
④ 보오율: 10,000baud/s, 비트율: 20,000bps

15 직렬 전송 방식의 특징이 아닌 것은?

① 전송 속도가 느리다.
② 주로 근거리 전송에 사용된다.
③ 전송로의 비용이 저렴하다.
④ 직렬과 병렬의 변환 회로가 필요하다.

16 병렬 전송에서는 하나의 문자 전송 후 계속해서 다음 문자를 전송한다. 이때 문자와 문자 사이의 간격을 구분할 수 없는 문제가 생기는데, 이를 해결하기 위해 어떤 신호를 사용하여 데이터를 송수신하는가?

① envelope와 bearer
② start와 stop
③ strobe와 busy
④ since와 flag

17 데이터 통신 방식 중 Full-Duplex 방식의 가장 큰 장점은?

① 비동기식 전송 방식에 적합하다.

② 데이터를 동시에 전송하지 않는다.

③ 동시에 송수신이 가능하다.

④ 데이터를 병렬로 보낼 수 있다.

18 4선식 회선에 가장 효율적인 통신 방식은?

① 단방향 통신 ② 반이중 통신 ③ 전이중 통신 ④ 기저대역 통신

19 양자화 잡음은 다음 중 어느 방식에서 주로 발생하는가?

① PCM ② PDM ③ PPM ④ PWM

20 PCM 단계 중에서 연속적인 아날로그 신호를 입력으로 받아 불연속적인 진폭을 갖는 펄스를 생성하는 과정에 해당되는 것은?

① 표본화 ② 양자화 ③ 부호화 ④ 압축기

21 괄호 안에 들어갈 알맞은 용어는?

> (①) 시스템은 서로 멀리 떨어진 정보원과 정보 목적지 사이에서 정보를 잘 전송 및 처리하기 위해 여러 구성 요소를 상호 유기적으로 결합한 시스템이다. 그런데 보통 전송 매체를 이용해 데이터를 전송할 때는 한꺼번에 많은 사용자가 제한된 전송 선로를 사용하므로 이것을 효율적으로 사용할 수 있도록 나름의 (②) 방식이 필요하다.

22 괄호 안에 들어갈 알맞은 용어는?

> 컴퓨터는 정보를 전송할 때 1비트씩이 아니라 1바이트(8비트)나 그 정수배의 단위로 전송한다. 이때, 1바이트를 회선 1개에 분해하여 전송하는 것을 (①)이라 하고, 회선을 여러 개 이용하여 전송하는 것을 (②)이라고 한다.

23 전송 장애의 종류 3가지를 열거하시오.

24 통신 회선의 접속 방식 4가지를 열거하시오.

25 설명이 맞으면 ○, 틀리면 ×를 표시하시오.

(1) 동기식 전송 방식의 특징으로 전송 문자마다 시작 비트와 정지 비트를 지닌다.( )

(2) 동기식 전송 방식의 특징으로 사용 단말기가 버퍼 기능이 있어야 하며 장비가 복잡하다.( )

(3) 비동기식 전송 방식에서 시작과 정지 부호가 필요한 이유로 가장 타당한 것은 송수신 간의 동기 유지를 위해서다.( )

(4) 혼합형 동기식 전송 방식의 특징은 시작 비트와 정지 비트가 존재한다.( )

(5) 혼합형 동기식 전송 방식의 특징은 비동기식 전송이나 동기식 전송보다 빠르다.( )

(6) PCM 통신에서 양자화 잡음은 진폭값이 양자화 기준값을 초과하게 된 경우 생기는 잡음이다.( )

(7) PCM 통신에서 양자화 잡음은 진폭값을 디지털 신호로 변화시키는 과정에서 생기는 잡음이다.( )

(8) PCM 통신에서 양자화 잡음은 입력 진폭이 작을 때 신호 대 양자화 잡음비가 크게 나빠진다.( )

(9) PCM 통신에서 양자화 잡음의 크기는 양자화 잡음의 평균 전력으로 표현한다.( )

(10) PCM 통신에서 양자화 간격에 따른 분류에 선형 양자화, 비선형 양자화, 적응 양자화, 복합 양자화가 해당된다.( )

26 데이터 신호 속도와 변조 속도가 일치하지 않는 문제가 발생하는 이유를 설명하시오.

27 통신 용량(전송 용량)의 개념을 설명하시오.

28 집중화기(Concentrator)와 다중화기(Multiplexer)를 각각 설명하시오.

29 OFDMA와 NOMA를 표로 비교하시오.

30 안테나 기술 MIMO에 대해서 설명하시오.

01 스마트 안테나(Smart Antenna)는 공간 신호를 인식하여 스마트 신호 처리 알고리즘을 사용하는 안테나 배열을 의미한다. 다음 중 스마트 안테나 종류가 아닌 것은?

① Single Input Single Output Antenna(SISO)

② Adaptive Array Antenna

③ Switched Beam Array Antenna

④ Multiple Input Multiple Output(MIMO)

02 공통선 신호 방식은 별도의 신호 전용 채널을 통해 신호 정보를 다중화하여 고속으로 전송하는 방식이다. 이때 사용되는 다중화 방식은?

① TDM ② WDM

③ CDM ④ FDM

03 효율적인 전송을 위해 하나의 전송로에 여러 신호를 동시에 전송하는 기술은?

① 양자화 ② 다중화

③ 부호화 ④ 압축화

04 데이터 동기식 전송 방식에 대한 설명으로 옳지 않은 것은?

① 각 비트의 길이는 통신 속도에 따라 정해지며 일정하다.

② BBC, BASIC Protocol에서 사용한다.

③ 스타트와 스톱 비트로 문자를 구분한다.

④ 비트 동기와 블록 동기가 있다.

05 진폭 변조(QAM) 방식에 대한 설명으로 옳지 않은 것은?

① 제한된 채널에서 데이터 전송률을 높일 수 있다.

② 진폭과 위상을 혼합하여 변조하는 방식이다.

③ 검파는 동기 검파나 비동기 검파를 사용한다.

④ 신호 합성 시 I-CH과 Q-CH이 완전히 독립적으로 존재한다.

06 동기식 전송(Synchronous Transmission)에 대한 설명으로 옳지 않은 것은?

① 데이터 묶음 앞쪽에는 반드시 동기 문자가 온다.

② 전 블록(또는 프레임)을 하나의 비트열로 전송할 수 있다.

③ 한 묶음으로 구성하는 글자들 사이에는 휴지 간격이 없다.

④ 전송 속도가 비교적 낮은 저속 통신에 사용한다.

07 채널 용량에 대한 설명으로 옳지 않은 것은?

① 잡음이 있는 채널에서는 Shannon의 공식을 사용하여 채널 용량을 계산한다.

② 통신 용량이라고도 하며 단위로는 bps를 사용한다.

③ 수신 측에 전송된 정보량은 상호 정보량의 최대치다.

④ 채널 용량을 증가시키기 위해서는 대역폭을 줄이고 S/N비를 증가시켜야 한다.

08 전송 제어 문자의 내용으로 옳은 것은?

① EOT: 전송 시작 및 데이터 링크의 초기화 표시

② ETX: 텍스트의 시작을 표시

③ SYN: 문자 동기 유지

④ STX: 헤딩의 시작 및 텍스트의 시작

09 아날로그 신호로부터 디지털 부호를 얻는 방법이 아닌 것은?

① DM(Delta Modulation)

② PM(Phase Modulation)

③ PCM(Pulse Code Modulation)

④ DPCM(Differential Pulse Code Modulation)

10 FM 수신기에 사용되는 주파수 변별기의 역할은?

① 진폭 변화를 위상 변화로 바꾸어준다.

② 주파수 변화를 진폭 변화로 바꾸어준다.

③ 최대 주파수 편이를 증가시킨다.

④ 주파수 체배를 행한다.

11 PCM 통신에서 양자화 잡음의 설명으로 옳지 않은 것은?

① 진폭값을 디지털 신호로 변환시키는 과정에서 생기는 잡음이다.

② 양자화 잡음의 크기는 양자화 잡음의 평균 전력으로 표현한다.

③ 입력 진폭이 작을 때 신호 대 양자화 잡음비가 크게 나빠진다.

④ 진폭값이 양자화 기준값을 초과하게 된 경우 생기는 잡음이다.

12 PCM 단계 중에서 연속적인 아날로그 신호를 입력으로 받아 불연속적인 진폭을 갖는 펄스를 생성하는 과정에 해당되는 것은?

① 표본화 ② 양자화 ③ 부호화 ④ 압축기

13 비동기 전송 방식의 특징으로 가장 옳은 것은?

① 시작 비트와 정지 비트 없이 출발과 도착 시간이 정확한 방식이다.

② 비트열이 하나의 블록 또는 프레임의 형태로 전송된다.

③ 모뎀이 단말기에 타이밍 펄스를 제공하여 동기가 이루어진다.

④ 문자와 문자 사이에 일정치 않은 휴지 시간이 존재할 수 있다.

14 주파수 변조를 진폭 변조와 비교한 설명으로 옳지 않은 것은?

① 주파수의 혼신 방해가 작다. ② 사용 주파수 대역이 좁다.

③ 페이딩의 영향이 적다. ④ S/N비가 개선된다.

15 시분할 다중화기에 대한 설명과 가장 거리가 먼 것은?

① 보통 1,200baud 이하의 비동기식에 사용한다.

② 각 부채널은 고속의 채널을 실제로 분배된 시간을 이용한다.

③ 시분할 다중화기가 주로 이용되는 곳은 Point-to-Point 시스템이다.

④ 비트 삽입식과 문자 삽입식의 두 가지가 있다.

16 통신 속도를 달리하는 전송 회선과 단말기를 접속하기 위한 방식으로 실제로 전송할 데이터가 있는 단말기에만 채널을 동적으로 할당하는 방식은?

① 다중화기 ② 집중화기 ③ 변조기 ④ 부호기

17 부호 분할 다원 접속(CDMA) 방식에 대한 설명으로 옳지 않은 것은?

① 의사 불규칙 잡음 코드를 사용한다.

② 주파수 도약 방식을 사용하므로 페이딩에 강하다.

③ 위성 통신에서만 사용되고 있는 다원 접속 방식이다.

④ 사용 스펙트럼의 확산으로 인접 주파수 대역에 대한 간섭을 줄일 수 있다.

18 동기식 전송 방식과 비교한 비동기 전송 방식에 대한 설명으로 옳은 것은?

① 비트 신호가 1에서 0으로 바뀔 때 송신 시작을 의미한다.

② 전송 속도와 전송 효율이 높은 방식이다.

③ 비트마다 타이밍을 맞추는 방식이다.

④ 블록 단위 전송 방식이다.

19 정보 전송에서 800baud의 변조 속도로 4상 차분 위상 변조된 데이터 신호 속도는 얼마인가?

① 600bps ② 1,200bps

③ 1,600bps ④ 3,200bps

20 최단 펄스 시간 길이가 $1{,}000 \times 10^{-6}$sec일 때, 이 펄스의 변조 속도는 얼마인가?

① 1,000baud ② 100baud

③ 10baud ④ 1baud

21 비동기 전송 방식의 특징으로 옳지 않은 것은?

① 긴 데이터 비트열을 연속적으로 전송하는 방식

② 문자마다 Start, Stop 비트를 부가하여 전송

③ 수신기가 각각 새로운 문자의 시작점에서 재동기를 수행

④ 저속도의 EIA-232D 데이터 전송에 주로 사용

22 혼합형 동기 방식의 특징으로 옳지 않은 것은?

① 동기식과 비동기식의 전송 특성을 혼합한 것이다.

② 각 글자가 스타트 비트와 스톱 비트를 가진다.

③ 글자와 글자 사이에는 휴지 시간이 없다.

④ 비동기식보다 전송 속도가 빠르다.

23 데이터 통신 방식 중 반이중 방식의 설명으로 옳지 않은 것은?

① 데이터 전송 방향을 바꾸는 데 소요되는 시간인 전송 반전 시간 필요

② 전송 데이터의 양이 적을 때 사용

③ 전이중 방식보다 전송 효율이 높은 특성을 보유

④ 2선식 전송로를 이용하며 어느 시점 한 방향으로만 데이터를 전송

01 ①	02 ①	03 ②	04 ③	05 ③	06 ④	07 ④	08 ③	09 ②	10 ②	11 ④	12 ①
13 ④	14 ②	15 ①	16 ②	17 ③	18 ①	19 ③	20 ①	21 ①	22 ③	23 ③	

Chapter

04

통신 프로토콜

학습목표

- 통신 프로토콜의 개념과 발전, 표준화 배경을 이해한다.
- 대표적인 통신 프로토콜인 OSI 7계층 프로토콜과 참조 모델을 학습한다.
- 프로토콜 계층 구조의 개념과 도입 배경, 구성 요소를 학습한다.
- 단편화, 합성화, 재편화 등 프로토콜의 기능과 구문, 의미, 타이밍 등을 학습한다.
- 표준화의 개념과 필요성, 표준화의 종류, 표준화 기구를 알아본다.

01 통신 프로토콜의 개요

프로토콜Protocol은 사전적으로 '외교상의 의례나 의정서'를 뜻한다. 서로 다른 언어를 사용하는 사람들이 원활하게 대화하려면 양쪽 모두 알고 있는 공용어를 사용하기로 미리 약속해야 하는데, 이를 프로토콜이라 한다.

통신 프로토콜은 서로 다른 시스템에 있는 두 개체Entity가 통신을 원할 때 무엇을, 어떻게, 언제 할 것인지 서로 약속해 놓은 규정으로, 통신을 통제하는 규칙이다.

TIP
- 개체: 데이터베이스, 이메일 등 정보를 보내거나 받을 수 있는 사용자 프로그램
- 시스템: 하나 이상의 개체를 보유하고 있는 컴퓨터 네트워크

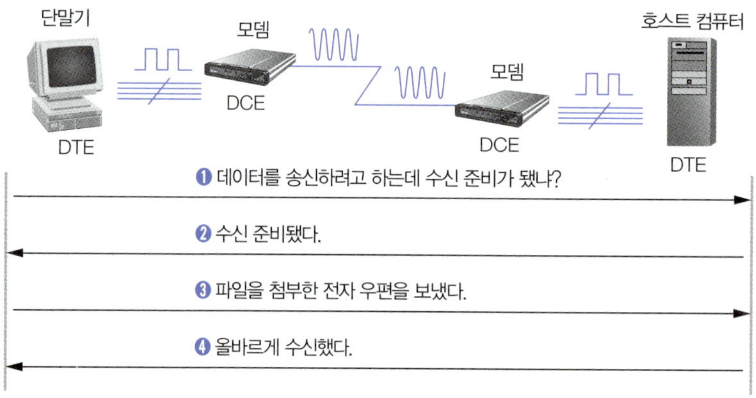

그림 4-1 통신 프로토콜의 예 – 전자 우편을 송수신하는 절차

통신 프로토콜은 컴퓨터로 처음 통신을 시작한 1960년대부터 사용했다. 처음에는 IBM에서 제정한 프로토콜인 BSCBinary Synchronous Communication와 SDLCSynchronous Data Link Control를 많이 사용했다. 하지만 컴퓨터와 통신 기술을 제조하는 회사마다 다른 프로토콜을 개발해 사용하면서 많은 혼란과 문제가 발생했다. 그래서 1976년에 국제전신전화자문위원회CCITT는 각기 다른 프로토콜을 하나로 통합해 사용하기를 권고했고 국제표준화기구ISO에서 OSI 참조 모델을 제정 및 발표했다. 이후에도 여러 가지 표준 프로토콜이 발표되었고 지금은 인터넷 기술이 발전하면서 TCP/IP를 많이 사용한다.

02 OSI 7계층 프로토콜

1 OSI 7계층 프로토콜과 참조 모델

OSI 7계층 프로토콜은 X.200으로 알려진 국제 네트워크 표준 규약으로, 국제표준화기구ISO; International Standards Organization에서 1977년에 제정, 1983년에 완성했다. 네트워크 구조를 표준화하는 개방형 시스템 사이의 상호 접속OSI; Open Systems Interconnection 규정을 정의하는 OSI 참조 모델의 목적은 다음과 같다.

- 시스템 간 접속을 위한 개념 규정
- OSI 표준 개발을 위한 범위 선정
- 규격 적합성을 위한 공통 기반 제공
- 프로토콜 제품의 유지 보수에 대한 용이성 제공
- 새로운 기술 및 이용자 요구에 대응 가능한 프로토콜의 확장 및 변경 용이성 제공

1.1 OSI 7계층의 구성

OSI 7계층은 각기 다른 7개 계층으로 구성된다. 1계층은 물리 계층Physical Layer, 2계층은 데이터 링크 계층Data Link Layer, 3계층은 네트워크 계층Network Layer, 4계층은 전송 계층Transport Layer, 5계층은 세션 계층Session Layer, 6계층은 표현 계층Presentation Layer, 7계층은 응용 계층Application Layer이다.

1~4계층은 하위 계층이며 정보를 전달하고 5~7계층은 상위 계층이며 정보를 통신하는 기능을 한다. 전달 기능을 하는 하위 계층은 통신 기기와 네트워크 간의 통신 경로를 설정하거나 유지 및 해제를 규정한다. 통신 기능을 하는 상위 계층은 통신 경로를 이용해 정보를 교환하는 절차를 규정한다.

1.2 OSI 7계층 간의 데이터 전달 원리

다음 그림은 OSI 7계층 상호 간에 데이터를 전달하는 원리를 나타낸다.

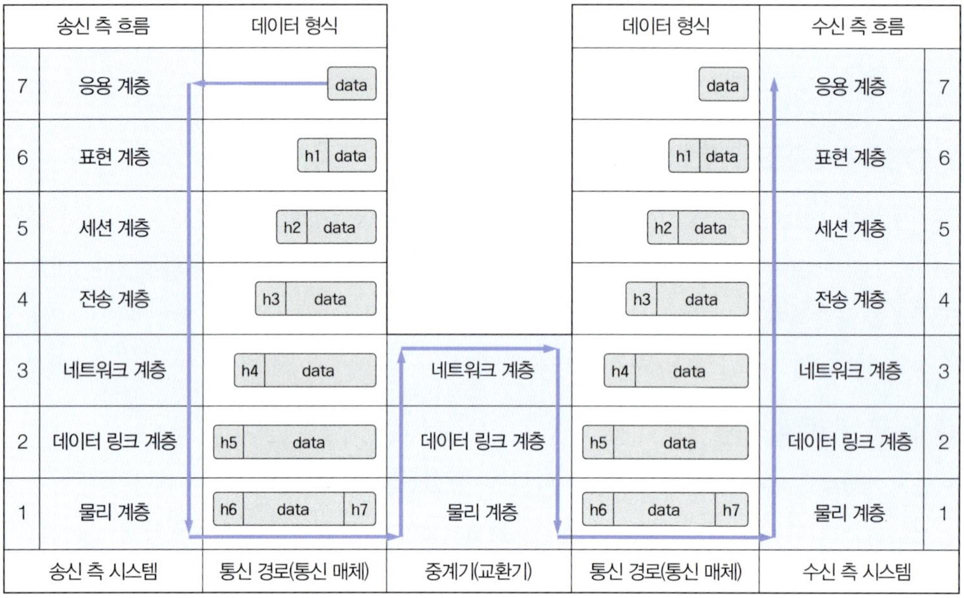

그림 4-2 OSI 7계층 프로토콜에서 데이터 전달 원리

TIP
- h1: Application Header
- h2: Presentation Header
- h3: Session Header
- h4: Transport Header
- h5: Network Header
- h6: Flag+Address+Control
- h7: Frame Check Sequence+Flag

송신 측은 최상위 계층(7계층: 응용 계층)에서 발생한 데이터를 하위 계층으로 전달하는데, 처음 데이터에 각 계층에서 전달받은 헤더Header 정보가 추가된다. 각 계층에서는 한 단계 높은 계층에서 전달받은 데이터(헤더1+데이터)를 하나로 취급해 앞에 새로운 헤더를 추가하고 (헤더2+헤더1+데이터) 한 단계 낮은 계층으로 전달한다. 이러한 과정을 통해 마지막으로 최하위 계층인 1계층(물리 계층)에 도달한다.

송신 측 최하위 계층에 있는 데이터는 원래 데이터에 여러 개의 헤더를 씌운 형태다. 이처럼 데이터에 헤더를 씌우는 과정을 캡슐화Encapsulation라고 한다. 캡슐화에 사용되는 제어 정보에는 주소, 오류 검출 부호, 프로토콜 제어 등이 포함된다.

송신 측 최하위 계층에서는 데이터를 전기 신호로 변환한 후 전송 매체를 이용해 중계기(또는 교환기)를 거쳐 수신 측의 1계층(물리 계층)으로 전송한다. 수신 측의 1계층에 있는 데이터도 헤더를 여러 개 씌운 형태인데, 각 계층의 헤더에 해당하는 부분을 벗긴 후 최상위 계층으로 전달한다. 수신 측에서 각 계층의 헤더를 벗기는 과정을 캡슐 해제Decapsulation라고 한다.

송신 측의 최상위 계층에서 보낸 원래의 데이터(헤더가 없는 데이터)는 캡슐화와 캡슐 해제 과정을 거쳐 수신 측의 최상위 계층(7계층: 응용 계층)으로 정확하게 전달된다.

OSI 7계층의 통신 기능을 그림으로 나타내면 다음과 같다.

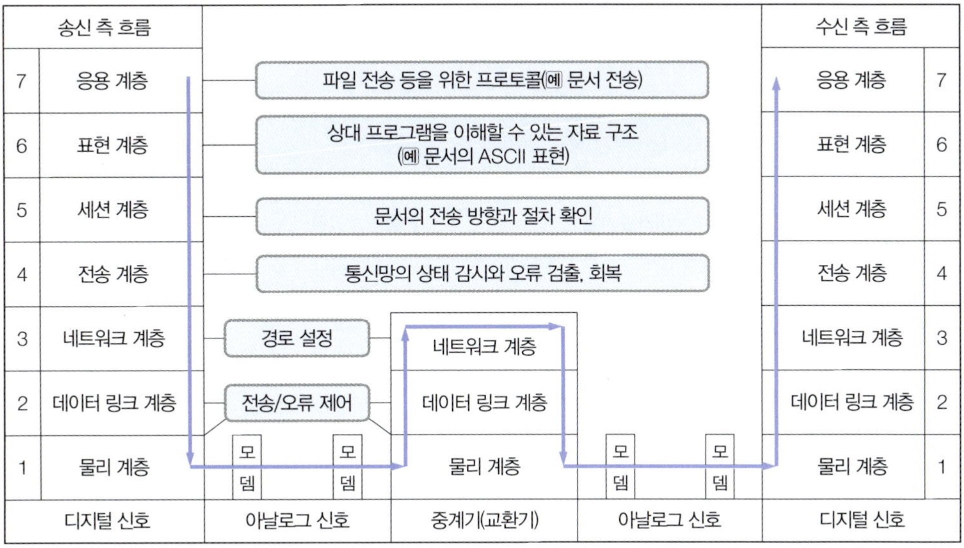

그림 4-3 OSI 7계층 프로토콜의 통신 기능

1.3 OSI 7계층의 역할

OSI 7계층의 역할, 기능, 데이터 단위는 [표 4-1]과 같다.

표 4-1 OSI 7계층의 역할, 기능, 데이터 단위

계층		역할	기능	데이터 단위
하위 계층	1계층: 물리 계층	구조화되지 않은 비트 스트림(데이터 비트)을 물리적 매체를 이용해 전송	케이블 형태, 전송 방식, 신호 형식 결정	비트(bit)
	2계층: 데이터 링크 계층	물리적 연결을 이용해 신뢰성 있는 정보를 전송하려고 동기화, 오류 제어, 흐름 제어, 회선 제어, 입출력 제어 제공	접속 방식, 오류 검출 정립, 흐름 제어, 프레임에 대한 동기화	프레임(frame)
	3계층: 네트워크 계층	상위 계층과의 연결을 설정, 관리해 시스템 연결에 필요한 데이터를 전송하고 교환	접속 방식(설정, 유지, 종결 책임), 오류 검출 정립, 흐름 제어	패킷(packet)
	4계층: 전송 계층	단말기 사이의 오류 수정과 흐름 제어를 수행해 신뢰성 있고 명확한 데이터 전송	오류 복구, 전송 담당, 흐름 제어, 네트워크 주소 지정	세그먼트(segment)
상위 계층	5계층: 세션 계층	응용 사이의 연결을 설정, 관리, 해제하는 통신 제어 구조를 제공	연결 접속(설정, 유지, 종결)과 동기 제어	메시지(message)
	6계층: 표현 계층	데이터 표현에 존재하는 상이점으로부터 응용 프로세스의 독립성을 제공	데이터 재구성, 코드 변환, 구문 검색	메시지(message)
	7계층: 응용 계층	사용자가 OSI 환경에 접근할 수 있게 분산 정보 서비스를 제공	데이터베이스, 전자 우편, 기타 응용 프로그램	메시지(message)

1.4 OSI 7계층의 응용 예

OSI 7계층을 응용한 다양한 예는 다음과 같다.

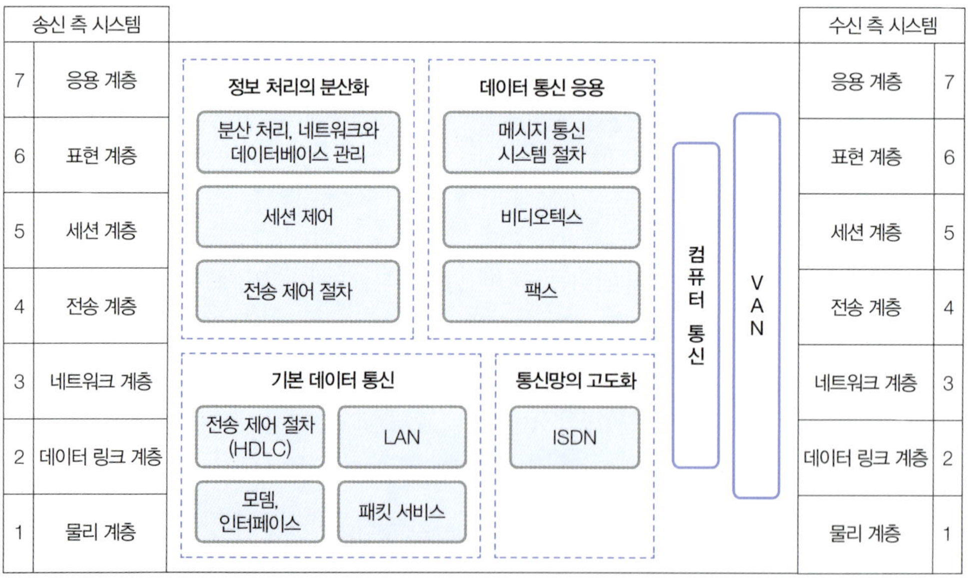

그림 4-4 OSI 7계층의 응용 예

2 물리 계층

물리 계층은 OSI 참조 모델 중 최하위 계층인 1계층이다. 상위 계층에서 내려온 비트열 데이터를 전송할 수 있도록 통신 기기 사이에 있는 물리 매체를 연결한다. 그리고 데이터가 전송되는 동안 연결을 유지 및 해제하는 기계적, 전기적, 기능적, 절차적 특성을 정의한다.

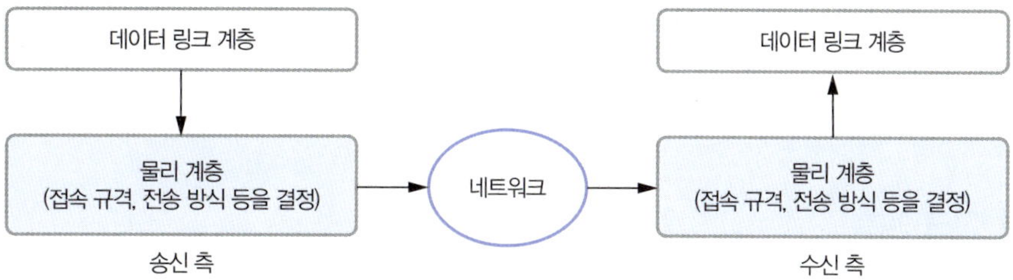

그림 4-5 물리 계층의 역할

표 4-2 물리 계층의 특성

특성	내용
기계적 특성	• 시스템과 주변 장치를 연결하기 위해 정의한 규정 • ISO2110, ISO4902, ISO4903 참고 예 핀 연결의 규격 정의
전기적 특성	• 상호 접속 규격 중에서 전기적 규격을 정의 • CCITT 권고안 중 V.10, V.11, V.28, X.26, X.27 참고 예 DTE와 DCE 사이 커넥터에 흐르는 신호의 전압 레벨, 전압 변동, 잡음 등의 전기적 신호법을 규정. RS-232D는 공통 접지를 기준으로 -3V 이하는 1의 상태, +3V 이상은 0의 상태로 해석
기능적 특성	• 상호 접속 규격 중에서 상호 교환 회로의 규격을 정의 • CCITT 권고안 V.24 참고 예 DTE와 DCE 사이를 연결하는 각 핀에 의미를 부여해 데이터와 제어, 타이밍, 접지 등의 기능을 규정
절차적 특성	• 데이터를 전송하기 위해 사건의 흐름 순서를 규정 • CCITT 권고안 X.20, X.21 참고 예 물리적 연결의 활성화와 비활성화, 동작의 종료 절차를 규정

물리 계층에서는 물리적 연결에서 비트 단위의 데이터열을 전송하기 위해 신호와 부호화, 전송 방식 등을 결정한다. 예를 들어, 송신 측의 물리 계층은 상위 계층에서 0과 1로 구성된 비트열의 데이터를 받아 전기 신호로 변환한 후 전송 매체를 이용해 수신 측으로 보낸다. 수신 측의 물리 계층은 이 전기 신호를 0과 1로 구성된 비트열로 복원해 상위 계층에 전달한다. 전송 방식으로 반이중 또는 전이중 방식, 전송 모드로 동기 또는 비동기 모드를 선택할 수 있다.

물리 계층과 관련된 프로토콜은 모뎀과 단말 장치 사이의 커넥터 등에 관한 규정이며 실제로 DTE/DCE 인터페이스로 규정되어 있다. 물리 계층을 표준화한 대표적인 예는 RS-232C, RS-422, RS-485다. 물리 계층의 표준은 ISO, CCITT에서 결정하고 규격은 각 국가에서 결정한다. 우리나라는 KS[Korean industrial Standard], 미국은 EIA[Electronic Industries Alliance], 일본은 JIS[Japanese Industrial Standard]에서 규격을 결정한다. 데이터 통신과 관련된 CCITT 표준안에는 V 시리즈와 X 시리즈가 있다. V 시리즈는 기존 전화망으로 아날로그 데이터를 전송하는 방법을 규정하고 X 시리즈는 디지털 데이터망으로 디지털 데이터를 전송하는 방법을 규정한다.

3 데이터 링크 계층

데이터 링크 계층은 OSI 참조 모델의 하위 계층인 2계층으로 두 시스템 사이에서 정보 데이터를 오류 없이 전송하기 위해 상위 계층(네트워크 계층)에서 받은 비트열 데이터로 프레임을 구성해 하위 계층(물리 계층)으로 전달한다. 데이터 링크 계층의 대표적인 기능에는 노드-대-노드 전달, 주소 지정, 전송 제어, 흐름 제어, 오류 제어, 동기화 등이 있다. 노드에서 노드로 프레임을 전달하고 매체를 공유하기 위해 매체 접근 제어[MAC; Medium Access Control]를 수행한다.

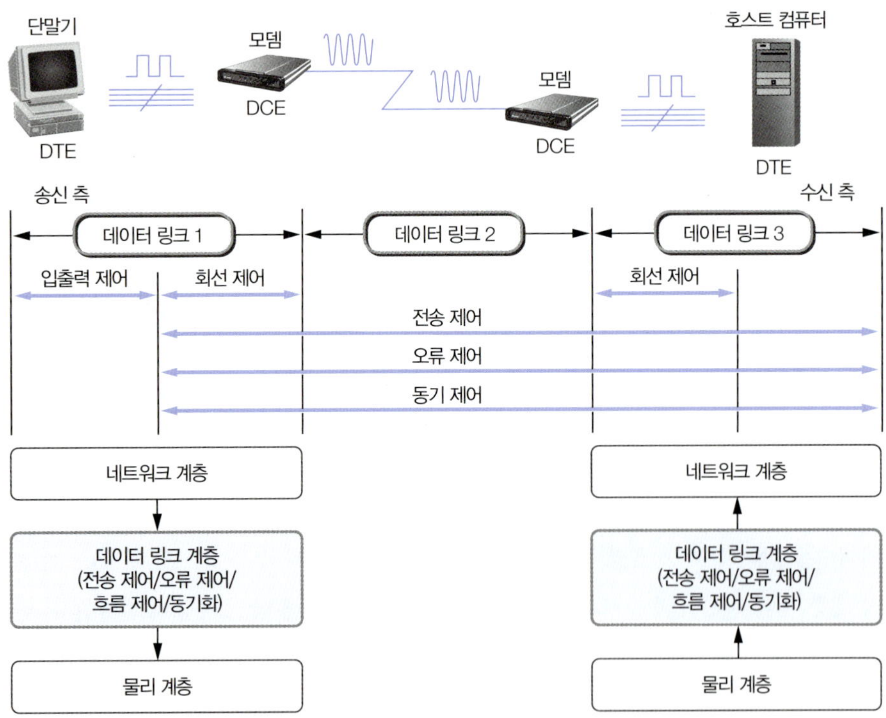

그림 4-6 데이터 링크 계층의 역할

데이터 링크 계층은 데이터 동기를 통해 비트를 식별하는 기능을 제공함으로써 채널에서 데이터 전송과 노드-대-노드 전달을 책임진다. 이 계층의 프로토콜에는 오류가 발생한 프레임을 검출하고 재전송하는 방법 등이 포함된다.

3.1 노드-대-노드 전달과 주소 지정

노드-대-노드 전달은 이웃 노드 사이에 데이터 링크를 설정하는 기능이다. 전송할 데이터 앞에는 헤더Header, 뒤에는 트레일러Trailer를 추가해 하위 계층(물리 계층)으로 전달한다. 헤더와 트레일러에는 발신지 주소와 목적지 주소 등의 정보가 있다. 수신 측의 데이터 링크 계층에서는 헤더와 트레일러를 삭제한 후 수신 측의 네트워크 계층으로 전달한다. 데이터 링크 계층에서 데이터를 전송하는 과정은 다음과 같다.

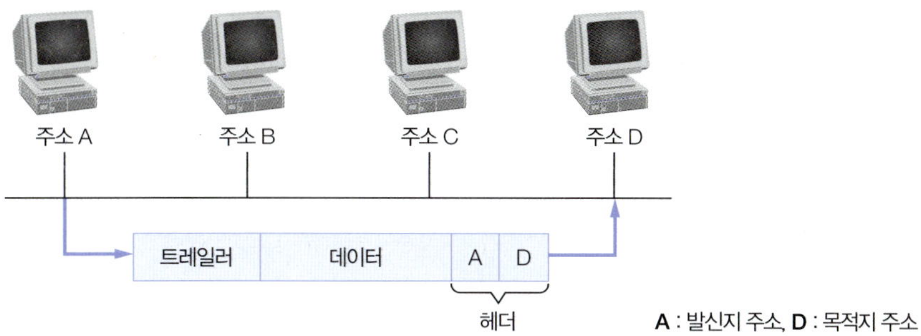

그림 4-7 데이터 링크 계층에서 데이터 전송 과정

3.2 전송 제어

데이터 링크 계층은 데이터 송수신 시 회선 접속과 상대방 확인 등 데이터를 올바르게 전송하는 절차를 제어한다. 절차에 따라 데이터를 전송하면 다음과 같은 이점을 얻는다.

- 문자나 비트에 관계없이 전송할 수 있다.
- 연속해서 전송하고 일괄적으로 응답할 수 있어 전송 능력을 향상시킬 수 있다.
- 전이중 방식 통신 시에는 역방향 응답도 가능해 전송 능력을 향상시킬 수 있다.
- 오류 검출이 가능하다.

전송 제어 방식은 전용 회선과 교환 회선에서 서로 다르다. 교환 회선에서는 5단계, 전용 회선에서는 3단계로 제어한다. 전송 제어 절차는 전화 통화 방법과 비슷하다.

표 4-3 교환 회선과 전용 회선의 전송 제어 단계

단계	전송 제어	교환 회선	전용 회선
1단계	회선 접속	○	×
2단계	데이터 링크 확립	○	○
3단계	정보 전송	○	○
4단계	데이터 링크 해제	○	○
5단계	회선 절단	○	×

교환 회선에서 이루어지는 전송 제어 절차를 요약하면 다음과 같다.

❶ **회선 접속**: 정보 전송 전 단계로, 회선 접속이 필요하다. 모뎀이나 DSU 등의 상태를 데이터 전송이 가능한 단계까지 만들어준다.

❷ **데이터 링크 확립**: 데이터 송수신이 가능하게 경로를 구성하는 단계다. 데이터 링크를 확인하는 방법은 폴링과 선택이다. 폴링은 단말기에서 컴퓨터로 데이터를 전송하는 데 사용한다. 선택은 컴퓨터가 특정 단말기를 지정해 데이터를 전송하는 데 사용하며 데이터 앞에 특정 단말기를 지정하는 제어 문자를 포함해 전송한다.

❸ **정보 전송**: 데이터 링크가 확립되면 정보 전송을 시작한다. 전송로에서 발생한 오류를 검출 및 정정하도록 제어하면서 정보를 전송한다.

❹ **데이터 링크 해제**: 데이터 전송이 종료되면 그 내용을 수신 측에 통보한다. 전송의 끝을 알려주는 EOT End Of Transmission를 문자로 보내며 국Station 간의 논리적 연결을 절단해 해제한다.

❺ **회선 절단**: 연결된 회선을 절단한다.

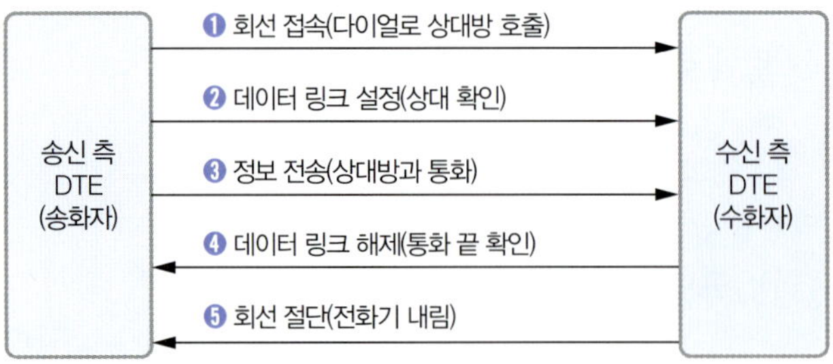

그림 4-8 교환 회선의 전송 제어 절차

3.3 흐름 제어

흐름 제어Flow Control는 양쪽의 회선 시스템이 처리 속도가 다를 때, 데이터의 양이나 통신 속도가 수신 측이 처리할 수 있는 능력을 넘지 않도록 조정하는 기능이다. 송신 측이 수신 측보다 느리면 문제가 되지 않지만 빠르면 수신 측의 한정된 버퍼가 데이터를 제대로 처리하지 못하거나 아예 버리는 상황이 발생한다. 이러한 데이터 통신망의 데드락Deadlock을 피하기 위해 흐름 제어가 필요하다. 흐름 제어 방식에는 정지 대기Stop-and-Wait 방식과 슬라이딩 윈도Sliding Window 방식이 있다.

■ 정지 대기 방식

데이터를 전송할 때 송신 측에서는 한 번에 프레임 한 개만 전송할 수 있고 수신 측에서는 다음 프레임을 맞게 전송했는지 결정해 송신 측에 통보하는 방식이다. 가장 간단한 흐름 제어 방식으로 프레임을 몇 개의 큰 단위로 전송할 때 효율적이다. 하지만 오류를 쉽게 발견하고 유리하게 재전송하기 위해 큰 블록의 데이터를 잘게 나눠서 보내므로 효율적이진 않다.

오류를 복구할 때는 정지 대기 방식과 하나의 메커니즘으로 구현한다. 예를 들어, 송신 측에서 FRAME 1을 보내면 수신 측에서는 ACK 1을 응답으로 송신 측에 통보한다. 이것을 받은 송신 측에서 다시 FRAME 2를 보내면 수신 측에서는 ACK 2를 응답으로 송신 측에 통보한다. 전송할 프레임이 n개면 이 과정을 n번 반복한다.

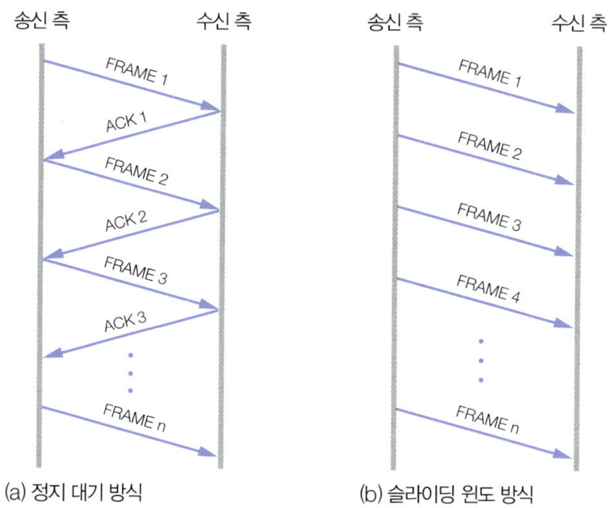

그림 4-9 흐름 제어 방식의 종류

■ 슬라이딩 윈도 방식

데이터를 전송할 때 송신 측에서 한 번에 윈도 크기만큼 프레임을 연속해서 전송할 수 있고 수신 측에서는 적절한 간격으로 이 윈도 크기의 개수만큼 조절해 송신 측에 통보하는 방식이다. 가장 대표적인 흐름 제어 방식이다.

오류를 복구할 때는 연속적 ARQ 방식과 하나의 메커니즘으로 구현한다. 예를 들어, 윈도 크기의 개수가 n개면 송신 측에서 한 번에 n개만큼 프레임을 연속해서 수신 측으로 전송한다. 수신 측에서는 적절한 간격으로 이 윈도 크기의 개수만큼 크기 n을 조절해 다시 송신 측에 통보한다.

3.4 오류 제어

오류는 통신 회선의 순간적인 절단 현상, 잡음과 감쇄, 혼선, 군 지연Group Delay, 찌그러짐, 펄스성 잡음, 에코 현상, 장치의 기계적/구조적 원인, 전원 중단 등의 전기적 원인으로 발생한다. 오류가 발생하는 장소는 다음과 같다.

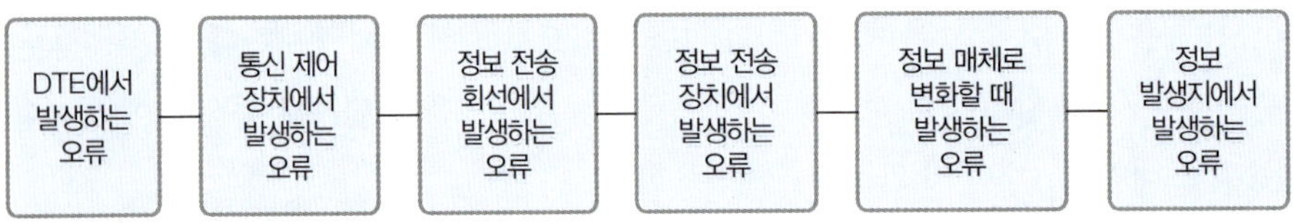

그림 4-10 오류 발생 장소

물리 계층에서는 데이터를 주고받기만 할 뿐 오류를 검사하지 못한다. 오류를 검출해 수정 및 처리하는 것은 데이터 링크 계층에서 담당한다. 데이터 링크 계층에서 수행하는 오류 제어 방식의 종류는 다음과 같다.

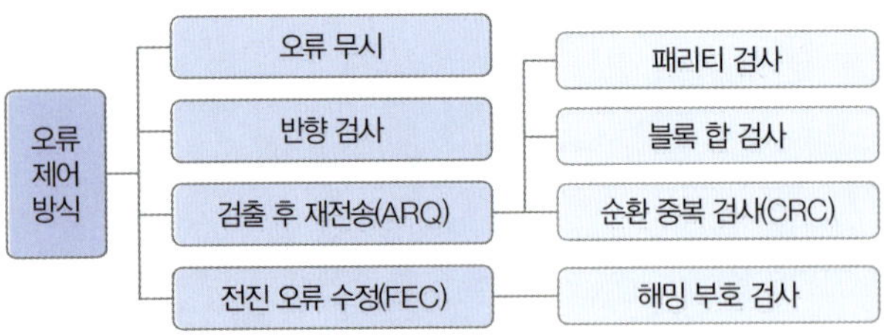

그림 4-11 오류 제어 방식의 종류

■ 오류 무시

영문 텍스트나 숫자가 포함되지 않은 간단한 문자처럼 그다지 중요치 않은 데이터를 취급하는 데이터 통신에서 사용한다.

■ 반향Echo 검사

루프Loop 방식이라고도 하며 전송 데이터와 수신 데이터를 서로 비교해 판단한다. 컴퓨터와 단말기 사이에서 주로 이용한다. 수신 측이 수신한 데이터를 송신 측에서 다시 전송받아 원래 데이터와 비교하는 궤환 전송 방식과 송신 측에서 두 번 이상 연속 전송해 수신 측에서 데이터를 비교하는 연속 전송 방식이 있다.

■ 검출 후 재전송(ARQAutomatic Repeat reQuest)

오류가 발생하면 수신 측은 송신 측에 오류 발생 사실을 알리고 해당 프레임을 재전송할 것을 요구한다. 수신 측은 역채널을 통해 데이터를 잘 받았으면 ACK, 오류가 있으면 NAK 정보를 전송한다. 송신 측은 전송 중인 프레임을 기억해야 하므로 버퍼가 필요한데 버퍼의 크기는 프레임의 크기와 개수로 결정한다. 후진 오류 수정BEC; Backward Error Correction 방식 또는 자동 반복 요청 방식이라고도 한다. 수신 측에서 오류를 검출하는 방식으로는 패리티 검사, 블록 합 검사, 순환 중복 검사 등이 있다.

■ 전진 오류 수정(FECForward Error Correction)

수신 측에서 오류가 있음을 발견하면 해당 오류를 검출할 뿐만 아니라 수정도 가능해 자기 정정 방식이라고도 한다. ARQ 방식에 비해 많은 수의 잉여 비트를 추가해 오류 검출뿐만 아니라 정정도 가능하다. 연속적인 데이터 전송이 가능하고 역채널을 사용하지 않는다는 것이 장점이다. 그러나 잉여 비트로 전송 채널 대역이 낭비되고 기기와 코드 방식이 복잡하다는 것이 단점이다.

적용할 수 있는 분야는 연속적인 데이터 전송이 되는 경우, 역채널을 사용하지 않는 경우, 4,800bps 이상의 속도로 운용되는 시분할 다중화기 사이에서 전이중 방식으로 운용되는 경우, 서로 다른 비트 오류율을 요구하는 다수의 이용자를 수용하는 공중 반송 채널의 경우 등이다.

FEC 코드는 크게 블록 코드와 콘볼루션 코드로 구분된다. 블록 코드는 선형 코드의 가장 대표적인 순회 코드(해밍 코드, CRC 코드, BCH 코드)다. 콘볼루션 코드는 일정 길이의 블록 단위로 부호화가 이루어지는데 각 블록에서의 부호화가 그 블록뿐만 아니라 그 이전의 블록에도 의존하며 비블록 코드, 비선형 코드, 트리 부호라고도 한다. 블록 코드와 비블록 코드의 차이점은 기억 장치의 유무다.

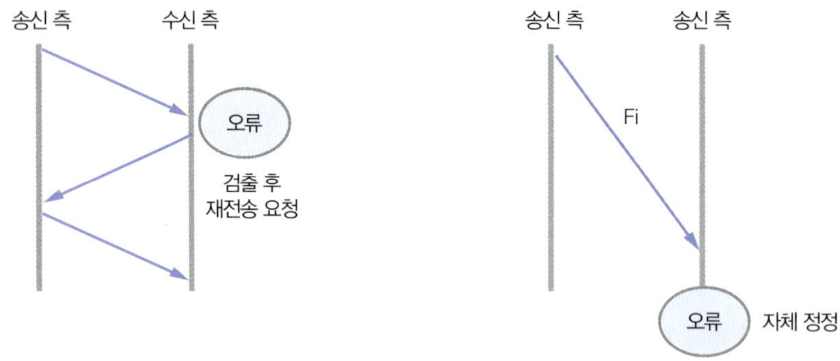

그림 4-12 검출 후 재전송(ARQ)과 전진 오류 수정(FEC) 방식의 비교

■ ARQ 방식의 종류

❶ 정지 대기Stop and Wait ARQ

가장 단순한 형태의 ARQ로 송신 측에서 하나의 블록을 전송하면 수신 측은 오류가 발생했는지 점검한 후 ACKACKnowledgement나 NAKNegative AcKnowledgement를 보내올 때까지 기다린다. 수신 측에서 응답을 받아야 전송할 수 있는 방식이므로 다른 방식보다 전송 효율이 떨어지는 것이 단점이다.

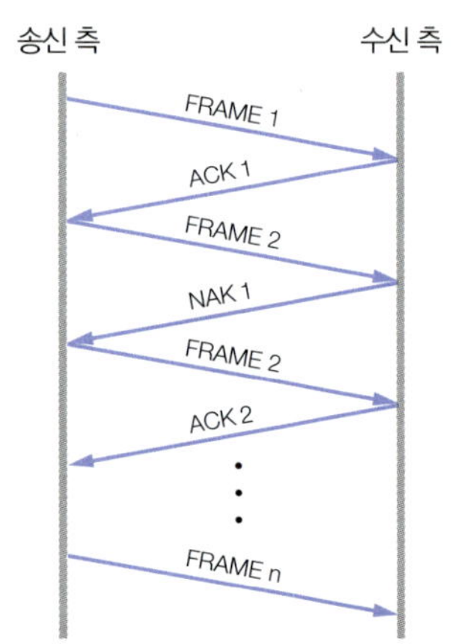

그림 4-13 정지 대기 ARQ 방식

❷ 연속적Continuous ARQ

정지 대기 ARQ 방식의 단점을 줄이기 위해 데이터 블록을 연속해서 보내는 방식이다. 반송 N블록 ARQ와 선택적 ARQ 방식이 있다.

- **반송 N블록Go-Back N ARQ**: 송신 측에서는 프레임을 연속해서 송신하고 수신 측에서는 오류가 발생하면 NAK와 함께 오류 프레임 번호를 송신 측에 통보한다. 송신 측에서는 수신한 NAK에서 오류 프레임 번호를 확인한 후 해당 프레임부터 나머지 프레임까지 계속 송신한다.

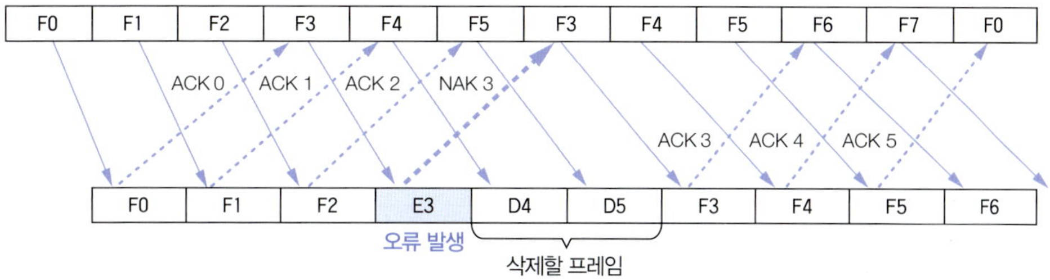

그림 4-14 반송 N블록 ARQ 방식

- **선택적Selective ARQ**: 송신 측에서는 프레임을 연속해서 송신하고 수신 측에서는 오류가 발생하면 NAK와 함께 오류 프레임 번호를 송신 측에 통보한다. 송신 측에서는 수신한 NAK에서 오류 프레임 번호를 확인한 후 해당 프레임만 다시 전송한다. 이것은 정상 프레임도 재전송하는 반송 N블록 ARQ 방식의 단점을 개선한 것이다. 그러나 송신 측에서 오류가 발생한 프레임을 재전송할 때까지 다음 프레임을 저장할 기억 장소와 재전송한 프레임을 다시 삽입할 수 있는 논리회로가 수신 측에 있어야 하고 송신 측에서도 재전송하려면 전송 순서와는 다른 프레임을 전송할 수 있는 논리회로가 있어야 하는 것이 단점이다. 실제로는 반송 N블록 ARQ 방식을 더 많이 사용한다.

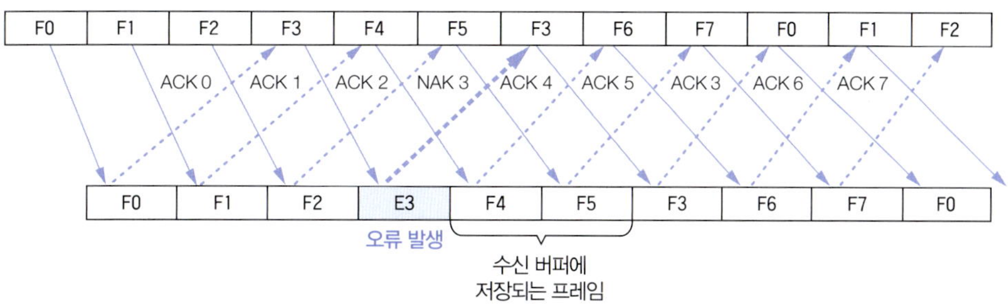

그림 4-15 선택적 ARQ 방식

❸ 적응적Adaptive ARQ

전송 효율을 최대한으로 높이기 위해 데이터 블록의 길이를 동적으로 변경시켜 전송하는 방식이다. 수신 측이 수신한 데이터 블록을 감지하고 오류 발생률을 판단해 송신 측에 통보한다. 송신 측은 통신 회선의 오류 발생률이 낮으면 긴 프레임, 높으면 짧은 프레임을 전송한다. 이처럼 수신 측에서 적절한 전송 프레임의 길이를 결정하므로 전송 효율을 높일 수 있다. 이 방식은 통신 회선의 사용률을 극대화한다. 하지만 전송 효율을 높여주는 장점에도 제어 회로가 복잡하고 블록 길이를 변경하면 채널 대기 시간이 생긴다는 단점 때문에 통신 프로토콜에서는 잘 활용하지 않는다.

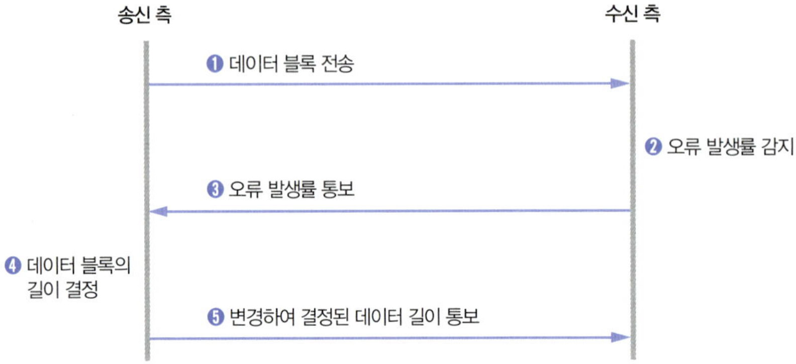

그림 4-16 적응적 ARQ 방식

■ 오류 검출 방식

오류를 검출하는 방식에는 패리티 비트 검사, 블록 합 검사, 순환 중복 검사가 있다.

❶ 패리티 비트 검사Parity Bit Check

전송되는 문자마다 패리티 비트를 하나씩 추가해 짝수나 홀수 여부를 검사하여 오류를 검출한다. 홀수 패리티 방식과 짝수 패리티 방식으로 분류한다.

- **홀수 패리티 방식**: 패리티 비트를 포함한 전송 문자 1의 비트 수를 항상 홀수 개로 유지한다.
- **짝수 패리티 방식**: 패리티 비트를 포함한 전송 문자 1의 비트 수를 항상 짝수 개로 유지한다.

패리티 비트 검사 방식의 전송 단위 형식과 예는 다음과 같다.

(a) 패리티 검사 방식의 전송 단위 형식

(b) 패리티 검사 방식의 예

그림 4-17 패리티 비트 검사 방식의 전송 단위 형식과 예

패리티 비트 검사는 다음과 같은 특징이 있다.

- 정보 비트 수가 적고 오류가 발생할 확률이 낮을 때 사용한다.
- 비동기 전송이나 문자 지향 동기 전송에 적합하다.
- 7비트나 8비트로 구성된 문자에 패리티 비트를 추가한다.
- 오류 비트가 홀수 개면 오류를 검출하기 쉽지만 짝수 개면 검출하기 어렵다.
- 패리티 비트를 포함해 '1'의 개수가 짝수 또는 홀수 개인지를 검사한다.
- 1비트의 에러를 검출하는 코드로 2비트 이상 에러가 발생하면 검출할 수 없다.

❷ 블록 합 검사Block Sum Check

짝수 개 비트 오류를 검출할 수 없는 패리티 비트 검사를 개선한 방법이다. 데이터 블록의 수평과 수직에 각각 패리티 비트를 추가해 다수의 비트 오류를 검출한다. 오버헤드가 심한 것이 단점이다.

- **수평 패리티 검사 방식**: 각 문자에서 생성되는 패리티 비트를 검사한다.
- **수직 패리티 검사 방식**: 각 컬럼에 있는 비트를 모듈로 가산해 얻으므로 프레임의 마지막 문자는 블록 합 검사가 된다.

• STX(Start of TeXt): 텍스트의 시작 • ETX(End of TeXt): 텍스트의 끝 • BCC(Block Check Character): 블록 검사 문자

그림 4-18 블록 합 검사 방식의 예

짝수 블록 합 검사Blocksum Check 방식을 사용하는 경우에는 수평, 수직 전부 짝수 패리티 방식을 적용한다.

	데이터 비트	패리티 비트
	1 0 1 0 1 0 1 1	1 (1의 개수 홀수)
	1 0 1 1 0 0 0 1	0 (1의 개수 짝수)
	1 0 0 1 1 0 0 1	0 (1의 개수 짝수)
	0 0 0 1 1 1 0 0	1 (1의 개수 홀수)
	1 1 1 1 1 0 0 1	0 (1의 개수 짝수)
블록 합 검사	0 1 1 0 0 1 1 0 (수직으로)	0 (수평 수직 전부 짝수)
	1의 개수 짝수 / 1의 개수 홀수 / 1의 개수 홀수 / 1의 개수 짝수 / 1의 개수 짝수 / 1의 개수 홀수 / 1의 개수 홀수 / 1의 개수 짝수	

그림 4-19 짝수 블록 합 검사의 예

❸ 순환 중복 검사(CRCCyclic Redundancy Check)

집단 오류를 검출하기 위해 다항식 코드로 오류를 검사하는 방식이다. 각 문자마다 부가(중복) 비트를 붙일 필요는 없으나 프레임의 실제 내용으로 계산하는 프레임 검사 순서FCS;

Frame Check Sequence를 끝에 추가하여 전송한다. FCS는 블록 검사 순서BCS; Block Check Sequence라고도 한다. 동기식 전송에 많이 사용하며 몇 개 비트를 연속해서 틀리는 버스트 오류Burst Error와 불규칙하게 틀리는 랜덤 오류Random Error를 검출할 수 있어 많은 프로토콜에서 활용된다.

CRC 코드는 다음과 같은 과정으로 만들어진다.

① 전송 데이터를 다항식의 표현인 P(x)로 나타낸다.
② P(x)에 생성 다항식인 G(x)의 최고차항을 곱하고 생성 다항식인 G(x)로 나눈다. 이때 나머지가 패리티 비트다.
③ 완전한 CRC 코드는 'P(x)×생성 다항식의 최고차항+패리티 비트'다. 이 CRC 코드가 수신 측으로 전송되는데 이를 T(x)로 나타낸다.
④ 수신 측에서는 T(x)를 G(x)로 나누어 나머지가 없으면 오류가 없다고 판단하고 있으면 오류가 있다고 판단한다.

예를 들어, 순환 중복 검사를 처리할 때 전송 메시지의 비트열이 110011(6비트), 생성 다항식으로 결정하는 패턴열이 11001(5비트), 프레임 검사 순서 FCS가 10000(5비트)이라면 다음 과정을 거쳐 처리한다.

- 메시지 비트열이 110011(6비트)이므로 다항식 M(x)로 표시하면 $M(x)=X^5+X^4+X+1$, 생성 다항식 G(x)로 표시하면 $G(x)=X^4+X^3+1$이고, FCS를 H(x)로 표시하면 $H(x)=X^4$이다.
- 송신 측에서 수신 측으로 데이터를 전송하려면 송수신 측에서 생성 다항식을 결정해야 한다. 여기서는 간단한 예를 들기 위해 CRC−4인 $G(x)=X^4+X^3+1$을 사용하지만 생성 다항식으로는 다음 네 가지 유형을 많이 사용한다.

  CRC: $X^{12}+X^{11}+X^3+X^2+1$

  CRC−16: $X^{16}+X^{15}+X^2+1$

  CRC−CCITT: $X^{16}+X^2+1$

  CRC−32: $X^{32}+X^{26}+X^{23}+X^{22}+X^{16}+X^{12}+X^{11}+X^{10}+X^8+X^7+X^5+X^4+X^2+X+1$
- 메시지 다항식 M(x)와 FCS인 H(x)를 곱해 다음 식을 얻는다.

  $X(x) \cdot H(x)=(X^5+X^4+X+1) \cdot X^4=X^9+X^8+X^5+X^4+$ … (1)

  비트열 : 1100110000

- 식 (1)을 생성 다항식 G(x)로 나눈다. 이때, 연산은 모듈로 −2연산(XOR 연산과 동일)을 수행한다.

```
              100001
11001 ) 1100110000  ┐
        11001       │
              10000 ├ XOR 연산
              11001 │
        ----------  ┘
               1001 ----▶ A(x)=X³+1
```

- 메시지 다항식 M(x)에 A(x)를 부가한 식을 송신 데이터 B(x)라 한다. 이것을 수신 측으로 전송한다.

```
                          M(x)    A(x)
송신 데이터 B(x)의 비트열 : 110011 1001
```

수신 측에서는 송신 데이터 B(x)를 생성 다항식 G(x)로 나눈다. 이때, XOR 연산을 수행한다. 나머지가 0이면 오류가 없고 0이 아니면 오류가 발생한 것으로 판단한다.

```
              100001
11001 ) 1100111001  ┐
        11001       │
              11001 ├ XOR 연산
              11001 │
        ----------  ┘
               0000 ----▶ 나머지가 0이므로 오류가 없다.
```

참고로, CRC−12 시스템은 6비트 문자 전송과 FCS 12비트를 사용한다. CRC−16과 CRC−CCITT 시스템은 8비트 문자 전송과 FCS 16비트를 사용하고 CRC−32 시스템에서는 FCS 32비트를 사용한다.

■ 오류 정정 방식

오류 정정 코드를 사용하는 방식으로, 그중 하나인 해밍 부호 검사Hamming Code Check를 정리하면 다음과 같다.

- 1비트의 오류를 검출해 자동으로 정정해 주는 코드다.
- 검사 비트 세 개를 추가해 오류를 줄이며 비트를 두 개 이상 검출해 정정하려면 더 많은 비트(상황 비트)가 필요하다.

- 처리 속도가 빨라 실시간 처리가 가능하고 오류 검출뿐만 아니라 정정도 가능하다.
- 중복 비트가 많이 필요해 전송 효율이 낮고 계산량이 많다는 것이 단점이다.

전송할 메시지 비트열이 10101010일 때를 예로 해밍 부호 검사 과정을 설명하면 다음과 같다.

- 전송할 메시지의 입력 정보 비트열이 10101010이면 해밍 비트 H는 2^k(k=0, 1, 2, 3)번째 (2^0, 2^1, 2^2, 2^3) 위치에 삽입한다. 즉, 1, 2, 4, 8번째 위치에 삽입해 입력 정보 비트열 8비트에 해밍 비트를 첨가한 총 12비트로 변환한다.
- 해밍 비트 값(H8, H4, H2, H1)을 구하는 방법은 다음과 같다. 12비트로 변환된 입력 정보 비트열에서 1의 비트가 있는 위치는 각각 12, 10, 7, 5다. 이 10진수를 2진수로 변환해 XOR 연산을 하면 각각의 해밍 코드값을 구할 수 있다.

12(10진수) →	1	1	0	0(2진수)	XOR 연산
10(10진수) →	1	0	1	0(2진수)	
7(10진수) →	0	1	1	1(2진수)	
5(10진수) →	0	1	0	1(2진수)	
해밍 코드값 →	0	1	0	0(2진수)	
	H8	H4	H2	H1	

- 해밍 코드값 H8, H4, H2, H1은 각각 0, 1, 0, 0이다.

12	11	10	9	8	7	6	5	4	3	2	1
1	0	1	0	0	1	0	1	1	0	0	0

- 7번째 비트가 오류 전송(1을 0으로 전송)이라 가정하면 1의 비트가 있는 위치는 각각 12, 10, 5가 된다.

12	11	10	9	8	7	6	5	4	3	2	1
1	0	1	0	H8	0	0	1	H4	0	H2	H1
					오류 비트						

- 이 10진수를 2진수로 변환해 해밍 코드와 XOR 연산을 시키면 오류가 발생한 2진수의 값을 구할 수 있다. 이것을 10진수로 변환하면 오류가 발생한 위치가 된다.

12(10진수) →	1	1	0	0(2진수)	XOR 연산
10(10진수) →	1	0	1	0(2진수)	
7(10진수) →	0	1	0	1(2진수)	
해밍 코드값 →	0	1	0	0(2진수)	
오류 발생 위치 →	0	1	1	1(2진수)	

→ 7(2진수)

→ 7번째 비트에서 오류가 발생함을 알 수 있다.

12	11	10	9	8	7	6	5	4	3	2	1
1	0	1	0	H8	1	0	1	H4	0	H2	H1

정정한 상태

- 7번째 비트 0을 1로 정정한다.

■ 국제 표준 오류 검출 방식과 오류 제어 방식

다음은 각 국제 표준 규약에서 오류를 검출하고 제어하는 방식이다.

표 4-4 국제 표준 규약에서 오류를 검출하고 제어하는 방식

국제 표준	오류 검출 방식	오류 제어 방식
IEEE802	• CRC-32	• 반송 N블록 ARQ
ISO(IS1745)	• CRC-16 • 수평 패리티 • 수직 패리티	• 정지 대기 ARQ
ISO(IS3309 외)	• CRC-16 • CRC-32	• 반송 N블록 ARQ • 선택적 ARQ
ITU-T X.25	• CRC-16	• 반송 N블록 ARQ
ITU-T V.41	• CRC-16	• 정지 대기 ARQ • 반송 N블록 ARQ

■ 오류율

전송 매체로 발생한 오류의 총합을 전송 정보의 총합으로 나눈 값이다. 비트 오류율, 문자 오류율, 블록 오류율이 있다.

TIP 오류율에 대한 자세한 내용은 3장 94쪽을 참고한다.

3.5 동기화

데이터를 정확하게 송수신하려면 서로 동기가 잘 맞아야 한다. 송신 측은 데이터를 한 번에 1 비트씩 전송하므로 수신 측에서는 수신된 비트열의 한 글자 또는 블록의 시작과 끝을 알아야 한다. 송수신 측에는 각 비트의 전송률과 전송 시간, 간격 등을 규정하는 약속이 있는데 이런 동기화는 데이터 통신 시스템에서 꼭 필요하다. 송신 측에서는 비트를 구별하여 전송하는 데이터가 필요한데 이런 데이터를 동기 정보라고 한다. 수신 측에서 이 동기 정보를 얻는 방법으로 비동기식 전송과 동기식 전송이 있다.

3.6 데이터 링크 프로토콜의 종류

데이터 링크 프로토콜은 문자 지향 방식과 비트 지향 방식으로 분류한다. 문자 지향 방식은 데이터를 문자 단위로, 비트 지향 방식은 비트 단위로 전송한다. 예를 들어, 문자 단위로 전송할 때는 제어 문자(프레임의 시작과 끝이나 여러 가지 제어 기능을 수행하는 제어 문자)를 이용한다. 대표적인 문자 지향 프로토콜에는 Kermit와 BSC Binary Synchronous Communication 가 있고 비트 지향 프로토콜에는 ISO의 HDLC High level Data Link Control 와 MLP, CCITT의 X.25 LAPB, LAPD, LAPF 등이 있다.

표 4-5 대표적인 데이터 링크 프로토콜의 종류와 특징

특징 \ 종류	BSC	HDLC	무절차
활용	DTE와 컴퓨터 사이	OSI 참조 모델 2계층, 공중 패킷 교환망	PC 통신, 각종 DB
통신 회선	저속–고속	2,400bps 이상 회선	300bps 이하 저속 회선
신뢰성	약간 높음	높음	낮음
전송 효율	보통	높음	낮음
정보 전송 단위	블록	프레임	구분된 부호까지
단말 장치 가격	보통	고가	저가

대표적인 데이터 링크 프로토콜의 종류와 특징을 하나씩 살펴보자.

■ BSC

BSC Binary Synchronous Control 는 IBM에서 개발한 것으로, 컴퓨터와 단말기 사이에서 일정한 전송 제어 문자를 사용해 오류 없이 전송해 주는 프로토콜이다. 문자 코드에 의존적이며 사용할 수 있는 코드가 제한적이다. 반이중Half Duplex 방식만 사용되며 점-대-점 방식이나 멀티포인트 방식에서 사용 가능하다. 셀렉션Selection 방식과 동기식 방식을 주로 사용하지만 비동기식 전송 방식을 사용하기도 한다. 오류 제어 및 흐름 제어를 위해 정지 대기 ARQ 방식을 사용한다. 단점은 오류 검출이 어렵고 전송 효율이 나쁘다. 전파 지연 시간이 긴 선로에는 비효율적이다.

■ HDLC

ISO에 의해 1974년에 제정 및 공표되어 세계적으로 널리 사용된 표준으로, ISO 3309, 4335 표준에 기술되어 있다. IBM의 SDLC 프로토콜을 토대로 OSI에서 개발했으며 고속 전송이 가능하고 신뢰성이 높다. 많은 데이터 링크 제어 프로토콜의 전신인 HDLC는 X.25나 ISDN의 D채널 방식 등에 이용된다. CCITT에서는 이것과 거의 유사한 LAPBLink Access Procedure Balanced를 개발해 X.25 패킷 교환망 표준 중 일부에 채택해서 사용한다. LLCLogical Link Control는 LAN에서 사용되고 LAP-DLink-Access Procedure-D Channel는 ISDN, PPPPoint-to-Point Protocol는 인터넷에서 많이 사용된다. HDLC는 가장 대표적인 데이터 링크 프로토콜이다. HDLC의 구성 요소는 다음과 같다.

❶ **국**Station: 개방 시스템에서 HDLC 절차를 실행하는 부분으로 데이터를 제어하는 명령을 전송하고 응답한다.

❷ **프레임**Frame: HDLC의 국 상호 간에 주고받는 정보의 기본 단위다. HDLC 프로토콜의 프레임 구조에서 주소Address의 모든 비트가 1이면 Global Address라 하고 모든 국에 대한 프레임 전달용(명령용)으로 사용한다. 모든 비트가 0이면 No Station Address라 하며 모든 국에 시험용으로 사용한다.

Flag	Address	Control	Data	FCS	Flag
시작 플래그	주소	제어	실제 데이터	검사 순서	종료 플래그

그림 4-20 HDLC 프레임의 구성

- **플래그**Flag: 8비트로, 시작 플래그와 종료 플래그가 있다. 프레임의 동기화를 맞추기 위해 사용한다.
- **주소**Address: 한 개 이상의 8비트로 전송할 목적지 주소를 가리킨다.
- **제어**: 프레임의 종류를 나타내며 8비트 또는 16비트로 구성된다.

- **I 프레임(정보 전송 형식)**Information Frame: 데이터와 제어 정보가 있는 프레임
- **S 프레임(감시 형식)**Supervisory Frame: 정보 프레임에 응답 기능을 하는 프레임
- **U 프레임(비번호 형식)**Unnumbered Frame: 연결 제어 기능을 수행하는 프레임. 프레임의 제어부 형식 중 링크 상태의 초기 설정, 데이터 전송 동작 모드의 설정 요구 및 응답, 데이터 링크의 확립 및 절단 등에 사용

- **실제 데이터**: 가변 길이의 전송 데이터가 실리는 부분
- **검사 순서**FCS: 16비트 또는 32비트로 구성되며 오류 검출 등에 사용

❸ **HDLC의 동작 절차**: 초기화, 데이터 전달, 연결 해제의 3단계로 구성되며 두 국 간에 정보 프레임을 교환하여 구성한다.

HDLC의 데이터 전송 모드는 NRM(정상 응답 모드)과 ARM(비동기 응답 모드), ABM(비동기 균형 모드)으로 분류된다. HDLC 국의 구분으로는 일차국(명령 프레임을 송출하는 국)과 이차국(응답 프레임을 송출하는 국), 복합국(명령/응답 프레임을 전송할 수 있는 국)으로 나눈다. HDLC의 전송 제어 절차는 불균형과 균형의 2가지 링크 형태로 제공된다.

불균형 링크는 국의 구조가 1:n에서 사용되고 하나의 주국과 여러 개의 종국으로 구성되며 반이중 또는 전이중 통신 방식을 지원한다. 균형 링크는 국의 구조가 1:1에서 사용되고 두 개의 복합국으로 구성되며 반이중 또는 전이중 통신 방식을 지원한다. NRM과 ARM은 링크 제어에 대해 권한과 책임을 가지는 1차국과 그렇지 않은 2차국과의 통신 동작 모드이므로 링크의 종류는 unbalanced(불균형 구성)다. HDLC 데이터 전송 모드 중에서 복합국끼리 상대방 복합국의 허가가 없어도 명령과 응답을 송신할 수 있는 모드는 ABM(비동기 균형 모드)이다.

표 4-6 HDLC 데이터 전송 모드의 종류와 기능, 데이터 링크의 종류

종류	기능	데이터 링크의 종류
NRM(정상 응답 모드)	1차국과 2차국 사이의 통신	unbalanced(불균형 구성)
ARM(비동기 응답 모드)	1차국과 2차국 사이의 통신	
ABM(비동기 균형 모드)	복합국과 복합국 사이의 통신	balanced(균형 구성)

HDLC 프로토콜의 특징은 다음과 같다.

표 4-7 HDLC 프로토콜의 특징

특징	내용
비트 방식 프로토콜의 일종	• 고속 데이터 전송에 적합한 비트 지향형 프로토콜 • 범용의 데이터 링크 전송 제어 절차 • 임의의 비트 패턴 전송이 가능
여러 통신 방식을 모두 지원	• 단방향, 반이중, 전이중 전송에 모두 사용
데이터 링크 형식	• Point to Point, Multi-point, Loop 가능
엄밀한 오류 제어	• CRC 필드 방식 사용 • 에러 발생 시 재전송 요구(ARQ) • 반송 N블록 ARQ를 오류 제어 방식으로 사용

4 네트워크 계층

네트워크 계층은 OSI 참조 모델의 하위 계층인 3계층이다. 통신 노드에서 다양한 경로를 설정하고 메시지 등을 라우팅하며 망 노드 간의 트래픽을 제어한다. 송신 측과 수신 측 사이에 논리적 링크를 구성하며 상위 계층(전송 계층)에서 전달받은 데이터를 패킷으로 구성해 하위 계층(데이터 링크 계층)으로 전달한다.

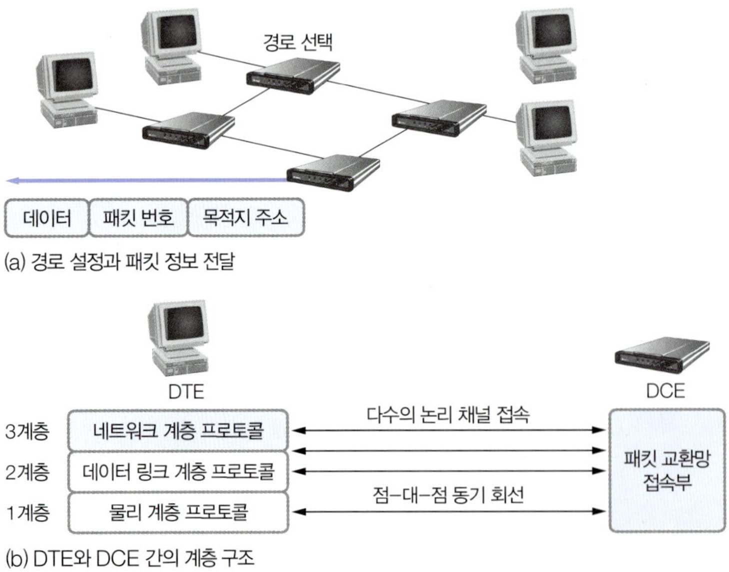

그림 4-21 네트워크 계층의 역할

네트워크 계층에는 경로 설정, 혼잡 제어, 논리 주소(네트워크 주소) 지정 등의 기능이 있다.

- **경로 배정과 중계**Routing & Relaying: 통신망 내부에서 경로를 배정하고 중계한다.
- **상호 통신망 연결**Internetworking: 다양한 통신망이 연결되어도 통신망 계층의 기능을 한다.
- **통신망 접속**Network Connection: 통신망의 연결을 설정하고 종료한다.
- **흐름 제어**Flow Control: 네트워크 노드 사이에서 트래픽을 제어한다.
- **순서 제어**Sequence Control: 송신 측에서 보낸 순서로 수신 측에서 데이터를 받지 못할 때 순서를 제어한다.

네트워크 계층의 대표적인 프로토콜에는 CCITT의 X.25가 있으며 이외에도 CCITT의 X.21, CCITT의 Q.931, 연결형 ISO8473, 게이트웨이 등이 있다.

5 전송 계층

OSI 참조 모델에서 1~3계층은 시스템 사이에서 발생하는 통신이고 4~7계층은 프로세스 사이에서 발생하는 통신이다. 전송 계층은 OSI 참조 모델의 하위 계층인 4계층으로 송수신 측의 응용 프로세스 사이에서 데이터를 확실히 송수신하는 역할을 한다. 송신 측에서 데이터를 알맞은 크기의 패킷으로 분할해서 전송하면 수신 측에서는 이를 다시 취합하고 순서대로 재조립해 메시지를 만든다.

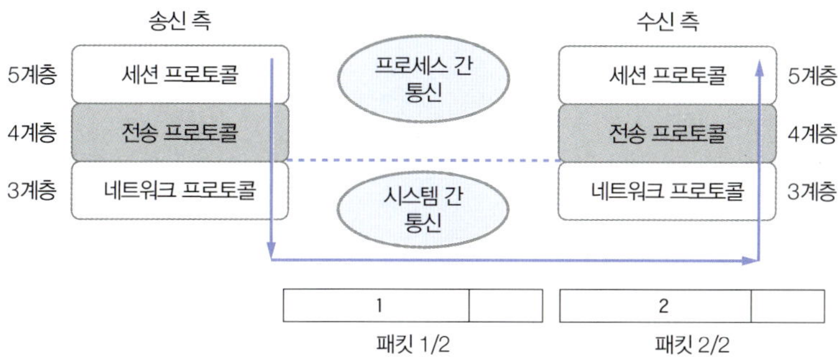

그림 4-22 전송 계층의 역할

전송 계층은 오류 없는 전송을 보장하며 통신망 계층이 제공하는 서비스 품질에 따라 0부터 4까지 다섯 가지 서비스 등급을 제공한다.

표 4-8 전송 프로토콜의 등급

등급	설명
등급 0(Class 0)	오류 통지, 최소한의 기능만 있는 간단한 프로토콜
등급 1(Class 1)	장애 시 기본 오류 회복
등급 2(Class 2)	다중화 기능 부가
등급 3(Class 3)	등급 1에 다중화 기능 추가
등급 4(Class 4)	데이터 분실, 오류, 장애 시 오류를 검출하고 회복하여 다중화

전송 계층의 대표적인 기능은 목적지의 주소 지정Destination Addressing, 메시지 우선권Message Priorities, 다중화Multiplexing, 보안Security, 계정Accounting, 오류 발생 시 링크 회복, 흐름 제어, 송수신 시 무결성 보장 등이다. 대표적인 프로토콜에는 ISO8072DAD가 있다.

6 세션 계층

세션 계층은 OSI 참조 모델의 상위 계층인 5계층이다. 송신 측과 수신 측 사이에서 프로세스를 연결, 유지, 해제하는 역할을 한다. 그리고 프로세스 간에 데이터를 전송하는 방식인 전이중과 반이중 방식 중 하나를 결정하고 동기 관리 등도 한다.

OSI 7계층 중 1~3계층은 시스템 간 통신, 4~7계층은 프로세스 간 통신이므로 세션 계층은 프로세스 간 통신에 속한다. 서로 협력하는 응용에서 연결을 확립, 유지, 해제하는 역할을 하기 위해 토큰을 사용한다. 세션 계층의 기능은 다음과 같다.

- **핵**Kernel: 세션 연결의 설정 및 해제, 이용자 및 제공자 중단 절차를 규정
- **반이중**Half-Duplex: 데이터를 한 방향씩 교대로 교환(데이터 송신 권리는 데이터 토큰 소유자에게 있음)
- **전이중**Full-Duplex: 서비스 없음
- 세션을 연결하는 동안 동기를 다시 제공
- 세션을 연결하는 동안 예외 보고를 제공
- 우선 데이터 전송
- 제어 데이터 전송
- **액티비티(활동) 보고**: 액티비티의 개시, 재개, 끼어들기, 포기, 종료, 제어 양도
- **절충(협의) 해제**: 정상 해제, 토큰 양도, 토큰 요구

세션 계층의 대표적인 프로토콜은 ISO8327, CCITT의 X.225, CCITT의 T.62(텔레텍스 서비스)다.

7 표현 계층

표현 계층은 OSI 참조 모델의 상위 계층인 6계층이다. 송신 측과 수신 측 사이에서 서로 다른 부호 체계 간의 변환과 표준화된 데이터 형식을 규정한다. 전송 구문을 표현하며 6계층이므로 프로세스 간 통신에 속한다. 표현 계층의 기능은 데이터 형식Format, 명령 해석Command Translation, 코드 변환Code Conversion, 암호화Encryption, 텍스트 압축Text Compression 등이다. 대표적인 프로토콜은 ISO8824, CCITT의 X.409 표준에서 ASN.1Abstract Syntax Notation One 등이다.

8 응용 계층

응용 계층은 OSI 참조 모델의 최상위 계층인 7계층이다. 사용자에게 응용 작업 서비스를 직접 제공한다. 추상 구문을 정의하며 7계층이므로 프로세스 간 통신에 속한다. 응용 계층의 기능은 전자 우편E-mail, 파일 전송과 접근 및 관리FTAM; File Transfer Access and Management, 가상 터미널VT; Virtual Terminal, 자원 공유와 데이터베이스, 네트워크 관리 등이다. 응용 계층의 추상 구문을 부호화, 압축, 암호화 규칙에 따라 변환하면 표현 계층의 전송 구문이 된다. 전송과 암호화를 효율적으로 수행하기 위해 구문 변환이 일어난다.

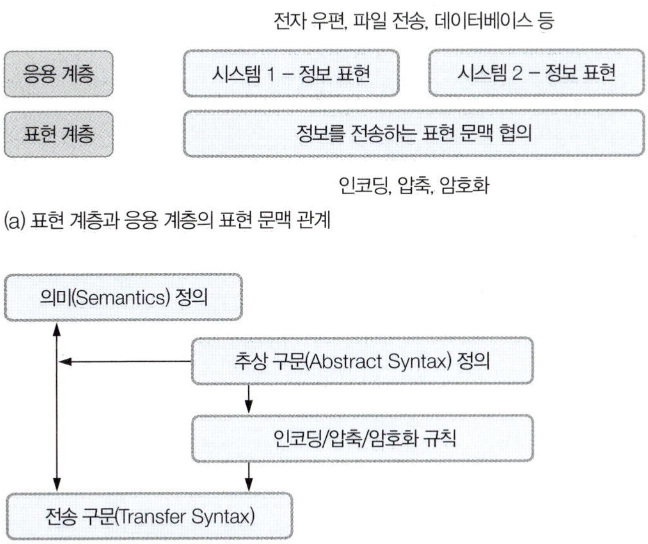

(a) 표현 계층과 응용 계층의 표현 문맥 관계

(b) 의미, 전송 구문, 추상 구문의 관계

그림 4-23 표현 계층과 응용 계층의 구문 관계

03 통신 프로토콜의 구조

1 계층형 프로토콜 구조의 개념

컴퓨터와 통신 기기를 제조하는 회사마다 독자적인 프로토콜을 개발해서 사용하다 보니 타사 제품과 호환이 잘 되지 않는 문제가 생겼다. 특히, 통신 서비스나 기능을 추가, 변경, 유지하는 작업이 어려웠다. 이러한 문제를 해결하기 위해 계층형 프로토콜 구조를 도입했다.

계층형 프로토콜 구조의 개념은 프로토콜의 계층화, 자원의 가상화, 구성 요소의 모델화로 나누어 볼 수 있다.

- **프로토콜의 계층화**: 미래 변화에 유연하게 대처할 수 있도록 통신 제어 기능을 여러 계층에 나누어 두고 층마다 독립적으로 프로토콜을 적용한다.
- **자원의 가상화**: 각 자원에 가상 시스템과 가상 접근 기능을 정의해 두고 가상 자원 접근 프로토콜을 설정한다.
- **구성 요소의 모델화**: OSI 참조 모델이 가장 대표적인 예로, 구성 요소의 모델화에서는 시스템 사이의 접속을 논리적으로 나타내기 위해 다음 네 가지를 정의한다.
  - **응용 개체**: 상호 간의 정보를 교환하며 사무 처리 등을 수행할 수 있는 주체다. 응용 프로그램이나 단말 장치의 운용자 등이 해당된다.
  - **개방형 시스템**: 응용 프로세스 간에 통신이 가능하도록 통신 기능을 제공하는 장치다. 호스트 컴퓨터, 단말 장치, 통신 제어 장치, 단말 제어 장치 등이 있다.
  - **물리 매체**: 정보와 신호를 교환해 주는 전기적 매체로 통신 회선, 채널 등이 있다.
  - **접속**: 응용 개체 사이를 논리적으로 연결해 주는 통신 회선이다.

2 계층형 프로토콜 구조의 구성 요소

계층형 프로토콜 구조는 다음과 같은 구성 요소를 가진다.

- **계층**Layer: 개방형 시스템Open System과 여러 부시스템Subsystem이 논리적으로 구성되어 있다. 개방형 시스템은 표준을 기본으로 서로 다른 시스템 사이에서도 통신이 가능한 것이고 부시스템은 순서를 각각 부여하는 것이다.
- **프로토콜**Protocol: 계층에는 자신(N)만의 상위 계층(N+1)과 하위 계층(N−1)이 있는데 자신과 동일한 계층에서 주고받는 통신을 프로토콜이라고 한다. N−프로토콜이란 N−개체 사이에서 일어나는 통신을 말한다.
- **인터페이스**Interface: 상위 계층과 하위 계층 사이를 연결해 준다.
- **개체**Entity: 시스템에서 각 계층의 일을 수행하는 기능 모듈의 실체를 말한다.
- **N−기능**: 개체가 수행하는 행동이다.
- **N−서비스**: 자신의 상위 계층(N+1)에 제공하는 서비스다.
- **N−서비스 접근점**SAP; Service Access Point: (N+1) 계층이 N 계층의 서비스를 제공받는 접점이다.
- **연결**Connection: (N+1) 개체와 N 개체 사이의 결합 관계로 (N+1) 개체와 N−SAP를 연결하는 통신로다.
- **데이터 단위/프로토콜 제어 정보**: 데이터 단위에는 서비스 데이터 단위SDU; Service Data Unit와 프로토콜 데이터 단위PDU; Protocol Data Unit가 있다. N−SDU는 (N+1) 개체에서 N 개체로 전달하는 데이터 단위이며 N−PDU는 N 개체 사이에서 N 프로토콜로 송수신하는 데이터 단위다. 프로토콜 제어 정보PCI; Protocol Control Information는 헤더 정보를 말한다. N−PDU는 N−SDU에 N−PCI를 추가한 것이고 (N+1)−PDU는 N−SDU와 같다.

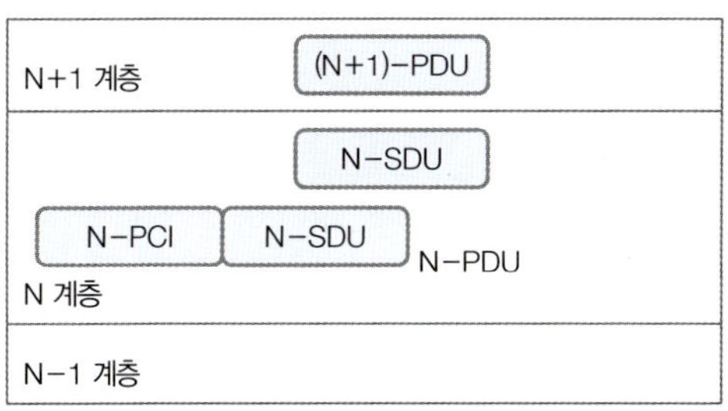

그림 4-24 계층형 구조의 데이터 단위

- **서비스 프리미티브**Service Primitive: 상위 계층이 하위 계층에 서비스를 요청하면 하위 계층은 응답을 보내는데 이때 사용하는 인터페이스 함수로, 다음과 같은 4가지 유형의 기능을 한다.
  - **요구**Request: 상위 계층이 하위 계층에 서비스를 요청한다.
  - **지시**Indication: 하위 계층이 상위 계층에게 요청이 전달되었음을 알린다.
  - **응답**Response: 상위 계층이 하위 계층에게 지시에 대한 응답을 보낸다.
  - **확인**Confirm: 하위 계층이 상위 계층에게 요구에 대한 응답을 보낸다.

3 프로토콜의 특성

두 개체 사이의 통신 방법은 직접 통신과 간접 통신이 있고 프로토콜은 단일Monolithic 구조나 계층Structured 구조로 구성할 수 있다. 그러나 멀티 포인트 또는 간접 통신의 경우에는 양쪽 시스템 간의 통신을 하나의 단위로 처리하기가 너무 복잡해 계층 구조 프로토콜이 유리하다. 프로토콜은 대칭이나 비대칭일 수 있으며 반드시 표준이 아닐 수도 있다.

4 프로토콜의 종류

프로토콜의 종류는 다음과 같다.

- **프로세스 간 프로토콜**: 두 사용자 간에 데이터를 교환하기 위한 기본 전송 메커니즘 또는 통신 시스템 내에 있는 동위 계층/개체 사이의 데이터 교환을 위한 프로토콜이다.
- **네트워크 내부 프로토콜**: 네트워크 노드 사이에서 신뢰성 있고 효율적인 정보 전달에 목적을 둔 프로토콜이다.
- **네트워크 연결 프로토콜**: 게이트웨이 기능을 제공하는 프로토콜이다.
- **응용 지향 프로토콜**: 프로세스 간 통신 프로토콜에 기반을 둔 모든 상위 프로토콜이다.

04 프로토콜의 기능과 구성 요소

1 프로토콜의 기능

■ **단편화**Fragmentation**와 재합성**Assembly

송신 측에서는 긴 데이터 블록을 손쉽게 전송할 수 있도록 크기가 똑같은 작은 블록으로 단편화해서 나누어 전송하고, 수신 측에서는 쪼개진 작은 데이터 블록을 재합성하여 원래의 메시지로 복원한다.

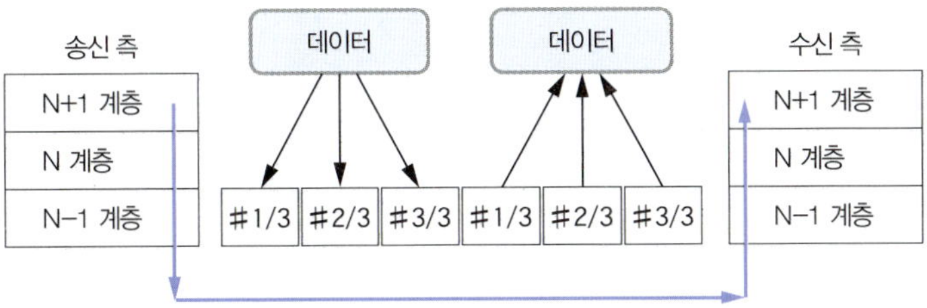

그림 4-25 단편화와 재합성

■ **캡슐화**Encapsulation

각 프로토콜에 적합한 데이터 블록을 만들기 위해 데이터에 정보를 추가하는 것으로, 플래그, 주소, 제어 정보, 오류 검출 부호 등을 부착한다.

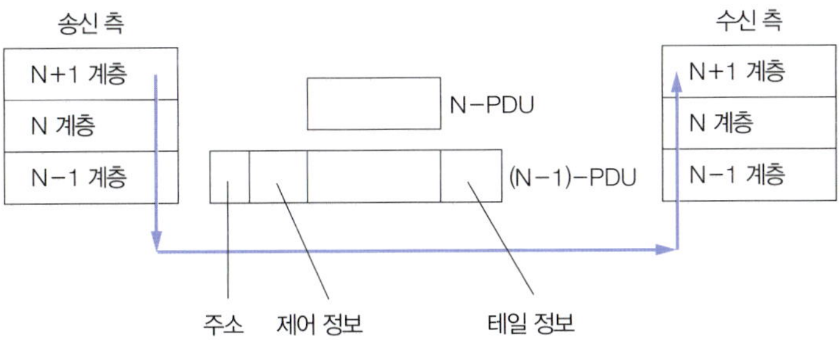

그림 4-26 캡슐화

■ **연결 제어Connection Control**

비연결 데이터 전송(데이터그램)과 연결 위주 데이터 전송(가상 회선)을 위한 통신로를 개설, 유지, 종결한다.

■ **흐름 제어Flow Control**

데이터의 양이나 통신 속도 등이 수신 측의 처리 능력을 초과하지 않도록 조정한다.

■ **오류 제어Error Control**

데이터 전송 중 발생할 수 있는 오류나 착오 등을 검출하고 정정한다.

■ **순서 결정Sequencing**

연결 위주의 데이터를 전송할 때 송신 측이 보내는 데이터 단위 순서대로 수신 측에 전달한다.

■ **주소 설정Addressing**

발생지, 목적지 등의 주소를 명기해 데이터를 정확하게 전달한다.

■ **동기화Synchronization**

두 통신 개체의 상태(시작, 종류, 검사 등)를 일치시킨다.

■ **다중화Multiplexing**

하나의 통신로를 여러 개로 나누거나Upward 회선 여러 개를 하나의 통신로로 변환해Downward 다수의 가입자가 동시에 사용할 수 있도록 한다.

■ **전송 서비스Transmission Service**

통신 개체를 쉽게 사용하도록 별도의 추가 서비스(패리티 검사, 보안도, 서비스 등급, 우선순위 등)를 제공한다.

2 프로토콜의 구성 요소

프로토콜의 구성 요소는 다음과 같다.

- **구문**Syntax: 데이터 형식, 부호화, 신호 계층Signal Level으로 구성된다.
- **의미**Semantic: 정확하고 효율적으로 전송할 수 있도록 개체 사이의 협조 항목과 오류를 제어하는 항목이 있다.
- **타이밍**Timing: 접속하는 개체 사이의 통신 속도 조정, 메시지 순서 제어, 데이터 전송 시기를 제어한다.

05 프로토콜 표준화와 표준화 기구

1 표준화 개요

표준Standard은 정보통신망과 정보통신 서비스를 제공하거나 이용하는 주체끼리 합의된 규약의 집합으로, 공통성, 호환성, 통일성과 같은 요건을 갖춰야 한다. 표준화Standardization란 표준이 되는 규약의 집합을 정립하는 활동과 조직적인 행위 등이다.

정보통신 표준은 다양하게 분류할 수 있다. 먼저, 당사자의 참여와 적용 범위에 따라 국제 표준, 지역 표준, 국가 표준, 단체 표준, 사내 표준으로 분류한다. 표준 규정에 따라 기본 표준, 기능 표준, 이용자 표준, 시험 표준으로 분류할 수 있고 표준의 적용 방법에 따라 강제 표준과 권고 표준으로 분류한다.

기본 표준은 ISO 등 국제 표준화 기구가 제정한 것이며 기능 표준은 기본 표준에 명확하게 규정되지 않은 값이나 기능 선택 사항 등을 구체적으로 명시한 표준이다.

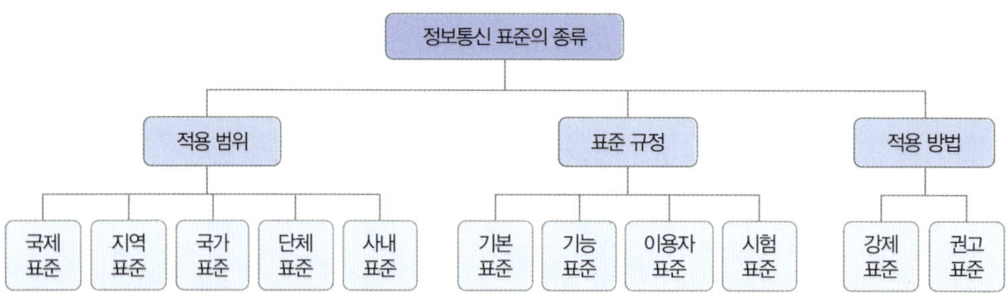

그림 4-27 정보통신 표준의 종류

표준화는 다음 표처럼 5단계를 거쳐 제정되며 각 단계는 상호 연관성이 있다.

표 4-9 표준화 절차

단계	설명	기능
1단계: 기초와 기반 연구	프로토콜에 아이디어를 제안하고 이론적, 실험적으로 입증하는 단계	연구 개발
2단계: 표준 제정	제안된 표준 초안을 근거로 합의점을 도출하는 단계	의견 조정
3단계: 표준 구현	합의된 제품에서 표준을 구현하는 단계	연구 개발
4단계: 표준 시험		
5단계: 표준 수정, 보완, 폐기	표준을 수정, 보완, 폐기하는 단계	의견 조정

2 표준화 기구

대표적인 표준화 기구에는 국제표준화기구ISO, 국제전기표준회의IEC, 국제전기통신연합ITU 등이 있다. 하지만 정보통신 사회로 급변하면서 각 기구의 고유한 업무 경계가 거의 없어지고 현재는 공동으로 작업할 수 있는 기구가 증설되고 있다. 예를 들어, ISO와 IEC는 JTC 1Joint Technical Committee 1을 결성해 표준화 작업을 공동으로 진행한다. 국가마다 표준 기관이 두 개 이상 설치되어 있기도 하고 단체나 기구가 스스로 정할 때도 있다.

■ ISOInternational Standards Organization(국제표준화기구)

1947년에 설립되었으며 물자와 서비스의 국제 교류를 원활하게 하고 지식, 과학, 경제 활동 분야에서 서로 간의 협력을 조성하기 위해 전 세계적으로 통용되는 규격을 개발해 표준으로 제공한다. ISO 회원은 각국의 표준화 사업을 대표하는 기관으로 나라당 하나의 기관만 인정한다.

ISO는 스스로를 비정부 기구로 정의하지만 ISO가 정한 규격이 국제 협약이나 국가 표준 제정으로 제도화되는 데 영향력도 크고 각국 정부와 유대 관계도 깊다. 그래서 회원국마다 표준 제정 단체 하나와 주요 기업이 참가한다. 국제표준화기구의 약어 명칭이 영어는 ISOInternational Standards Organization, 프랑스어는 OINOrganisation Internationalede Normalisation으로 서로 달라 기구의 창설자가 중립적인 ISO 명칭을 세계 공통 약칭으로 택했다. ISO 규격은 'ISOnnnnn:yyyy:Title' 형식으로 번호를 매긴다. nnnnn은 규격 번호, yyyy는 공표 연도, Title은 규격 내용을 나타내는 제목이다.

ISO/IEC JTC 1(ISO와 IEC 간의 첫 번째 기술 위원회)의 활동 중 SC21(OSI를 위한 정

보 검색, 전달 및 관리)의 WG Working Group에는 WG1(OSI 구조), WG3(데이터베이스), WG4(OSI 관리), WG5(특정 응용 서비스), WG6(OSI 세션), WG7(분산 처리) 등이 있다. SC Sub-Committee는 분과 위원회를 의미한다.

■ **IEC International Electrontechnical Commission(국제전기표준회의)**

1906년에 설립되었으며 전력/전자/전기 통신과 원자력 에너지 관련 분야를 표준화하는 데 공헌한다. 데이터 통신 부분에서는 통신 기기의 안전성, 데이터 통신 전자 부품의 특성, 시험 방법, 품질, 안정성 등을 검토한다.

■ **ITU-T International Telecommunications Union-Telecommunication Standards Sectors(국제전기통신연합-전기통신표준영역)**

1993년 7월 1일부터 데이터 전송과 국제 전신 전화의 표준화를 담당했던 CCITT(국제전신전화자문위원회)의 명칭을 ITU-T로 바꾸었다. 본래 CCITT는 서로 다른 국가 간에 전기 통신을 원활하게 체결하기 위한 ITC(국제전기통신협약)로 제정한 ITU(국제전기통신연합) 내에 설치된 자문 위원회 중 하나로 1956년에 발족되었다. ITU에는 현재 약 180여 개국이 가입해 있으며, 각국의 주관청은 ITU-T의 구성원이 될 수 있다.

ITU-T 권고안 시리즈의 개략적인 내용의 예는 I(통합 서비스 디지털망), Q(스위칭과 신호), P(전화 전송의 질과 전화기에 관한 사항), Z(프로그래밍 언어), X(PSDN망에서 DTE와 DCE 사이의 접속 조건 규정) 등을 포함한다.

■ **ANSI American National Standards Institute(미국국립표준협회)**

1918년에 민간이 창설한 비영리 국가 규격 제정 기관으로 미국의 표준 제정은 물론 ISO 등 국제 표준화 활동에서 미국을 대표한다.

■ **EIA Electronic Industries Association(전자산업협회)**

미국의 전자 기기 제조업 분야의 대부분을 대표하는 무역 통산 단체로 1924년 RMA Radio Manufactures Association가 설립했다. 신호 품질, 디지털 인터페이스, 통신망 인터페이스 등 주로 하드웨어 규격을 개발한다. RS-232C 인터페이스 규격, RS-449 인터페이스 규격이 대표적인 예다.

■ **IEEE** Institute of Electronical & Electronics Engineers**(전기전자공학자협회)**

1980년에 대학과 기업이 함께 발족한 단체로 데이터 통신 부분에서 LAN 표준 등을 규정하는 조직으로 많은 주목을 받고 있다.

■ **CEN/CENELEC** European Committee for Standardization/Comite Europeene De Normalisation Electrotectnique**(유럽표준화위원회/유럽전자표준화위원회)**

유럽공동체EU 가맹국과 그 주변 국가를 회원으로 하는 기관으로 유럽 국가의 표준화를 목적으로 한다.

■ **ECMA** European Computer Manufactures Association**(유럽전자계산기공업회)**

유럽의 데이터 통신을 포함한 데이터 처리 표준을 개발한다.

■ **AFNOR** Association Francaise de Nomalisation**(프랑스표준협회)**

1976년에 발족했으며 프랑스 국내의 규격 작성과 제정을 담당한다. 프랑스를 대표해 ISO에 참가한다.

■ **BSI** British Standards Institution**(영국표준협회)**

영국의 국가 규격 제정과 촉진을 목적으로 설립되었으며 영국을 대표해 ISO에 참가한다.

■ **DIN** Deutsches Institut fur Normung**(독일표준협회)**

1919년 독일기술자협회가 설립했으며 1975년 독일표준협회로 개칭했다.

■ **JISC** Japanese Industrial Standards Committee**(일본공업표준협회)**

1949년에 공포 및 시행된 공업 표준화법으로 설립한 국가 규격 심의 기관이다. ISO와 IEC에 일본을 대표해 참가한다.

■ **IETF** Internet Engineering Task Force**(국제인터넷표준화기구)**

인터넷의 운영, 관리, 개발에 대해 협의하고 프로토콜과 구조적인 사안을 분석하는 인터넷 표준화 작업 기구다. IETF가 인터넷 표준화 작업을 위해 작업한 문서를 RFC Request For Comment라고 한다.

■ 국내 표준화 기구

국내 표준화 기구의 종류는 다음과 같다.

표 4-10 국내 표준화 기구의 종류

기구	역할
국가표준정보센터(KSSN)	국내외 표준화 동향 정보, 표준화 기관, 표준 정보 통계 제공
한국정보화진흥원(NCA, 구 한국전산원)	국가 기간 전산망 총괄
개방형컴퓨터통신연구원(OSIA)	OSI 기능 표준 제정
정보통신진흥협회(CCPA)	전산망 표준화 제정
정보통신기술협회(TTA)	전기 통신 기술 기준 제정
한국전자통신연구소(ETRI)	OSI 관련 기능 표준 개발
(주)데이콤(DACOM)	데이터 통신 관련 이용 약관 제정
한국통신(KT)	정보통신 회선 관련 이용 약관 제정

3 공식 · 사실 표준화, 세계표준협력회의

정보통신 표준화는 공식 표준화와 사실 표준화로 구분한다. 공식 표준화에는 국제 표준화 기구(예 ISO, ITU), 지역 표준화 기구(예 유럽은 ETSI, 미국은 CITEL), 국가 표준화 기구(예 미국은 ATIS와 TIA, 일본은 TTC와 ARIB, 한국은 TTA) 등이 있다. 사실 표준화는 업계 표준이라고도 한다.

공식 표준화 기구 간에는 표준화 절차상 수직 관계가 형성되어 국가나 지역의 표준화 활동 결과를 국제 표준화 활동에 반영하거나(상향식), 국제 표준화 결과를 국내 표준화 활동과 산업체에 반영한다(하향식). 사실 표준화는 일부 업계, 포럼, 컨소시엄 등에서 만든 규격으로 시장 원리에 따라 지배 기능과 시장성이 있다.

사실 표준화 기구는 1990년대 이래 약 100여 개가 생성 및 소멸되었다. 최근에는 공식 표준화 기구와 사실 표준화 기구가 서로 협력 관계에 있다. 공식 표준화 기구는 유럽에서, 사실 표준화 기구는 미국에서 활발히 활동 중이다. 세계표준협력회의GSC; Global Standards Collaboration는 지역과 국가 간의 표준화 관련 협의체다. 표준화에 대한 사전 조율, 중복 예방책 마련 등을 위해 노력한다.

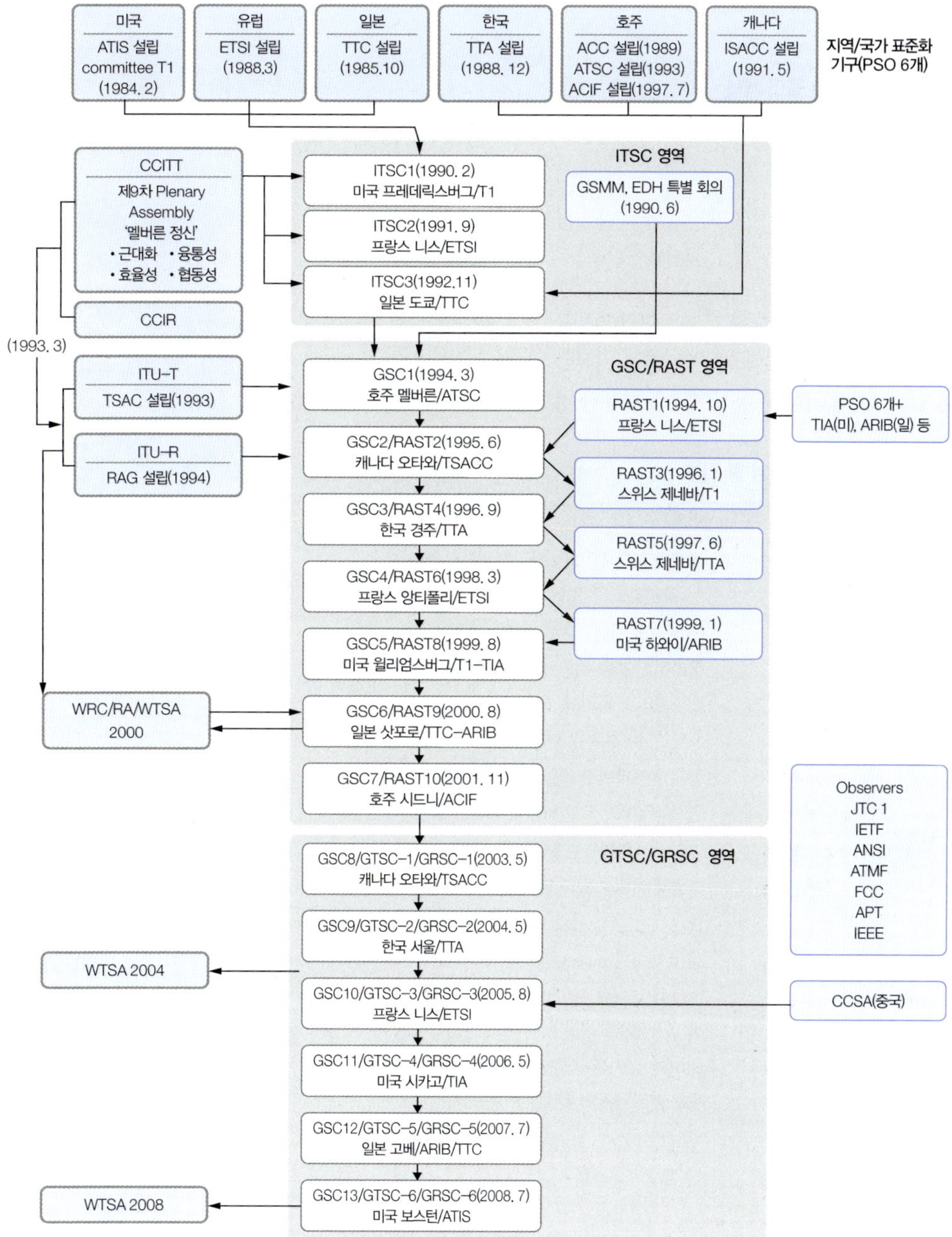

그림 4-28 GSC 중심의 정보통신 분야 표준화 협력 흐름 방향

요약

01 통신 프로토콜의 개념

- 서로 다른 시스템에 있는 두 개체가 통신을 원할 때 무엇을, 어떻게, 언제 할 것인지 서로 약속해 놓은 규정
- 통신을 통제하는 규칙

02 OSI 7계층

- 1~4계층인 하위 계층은 전달 기능을, 5~7계층인 상위 계층은 통신 기능 담당
- 하위 계층(전달 기능)은 통신 기기와 네트워크 간의 통신 경로를 설정, 유지, 해제하고 상위 계층(통신 기능)은 통신 경로를 이용한 정보 교환 등의 절차를 규정

03 OSI 7계층의 역할 및 기능

계층		역할	기능	데이터 단위
하위 계층	1계층: 물리 계층	기계적, 전기적, 기능적, 절차적 특성이 있는 구조화되지 않은 비트 스트림(데이터 비트)을 물리적 매체를 이용해 전송	케이블 형태, 전송 방식, 신호 형식 결정	비트(bit)
	2계층: 데이터 링크 계층	물리적 연결을 이용해 신뢰성 있는 정보를 전송하려고 동기화, 오류 제어, 흐름 제어, 회선 제어, 입출력 제어 제공	접속 방식, 오류 검출 정립, 흐름 제어, 프레임에 대한 동기화	프레임(frame)
	3계층: 네트워크 계층	상위 계층과의 연결을 설정, 관리해 시스템 연결에 필요한 데이터를 전송하고 교환	접속 방식(설정, 유지, 종결 책임), 오류 검출 정립, 흐름 제어	패킷(packet)
	4계층: 전송 계층	단말기 사이의 오류 수정과 흐름 제어를 수행해 신뢰성 있고 명확한 데이터 전송	오류 복구, 전송 담당, 흐름 제어, 네트워크 주소 지정	세그먼트(segment)
상위 계층	5계층: 세션 계층	응용 사이의 연결을 설정, 관리, 해제하는 통신 제어 구조를 제공	연결 접속(설정, 유지, 종결)과 동기 제어	메시지(message)
	6계층: 표현 계층	데이터 표현에 차이가 있는 응용 프로세스가 그 차이에 관여하지 않도록 설정하는데, 데이터 표현에 존재하는 상이점으로부터 응용 프로세스의 독립성을 제공	데이터 재구성, 코드 변환, 구문 검색	메시지(message)
	7계층: 응용 계층	사용자가 OSI 환경에 접근할 수 있게 분산 정보 서비스를 제공	데이터베이스, 전자 우편, 기타 응용 프로그램	메시지(message)

01 물리 계층의 4대 특성 중 DTE와 DCE 간의 신호의 전압 레벨, 상승 시간, 하강 시간, 잡음 이득을 규정한 특성은?

① 기계적 특성
② 전기적 특성
③ 기능적 특성
④ 절차적 특성

02 데이터 링크 프로토콜에 해당되지 않는 것은?

① HDLC
② LAPB
③ SNMP
④ BSC

03 발신지로부터 목적지로 패킷을 전달하는 기능을 수행하는 OSI 7계층은?

① 물리 계층
② 데이터 링크 계층
③ 네트워크 계층
④ 전송 계층

04 OSI 7계층 중 응용 프로세스 간에 교환될 데이터 형식을 규정하는 계층은?

① 표현 계층
② 세션 계층
③ 전송 계층
④ 응용 계층

05 OSI 참조 모델 중 6계층에 대한 설명으로 옳은 것은?

① 응용 프로세스 간의 정보 교환 및 인터페이스 등의 응용 기능 수행
② 통신망의 품질을 보상하고 에러 검출, 정정 및 다중화 기능 수행
③ 다양한 정보의 표현 형식을 공통의 전송 형식으로 변환, 암호화, 압축 등의 기능 수행
④ 정보 전송을 위한 데이터 회선의 설정, 유지, 해제 기능 수행

06 데이터 링크 계층에서 데이터가 전송되는 형태는 어떤 것인가?

① 비트(bit)
② 프레임(Frame)
③ 패킷(Packet)
④ 메시지(Message)

07 데이터에 제어 정보를 덧붙이는 것을 무엇이라고 하는가?

① 규약(Protocol)

② 패킷화(Packetization)

③ 재합성(Re-assembly)

④ 캡슐화(Encapsulation)

08 통신 프로토콜의 구성 요소가 아닌 것은?

① 구문(Syntax)

② 포맷(Format)

③ 타이밍(Timing)

④ 의미(Semantics)

09 오류 검출 방식이 아닌 것은?

① 패리티 비트 검사

② 블록 합 검사

③ 순환 중복 검사

④ 해밍 부호 검사

10 오류 제어 평가 방법이 아닌 것은?

① 전송 오류율

② 비트 오류율

③ 블록 오류율

④ 문자 오류율

11 ARQ 방식 중 가장 단순한 방식은?

① Adaptive ARQ

② Go-back-N ARQ

③ Stop-and-Wait ARQ

④ Selective ARQ

12 ARQ 방식 중 수신 측에서 적절한 전송 프레임의 길이를 결정하여 전송 효율을 높이는 방식은?

① Adaptive ARQ

② Go-back-N ARQ

③ Stop-and-Wait ARQ

④ Selective ARQ

13 캡슐화에 사용되는 제어 정보가 아닌 것은?

① 주소

② 오류 검출 부호

③ 프로토콜 제어

④ 유료 부하

14 프로토콜의 구성 요소 중에서 '속도 맞춤이나 정보의 순서' 등의 전달되는 정보 간 시간의 약속을 규정하는 것은?

① 포맷(Format) ② 의미(Semantics)

③ 구문(Syntax) ④ 타이밍(Timing)

15 OSI 참조 모델에서 데이터 패킷이 하위 계층에서 상위 계층으로 이동함에 따라 헤더는 어떻게 처리되는가?

① 변경된다. ② 재배열된다.

③ 추가된다. ④ 삭제된다.

16 데이터 링크 계층의 역할로 옳지 않은 것은?

① 데이터 동기를 제고하여 비트들을 식별하는 기능을 제공함으로써 채널상으로 데이터를 전송하는 책임이 있다.

② 이 계층의 흐름 제어 방식으로는 ARQ, FEC 등이 있다.

③ 노드 대 노드 전달을 책임진다.

④ 이 계층의 프로토콜은 일반적으로 오류가 발생한 프레임을 검출하고 이를 재전송하는 방법을 포함한다.

17 표준화 기구 중에서 주로 데이터 통신의 물리적인 연결 인터페이스와 전자 신호의 규격을 규정하는 기관은?

① ITU-R ② IEEE

③ EIA ④ RFC

18 정보통신에서 통신을 통제하는 규칙들을 규정해 놓은 것을 무엇이라 하는가?

① 프로토콜

② 통신 개체

③ 포럼

④ 표준 기구

19 전송하려는 데이터를 다항식 형태로 표현한 것을 P(x)라 하면 완전한 CRC 코드는 어떻게 표현되는가? (단, P(x) = 입력 데이터의 다항식 표현)

① 생성 다항식의 최저 차항×P(x)+패리티 비트

② 생성 다항식의 최저 차항×P(x)−패리티 비트

③ 생성 다항식의 최고 차항×P(x)+패리티 비트

④ 생성 다항식의 최고 차항×P(x)−패리티 비트

20 짝수 블록 합 검사(Block Sum Check) 방식을 사용하는 데이터 전송에서 수신 측에서 정확하게 수신했을 때 나오는 데이터 ###에 들어가야 할 비트는 어느 것인가?

	데이터 비트	패리티 비트
	1 0 1 0 1 0 1 0	0
	0 0 1 1 0 0 0 1	1
	1 0 0 1 1 0 0 1	0
	0 0 0 1 1 0 0 0	0
	1 1 1 1 1 0 0 1	0
블록 합 검사	1 1 1 0 0 0 # #	#

① 111 ② 100 ③ 010 ④ 001

21 괄호 안에 들어갈 알맞은 용어는?

> (①)는 회선 양쪽 시스템이 처리 속도가 다를 때 데이터의 양이나 통신 속도가 수신 측이 처리할 수 있는 능력을 넘어서지 않도록 조정하는 기능이다. 송신 측이 수신 측보다 느릴 때는 문제되지 않지만, 빠르면 수신 측의 한정된 버퍼가 이를 제대로 처리하지 못하거나 버리는 상황이 발생한다. 그러므로 이를 해결해 주는 (①)가 있어야 한다. (①)제어 방식에는 정지 대기 방식과 (②) 방식이 있다.

22 괄호 안에 들어갈 알맞은 용어는?

> 집단 오류 시 오류를 검출하기 위해 다항식 코드를 사용하는 방식을 (①) 방식이라고 말한다. 각 문자마다 부가(중복) 비트를 붙일 필요는 없으나, 프레임의 실제 내용으로 계산하는 (②)를 프레임의 끝에 추가하여 전송한다. (③)에 많이 사용하며, 몇 개의 비트를 연속해서 틀리는 버스트 오류(Burst Error)와 불규칙하게 틀리는 랜덤 오류(Random Error) 등을 검출할 수 있어 많은 프로토콜에서 활용된다.

23 다음은 무엇을 설명한 것인가?

> 각 프로토콜에 적합한 데이터 블록을 만들려고 데이터에 정보를 추가하는 것, 즉 플래그, 주소, 제어 정보, 오류 검출 부호 등을 부착하는 기능이다.

24 다음은 오류 정정 코드를 사용하는 방식 중에서 무엇에 대한 설명인가?

> - 1비트의 오류를 검출하여 자동으로 정정해 주는 코드다.
> - 검사 비트 3개를 추가하여 오류를 줄이며, 비트 2개 이상을 검출하여 정정하려면 더 많은 비트(상황 비트)가 필요하다.
> - 처리 속도가 빨라 실시간으로 처리할 수 있고, 오류 검출뿐만 아니라 정정도 가능하다.
> - 단점은 중복 비트가 많이 필요해 전송 효율이 낮고, 계산량이 많이 요구된다는 점이다.

25 설명이 맞으면 ○, 틀리면 ×를 표시하시오.

(1) OSI 7계층 참조 모델에서 표현 계층의 주요 기능에 경로 선택이 해당된다.( )

(2) 통신 프로토콜의 기능에 메시지 전달이 해당된다.( )

(3) 데이터 통신망의 데드락(Deadlock) 상태를 회피하기 위해 필요한 것은 흐름 제어다.( )

(4) HDLC(High level Data Link Control) 프로토콜 프레임의 제어부 형식 중 링크 상태의 초기 설정, 데이터 전송 동작 모드의 설정 요구 및 응답, 데이터 링크의 확립 및 절단 등에 사용되는 형식은 U Frame이다.( )

(5) HDLC 전송 제어에서 사용하는 동작 모드 중의 하나는 초기 모드(IM)다.( )

(6) OSI 참조 모델의 구성 요소 중 서비스와 데이터 단위에 대한 설명이다. (N)-계층이 (N+1)-계층에게 제공해 주는 기능을 (N)-서비스라고 한다.( )

(7) RS-232C, V.24/28 등의 프로토콜은 OSI 7계층 중 2계층에 해당된다.(　　)

(8) 데이터 링크 계층의 프로토콜 중 비트 중심의 프로토콜은 HDLC, X.25 등이다.(　　)

(9) 정보통신 기술 분야의 표준화를 시행하는 국제기구는 ITU-T이다.(　　)

26 OSI 7계층의 각각의 기능과 역할, 데이터 단위를 기술하시오.

27 검출 후 재전송 방식과 전진 오류 수정 방식을 설명하시오.

28 대표적인 데이터 링크 프로토콜의 종류와 특징을 나열하시오.

29 단편화(Fragmentation)와 재합성(Assembly)을 설명하시오.

30 표준화 절차 과정을 기술하시오.

01 OSI 7계층 모델 중 각 계층의 기능에 대한 설명으로 옳지 않은 것은?

① 전송 계층 – 코드 변환, 구문 검색

② 네트워크 계층 – 경로 설정 및 네트워크 연결 관리

③ 데이터 링크 계층 – 흐름 제어, 에러 제어

④ 물리 계층 – 전기적, 기능적, 절차적 기능 정의

02 네트워크 계층에서 전달되는 데이터 전송 단위로 옳은 것은?

① 프레임(Frame) ② 비트(Bit)

③ 데이터그램(Datagram) ④ 패킷(Packet)

03 OSI 7계층에서 물리적 연결을 이용해 신뢰성 있는 정보를 전송하려고 동기화, 오류 제어, 흐름 제어 등 역할을 하는 계층은?

① 네트워크 계층 ② 전송 계층

③ 물리 계층 ④ 데이터 링크 계층

04 세션(Session) 서비스에서 세션 접속의 설정 및 해제에 필요한 절차의 기본 프로토콜 요소를 제공하는 것은?

① 핵(Kernel) 기능 단위

② 반이중(Half–Duplex) 기능 단위

③ 전이중(Full–Duplex) 기능 단위

④ 절충 해제(Negotiated Release) 기능 단위

05 통신 프로토콜의 주요 기능이 아닌 것은?

① 정확하고 효율적인 전송을 위한 동기 맞춤

② 정보 흐름의 양을 조절하는 흐름 제어

③ 전송 메시지의 생성 및 캡슐화

④ 송신지 및 수신지 주소 지정

06 전송 제어 절차의 5단계를 바르게 나열한 것은?

① 회선 접속 → 링크 확립 → 정보 전송 → 링크 해제 → 회선 절단
② 링크 확립 → 회선 접속 → 정보 전송 → 회선 절단 → 링크 해제
③ 링크 확립 → 회선 접속 → 정보 전송 → 링크 해제 → 회선 절단
④ 회선 접속 → 링크 확립 → 링크 해제 → 정보 전송 → 회선 절단

07 다음 ITU-T 권고안 시리즈 중 축적 프로그램 제어식 교환의 프로그램 언어에 관한 사항을 규정한 것은?

① I　② P　③ Q　④ Z

08 OSI 7계층에서 경로 설정 기능을 제공하는 계층은?

① 물리 계층　② 전달 계층
③ 표현 계층　④ 네트워크 계층

09 OSI(Open System Interconnection) 참조 모델의 목적이 아닌 것은?

① 관련 규격의 적합성을 조정하기 위한 공통적인 기반 제공
② OSI 표준을 개발하기 위한 범위 선정
③ 폐쇄적인 시스템 구축을 위한 법률 규정
④ 시스템 상호 간에 접속하기 위한 개념 규정

10 통신 프로토콜의 특성으로 옳지 않은 것은?

① 프로토콜은 반드시 표준이어야 한다.
② 프로토콜은 대칭적이거나 비대칭적일 수 있다.
③ 프로토콜은 단일 구조 또는 계층적 구조로 구성될 수 있다.
④ 두 개체 사이의 통신 방법은 직접 통신과 간접 통신 방법이 있다.

11 컴퓨터 간의 원활한 정보 교환을 위하여 ISO에서 규정한 표준 네트워크 구조는?

① HDLC　② OSI
③ SNA　④ DNA

12 통신 프로토콜의 기능에 해당되지 않은 것은?

① 동기화 ② 표준화

③ 에러 제어 ④ 단편화와 재합성

13 HDLC 프로토콜에 대한 설명으로 옳지 않은 것은?

① 데이터 링크 계층의 프로토콜이다.

② 오류 제어 방식으로 ARQ 방식을 사용한다.

③ 바이트 방식의 프로토콜이다.

④ 단방향, 반이중, 전이중 방식 모두 사용 가능하다.

14 통신 시스템 내에 있는 동위 계층 또는 동위 개체 사이에서의 데이터 교환을 위한 프로토콜은?

① 프로세스 간 프로토콜

② 네트워크 간 프로토콜

③ 네트워크 내부 프로토콜

④ 응용 지향 프로토콜

15 패리티 검사(Parity Check)를 하는 이유는?

① 통신 프로토콜의 성능 측정

② 전송 데이터의 처리량 측정

③ 전송되는 부호의 용량 검사

④ 수신 정보 내의 오류 검출

16 정보통신 표준화 분야에서 핵심적인 역할을 수행하고 있는 국제 표준화 단체가 아닌 것은?

① TTA ② ITU

③ ANSI ④ IEC

17 OSI 참조 모델에서 서비스 프리미티브의 유형이 아닌 것은?

① REVIEW ② RESPONSE

③ INDICATION ④ REQUEST

18 패리티 비트에 대한 설명으로 옳지 않은 것은?

① Parity Bit를 포함해서 '1'의 개수가 짝수 또는 홀수인지를 검사한다.

② 1Bit의 에러를 검출하는 코드다.

③ 2Bit 이상 에러가 발생하면 검출할 수 없다.

④ '1'의 개수를 홀수 개로 하면 짝수 Parity, 짝수 개로 하면 홀수 Parity라 한다.

19 OSI 7계층 중 2계층인 데이터 링크 계층(Data link Layer)의 기능이 아닌 것은?

① 동기 제어
② 회선 제어
③ 세션 제어
④ 입출력 제어

20 전송 제어 프로토콜 중 HDLC 프로토콜의 프레임 구조에서 어드레스(Address)부의 모든 비트가 1인 경우를 무엇이라고 하는가?

① Source Address
② Destination Address
③ Global Address
④ No Station Address

21 FEC(Forward Error Correction)의 특징이 아닌 것은?

① 잉여 비트에 의한 전송 채널 대역이 낭비된다.

② 오류가 발생 시 패킷을 재전송한다.

③ 연속적 데이터 전송이 가능하다.

④ 역채널을 사용하지 않는다.

22 표준화 단체인 IETF가 인터넷 표준화 작업을 위한 작업 문서를 무엇이라 하는가?

① RFO(Request For Offer)
② RFP(Request For Proposal)
③ RFC(Request For Comment)
④ RFI(Request For Information)

23 ISO/IEC JTC 1의 활동 중 SC21(OSI 상위 계층/데이터베이스)에 활동하는 WG 설명으로 맞는 것은?

① WG1: OSI 관리
② WG4: OSI 구조
③ WG5: 특정 응용 서비스
④ WG8: 데이터베이스

24 데이터 링크 계층의 기능에 관한 내용으로 옳지 않은 것은?

① 프레임을 노드에서 노드로 전달한다.

② 발신지에서 목적지까지 최적의 패킷 전송 경로를 설정한다.

③ 매체 공유를 위한 매체 접근 제어(MAC)를 수행한다.

④ 인접 노드 간의 흐름 제어와 에러 제어 기능을 수행한다.

25 HDLC 링크 제어 프로토콜의 전달 모드가 아닌 것은?

① 동기 응답 모드
② 비동기 응답 모드
③ 정상 응답 모드
④ 비동기 균형 모드

26 OSI 참조 모델에서 네트워크상에서 동작하는 응용 프로그램과 시스템 운영 및 관리 프로그램, 단말기 동작과 관련된 프로그램 운영 기능을 제공하는 요소는?

① 응용 개체
② 개방형 시스템
③ 연결
④ 전송 미디어

27 OSI 7계층에서 응용 사이의 연결을 설정/관리/해제하는 통신 제어 구조를 제공하는 계층은?

① 표현 계층
② 세션 계층
③ 전송 계층
④ 물리 계층

28 미국 국립표준협회로서 미국의 표준 제정은 물론 ISO 등 국제 표준화 활동에서 미국을 대표하는 기관은?

① EIA
② ANSI
③ BSI
④ DIN

29 통신 프로토콜의 기능과 관계가 없는 것은?

① 전송 제어
② 오류 제어
③ 연결 제어
④ 흐름 제어

30 OSI 7계층 순서가 맞는 것은?

응용 계층
표현 계층
세션 계층
(c)
(b)
데이터 링크 계층
(a)

① (a) 네트워크 계층 (b) 전송 계층 (c) 물리 계층
② (a) 물리 계층 (b) 네트워크 계층 (c) 전송 계층
③ (a) 물리 계층 (b) 전송 계층 (c) 네트워크 계층
④ (a) 네트워크 계층 (b) 물리 계층 (c) 전송 계층

01 ①	02 ④	03 ④	04 ①	05 ③	06 ①	07 ④	08 ④	09 ③	10 ①	11 ②	12 ②
13 ③	14 ①	15 ④	16 ①	17 ①	18 ④	19 ③	20 ③	21 ②	22 ③	23 ③	24 ②
25 ①	26 ①	27 ②	28 ②	29 ①	30 ②						

Part 02

정보통신망의 이해

Part 02
정보통신망의 이해

Chapter

05

근거리 통신망

학습목표

- 정보통신망의 개념을 이해하고 구성 요소, 분류, 발전 과정을 학습한다.
- 근거리 통신망의 정의와 특징을 학습한다.
- 근거리 통신망의 구성 요소를 학습한다.
- 근거리 통신망의 분류 방식을 학습한다.
- 근거리 통신망의 프로토콜과 표준안을 알아보고 앞으로의 발전 방향을 학습한다.

01 정보통신망의 이해

1 정보통신망의 개념

정보통신망Network은 정보통신 시스템에서 텍스트, 이미지, 음성 등의 정보를 효율적으로 전송하기 위해 컴퓨터 시스템, 단말기, 다중화기 등의 통신 장비를 상호 유기적으로 결합한 것이다. 하나의 회선에 여러 시스템을 연결하거나 몇 개의 회선을 공유하는 방식으로 구성한다. 통신 비용을 절감하고 정보를 효율적으로 전송하는 것이 주요 목적이다.

예를 들어, 노드 다섯 개를 통신 회선으로 연결하는 방법은 다양하다. 다음 그림에서 (a)는 (b)보다 통신 회선 비용은 많이 들지만 노드 간 전송 속도는 빠르다. 통신 비용을 절감하고 효율적으로 전송하려면 하나의 회선에 여러 시스템을 연결하거나 몇 개의 회선을 공유하는 방식을 사용하는 것이 좋다.

(a) 기본적인 형태의 통신망 (b) 링 형태의 통신망

그림 5-1 통신망의 다양한 형태

2 정보통신망의 구성 요소

정보통신망은 단말 장치, 통신 회선, 교환기로 구성된다. 통신망 기술Network Technique은 이 구성 요소로 통신로를 잘 구성해 효율적이고 경제적으로 통신할 수 있도록 하는 것이다.

2.1 단말 장치

단말기 또는 단말 터미널로도 부르는 단말 장치DTE는 데이터 전송계 맨 아래쪽에서 디지털 데이터의 입출력을 수행한다. 사용자는 단말 장치를 이용해 원하는 정보를 얻거나 처리한다. 용도에 따라 음성을 전달하는 전화기, 전신 부호를 전달하는 전신기, 영상을 전달하는 텔레비전, 정보를 처리하는 컴퓨터와 스마트폰 등이 있다.

2.2 통신 회선

통신 회선은 데이터를 전송하는 통로로, 통신 기기(단말 장치와 단말 장치, 단말 장치와 컴퓨터, 컴퓨터와 컴퓨터)끼리 서로 연결해 준다. 데이터를 부호화한 신호를 수신 측으로 전송할 때 통로를 제공하는데, 데이터 전송 선로나 정보 전송 매체로 이해하면 된다. 종류로는 유선인 전화선, 동축 케이블, 광섬유 케이블, 무선인 마이크로파, 인공위성 등이 있다.

2.3 교환기

다음 그림은 단말 장치와 통신 회선을 연결하는 두 가지 방식을 나타낸다.

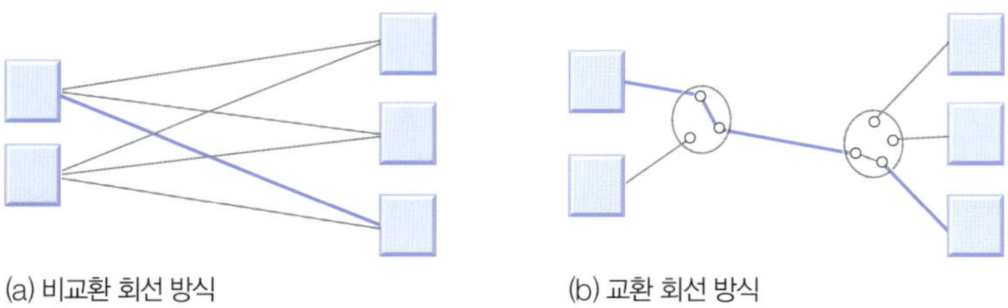

그림 5-2 단말 장치와 통신 회선을 연결하는 방식

비교환 회선 방식은 단말 장치끼리 직통 회선으로 연결하고, 교환 회선 방식은 교환기를 거쳐 연결한다. 정보통신망은 교환기를 이용해 단말 장치를 연결하는 것으로 교환기는 단말 장치 사이에서 가장 효율적인 경로를 설정해 준다. 즉 가입자의 호Call를 감지하여 원하는 가입자와 연결시키고 통화를 완료하면 다시 복귀시킨다.

여기서 잠깐! | 데이터 통신 회선 구성 방식

- **점-대-점 방식**: 두 장치를 일-대-일로 연결하는 가장 단순한 방식
- **멀티 포인트 방식**: 두 개 이상 다수의 단말기를 하나의 통신 회선에 연결해 정보를 송수신하는 방식

3 정보통신망의 분류

정보통신망은 방식에 따라 다양하게 분류할 수 있다.

3.1 네트워크 범위와 연결 방식에 따른 분류

정보통신망은 네트워크 범위와 연결 방식에 따라 분류할 수 있다.

■ **근거리 통신망(LAN)**

LAN^Local Area Network^은 공중 통신망을 이용하지 않는 통신망으로, 동일 건물이나 지역에 설치된 컴퓨터와 단말기를 유기적으로 결합하는 형태다. 통신에 적합한 지역(1~20km)에서만 사용할 수 있는 제한된 통신망으로, 데이터 전송 속도(1~20Mbps)가 매우 빠른 통신 매체로 구성되며 오류 발생률이 낮다.

■ **광역 통신망(WAN)**

WAN^Wide Area Network^은 도시와 도시, 국가와 국가 등 원격지 사이를 연결하는 통신망으로, 연결 범위가 보통 10km 이상이다. LAN과 달리 인공위성을 이용한 패킷 통신을 제외하면 각 노드의 연결이 점-대-점 접속 방식이다.

■ **도시망(MAN)**

MAN^Metropolitan Area Network^은 텍스트, 음성, 비디오 등 다양한 형태의 데이터를 지원하는 고속의 통신망이다. 도시 하나 정도의 영역에 분산된 LAN이나 컴퓨터, WAN을 연결하여 통신한다. 범위가 대개 한 지역의 도시와 근교를 포함해 수십 km에 이른다.

■ **부가 가치망(VAN)**

VAN^Value Added Network^은 회선을 직접 보유하거나 통신 사업자의 회선을 임차해 이용하는 것으로, 정보를 축적, 가중, 변환해 부가 가치를 부여한 정보를 제공하는 데이터 통신망이다. 광범위하고 복합적인 서비스를 제공하는 것이 특징인 부가 가치망의 계층 구조는 정보 처리 계층, 통신 처리 계층, 네트워크 계층, 전송 계층으로 나눈다. 각 계층의 기능은 다음과 같다.

- **정보 처리 계층**: 각종 컴퓨터 서비스, 데이터베이스 구축, 정보 검색 서비스, 소프트웨어 개발 등의 정보 처리 기능을 수행한다.

- **통신 처리 계층**: 프로토콜 변환, 속도 변환, 코드 변환, 데이터 형식 변환, 통신 매체 변환 등 통신 처리 기능을 수행한다.
- **네트워크 계층**: 가입자를 연결시켜 서로 간의 정보 전송이 가능하게 교환 기능을 수행한다.
- **전송 계층**: 사용자가 단순히 정보를 전송할 수 있도록 물리적 회선을 제공하는 전송 기능을 수행한다. 기본 통신 계층이라고도 한다.

3.2 구성 형태에 따른 분류

여러 단말 장치가 유기적으로 결합된 통신 회선망(통신 네트워크라고도 함)의 형태는 정보를 전송하는 우선순위와 연관이 있다. 통신 회선망의 형태를 나타내는 다음 그림에서 각각의 네트워크에 연결된 컴퓨터를 노드Node, 노드 간의 연결 방법을 토폴로지Topology라고 한다.

TIP 노드를 편의상 단말이라고 표현했지만 컴퓨터 또는 스마트폰도 가능하다.

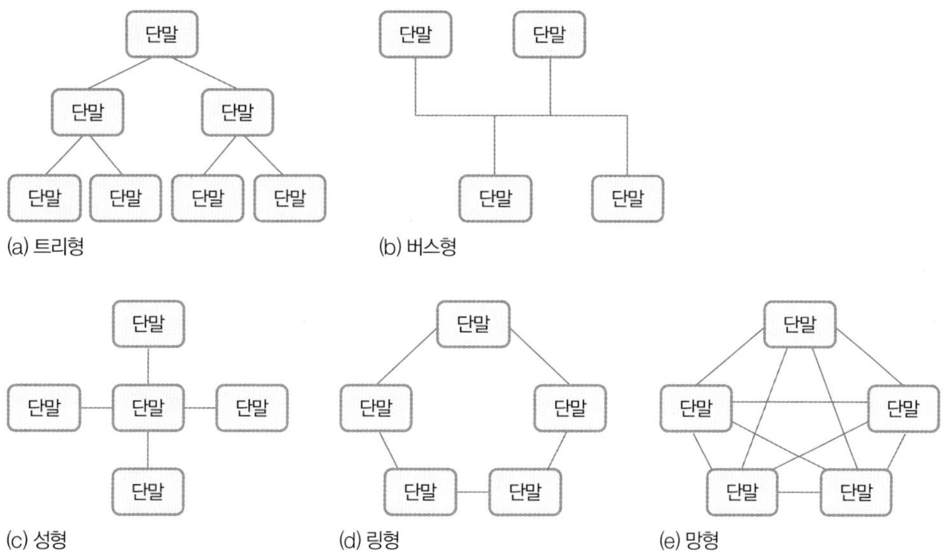

그림 5-3 통신 회선망(네트워크) 형태에 따른 종류

■ 트리형

트리형Tree Topology은 통신 회선망이 트리 형태로 연결되어 있다. 중앙의 제어 장치에 여러 대의 노드가 연결되고 각각의 노드는 일정 지역에 설치된 노드와 다시 접속하는 방식이다. 데이터 분산 처리 시스템에 효율적이며, 같은 신호를 다수의 노드로 분배하는 단방향 전송에 적합하다. CATV망 등에서 많이 이용한다.

■ 버스형

버스형Bus Topology은 하나의 통신 회선에 각 노드가 분기해서 접속한 형태다.

■ 성형

성형Star Topology은 하나의 중앙 노드를 중심으로 단말 노드가 점-대-점으로 연결된 형태다. 중앙 노드에 장애가 발생하면 전체 시스템에 영향을 미치는 것이 단점이다.

표 5-1 성형의 장단점

장점	단점
• 중앙 집중 제어형으로 보수와 관리 용이 • 노드마다 전송 속도를 다르게 설정 가능 • 간단한 전송 제어 기능	• 중앙 노드가 고장 나면 전체 시스템 기능이 마비 • 케이블 양이 많아 설치 비용이 많이 필요 • 통신망의 신뢰성을 높여야 안정적인 운영 가능

■ 링형

링형Ring Topology은 전송 매체가 원형을 이루며, 노드가 그 원형에 순차적으로 연결되어 있는 형태다. 총 회선의 길이를 짧게 구성할 수 있지만 노드의 추가 및 삭제가 복잡한 것이 단점이다.

■ 망형

망형Mesh Topology은 가장 기본적인 통신 회선망 형태로, 통상적인 정보통신 네트워크에서 이용한다. 사용하던 회선에 오류가 발생하면 다른 회선 경로를 이용하면 되므로 분산된 자원을 공유하기 쉽다. 또한 하나의 노드가 여러 대의 노드와 데이터를 주고받을 때도 편리하다. 하지만 회선이 많이 필요하며 망 구성이 복잡한 것이 단점이다. 대규모 트래픽이 발생할 경우를 대비해 주요 간선 부분에 설치한다. 네트워크에서 병목 현상과 구성 요소의 고장 문제에 가장 효과적으로 대응할 수 있는 형태다.

3.3 교환 방식에 따른 분류

교환기 등을 이용해 접속하는 방식이다.

■ 회선 교환 방식

회선 교환Circuit Switching 방식은 사용자가 직접 상대방을 호출하고 연결한다. 전화 교환망이 대표적인 예다.

■ 축적 교환 방식

축적 교환Store and Forward Switching 방식은 교환기를 이용해 정보를 메시지나 패킷 단위로 저장하고 전송한다. 메시지 교환 방식과 패킷 교환 방식이 있다.

- **메시지 교환 방식**: 정보를 전송하는 단위가 메시지이며, 길이가 매번 변한다.
- **패킷 교환 방식**: 정보를 전송하는 단위가 패킷이며, 길이가 고정되고 규격화되어 있다. 전송 오류가 있으면 재전송하여 오류 없이 전송될 수 있도록 한다(고품질의 정보 전송). 전송 속도가 다른 이기종 단말기 간의 통신이 가능하다. 패킷 단위로 통신 경로를 선택하기 때문에 우회 전송이 가능하며 회선 효율이 높다.

4 정보통신망의 발전 과정

정보통신망은 미국 국방성DoD; Department of Defense의 아파넷ARPANET에서 처음 시작했다. 1969년 개발 계획이 구체화되었고, 1970년대 초에 가동되었다. 그 후 연구용 아파넷과 군에서 통신을 지원하는 게 목적인 밀넷MILNET으로 발전했다.

4.1 단독 시스템

초기의 정보통신망은 시스템 A와 시스템 B 사이에 연결이 없는 단독 시스템 형태였다.

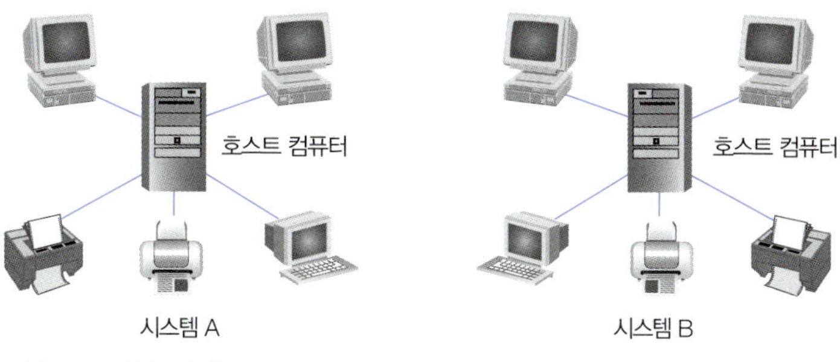

그림 5-4 단독 시스템

4.2 복합 시스템

복합 시스템은 처리 능력이 비슷한 컴퓨터 여러 대를 통신 회선을 이용해 결합한 시스템이다. 컴퓨터 하나로는 처리할 수 없거나 한 컴퓨터로 집중할 필요가 없을 때 사용한다.

4.3 계층화 시스템

계층화 시스템은 가운데에 대형 호스트 컴퓨터를 두고, 중소형 호스트 컴퓨터를 하위 계층에 놓는 시스템이다. 중소형 호스트 컴퓨터의 하위에 다시 단말 장치를 두어 계층 구조를 형성한다. 분산 처리 시스템도 계층화 시스템의 대표적인 예로 볼 수 있다.

4.4 정보통신망의 통합화

기존 정보통신망에서는 전화망, 데이터망, 팩스망 등의 서비스를 따로 제공해 사용자의 다양한 요구에 부응하기 어려웠다. 이런 문제점을 해결하기 위해 텍스트, 음성, 이미지 등의 정보를 구분하지 않고 통합해서 다루는 새로운 정보통신망인 종합정보통신망ISDN이 등장했다. 종합정보통신망을 이용하면 디지털화된 하나의 공용 회선으로 여러 멀티미디어 데이터를 이용할 수 있다.

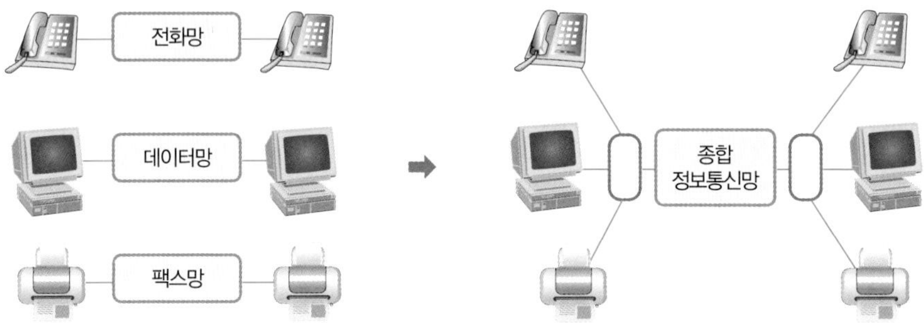

그림 5-5 정보통신망을 통합한 종합정보통신망

4.5 인터네트워킹

인터네트워킹은 근거리 통신망LAN 간 또는 근거리 통신망과 광역 통신망WAN 간에 상호 접속하여 형성된 광역화된 네트워크 집합이다. 같거나 비슷한 프로토콜을 사용하는 네트워크끼리는 브리지나 라우터 등의 전용 접속 장치로 연결하고, 서로 다른 프로토콜을 사용하는 네트워크끼리는 게이트웨이로 연결한다. 인터네트워킹을 구축할 때 요구 사항 중 하나는 여러 종류의 네트워크와 게이트웨이의 사용에 대한 트래픽을 보존해야 한다.

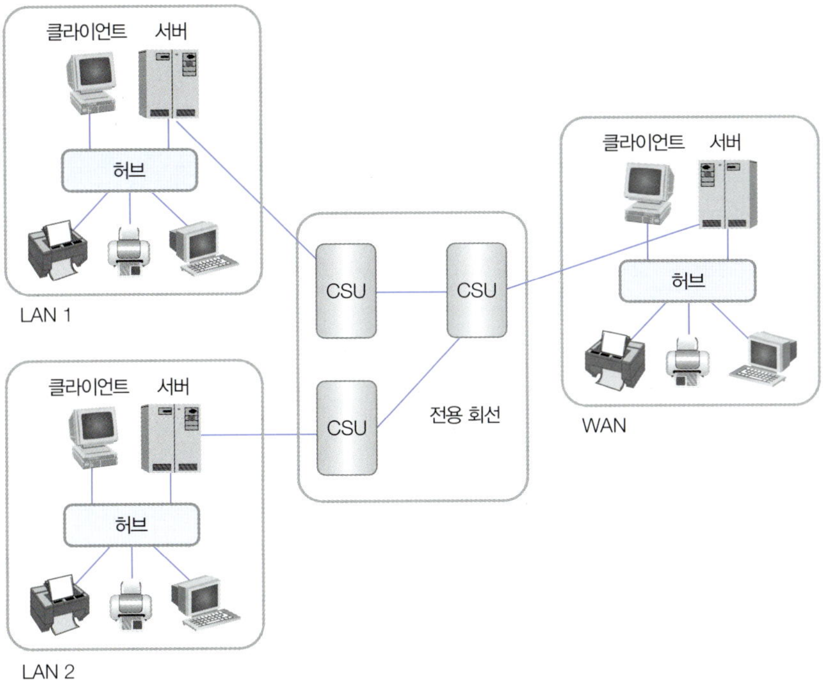

그림 5-6 인터네트워킹의 예

02 근거리 통신망의 개요

1 근거리 통신망의 정의

근거리 통신망LAN은 건물이나 회사, 학교처럼 가까운 거리에 있는 각종 기기를 연결해 빠른 속도로 정보 교환을 할 수 있게 만든 통신망이다. LAN에는 컴퓨터를 비롯한 주변 장치(단말기, 프린터, 플로터 등)와 전화기, 팩스 등 통신 기능이 있는 기기는 모두 연결할 수 있다. 통신에 적합한 지역(1~20km)에서만 제한적으로 사용할 수 있고, 데이터 전송 속도(1~20Mbps)가 매우 빠른 통신 매체로 구성하며, 비교적 오류 발생률이 낮다. 기술이 발달하면서 20Mbps 이상의 전송 속도도 실현할 수 있게 되었다. 속도는 앞으로 더 개선될 것이다.

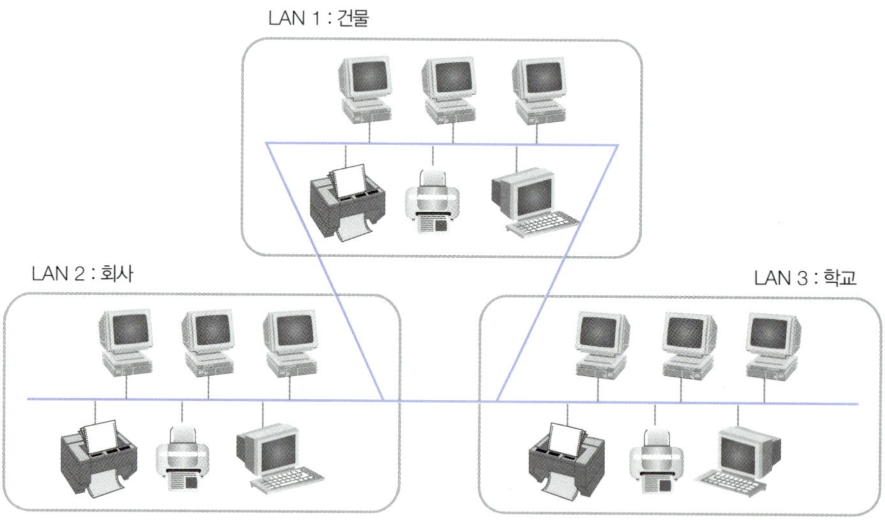

그림 5-7 근거리 통신망의 예

근거리 통신망은 경제성, 신뢰성, 목적에 따라 확장성과 응답성 등을 개선하고 성능과 가용성을 향상하며 부하 배분 등을 목적으로 한다. 다음 그림을 예로 살펴보자.

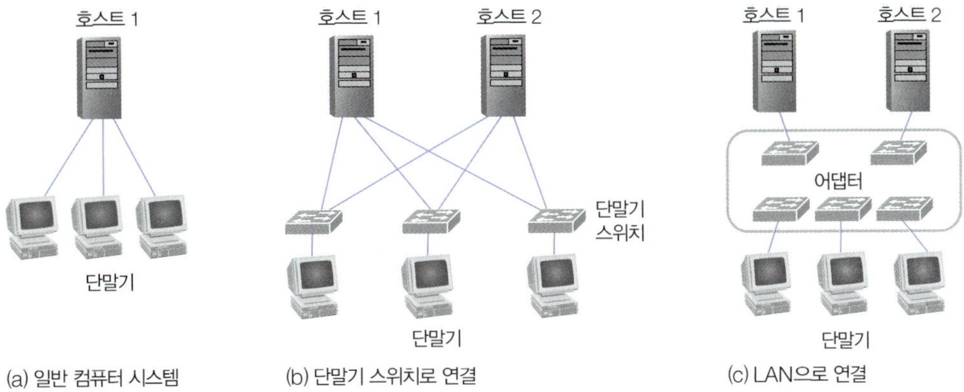

그림 5-8 LAN의 필요성

한 대의 컴퓨터(호스트)에 여러 대의 단말기를 연결한 시스템(a)이 있다고 가정하자. 여기에 새로운 컴퓨터를 도입해 각 단말기를 연결하려면 새로운 컴퓨터를 각 단말기 스위치에 일일이 연결해야 한다(b). 그러나 근거리 통신망으로 구성된 환경에서는 어댑터를 이용해 추가된 접속 장치만 연결하면 되므로, 어렵지 않게 새로운 장치를 추가하고 접속할 수 있다(c). 즉, LAN은 각종 정보 기기를 연결하고 교환하는 기능을 한다. 이 기능은 LAN이 탄생한 기본 배경이자 현재도 계속 발전하는 이유 중 하나다.

근거리 통신망을 사용하면 다음과 같은 효과를 기대할 수 있다.

표 5-2 근거리 통신망의 효과

효과	설명
자원 공유	통신망을 이용해 자원을 공유한다. 예를 들어, 근거리 통신망을 구축하면 프린터, 모뎀, 하드 디스크 등의 장치를 특별한 조작 없이 쉽게 공유할 수 있고 프로그램, 파일, 데이터베이스 등도 공유할 수 있다.
부하 공유	여러 시스템에서 통신망을 이용해 부하를 공유할 수 있어 효율이 증가한다.
신뢰성 개선	하나의 컴퓨터가 고장 나도 다른 컴퓨터와 주변 기기는 영향을 적게 받는다.
통제 관리 용이	중요한 자료는 파일 서버 등에 저장하므로 체계적으로 통제하기 쉽다.

2 근거리 통신망의 특징

근거리 통신망은 다음과 같은 특징을 가진다.

- 공중 데이터 통신망보다 지역 범위가 한정되어 컴퓨터와 통신 장비 사이에 물리적인 연결 경로가 짧고, 경로를 설정할 필요도 없어 고속으로 통신할 수 있다.
- 전송 특성이 좋은 매체(동축 케이블, 광섬유 케이블)를 사용하며, 오류 발생률이 매우 낮아 신뢰성 있는 정보 전송이 가능하다.
- 학교, 공장, 사무실, 빌딩 등 가까운 거리에서 단일 기관이 소유한 영역에 설치하므로 행정 처리 등의 제약을 받지 않고 다양한 통신망 구성이 가능하다.
- 하나의 통신망을 이용해 텍스트뿐만 아니라 음성, 이미지도 전송할 수 있어 정보를 종합적으로 처리할 수 있다.

여러 통신망 중에서 근거리 통신망이 차지하는 위치와 전송 속도는 다음과 같다.

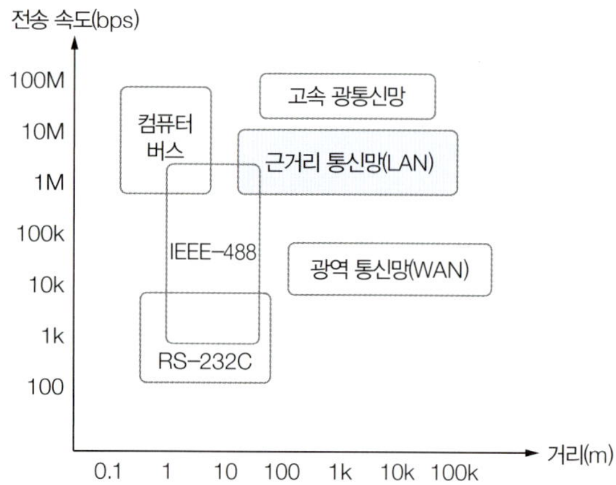

그림 5-9 통신망에서 근거리 통신망의 위치

3 근거리 통신망의 발전 과정

근거리 통신망은 1970년대 초 제록스Xerox의 PARCPalo Alto Research Center에서 시작한 연구 이후에 이더넷Ethernet으로 발전했다. 1970년대 말부터는 LAN 제품이 본격적으로 등장하는데, 1985년에는 IEEE의 표준화위원회에서 LAN 표준을 제정하였다. 그 후에 CSMA/CD,

토큰 버스Token Bus, 토큰 링Token Ring 등 매체에 접근하는 다양한 방식을 하나로 표준화하는 작업이 시작되었다. LAN 프로토콜 중에서 Token Ring 방식과 CSMA/CD(Ethernet) 방식이 서로 경쟁하다가 CSMA/CD(Ethernet)로 통일되었는데 가장 중요한 원인은 확장성Scalability 때문이다.

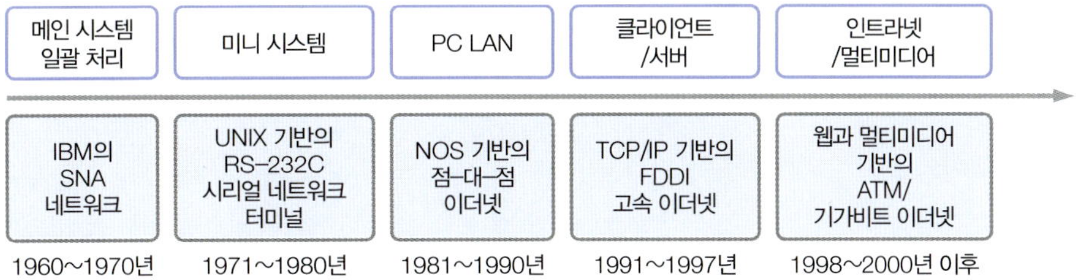

그림 5-10 LAN의 발전 과정

03 근거리 통신망의 구성 요소

1 LAN의 구성 요소

LAN은 하드웨어와 소프트웨어로 구성된다.

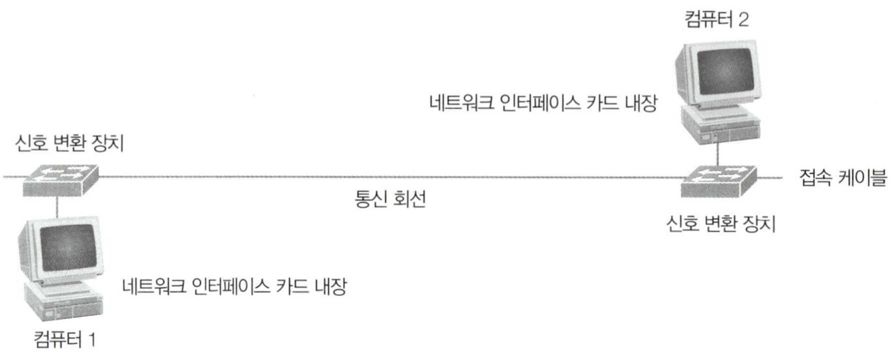

그림 5-11 LAN의 구성 요소

1.1 하드웨어

컴퓨터(서버와 클라이언트), 네트워크 인터페이스 카드, 신호 변환 장치, 전송 매체(접속 케이블, 통신 회선), 네트워크 접속 장치 등이 있다.

1.2 통신 소프트웨어

동일한 LAN에 있는 노드(예 컴퓨터)끼리 서로 통신을 하려면 모든 노드가 프로토콜이 같은 통신 소프트웨어를 사용해야 한다. 예를 들어, 한 대의 서버와 여러 대의 클라이언트가 있는데 한 클라이언트에서 운영체제로 윈도 7을 사용하면 다른 클라이언트에서도 윈도 7을 사용해 통신 소프트웨어를 맞춰야 한다. 이러한 통신 소프트웨어는 데이터의 접근, 관리, 보안 기능을 제공한다.

서버에서 운영하는 통신 소프트웨어는 서버의 통신망 운영체제에 포함되며 클라이언트에서 사용하는 통신 소프트웨어는 클라이언트용 운영체제에 포함된다. 이와 같이 LAN 통신 기능을 제공하는 운영체제를 네트워크 운영체제NOS; Network Operating System라고 한다.

네트워크 운영체제는 일반 운영체제가 수행하는 기능 외에 LAN에서 필요한 다중 작업과 다중 사용자를 지원하는 구조로 되어 있다.

2 LAN의 하드웨어

2.1 컴퓨터(서버와 클라이언트)

LAN의 구성 요소인 컴퓨터는 서버와 클라이언트 기능을 담당한다. 서버 기능을 하는 컴퓨터는 네트워크 중심에 위치해 정보를 공유하거나 저장하고 보안을 책임진다. 클라이언트 기능을 하는 컴퓨터는 서버의 자원을 공유하며, 서버를 이용해 정보를 교환한다. 다음 그림은 LAN에서 서버와 클라이언트 구성을 나타낸 것으로, 서버를 이용해 클라이언트끼리 데이터 1을 공유한 경우다.

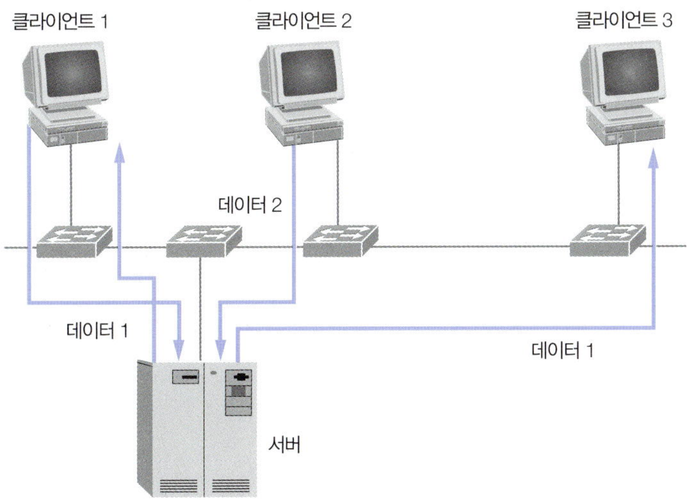

그림 5-12 LAN에서 서버와 클라이언트의 구성

2.2 네트워크 인터페이스 카드

보통 LAN 카드로 부르는 네트워크 인터페이스 카드NIC; Network Interface Card는 LAN에서 서버와 각 클라이언트에 위치하며, 전송 매체에 접속시켜 주는 역할을 한다. 또 데이터를 입출력, 송수신, 저장하며 프로토콜을 처리하는 기능도 담당한다. 즉, 네트워크에 돌아다니는 전기 신호를 만들고, 정보를 직류 펄스로 변환하는 물리적 연결을 생성하며, 케이블에 접근하는 특별한 프로토콜에 맞추는 역할을 한다. 다른 말로 NIUNetwork Interface Unit, LAN 보드, 네트워크 어댑터라고도 한다.

LAN 카드는 PC 슬롯의 형태에 따라 PCI, ISA, EISA, PCMCIA 등으로 분류한다. LAN 카드의 속도를 표시하는 기본 단위는 bps다. LAN 카드의 예는 다음과 같다.

(a) 10/100Mbps 고속 이더넷 카드 (b) 노트북용 LAN 카드 (c) USB LAN 카드

그림 5-13 LAN 카드의 예

2.3 신호 변환 장치

신호 변환 장치는 LAN 카드에서 출력된 데이터를 전송 매체에 적합한 형태로 변환해 주는 장비다. LAN 카드가 이더넷이라면 신호 변환 장치는 트랜시버Transceiver가 된다. 트랜시버는 모든 통신 장비를 이더넷에 접속할 때 사용하는 접속용 장비이지만 현재는 거의 사용하지 않는다.

2.4 전송 매체

LAN에 사용하는 대표적인 전송 매체(통신 회선과 접속 케이블)로는 꼬임선, 동축 케이블, 광섬유 케이블 등이 있다. 최근에는 케이블이 필요 없는 무선 LAN을 많이 사용한다. 다음 표는 LAN에서 사용하는 전송 매체의 종류와 특징을 나타낸 것이다.

TIP 꼬임선과 동축 케이블, 광섬유 케이블에 대한 좀 더 자세한 내용은 2장에서 다루었으니 참고하기 바란다.

표 5-3 근거리 통신망에서 사용하는 전송 매체의 종류와 특징

전송 매체		표준 이름	전송 속도(Mbps)	최대 거리(m)	전송 방식	전자파 간섭	비용	보안성	설치와 유지 보수
꼬임선	UTP	1Base-5	1	500	베이스밴드	많음	저가	보통	쉬움
	FTP	10Base-T	10	100	베이스밴드				
	STP	토큰 링	4/16	100	베이스밴드				
동축 케이블	얇은 동축 케이블	10Base-2	10	200	베이스밴드	적음	보통	보통	보통
	5Ω	1Base-5	1	500	베이스밴드				
	70Ω	10Base-5	10	500	베이스밴드				
	브로드밴드 동축 케이블	10Base-36	10	3,600	브로드밴드				
광섬유 케이블			16	4,500	베이스밴드	없음	고가	높음	어려움

여기서 잠깐! | **n Base(Broad) m의 의미**

- **n**: 전송 매체의 데이터 전송 속도(nMbps)
- **Base/Broad**: 전송 매체의 전송 방식으로 Base는 디지털 신호 그대로 전송하는 방식, Broad는 디지털 신호를 아날로그 신호로 변조해 전송하는 방식
- **m**: 전송 매체 또는 전송 거리(m백 미터)
- 예 10Base-5
  - 10: 전송 속도가 10Mbps
  - Base: 전송 신호 방식이 베이스밴드
  - 5: 전송 거리가 500m(숫자는 동축 케이블을 나타냄)

예 10Base-T
- 10: 전송 속도가 10Mbps
- Base: 전송 신호 방식이 베이스밴드
- T: 전송 매체가 꼬임선(F는 광케이블을 나타냄)

2.5 네트워크 접속 장치(IWU)

네트워크 접속 장치IWU; Internet Working Unit는 인터네트워크를 구성하는 각 서브 네트워크를 연결하는 장치로, ISIntermediate System라고도 한다. 네트워크 접속 장치에는 허브, 리피터, 브리지, 라우터, 게이트웨이, 디지털 서비스 장치, 채널 서비스 장치 등이 있으며 프로토콜에 따라 각각 다르게 사용한다. 다음 그림은 네트워크 접속 장치와 OSI 7계층의 관계를 나타낸다.

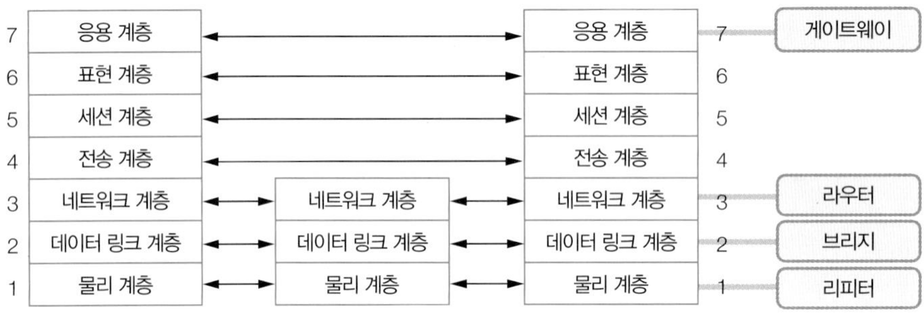

그림 5-14 네트워크 접속 장치와 OSI 7계층의 관계

■ 허브

LAN에서 허브는 가운데 있는 제어 장치를 중심으로, DTE가 있는 지점 간을 트리 구조로 연결하는 장비다. 즉, LAN과 단말 장치를 접속하는 장치다. 케이블 방식의 CSMA/CD가 허브로 대체되었다. 허브는 외형적으로는 스타형 구조이지만 내형적으로는 버스형 구조로 작동한다. 허브는 LAN끼리 연결하는 데도 사용하며 수신한 신호를 정확히 재생해 다른 쪽으로 내보내는 역할을 한다. 초기에 나온 허브를 더미 허브Dumb HUB라고 하는데, 리피터처럼 단지 신호를 증폭하고 재생하며 각 노드를 집중화시켜주는 역할을 했다. 이는 전체 대역폭을 각 노드가 분할해서 사용하므로 분할 수가 어느 정도 증가하면 속도가 떨어지는 단점이 있다. 허브는 SNMPSimple Network Management Protocol를 이용해 망을 관리하는 지능형 허브로 발전했다. 지능형 허브는 브리지와 라우팅 기능도 하여 동일한 지역 내에서 다른 LAN을 구성할 수도 있다. 대표적인 예가 트래픽 병목 현상을 제거한 스위칭 허브Switching HUB다. 스위치는 허브보다 전송 속도가 개선된 것이다. 허브는 데이터 패킷을 받으면 연결된 모든 장치에게 모두 보내지만, 스위치는 IP와 MAC 주소를 이용해 원하는 목적지에 데이터 패킷을 전송한다. 임의의 호스트에서 전송한 프레임은 허브에서 수신하며, 허브는 모든 호스트에 해당 데이터를 전달한다. 전송 장비인 허브를 사용하는 이유는 다른 네트워크의 장비와 연결하여 병목 현상을 어느 정도 줄이는 것이다. 네트워크 관리가 쉽다는 특징이 있다.

(a) 더미 허브 (b) 스위칭 허브

그림 5-15 허브의 예

■ 리피터

리피터는 단말기 사이의 거리가 멀어질수록 감쇄되는 신호를 재생시키는 장비로, 서로 분리된 동일한 LAN에서 네트워크의 거리를 연장하거나 접속한 세그먼트 사이를 연결해 세그먼트 수를 증가시켜 준다. OSI 7계층 중 1계층인 물리 계층에 해당한다. 리피터의 예는 다음 그림과 같다. 단말 A에서 단말 B, 단말 C, 단말 D까지 네트워크의 거리를 연장할 때 감쇄되는 신호를 재생시키는 장치로 리피터가 필요하다.

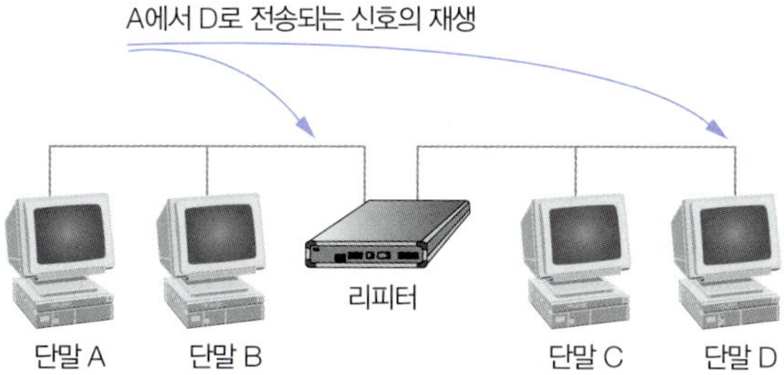

그림 5-16 리피터의 연결 예

■ 브리지

브리지는 LAN과 LAN을 연결하는 장비로, OSI 7계층 중 2계층인 데이터 링크 계층에 해당한다. 다른 종류의 케이블을 연결하며 혼잡한 네트워크상에서 수송량을 분리하는 역할을 한다. 리피터는 동일한 유형의 LAN끼리만 연결할 수 있지만 브리지는 서로 다른 유형의 LAN끼리도 연결할 수 있다. 브리지는 OSI 7계층의 데이터 링크 계층에 해당하여 MAC 계층을 지원하지만 리피터는 OSI 7계층의 물리 계층에 해당하므로 단순히 증폭하고 재생시키는 기능만 제공하기 때문이다. 현재는 라우터가 브리지의 기능을 대신하므로 거의 사용하지 않는다. 브리지의 예는 다음과 같다.

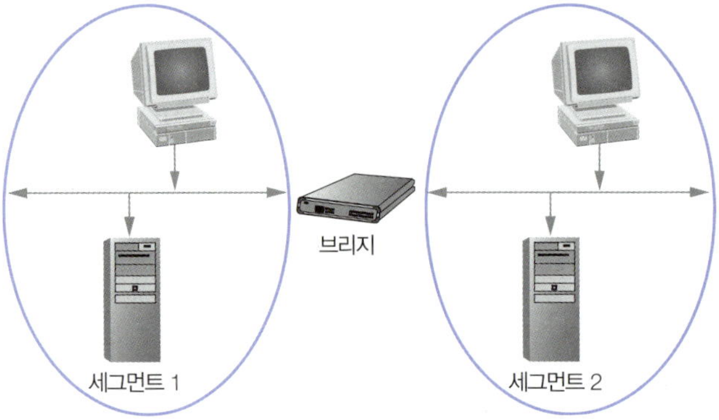

그림 5-17 브리지의 연결 예

■ 라우터

내부 네트워크는 사용하는 컴퓨터 기종이나 운영체제, 프로토콜 등을 확실히 알 수 있어 네트워크를 최적화시킬 수 있다. 하지만 내부 네트워크를 외부 네트워크와 연결할 때는 외부 네트워크에서 사용하는 프로토콜이나 컴퓨터 기종 등의 정보를 알 수 없어 최적화가 힘들다. 이때 임의의 외부 네트워크와 내부 네트워크를 연결해 주는 장비가 라우터다.

그림 5-18 라우터의 예

라우터는 구조가 다른 망끼리도 연결할 수 있어 근거리 통신망LAN과 광역 통신망WAN을 연결하는 데 주로 사용한다. 라우터는 송신 측에서 수신 측까지 데이터가 전송될 수 있는 여러 경로 중 가장 적절한 것을 선택한다. CPU, ROM, DRAM 등이 라우터의 내부 물리적 구조에 포함된다.

다음 그림을 보면, 라우터는 OSI 7계층 중에서 네트워크 계층에 해당됨을 알 수 있다. 라우터는 전용 회선을 이용해 LAN에 연결된 컴퓨터가 동시에 인터넷을 사용할 수 있게 한다. 둘 이상의 서로 다른 네트워크에 접속해 서로 데이터를 주고받을 수 있게 중계 기능을 한다. 또한 효율적인 경로를 선택하는 라우팅 기능, 망 내의 혼잡 상태를 제어하는 기능, 오류 패킷을 폐기하는 기능도 수행한다. 라우터는 대부분 IP 라우팅 기능뿐 아니라 LAN용 프로토콜인 브리징 기능도 함께 수행한다.

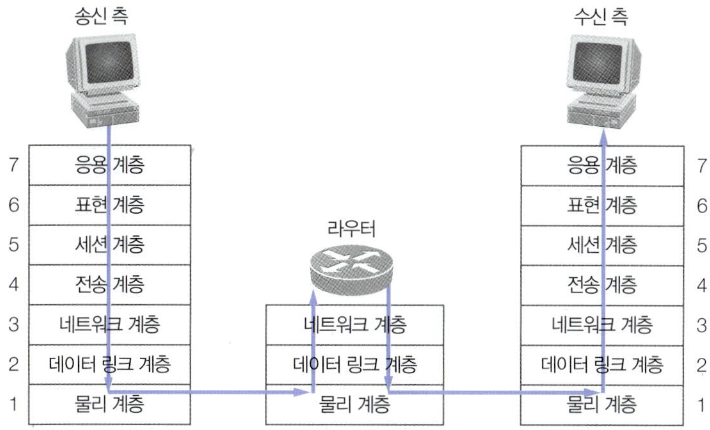

그림 5-19 OSI 7계층 중 네트워크 계층에 해당하는 라우터

라우터는 한 네트워크에서 다른 네트워크로 패킷을 보낼 때 데이터를 적당한 크기로 쪼갠 후 라우팅 테이블Routing Table을 참고해 최적의 경로로 최종 목적지까지 갈 수 있게 한다. 또한 OSI 7계층 중 네트워크 계층의 통신 프로토콜에서 취급하는 주소(TCP/IP라면 IP 주소)를 사용해 독립된 네트워크끼리 WAN으로 접속한 부분에서 데이터를 주고받을 수 있게 한다. 이렇게 라우터는 서로 다른 네트워크를 연결하는 기능을 하므로 다양한 프로토콜에서 전송하는 패킷을 모두 받아들일 수 있어야 한다.

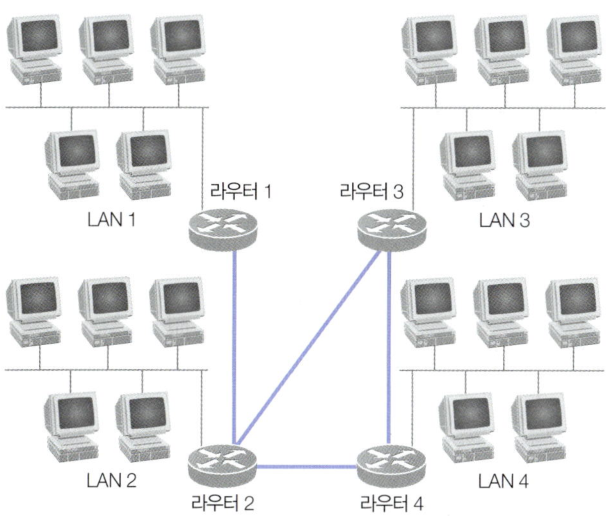

그림 5-20 라우터의 연결 예

■ 트랜시버

트랜시버는 동축 케이블을 백본 네트워크Backbone Network로 사용하는 네트워크에서 서브 네트워크를 구성하기 위해 AUI 포트에 접속하는 네트워크 장비다. UTP 케이블(RJ-45 랜선)과 BNC 케이블(동축 케이블, 100m 이상)을 연결해 주는 장비로, 이더넷 네트워크에서는 트랜시버를 MAU라고 한다.

그림 5-21 트랜시버의 예

■ 디지털 서비스 장치

디지털 서비스 장치DSU는 디지털망에 사용하는 회선 종단 장치DCE로, 전화망과 같은 아날로그망에서 사용하는 모뎀과 비슷한 역할을 한다. 모뎀은 컴퓨터 내부에서 처리되는 0과 1로 된 디지털 정보를 아날로그 신호로 바꿔서 전송하며, 이를 받은 모뎀은 다시 컴퓨터가 인식할 수 있는 디지털 신호로 바꿔주는 역할을 한다.

신호 전송 시 디지털망을 사용할 때는 신호 형식은 그대로 두고, 원거리로 전송할 수 있도록 신호의 레벨만 높여주면 되는데, 이 기능을 DSU가 수행한다.

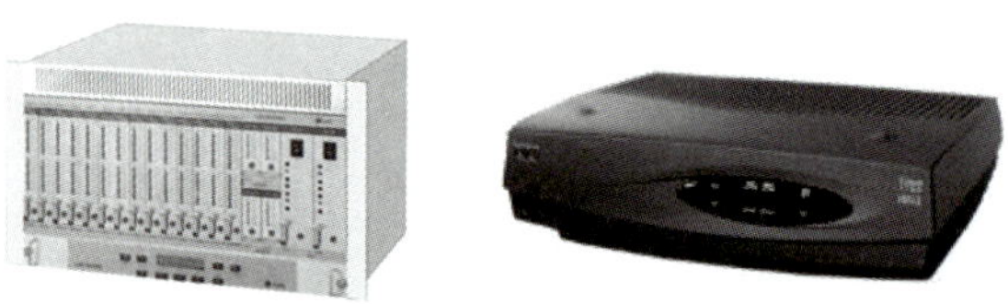

그림 5-22 디지털 서비스 장치(DSU)의 예

여기서 잠깐! | 채널 서비스 장치(CSU; Channel Service Unit)

T1 장비를 이용해 접속하며 1.544Mbps를 속도별로 나누어 쓸 수 있다. 이렇게 나눈 전송 속도를 채널이라 하는데 CSU는 각 채널을 연결하는 장비다. CSU는 T1(1.544Mbps)이나 E1(2.048Mbps)을 지원한다.

■ 게이트웨이

게이트웨이는 프로토콜 구조가 전혀 다른 통신망을 상호 연결할 때 사용한다. OSI 4계층 이상에서 동작하는 장비로, 프로토콜이 서로 다른 네트워크 사이를 결합한다. 게이트웨이는 인터네트워킹 장비로, 프로토콜 구조가 다른 통신망을 연결하려고 주소 구조 변환과 메시지 형식 변환 등의 기능을 수행한다.

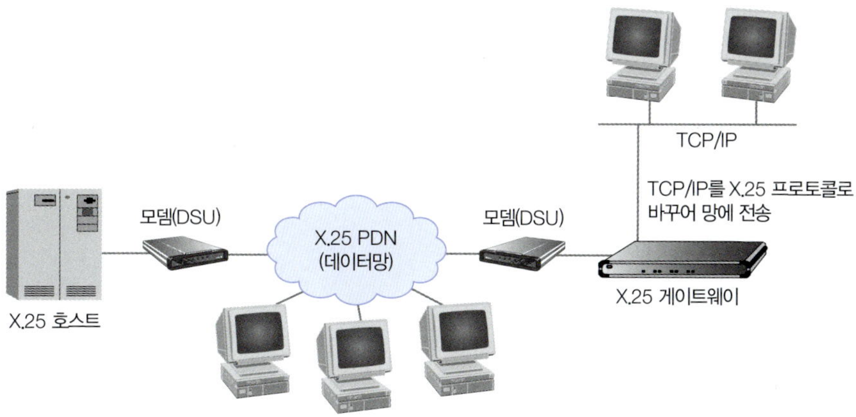

그림 5-23 게이트웨이와 네트워크 구성을 연결하는 예

04 근거리 통신망의 분류

1 네트워크 형태에 따른 분류

네트워크를 구성하는 노드 간의 연결 상태를 기하학적으로 배치하여 다음과 같이 성형, 버스형, 링형, 트리형으로 분류할 수 있다.

표 5-4 네트워크 형태에 따른 LAN의 분류

종류	형태	전송 매체	특징
성형	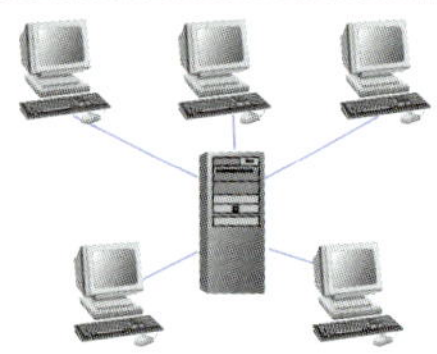	꼬임선, 광섬유 케이블	• 중앙의 네트워크 제어 장치를 중심으로 각 노드를 점-대-점 방식으로 연결 • 장점: 보수와 관리 용이 • 단점: 중앙 제어 장치가 고장 나면 전체 마비
버스형	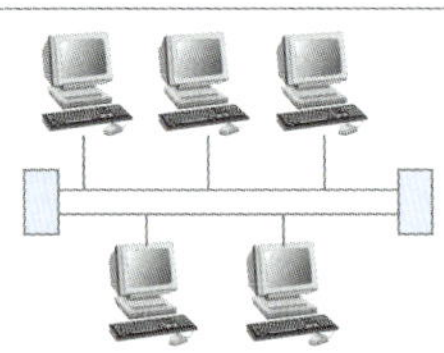	동축 케이블	• 하나의 전송 매체에 여러 개의 노드 연결 • 장점: 설치 간단, 노드 추가 용이, 특정 노드가 고장 나도 다른 노드에는 영향 없음 • 단점: 망 전체를 제어하는 장치가 없어 잡음 감지가 어렵고 비효율적
링형	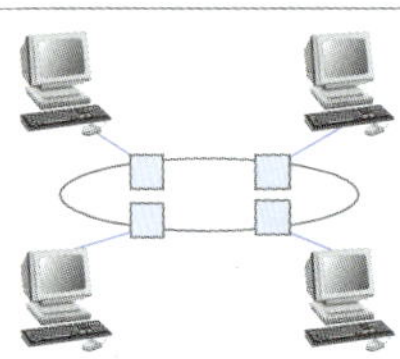	꼬임선, 광섬유 케이블, 동축 케이블	• 원형의 전송 매체에 노드를 순차적으로 연결 • 장점: 선로의 전체 길이를 짧게 구성 가능 • 단점: 노드의 추가 · 삭제가 복잡
트리형	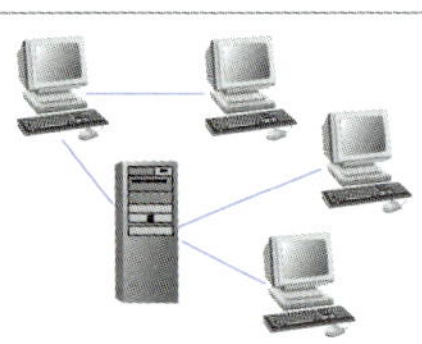	동축 케이블	• 버스형을 확장한 형태 • 장단점은 버스형과 유사

2 접근 방식에 따른 분류

채널을 공동으로 이용하는 LAN은 채널에 접근하고 제어하는 방법에 따라 다중 충돌 접근 기법CSMA/CD, 토큰 링Token Ring, 토큰 버스로 분류할 수 있다. CSMA/CD(이더넷) 방식과 토큰 링 방식이 경쟁하다가 CSMA/CD(이더넷)로 통일되었는데 가장 중요한 요인은 확장성Scalability이다.

2.1 다중 충돌 접근 기법(CSMA/CD)

다중 충돌 접근 기법CSMA/CD; Carrier Sense Multiple Access with Collision Detection은 유선에서 사용하는 방식으로, 채널을 사용하기 전에 다른 사용자가 해당 채널을 사용하는지 점검하기 위해 채널 상태를 확인해 패킷 충돌을 피한다. 채널이 사용 중이면 일정 시간이 지난 후에 다시 검사하고 사용하지 않으면 전송을 시작하여 다중 접근Multiple Access이라 한다. 다중 충돌 접근 기법은 1976년 미국 제록스에서 이더넷을 처음 개발한 후 제록스, 인텔, DEC가 공동으로 발표한 규격이다. 1982년 IEEE802.3 위원회에서 부분 수정하여 CSMA/CD로 발표했다.

TIP 다중 충돌 접근 기법을 사용하는 대표적인 제품은 제록스의 이더넷이다.

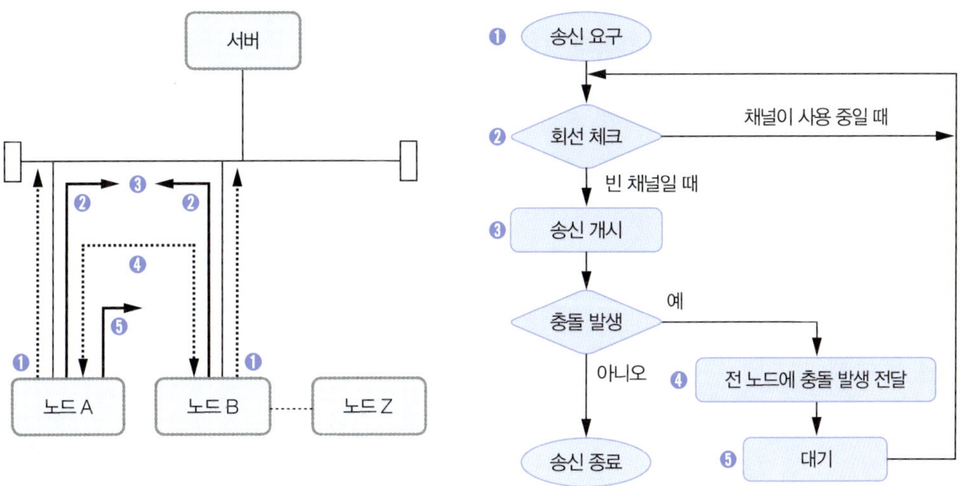

그림 5-24 CSMA/CD 방식

❷에서 통신 회선이 비었는지 점검Carrier Sense한 후 비어 있으면 ❸에서 송신을 시작한다. 다중 접근이 가능하므로 여러 노드에서 송신을 시작해도 된다. ❸에서 충돌이 발생하면 ❹에서

충돌을 감지Collision Detection하고 이 사실을 전 노드에 전달한다. ❺에서 잠시 대기하다가 다시 전송하는데, 성공할 때까지 송신을 계속 반복한다. CSMA/CD를 MAC 프로토콜로 사용하는 LAN의 종류는 다음과 같다.

표 5-5 CSMA/CD를 MAC 프로토콜로 사용하는 LAN의 종류

구분	10Base-5 이더넷	10Base-2 CheaperNet	1Base-5 StarLAN	10Broad-36	10Base-T
전송 매체	동축 케이블 (50Ω)	동축 케이블 (50Ω)	이중 나선 (Unshield)	동축 케이블 (75Ω)	이중 나선 (Unshield)
신호 전송	베이스밴드	베이스밴드	베이스밴드	브로드밴드	베이스밴드
전송 속도	10Mbps	10Mbps	1Mbps	10Mbps	10Mbps
세그먼트	500m	185m	500m	1,800m	100m
네트워크의 최대 거리	3,500m	925m	2,500m	3,600m	1,000m

다중 충돌 접근 제어 기법은 데이터 전송이 필요할 때 임의로 채널을 할당하는 랜덤 할당 방식이며 버스형에 이용된다. 채널로 전송된 프레임을 모든 노드에서 수신할 수 있고 통신 제어 기능이 단순해 적은 비용으로도 네트워크를 구축할 수 있다는 것이 장점이다. 이러한 장점을 이용해 완전한 분산 시스템을 구성할 수 있다. 다중 충돌 접근 제어 기법은 노드 수가 적고 부하가 잘 걸리지 않는 환경일 때 최적의 성능을 낸다.

그러나 노드 수가 많고 각 노드에서 전송하는 데이터의 양이 많으면 패킷 충돌이 많아져 데이터 손실이 발생한다는 것은 단점이다. 일정 수준 이상으로 부하가 늘어나면 성능이 급격히 떨어져 채널 이용률이 낮아지고 지연 시간도 예측할 수 없어 불편하다. 즉, 실시간으로 전송해야 하는 환경이나 네트워크를 운용, 감시, 제어해야 하는 환경에는 부적합하다.

2.2 토큰 링

1969년 뉴홀 링Newhall Ring에서 네트워크에 링 제어 기법을 적용해 사용하던 방식이다. 그래서 토큰 링을 뉴홀 링이라고도 한다. IBM에서 1982년 3월 토큰 링 규격을 정리해 IEEE802 위원회에 제출했고, IEEE802.5 위원회에서 표준으로 채택했다.

토큰 링의 구조는 다음과 같다. 논리적으로는 링 형태이지만, 물리적으로는 모든 노드를 MSAUMulti-Station Access Unit 장치에 연결해 하나의 네트워크를 구성한다. 노드를 확장할 때는 확장 케이블로 MSAU 장치에 연결해 하나의 커다란 링을 만든다.

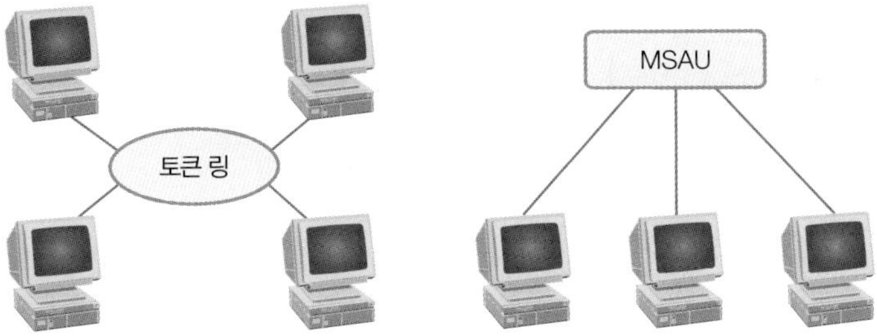

(a) 논리적 구조 (b) 물리적 구조

그림 5-25 토큰 링의 구조

토큰 링은 토큰 패싱Token Passing 방식을 사용한다. 토큰 패싱이란 채널을 통제해 충돌이 발생하지 않도록 고유 채널을 사용하는 권한을 균등하게 부여하고 토큰을 확보했을 때만 데이터를 전송할 수 있게 하는 방식이다. 초기에는 물리적 링 구조에서만 구성할 수 있었으나, 지금은 버스형의 전송로에서도 논리적 토큰 링을 구성하는 것이 가능하다. 토큰 패싱 방식에서는 토큰을 소유하는 우선순위를 부여해 충돌로 인한 데이터의 지연 시간을 미리 예측할 수 있다. 하지만 전송 데이터가 없어도 토큰이 전송로를 회전해 낭비되는 요소가 발생한다.

토큰 링 방식은 성형에서 많이 사용하며, 전송 매체로는 동축 케이블, 광섬유 케이블 등이 있다. 전송 속도는 4~16Mbps이며 대표적인 제품은 1983년 스위스 제네바에서 열린 텔레콤 전시회에서 선보인 3270 터미널, 8775 디스플레이 터미널, 3275 FEP 등이 있다. 1985년 10월 IBM은 속도가 4Mbps인 IBM PC 토큰 링 네트워크를 발표했고 이어서 1988년 11월에는 속도가 16Mbps인 토큰 링 네트워크를 발표했다. 프라임 컴퓨터Prime Computer, 아폴로Apollo, IBM 제품 등이 여기에 속한다.

토큰 링 방식의 장단점은 다음과 같다.

- **장점**
  - 노드마다 전송 기회가 균등하고, 전송 권한마다 정해진 대기 시간이 있어 과부하가 걸려도 CSMA/CD보다 성능이 크게 떨어지지 않는다.
  - 데이터를 실시간으로 처리 및 전송할 수 있다.
- **단점**
  - 운용 방식이 복잡하다.
  - 전송 데이터가 없어도 토큰이 전송로에서 회전해 낭비 요소가 발생한다.

다음 그림은 토큰 링의 작동 원리를 나타낸 것으로, 토큰 링 네트워크에서 노드 A가 노드 C로 데이터를 전달하는 과정이다. 노드 A는 8비트를 사용하는 토큰을 검출해 자유 토큰Free Token을 사용 토큰Busy Token으로 바꾼 후 정보 프레임을 포함시켜 노드 C로 전송한다.

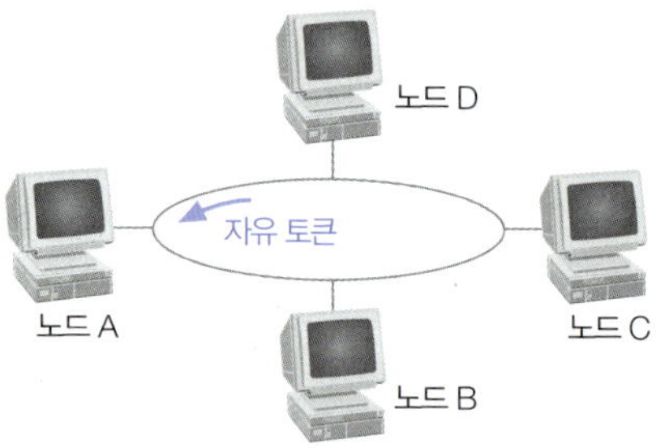

- 노드 A가 프레임을 송신하려고 자유 토큰을 기다린다.
- 보통 토큰에는 01111111처럼 8비트 정보가 있다.

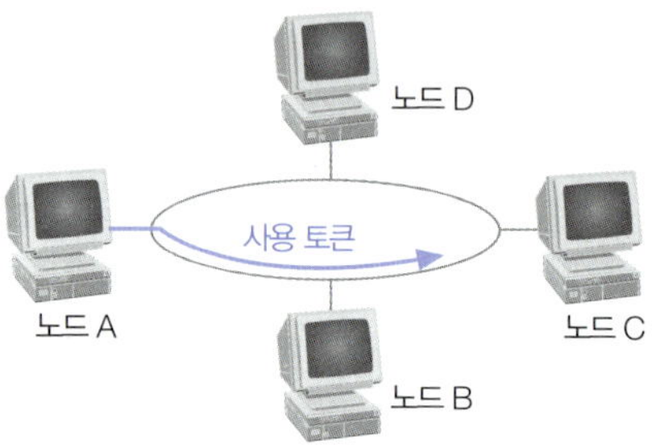

- 노드 A는 자유 토큰을 사용 토큰으로 바꾼 후 그 토큰 패턴에 정보 프레임을 포함시켜 노드 C로 전송한다.
- 노드 B는 노드 A가 전송한 데이터 프레임의 수신 주소로 자신에게 전송된 것이 아님을 확인하고, 노드 C에 전달한다.

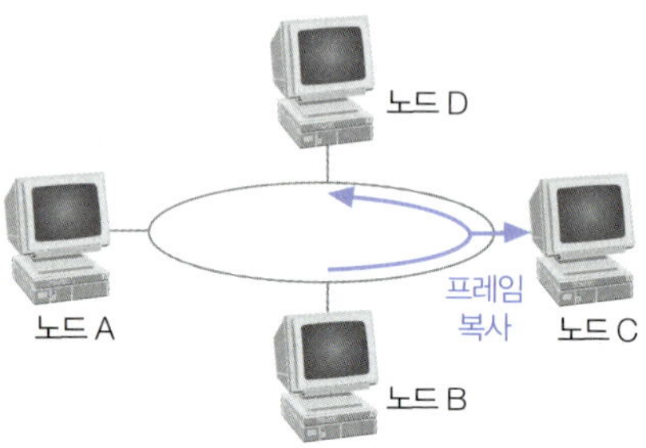

- 노드 C는 노드 A가 전송한 데이터 프레임의 수신 주소로 자신에게 전송된 것임을 확인하고, 노드 C 내부에 내용을 복사하고 수신 비트를 설정하여 노드 D에 전달한다.

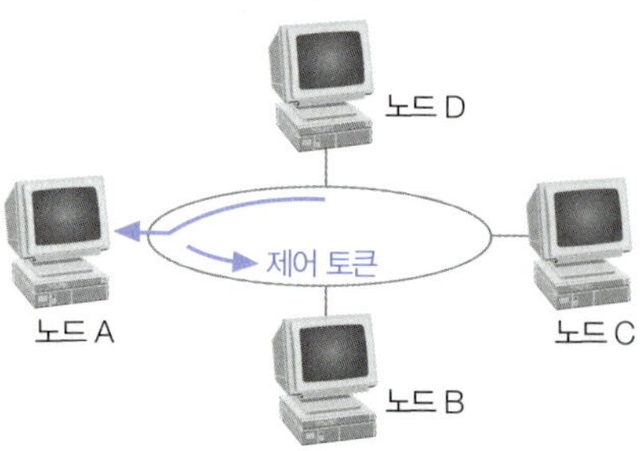

- 노드 D는 도착한 데이터 프레임을 노드 A에 전달한다.
- 노드 A는 도착한 데이터 프레임의 수신 비트로 노드 C가 데이터를 정확히 수신했는지 확인하여 제어 토큰을 노드 B에 전송한다.

그림 5-26 토큰 링의 작동 원리

2.3 토큰 버스

토큰 버스는 CSMA/CD 방식과 토큰 링 방식을 결합한 형태다. 즉, 물리적으로는 버스 형태지만 실제 동작은 링 형태다. 통신 회선에 대한 제어 신호가 논리적으로 형성된 공통선상에서 번호를 할당하므로 각 노드 사이를 옮겨가며 데이터를 전송한다.

예를 들어, 다음 그림에서 논리적 링은 A–B–C–D로 구성된다. 이전 노드는 다음 노드로 전송 권한을 부여하는 토큰을 순차적으로 전달하면서 작동해 논리적 링을 구성한다. 토큰을 획득한 노드는 데이터 전송을 시작하고, 더 전송할 데이터가 없거나 일정 시간이 지나면 다음 노드로 토큰을 넘겨준다. 각 노드에서 토큰을 다음 노드로 전달하려면 이전 노드와 다음 노드가 무엇인지 알아야 한다.

TIP 토큰 버스를 사용하는 대표적인 제품은 데이터포인트의 ARCNet이다.

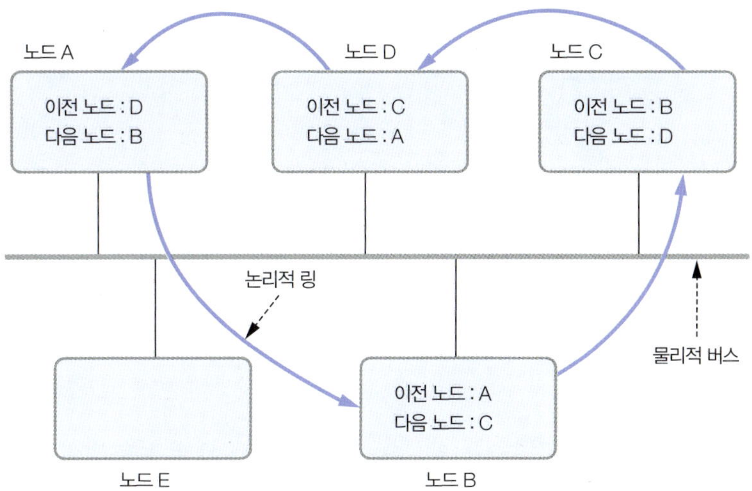

그림 5-27 토큰 버스의 작동 원리

토큰 버스 방식은 낮은 가격으로도 구성할 수 있고, 설치가 쉬우며 토큰 링처럼 토큰 회전 시간을 예측할 수 있어 실시간 처리가 가능하다. 하지만 노드를 추가하거나 삭제하고 오류를 처리하는 과정이 복잡하며, 통신량이 적을 때는 토큰을 전달하는 오버헤드가 상대적으로 커져서 평균 대기 시간이 길어진다는 것이 단점이다.

3 전송 방식에 따른 분류

LAN을 통해 데이터를 전송하는 방식에는 베이스밴드 방식과 브로드밴드(대역 전송) 방식이 있다. 베이스밴드 방식은 전송 매체에 채널을 하나만 형성해 전송하고 브로드밴드 방식은 전송 매체에 채널을 여러 개 형성해 전송한다.

3.1 베이스밴드 방식

베이스밴드는 0과 1로 출력되는 직류 신호를 변조하지 않고 디지털 형태 그대로 전송하는 방식이다. 장거리 전송에는 적합하지 않고, 컴퓨터와 단말기 사이의 통신과 근거리 통신 등에 사용한다.

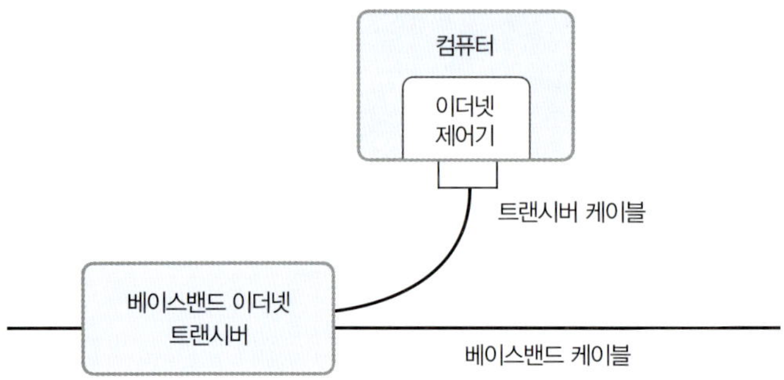

그림 5-28 베이스밴드 방식의 LAN

3.2 브로드밴드 방식

디지털 정보를 아날로그 신호로 변환해 전송하는 방식으로, 브로드밴드 대역 전송 방식 또는 디지털 변조 방식이라고 한다. 컴퓨터에서 발생하는 디지털 신호를 다시 아날로그 신호로 바꿔서 아날로그 통신망을 이용해 전송하는데 이때 사용하는 것이 모뎀의 기능인 디지털 변조다. 송신 측에서는 직류 신호를 교류 신호로 변환해 데이터를 전송하고, 수신 측에서는 교류 신호를 직류 신호로 변환해 전송한다.

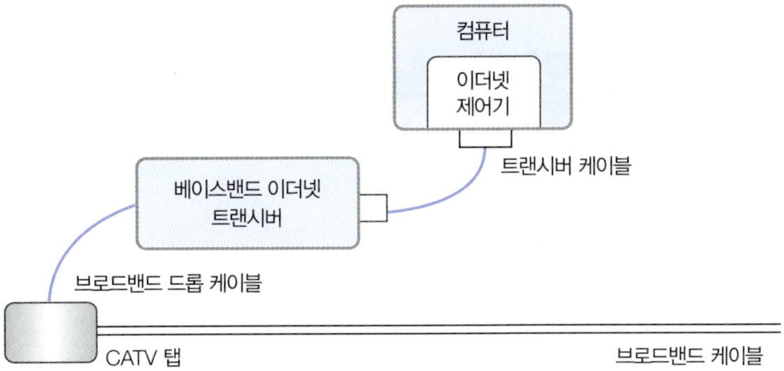

그림 5-29 브로드밴드 방식의 LAN

CSMA/CD와 토큰 링에서는 베이스밴드 방식, 토큰 버스에서는 브로드밴드 방식을 채택한다. 베이스밴드와 브로드밴드 방식을 비교하면 다음 표와 같다.

표 5-6 베이스밴드와 브로드밴드 방식 비교

분류	베이스밴드 방식	브로드밴드 방식
채널 수	1개(단일 채널/단일 케이블)	20~30개(다수 채널/단일 케이블)
신호 전송	디지털 신호 전송	아날로그 신호 전송
전송 매체	트랜시버(저가)	모뎀(고가)
접근 방식	CSMA/CD, 토큰 링	토큰 버스
전송 거리	근거리(수 km 이내)	원거리(수십 km 이내)
전송 케이블	꼬임선, 동축 케이블	동축 케이블, 광섬유 케이블
규모	중소 규모	대규모
데이터 전송	텍스트 위주 전송	멀티미디어 전송
설치와 보수	쉬움	어려움
망 형태	버스형	버스형, 트리형
전송 방향	양방향 전송	단방향 전송
다중화 가능성	주파수 분할 다중화(FDM) 불가능	주파수 분할 다중화(FDM) 가능
용도	빌딩	대도시 통신망
응용	소규모 데이터 전송	대규모 멀티미디어 데이터 전송
장점	단순 기술, 저비용	원거리 전송 가능
단점	제한된 서비스, 전송 거리 제약	복잡한 기술, 고비용
전송 속도	500Mbps 이하	수백 Mbps 이상

05 근거리 통신망의 프로토콜과 표준안

1 LAN 프로토콜

LAN 프로토콜에는 OSI 7계층 중 1~3계층이 필요하다. 특히 1~2계층은 꼭 필요한데, 목적지 주소를 포함한 프레임 단위로 데이터를 전송하고 경로를 선택하는 기능이 없기 때문이다. 3계층은 경로 선정, 흐름 제어, 오류 제어 등의 기능은 필요 없지만 장치가 LAN에 접근할 때는 네트워크에 접근하는 것처럼 보이므로 일부 기능을 사용하기도 한다.

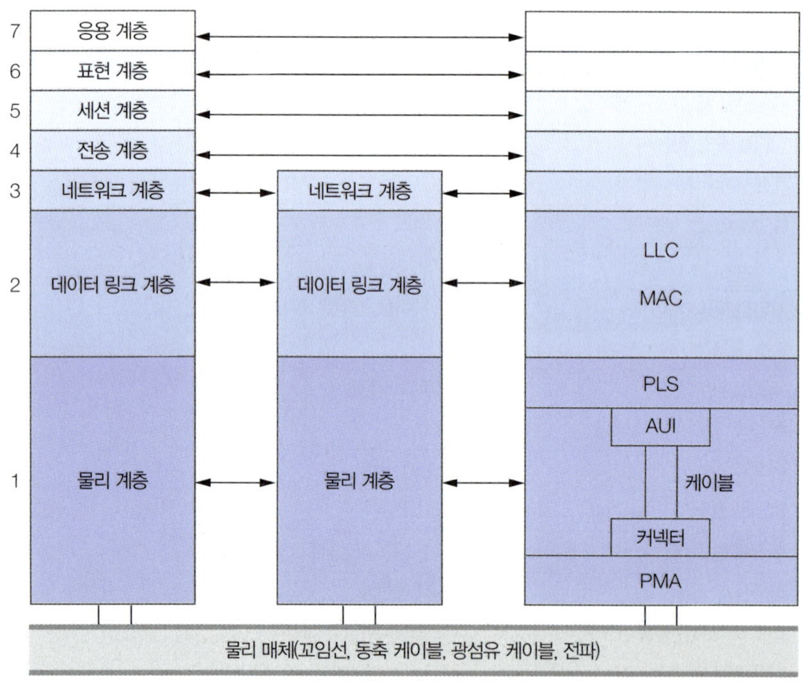

그림 5-30 LAN 프로토콜과 OSI 7계층의 관계

데이터 링크 계층에서는 서브 계층인 논리 연결 제어LLC; Logical Link Control와 매체 접근 제어MAC; Medium Access Control 프로토콜이 서로 대응된다. 논리 연결 제어LLC는 매체 접근 제어MAC로 확보한 채널 송신권으로 흐름 제어, 순서화, ACK, NAK, 연결 관리 절차 등의 역할을 담당한다. 매체 접근 제어MAC는 공유된 매체의 접속을 규제하며, 모든 노드에 패킷을 전송할 기회를 제공한다. 물리 계층은 물리 신호 제어PLS, 접속 장치 인터페이스AUI, 물리 매체 접속PMA, 케이블, 커넥터 등으로 구성된다. PLS는 물리 매체에 비트를 연속해서 송신하고, PMA는 비트의 흐름을 물리 매체에 맞춰서 변조한다.

2 LAN 표준안

2.1 IEEE802 시리즈

IEEE에서는 1985년 IEEE802 시리즈를 발표하여 LAN에 접속하는 방법과 프로토콜 표준을 정의했다. IEEE802 시리즈는 다음 그림과 같다.

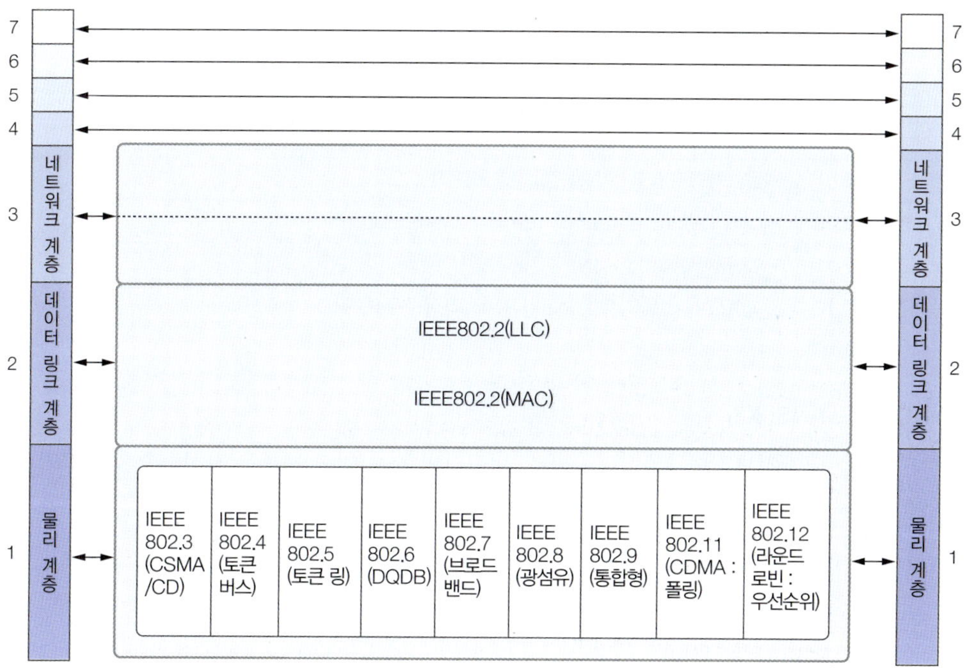

그림 5-31 IEEE802 시리즈

2.2 LAN 표준화 조직과 표준안

■ **IEEE802 위원회**

1980년 2월 IEEE802 위원회를 설립해 미국 샌프란시스코에서 1차 회의를 시작했다. IEEE802위원회의 표준안 추진 내용은 [표 5-7]을 참고한다.

표 5-7 IEEE802 위원회의 표준안 추진 내용

조직	추진 내용
IEEE802.1	• HILI(HIgher Layer Interface, 상위 계층 인터페이스) • LAN의 구조와 전체 구성, LAN과 WAN의 인터네트워킹 • MAC 상위에 위치해 MAC 간 통신 기능을 제공하고, LAN 성능 향상
IEEE802.2	• LLC(Logic Link Control, 논리 연결 제어)와 MAC(Medium Access Control, 매체 접근 제어) • LLC는 LAN의 MAC 계층과 네트워크 계층 연결 • MAC는 물리 계층의 접근 제어 담당
IEEE802.3	• CSMA/CD 기반 네트워크 • IEEE802.3: 이더넷 표준 • IEEE802.3u: 고속 이더넷 표준 • IEEE802.3z: 기가비트 이더넷 표준
IEEE802.4	• 토큰 버스 네트워크(Token Bus Network)
IEEE802.5	• 토큰 링 네트워크(Token Ring Network)
IEEE802.6	• DQDB 기술에 기반한 도시망(MAN) 규격
IEEE802.7	• 브로드밴드를 검토하고 802.3과 802.4에 기여하는 기술 지원
IEEE802.8	• 광섬유 케이블을 검토하고 802.3과 802.4에 기여하는 기술 지원
IEEE802.9	• 음성/데이터 통화 LAN을 검토하고 표준 작성
IEEE802.10	• LAN 관련 보안을 검토하고 표준 작성(LAN 보안, 암호키 관리)
IEEE802.11	• CDMA 폴링(무선 LAN)
IEEE802.12	• 고속 LAN: 라운드 로빈(Round Robin)과 요구 우선순위(Demand Priority)를 제어 방식으로 사용

■ NCITS(구 ANSI X3)

NCITS는 국제정보기술표준화위원회로, 법률상의 정보 기술 표준을 작성하고 유지하기 위한 포럼이다. ANSI X3에서 X3는 1961년 정보 처리 시스템의 표준화를 촉진하려고 만든 조직이다. 1980년대 초 메인 프레임인 컴퓨터와 컴퓨터, 컴퓨터와 주변 장치 간의 상호 접속용 고속 인터페이스를 표준화해 LAN까지 발전했다. 대표적으로 FDDI^Fiber Distributed Data Interface^, HIPPI^HIgh Performance Parallel Interface^, FC^Fiber Channel^이다. 표준화 활동으로는 멀티미디어 컴퓨터 장치와 정보 시스템 간의 상호 통신을 축적한 미디어, 프로그램 등이 있다.

■ ATM 포럼

1991년 설립된 ATM 포럼은 새로운 멀티미디어 네트워크를 표준화하는 활동을 했다.

06 근거리 통신망의 발전 동향

LAN의 발전 동향은 다음 그림과 같다.

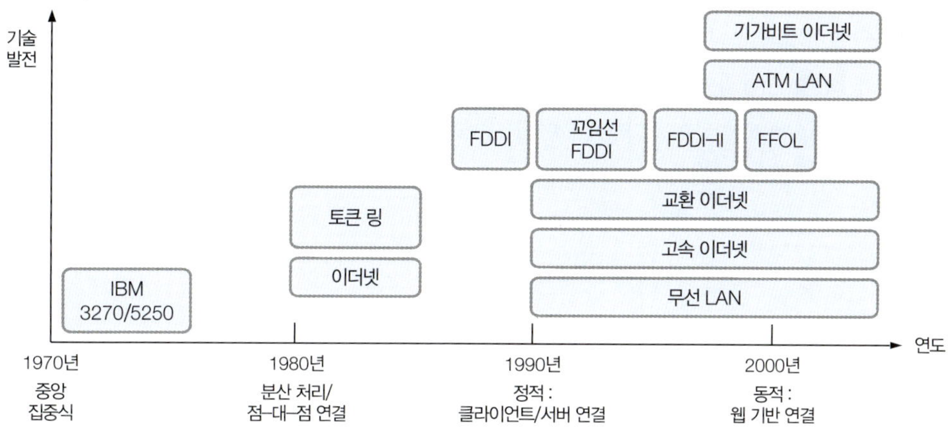

그림 5-32 LAN의 발전 동향

1 유선 LAN

유선Wired LAN은 1980년대에 개발된 속도 10Mbps의 이더넷과 16Mbps의 토큰 링이 시초다. 1990년대는 최고 속도 100Mbps인 고속 이더넷Fast Ethernet과 FDDI가 출현했다. 1998년에는 622Mbps로 전송하는 ATM LAN과 기가Giga 단위로 전송하는 기가비트 이더넷Gigabit Ethernet이 등장했다. 이 중 표준화가 이루어지고 시장성을 확보한 제품은 이더넷, 고속 이더넷, 기가비트 이더넷, ATM LAN 등이다.

1.1 이더넷

대역폭이 10Mbps인 백본 네트워크다. 데이터 전송 방식은 CSMA/CD를 사용하고, 표준안은 IEEE802.3 위원회에 명시되어 있다. 기본 개념은 1960년대 말 하와이대학교에서 구현한 알로하넷Aloha Net인 광역 통신망WAN에서 유래했다.

이더넷은 한 개나 여러 개의 세그먼트로 구성되며, 세그먼트 한 개는 다시 리피터 없이 동축 케이블 한 개로 접속되어 있는 국(예 단말기나 컴퓨터)으로 구성된다. 각 국은 탭이 부착되어 있는 송수신기 케이블로 이더넷에 연결된다. 동축 케이블의 최대 길이는 500m이며, 세그먼트당 송수신기의 수는 최대 100개, 송수신할 때 탭 간의 거리는 최소 2.5m, 리피터 간 거리는 최대 1,000m, 국과 송수신기 간의 최대 거리는 50m다. 세그먼트 1과 세그먼트 3의 단말 A에서 단말 B, 세그먼트 2의 단말 C, 단말 D까지 네트워크 거리를 연장할 때 감쇄되는 신호를 재생시키는 장치로 리피터가 필요하다.

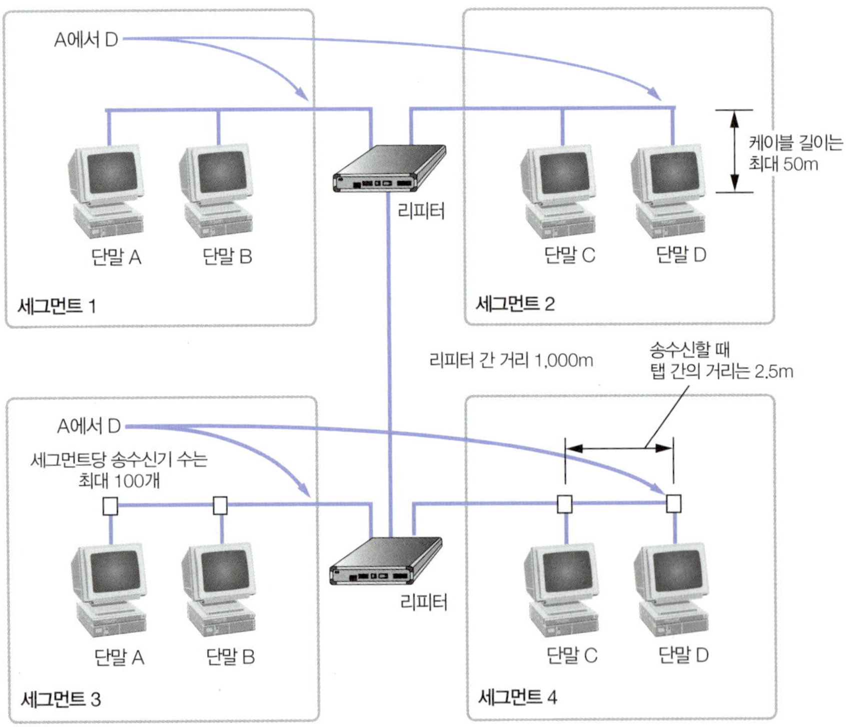

그림 5-33 이더넷 구성의 예

1.2 고속 이더넷

고속 이더넷은 대역폭이 100Mbps인 백본 네트워크다. 데이터 전송 방식은 CSMA/CD를 채택하며, 표준안은 IEEE802.3 위원회의 하위 위원회인 IEEE802.3u에 명시되어 있다. 고속 이더넷은 LAN 선로 구성, MAC 프로토콜, 사용 프레임, 데이터 전송 방식, 장비 구성 등이 이더넷과 동일하지만 성능은 10배 더 좋다.

고속 이더넷의 정식 명칭은 100Base-TX, 100Base-T4, 100Base-FX다. 각 전송 매체는 100Base-TX는 카테고리 5인 UTP 케이블, 100Base-T4는 카테고리 3이나 4인 UTP 케이블을 사용한다. 그리고 100Base-FX는 광섬유 케이블을 이용해 100Mbps의 네트워크를 구성한다. MAC에서는 CSMA/CD 프로토콜을 사용한다. 100Base-FX를 사용하려면 양쪽에 연결되는 장비들이 모두 100Base-FX를 지원해야 한다. 고속 이더넷 전송 매체의 특성은 다음과 같다.

표 5-8 고속 이더넷 전송 매체의 특성

종류	표준 위원회	전송 매체	거리
100Base-TX	IEEE802.3u	카테고리 5인 UTP 케이블	약 100m
100Base-T4	IEEE802.3u	카테고리 3이나 4인 UTP 케이블	약 100m
100Base-FX	IEEE802.3u	광섬유 케이블을 사용하며 3가지 유형의 커넥터 사용(ST, SC, MIC)	약 2km

1.3 기가비트 이더넷

기가비트 이더넷은 대역폭이 1Gbps(1,000Mbps)인 백본 네트워크다. 데이터 전송 방식은 CSMA/CD를 채택하며, 표준안은 IEEE802.3 위원회의 하위 위원회인 IEEE802.3z, IEEE802.3ab에 명시되어 있다. 성능은 이더넷보다 100배 더 좋다. 기가비트 이더넷의 정식 명칭은 1000Base-X, 1000Base-T다.

1000Base-X는 1000Base-SX, 1000Base-LX, 1000Base-CX의 세 가지 형태로 분류할 수 있다. 1000Base-SX, 1000Base-LX는 광섬유 케이블, 1000Base-CX는 동축 케이블을 전송 매체로 사용한다. 1000Base-T는 카테고리 5인 UTP 케이블을 사용한다. IEEE802.3z에 1000Base-SX, 1000Base-LX, 1000Base-CX가 명시되어 있고, IEEE802.3ab에는 1000Base-T가 명시되어 있다. 기가비트 이더넷 전송 매체의 특성은 다음과 같다.

표 5-9 기가비트 이더넷 전송 매체의 특성

종류		표준 위원회	전송 매체	거리
1000Base-X	1000Base-SX	IEEE802.3z	광섬유 케이블	약 200~300m
	1000Base-LX	IEEE802.3z	광섬유 케이블	약 200~300m
	1000Base-CX	IEEE802.3z	동축 케이블	약 25m
1000Base-T		IEEE802.3ab	카테고리 5인 UTP 케이블	약 10m

1.4 10기가비트 이더넷

10기가비트 이더넷10Gigabit Ethernet은 기가비트 이더넷보다 성능이 10배 빠른 백본 네트워크다. 속도가 10Gbps면 데이터의 양이 650Mbps인 CD의 데이터를 내려받는 데 고작 0.5초밖에 걸리지 않는다. 56Kbps인 기존 모뎀과 통신 회선을 동시에 17만 8,571개 접속할 수 있는 속도다.

이 방식은 폭증하는 인터넷 트래픽 문제를 해결해 주며, LAN뿐만 아니라 MAN이나 WAN까지도 통합하고 응용할 수 있다. 즉, 10Gbps는 LAN의 백본망과 WAN 등 지역망을 구분 짓는 경계가 되는 속도이며, LAN 사업자와 통신 사업자의 사업 영역이 중복되는 부분이기도 하다.

LAN과 WAN을 통합한 기술인 인터넷 백본망 기술 중의 하나가 될 것이며, 표준화는 IEEE 802.3ae에서 명시한다.

여기서 잠깐! | 가상 랜과 캐리어 이더넷 기술

① 가상 랜(VLAN; Virtual LAN)

VLAN은 네트워크 관리자가 물리적 스위치 장치를 논리적 서브 네트워크로 구성해 여러 개의 스위치로 분리하는 기술이다. 연결성을 대폭 확장하고 보안까지 강화할 수 있게 해준다. 이더넷 네트워크에서 VLAN 표준은 IEEE802.1Q다. VLAN의 특징은 유연한 구성 변경, 과부하 감소, 보안성과 안전성 강화 등이 있다. VLAN 할당 방식에는 정적 VLAN 방식, 동적 VLAN 방식이 있다.

- **정적 VLAN 방식**: 관리자가 스위치에서 직접 할당하는 방식
- **동적 VLAN 방식**: MAC 주소 등을 활용해 관리 서버로부터 VLAN을 할당해 자동 설정되는 방식

VLAN의 종류에는 프로토콜 기반, IP 주소 기반, MAC 기반, 포트 기반 등이 있다.

② 캐리어 이더넷(Carrier Ethernet)

캐리어 이더넷은 기존 LAN 영역에 쓰이는 이더넷 기술을 전달망 또는 백본 영역까지 확장시킨 기술이다. 캐리어 이더넷이 기존 이더넷 기술의 단점을 보완하기 위해 최우선으로 고려한 사항은 서비스 품질(QoS), 서비스 관리, 신뢰성, 확장성, 표준화된 서비스 등의 특징이다.

1.5 FDDI

FDDI는 미국국립표준협회ANSI에서 1987년에 표준화한 LAN으로, 전송 속도가 100Mbps이며 링 두 개로 구성된다. 카운터 회전 링을 두 개 사용하는 이중 링 구조인데 외부 링을 1차 링, 내부 링을 2차 링이라고 한다. 링 두 개가 모두 작동하며, 노드는 미리 정해진 규칙에 따라 둘 중 하나를 선택해 전송한다. 전송 매체로 광섬유 케이블을 사용한다. 광섬유 케이블에서는 탭처럼 간단한 장치를 사용해 신호를 추출할 수 없어 버스형 LAN 구조를 만들지 못한다. 노드를 총 500개 연결할 수 있고, 노드 간 거리는 2km다.

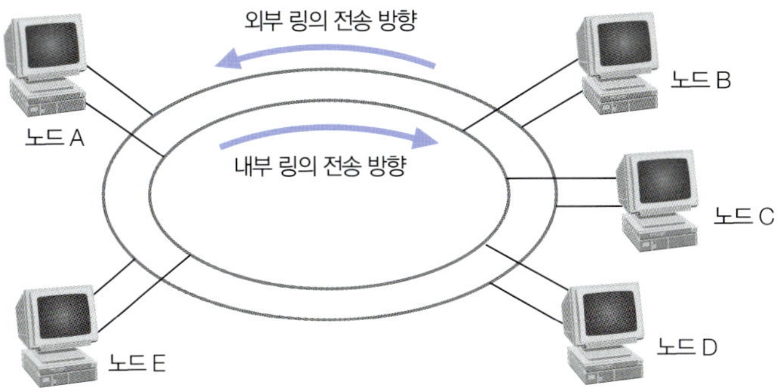

그림 5-34 FDDI의 이중 링 구조

FDDI에서 사용하는 링 형태는 IEEE802.5의 토큰 링과 비슷하지만 토큰 프로토콜의 접근과 신호의 부호화 방법은 다르다. FDDI와 IEEE802.5 토큰 링 모두 토큰 패싱 방식을 사용하는데 FDDI에서는 자유 토큰이 여러 개 있을 수 있지만 IEEE802.5 토큰 링에서는 자유 토큰이 여러 개 있을 수 없다. 즉, FDDI에서는 프레임을 전송한 후 곧바로 새로운 자유 토큰을 생성할 수 있지만 IEEE802.5 토큰 링에서는 프레임을 전송하고 다시 제자리로 되돌아올 때까지 자유 토큰을 생성하지 못한다.

FDDI는 멀티 토큰 방식을 채택하고 이중 링 구조라 신뢰성이 높다. 만약 어떤 노드에 오류가 발생하면 인접 노드가 이것을 검출해 오류가 발생한 노드를 고립시키고 다시 새로운 링을 재구성한다. 예를 들어, 고속 LAN으로 대학교나 공장과 같이 한곳에 모여 있는 LAN을 연결할 때 사용하는 것이 FDDI다.

1.6 FDDI-II

FDDI-II는 FDDI의 기본 서비스인 패킷 데이터 전송에 회선 교환 트래픽 기능을 추가한 것이다. FDDI와도 호환되고, 100Mbps 대역을 능동적으로 할당하는 다중화 방식을 사용한다. 음성이나 영상과 같은 데이터를 실시간으로 서비스할 수 있다.

1.7 FFOL

FFOL^FDDI Follow-On LAN^은 FDDI와 FDDI-II의 기능은 물론 서비스까지 모두 포함한다. 특히, 새로운 멀티미디어와 광대역 종합정보통신망^B-ISDN^ 서비스도 제공한다. FFOL은 고속 데이터 전송, 양질의 오디오와 화상 신호 전송, 그래픽 응용, LAN 상호 간의 연결 등 다양한 트래픽 특성이 있는 서비스를 지원하고 다양한 차세대 통신 시스템을 구축할 수 있도록 설계해야 한다.

1.8 ATM LAN

ATM은 비동기 전송 모드^Asynchronous Transfer Mode^의 약어로 한 가닥의 전송로를 여러 대의 단말이 공용으로 사용하기 위해 어떤 단말이 데이터를 송출 중이면 다른 복수의 단말이 동시에 데이터를 송출할 수 있도록 제어하는 방식이다. 회선 교환 방식과 패킷 교환 방식의 장점을 결합한 것이다. ATM은 모든 정보를 고정 길이의 셀 형태로 보낸다. 셀^Cell^은 48바이트의 데이터와 5바이트의 헤더^Header^가 합쳐져 총 53바이트로 구성된다. ATM 교환기 역시 정보를 셀 단위로 다루는데(교환 및 접속), 패킷 교환과 같이 일정한 길이 이하의 블록으로 분할해 회선이 비어 있을 때 셀을 전송한다.

ATM은 고속 병렬 처리가 가능하며, 정보가 발생했을 때만 셀을 보내는 동적 할당을 사용해 전송망의 사용 효율을 증대시킨다. 셀 전송을 하드웨어로 실행하며, 가상 경로를 이용해 커넥션과 대역을 독립적으로 관리한다. 또한 셀에 우선순위를 붙여 전송할 수도 있다. 오류 확인을 위해 단말과 송수신하지는 않는다. 셀을 만들기 위한 시간이 필요하여 지연이 생기며, 트래픽이 폭주했을 때만 셀의 손실이 생긴다. ATM 트래픽 파라미터에는 PCR, SCR, MCR, MBS, CDVT 등이 있다. ATM의 품질 기준에 따른 서비스 종류는 CBR, t-VBR, nrt-VBR, ABR, UBR로 구분한다.

ATM LAN은 ATM 인터페이스가 있는 컴퓨터가 ATM 교환기(ATM 스위치)에 성형으로 접속하는 형태로 구성된다. ATM 스위치는 실시간/비실시간 처리, 항등/가변 비트율 처리, 연결형/비연결형 처리 등을 지원하기 때문에 다양한 멀티미디어 데이터를 전송하는 데 용이하다.

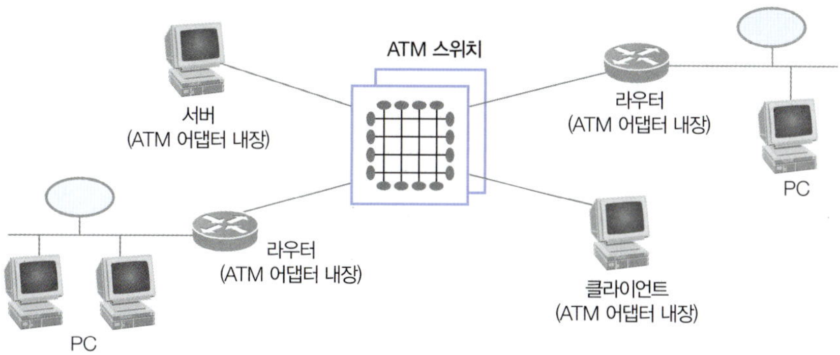

그림 5-35 ATM LAN의 구성

ATM 스위치는 VOD Video On Demand 등 멀티미디어 데이터를 전송하는 데 적합한 망 구조를 형성한다. ATM 스위치는 본래 LAN이 아니라 WAN 용도였다.

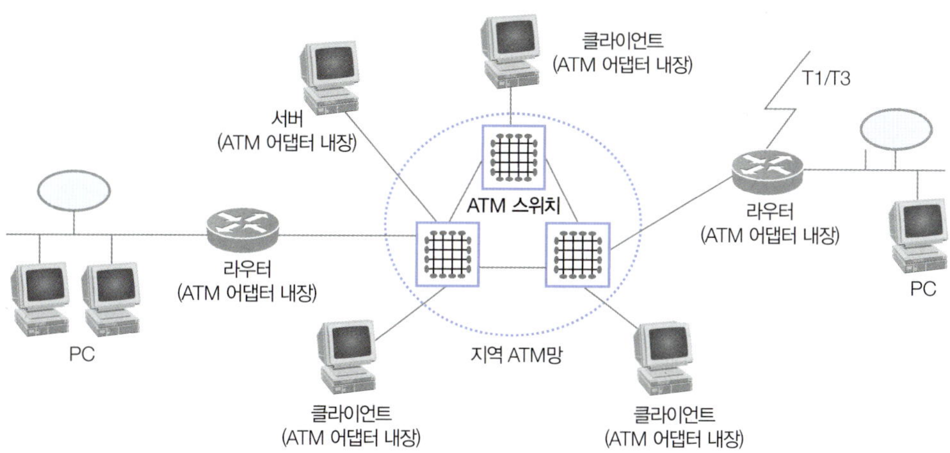

그림 5-36 WAN에서 ATM 스위치

LAN 에뮬레이션LANE 프로토콜은 하위 계층인 ATM 프로토콜과 상위 계층인 LAN 프로토콜 간의 ATM 주소와 LAN 주소를 매핑해 변환시켜 주는 역할을 한다.

여기서 잠깐! | LAN 에뮬레이션(LANE)

ATM 스위치는 본래 LAN이 아니라 WAN 용도라서 ATM 프로토콜과 LAN 프로토콜은 기본적으로 다른 방식이다. 이를 극복하는 방법이 바로 LAN 에뮬레이션(LANE)이다. ATM은 연결 지향형 프로토콜이고, LAN은 비연결 지향형 프로토콜이다. 연결 지향형 프로토콜은 데이터 패킷을 송신하기 전에 먼저 연결하는 절차가 필요하지만 비연결 지향형 프로토콜은 연결하는 절차가 필요 없다. 그러므로 ATM과 LAN을 연결하는 데에 LAN 에뮬레이션(LANE) 프로토콜이 필요하다. OSI 7계층과 ATM LAN의 관계, LAN 에뮬레이션(LANE) 프로토콜은 다음 그림을 참고한다.

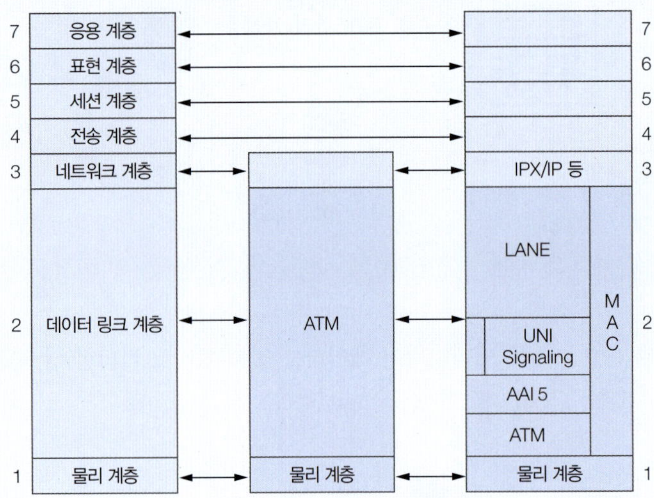

2 무선 LAN

무선 LAN[WLAN; Wireless LAN]은 전파[RF; Radio Frequency]나 적외선 등을 이용해 대기를 통신 채널로 사용하는 근거리 네트워크로, 통신 회선을 최소한으로 연결해도 데이터를 교환할 수 있다. '무선 네트워크를 하이파이 오디오처럼 편리하게 쓰게 한다'는 뜻에서 와이파이[Wi-Fi]라고도 한다. 와이파이는 우리가 이더넷[Ethernet] 혹은 유선 랜[Wired LAN]이라 부르는 컴퓨터 네트워킹 기술을 무선화한 것이다. 무선 환경에서도 유선 랜과 같은 수준의 속도와 품질로 데이터 통신을 할 수 있도록 한 것이 와이파이 혹은 무선 랜 기술이다.

와이파이가 Wi-Fi라는 표기를 갖게 된 것도, 무선[Wireless] 방식으로 유선 랜과 같은 뛰어난 품질[Fidelity]을 제공한다는 뜻의 Wireless Fidelity를 줄여서 부르는 것이다. 와이파이[Wi-Fi]는 IEEE802.11 표준과 사실상 동의어로 사용되고 있으나, 엄밀히 말하면 다르다. IEEE802.11

은 무선 랜을 위한 기술 표준이고 와이파이는 이 표준을 바탕으로 개발된 무선 랜 제품에 대한 와이파이 얼라이언스Wi-Fi Alliance라는 단체의 상표명이다.

무선 LAN은 1980년대 말 미국의 프록심Proxim과 심벌Symbol 등의 무선 기기 회사에서 처음 사업화했으나 다양한 방식이 난립해 일반화되지는 못했다. 1999년 9월 미국 무선랜 협회인 WECA Wireless Ethernet Capability Alliance, 2002년 Wi-Fi로 변경가 표준으로 제정한 IEEE802.11b와 호환되는 제품에 와이파이 인증을 부여한 후 급속히 성장했다. 우리나라에는 2000년에 도입되어 대학교와 기업을 중심으로 활성화되었다.

2.1 무선 LAN의 특징과 제한점

초기 무선 LAN은 전파가 도달하는 거리가 10m에 불과했으나 2000년대 들어서는 50~200m 정도까지 대폭 늘어났다. 전송 속도가 4~11Mbps로 대용량의 멀티미디어 정보를 주고받을 수 있고, 사용료가 저렴해 장시간 사용할 수 있으며, 이동성과 보안성까지 갖췄다. 유선 연결이 복잡한 백화점이나 병원, 박물관, 전시회, 세미나, 건설 현장 등에서 일시적으로 네트워크를 설치하는 데 매우 유용하다.

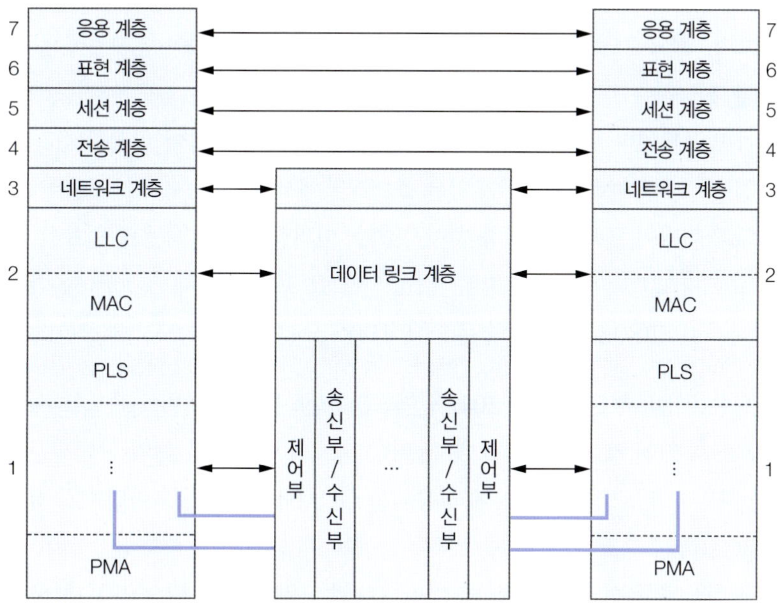

그림 5-37 무선 LAN과 OSI 7계층의 관계

무선 LAN의 특징을 다음과 같이 정리할 수 있다.

- 단말기를 이동하면서 사용할 수 있다.
- 데이터 전송 시 목적지 주소와 위치가 동일하지 않다.
- 무선 매체는 통신망 설계에 영향을 준다.
- 무선 주파수 자원은 무한하지 않다.

2.2 무선 LAN의 표준화

무선 LAN을 연구하는 그룹으로 1990년에 설립한 IEEE802.11이 있는데 무선 LAN의 물리 계층과 MAC층에서 표준안을 제정했다. OSI 7계층과 비교했을 때 LLC층 이상의 상위 계층에서는 무선 LAN과 유선 LAN 프로토콜이 동일하며, 물리 계층과 MAC층이 다르다.

IEEE802.11은 유선 LAN 형태인 이더넷의 단점을 보완하기 위해 고안된 기술이다. 이더넷 네트워크의 말단에 필요 없는 배선 작업과 유지 및 관리 비용을 최소화하기 위해 널리 사용된다.

무선 LAN의 표준화 진행은 [표 5-10]과 같다. 와이파이와 관련된 표준의 첫 번째 버전은 1997년에 발표되었으며, 최고 2Mbps의 통신 속도를 제공했다. 이후 1999년 9월에는 최대 11Mbps의 속도를 제공하는 IEEE802.11b 표준과 최대 54Mbps의 속도를 제공하는 IEEE802.11a 표준이 발표되었다. 이후 와이파이를 지원하는 장치의 보급이 활성화되고 유튜브YouTube와 고속철KTX, SRT에서 이용할 수 있는 스마트폰에서 동영상 서비스 보급이 늘어나자 더 빠른 속도의 와이파이 표준을 요구하기 시작했다. 이러한 요구에 대응해 발표한 것이 IEEE802.11n 표준이다. 그 외에도 IEEE802.11ac와 같은 표준은 최대 6.9Gbps 속도까지 제공한다. 더 나아가 IEEE802.11ay 기술은 최대 100Gbps의 전송 속도를 제공한다.

무선 네트워크 칩셋 시장을 선도하던 퀄컴은 2018년에 10Gbps 무선 네트워크 속도를 제공하는 신형 60GHz Wi-Fi 칩셋 제품군을 발표했다. 빠른 속도와 광범위한 대역폭을 제공하는 802.11ay 규격을 지원하며, 고정 무선 AP에 사용되는 QCA64x8 칩셋, 모바일 애플리케이션용으로 출시한 QCA64x1의 두 가지 모델로 구성되었다. 특징은 무선 주파수 간섭이 적고 대역폭이 풍부해서 향상된 무선 트래픽, 멀티 기가비트 속도와 빠른 응답 속도를 제공할 수 있다.

표 5-10 무선 LAN IEEE802.11 프로토콜의 표준화 내용 출처: Wi-Fi Alliance

IEEE802.11 프로토콜	발표 시기	주파수 대역폭 (GHz)	대역폭 (MHz)	변조 방식	안테나 기술 (MIMO 스트림)	스트림당 전송 속도 (Mbps)	최대 전송 속도(Mbps)
802.11	1997.6	2.4~2.5	20	DSSS, FHSS	최대 1(SISO)	2	2
802.11a	1999.9	5.15~5.35, 5.47~5.725	20	OFDM	최대 1(SISO)	54	54
802.11b	1999.9	2.4~2.5	20	DSSS	최대 1(SISO)	11	11
802.11g	2003.6	2.4~2.5	20	OFDM, DSSS	최대 1(SISO)	54	54
802.11n	2009.9	2.4~2.5, 5.15~5.35, 5.47~5.725	20, 40	OFDM	최대 4(MIMO)	72.2, 150	600
802.11ac	2013.12	5.15~5.35, 5.47~5.725	20, 40, 80, 160	OFDM	최대 8(MIMO)	87.6, 200, 433.3, 866.7	6,933
802.11ad	2014.12	2. 4, 5, 60 2,16	2,16	OFDM+ SC	최대 4(MIMO)	최대 7,000	6.75Gbps
802.11ah	2016.8	0.9	1~16	MIMO-OFDM	최대 4(MIMO)	347	68
802.11ay	2018.10	60	8,000	OFDM/ SC	최대 4(MIMO)	20Gbps	100Gbps

2.3 무선 LAN의 시스템 구성

무선 LAN의 시스템은 국, 기본 서비스 영역BSA, 확장 서비스 영역ESA, 접근 포인트AP, 무선 매체 등으로 구성된다.

국은 이동 정도에 따라 고정국, 반고정국, 이동국으로 분류한다. 기본 서비스 영역인 BSA는 통신 매체의 도달 거리에서 생기는 영역으로, 서비스 영역의 기본 단위다. 똑같은 BSA에 속하는 국 간 거리는 보통 약 100m 이하다. 넓은 영역에서 무선 LAN을 운용하기 위해 한 개 이상의 BSA를 연결해 도달 거리를 확장시킨 것을 확장 서비스 영역인 ESA라고 한다. ESA의 영역은 약 1,000m 정도다. BSA를 연결하려면 분배 시스템DS; Distribution System을 이용하고 ESA를 구성하는 BSA마다 접근 포인트AP를 설치해야 한다. AP는 BSA와 분배 시스템을 연결하는 브리지와 BSA의 지리적 위치를 결정한다. 무선 매체에는 준마이크로파(1~3GHz), 준밀리파(10~30GHz), 밀리파(약60GHz)와 적외선 등이 있다.

무선 LAN 시스템의 구성 예는 다음 그림과 같다. 방향성이 없는 안테나를 이용하면 도서관, 전자 계산소, 기숙사 등에서 유무선으로 인터넷과 네트워크를 활용할 수 있다. 접근 포인트인 AIR-200AP를 이용해 강의실과 기숙사에서 케이블 없이 네트워크를 구축한다. 이 시스템의 특징은 캠퍼스 내 어디서든 무선 LAN을 이용해 서버에 접속할 수 있고, 케이블을 따로 설치하지 않아도 강의실에서 네트워크를 사용할 수 있다. 그리고 학교 네트워크를 사용하면 캠퍼스 내 어디에서나 도서관의 자료를 검색하고 DB에 접속할 수 있다.

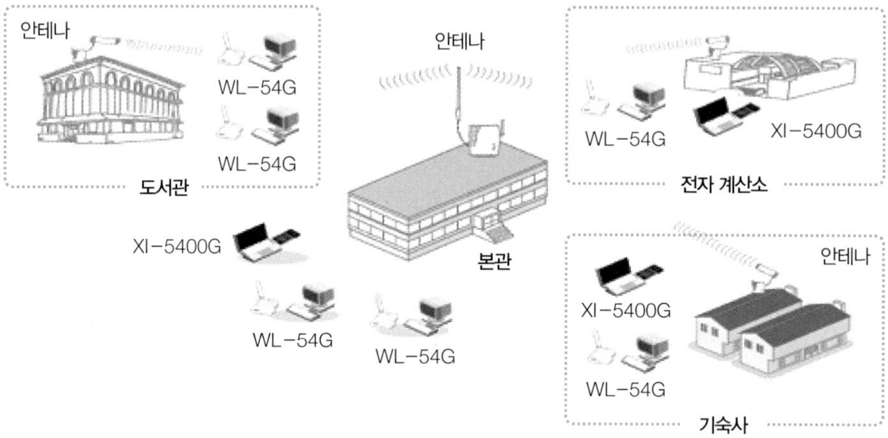

그림 5-38 무선 LAN 시스템 구성의 예

2.4 무선 LAN의 접속 기술

무선 LAN에 접속하는 기술의 종류와 특징은 다음 표와 같다.

표 5-11 무선 LAN 접속 기술의 종류와 특징

종류	방법	장점	단점
확산 대역 방식	넓은 주파수 대역으로 데이터 전송	보안성이 강하며 사물 투과 가능	속도가 다소 느림
협대역 마이크로파 방식	여러 주파수 중 하나의 협대역 주파수 대역을 사용해 데이터 전송	복수 LAN이 가능하며 사물 투과가 가능	잡음과 간섭 등으로 주파수 이용 효율이 낮음
적외선 방식	적외선을 사용해 데이터 전송	복수 LAN이 가능하며 신호 간섭 문제가 없고 속도가 빠름	사물 투과성이 없고 전달 범위가 좁음

무선에서 사용하는 다중 충돌 접근 기법CSMA/CA; Carrier Sense Multiple Access/Collision Avoidance은 신호를 보내 충돌 여부를 확인한다. 무선 매체의 특성상 충돌 감지가 불가능하므로 전송 전 감지 신호를 보내고 일정 시간을 기다려 충돌을 회피한다. 무선 환경에서 한 Station이 목적지로 데이터를 전송할 때 사용하는 프로토콜이다. 충돌을 감지하려는 CSMA/CD와 달리 무선 환경에서는 충돌 감지가 쉽지 않기 때문에 최대한 충돌을 피하는 쪽으로 동작한다. 이 방식의 특징은 충돌 검출을 하지 않고, 프레임이 전송되면 모두 전송한다. 802.11 MAC 프로토콜을 사용한다.

표 5-12 CSMA/CA와 CSMA/CD의 비교

분류	CSMA/CA	CSMA/CD
유무선	무선	유선
표준	IEEE802.11	IEEE802.3
전송 프로토콜	Wireless LAN 전송 프로토콜	LAN과 Ethernet 전송 프로토콜
방식	전송 전에 채널의 유휴 여부를 확인하고, 일정 시간 대기한 후 전송 및 확인함	전송 후 충돌을 감지해 일정 시간 이후 재전송하는 방식임
장점	• 회피를 통해 오류 제어가 용이함 • 충돌 패킷을 재전송하는 데 필요한 대역폭 낭비를 줄임	• 프로토콜 구현이 쉬워 가격이 저렴함 • 채널이 수동적이어서 한 기기가 고장 나도 통신의 영향을 미치지 않음
단점	• 매체 접근 속도가 느림 • 사용자 수가 증가할수록 전송 효율이 떨어짐	• 거리 제약이 있음 • 통신량이 많아지면 충돌 횟수가 증가해 채널 이용률이 떨어짐(지연 시간 증가)

2.5 무선 메시 네트워크

메시Mesh는 '그물망, 철망'이라는 의미이며, 메시 네트워크 형태로 네트워크를 구축할 경우 컴퓨터 한 대만 인터넷에 연결되어도 연결된 모든 컴퓨터에서 인터넷을 사용할 수 있다. 대형 컴퓨터부터 소형 노트북까지 유무선을 가리지 않고 연결할 수 있다. 메시 네트워크는 각각의 노드가 네트워크에 대해 데이터를 릴레이하는 네트워크 토폴로지다. 모든 메시 노드들은 네트워크 내의 데이터 분산에 협업한다. 무선과 유선망에 모두 적용이 가능하다. 무선 메시 네트워크는 네트워크의 효율성을 극대화할 수 있는 망이다.

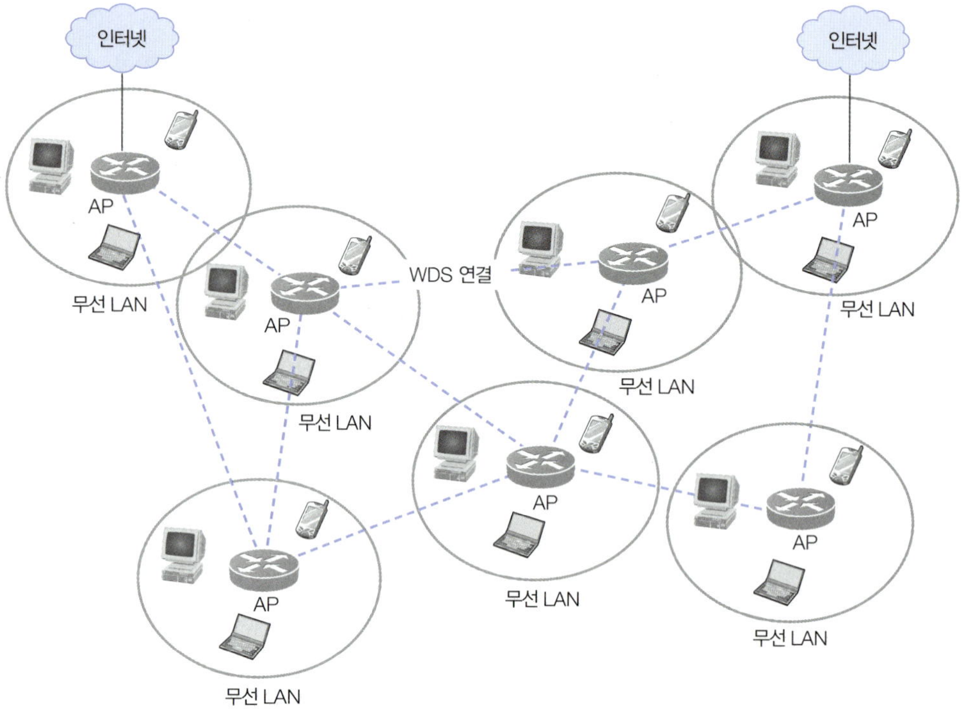

그림 5-39 무선 메시 네트워크 구성의 예

2.6 무선 LAN의 현재

모바일 디바이스의 급증으로 고속 무선 통신 수단으로 무선 LAN의 역할이 커졌다. 급증한 데이터 트래픽을 소화하기 위해 스마트폰 제작 업체에서는 대용량 콘텐츠를 전송하는 수단으로 무선 LAN을 주목했다. 애플은 자사의 음악 콘텐츠를 제공할 때 휴대 전화망이 아니라 무선 LAN을 활용한다. 대용량 무선 통신 서비스를 실내외에서 저렴하게 제공하는 무선 LAN의 활용 범위는 계속 확대될 것이다.

무선 분산 시스템WDS; Wireless Distribution System을 사용하면 AP 간에 무선 네트워크를 구성할 수 있다. 인터넷에 연결되지 않은 AP가 인터넷이 연결된 AP에 WDS로 연결되면, 인터넷에 연결되지 않은 AP에 접속된 무선 클라이언트도 인터넷을 사용할 수 있다. 이것이 무선 브리지/리피터 역할을 해주어 무선 통신이 가능한 범위를 확장해 준다.

TIP AP(Access Point)는 접근 포인트이며, 스마트폰에서 AP(Application Processor)의 역할은 컴퓨터의 중앙 처리 장치(CPU)와 같다.

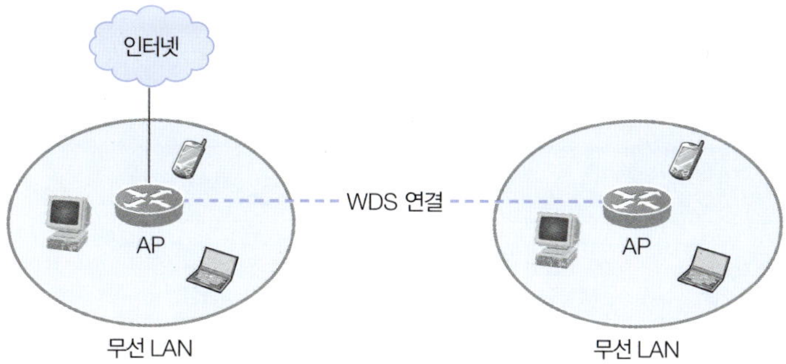

그림 5-40 무선 분산 시스템 구성의 예

2.7 무선 LAN의 발전

무선 LAN이 발전된 기술로 WPAN, UWB, WBAN 등이 있다. WPAN Wireless Personal Area Network은 사물인터넷 시대를 실현하는 네트워크 요소 기술이다. 즉, 저전력 · 소형 · 저가격의 특징을 보장하는 다양한 응용 프레임워크 및 네트워킹과 데이터 전송 방식에 관한 기술이다. 각종 센서, 제어와 자동화, 홈 네트워킹, 무선 음성 · 오디오 통신 등 다양한 응용 분야에 적용할 수 있다. 이 응용을 실제로 구현하려면 상호 연동이 가능한 기술 표준이 필요한데, IEEE802.15 워킹 그룹을 중심으로 표준화가 활발히 진행되었다. IEEE802는 유무선 통신에서 모든 범위를 총망라한 표준안을 정의하는 세계적인 표준화 기구 중 하나다.

IEEE802.15는 무선 통신 서비스 구역이 최대 30m인 WPAN 표준을 다룬다. 지그비는 저가 · 저전력의 유비쿼터스 센서 네트워킹을 위한 기술로 IEEE802.15.4 LR-WPAN을 바탕으로 네트워크 계층을 포함한 상위 계층을 정의한다. WPAN 기술의 확산으로 멀티미디어 기기 간 연결이 많아지고 다양한 서비스가 제공되고 있다. 블루투스 Bluetooth, 지그비 Zigbee, UWB 등은 WPAN 기술에 해당한다. 블루투스는 주로 10m 안팎의 초단 거리에서 저전력 무선 연결이 필요할 때 쓰고, 휴대 기기(휴대폰, 노트북, 이어폰 · 헤드폰 등)를 서로 연결해 정보를 교환하는 근거리 무선 기술 표준을 뜻한다. 지그비는 250Kbps 이하의 저속 국제 표준인 IEEE802.15.4 물리 계층 기반의 무선 네트워킹 기술로, 저전력, 저비용, 저속이 특징이다. 반경 30m 내에서 20~250Kbps 속도로 데이터를 전송하며 하나의 무선 네트워크에 최대 255대의 기기를 연결할 수 있다. 작은 크기로 홈 네트워크 등 유비쿼터스 컴퓨팅을 위한 핵심 기술로 각광받고 있다. 무선 센서망 구축을 통해 홈오토메이션, 산업용 기기 자동화, 물류 및 환경 모니터링 등에도 활용할 수 있다.

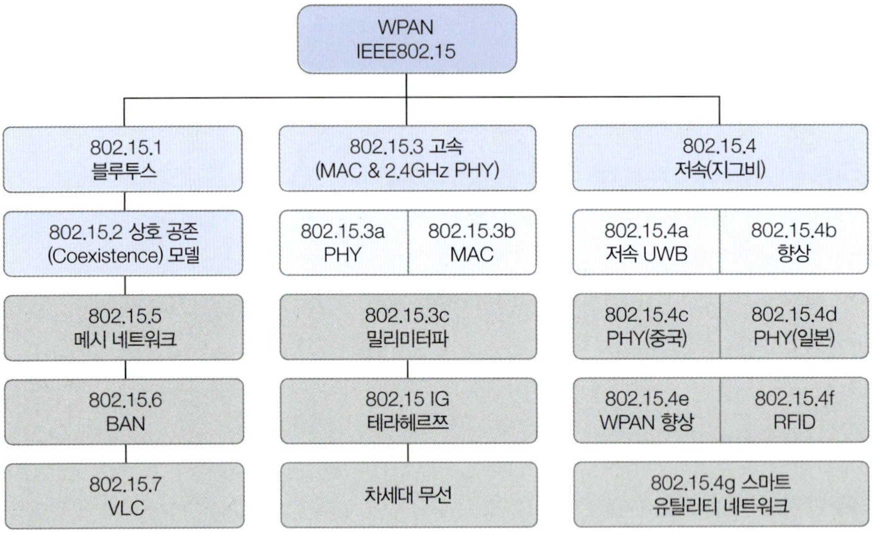

그림 5-41 WPAN의 표준화 기구

UWBUltra Wide Band의 응용 분야는 차량용 레이저, 지질학 탐사와 건설, 의료 현장에서 장애물 너머의 이미지 투시 등 다양하다. 이 중 3.1~10.6GHz까지를 주파수 대역으로 사용하는 무선 통신 분야는 최대 480Mbps 이상의 전송 속도를 제공하는 WPAN의 핵심 솔루션으로, 10m 이내 근거리 고속 무선 네트워크를 구현하는 것이 목적이다.

WBANWireless Body Area Network은 u-헬스 케어에 기반을 둔 의료 영역에서 다양한 분야까지 응용할 수 있으며 IT, BT, NT 등으로 구성되는 융합 기술이다. BANBody Area Network은 인체 내 · 외부나 지근 거리에서 구축하는 통신망으로, 병원과 진료소에서 심전도 검사 등에 사용하는 와이어드Wired BAN, 사람의 몸 자체를 전송 매체로 이용해 악수 등의 신체 접촉 시 필요 정보를 교환할 수 있는 인체 통신HBC; Human Body Communication, 인체 내부에 심거나 피부에 부착한 센서나 구동 기기와 무선으로 통신하거나 입고 벗을 수 있는 형태의 장치에 무선 통신을 지원하는 무선 BAN으로 구분할 수 있다. 무선 BAN은 위치에 따라 인체 내부에 장치가 있는 Implant 무선 BAN, 인체 표면에 장치가 있는 On-body 무선 BAN, 외부와 옷 등에 부착된 웨어러블(또는 Out-body) 무선 BAN으로 구분한다. 용도에 따라 심전도, 근전도 등 사람의 생체 신호를 측정해 무선으로 데이터를 전송하는 메디컬 무선 BAN과 착탈형 디스플레이 장치, MP3 플레이어, 헤드셋 등 무선으로 장치를 연결하는 소비자 가전에 적용되는 비메디컬 무선 WBAN으로 구분할 수 있다.

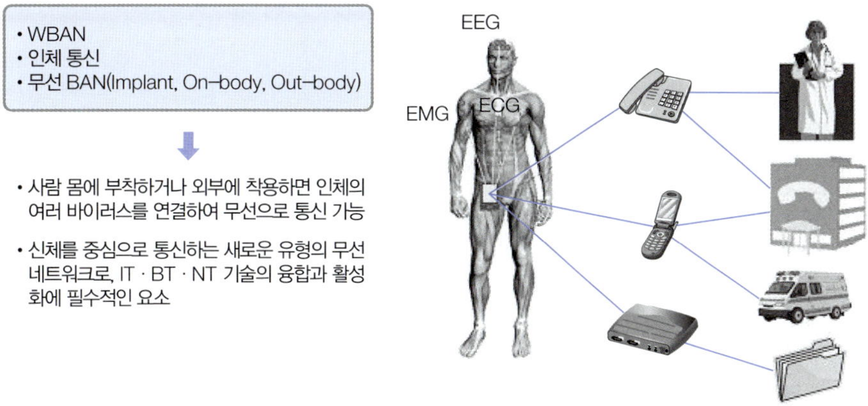

그림 5-42 WBAN의 구성 예

2.8 OSI 모델과 IoT 네트워크 프로토콜

■ 사물인터넷IoT; Internet of Things

각종 사물에 컴퓨터 칩과 통신 기능을 내장해 인터넷에 연결하는 기술이다. IoT라는 약어로 나타내며 자세한 내용은 7장과 11장을 참고하기 바란다.

■ OSI 모델과 IoT 네트워크 프로토콜

IoT는 무선인 근거리 통신망WLAN, WPAN, 유선, 무선인 광역 통신망WWAN 등 모든 유무선 네트워크 통신 기술의 지원으로 사물이 네트워크에 접속한다. 다음 표는 OSI 모델과 IoT 네트워크 프로토콜을 비교한 것이다.

표 5-13 OSI 모델과 IoT 네트워크 프로토콜 비교 출처: 5G 이동통신 첫걸음, 정우기

OSI 모델		WLAN	WPAN	유선	WWAN
7계층	응용 계층	HTTP/FTP/SMTP 등	CoAP	HTTP/FTP/SMTP 등	HTTP/FTP/SMTP 등
4계층	전송 계층	TCP/UDP	UDP	TCP/UDP	TCP/UDP
3계층	네트워크 계층	IPv4/IPv6	6LowPAN	IPv4/IPv6	IP
2계층	데이터 링크 계층	802.11 WLAN(CSMA/CA)	802.15.4	802.3 Ethernet (CSMA/CD)	3G/4G/5G
1계층	물리 계층	무선	무선	동축 케이블, 광케이블	무선

요약

01 기본 개념

- **정보통신망**: 정보통신 시스템에서 텍스트, 이미지, 음성 등의 정보를 효율적으로 전송하기 위해 컴퓨터 시스템, 단말기, 다중화기 등의 통신 장비를 유기적으로 결합한 것
- **근거리 통신망(LAN)**: 건물이나 회사, 학교처럼 가까운 거리에 있는 각종 기기를 연결해 빠른 속도로 정보 교환을 할 수 있게 만든 통신망

02 근거리 통신망의 분류

- **네트워크 형태에 따른 분류**: 성형, 버스형, 링형, 트리형
- **접근 방식에 따른 분류**: 다중 충돌 접근 기법(CSMA/CD), 토큰 링, 토큰 버스
- **전송 방식에 따른 분류**: 베이스밴드 방식, 브로드밴드(대역 전송) 방식

03 LAN 프로토콜

- OSI 7계층 중 1~3계층 필요
- 목적지 주소를 포함한 프레임 단위로 데이터를 전송하고 경로를 선택하는 기능이 없기 때문에 1~2계층은 반드시 필요
- 경로 선정, 흐름 제어, 오류 제어 등의 기능은 필요 없어서 3계층은 상황에 따라 필요 없거나 일부만 필요

04 LAN 표준안

- IEEE802 시리즈에서 LAN에 접속하는 방법과 프로토콜 표준을 정의

01 LAN 액세스 제어 방법에서 통신 회선에 대한 제어 신호가 논리적으로 형성된 공통선상에서 번호를 할당함에 따라 각 노드 간을 옮겨가면서 데이터를 전송하는 방식은?

① CSMA/CD ② 토큰 링
③ 토큰 버스 ④ FDDI

02 ATM(Asynchronous Transfer Mode)에 대한 설명으로 옳지 않은 것은?

① 정보 전송의 처리 단위를 '셀'로 규격화함으로써 고속 처리가 가능하다.
② 셀 자체의 제어를 위한 5byte 길이의 헤더 구조를 가진다.
③ 전송 용량, 정보의 발생 형태 등이 서로 상이한 정보를 '셀(Cell)'이라고 불리는 고정 길이의 블록에 넣어 전송한다.
④ 유료 부하(Pay Load) 공간은 사용자 정보가 실리는 부분으로 53Byte 길이를 갖는다.

03 LAN 프로토콜 중에서 Token Ring 방식과 CSMA/CD(Ethernet) 방식이 서로 경쟁하다가 CSMA/CD(Ethernet)로 통일된 가장 중요한 원인은?

① 확장성(Scalability) ② 넓은 대역폭
③ MAN과의 정합 용이성 ④ 저렴한 가격

04 WPAN(Wireless Personal Area Network) 기술의 확산으로 멀티미디어 기기 간 연결이 많아지고 다양한 서비스가 제공되고 있다. 다음 중 WPAN 기술에 해당되지 않는 것은?

① UWB ② Zigbee
③ Bluetooth ④ PLC

05 IEEE802 표준의 권고안이 잘못 연결된 것은?

① IEEE802.1: 상위 계층 인터페이스
② IEEE802.2: 논리 연결 제어
③ IEEE802.3: 이더넷
④ IEEE802.4: 토큰 링

06 베이스밴드 전송에 대한 설명으로 옳은 것은?

① 디지털 변조 방식이라고도 한다.

② 장거리 전송에 적합하다.

③ CSMA/CD와 토큰 링에서 사용한다.

④ 디지털 정보를 아날로그 신호로 변환하여 전송한다.

07 다음 토폴로지 중 CATV 기술을 이용한 광대역 LAN에서 주로 사용되는 것은?

① 트리(Tree) 형　② 링(Ring) 형　③ 성(Star) 형　④ 망(Mesh) 형

08 100Base-FX에 관한 설명으로 옳지 않은 것은?

① MAC에서 CSMA/CD 프로토콜을 사용한다.

② 광섬유 케이블을 이용해서 100Mbps의 네트워크를 구성한다.

③ 이용하는 커넥터를 RJ-45를 이용한다.

④ 100Base-FX를 사용하려면 양쪽에 연결되는 장비들이 모두 100Base-FX를 지원해야 한다.

09 LAN과 관련된 프로토콜에 대한 설명으로 옳은 것은?

① IEEE802.2: Token Bus에 대한 규정

② IEEE802.3: CSMA/CD에 대한 규정

③ IEEE802.5: LAN의 LLC 서브 계층에 대한 규정

④ IEEE802.6: Token Ring에 대한 규정

10 100Base-T 방식에서 사용하는 매체 접속 제어는?

① CSMA/CD　② FDDI　③ MAP　④ Token Ring

11 ATM 교환 기술의 특징과 가장 거리가 먼 것은?

① 셀의 우선순위 부여 가능

② 오류 확인 재전송 절차 필요

③ 가상경로에 의한 접속과 대역 관리

④ 정보가 발생했을 때만 셀 전송

12 LAN의 프로토콜 구조로 올바른 것은?

①

LLC
MAC
PHYSICAL

②

MAC
PHYSICAL
LLC

③

MAC
LLC
PHYSICAL

④

PHYSICAL
MAC
LLC

13 무선 LAN에 대한 설명으로 옳지 않은 것은?

① 단말기를 이동하면서 사용할 수 있다.

② 무선 매체는 통신망 설계에 영향을 준다.

③ 데이터 전송 시 목적지 주소와 위치가 동일하지 않다.

④ 무선 주파수 자원은 무한하다.

14 근거리 통신망(LAN)에 있는 PC를 통해 인터넷에 접속하려고 할 때 PC에 구성되어야 할 프로토콜 구조는?

①

IP
TCP
MAC
PHYSICAL

②

TCP
IP
PHYSICAL
MAC

③

TCP
IP
MAC
PHYSICAL

④

IP
TCP
PHYSICAL
MAC

15 ATM 교환 기술에 대한 설명으로 옳지 않은 것은?

① 회선 교환 방식과 패킷 교환 방식의 장점을 결합한 방식이다.

② 셀이라고 하는 가변 길이의 패킷으로 분할하여 전송한다.

③ ATM 트래픽 파라미터에는 PCR, SCR, MCR, MBS, CDVT 등이 있다.

④ ATM의 품질 기준에 따른 서비스 종류는 CBR, t-VBR, nrt-VBR, ABR, UBR로 구분된다.

16 일반적으로 통신망의 크기(Network Coverage)에 따라 통신망을 분류할 때 옳지 않은 것은?

① LAN ② MAN

③ WAN ④ CAN

17 네트워크에서 병목 현상과 구성 요소의 고장에 가장 효과적으로 대응할 수 있는 토폴로지는?

① 버스(Bus) 형 ② 링(Ring) 형
③ 성(Star) 형 ④ 망(Mesh) 형

18 '10Base-T' 표기에 대한 설명으로 바른 것은?

① 전송 속도: 10Kbps, 전송 매체: 광케이블
② 전송 속도: 10Mbps, 전송 매체: 광케이블
③ 전송 속도: 10Mbps, 전송 매체: 꼬임선
④ 전송 속도: 10Kbps, 전송 매체: 꼬임선

19 서로 같은 프로토콜을 쓰고 있는 LAN을 연결시켜주는 장비인 브리지(Bridge)는 OSI 7계층 중 어느 계층의 기능을 주로 수행하는가?

① 데이터 링크 계층 ② 응용 계층
③ 네트워크 계층 ④ 전송 계층

20 통신망의 구성 형태 중 성형(Star Type)의 장점이 아닌 것은?

① 중앙 집중 제어형이므로 보수와 관리가 용이하다.
② 터미널마다 전송 속도를 다르게 설정할 수 있다.
③ 전송 제어 기능이 간단하다.
④ 제어용 컴퓨터가 필요 없다.

21 괄호 안에 들어갈 알맞은 용어는?

> LAN에서 허브는 한가운데에 있는 제어 장치를 중심으로, (①)가 있는 지점 간에 트리 구조로 연결하는 장비다. LAN끼리 연결하는 데도 사용한다. 허브는 수신한 신호를 정확히 재생하여 다른 쪽으로 내보내는 역할을 한다. 지능형 허브는 브리지와 라우팅 기능도 하여 동일한 지역 내에서 다른 LAN을 구성할 수도 있다. 대표적인 예가 트래픽 병목 현상을 제거한 (②)다.

22 괄호 안에 들어갈 알맞은 용어는?

> (①)은 논리적으로는 링 형태지만, 물리적으로는 모든 노드를 MSAU(Multi-Station Access Unit) 장치에 연결하여 하나의 토큰 링 네트워크를 구성한다. 노드를 확장할 때는 확장 케이블을 이용해 MSAU 장치에 연결해 하나의 커다란 링을 만들 수 있다.
>
> (②)은 채널을 통제해 충돌이 발생하지 않도록 고유 채널을 사용하는 권한을 균등하게 부여하여 토큰을 확보했을 때만 데이터를 전송할 수 있게 하는 방식이다.

23 괄호 안에 들어갈 알맞은 용어는?

> (①)은 유비쿼터스 시대를 실현하는 네트워크 요소 기술이다. 즉, 저전력 · 소형 · 저가격의 특징을 보장하는 다양한 응용 프레임워크, 네트워킹과 데이터 전송 방식에 관한 기술이다. 각종 센서, 제어와 자동화, 홈 네트워킹, 무선 음성 · 오디오 통신 등 다양한 응용 분야에 적용할 수 있다. 이 응용을 실제로 구현하려면 상호 연동이 가능한 기술 표준이 필요한데, IEEE802.15 WG를 중심으로 (②)가 활발히 진행되고 있다. u-헬스 케어에 기반을 둔 의료 영역에서 광범위하고 다양한 분야까지 응용할 수 있으며, IT, BT, NT 등으로 구성되는 융합 기술이다.

24 다음은 무엇을 설명한 것인가?

> 혼잡한 네트워크상에서 전송량을 분리하는 데 사용되는 장치다.

25 설명이 맞으면 ○, 틀리면 ×를 표시하시오.

(1) CSMA/CD 방식은 버스형에 이용될 수 있다.( )

(2) CSMA/CD 방식은 채널로 전송된 프레임은 모든 노드에서 수신 가능하다.( )

(3) CSMA/CD 방식은 노드 수가 많고, 데이터 전송량이 많을수록 안정적이고 효율적인 전송이 가능하다.( )

(4) OSI 7계층 중 네트워크 계층에서 동작하는 장비는 허브다.( )

(5) 인터네트워킹을 구축할 때 요구되는 사항 중의 하나는 여러 종류의 네트워크와 게이트웨이의 사용에 대한 트래픽을 보존해야 한다.( )

(6) LAN에서 서버와 각 클라이언트에 위치하며, 전송 매체에 접속시켜 주는 역할을 하는 장비는 네트워크 인터페이스 카드다.( )

(7) 메시지 교환 방식에서 메시지 길이는 고정되어 있다.(   )

(8) 패킷 교환 방식에서 패킷 길이는 매번 변한다.(   )

(9) 회선 교환 방식의 대표적인 예는 전화 교환망이다.(   )

(10) IEEE802에서 무선 근거리 통신망(Wireless LAN)을 규정한 표준은 IEEE802.1이다.(   )

(11) LAN의 분류 방법 중에는 전송 매체, 토폴로지, OSI 참조 모델, 매체 접근 분류 등이 있다.(   )

(12) 10Base-5 이더넷의 기본 규격의 전송 매체는 동축 케이블이며, 데이터 전송 속도는 10Mbps이다. 전송 방식은 디지털 신호를 아날로그 신호로 변조해 전송한다.(   )

26 WBAN(Wireless Body Area Network)에 대해 설명하시오.

27 ATM LAN에 대해 설명하시오.

28 기가비트 이더넷(Gigabit Ethernet)에 대해 설명하시오.

29 LAN의 접근 방식 중 다중 충돌 접근 기법(CSMA/CD)의 원리를 기술하시오.

30 정보통신망의 종류 중에서 네트워크 범위와 연결에 따라 분류한 LAN, WAN, MAN, VAN에 대해 간략히 설명하시오.

01 회선을 보유하거나 임차하여 정보의 축적, 가중, 변환하여 광범위한 서비스를 제공하는 것은?

① VAN ② LAN ③ ISDN ④ CATV

02 부가 가치 통신망(VAN)의 계층 구조가 아닌 것은?

① 연산 처리 계층 ② 정보 처리 계층

③ 통신 처리 계층 ④ 네트워크 계층

03 LAN의 채널 접근 방식에 따른 분류 가운데 무엇에 대한 설명인가?

- 1976년 미국 제록스에서 이더넷을 처음 개발 후 제록스, 인텔, DEC가 공동으로 발표한 규격이다.
- 채널을 사용하기 전에 다른 사용자가 해당 채널을 사용하는지 점검하는 것으로 채널 상태를 확인해 패킷 충돌을 피하는 방식이다.
- 데이터 전송이 필요할 때 임의로 채널을 할당하는 랜덤 할당 방식으로 버스형에 이용된다.

① 슬롯 링 ② 토큰 링 ③ CSMA/CD ④ 토큰 버스

04 10기가비트 이더넷(10 Gigabit Ethernet)의 설명 중 옳지 않은 것은?

① 기가비트 이더넷보다 성능이 최대 10배 빠른 백본 네트워크다.

② 카테고리 3, 4, 5인 UTP 케이블 모두 사용 가능하다.

③ LAN뿐만 아니라 MAN이나 WAN까지도 통합하여 응용할 수 있다.

④ IEEE802.3 위원회에서 표준화하였다.

05 라우터에 대한 설명으로 옳은 것은?

① OSI 2계층에서 LAN을 상호 연결하여 프레임을 저장하고 중계하는 장치다.

② OSI 3계층 레벨에서 프로토콜 처리 능력을 갖는 Network간 접속 장치다.

③ OSI 4계층에서 동작하며, 서로 다른 데이터 포맷을 가지는 정보를 변환해 준다.

④ 단말기 사이의 거리가 멀어질수록 감쇄되는 신호를 재생시키는 장비다.

06 LAN 장비에서 네트워크 계층의 연결 장비인 것은?

① Router ② Repeater ③ Hub ④ Bridge

07 OSI 4계층 이상에서 동작하는 장비로 프로토콜이 서로 다른 네트워크 사이를 결합하는 것은?

① 라우터 ② 브리지 ③ 게이트웨이 ④ 리피터

08 HUB에 대한 설명으로 옳은 것은?

① 아날로그 선로에서 신호를 분배 · 접속하고 중계하는 장치다.

② 근거리 통신망(LAN)과 단말 장치를 접속하는 장치다.

③ OSI 7계층에서 2계층의 기능을 담당하는 장치다.

④ 근거리 통신망(LAN)과 외부 네트워크를 연결하여 다중 경로를 제어하는 장치다.

09 10Base-5 이더넷의 기본 규격으로 옳은 것은?

① 전송 방식이 브로드밴드 방식이다. ② 전송 최대 거리가 50m이다.

③ 전송 매체가 꼬임선이다. ④ 전송 속도가 10Mbps이다.

10 WLAN(Wireless Local Area Network)의 MAC 알고리즘으로 옳은 것은?

① CSMA/CD(Carrier Sense Multiple Access with Collision Detection)

② CSMA/CA(Carrier Sense Multiple Access with Collision Avoidance)

③ CDMA(Code Division Multiple Access)

④ FDMA(Frequency Division Multiple Access)

11 OSI 7 Layer의 물리 계층(1계층) 관련 장비는?

① 라우터(Router) ② 리피터(Repeater)

③ 허브(Hub) ④ 스위치(Switch)

12 스위치와 허브에 대한 설명으로 옳은 것은?

① 전통적인 케이블 방식의 CSMA/CD는 허브라는 장비로 대체되었다.

② 스위치 허브의 성능 문제를 개선하여 허브로 발전했다.

③ 허브는 외형적으로 스타형 구조를 갖기 때문에 내부의 동작 역시 스타형 구조로 작동하므로 충돌이 발생하지 않는다.

④ 임의의 호스트에서 전송한 프레임은 허브에서 수신하며, 허브는 목적지로 지정된 호스트에만 해당 데이터를 전달한다.

13 ATM에서 기본 패킷 단위인 셀의 크기는?

① 32바이트 ② 53바이트 ③ 64바이트 ④ 1,024바이트

14 리피터가 동작하는 OSI 7 Layer의 계층은?

① 물리 계층 ② 데이터 링크 계층 ③ 네트워크 계층 ④ 응용 계층

15 네트워크상에 발생한 트래픽을 제어하며, 네트워크상의 경로 설정 정보를 가지고 최적의 경로를 결정하는 장비는?

① 라우터 ② 리피터 ③ 허브 ④ 브리지

16 WLAN 규격 중 속도가 가장 빠른 것은?

① IEEE802.11a ② IEEE802.11b ③ IEEE802.11g ④ IEEE802.11n

17 이더넷 네트워크에서 VLAN 표준은?

① IEEE802.1X ② IEEE802.1D ③ IEEE802.1P ④ IEEE802.1Q

18 캐리어 이더넷은 기존 LAN 영역에 쓰이는 이더넷 기술을 전달망 또는 백본 영역까지 확장시킨 기술이다. 다음 중 캐리어 이더넷이 기존 이더넷 기술의 단점을 보완하기 위하여 최우선으로 고려한 사항은?

① QoS ② 구축 거리 ③ 망 중립성 ④ 과금

19 근거리 통신망(LAN)과 원거리 통신망(WAN)을 연결하는 도시 지역 통신망은?

① BAN(Body Area Network)

② MAN(Metropolitan Area Network)

③ PAN(Personal Area Network)

④ NAN(Neighborhood Area Network)

20 Ethernet에서 사용되는 매체 접속 프로토콜은?

① Token Passing ② Slotted Ring ③ CSMA/CD ④ Polling

21 고속 LAN으로 대학 캠퍼스나 공장 같이 한곳에 모여 있는 LAN을 연결하는 데 주로 사용되는 것은?

① ASK ② FDDI ③ FSK ④ QAM

22 CSMA/CD 방식에 관한 특징으로 옳지 않은 것은?

① 채널로 전송된 프레임을 모든 노드에서 수신할 수 있다.

② 통신 제어 기능이 단순하여 적은 비용으로 네트워크화할 수 있다.

③ 데이터 전송이 필요할 때 임의로 채널을 할당하는 랜덤 할당 방식이다.

④ 노드 수가 많고, 각 노드에서 전송하는 데이터 양이 많을수록 효율적인 전송이 가능하다.

23 전송 장비인 허브(Hub)를 사용하는 이유가 아닌 것은?

① 다른 네트워크의 네트워크 장비와 연결 가능하도록 한다.

② 병목 현상을 어느 정도 줄여준다.

③ 단순히 Segment와 Segment 연결을 위해서만 사용한다.

④ 네트워크 관리가 용이하다.

24 LAN의 구성 요소로 옳지 않은 것은?

① 패킷 교환기 ② 라우터

③ 전송 매체 ④ 네트워크 인터페이스 카드

25 VAN의 서비스 기능 중 통신 처리 기능(통신 처리 계층)으로 옳지 않은 것은?

① 프로토콜 변환 ② 패킷 교환 ③ 속도 변환 ④ 코드 변환

26 동적(Dynamic) VLAN을 구성하는 기준이 되는 것은?

① IP 주소 ② MAC 주소 ③ 라우터 포트 ④ 스위치 포트

01 ①	02 ①	03 ③	04 ②	05 ②	06 ①	07 ③	08 ②	09 ④	10 ②	11 ②	12 ①
13 ②	14 ①	15 ①	16 ④	17 ④	18 ①	19 ②	20 ③	21 ②	22 ④	23 ③	24 ①
25 ②	26 ②										

Chapter

06

광역 통신망과 광대역 융합망, 초고속 유선 가입자망

학습목표

- 광역 통신망, 광대역 융합망, 초고속 유선 가입자망의 프로토콜 개요를 학습한다.
- 광역 통신망의 프로토콜과 교환 방식을 학습한다.
- 광역 통신망 서비스 기술(PSTN, PSDN, N-ISDN 등)을 학습한다.
- 고속 광역 통신망 서비스 기술(B-ISDN 등)을 학습한다.
- 광대역 융합망과 초광대역 융합망 서비스(BcN, uBcN 등)를 살펴본다.
- 초고속 유선 가입자망 서비스(xDSL, FTTH, HFC 등)를 학습한다.

01 광역 통신망, 광대역 융합망, 초고속 유선 가입자망의 개요

1 광역 통신망

광역 통신망WAN은 도시와 도시 간, 국가와 국가 간 등 원격지를 연결하는 통신망으로, 범위는 보통 10km 이상이다(인공위성을 이용한 패킷 통신은 제외). 광역 통신망에서 각 노드를 연결할 때는 LAN과 달리 점-대-점Point-to-Point 접속 방식을 사용한다.

그림 6-1 광역 통신망의 개념

2 고속 광역 통신망

고속 광역 통신망은 도시와 도시, 국가와 국가 등 원격지를 연결하는 광역 통신망WAN에서 텍스트, 이미지, 음성 등 모든 형태의 데이터를 디지털로 처리하는 고속의 정보통신망이다. 도시망MAN; Metropolitan Area Network이 이에 해당한다. MAN은 지리적으로 도시 하나 크기만

한 영역에 분산된 LAN과 컴퓨터, WAN을 연결한다. 범위는 보통 해당 지역의 도시와 교외를 포함해 수십 km에 이른다.

3 광대역 융합망

광대역 융합망BcN은 통신과 방송, 인터넷 등 각종 서비스를 통합한 것으로, 다양한 응용 서비스를 쉽게 개발할 수 있는 개방형 플랫폼Open API에 기반한 통합 네트워크다.

4 초광대역 융합망

초광대역 융합망uBcN; ultra Broadband convergence Network은 방송 통신 서비스의 수요 충족을 위해 구축한 망으로, 광대역 융합망BcN보다 10배 빠르다. 유선은 최고 1Gbps, 무선은 평균 100Mbps 속도다.

5 초고속 유선 가입자망

초고속 유선 가입자망은 xDSL(전화선 이용), FTTH(광케이블 이용), HFC(광케이블과 동축케이블 이용)처럼 유선망을 이용해 가입자에게 초고속 인터넷 서비스를 제공하는 망이다.

02 광역 통신망의 프로토콜과 교환 방식

1 광역 통신망의 프로토콜

광역 통신망의 프로토콜과 OSI 7계층의 관계는 다음 그림과 같다. 물리 계층과 데이터 링크 계층에 관한 서비스가 정의되어 있다.

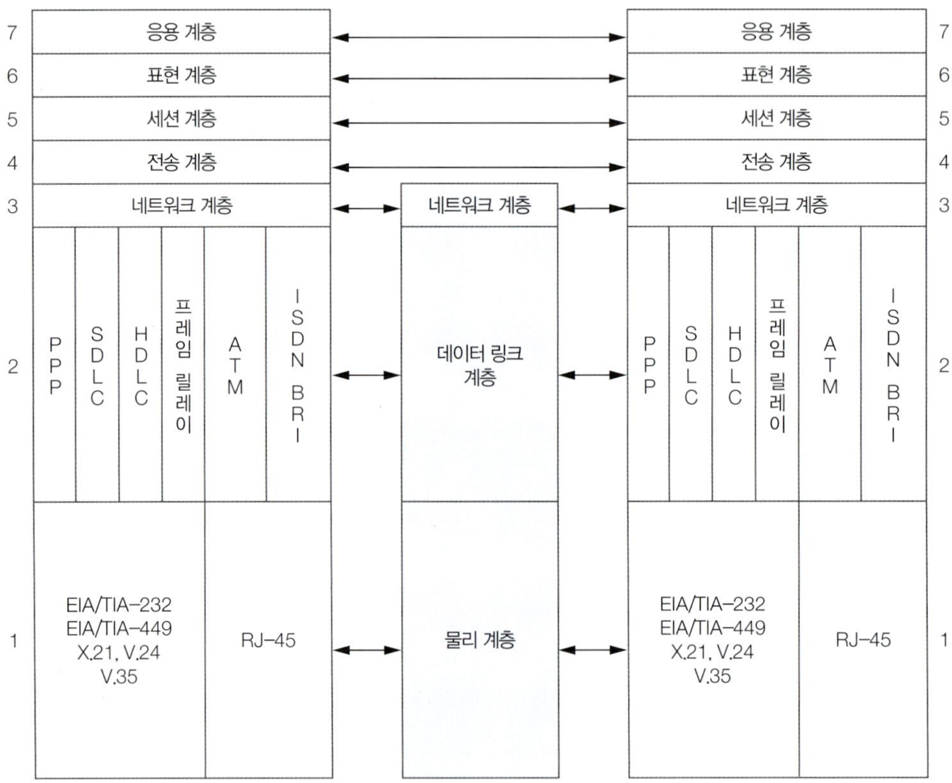

그림 6-2 광역 통신망의 프로토콜과 OSI 7계층의 관계

2 광역 통신망의 교환 방식

다음은 광역 통신망에서 사용하는 교환 방식의 종류를 나타낸 것이다.

그림 6-3 광역 통신망의 교환 방식

회선 교환 방식은 사용자가 전화망을 이용해 상대방을 호출해 연결하고, 축적 교환 방식은 교환기를 이용해 정보를 메시지나 패킷 단위로 저장해 전송한다. 축적 교환 방식은 송신 노드와 수신 노드 사이의 중계 노드에서 수신한 데이터를 메모리에 일단 저장한 후 다음 노드를 선택해 송신하므로 실시간 전송에는 적합하지 않다.

3 회선 교환

회선 교환Circuit Switching 방식은 노드와 노드 간에 물리적으로 전용 통신로를 설정해 데이터를 교환하며 회선 교환 데이터망CSDN; Circuit Switched Data Network이라고도 한다. 회선 교환의 대표적인 예는 공중 교환 전화망PSTN이다.

전화 시스템을 보면 교환기는 전체 시스템을 제어하고 각종 데이터를 저장하거나 관리하는 두뇌 역할을 한다. 논리적으로 회선에 접속하는 과정은 회선 설립 단계, 데이터 전송 단계, 회선 해제 단계로 총 3단계를 거친다. 회선 설립 단계는 송신 측과 수신 측의 단말기를 물리적으로 연결하고, 데이터 링크로는 논리적으로 연결한다. 데이터 전송 단계에서는 설정된 데이터 링크를 이용해 정해진 순서에 따라 데이터를 송수신한다. 회선 해제 단계에서는 송수신을 완료한 회선을 해제한다.

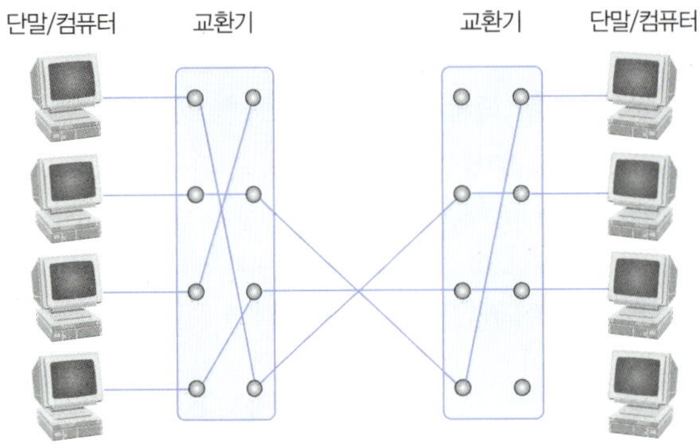

그림 6-4 회선 교환 방식

회선 교환 방식은 음성이나 동영상 등 실시간 전송이 요구되는 미디어 전송에 적합하다. 한 번 접속하면 통신을 제어하지 않아도 되므로 데이터의 양이 많고 긴 메시지를 전송하는 데 적합하다. 즉, 회선을 전용선처럼 사용할 수 있다. 데이터 전송에 오버헤드가 없고 고정된 대역폭으로 데이터를 전송하며 전용 전송로를 가진다. 하지만 속도 변화나 트래픽 처리에 동적으로 대처하기 어렵고, 접속된 동안에는 두 시스템에서 통신 회선을 독점한다는 단점이 있다. 설정된 데이터를 그대로 투과시켜 오류 제어 기능이 없고 전송 속도나 코드 변환이 불가능하다. 이러한 회선 교환에는 공간 분할 회선 교환 방식과 시분할 회선 교환 방식이 있다.

- **공간 분할 회선 교환**: 기존에 사용하던 기계식이나 전자식 교환기와 통신 회선을 그대로 사용한다.
- **시분할 회선 교환**: 다중 변환 장치인 스위치나 통신로를 시간으로 분할해 공동으로 사용한다.

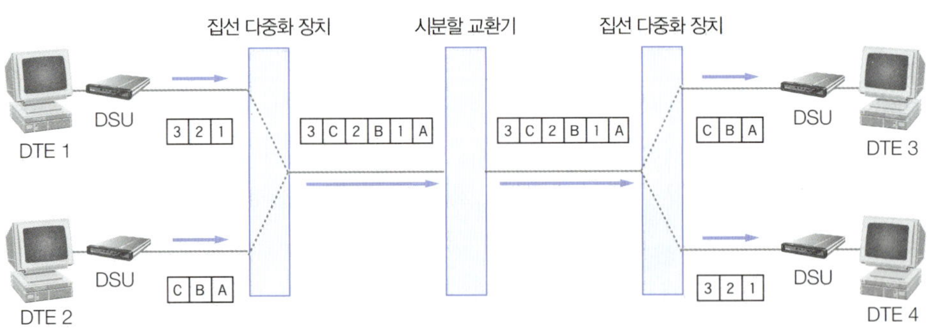

그림 6-5 시분할 회선 교환 방식

4 축적 교환

축적 교환Store and Forward Switching 방식은 송신 노드와 수신 노드 사이의 중계 노드에서 수신한 데이터를 메모리에 저장한 후 다음 노드를 선택해 송신한다. 중계 노드에서 데이터를 저장하면 통신 속도와 프로토콜이 변하기 때문에 데이터를 실시간으로 전송하지 못한다. 축적 교환 방식에는 메시지 교환 방식, 패킷 교환 방식, 셀 방식이 있다.

4.1 메시지 교환

메시지 교환MSDN; Message Switched Data Network 방식은 메시지를 한 개를 복사해 여러 노드로 전송하는 것으로 송신 노드, 수신 노드, 교환기가 있을 때 송신 노드에서 수신 노드로 데이터를 전송하는 과정은 다음과 같다.

① 송신 노드에서 교환기로 데이터를 보내 교환기 메모리에 저장한다.
② 수신 노드에서 데이터를 요구한다.
③ 교환기에 저장된 데이터를 수신 노드로 전송한다.

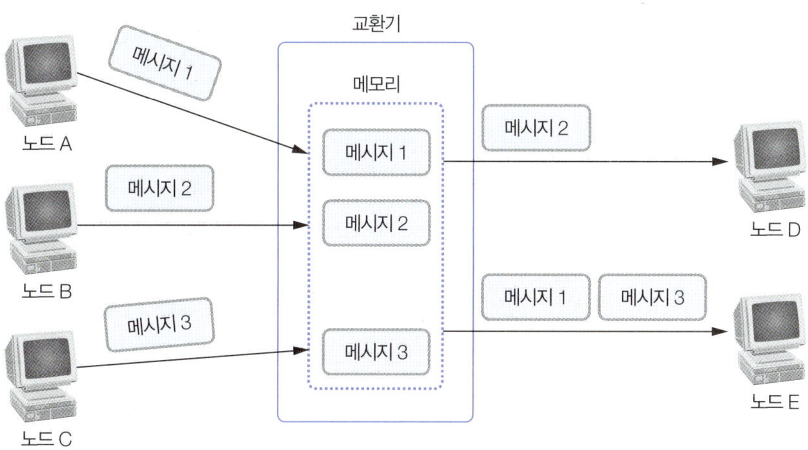

그림 6-6 메시지 교환 방식

메시지 교환 방식의 장점은 전송 도중에 오류가 발생해도 메모리에 저장된 사본을 재전송할 수 있다. 또한, 전송량이 많으면 한 개의 메시지를 여러 목적지로 전송할 수 있어 회선의 효율성이 높다.

메시지 교환 방식은 여러 지점을 동시에 전송하는 방송 통신 기능과 부가되는 제어 정보로 오류를 제어하고, 코드를 변환하며, 우선순위를 제어하는 등 통신 처리 기능도 있다. 단점은 메시지 길이가 가변적이라 교환기 기억 장치의 사용 효율이 떨어지고 전송 지연이 있으며, 통신 회선의 이용률이 효율적이지 않다. 회선 교환 방식과 비교한 단점은 실시간 통신이나 대화식 통신에 적합하지 않다는 점이다.

4.2 패킷 교환

패킷 교환PSDN; Packet Switched Data Network 방식은 데이터를 패킷 형태로 분할해 전송하고 수신한다. 단말기나 컴퓨터와 같은 전송 노드에는 데이터를 패킷으로 분해하는 기능이 있어야 하고 수신 노드에는 패킷을 하나의 메시지로 합치는 기능이 있어야 한다. 즉, 노드나 교환기에 PADPacket Assembler and Disassembler 기능이 포함되어야 한다.

TIP PAD(Packet Assembler and Disassembler): 패킷을 만드는 기능이 없는 일반 터미널에서 패킷의 조립과 분해 기능을 대신해주는 장치다. 전송 메시지를 패킷 크기에 맞게 자르고 필요한 제어 정보를 추가하는 조립 기능과 도착한 패킷에서 원래 데이터를 뽑아내는 분해 기능을 수행한다. 패킷 교환망에 대한 접속 기능이 없는 비패킷 단말 장치를 패킷 교환망(PSDN)으로 접속시켜 주는 기능을 수행한다.

패킷은 데이터를 일정한 길이로 분할하고 데이터 앞에 헤더(주소 정보, 오류 제어 정보, 순서 번호 등)를 두는 형태다. 즉, 패킷 교환기의 메모리에 임시로 저장해 대기하고 있다가 서비스 정보를 검색하면 선택한 출력 링크에서 목적지 노드로 데이터를 전송한다. 전송 과정에서 일부 데이터가 유실되거나 순서가 뒤바뀌어 수신되면 목적지에서 순서 바로잡기Sequencing가 행해진다.

패킷 교환망에서 패킷은 다음과 같이 구성되어 있다.

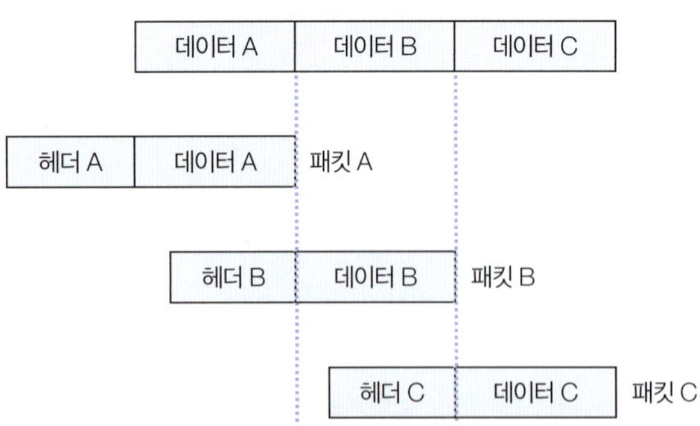

그림 6-7 패킷 교환망에서 패킷의 형태

패킷 교환 방식에는 가상 회선 방식과 데이터그램 방식이 있다. 가상 회선을 위한 원거리 네트워크는 송신지에서 목적지의 트래픽을 전달하는 교환기가 있으며, 데이터 링크 계층의 기술이다. 데이터그램의 접근 방법은 네트워크 계층의 기술이다. 패킷 교환망에서 네트워크를 효율적으로 이용할 수 있도록 하는 트래픽 제어 기술에는 흐름 제어Flow Control, 혼잡 제어Congestion Control, 교착 상태 회피Deadlock Avoidance 등이 있다.

■ 가상 회선 방식

가상 회선Virtual Circuit 방식에서는 사용자가 호Call를 요청하면 가상 회선을 만들어 데이터를 전달한다. 호를 종료하기 전까지 선택한 경로를 따라 패킷을 전송하고, 끝나면 가상 회선이 종료된다. 호출 개시 과정으로 수신 측과 논리적 접속이 이루어지면 각 패킷이 정해진 경로로 전송되므로 순서대로 도착한다. 도착 순서와 송신 순서가 동일해 전송 데이터의 오류 제어가 가능하고 교환 노드에서 신속한 패킷 처리가 가능하다. 연결 지향 서비스라고도 한다.

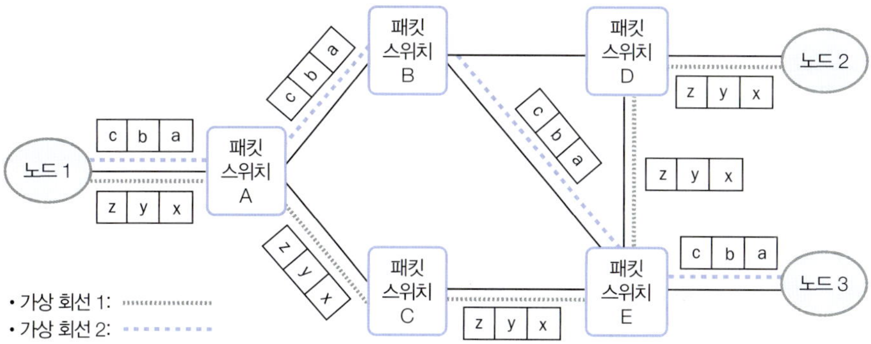

그림 6-8 패킷 교환에서 가상 회선 방식

■ 데이터그램 방식

데이터그램Datagram 방식은 일련의 데이터를 패킷 단위로 분할해 송신 노드와 수신 노드 간에 전달한다. 이때 현재 패킷 전송에 부하가 생겼는지에 따라 경로를 동적으로 설정한다. 이 방식은 목적지 노드에 도착하는 패킷을 순서대로 배열하는 조립 과정이 필요한데, 이는 각 패킷이 스위치를 거치며 매번 최선의 경로를 선택하게 되어 패킷의 도착 순서가 바뀔 수 있기 때문이다. 데이터그램 방식은 패킷을 전송하기 전에 가상 회선을 먼저 만들지 않아도 되어 비연결 지향 서비스에 해당한다.

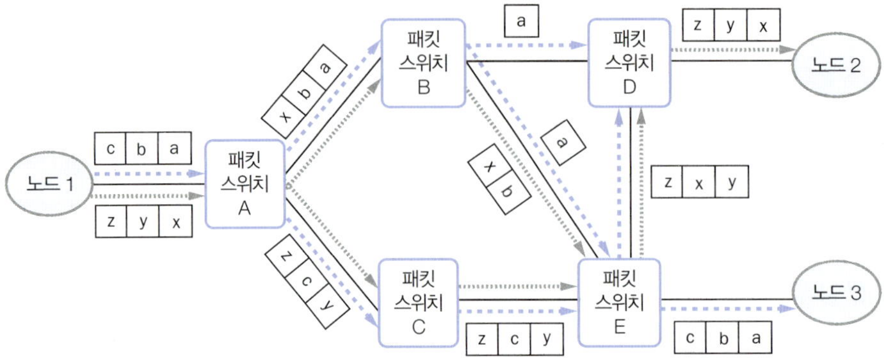

그림 6-9 패킷 교환에서 데이터그램 방식

패킷 교환 방식은 회선 교환과 메시지 교환 방식의 장점은 최대화하고, 단점은 최소화한 방식으로 전송 데이터가 많은 환경에 적합하다. 노드나 회선에 오류가 발생해도 다른 경로를 선택할 수 있어 전송이 중단되지 않는다는 장점으로 많이 사용하는 교환 기술이다. 패킷 교환망에서 DTE와 DCE 간 인터페이스를 위한 프로토콜은 X.25이다.

표 6-1 패킷 교환의 장단점

장단점	내용
장점	• 프로토콜을 통해 다른 망 사이의 통신이 가능하다. • 장애 발생 시 대체 경로를 선택하는 등 회선 상태에 따라 경로 설정이 유동적이다. 패킷에 대한 우선순위 부여, 방송 형태의 전송이 가능하다. • 통신에 과부하가 생기면 전송 지연이 발생하지만, 패킷 송신은 가능하다. • 디지털 통신이 기본이므로 전송 품질과 신뢰성이 높다. • 하나의 링크를 공유하므로 이용 효율이 높다. • 전송에 실패한 패킷에 대해 재전송을 요구할 수 있다. • 데이터 전송률 변환이 가능해 전송률이 다른 노드 간 전송도 가능하다.
단점	• 도착한 패킷의 순서가 바뀔 수 있어 실시간 전송에서 불리하다. • 패킷 단위로 헤더를 추가하므로 패킷별 오버헤드가 발생한다. • 패킷 전송 지연으로 한꺼번에 많은 데이터를 전송하기는 부적합하다.

5 교환 방식의 비교

지금까지 살펴본 회선 교환 방식과 축적 교환 방식의 특징을 비교하면 다음과 같다.

표 6-2 교환 방식의 특징 비교

특징 \ 방식	회선 교환	축적 교환		
		메시지 교환	가상 회선	데이터그램
송수신 단위	메시지	메시지	패킷	패킷
전용 전송로	있음	없음	없음	없음
교환 장비	전자 기계식/컴퓨터화된 교환기	파일 저장 기능이 있는 메시지 교환 센터	소규모 컴퓨터	소규모 컴퓨터
전송 경로	동일한 전송 경로	메시지마다 경로 설정	전체 전송을 위한 경로 설정	패킷마다 경로 설정
저장 기능	없음	파일로 저장, 필요 시 검색	일시 저장, 검색 기능 없음	일시 저장, 검색 기능 없음
전송 형태	점-대-점	브로드캐스트/멀티캐스트 가능	브로드캐스트/멀티캐스트 불가능	브로드캐스트/멀티캐스트 불가능
코드와 통신 속도 변환	없음	있음	있음	있음
송수신 데이터 순서	일치	불일치	일치	불일치
대역폭	고정	동적	선택 가능	선택 가능
수신 측 주소	연결 확립 후 불필요	메시지마다 필요	연결 확립 후 불필요	패킷마다 필요
제어 정보	연결 확립 후 불필요	메시지마다 필요	패킷마다 필요	패킷마다 필요
회선 오류 시 처리	다른 회선 재설정	여러 경로 중 선택	다른 회선 재설정	여러 경로 중 선택
지연 후 전송	불가능	수신 측이 준비되면 전송, 준비되지 않으면 지연 후 전송	브로드캐스트/멀티캐스트 전송 가능	브로드캐스트/멀티캐스트 전송 가능
과부하	연결 호출 설정 거부와 중단	메시지 전송 지연 증가	연결 호출 설정 거부와 중단, 연결 설정 후에는 패킷 전송 지연 증가	패킷 전송 지연 증가
데이터 분실 책임	사용자	네트워크	네트워크	네트워크
적합한 전송 형태	긴 메시지 연속 전송	느린 메시지 전송	대량의 데이터를 순간적으로 고속 전송	대량의 데이터를 순간적으로 고속 전송
응용 분야	실시간 대화형 가능	실시간 대화형 어려움	실시간 대화형 가능	실시간 대화형 가능

03 광역 통신망 서비스

1 공중 교환 전화망

공중 교환 전화망PSTN; Public Switched Telephone Network은 전화를 발명한 벨 시대부터 계속 발전해온 회선 교환망의 집합체로, 음성 위주의 공중 교환 전화망을 모아놓은 것이다.

1.1 공중 교환 전화망의 전송 원리와 구성 요소

공중 교환 전화망은 전기적 진동으로 정보를 교환하는 장치인 전화기를 매개체로 한다. 전화기는 음성과 전기적 에너지를 상호 변환하는 역할을 한다.

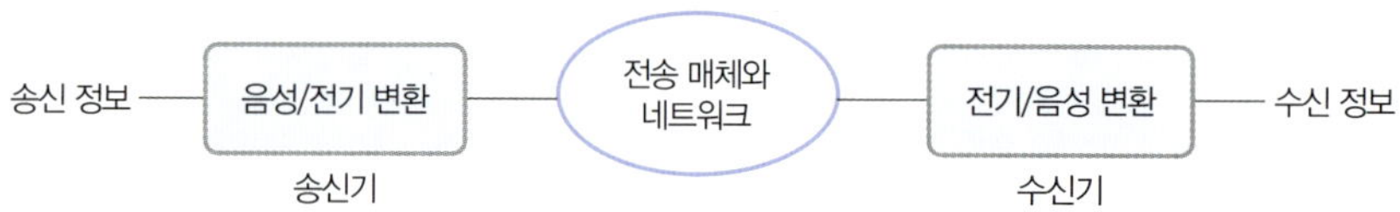

그림 6-10 공중 교환 전화망의 전송 원리

공중 교환 전화망의 교환기 사이를 연결하는 중계선은 다수의 회선을 다중화시킨 전송로로, 동축 케이블, 광섬유 케이블, 무선 등을 주로 사용한다.

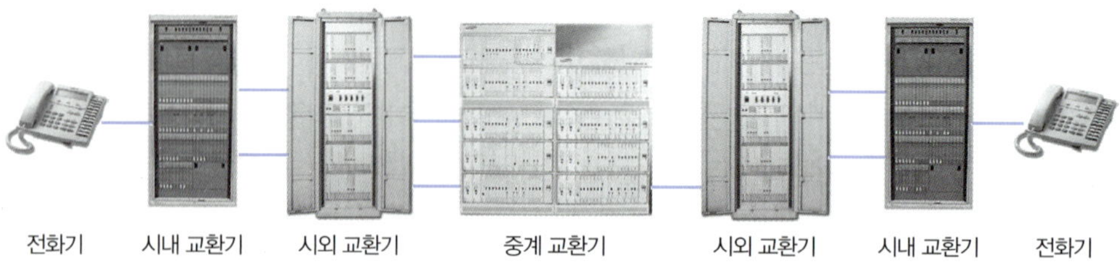

그림 6-11 공중 교환 전화망의 구성 예

표 6-3 공중 교환 전화망의 구성 요소

<table>
<tr><th>종류</th><th colspan="2">구성 요소</th><th>기능</th></tr>
<tr><td rowspan="3">전송 장치</td><td colspan="2">가입자 선로</td><td>전화기를 시내 교환기에 연결하는 전송 설비</td></tr>
<tr><td rowspan="2">중계선</td><td>시내 중계선</td><td>시내 교환기 간 연결과 시내 교환기와 시외 교환기 간 연결</td></tr>
<tr><td>시외 중계선</td><td>시외 교환기 간 연결</td></tr>
<tr><td rowspan="3">교환 장치</td><td colspan="2">시내 교환기</td><td>가입자 선로를 이용해 가입자 전화기를 수용하며, 동일 교환기나 다른 교환기로 교환하는 기능</td></tr>
<tr><td colspan="2">시외 교환기</td><td>시내 중계선과 시외 중계선 사이를 연결하며 교환하는 기능</td></tr>
<tr><td colspan="2">중계 교환기</td><td>시외 교환기와 기능이 비슷하고, 시내 지역에만 설치할 수 있는 특수한 형태의 교환기</td></tr>
</table>

1.2 공중 교환 전화망의 신호 방식

신호 방식은 통신망을 구성하고 있는 각 시스템 간에 관련된 정보, 망 관리 및 유지 보수를 위해 필요한 정보 등을 전달하는 것으로, 신호 전달을 위한 규칙이다. 공중 교환 전화망의 신호 방식은 신호와 트래픽이 동일한 회선과 동일한 루트로 전달되는 개별선 신호 방식이다. 전화 통신망에 적용되는 신호 방식Signaling은 R2로, R2 MFC 신호 방식이라고도 한다. 유럽에서 국내와 국제 전화 교환용으로 사용하는 것을 1968년에 CCITT에서 지역 내 표준 방식으로 인정해 권고한 것이다.

1.3 공중 교환 전화망과 음성 패킷망

음성 패킷망VoIP; Voice over Internet Protocol은 기존에 공중 교환 전화망PSTN으로 이루어졌던 음성 서비스를 인터넷 프로토콜을 이용해 패킷 형태로 전송하는 기술이다. 인터넷과 연계된 다양한 부가 서비스가 가능하고, 공중 교환 전화망에 비해 요금이 저렴하다. 또한 이미 구축된 인터넷 장비를 활용하기 때문에 비용이 상대적으로 저렴하다.

표 6-4 공중 교환 전화망과 음성 패킷망의 비교

구분	장점	단점
공중 교환 전화망(PSTN)	• 통화 품질이 좋음 • 안정적인 서비스 제공 • 정전 시에도 사용 가능	• 상대적으로 비싼 통화료 • 이동성이 제한됨 • 한 명이 독점적으로 사용

음성 패킷망(VoIP)	• 통화료 및 회선 유지 비용 저렴 • 다양한 부가 서비스 기능 • 장소 제약 없고 규모 확장 용이 • 다수 사용자가 동시 사용 가능	• PSTN에 비해 상대적인 음질 저하 • 정전 및 장애 시 인터넷 전화 사용 불가 • 긴급 전화로는 신뢰성 부족 • 이용 방법이 복잡

2 패킷 교환 공중 데이터 통신망(PSDN)과 X.25

2.1 패킷 교환 공중 데이터 통신망(PSDN)

패킷 교환 공중 데이터 통신망PSDN; Public Switched Data Network은 불특정 다수 사이에서 교환 접속을 하기 위한 데이터 전송 서비스를 제공한다. 데이터를 패킷 단위로 송수신해 패킷 교환망이라고도 한다.

2.2 X.25

X.25는 ITU-T에서 제정한 표준안으로, 패킷 교환망에서 패킷형 단말과 패킷 교환기 간의 인터페이스를 규정하는 프로토콜이다. 물리 계층, 데이터 링크 계층, 네트워크(패킷) 계층의 3계층으로 구성되어 있다. 물리 계층의 프로토콜은 X.21(또는 X.21bis), 데이터 링크 계층의 프로토콜은 LAPB, 네트워크 계층의 프로토콜은 PLP다.

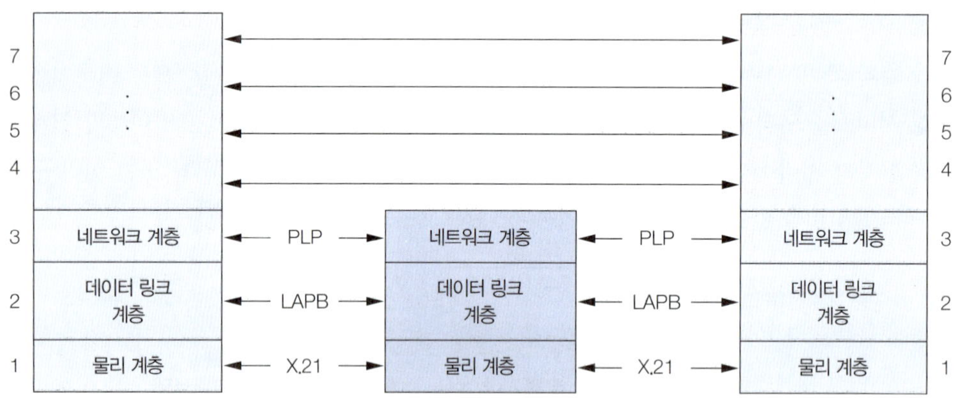

• **PLP**: Packet Layer Protocol • **LAPB**: Link Access Procedure, Balanced

그림 6-12 X.25 인터페이스 프로토콜의 계층 구조

■ 물리 계층

X.25의 물리 계층은 상위 계층과도 통신할 수 있게 DTE와 DCE 사이를 접속하는 데 필요한 물리적 회선에 관한 다양한 접속 양식을 정의한다. 표준 방식으로 ITU-T의 X.21(동기식 디지털 인터페이스), X.21bis(동기 V 계열의 모뎀을 사용하는 인터페이스 방식), 미국 EIA의 RS-232C, RS-422 등이 있다. 물리 계층의 전송로는 아날로그나 디지털 회선으로 구성할 수 있다.

TIP X.21: 패킷 교환망에서 동기 전송을 위한 DTE와 DCE 간의 절차를 규정한다.

여기서 잠깐! | 국제전기통신연합(ITU-T; International Telecommunication Union)

ITU-T는 전화 전송, 전화 교환, 신호 방법 등에 관한 여러 표준을 권고하는 조직이다. 데이터 통신과 관련된 표준안은 V 시리즈와 X 시리즈다.

- **V 시리즈**: 전화망을 이용한 아날로그 통신의 인터페이스 권고안
- **X 시리즈**: 일반적인 디지털 데이터 통신의 인터페이스 권고안

■ 데이터 링크 계층

LAPB[Link Access Procedure, Balanced] 방식을 정의하며, ISO7776에서 제정했다. 이 방식은 HDLC 프로토콜의 일종으로, 데이터 링크 계층의 제어 순서, 오류 · 흐름 등을 제어한다. 프레임의 구조는 다음 그림과 같다. 프레임에는 플래그 비트(16진수 7e)가 있는데, 전송할 패킷 양쪽에 이 플래그를 붙여 그 안에 주소와 제어 비트를 둔다. 그리고 상위 계층인 3계층의 데이터를 포함한다.

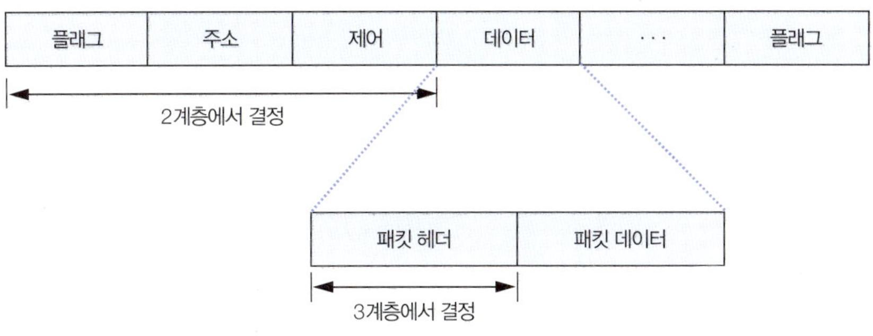

그림 6-13 X.25의 데이터 링크 계층에서 사용하는 프레임 구조

■ **네트워크(패킷) 계층**

네트워크 계층에서는 데이터를 패킷 단위로 분해 및 조립, 오류와 흐름 제어, 가상 회선의 설정 및 해제, 다중화 기능과 망이 고장 나면 필요한 회복 메커니즘 수행 등을 규정한다.

2.3 X.25와 X.75

단말기에는 X.25를 지원하는 패킷 단말기PDTE와 X.25를 지원하지 않는 비패킷 단말기CDTE가 있다. 패킷 교환망에서 X.25를 지원하는 교환기를 이용해 각각 접속할 때, PDTE 단말기는 그대로 접속할 수 있지만 CDTE 단말기는 중간에 PAD가 필요하다. PAD는 X.25 패킷 교환망에서 CDTE 단말기를 접속할 수 있게 해주는 프로토콜 변환기로, 패킷화 기능이 없는 일반형 터미널에 접속해 패킷의 조립과 분해 기능을 대신해주는 장치다.

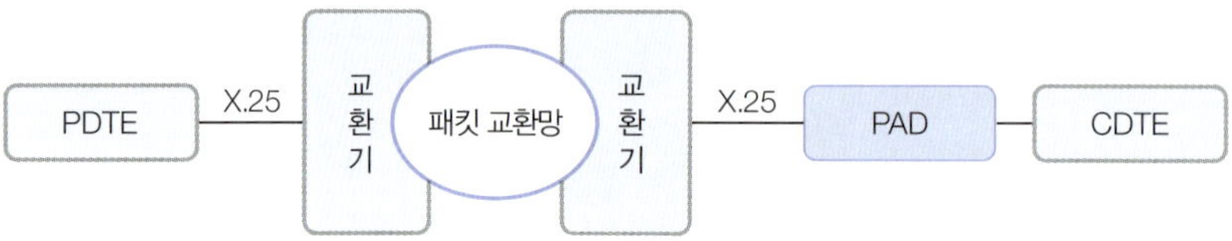

그림 6-14 X.25에서 사용하는 패킷 단말기(PDTE)와 비패킷 단말기(CDTE)

X.75는 X.25의 프로토콜과 비슷한 인터페이스 프로토콜로, X.25 패킷 교환망 간의 상호 연결을 규정한다.

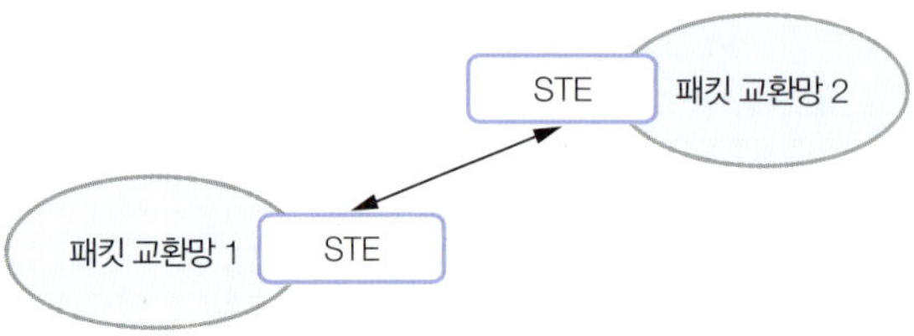

그림 6-15 X.75 프로토콜의 역할: X.25 패킷 교환망을 연결

3 협대역 종합정보통신망(N-ISDN 또는 ISDN)

협대역 종합정보통신망N-ISDN; Narrowband-Integrated Service Digital Network은 종합정보통신망ISDN이라고도 한다. 여러 서비스를 통합한 디지털 통신망으로, 전화 서비스를 제공하는 공중 교환 전화망PSTN에 디지털 기능을 추가해 음성이나 비음성(인터넷 등)의 다양한 형태의 정보를 한 회선으로 서비스하는 방식이다.

TIP N-ISDN은 B-ISDN과 구별하기 위해 사용하는 말이며, 일반적으로 ISDN은 N-ISDN을 나타낸다.

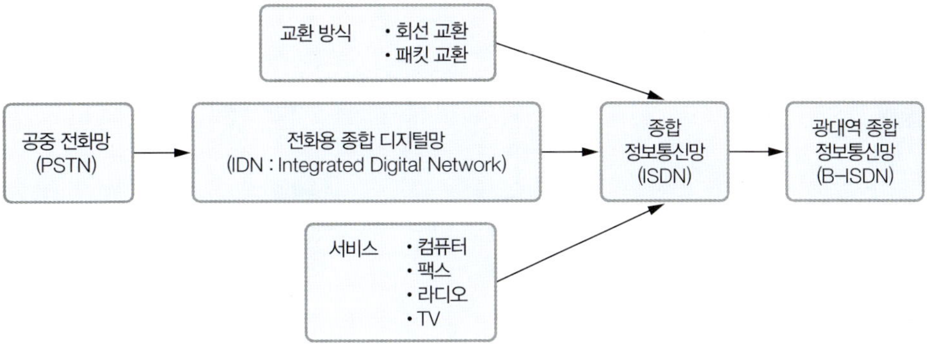

그림 6-16 ISDN의 등장

예전에는 음성이나 비음성 서비스를 받으려면 별도의 회선을 전화국에서 설치해 주어야 했다. 그런데 회선을 따로 설치하면 비용이 증가하고, 통신 중에는 전화를 받을 수 없는 등 한 회선으로 복합적인 서비스를 동시에 받을 수 없었다. ISDN은 이런 문제점을 해결하고자 등장했다.

3.1 ISDN의 구성과 접속

ISDN은 사용자와 네트워크 사이의 기본율 접속BRI과 1차율 접속PRI의 두 가지 채널 접속 규격으로 구성된다.

■ 기본율 접속(BRI)

기본율 접속BRI; Basic Rate Interface은 가정이나 사무실에서 널리 사용하는 ISDN 서비스다. 2B+D 구성으로, 속도가 64Kbps인 통신 채널Bearer Channel 두 개와 속도가 16Kbps인 신호 채널Data Channel 한 개로 구성된다. 통신 채널(B)은 사용자가 실제로 사용하는 채널이고,

신호 채널(D)은 교환기와 노드 사이에서 호를 설정하고 해지해 주는 채널이다. 이 외에 유지보수 데이터와 동기용 데이터를 전송하고 16Kbps 속도를 지원하는 오버헤드 채널도 있다.

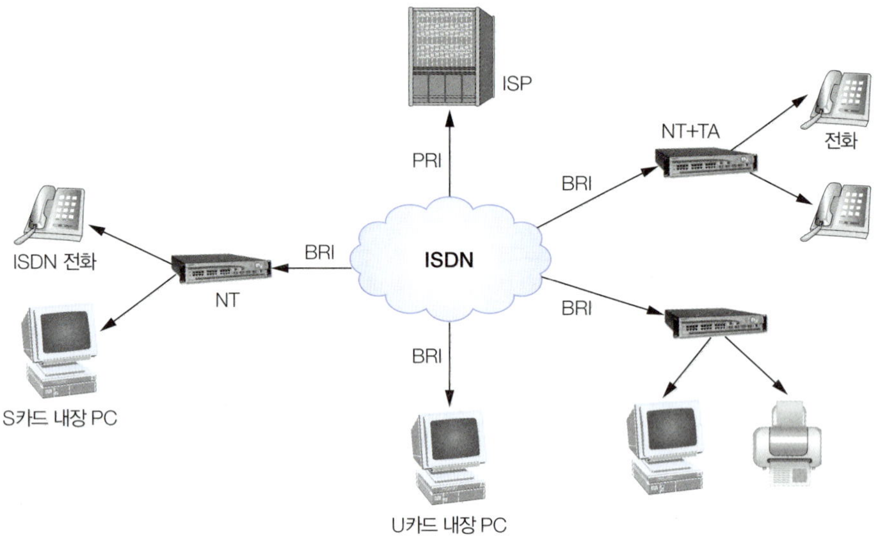

그림 6-17 종합정보통신망(ISDN)의 구성

기본율 접속의 전송 능력은 144Kbps(2B+D=64×2+16)다. 전화 가입선이라면 음성은 B채널, 다이얼 신호는 D채널에 할당해 송수신한다. 패킷은 B나 D채널로 송수신한다.

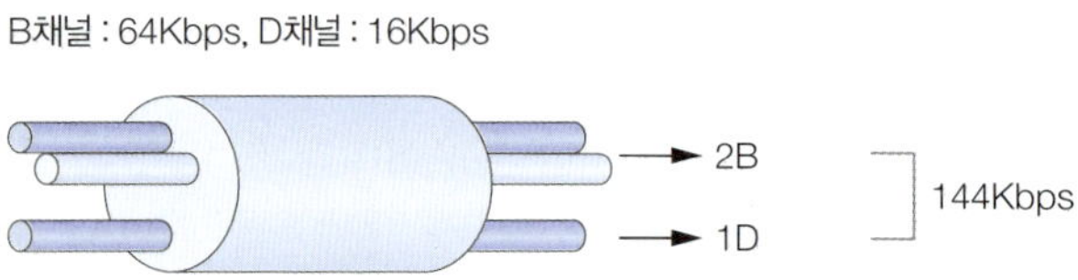

그림 6-18 ISDN의 채널 접속 규격: BRI

■ 1차율 접속(PRI)

1차율 접속PRI; Primary Rate Interface은 통화량이 한곳에 집중되고 이용자가 많은 ISPInformation Service Provider와 고속 데이터 통신 등에 접속해서 사용하는 서비스다. 구성은 23B+D인 북미 방식과 30B+D인 유럽 방식이 있는데 우리나라는 유럽 방식을 사용한다. 속도가 64Kbps인 통신 채널과 속도가 64Kbps인 신호 채널로 구성되며, ISDN 사설 교환기나 기업의 LAN 서비스를 제공한다.

북미 방식은 T1급 전송로에, 유럽 방식은 E1급 전송로에 연결할 수 있다. B채널만으로 구성할 수도 있고, B채널 6개를 묶은 H0채널(64×6=384Kbps)과 B채널을 혼합하거나 H0채널을 조합하기도 한다. H0채널만으로 구성할 때는 최대 네 개까지 조합할 수 있다. H채널은 고속 팩스, 스테레오 음향, 화상 등 고속 사용자 정보를 전송하는 채널이다. 384Kbps의 H0채널, T1/E1급의 H1채널인 1차군 속도(PRI)의 협대역 ISDN용 채널, 광대역 ISDN에서 사용하는 30~45Mbps대의 H2채널 등으로 다양하게 사용한다.

1차율 접속의 전송 능력은 북미 방식이 1.544Mbps(23B+D=23×64+64), 유럽 방식이 2.048Mbps(30B+D+오버헤드=30×64+64+64)다. D채널은 16Kbps가 아닌 64Kbps를 사용한다.

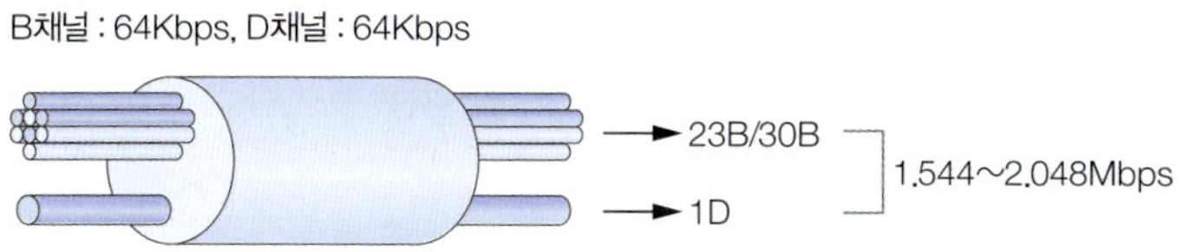

그림 6-19 ISDN의 채널 접속 규격: PRI

ISDN 채널 접속 규격의 종류와 특징은 다음 표와 같다.

표 6-5 ISDN 채널 접속 규격의 종류와 특징

종류		신호 속도(Kbps)	특징
B		64	• 정보 채널 • 회선 교환, 패킷 교환 • 부호화된 음성
D		16이나 64	• 신호 채널 • 패킷 전송 가능
H	H0	384	• 영상 회의와 고속 팩스 전송
	H11	1,536	• 고속 데이터 전송
	H12	1,920	
	H2	7,680	
	H3	3,070	
	H4	122,880	
A		4kHz	• 아날로그 전송
C		8	• 신호

여기서 잠깐! | ISDN의 프로토콜

ISDN은 사용자와 망 또는 사용자와 사용자 간의 연결을 위해 크게 두 개의 데이터 링크 계층 프로토콜을 갖는다.

- **LAPD(Link Access Procedure for D channel)**: D 채널 데이터를 전송하기 위한 프로토콜이다. 데이터 링크 제어용으로 대역 외 신호 방식(Out-of band Signaling)을 사용하는 HDLC 응용 프로토콜이다.
- **LAPB 프로토콜**: B 채널 데이터를 전송하기 위한 프로토콜이다.

3.2 | 인터페이스와 참조점

I 인터페이스는 사용자가 ISDN에 접속하는 방법에 관한 것으로, 1984년 CCITT I 시리즈 권고안에 규정되어 있다. ISDN의 가입자 인터페이스에는 다양한 단말기TE, Terminal Equipment나 통신 장비 등이 접속되어 있어 접속 형태를 정해 주어야 한다. 참조점은 다양한 단말기와 통신 기기에 접속할 수 있도록 장비 간의 접속 모양을 명확히 해주는 것이다. ISDN 내에서 가입자 선로에 가까운 쪽부터 U점, T점, S점, R점이다.

I 인터페이스와 참조점의 구성 예는 다음 그림과 같다.

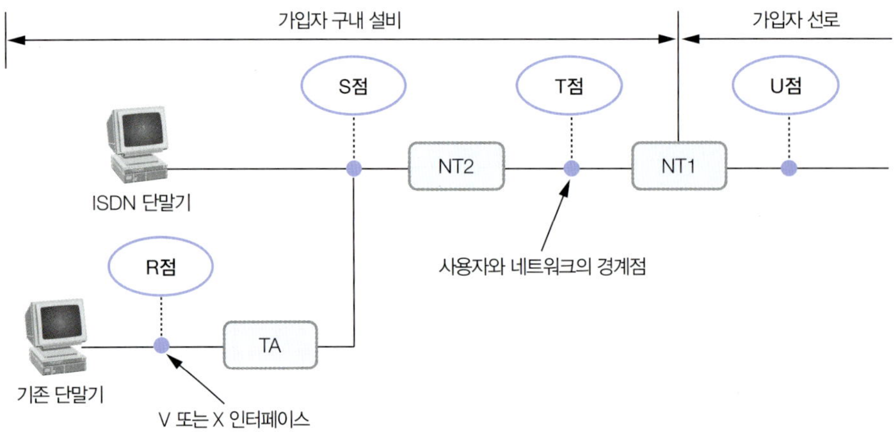

• **NT**: Network Terminator • **TA**: Terminal Adapter

그림 6-20 | 인터페이스와 참조점의 구성 예

3.3 ISDN 프로토콜

ISDN 프로토콜은 다음 그림처럼 3계층으로 구성된다.

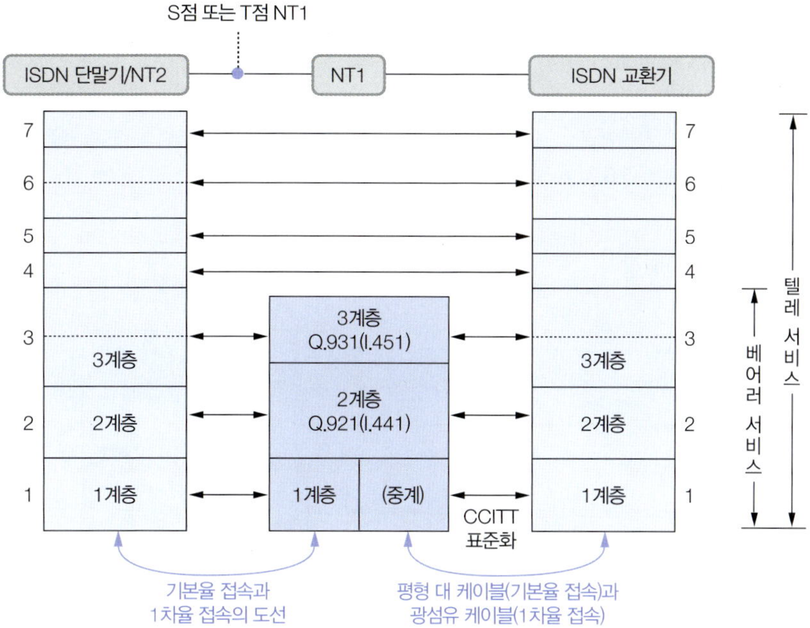

그림 6-21 ISDN 프로토콜과 OSI 7계층의 관계

1계층은 전기 신호와 배선 형태 등의 물리적 조건을 정의한다. 2계층은 ITU-T 권고안 I.440(일반 모양)과 I.441(상세 명세)에 정의되어 있으며, 각 권고안은 Q.920과 Q.921이다. 메시지를 전송하는 링크 설정과 오류 제어 등을 정의한다. 3계층은 ITU-T 권고안 Q.930(I.450: 일반 절차)과 Q.931(I.451: 호 설정 과정)에 정의되며, 호의 설정과 개방, 부가 서비스의 제어를 포함하는 호 제어 사항을 정의한다.

3.4 ISDN의 서비스

ISDN의 서비스는 네트워크와 단말 장치가 사용자에게 제공하는 통신 기능이다. 다음 표처럼 베어러 서비스Bearer Service와 텔레 서비스Tele service로 분류할 수 있으며, 음성과 음향, 영상 데이터 등을 사용해 다양하게 제공한다. 베어러 서비스와 텔레 서비스를 결합해 확장된 서비스를 부가 서비스Supplementary Service라고 한다.

표 6-6 ISDN의 서비스

종류	설명	서비스 분야
베어러 서비스	• 통신망이 제공하는 서비스로, 가입자 정보를 변경하지 않고 전송만 하는 서비스 • OSI 7계층 중 하위 3계층만 지원 • 회선 방식과 패킷 방식으로 분류	음성과 음향, 영상 데이터 등
텔레 서비스	• 통신망과 단말기 등에 고도의 기능을 부가해 제공 • 정보 가공과 전송 기능 제공 • OSI 7계층 중 1~7계층 모두 지원	전화, 팩스, 텔렉스, 텔레텍스, 비디오텍스 등

ISDN의 서비스 계층은 다음과 같다.

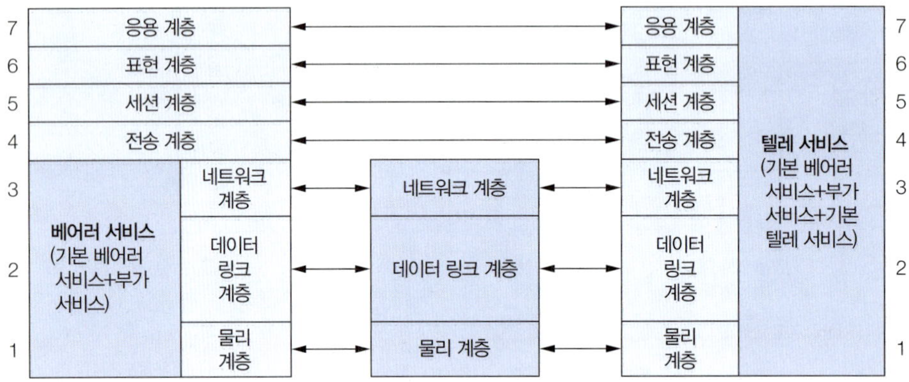

그림 6-22 ISDN의 서비스 계층

04 고속 광역 통신망 서비스

1 DQDB

도시망MAN; Metropolitan Area Network은 데이터와 음성, 비디오 등 다양한 트래픽을 지원할 수 있는 고속 통신망으로, 도시 하나 정도의 영역에 분산된 LAN과 컴퓨터, WAN을 연결해 통신한다. 거리는 지역 내 도시와 교외를 포함하여 수십 km에 달한다. DQDBDistributed Queue Dual Bus는 이러한 MAN에서 사용하는 IEEE802 계열의 표준 프로토콜이다. 논리적 이중 버스로 구성해 데이터를 각기 다른 방향으로 전송한다.

2 프레임 릴레이

프레임 릴레이Frame Relay는 패킷 교환망에서 데이터 링크 계층의 패킷을 중계하며, 각각 다른 채널로 사용자 정보와 호 제어 정보를 송수신하는 프로토콜이다. 고속의 대용량 서비스와 광역의 데이터 교환 서비스가 가능하며, 1.5~2Mbps 속도로 패킷을 변환해 전송한다.

3 SMDS

SMDSSwitched Multimegabit Data Service는 DQDB를 바탕으로 개발된 고속의 비연결형 데이터 전송용 프로토콜이다. 분산된 LAN을 연결하는 기간망이나 고속의 사설 네트워크를 구성할 수 있는 프로토콜이자 새로운 서비스를 제공하는 네트워크다.

4 광대역 종합정보통신망(B-ISDN)

원래 광대역은 음성 대역보다 넓은 대역이란 뜻이다. 하지만 여기서는 협대역 종합정보통신망N-ISDN보다 넓은 대역이란 의미로 사용한다. 광대역 종합정보통신망B-ISDN; Broadband-

Integrated Service Digital Network은 고속의 광역 서비스와 멀티미디어 서비스를 지원하기 위해 고속 전송 기술, 교환 방식 기술, 신호 기술, 반도체 기술, 영상 기술 등을 통합해 서비스하는 통신망이다.

4.1 N-ISDN과 B-ISDN 비교

N-ISDN은 기존 통신망을 일부 보완해 서비스를 제공하지만, B-ISDN은 통신망 자체를 새로 구축해야 한다. 다양한 서비스를 제공하는 디지털망이라는 점에서는 동일하지만 시스템을 구현하는 방법은 다르다. 또 TE, NT1, NT2, TA 등으로 기능 그룹을 구성하고 기준점이 R, S, T 등인 점은 비슷하지만 N-ISDN과 B-ISDN은 서로 호환되지 않는다. 다음 그림은 N-ISDN에서 B-ISDN으로 변화한 내용을 사용자 요구 측면과 기술적 요구 측면에서 비교한 것이다.

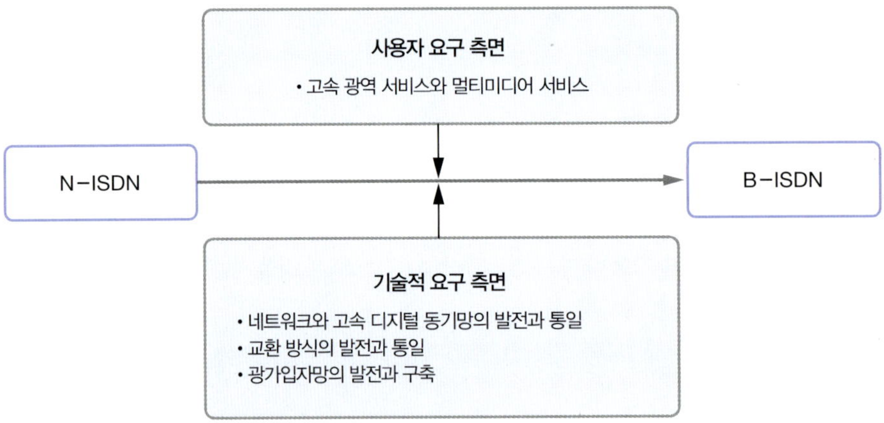

그림 6-23 N-ISDN에서 B-ISDN으로 발전한 내용

4.2 B-ISDN의 구조

B-ISDN은 155.52/622.08Mbps 속도로 전송하기 위해 ATM, 광섬유 케이블, 동기식 디지털 계층SDH 등을 채택한 새로운 통신망이다.

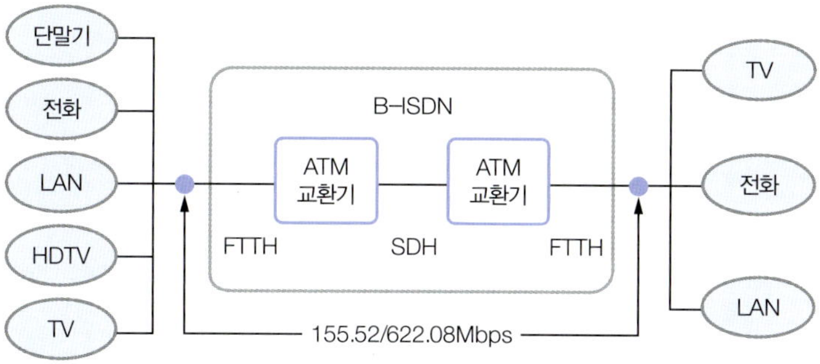

• **FTTH**: 광섬유 케이블(Fiber-To-The-Home)
• **SDH**: 동기 디지털 계층(Synchronous Digital Hierarchy)
• **ATM**: 비동기 전송 모드(Asynchronous Transfer Mode)

그림 6-24 B-ISDN의 구조

4.3 B-ISDN의 프로토콜

B-ISDN 프로토콜 참조 모델PRM; Protocol Reference Model은 다음 그림처럼 관리 평면, 제어 평면, 사용자 평면의 세 가지로 구성된다. 관리 평면Management Plane은 평면 관리와 계층 관리로 구성되는데, 평면 관리는 시스템 전반을, 계층 관리는 자원과 사용 변수를 관리한다. 제어 평면Control Plane은 호 제어와 연결 제어 정보 등을 담당한다. 사용자 평면User Plane은 사용자 정보를 전달한다.

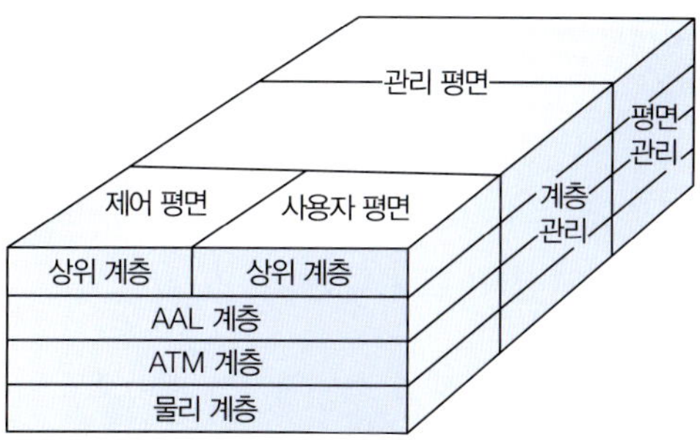

그림 6-25 B-ISDN 프로토콜 참조 모델

제어 평면과 사용자 평면에서 사용하는 프로토콜은 물리 계층, ATM 계층, AAL 계층ATM Adaptation Layer, 상위 계층의 총 4계층으로 구성된다. 물리 계층은 물리 매체PM; Physical Media 부계층과 전송 수렴TC; Transmission Convergence 부계층으로, AAL 계층은 수렴 부계층CS; Convergence Sublayer과 분할과 재합성SAR; Segmentation And Reassembly 부계층으로 구성된다. 계층별 기능은 다음 표를 참고한다.

표 6-7 B-ISDN 프로토콜의 계층별 기능

계층	부계층	기능
상위 계층	–	• 상위 계층 기능
AAL 계층	수렴(CS)	• 상위 계층의 사용자 정보를 프로토콜 데이터 단위(PDU; Protocol Data Unit)로 만들어 주는 기능 • AAL 계층은 ATM 적응 계층
	분할과 재합성(SAR)	• PDU를 분리해 ATM 셀의 사용자 정보 단위로 구성
ATM 계층	–	• ATM 셀의 헤더와 관련된 기능 • 흐름 제어 기능, 셀 헤더 생성과 추출 기능 • 셀 다중화와 역다중화 • 셀의 가상 채널 식별자(VCI)와 가상 경로 식별자(VPI) 번역
물리 계층	전송 수렴(TC)	• 셀 분리 기능, 셀 경계 식별 기능
		• 전송 프레임 발생과 복원
	물리 매체(PM)	• 물리 매체 관련 기능
		• 비트 전송과 시간 정보

4.4 ATM

ATM은 B-ISDN을 구현하기 위해 ITU-T에서 선택한 전송(교환) 기술이다. 이 기술의 실제 근간을 이루는 물리적 전송망은 SDH와 SONET이다. 즉, SDH와 SONET은 ATM에서 사용하는 다중화 기술이다.

ATM 셀의 전체 크기는 53바이트로, B-ISDN에서 전송의 기본 단위다. 크기가 5바이트인 헤더와 48바이트인 사용자 데이터로 구성되며, UNI 셀과 NNI 셀로 나뉜다.

셀의 헤더는 일반 흐름 제어GFC, 가상 경로 식별자VPI, 가상 채널 식별자VCI, 페이로드 유형PT, 셀 분실 우선순위CLP, 헤더 오류 제어HEC 등으로 구성된다. 그리고 UNI와 NNI가 약간 다르다.

UNI 셀에만 있는 일반 흐름 제어GFC는 네트워크로 유입되는 트래픽 양을 제어하며, 크기는 4비트다. 가상 경로 식별자VPI와 가상 채널 식별자VCI는 경로와 링크를 구분하려고 식별자를 기록하는 부분으로, UNI일 때는 크기가 24바이트, NNI일 때는 28바이트다. 페이로드 유형PT은 사용자 데이터를 포함하는 셀과 제어 데이터를 포함하는 셀을 구분하는 것으로, 페이로드에 실린 정보의 종류를 표시한다. 셀 분실 우선순위CLP는 네트워크에 과부하가 발생하면 해당 셀의 포기 여부를 표시한다. 헤더 오류 제어HEC는 셀 오류를 검출하고 정정한다. 즉, 셀 헤더에 순환 중복 검사CRC 값을 포함한다.

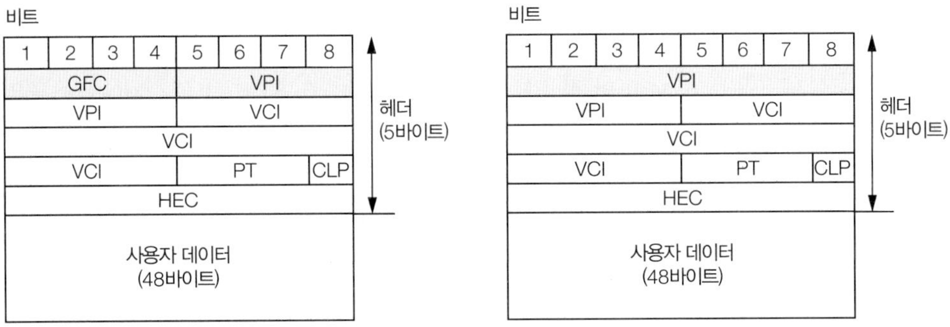

(a) 사용자 – 네트워크 인터페이스(UNI)

(b) 네트워크 – 노드 인터페이스(NNI)

- **GFC**: Generic Flow Control
- **VPI**: Virtual Path Identifier
- **VCI**: Virtual Channel Identifier
- **PT**: Payload Type
- **CLP**: Cell Loss Priority
- **HEC**: Header Error Control

그림 6-26 ATM 셀의 구조

ATM의 교환 방식은 디지털 통신 방식인 회선 교환 기술과 패킷 모드 통신 방식을 결합한 형태이며, 53바이트인 ATM 셀을 패킷 단위로 만들어 패킷 교환 원리를 발전시킨 새로운 전달 모드다. ATM 방식에서는 비동기식 시분할 다중화 방식ATDM을 사용한다. 그러므로 ATM 통신 방식은 ATM 셀과 ATDM을 이용하는 방식이라고 할 수 있다.

회선 교환 방식과 비교한 ATM 교환 방식의 장점은 망 자원이 비면 어떤 서비스라도 망 자원을 사용할 수 있다. 그리고 다양한 대역폭을 갖는 서비스를 처리할 수 있고 다양한 종류의 트래픽을 통합할 수 있으며 고정 길이의 셀 단위로 통신한다.

4.5 SDH와 SONET

SDH와 SONET은 ATM에서 사용하는 다중화 기술이다.

■ SDH의 개념

SDH는 동기 디지털 계층으로 B-ISDN인 광섬유 매체에서 사용자-네트워크 인터페이스의 속도를 결정하기 위해 각국의 속도 계층을 하나로 통일한 것이다. 기본 속도는 155.52Mbps이며 1.5Mbps나 2Mbps인 기존 속도의 정배수다. 즉, SDH는 동기화 데이터를 전송하는 국제 표준 기술이며, STM-1Synchronous Transport Module-1 시리즈와 속도를 사용한다. SDH의 전송 레벨은 155.52Mbps를 STM-1로 시작해 최대 STM-256까지 정의하고, 실제 응용은 1, 4, 16만 적용한다. 155Mbps 속도의 STM-1, 622Mbps 속도의 STM-4, 2.5Gbps 속도의 STM-16, 10Gbps 속도의 STM-64가 대표적인 예다. STM-16은 STM-1 신호 16개가 다중화되었음을 뜻한다.

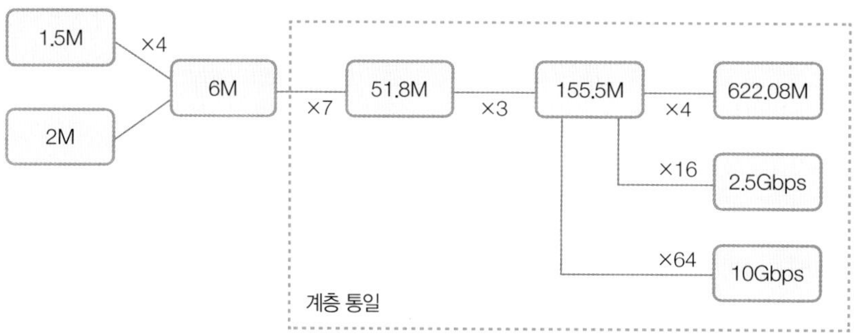

그림 6-27 SDH의 계층 통일

본래 미국에서 사용한 PDHPlesiochronous Digital Hierarchy는 64Kbps를 24개로 다중화한 1차군(1.544Mbps)을 기본으로 발전하고, 유럽에서 사용한 PDH는 64Kbps((음성 데이터 7비트+오버헤드 1비트)×8)를 30개로 다중화한 1차군(2.048Mbps)을 기본으로 발전한다.

PDH는 현재 대부분의 디지털 전송 방식에서 사용하지만 계층마다 추가 신호와 오버헤드가 필요하고, 신호마다 프레임 구조가 다르며, 각 레벨 간 전송 속도도 다르다. 이에 미국과 유럽 방식을 상호 접속할 때는 인터페이스 장치가 따로 필요하다. PDH는 전송 속도를 140Mbps 이하로 규정해 그 이상의 전송 속도와는 잘 호환되지 않는다. 이외에도 통신 관리망TMN: Telecommunication Management Network 등 망 관리에 필요한 신호 대역 등이 부족한 상태였다. 이런 PDH의 단점을 개선하려고 ITU-T 중심의 표준 기술인 SDH를 제정했다.

■ **SDH의 특징**

SDH는 장거리 통신망, 시내 통신망, 가입자 통신망 등 모든 통신망에 적용할 수 있고, 서로 다른 업체도 직접 접속할 수 있으며, TMN 등 망 관리와 유지에 필요한 신호 대역이 할당되어 있다는 장점이 있다. 기본 신호의 전송 속도를 모두 사용할 수 있고, 새로운 서비스도 수용할 수 있으며, 중간 단계의 다중화 장비 없이도 접속할 수 있다.

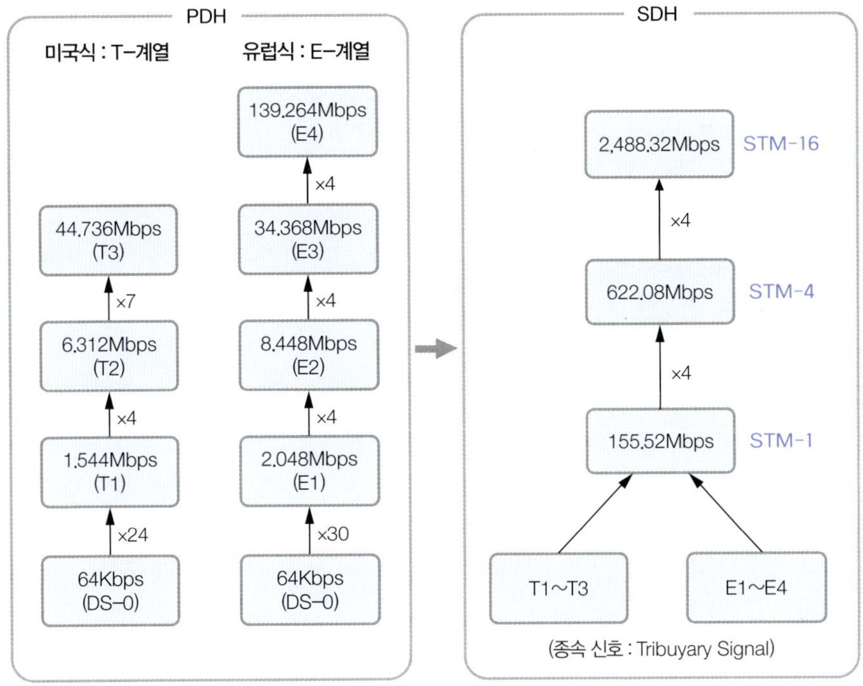

• **DS(Digital Signal)-0**: 음성 신호를 전송하는 64Kbps를 기본으로 함

그림 6-28 PDH와 SDH의 다중화 단계

■ **SONET의 개념과 특징**

SONET Synchronous Optical NETwork은 물리 계층 망인 광전송망 노드와 망 간의 접속을 표준화한 것이다. 광대역 종합정보통신망B-ISDN을 구현하기 위해 ITU-T에서 선택한 전송 기술은 ATM이고, 이 기술의 실제 근간을 이루는 물리적 방송망이 SDH/SONET이다. STS-1 Synchronous Transport Signal-1을 기본으로 STS-3, STS-9, STS-12처럼 3배수로 다중화한다. SONET은 서로 다른 업체 간에도 호환이 되고 새로운 서비스 플랫폼에도 유연하다. 또 구조가 순차적인 동기식이며, 단순하게 다중화하여 각 노드에 설치할 장비를 줄여준다.

AT&T에서 1984년 T1(북미통신표준기구)에 광통신 시스템의 접속 표준안으로 제안한 것이 SONET이다. 범세계적이고 융통성 있는 전송 네트워크를 실현해 주는 광통신 전송 시스템 표준화가 목적이다.

기본이 되는 최저 다중화 단위인 OC-1Optical Carrier-1의 전송 속도는 51.84Mbps다. 광케이블의 WAN 시스템이며 이론적으로 2.48Gbps의 전송 속도를 가지고 음성, 데이터, 비디오 정보를 동시에 보낼 수 있다. 서로 다른 업체 간에도 호환이 되고 새로운 서비스 플랫폼에도 유연하다.

■ SDH와 SONET의 통신 속도

SDH와 SONET의 통신 속도를 비교하면 다음 표와 같다.

표 6-8 SDH와 SONET의 통신 속도

속도(Mbps)	단위	SDH	SONET
51.84	OC-1	-	STS-1
155.52	OC-3	STM-1	STS-3
466.56	OC-9	-	STS-9
622.08	OC-12	STM-4	STS-12
933.12	OC-18	-	STS-18
1,244.16	OC-24	-	STS-24
1,866.24	OC-36	-	STS-36
2,488.32	OC-48	STM-16	STS-48
9,953.28	OC-192	-	STS-192

4.6 B-ISDN의 특징과 서비스

다음 표는 B-ISDN의 특징과 서비스를 각각 정리한 것이다.

표 6-9 B-ISDN의 특징

특징	설명
새로운 교환 방식	ATM 방식
새로운 망 접속 방식	SDH와 SONET

전송 매체	광섬유 케이블
멀티미디어 서비스 지원	광대역 멀티미디어 서비스
고속 데이터 통신 서비스 지원	CATV, VOD 등 영상 서비스 지원
전송 모드 지원	다중 교환, 전송 형태 지원

표 6-10 B-ISDN 서비스의 예

형태	구분	응용 예
양방향(대칭형)	대화형	영상 회의, 영상 전화 등
	메시지형	영상 우편, 멀티미디어 메일 서비스 등
	검색형	전자 사전, 여행 안내 검색 서비스 등
단방향(비대칭형)	이용자 제어 불능	HDTV, CATV 등
	이용자 제어 가능	주가 안내, 일기예보의 그래프 등

5 캐리어 이더넷

캐리어 이더넷Carrier Ethernet은 광역 통신망인 도시망MAN; Metropolitan Area Network을 위한 고속 이더넷 기술이다. 주로 LANLocal Area Network에서 사용되던 이더넷 기술을 MAN 또는 WANWide Area Network 영역까지 적용한 것이다. 기존의 인터넷 접속 이더넷부터 무선망까지 수용할 뿐만 아니라 동기식 광통신망/동기 디지털 계위SONET/SDH; Synchronous Optical Network/Synchronous Digital Hierarchy 망을 대신하고 유비쿼터스 이더넷 기술을 사용하는 10Gbps 이상의 고속 광역 통신망으로 확대된 이더넷이다.

캐리어 이더넷은 기존 이더넷의 단점을 보완해 비동기 전송 방식ATM 및 SDH/SONET에서 요구되는 수준의 OAM 기능과 보호 절체 기능을 수행하도록 하였다. 고신뢰성 망 제공 유무선을 통합해 트래픽 폭증과 고속화에 효과적으로 대응하게 되어 신뢰성과 안정성을 해결할 수 있었다. 표준화된 서비스로는 확장성Scalability, 신뢰성Reliability, 서비스 품질Quality of Service, 서비스 관리Service Management 등이 있다. 광역 통신망에서 고속으로 데이터를 전달하고 교환하는 전송 기술이며, 인터넷 프로토콜(ALL-IP)로 망 구조가 바뀌고 스마트폰 등으로 데이터 규모가 폭발적으로 성장하면서 각광받았다.

05 광대역 융합망과 초광대역 융합망 서비스

1 광대역 융합망(BcN)

광대역 융합망BcN; Broadband convergence Network은 통신, 방송, 인터넷 같은 각종 서비스를 통합하며 다양한 응용 서비스를 쉽게 개발할 수 있는 개방형 플랫폼Open API에 기반한 통합 네트워크다. 가입자가 단말기 하나로 언제 어디서나 초고속 인터넷과 방송을 즐길 수 있는 것으로 광대역 통합망이라고도 한다. BcN이라는 용어는 국내에서 주로 사용하며 미국에서는 차세대 네트워크NGN; Next Generation Network로 사용한다.

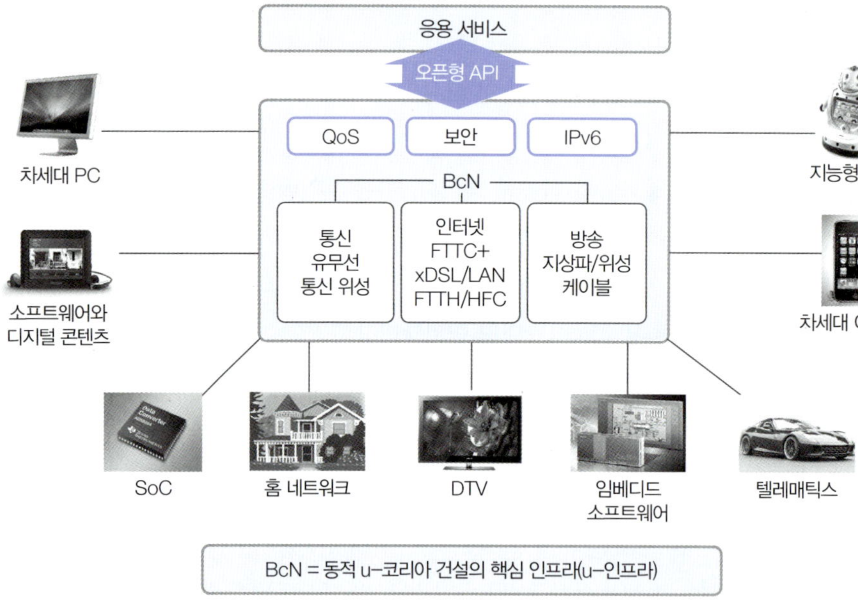

그림 6-29 BcN의 개념

광대역 융합망은 특히 멀티미디어 서비스의 품질이 우수하다. 유선망과 무선망을 통합한 단말기를 통해 양 망 간에 최적의 조건으로 접속해 통신하며, 끊김 없는 광대역 멀티미디어 서비스를 제공한다. 음성과 데이터를 통합해 IP 기반의 유선 전화 또는 그 이상의 품질을 가진 음성 서비스 및 멀티미디어 서비스를 제공하기 때문에 경제적이라는 평가를 받는다.

광대역 융합망은 다음 그림처럼 4계층으로 구성된다.

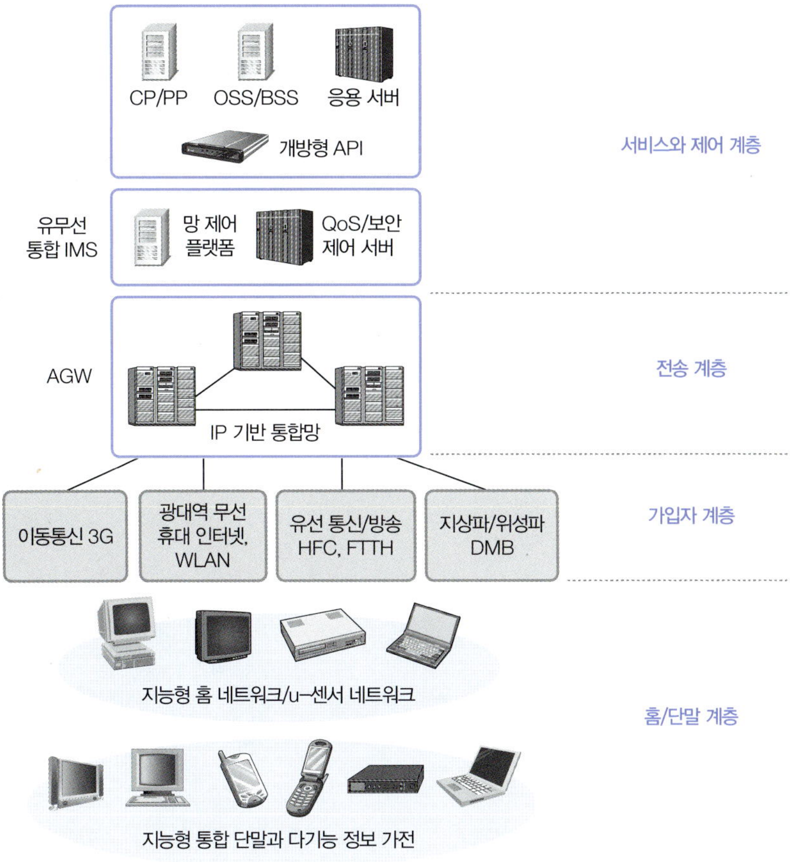

그림 6-30 BcN의 계층 구조

서비스 및 제어 계층은 개방형 API를 구현하고, 호, 연결, 세션 제어를 수행하는 장비인 소프트 스위치로 다양한 서비스를 구현한다. 전송 계층은 서비스 보장QoS 및 정보 보안, 이동망 사용자의 이동성Mobility 확보, 광대역Broadband 서비스 제공 등의 기능을 한다. 가입자 계층은 광대역의 다양한 유무선 및 방송 네트워크 간에 핸드오버를 지원하는 구조다. 홈/단말 계층은 통합 단말 이용 접속, 홈 네트워크를 통한 접속이다.

정리하면, BcN은 특정 네트워크나 단말기에 구애 받지 않고 통신, 방송, 인터넷 같은 각종 서비스를 통합하며, 네트워크의 품질 보장QoS, 광대역화, 고기능화, 보안 보장, IPv6 지원 등의 특성이 있다.

광대역 융합망의 특성과 응용 가능한 서비스는 다음 그림과 같다.

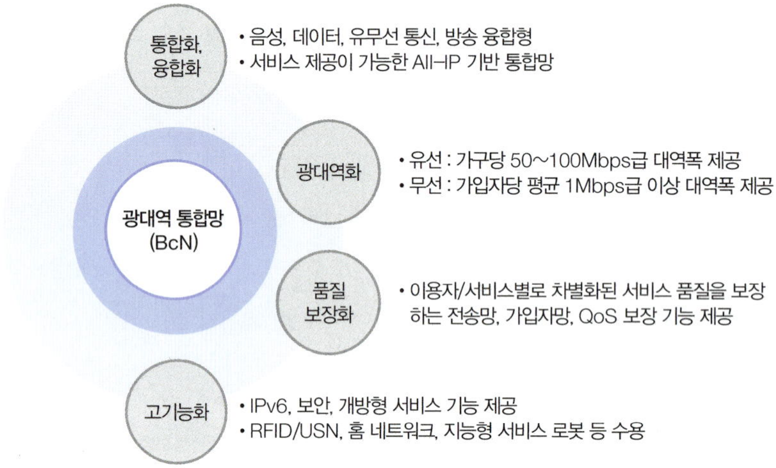

그림 6-31 BcN의 특성

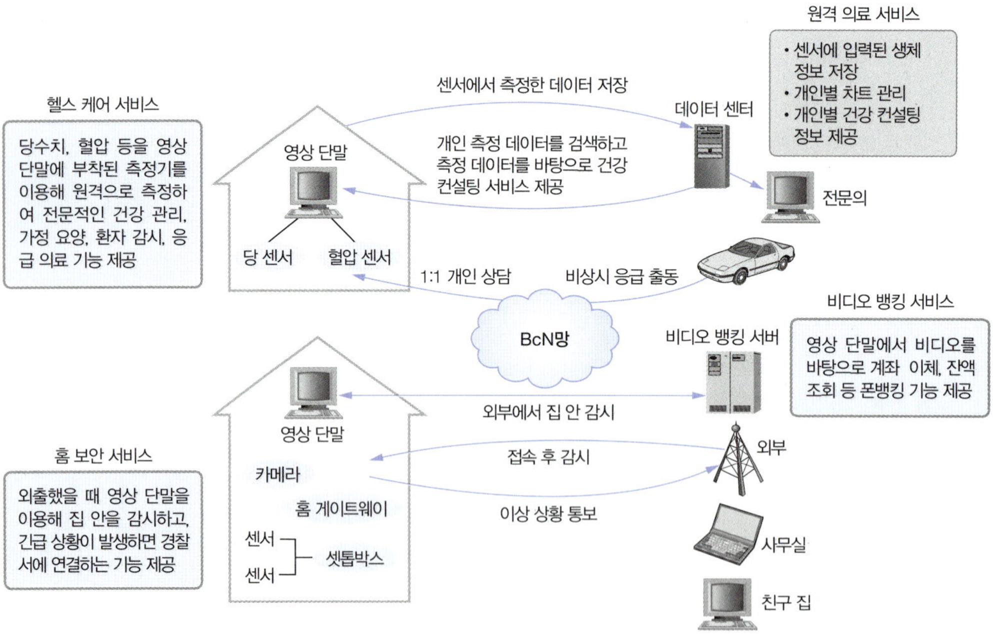

그림 6-32 BcN에서 응용 가능한 서비스

여기서 잠깐! | VoIP 서비스

VoIP 전화는 음성 인터넷 프로토콜(VoIP) 기술을 활용하는 기기 또는 프로그램이다. VoIP 기술로 사용자는 전통적인 아날로그 연결이 아닌 브로드밴드 인터넷을 통한 음성 통화를 이용할 수 있다. 광대역 융합망(BcN)에서 VoIP 서비스를 제공하기 위한 프로토콜로는 Megaco, H.323, SIP 등이 있다. VoIP 기술의 특징은 인터넷과 연계된 다양한 부가 서비스를 제공하는 것이며 PSTN에 비해 요금이 저렴하다. 이미 구축된 인터넷 장비를 활용하므로 구축 비용도 상대적으로 저렴하다.

2 초광대역 융합망(uBcN)

초광대역 융합망uBcN; ultra Broadband convergence Network은 방송 통신 서비스의 수요 충족을 위한 망으로, 광대역 융합망BcN보다 10배 빠르다. 유선은 최고 1Gbps, 무선은 평균 100Mbps 속도다. 초연결 사회라는 환경 변화에 능동적으로 대처하기 위해 더 빠르고, 더 혁신적이며, 더 다양한 새로운 서비스가 가능한 네트워크 인프라다. IT 인프라만으로는 이미 세계 최정상급에 올랐다고 할 수 있지만, 유 · 무선 음성 전화와 인터넷, 방송 등 융합 서비스를 다양한 환경에서 제공하는 다중 융합 서비스 측면에서는 더욱 진화가 필요하다.

3 부가 가치망(VAN)

부가 가치망VAN; Value Added Network은 회선을 직접 보유하거나 통신 사업자의 회선을 임차(또는 이용)하고 단순히 전송하는 기능 이상의 부가 가치를 부여해 음성이나 데이터 정보를 제공하는 데이터 통신망이다. 즉, 단순한 정보 전송 외에 정보의 축적, 가공, 변환 처리를 통해 새로운 부가 서비스를 제공하는 통신망이다. 광범위하고 복합적인 서비스를 하나로 통합해 제공하며 서비스를 제공하는 통신 사업자를 부가 가치 통신 사업자라고 한다. VAN이 일반 통신망에 비해 추가로 제공하는 기능에는 통신 속도 변환 기능, 프로토콜 변환 기능, 정보 처리 기능 등이 있다.

VAN은 1973년 미국 연방통신위원회FCC가 프로토콜을 변환할 수 있는 패킷 교환 서비스를 사업으로 인가하면서 등장했다. 기업이 VAN을 이용하는 목적은 회선의 확장, 변경, 운용을 VAN 업체에 위탁하여 기업 내 업무 효율화, 데이터 통신 효율 향상을 통한 통신 비용 절감, 이기종 호스트 컴퓨터 간의 원활한 접속, 단말기의 접속 프로토콜 변환을 네트워크에서 수행하여 기업의 서버 부하 경감 등이다.

부가 가치망에 특화된 응용 사례에는 신용 카드 정보 시스템, 국내외 항공사 간 항공권 예약 서비스, 은행 간 현금 인출기 공동 이용 서비스 등이 있다.

여기서 잠깐! | **MVNO(Mobile Virtual Network Operator)**

실제 망을 구축해 소유하는 것이 아니라 망 사업자(KT 등 기간망 사업자와 SKT 등의 이동통신 사업자)에게 임대해 서비스를 제공하는 통신 사업자다. 즉, 주파수를 보유하고 있는 이동통신망 사업자(MNO)로부터 설비를 임대해 독자적인 이동통신 서비스를 제공하는 가상 이동통신망 사업자다. 흔히 '알뜰폰'이라고도 부른다. MVNO는 대체 불가능한 이동통신 설비(기지국, 기지국 제어기, 무선 전송 등의 무선 접속 네트워크(Radio Access Network))를 MNO(이동통신망 사업자)로부터 임대해 자신이 보유한 대체 가능한 설비(가입자 관리, SIM 카드, 교환국, 마케팅 등의 백본망(Core Network))와 결합해 서비스를 제공하면서 브랜드, 요금 체계, 상품 등을 독자적으로 구축해 이동통신 시장에 진입하였다.

여기서 잠깐! | **유비쿼터스 센서 네트워크(USN; Ubiquitous Sensor Network)**

USN은 시간이나 장소에 구애 받지 않고 언제나 네트워크에 접속할 수 있는 통신 환경을 가지며, 센서를 가지고 네트워크를 구성한 것을 말한다. 인간이 필요한 모든 곳에 RFID 전자 태그와 센서 노드를 설치하고, 이를 통해 기본적인 사물 인식은 물론 주위 환경 정보까지 파악하여 네트워크망을 통해 실시간으로 관리하는 것을 의미한다.

USN은 센서 노드(Sensor Node), 싱크 노드(Sink Node), 게이트웨이(Gateway), 릴레이 노드로 구성된다. 센서 노드는 해당 지역의 환경에서 필요한 센싱 데이터를 수집해 싱크 노드에 전달한다. 싱크 노드는 센서 노드에게 센싱 작업을 요구하고, 센서 노드로부터 센싱 데이터를 취합한다. 게이트웨이는 센서 네트워크를 외부망과 연동해주는 역할을 한다. 릴레이 노드는 멀리 떨어져 있는 센서 노드가 싱크 노드와 통신할 수 있도록 중계한다.

4 국가 정보통신망

국가 정보통신망은 정부 기관 전용의 통신망을 구성해 전 행정 기관에 서비스를 제공하는 것이다. 상용망과 분리된 정부 기관 전용의 국가 정보통신망K-net을 구축하며, 업무망과 인터넷망을 분리해 보안을 강화한다. 또한 통신 장비, 전송 경로 등의 이중화 · 이원화 구성, 상시 감시 체계 구축 등을 통해 안정성을 확보한다. IPTV, IPv6, FMC, UBcN(초광대역 융합망) 등 신기술 출현에 따른 신규 수요에 효율적으로 대응할 수 있다.

06 초고속 유선 가입자망 서비스

1 xDSL

xDSLx Digital Subscriber Line은 일반 전화망의 주파수 대역 중 사용하지 않는 대역을 고속으로 데이터를 전송하는 데 사용하는 기술이다. 다음 그림처럼 구리 전화선을 음성을 전송할 대역(0~4kHz)과 데이터를 전송할 대역(4kHz~1.1MHz)으로 나누어 음성과 데이터를 동시에 싣고 전송한다. 그런 다음 수신 측에서 음성 교환기(또는 전화기)와 데이터 교환기(또는 가정 내 컴퓨터)로 각각 신호를 보낸다.

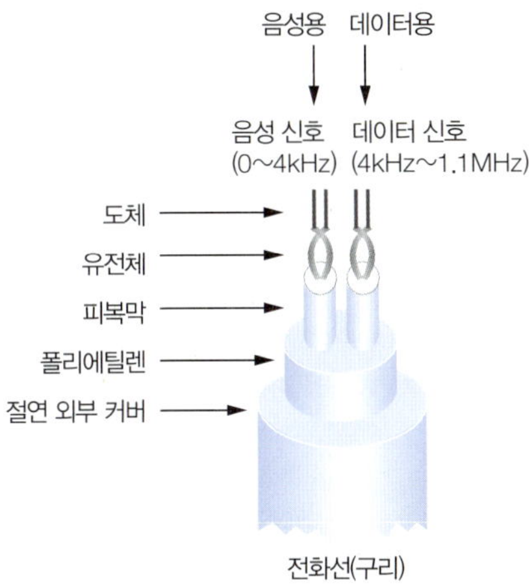

그림 6-33 xDSL의 개념과 전송 원리

xDSL은 1970년대 미국의 AT&T 벨연구소에서 최초로 개발했으나 활성화되지는 못했다. 이후 1980년대 초 ISDN 서비스가 등장하면서 기존 구리 전화선을 이용해 일반 가입자에게 ISDN BRA(64Kbps B채널 두 개와 16Kbps D채널 한 개) 서비스를 전달할 수 있게 되었다. 이는 구리 전화선에서 음성 대역(4kHz)을 넘어선 디지털 데이터를 전송하는 기술의 시초로 볼 수 있다. 우리나라는 1997년부터 xDSL 기술을 개발했다.

1.1 전송 속도에 따른 xDSL의 분류

xDSL은 전송 속도에 따라 상향 속도와 하향 속도가 다른 비대칭형 기술과 두 속도가 같은 대칭형 기술로 구분된다. 비대칭형은 주고받는 양방향에서 데이터의 전송 속도가 서로 다르고, 대칭형은 동일하다. 보통 대칭형보다는 비대칭형 기술을 더 많이 사용하는데, 이는 전송하는 데이터의 양보다 수신하는 데이터의 양이 더 많기 때문이다.

표 6-11 전송 속도에 따른 xDSL의 분류

종류	설명
SDSL(Symmetric DSL): 대칭형 디지털 가입자 회선	• 데이터 전송 속도는 양방향이 똑같은 대칭형 • 원격 교육, 화상 회의 등에서 연결용으로 사용
MSDSL/MDSL(Multirate DSL): 다중률 디지털 가입자 회선	• SDSL보다 수신 속도 향상
HDSL(High-bit-rate DSL): 고속 디지털 가입자 회선	• 영국의 통신 회사 BT가 개발한 2B1Q 기술을 바탕으로 개발 • 데이터 전송 속도는 양방향이 똑같은 대칭형
ADSL(Asymmetric DSL): 비대칭형 디지털 가입자 회선	• 한 전화 회선에서 전화는 낮은 주파수를, 데이터는 높은 주파수를 사용 • 데이터 전송 속도는 양방향이 다른 비대칭형 • 정보 검색이나 대량의 데이터 수신에 적합
RADSL(Rate-Adaptive DSL)/UADSL (Universal ADSL): 속도 적응 비대칭형 디지털 가입자 회선/보급형 비대칭형 디지털 가입자 회선	• 데이터 전송 속도는 양방향이 다른 비대칭형 • 전화 회선의 전송 속도를 조절할 수 있는 소프트웨어가 있음 • 웨스텔(Westell)의 ADSL 기술
VDSL(Very-high speed DSL): 초고속 디지털 가입자 회선	• 비교적 가까운 거리에 더 빠른 속도를 보장하는 기술 • 1991년 미국에서 광섬유와 동축 케이블을 혼합한 망에서 고속의 인터넷 서비스를 제공하려고 개발 • 범용성은 떨어지나 ATM 장비 등 트렁크에 주로 연결 • VOD, HDTV, 대화형 멀티미디어 서비스 등에 주로 이용

1.2 변조 방식에 따른 xDSL의 분류

xDSL은 변조 방식에 따라 다섯 가지로 분류할 수 있다.

표 6-12 변조 방식에 따른 xDSL의 분류

종류	설명
QAM	• 직교 진폭 변조 방식. 1980년대 중반 미국의 AT&T 벨연구소에서 최초 개발 • ANSI와 ETSI 등에서 표준으로 채택
CAP	• 1993년 미국 AT&T의 벨 아틀랜틱에서 최초로 상용화한 방식. 30kHz~1MHz의 고주파 대역을 변복조함 • ADSL에서 음성은 3~4kHz, 데이터는 1.1MHz까지 전송하므로 전화나 데이터 서비스를 동시에 사용할 수 있음
DMT	• 미국 스탠퍼드대학교에서 개발한 ADSL의 선로 부호 방식의 일종 • 1993년 미국 벨코어에서 최초로 상용화, 1995년 ADSL의 변복조 방식으로 전송하는 다중 반송파 변조 방식
2B1Q	• 영국의 통신 회사 BT가 개발한 변조 기술로, 단형파의 진폭을 변조해 보내는 방식 • 속도가 대칭되는 전송 장비에 사용하는 디지털 전송 방식
DWMT	• DMT 기술과 비슷하며, 다중 반송파 변조 방식 • 초고속 디지털 가입자 회선(VDSL)에 사용

xDSL 회선의 변복조 방식인 CAP[Carrier-less Amplitude/Phase]와 DMT[Discrete Multi-Tone]의 주파수 배치표는 다음 그림과 같다.

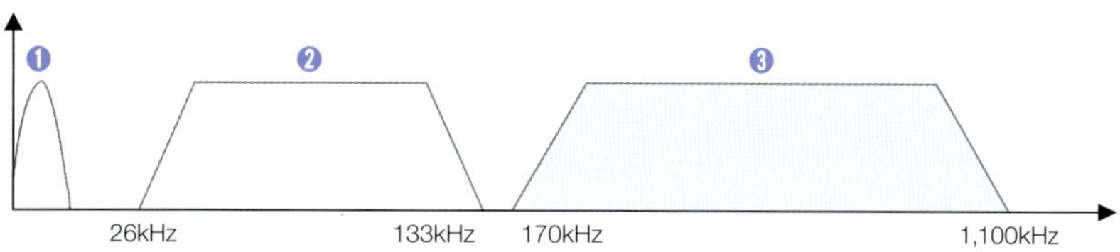

❶ 음성 전화 대역(POTS) ❷ 상향 데이터 전송 대역(Upstream) ❸ 하향 데이터 전송 대역(Downstream)

(a) CAP 방식

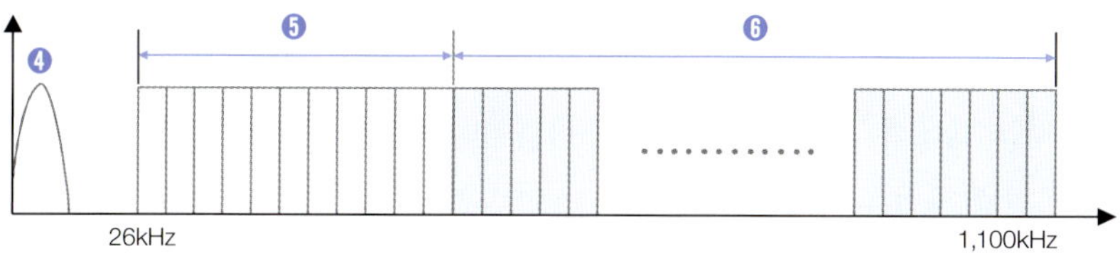

❹ 음성 전화 대역(POTS) ❺ 상향 데이터 전송 대역(Upstream) ❻ 하향 데이터 전송 대역(Downstream)

(b) DMT 방식

그림 6-34 CAP 방식과 DMT 방식의 주파수 배치표

2 FTTx

FTTx의 x에 따라 FTTH, FTTO, FTTC의 3가지 기술이 있다. 초고속 정보통신망을 구현하려면 광케이블을 가정마다 연결하는 FTTHFiber To The Home가 기본적으로 있어야 한다. 현재 전화국에서 대형 건물의 통신실까지 광케이블을 깔아놓은 것을 FTTOFiber To The Office라 하는데, 이를 더 연장해 가정까지 광케이블이 연결되는 것을 FTTH라 한다. FTTCFiber To The Curb는 전화국에서 도로의 연석Curb과 같은 작은 박스까지 연결된 광케이블이다. 이때 도로의 연석과 같은 작은 박스에서 주택까지는 기존의 동선을 이용한다.

FTTC가 FTTH보다 경제성을 높일 수 있으며, 동선이 짧으면 광대역 신호도 전송할 수 있다. 이러한 방법은 초고속 유선 가입자망 기술이며, 광케이블망을 주축으로 영상과 음성, 문자 등 멀티미디어 정보를 쌍방향으로 오갈 수 있다. 일반 사진은 물론 비디오와 오디오 정보도 실시간으로 전송할 수 있으며, 영상 전화나 원격 의료, 원격 화상 회의 등도 가능하다. FTTH가 구축되면 가입자들은 단말 장치만 업그레이드하고 영화 한 편을 담은 1기가급 정보를 몇 초 만에 주고받을 수 있다. 이를 통해 차세대 인터넷 주소 체계, 광대역 융합망 등 미래 통신이 가능해진다.

3 HFC

광동축 혼합망HFC; Hybrid Fiber Coaxial은 동축 CATV 전송망의 주요 트렁크 부분을 광케이블로 개선시킨 망이다. 즉, CATV 방송국에서 가입자 광망 종단 장치ONU까지 광선로를 이용하고 ONU에서 가입자 단말까지는 동축 케이블을 이용하는 방식이다. 접속망 구성의 한 방식인 HFC는 비디오, 데이터 및 음성 등과 같은 광대역 콘텐츠를 운송하기 위해, 네트워크의 서로 다른 부분에서 광섬유 케이블과 동축 케이블을 사용하는 통신 기술이다.

지역의 케이블 TV 회사는 케이블 전파 중계소로부터 기업이나 가정의 사용자에게 근접해 있는 노드로 서비스하기 위해 광섬유 케이블을 사용하고, 이 노드로부터 개별 기업이나 가정으로 들어가는 부분에는 동축 케이블을 사용한다. HFC의 장점은 기업이나 가정에 항상 설치되어 있는 기존의 동축 케이블을 교체하지 않고서도 광섬유 케이블의 일부 특성을 사용자 가까이 전달할 수 있다는 것이다.

01 광역 통신망과 고속 광역 통신망

- **광역 통신망(WAN)**: 도시와 도시, 국가와 국가 같은 원격지를 연결하는 통신망으로, 범위는 10km 이상
- **고속 광역 통신망**: 광역 통신망에서 음성, 이미지, 텍스트 등 모든 형태의 데이터를 디지털로 처리해주는 고속의 정보통신망으로, 대표적인 예는 도시망(MAN)

02 광역 통신망의 교환 방식

- **회선 교환 방식**: 사용자가 전화망을 이용해 상대방을 호출 및 연결
- **축적 교환 방식**: 교환기를 이용해 메시지나 패킷 단위로 정보를 저장 및 전송

03 광역 통신망 서비스

- **공중 교환 전화망(PSTN)**: 전화를 발명한 벨 시대부터 계속 발전해 온 회선 교환망
- **패킷 교환 공중 데이터 통신망(PSDN)**: 불특정 다수를 위한 데이터 전송 서비스를 제공하는 전용망으로, 패킷 교환망이라고도 함
- **X.25**: 패킷 교환망을 대상으로 하는 DTE-DCE 간 인터페이스를 규정하는 프로토콜로, 물리 계층(1계층), 데이터 링크 계층(2계층), 네트워크 계층(3계층)으로 구성
- **협대역 종합정보통신망(N-ISDN)**: 종합정보통신망(ISDN)이라고도 하며, PSTN에 디지털 기능을 추가해 다양한 정보를 한 회선으로 서비스하는 디지털 통신망

04 고속 광역 통신망 서비스

- **DQDB**: 도시 크기의 영역에 분산된 LAN을 연결하는 MAN에서 사용하는 IEEE802 계열의 표준 프로토콜
- **프레임 릴레이**: 데이터 링크 계층의 패킷을 중계하며 각각 다른 채널로 사용자 정보와 호 제어 정보를 송수신하는 프로토콜
- **SMDS**: 분산된 LAN을 연결하는 기간망이나 고속의 사설 네트워크를 구성할 수 있는 비연결형 데이터 전송 프로토콜
- **광대역 종합정보통신망(B-ISDN)**: 고속 전송 기술, 교환 방식 기술, 신호 기술, 반도체 기술, 영상 기술 등을 통합해 고속의 광역 서비스와 멀티미디어 서비스 지원

05 광대역 융합망(BcN)

- **광대역 융합망(BcN)**: 통신, 방송, 인터넷 같은 각종 서비스를 통합하고, 다양한 응용 서비스를 쉽게 개발할 수 있는 개방형 플랫폼에 기반한 차세대 통합 네트워크
- **초광대역 융합망(uBcN)**: 방송 통신 서비스 수요 충족을 위한 망으로, 유선은 최고 1Gbps, 무선은 평균 100Mbps 속도로, BcN보다 10배 빠르다.

연습문제

01 패킷 교환망에서 DTE와 DCE 간의 인터페이스를 위한 프로토콜은?

① X.25 ② V.21 ③ FTAM ④ X.75

02 패킷화 기능이 없는 일반형 터미널에 접속하여 패킷의 조립과 분해 기능을 대신해 주는 장치는?

① PAD ② DTE ③ PS ④ PMX

03 전화 통신망에 적용되는 신호 방식(Signaling)은?

① K2 ② R2 ③ L2 ④ P2

04 광대역 통합 네트워크(BcN)의 특징에 대한 설명으로 옳지 않은 것은?

① 보안(Security), 품질 보장(QoS), IPv6가 지원된다.
② 다양한 서비스를 쉽게 개발할 수 있는 개방형 플랫폼(Open API) 기반의 통신망이다.
③ 음성, 데이터, 유무선, 방송 융합형 서비스를 언제 어디서나 편리하게 이용할 수 있는 서비스 통합망이다.
④ 특정 단말기를 사용하여 다양한 서비스를 끊김 없이 이용할 수 있다.

05 다음 그림에 해당하는 xDSL 회선의 변복조 방식과 주파수 배치표로 옳은 것은?

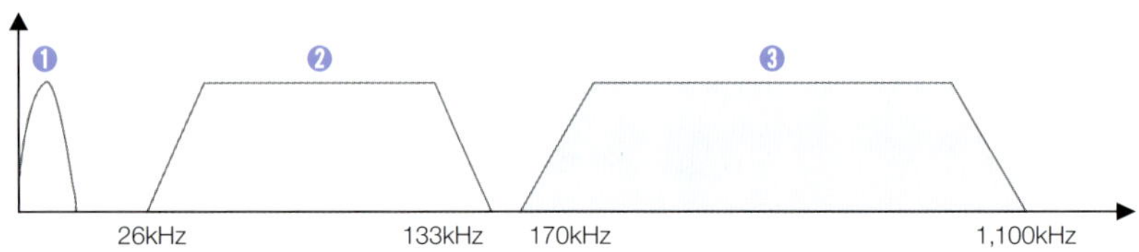

① CAP 방식: ❶ 음성 전화 ❷ 역방향 ❸ 순방향
② CAP 방식: ❶ 순방향 ❷ 역방향 ❸ 음성 전화
③ DMT 방식: ❶ 순방향 ❷ 역방향 ❸ 음성 전화
④ DMT 방식: ❶ 음성 전화 ❷ 순방향 ❸ 역방향

06 V.32, V.42, X.21, X.25 등의 표준을 제정한 표준화 기구는 어디인가?

① IEEE ② ANSI ③ ISO ④ ITU-T

07 회선 교환 방식과 비교하여 ATM 교환 방식의 장점이 아닌 것은?

① 망 자원이 비어 있을 때 어느 서비스라도 망 자원을 사용할 수 있다.

② 다양한 대역폭을 갖는 서비스를 처리할 수 있다.

③ 다양한 종류의 트래픽을 통합할 수 있다.

④ 회선을 독점으로 사용하여 전송의 효율성을 높일 수 있다.

08 VoIP 기술에 대한 설명으로 옳지 않은 것은?

① 기능 및 동작이 PSTN에 비해 단순하고, 보안에 강하다.

② 인터넷과 연계된 다양한 부가 서비스를 제공한다.

③ PSTN에 비해 요금이 저렴하다.

④ 이미 구축된 인터넷 장비를 활용함으로써 구축 비용이 상대적으로 저렴하다.

09 광대역 통합 네트워크(BcN)에서 VoIP 서비스를 제공하기 위한 프로토콜이 아닌 것은?

① R2 MFC ② Megaco ③ H.323 ④ SIP

10 종합정보통신망(ISDN)에서 데이터 링크 제어용으로 대역 외 신호 방식(Out-of band Signaling)을 사용하는 HDLC 응용 프로토콜은?

① SLIP(Serial Line IP)

② LAPM(Link Access Procedure for Modems)

③ LAPD(Link Access Procedure for D channel)

④ LAPB(Link Access Procedure Balanced)

11 X.25 프로토콜의 링크 레벨에서 적용되는 프로토콜은?

① ADCCP ② BSC ③ LAPB ④ SDLC

12 ATM 프로토콜은 물리 계층, ATM 계층, AAL 계층의 3계층으로 구성되어 있다. 다음 중 물리 계층의 기능으로 옳은 것은?

① 서비스별 수렴 기능 구현 ② 셀 경계 식별

③ 셀 헤더의 분석 및 처리 ④ 셀 단위의 분해 및 조립

13 BcN에 대한 설명으로 옳은 것은?

① 광대역 통신망(Broadband communication Network)

② 방송 통신 융합망(Broadcasting and communication Network)

③ 광대역 통합망(Broadband convergence Network)

④ 기업 간 통신망(Business company Network)

14 공중 패킷망 간의 상호 접속용 프로토콜은?

① X.21 ② X.25 ③ X.30 ④ X.75

15 회선 교환 방식의 특징이 아닌 것은?

① 데이터의 전송 속도 및 코드 변환이 가능하다.

② 데이터 전송에 오버헤드가 없다.

③ 고정된 대역폭으로 데이터를 전송한다.

④ 전용 전송로를 가진다.

16 일반 공중 교환망에 적합한 대표적인 교환 방식은?

① 데이터그램 교환 방식 ② 메시지 교환 방식

③ 회선 교환 방식 ④ 패킷 교환 방식

17 ISDN에 의해 제공되는 서비스가 아닌 것은?

① 부가 서비스(Supplementary Service)

② 텔레텍스트 서비스(Teletext Service)

③ 베어러 서비스(Bearer Service)

④ 텔레 서비스(Tele service)

18 ATM 기술에 대한 설명으로 옳지 않은 것은?

① 다양한 종류의 트래픽을 통합할 수 있다.

② 가변 길이의 메시지 단위로 전송한다.

③ 상위 계층 정보를 셀 단위의 길이로 절단, 조립하는 것은 AAL 계층의 기능이다.

④ 고정 길이의 셀 단위로 통신한다.

19 패킷 교환망(PSDN)에서 패킷 교환망 접속 기능을 갖고 있지 않은 비패킷 단말 장치를 패킷 교환망으로 접속시켜 주는 기능을 수행하는 장치는?

① PAD ② RAD ③ TAD ④ WAD

20 패킷 교환망에서 네트워크를 효율적으로 이용할 수 있도록 하는 트래픽 제어 기술이 아닌 것은?

① 순서 제어(Sequence Control) ② 흐름 제어(Flow Control)

③ 교착 상태 회피(Deadlock Avoidance) ④ 혼잡 제어(Congestion Control)

21 괄호 안에 들어갈 알맞은 용어는?

(①)는 도시 하나 정도의 영역에 분산되어 있는 LAN을 상호 연결한 MAN에서 사용하는 IEEE802 계열의 표준 프로토콜이다. 논리적 이중 버스로 구성해 데이터를 각기 다른 방향으로 전송한다. (②)는 데이터 링크 계층의 패킷을 중계하며, 각각 다른 채널을 이용해 사용자 정보와 호 제어 정보를 송수신하는 프로토콜이다. 또한 고속의 대용량 서비스와 광역의 데이터 교환 서비스가 가능하며, 1.5~2Mbps 속도로 패킷을 변환하여 전송한다.

22 괄호 안에 들어갈 알맞은 용어는?

(①)는 DQDB를 바탕으로 개발된 고속의 비연결형 데이터 전송용 프로토콜이다. 분산된 LAN을 연결하는 기간망이나 고속의 사설 네트워크를 구성할 수 있는 프로토콜이자 새로운 서비스를 제공하는 네트워크다.

(②)의 X에서는 FTTH와 FTTO, FTTC 세 가지 종류의 기술이 있다. 초고속 정보통신망의 구현을 위해서는 기본적으로 광케이블을 가정마다 연결하는 FTTH(Fiber To The Home)가 기본이다.

23 괄호 안에 들어갈 알맞은 용어는?

(①)의 교환 방식은 디지털 통신 방식인 회선 교환 기술과 패킷 모드 통신 방식을 결합한 형태며, 53바이트인 ATM 셀을 패킷 단위로 만들어 패킷 교환 원리를 발전시킨 새로운 전달 모드다. (②)은 B-ISDN인 광섬유 매체에서 사용자-네트워크 인터페이스의 속도를 결정하려고 각국의 속도 계층을 하나로 통일한 것이다. 기본 속도는 155.52Mbps다. 이것은 1.5Mbps나 2Mbps인 기존 속도의 정배수다. (③)은 물리 계층 망인 광전송망 노드와 망 간의 접속을 표준화한 것이다. STS-1(Synchronous Transport Signal-1)을 기본으로 하여 STS-3, STS-9, STS-12처럼 3배수로 다중화한다.

24 다음은 무엇을 설명한 것인가?

> 단순한 정보 전송 이외에 정보의 축적, 가공, 변환 처리를 통해 새로운 부가 서비스를 제공하는 통신망이다.

25 설명이 맞으면 ○, 틀리면 ×를 표시하시오.

(1) 부가 가치 통신망(VAN)이 일반 통신망에 비해 추가적으로 제공하는 기능 중 하나는 전화 서비스 기능도 포함된다.(　　)

(2) ATM 셀 헤더를 구성하는 필드(Field)에 대한 설명이다. HEC는 헤더 자체 오류 유무를 검사하기 위한 것으로 해밍코드(Hamming Code)를 사용한다.(　　)

(3) ATM에서 CLP는 망 폭주 시 셀이 폐기될 우선순위를 나타낸다.(　　)

(4) ATM에서 VPI는 셀이 속한 가상 경로를 식별하기 위해 사용한다.(　　)

(5) ATM에서 PT는 페이로드에 실린 정보의 종류를 표시한다.(　　)

(6) 패킷 교환망과 패킷 교환망의 연결을 위한 망 간의 접속 프로토콜은 X.65이다.(　　)

26 광대역 융합망(BcN)에 대해 설명하시오.

27 광대역 종합정보통신망(B-ISDN)에서 프로토콜의 계층별 기능을 설명하시오.

28 ISDN의 채널 접속 규격인 기본율 접속(BRI)과 1차율 접속(PRI)의 개념을 설명하시오.

29 패킷 교환 방식에는 가상 회선과 데이터그램 방식이 있다. 각각 설명하시오.

30 축적 교환(Store and Forward Switching) 방식에 대해 설명하시오.

01 PDH(Plesiochronous Digital Hierarchy) 중 북미 방식인 T1의 전송 속도는?

① 1.544Mbps ② 2.048Mbps

③ 6.312Mbps ④ 64Kbps

02 회선 교환 방식과 비교하여 패킷 교환 방식의 장점이 아닌 것은?

① 실시간 데이터 전송에 유리하다.

② 프로토콜을 통해 다른 이기종 망 간의 통신이 가능하다.

③ 장애 발생 등 회선 상태에 따라 경로 설정이 유동적이다.

④ 회선 효율이 높아 경제적인 망 구성이 가능하다.

03 괄호 안에 들어갈 알맞은 용어는?

> 광대역 종합정보통신망(B-ISDN)을 구현하기 위하여 ITU-T에서 선택한 전송 기술은 ( )이고, 이 기술의 실제 근간을 이루는 물리적 방송망은 ( )이다.

① SDH/PDH, X.25 ② xDSL, SDH/PDH

③ LAN, X.25 ④ ATM, SDH/SONET

04 다음은 무엇에 대한 설명인가?

> - 범세계적이고 융통성 있는 전송 네트워크를 실현해주는 광통신 전송 시스템 표준화가 목적이다.
> - 기본이 되는 최저 다중화 단위인 OC-1(Optical Carrier-1)의 전송 속도는 51.84Mbps이다.
> - 광케이블의 WAN 시스템으로서 이론적으로 2.48Gbps의 전송 속도를 가지며 음성, 데이터, 비디오의 정보를 동시에 보낼 수 있다.
> - 서로 다른 업체 간에도 호환이 되고 새로운 서비스 플랫폼에도 유연하다.

① OTN(Optical Transport Network)

② PDH(Plesiochronous Digital Hierarchy)

③ SONET(Synchronous Optical Network)

④ SDH(Synchronous Digital Hierarchy)

05 ATM 셀 헤더를 구성하는 필드(Field)에 대한 설명으로 옳지 않은 것은?

① CLP: 망 폭주 시 셀이 폐기될 우선순위를 나타낸다.

② HEC: 헤더 자체 오류 유무를 검사하기 위한 것으로 해밍코드(Hamming Code)를 사용한다.

③ VPI: 셀이 속한 가상 경로를 식별하기 위해 사용한다.

④ PT: 페이로드에 실린 정보의 종류를 표시한다.

06 패킷 경로를 동적으로 설정하며, 일련의 데이터를 패킷 단위로 분할하여 데이터를 전달하고, 목적지 노드에서는 패킷의 재순서와 조립 과정이 필요한 방식은?

① 데이터그램 방식 ② 가상 회선 방식

③ 메시지 교환 방식 ④ 회선 교환 방식

07 다음 교환 방식 중 축적 교환 방식이 아닌 것은?

① 데이터그램 패킷 교환 방식 ② 가상 회선 패킷 교환 방식

③ 시분할 회선 교환 방식 ④ 메시지 교환 방식

08 다음은 무엇에 대한 설명인가?

- 동기 디지털 계층으로 B-ISDN인 광섬유 매체에서 사용자-네트워크 인터페이스의 속도를 결정하려고 각국의 속도 계층을 하나로 통일한 것이다.
- 동기화 데이터를 전송하는 국제 표준 기술을 말하며, STM-1 시리즈와 속도를 사용한다.
- 전송 레벨은 155.52Mbps를 STM-1로 시작하여 최대 STM-256까지 정의하고, 실제 응용은 1, 4, 16만 적용한다.
- TMN(Telecommunication Management Network) 등 망 관리와 유지에 필요한 신호 대역이 할당되어 있다.

① OTN(Optical Transport Network)

② PDH(Plesiochronous Digital Hierarchy)

③ SONET(Synchronous Optical Network)

④ SDH(Synchronous Digital Hierarchy)

09 호출 개시 과정을 통해 수신 측과 논리적 접속이 이루어지며 각 패킷은 미리 정해진 경로를 통해 전송되어 전송한 순서대로 도착되는 교환 방법은?

① 데이터그램 교환 방법 ② 회선 교환 방법
③ 가상 회선 교환 방법 ④ 메시지 교환 방법

10 광대역 통합망(BcN; Broad convergence Network)의 계층 구조 중 전송망 계층에 대한 설명으로 옳지 않은 것은?

① 소프트 스위치에 의한 다양한 서비스 구현
② 서비스 보장(QoS) 및 정보 보안
③ 이동망 사용자의 이동성(Mobility) 확보
④ 광대역(Broadband) 서비스 제공

11 회선 교환 방식의 설명으로 옳지 않은 것은?

① 데이터를 전송하지 않는 기간에도 회선을 독점하므로 비효율적이다.
② 설정되면 데이터를 그대로 투과시키므로 오류 제어 기능이 없다.
③ 음성이나 동영상 등 실시간 전송이 요구되는 미디어 전송에는 적합하지 않다.
④ 회선을 전용선처럼 사용할 수 있어 많은 양의 데이터를 전송할 수 있다.

12 국내의 통신망 발전 단계로 올바른 것은?

① BCN → ISDN → PSTN ② PSTN → ISDN → BCN
③ ISDN → PSTN → BCN ④ ISDN → BCN → PSTN

13 센서 네트워크를 이용하여 유비쿼터스 환경을 구현하는 것을 목적으로 하는 것은?

① VAN ② USN ③ BcN ④ TMN

14 패킷 스위칭에 대한 설명으로 옳지 않은 것은?

① 일부 데이터가 유실되거나 순서가 뒤바뀌어 수신될 수 있다.
② 데이터를 패킷이라는 작은 조각으로 나누어 전송한다.
③ 데이터 경로를 위한 특정 경로가 존재한다.
④ 패킷은 전송 도중에 결합되거나 분할될 수 있다.

15 회선 교환 방식과 비교할 때 메시지 교환 방식의 장점이 아닌 것은?

① 에러 제어와 회복 절차를 구성할 수 있다.

② 전송량이 많은 경우 한 개의 메시지를 여러 목적지로 전송할 수 있다.

③ 실시간 통신 또는 대화식 통신에 적합하다.

④ 회선의 효율성이 크다.

16 USN의 구성 요소로 적합하지 않은 것은?

① RFID 서버

② 게이트웨이(Gateway)

③ 싱크 노드(Sink Node)

④ 센서 노드(Sensor Node)

17 광대역 통신망(BcN)의 계층 구분에 대한 설명으로 옳지 않은 것은?

① 서비스 및 제어 계층: 개방형 API 구현, 소프트 스위치 도입

② 전달망 계층: ATM 기반의 단일망, QoS, 보안 등이 보장되는 광대역 전달 기능을 갖는 네트워크

③ 가입자망 계층: 광대역의 다양한 유무선 및 방송 네트워크들 간에 핸드오버가 지원되는 구조

④ 홈 네트워크/단말 계층: 통합 단말 이용 접속, 홈 네트워크를 통한 접속

18 가상 회선 패킷 교환 방식에 대한 설명으로 옳지 않은 것은?

① 전송 경로가 여러 경로로 전송될 수 있다.

② 데이터 도착 순서가 송신 순서와 동일하다.

③ 전송 데이터에 대한 오류 제어가 가능하다.

④ 교환 노드에서 패킷 처리가 신속하다.

19 부가 가치 통신망(VAN)에 특화된 응용 사례와 거리가 먼 것은?

① 신용 카드 정보 시스템

② 국내외 항공사 간 항공권 예약 서비스

③ 은행 간 현금 인출기 공동 이용 서비스

④ 전화 서비스

01 ①	02 ①	03 ④	04 ③	05 ②	06 ①	07 ③	08 ④	09 ③	10 ①	11 ③	12 ②
13 ②	14 ③	15 ③	16 ①	17 ②	18 ①	19 ④					

Chapter

07

인터넷

학습목표

- 인터네트워킹과 인터넷의 의미를 이해하고 인터넷의 등장 배경을 살펴본다.
- 인터넷 프로토콜과 주소 체계를 학습한다.
- 인터넷 각 계층에 있는 프로토콜의 종류와 서비스를 알아본다.
- 인터넷의 발전 동향을 살펴본다.

01 인터넷의 개요

인터네트워크Internetwork는 LAN이나 WAN 등 독립적인 네트워크를 상호 연결하여 만든 복잡한 네트워크이며, 인터네트워킹Internetworking은 인터네트워크를 연결하는 과정이나 방법을 말한다. 이는 하나의 통신 기준을 바탕으로 종류가 다른 네트워크를 서로 연결하므로, 다양한 하드웨어와 소프트웨어 기술이 필요하다. 관련 장비로는 리피터, 브리지, 라우터, 게이트웨이 등이 있다. 인터네트워킹으로 구성된 대표적인 네트워크가 바로 인터넷이다. 인터넷Internet은 전 세계에 널리 퍼져 있는 근거리 통신망이나 원거리 통신망으로 구성된 네트워크의 네트워크Network of Networks다.

TIP 인터네트워킹에서 상호 연결된 네트워크의 집합을 카테넷(Catenet)이라 한다.

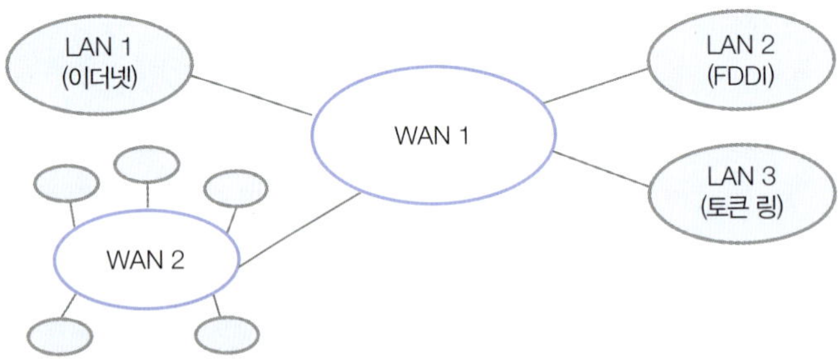

그림 7-1 인터네트워크의 예

인터넷의 시초는 1969년 미국 국방성의 알파넷ARPANET이다. 알파넷은 외부 충격으로 선로가 손실을 입어도 정보를 계속 전달할 목적으로 만들었다. 이후 연구 기관에 보급되면서 인터넷 기능이 확대되고, 정보를 주고받는 컴퓨터 사이에 적용하는 약속인 표준 규약도 만들어졌다. 이 규약을 인터넷 기반 프로토콜인 TCP/IP라고 하는데, 다른 말로 인터넷 프로토콜 슈트Internet Protocol Suite라고도 한다. 서로 연결된 네트워크라면 종류에 관계없이 이 프로토콜을 사용한다. 미국의 알파ARPA가 주도한 연구는 인터넷의 여러 기반 기술과 개념을 만들고 발전시켰다. NSF, DOE, DOD, HHS, NASA 등의 미국 연구 기관이 인터넷을 창설하는 데 참가하고, TCP/IP로 자신의 연구 사이트를 연결했다.

02 인터넷 프로토콜과 주소 체계

1 인터넷 프로토콜

인터넷에 기반을 둔 프로토콜은 TCP/IP다. TCP/IP는 가정, 대학교, 기업, 정부 연구 기관 등을 서로 연결해 전 세계적 규모의 인터넷을 만들었다. 다음 그림을 보면 TCP/IP는 4계층으로 되어 있다. OSI 7계층과 비교하면 네트워크 접근 계층은 1~2계층, 인터넷 계층은 3계층, 전송 계층은 4계층, 응용 계층은 5~7계층에 대응된다. TCP/IP 프로토콜은 OSI 참조 모델보다 먼저 개발되었다.

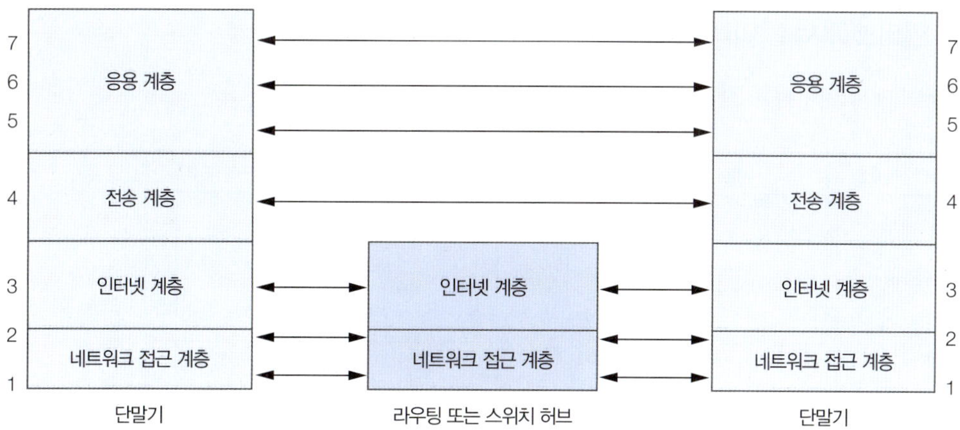

그림 7-2 인터넷에서 사용하는 프로토콜의 계층 구조

인터넷 프로토콜 중 TCP/IP 계층은 OSI 7계층에서 전송 계층과 네트워크 계층에 각각 해당된다.

각 계층의 대표 프로토콜은 다음 그림과 같다.

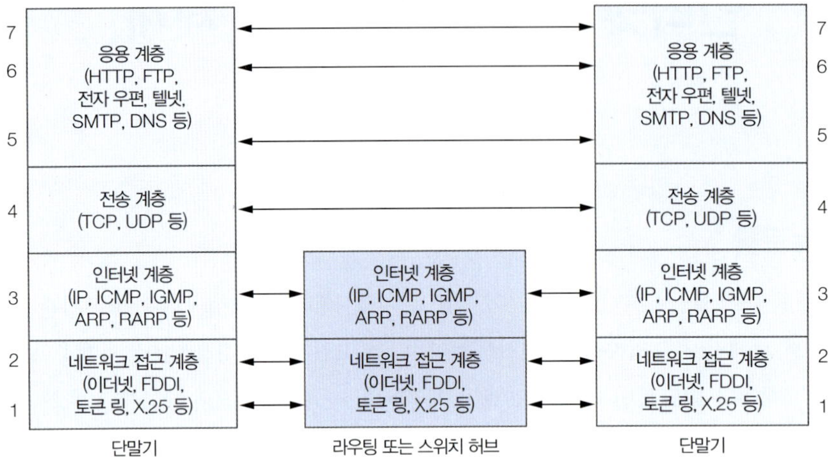

그림 7-3 인터넷의 계층별 대표 프로토콜

2 인터넷에서 데이터 전송 과정

인터넷에서 데이터를 전송하는 과정은 다음과 같다.

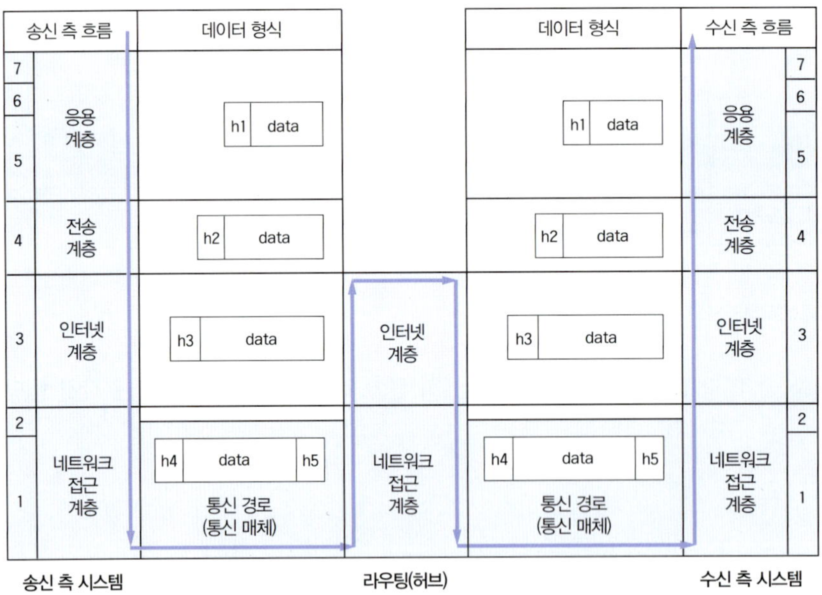

※ TCP/IP일 때
- **h1**: 응용 헤더
- **h2**: TCP 헤더
- **h3**: IP 헤더
- **h4**: 이더넷 헤더
- **h5**: 이더넷 트레일러

그림 7-4 인터넷에서 데이터를 전송하는 과정

송신 측의 최상위 계층(응용 계층)에서 발생한 데이터는 하위 계층으로 차례로 전달된다. 각 계층에서는 전달받은 데이터에 헤더 정보를 추가한 후 바로 아래 계층으로 전달한다. 한 단계 낮은 계층에서는 전달받은 데이터(헤더 1+데이터)를 하나의 데이터로 취급하고, 또 다시 새로운 헤더(헤더 2)를 추가해(헤더 2+헤더 1+데이터) 다시 바로 아래 계층으로 전달한다. 이 과정을 거쳐 최하위 계층(네트워크 접근 계층)에 도달한다.

송신 측에 있는 최하위 계층의 데이터는 원래 데이터에 헤더를 여러 개 씌운 형태다. 이렇게 헤더를 씌우는 과정을 캡슐화라고 한다. 송신 측 최하위 계층에서는 데이터를 전기 신호로 변환하고 전송 매체를 이용해 중계기(또는 교환기)를 거쳐 수신 측 최하위 계층인 네트워크 접근 계층으로 전송한다. 수신 측 최하위 계층(네트워크 접근 계층)의 데이터도 원래 데이터에 헤더를 여러 개 씌운 형태다. 하지만 송신 측과 반대로 각 계층의 헤더에 해당되는 부분을 벗겨내어 수신 측의 최상위 계층으로 전달하는데, 헤더를 벗겨내는 과정을 캡슐 해제라고 한다. 수신 측의 최상위 계층(응용 계층)에서는 송신 측의 최상위 계층에서 보낸 원래 데이터(헤더가 없는 데이터)를 정확하게 전달한다. 캡슐화되어서 전달되는 메시지의 데이터 형식은 다음과 같다.

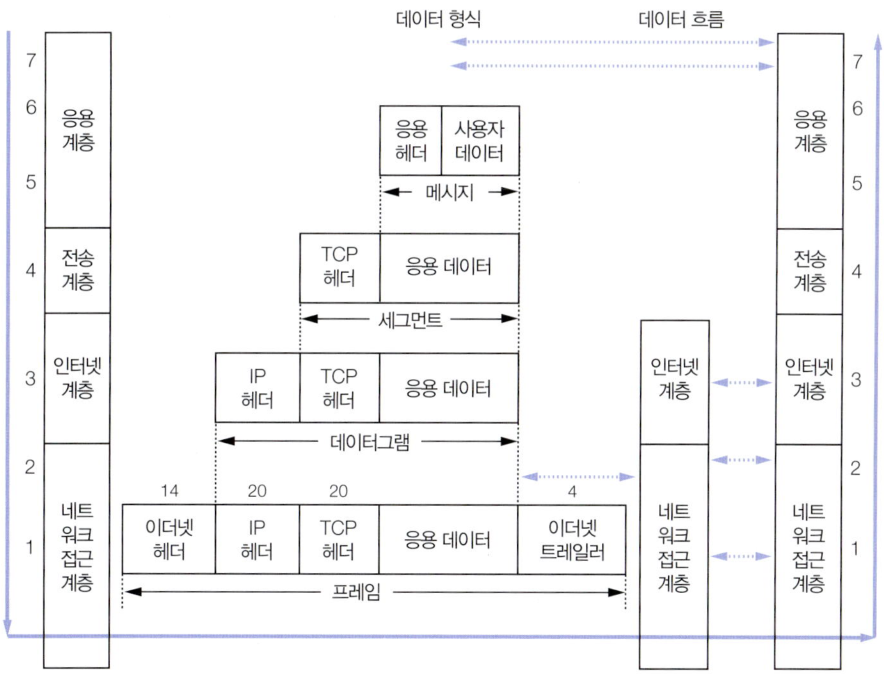

그림 7-5 캡슐화되어 전달되는 메시지의 데이터 형식

3 인터넷의 주소 체계

전화를 연결하려면 발신지와 수신지 번호가 있어야 하듯이 인터넷 시스템에도 주소가 필요하다. 이런 주소를 IP 주소 또는 인터넷 도메인이라 하며, 컴퓨터마다 유일하게 배정된다. IP 주소 체계는 컴퓨터가 인식할 수 있는 주소 체계고, 인터넷 도메인은 사람이 인식할 수 있는 주소 체계다. IP 주소나 인터넷 도메인 모두 인터넷 계층인 IP에서 정의 및 처리한다.

인터넷 주소는 임의로 결정하는 것이 아니라 해당 기관에서 결정하고 관리한다. 전 세계 인터넷 주소 자원을 총괄 및 관리하는 곳은 IANAInternet Assigned Numbers Authority이고, 아/태 지역은 APNICAsia Pacific Network Information Center에서 담당한다. 그 아래에는 국가별 NIC가 있다.

우리나라에는 한국인터넷정보센터KRNIC; KoRea NIC가 있는데 한국인터넷진흥원KISA에서 업무를 수행한다. 국내에서 인터넷 도메인을 등록하려면 한국인터넷진흥원의 한국인터넷정보센터KRNIC에서 주소를 할당받아야 한다. 한국인터넷진흥원은 네트워크로 구현되는 사이버 대한민국의 인터넷 주소 자원을 관리하는 곳이라 할 수 있다. 기본 업무는 도메인과 IP 등 인터넷 주소 자원을 관리하는 것이고, 그 외에 인터넷 활성화와 차세대 인터넷 주소 자원인 IPv6의 관리 등 다양한 사업을 진행하고 있다.

3.1 인터넷 도메인

인터넷 사용자가 다른 컴퓨터 사용자와 통신하려면 해당 사용자의 주소를 알아야 한다. 이때, 영문자나 .(온점)을 혼합해 주소를 표현하는 것을 인터넷 도메인Domain이라고 한다. 여기서 국가는 최상위 도메인, 기관은 서브 도메인이라고 한다.

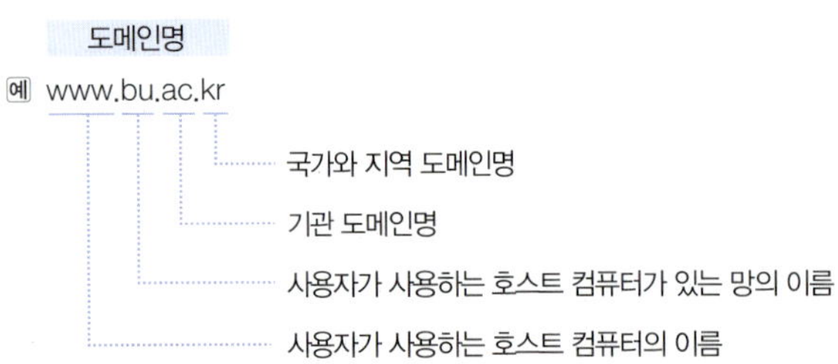

다음은 국가별 도메인명과 기관별 도메인명을 정리한 것이다.

표 7-1 국가별 도메인명의 예

국가명	도메인명	국가명	도메인명	국가명	도메인명
Argentina	AR	Egypt	EG	Korea(North)	KP
Australia	AU	Finland	FI	Korea(South)	KR
Austria	AT	France	FR	New Zealand	NZ
Belgium	BE	Germany	GE	Norway	NO
Belize	BZ	Hong Kong	HK	Poland	PL
Canada	CA	Italy	IT	Taiwan	TW
China	CN	Japan	JP	United Kingdom	UK

표 7-2 기관별 도메인명의 예

도메인명	기관
ac 또는 edu	학교(ACademy) 또는 학술 기관
co 또는 com	회사(COmpany)
go 또는 gov	정부 기관(GOvernment)
re	연구소(REsearch)
net	네트워크(NETwork) 관련 기관
nm	네트워크 운영 기관(Network Management)
org	특수 사설 기관(ORGanization)

도메인명의 조합 규칙은 다음과 같다.

- 길이는 최대 256자까지 가능하다.
- 숫자(0~9)나 영문자(A~Z), 영문자와 숫자의 조합으로 구성된다.
- ,(쉼표)나 _(언더 바) 등은 사용할 수 없다. 단, -(하이픈)은 사용할 수 있다.
- 전 세계적으로 중복되지 않은 고유 주소를 사용해야 한다.

3.2 도메인 네임 시스템(DNS)과 URL

도메인 네임 시스템DNS; Domain Name System은 인터넷 도메인명과 IP 주소를 대응시켜 주는 거대 규모의 분산 시스템이다. IP 주소 같이 숫자로 된 주소 정보를 문자열 정보로 변환 및 관리하는 서버로, 주로 인터넷에서 사용한다. 즉, 사람이 기억하기 어려운 숫자로 된 IP 주소를 쉬운 도메인 이름으로 변환하거나 그 반대의 변환을 수행한다. 인터넷 도메인명을 IP 주소로 변환해 주는 프로토콜이 여기에 해당한다.

URLUniform Resources Locator은 인터넷에서 자원의 위치를 표현하는 주소다. 웹 브라우저에 URL을 입력하면 그 주소가 가리키는 웹 서버의 페이지를 불러올 수 있다.

03 인터넷 계층별 프로토콜

1 네트워크 접근 계층 프로토콜

네트워크 접근 계층은 네트워크 매체와 인터페이스에서 하드웨어의 세부 사항을 처리하고, 상위 계층의 데이터를 수용해 연결된 다른 네트워크로 전송한다. 여기서 전달되는 데이터를 프레임이라고 한다. 대표 프로토콜은 이더넷, FDDI, 토큰 링, X.25 등이다.

2 인터넷 계층 프로토콜

인터넷 계층은 발신지에서 목적지로 데이터를 전송한다. 대표적인 프로토콜로은 IP, ICMP, ARP, RARP 등이다. 인터넷 계층은 주소 지정, 패키징Packaging, 라우팅Routing 등의 기능을 제공한다. 여기서 전달되는 데이터를 데이터그램이라고 한다.

IPInternet Protocol는 인터넷 계층에서 가장 중요한 프로토콜로, 다양한 네트워크로 구성된 인터넷을 이용해 발신지에서 목적지까지 데이터그램을 전송할 수 있도록 라우팅 기능을 수행한다. 여기에는 오류와 상황 보고, 경로를 제어하는 정보 전달 기능 등은 포함되어 있지 않다.

IP는 ARP, RARP, ICMP, IGMP를 포함한다. IP의 특성은 경로 설정과 주소 지정, 비접속형 등이다. 버전은 IPv4와 IPv6가 있다. 현재 일반적으로 사용하는 버전은 IPv4Internet Protocol version 4이고, IPv6Internet Protocol version 6는 차세대 인터넷 환경을 위해 만들어진 것이다.

2.1 IPv4

IPv4는 전 세계 모든 컴퓨터에 부여된 고유의 식별 주소다. IPv4가 현재 사용 중인 버전으로, 보통 IP 주소라 하면 IPv4를 말한다.

IPv4 주소는 10진수 4개와 .(온점)으로 표현하며, 실제로는 32비트로 구성된다. 각 10진수

숫자는 0~255까지 사용할 수 있으며, 숫자가 256개인 8비트가 필요하므로 전체 32비트가 필요하다.

IPv4 주소는 네트워크 번호와 그 네트워크에 접속해서 부여하는 호스트 번호로 구성된다. IPv4 주소 체계는 클래스 A~E까지 5종류이며, 첫 번째부터 네 번째 비트까지 번호를 할당해 클래스를 구분한다. 5종류의 클래스 중 클래스 C가 가장 소규모 호스트이며, 가장 많은 네트워크를 수용할 수 있다.

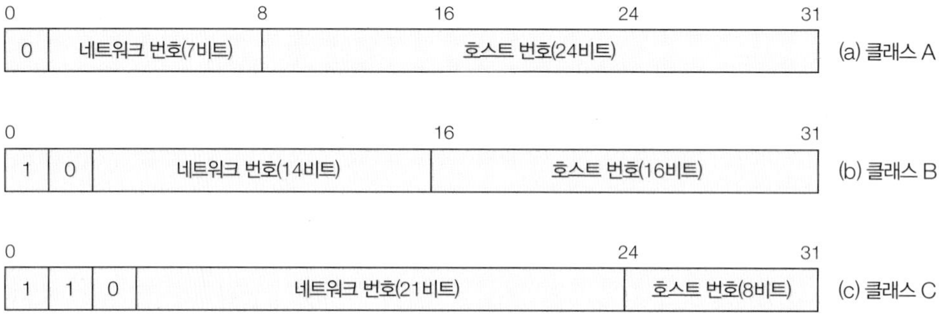

그림 7-6 IPv4 주소 체계와 종류

TIP A 클래스에서는 네트워크 식별자인 0의 사용이 예약되어 있다.

- **클래스 A**: 첫 번째 비트가 0인 주소로, 범위는 1.X.X.X~127.X.X.X다. 예를 들어, 클래스 A에서 주소가 64.X.X.X라면 64.0.0.0과 64.255.255.255는 특수 목적으로 사용되고, 나머지는 망에 있는 호스트 주소로 사용된다. 즉, 호스트 주소의 개수는 16,777,214(256×256×256−2)개다. 64.0.0.0은 서브망의 주소다.
- **클래스 B**: 첫 번째와 두 번째 비트가 각각 1, 0인 주소로, 범위는 128.X.X.X~191.255.X.X다. 예를 들어, 클래스 B에서 주소가 149.11.X.X라면 149.11.0.0과 149.11.255.255는 특수 목적으로 사용되고, 나머지는 망에 있는 호스트 주소로 사용된다. 즉, 호스트 주소의 개수는 65,534(256×256−2)개다. 149.11.0.0은 서브망의 주소다.
- **클래스 C**: 첫 번째에서 세 번째 비트가 각각 1, 1, 0인 주소로, 범위는 192.X.X.X~223.255.255.255다. 예를 들어, 클래스 C에서 주소가 249.11.1.X라면 249.11.1.0과 249.11.1.255는 특수 목적으로 사용되고, 나머지는 망에 있는 호스트 주소로 사용된다. 즉, 호스트 주소의 개수는 254(256−2)개다. 249.11.1.0은 서브망의 주소다.
- **클래스 D**: 첫 번째에서 네 번째 비트가 각각 1, 1, 1, 0인 주소로, 나머지 28비트는 멀티캐스

트 용도로 사용한다. 범위는 224.X.X.X~239.255.255.255다.

- **클래스 E**: 첫 번째에서 네 번째 비트가 각각 1, 1, 1, 1인 주소로 나중에 사용하려고 남겨둔 예비 및 실험용 주소다. 범위는 240.X.X.X~247.255.255.255다.

IP 주소 관리 방식과 서브넷 주소는 IP 주소를 네트워크 번호와 호스트 번호로만 구분하지 않고 호스트 번호 부분을 서브넷 번호와 호스트 번호로 세분하는 방식으로, IP 주소의 비트를 더욱 효율적으로 사용할 수 있다. 예를 들어, 클래스 B에 서브넷을 적용하면 254(2^8-2)개의 서브넷과 서브넷당 254(2^8-2)개의 호스트를 만들 수 있다. 실제로 대부분의 시스템 관리자들은 클래스 B의 16비트를 8비트씩 나누어 서브넷 번호와 호스트 번호로 많이 사용한다. 그러면 점으로 표기하는 10진 표기와 일치하므로 서브넷 주소를 결정하기 쉽다.

서브넷 마스크에서 호스트 번호(ID)에 해당하는 부분은 0으로 설정한다. 서브넷 마스크는 32비트의 이진수로 구성된다. IP 주소와 대응되는 비트 간에 AND 연산을 적용한다. 호스트 번호(ID)는 서브넷 번호(ID)와 호스트 번호(ID)로 구분한다.

그림 7-7 클래스 B의 서브넷 적용 예

클래스 A나 클래스 B 주소의 서브넷 번호를 반드시 바이트 단위로 나눌 필요는 없다. 그리고 클래스 C에서는 서브넷 주소를 사용하지 않을 때가 많은데, 이는 사용할 수 있는 비트 수가 적기 때문이다.

서브넷 주소를 사용하면 외부 라우터가 내부 네트워크 조직을 모르게 할 수 있으며, 라우팅 테이블의 크기를 줄이는 효과도 얻을 수 있다. 서브넷팅Subnetting을 하는 이유는 불필요한 브로드캐스팅 메시지를 제한할 수 있고, 트래픽의 관리 및 제어가 가능하기 때문이다.

서브넷 주소는 IP 주소를 효율적으로 사용할 수 있게 한다. 예를 들어, 클래스 B의 주소가 193.055로 시작할 때 다음 그림처럼 서브넷 주소를 사용한다고 가정해보자. IP 주소가 193.055로 시작하는 호스트에 접근하려는 외부 라우터는 IPv4 주소의 경로만 알면 된다. 외부 라우터에서는 모든 IPv4 주소(193.055.1.0~193.055.6.0)를 라우팅 테이블로 갖고 있을 필요 없이 앞 두 자리인 193.055 주소만 알면 된다.

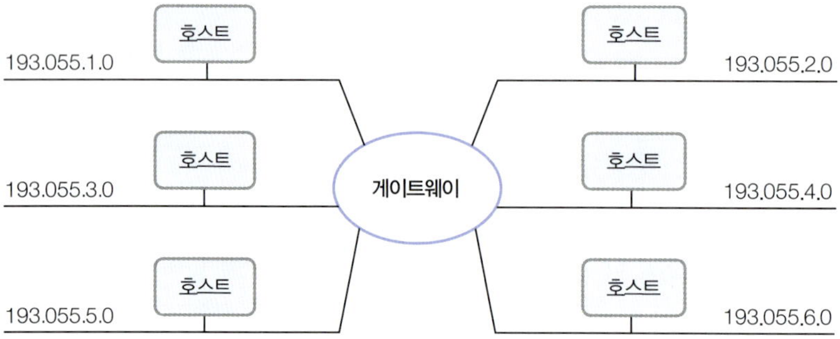

그림 7-8 서브넷 주소가 처리된 예

서브넷 마스크는 서브넷과 호스트 부분을 구분해 준다. 참고로 각 클래스의 디폴트 서브넷 마스크Default Subnet Mask를 보면 클래스 A는 (255.0.0.0), 클래스 B는 (255.255.0.0), 클래스 C는 (255.255.255.0)이다.

다음 문제를 보면서 서브넷 마스크를 이해해보자.

> 클래스 C 네트워크를 26개의 서브넷으로 나누고, 각 서브넷에는 4~5개의 호스트를 연결한다. 이러한 서브넷을 구성하려면 서브넷 마스크 값을 얼마로 해야 하는가?

클래스 C에서 서브넷 마스크를 적용할 부분은 맨 마지막 8비트다. 이 중에서 4~5개의 호스트를 연결하려면 적어도 3비트가 필요하다. 그러면 나머지 5비트를 가지고 최대 32(2^5)개의 서브넷을 만들 수 있다. 이는 문제에서 제시한 것처럼 26개 이상의 서브넷 구성이 가능하다는 뜻이다. 이를 바탕으로 8비트를 구성해보면 처음 다섯 비트는 서브넷 번호로 사용하고 이후 세 비트는 호스트 번호로 사용하면 된다. 서브넷 번호로 사용할 비트는 1을 할당하고 나머지 비트는 0을 할당하여 11111000이 된다. 이를 10진수로 바꾸면 248이다. 서브넷을 구성하기 위한 서브넷 마스크 값은 255.255.255.248이다.

서브넷을 만들 때 사용하는 마스크를 서브넷 마스크라고 한다. 모든 IP 주소에는 서브넷 마스크가 있는데, 서브넷을 하지 않은 상태, 즉 클래스의 기본 성질대로 쓰는 경우에는 디폴트 서브넷 마스크를 사용한다. 이것은 IP 주소를 보다 효율적으로 쓰고 적정한 주소 배정을 하기 위함이다.

IPv4 데이터그램은 헤더와 데이터로 구성된다. 헤더 부분에는 다양한 정보가 있는데, [표 7-3]은 IP 헤더(20바이트)의 항목Field을 간략히 정리한 것이다.

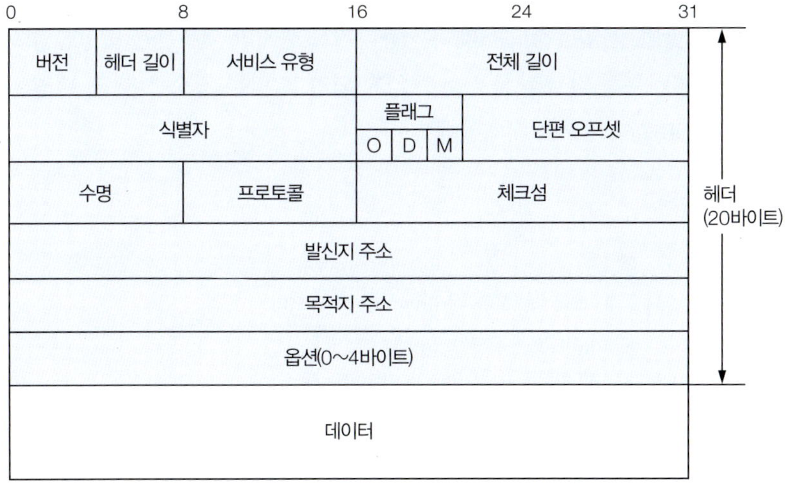

그림 7-9 IPv4 데이터그램의 형식

IPv4 라우팅은 송신지에서 목적지로 패킷을 전송할 경로를 직접 연결하지 않고, 중간 노드를 경유해 연결한다. 이러한 라우팅 기능을 수행하는 장비가 라우터다.

여기서 잠깐! | CIDR 표기법

CIDR(Classless Inter-Domain Routing)은 클래스 없는 도메인 간의 라우팅 기법으로 최신 IP 할당 기법이다. 1993년에 도입하기 시작한 것으로 인터넷에서 데이터 라우팅의 효율성을 향상시키는 방법으로, 네트워크 식별자 범위를 자유롭게 지정할 수 있다. 별도 서브넷팅 없이 내부 네트워크를 임의로 분할할 수 있고 소수의 라우팅 항목으로 다수의 네트워크를 표현할 수 있다. CIDR 표기법은 'IP 주소/서브넷 마스크의 2진수로 표현한 1의 개수'로 표현한다.

예를 들어, IP 주소 1.1.1.1과 서브넷 마스크 255.255.0.0을 CIDR 표기법으로 나타내면 1.1.1.1/16이다. 255.255.0.0은 2진수 11111111.11111111.00000000.00000000로 나타내는데 1이 16개이므로 1.1.1.1/16이 된다. 몇 가지 예를 더 살펴보면 다음과 같다.

- 1.1.1.1(255.255.255.255) -> 1.1.1.1/32
- 1.1.1.1(255.255.255.0) -> 1.1.1.1/24
- 1.1.1.1(255.255.0.0) -> 1.1.1.1/16
- 1.1.1.1(0.0.0.0) -> 1.1.1.1/0

■ 라우팅 프로토콜과 라우팅 테이블

라우터가 경로를 결정하는 데 사용하는 규칙이 라우팅 프로토콜이다. 라우팅은 경로 결정과 스위칭의 두 가지 기능으로 구성된다. 라우팅에서 결정된 경로는 라우팅 테이블에 저장된다. 라우팅 프로토콜에 따라 한번 결정한 경로를 계속 사용하기도 하지만 대부분은 결정한 경로가 유효한지 계속 확인한다. 특정 경로를 사용할 수 없게 되면 또 다른 경로를 찾고, 더 좋은 경로를 찾으면 현재의 경로를 새 것으로 대체한다.

표 7-3 IPv4 헤더의 항목

항목	길이	설명
버전(Version)	4	• IP 헤더 형식으로 4는 IPv4, 6은 IPv6 의미
헤더 길이 (Header Length)	4	• 4바이트(또는 옥텟(Octet)) 배수로 표시 • 선택 항목을 제외하면 20바이트(20옥텟=5×4)
서비스 유형 (TOS; Type Of Service)	8	• 우선순위, 지연 시간, 처리 능력, 신뢰성 등의 QoS(Quality Of Service) 표시 • 8비트 중에서 상위 3비트는 사용하지 않고, 나머지 5비트 중 4비트만 설정하여 사용 • 마지막 비트값은 0으로 지정
전체 길이(Total Length)	16	• IP 데이터그램의 총 길이로, 데이터 시작 위치 명시 • IP 데이터그램의 최대 길이는 65,535바이트, 최소 길이는 576바이트(512+64(프로토콜 오버헤드))
식별자(Identification)	16	• 각 데이터그램을 식별 • IP 단편화에 이용
플래그(Flag)	3	• 단편화 항목으로 단편화 여부, 마지막 조각 여부 표시
단편 오프셋 (FO; Fragment Offset)	13	• 단편의 시작 바이트를 8로 나눈 값을 저장 • 데이터 항목의 시작 위치 표시
수명(TTL; Time To Live)	8	• 데이터그램이 활동할 수 있는 최대 시간을 초 단위로 표시 • 이 항목이 0이 되면 타이머 완료 • 통과할 수 있는 라우터의 수 제한
프로토콜(Protocol)	8	• IP로 데이터를 보낸 프로토콜 명시
체크섬	16	• IP 데이터그램의 오류 검사 • 데이터를 제외한 헤더 부분 검사
발신지 주소	32	• 데이터그램을 송신한 장치의 논리적 주소
목적지 주소	32	• 데이터그램을 수신한 장치의 논리적 주소
옵션		• 경로 설정, 정렬, 타이밍 등의 옵션 사용 가능 • 필요할 경우 사용, 평소에는 잘 사용하지 않음

■ **IPv4 라우팅의 예**

다음 그림은 IP 라우팅의 예로, 송신과 수신 호스트가 동일한 네트워크에 있을 때 호스트 1(207.0.0.1)이 동일한 네트워크에 있는 호스트 2(207.0.0.2)로 데이터그램을 전송하는 과정이다.

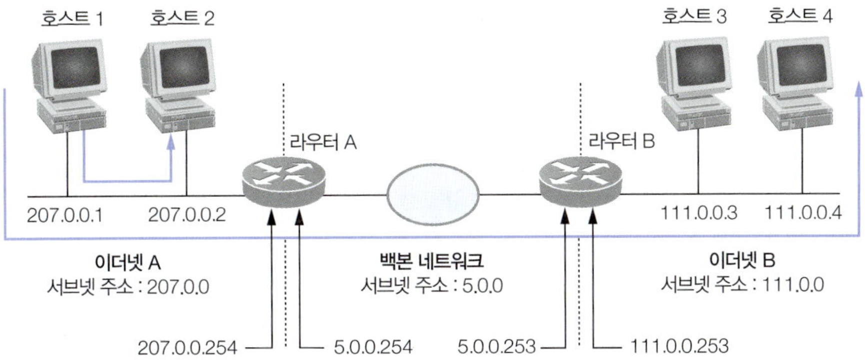

그림 7-10 IPv4 라우팅의 예

IPv4는 상위 계층에서 데이터그램을 받으면 라우팅 테이블을 검색해 수신 호스트 주소가 직접 연결된 호스트임을 알게 되고, 데이터그램은 이더넷 디바이스 드라이버를 통과해 이더넷 프레임으로 호스트 2에 전송된다. 이때, IPv4 데이터그램의 목적지는 호스트 2의 IPv4 주소가 되고, 데이터 링크 계층 헤더의 목적지 주소는 호스트 2의 48비트 이더넷 주소가 된다. 이더넷 주소는 LAN 카드에 부여되는 주소로, ARP를 이용해 얻는다. 호스트 IP 라우팅에서 송신지와 목적지가 물리적으로 직접 연결되어 있으면 IPv4 데이터그램은 목적지로 직접 전송된다.

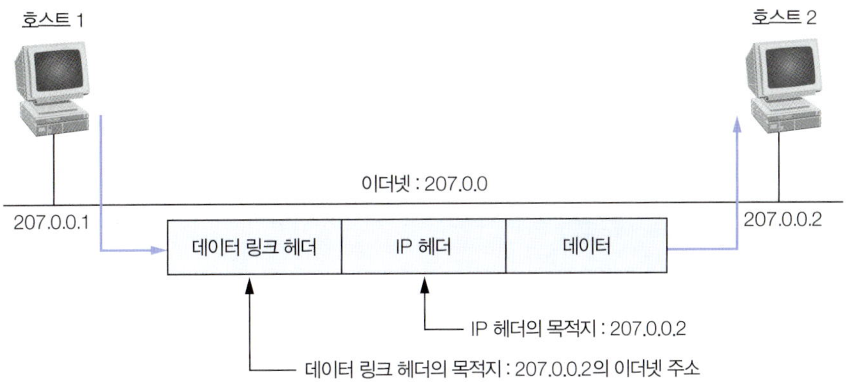

그림 7-11 호스트 1이 동일한 네트워크에 있는 호스트 2로 데이터그램을 전송하는 과정

반면, 호스트 1(207.0.0.1)이 다른 네트워크에 있는 호스트 4(111.0.0.4)로 데이터그램을 전송하려면 라우터 두 개를 통과해야 한다. 먼저, 호스트 1은 목적지가 외부 네트워크의 호스트임을 알고, 자신과 연결된 라우터에 데이터그램을 전송한다. 여기서는 송신지와 목적지가 물리적으로 직접 연결되어 있지 않으므로 호스트가 데이터그램을 라우터로 보내고 그 라우터를 목적지로 다시 전송한다. 라우터에는 목적지에 데이터그램을 전송하려면 어떤 라우터로 현재의 데이터그램을 보내야 하는지 결정할 수 있는 라우팅 테이블이 있다.

2.2 IPv6

현재, 가장 광범위하게 사용하는 주소 체계는 IPv4다. 그러나 표현 범위가 32비트밖에 되지 않아 급격하게 늘어난 인터넷 사용자의 수에 비해 주소를 표현하는 데 한계가 있다. 주소 할당 공간이 부족하고, 주소 설정이 어려우며, 보안 대책 등이 미흡하다. 인터넷 프로토콜 IPv6는 IPv4의 주소 체계를 개선한 차세대 인터넷 프로토콜이다.

IPv6는 1990년대 초부터 IETF[Internet Engineering Task Force]에서 연구와 표준화 작업을 수행했다. 주소 공간은 128비트로, 32비트인 IPv4보다 4배 확대되었다(예 3122: FFAB: 1234: 3120: 1111: DCDD: 2241: 0099). IPv6의 헤더 구조는 다음 그림과 같고 헤더 항목은 [표 7-4]에 정리되어 있다.

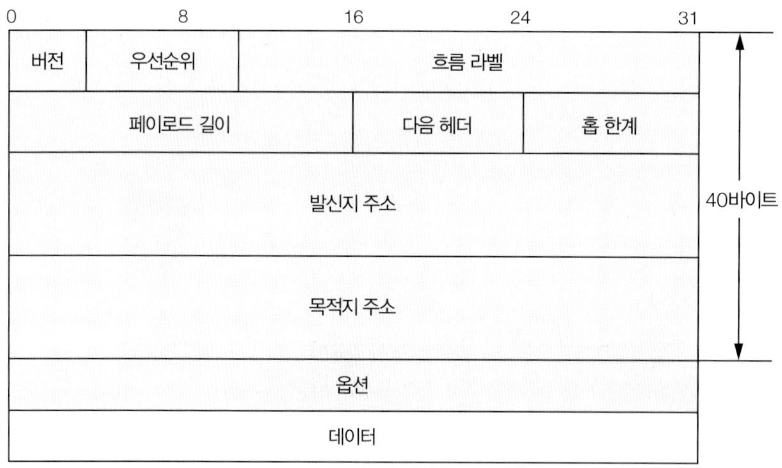

그림 7-12 IPv6의 헤더 구조

표 7-4 IPv6 헤더의 항목

항목	길이	설명
버전(Version)	4	프로토콜의 버전 표시로 값은 6으로 고정
우선순위(Priority)	8	우선순위 표시
흐름 라벨(Flow Label)	20	송신지와 수신지의 고유 특성과 요구 사항 설정
페이로드 길이(Payload Length)	16	40바이트 다음 바이트의 정보 표시
다음 헤더(Next Header)	8	IPv6의 확장 헤더나 TCP/UDP처럼 상위 계층 헤더의 종류 표시
홉 한계(Hop Limit)	8	패킷이 영원히 있는 것을 방지하는 것으로 값이 0이면 패킷 폐기
발신지 주소(Source Address)	128	발신지 주소 표시
목적지 주소(Destination Address)	128	목적지 주소 표시

IPv6는 IPv4에 있는 〈헤더 길이〉 항목을 포함하지 않고, 헤더의 길이를 40바이트로 고정해 헤더를 처리하는 소프트웨어를 최적화했다. IPv6는 기본 헤더와 확장 헤더가 분리되어 매우 유연한 구조를 가지며 쉽게 변경 및 추가할 수 있는 것이 장점이다. IPv6의 헤더 구조는 IPv4 보다 단순하며, IPv4의 옵션 필드를 확장 헤더로 구현했다.

IPv6의 주소 유형에는 유니캐스트, 애니캐스트, 멀티캐스트 등이 있다.

- **유니캐스트**Unicast: 단일 인터페이스 형식의 주소로, 해당하는 인터페이스에만 전달된다. 메시지의 수신 주소를 한 개만 지정하는 1:1 통신 형태다. IP 주소의 클래스 A, B, C는 유니캐스트 주소다.
- **애니캐스트**Anycast: 멀티 인터페이스 형식의 주소로, 해당하는 인터페이스 중 하나에 전달된다. IPv6 해당 그룹에서 가장 가까운 노드를 연결시키는 네트워크 어드레싱 및 라우팅 방식이다. 여러 개의 노드에 전송될 수 있고 이 노드를 모두 동일한 목적 주소로 식별한다.
- **멀티캐스트**Multicast: 멀티 인터페이스 형식의 주소로, 특정한 다수의 단말에만 정보를 송신하고 지정된 복수의 수신 주소에 동일한 메시지를 보낸다. 구내 정보통신망LAN이나 인터넷에 접속된 일부 사용자 중 한 사람이 몇 사람에게 정보를 송신하고, 정보를 수신한 몇 사람이 같은 내용을 버킷 릴레이Bucket Relay 방식으로 다른 사람에게 송신함으로써 정보를 전파한다.

2.3 IPv4와 IPv6의 차이점

IPv4와 IPv6의 차이점을 정리하면 다음 표와 같다.

표 7-5 IPv4와 IPv6의 차이

구분	IPv4	IPv6
용어	• Internet Protocol version 4	• Internet Protocol version 6
기간	• IETF RFC 791(1981년 9월)에 기술 • 2011년 2월 4일부터 모든 주소가 소진되어 할당 중지	• 2011년 2월 이후
주소 체계	• 총 12자리, 네 부분으로 나뉨 • 8비트를 16진수로 표현해 4자리로 나타내고 중간에 온점(.)으로 표시 • 각 부분은 0~255까지 3자리로 표현 • 예 xxx.xxx.xxx.xxx	• 16비트(2옥텟)를 16진수로 표현해 8자리로 나타내고 중간에 콜론(:)으로 표시 • 예 2001:0DB8:0000:0000:0000:0000:1428:57ab
주소 길이	• 32비트	• 128비트(주소 공간이 4배 확장)
주소 공간	• 32비트 주소 공간(32비트로 표현할 수 있는 주소 영역)	• 주소 길이는 IPv4(32비트)에 비해 4배(128비트)가 되었지만, 생성되는 주소 공간은 296배임
주소 개수	• 43억 개(32비트로 생성할 수 있는 주소 개수는 2^{32}개로, 4,294,967,296개)	• 거의 무한대(128비트로 생성할 수 있는 주소 개수는 2^{128}개로, 약 3.4×10^{38}개이므로 거의 무한대)
주소 할당	• 패킷 교환 네트워크에서 데이터를 교환하기 위한 프로토콜이며, 클래스 단위의 비순차적 할당 방식 사용 • 정확한 데이터 전달을 보장하지 않고, 중복 패킷을 전달하거나 패킷 순서를 잘못 전달할 가능성 있음 • 데이터의 정확하고 순차적인 전달은 상위 프로토콜인 TCP(UDP에서도 일부)에서 보장	• 단말기 수나 네트워크 규모에 따라 순차적 할당 방식 사용
헤더	• 20바이트 • 패킷 구조가 복잡	• 40바이트 • IPv4에 비해 패킷 구조가 단순해 빠른 처리 가능. 제거된 필드는 주로 패킷 체크와 관련된 것으로 이더넷 계층에서 이미 이루어진 것들이라 불필요한 오버헤드임
모바일 IP	• 구축 어려움(정의되어 있지만 많이 사용되지 않음)	• 구축 용이(IPv6 호스트는 네트워크의 물리적 위치에 제한받지 않고 같은 주소를 유지하며 자유롭게 이동 가능)
웹 캐스팅	• 구축 어려움	• 구축 용이

플러그 앤 플레이	• 없음	• 있음
품질 제어	• QoS 일부 지원	• 프로토콜 차원에서 QoS 제공 • 라우터 단위에서 데이터 특성에 따른 서비스의 질을 결정할 수 있어 QoS 등의 품질 보장이 용이하며, 등급별, 서비스별로 패킷 구분 가능
호스트 주소 설정 방식	• 수동 설정(네트워크 관리자로부터 IP 주소를 부여받아 수동으로 설정)	• 자동 설정(IPv6 네트워크에 접속하는 순간 자동으로 네트워크 주소 부여)
패킷 크기	• 확장 제한(64kbyte로 제한)	• 확장 가능(특정 호스트 사이에는 임의로 큰 크기의 패킷을 주고받을 수 있게 제한이 없으며, 대역폭이 넓은 네트워크를 더 효율적으로 사용 가능)
라우팅 기능	• 비효율적	• 효율적(IP 패킷을 신속하게 처리할 수 있도록 고정 크기의 단순한 헤더를 사용하는 동시에, 확장 헤더를 통해 네트워크 기능 확장 및 옵션 기능 확장이 용이한 구조로 정의됨)
인증 및 보안 기능	• 별도의 보안 프로토콜 설치	• IPv6 확장 헤더로 적용 가능하며, 패킷 출처 인증, 데이터 무결성 및 비밀 보장 기능을 IP 프로토콜 체계에 반영함
흐름 레이블링	• 없음	• 흐름 라벨(Flow Label) 개념을 도입, 특정 트래픽은 별도의 처리(실시간 통신 등)를 통해 높은 품질의 서비스를 제공하도록 함
사물인터넷에 적용	• 어려움	• 용이함(개인 단말기, 위치 정보 시스템, 휴대용 PC를 비롯해 원격으로 관리하기 위한 산업 및 가정용 기기 포함됨)

여기서 잠깐! | IPv4와 IPv6의 연동 방법

① IPv4/IPv6 변환(Translation)

송신자는 IPv6, 수신자는 IPv4, 네트워크는 IPv6를 사용하는 경우에는 IPv6 헤더를 IPv4 헤더로 변환해야 연동이 된다.

② 터널링(Tunneling)

IPv6 패킷을 IPv4 패킷에 전달하기 위해 유료 부하(Pay Load)에 싣는 방법이다.

③ 이중 스택(Dual Stack)

IPv6를 구현하는 장비와 IPv4를 병행해서 사용한다. 필요한 경우에 패킷의 헤더에 있는 버전값을 감안해 프로토콜 스택을 선택해서 처리한다.

2.4 모바일 IP

모바일 IPMIP; Mobile IP는 사용자가 다른 지역 인터넷망으로 이동할 때, 사용 중인 IP 주소를 그대로 사용해 통신의 지속성을 유지시켜 주는 기술이다. 모바일 IP는 단말기가 어느 서브넷 지역으로 이동하더라도 통신이 가능한데, 인터넷은 여러 서브넷이 라우터를 통해 연결되어 있는 형태라 단말기가 다른 서브넷 지역으로 이동하면 인터넷 접속이 끊긴다. 자신이 등록된 네트워크 라우터를 홈 에이전트HA, 이동하여 접속한 다른 네트워크 라우터를 포린 에이전트FA라고 한다. HA로 도착한 패킷은 터널링 기법으로 FA를 통해 전달된다.

모바일 IP는 IETF 표준 통신 프로토콜이다. 모바일 IPv4는 IETF RFC 3344(RFC 3220과 RFC 2002의 진화 문서)에 기술되어 있고, 최신 내용은 IETF RFC 4721에 추가되었다. 모바일 IPv6는 IETF RFC 3775에 기술되어 있다. 현재 모바일 IP는 모바일 IPv6, Hierarchical MIPv6 등의 다양한 형태로 발전되어 더욱 안전하면서 효과적인 방향으로 개발되고 있다.

2.5 ICMP

ICMPInternet Control Message Protocol는 오류 보고, 상황 보고, 경로를 제어하는 정보 전달 기능을 통해 IP에서 발생하는 문제를 처리하는 프로토콜이다. 다음 그림을 예로 살펴보면, 시스템 A에서 시스템 B로 메시지를 전달할 때, 라우터 3에 있는 라우팅 테이블이 잘못되어 데이터그램을 시스템 B로 전달할 수 없다면 ICMP 메시지를 출발지인 시스템 A로 되돌려 보낸다.

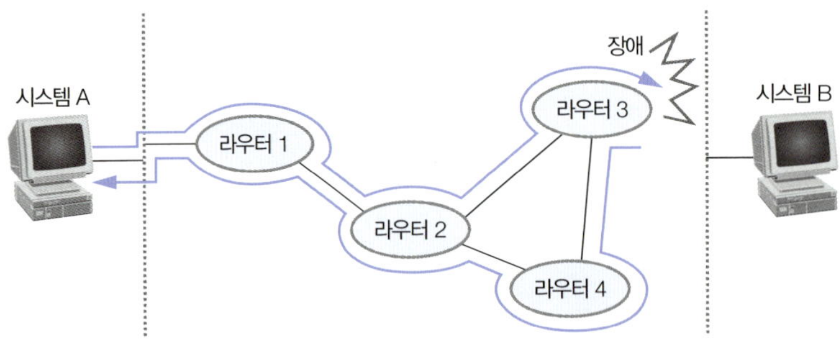

그림 7-13 ICMP의 예

ICMP 메시지는 인터넷과 라우터를 거쳐 운반되므로 IP로 캡슐화해야 한다. 이때, ICMP 메시지를 IP로 캡슐화하더라도 ICMP를 상위 계층 프로토콜로 간주하지는 않는다는 점을 주의해야 한다. ICMP 메시지를 캡슐화한 모습은 다음 그림과 같다.

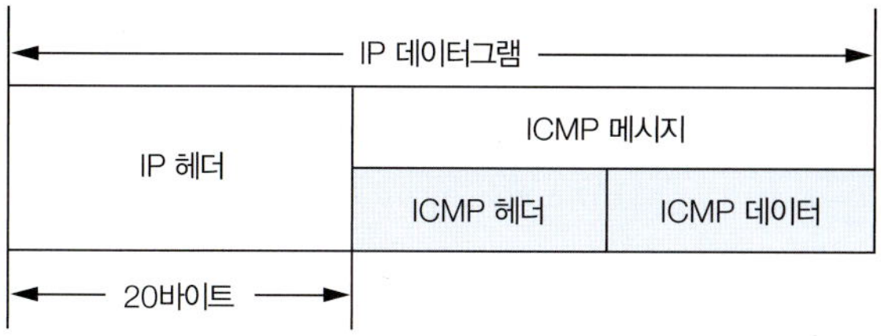

그림 7-14 ICMP 메시지의 캡슐화

ICMP 메시지의 형식은 다음과 같다.

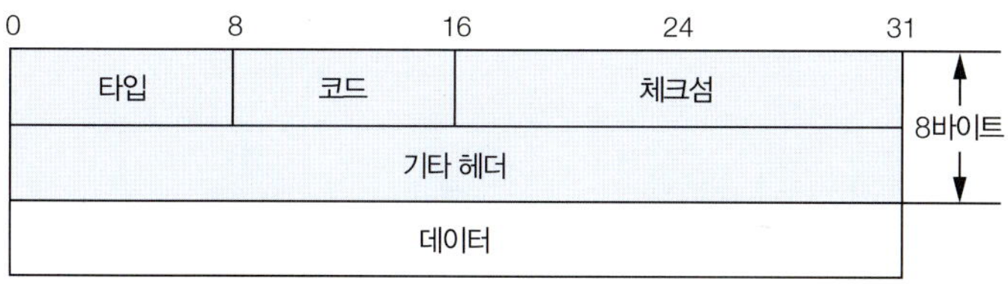

그림 7-15 ICMP 메시지의 형식

다음은 ICMP 헤더의 항목을 간략히 정리한 것이다.

표 7-6 ICMP 헤더의 항목

항목	길이	설명
타입(Type)	8	• ICMP 메시지의 종류 표시
코드(Code)	8	• 각 메시지 타입에서 코드값 표시(0~5)
체크섬(Checksum)	16	• ICMP 메시지 자체(헤더+데이터)에서 오류 검사하는 필드
기타 헤더	32	• 타입과 코드에 따라 달라지는 부분

2.6 IGMP

멀티캐스트는 하나의 송신 노드가 네트워크에 연결된 하나 이상의 수신 노드에 데이터를 전송하는 것이다. 이때, 송신 노드는 수신될 노드를 미리 지정한다. 전자 우편에서 주소록을 미리 등록해서 보내는 방식이 멀티캐스트의 대표적인 예다.

IGMP Internet Group Message Protocol는 이러한 멀티캐스트 기능을 수행하는 프로토콜이다. 네트워크의 멀티캐스트 트래픽을 자동으로 조절하고 제한하며, 수신자 그룹에 메시지를 동시에 전송하는 데 사용한다.

2.7 인터넷 라우팅 프로토콜

인터넷에는 수많은 네트워크가 서로 연결되어 있다. 여기서 네트워크 내부의 라우팅이나 네트워크 관리를 독자적으로 운영하는 것을 자율 시스템AS; Autonomous System이라고 한다. 자율 시스템의 구성 요소가 라우팅 정보를 저장 및 관리하는데, 이 정보를 사용하는 것이 인터넷 라우팅 프로토콜이다. 자율 시스템 내부에 위치한 게이트웨이는 내부 게이트웨이, 자율 시스템을 연결하는 게이트웨이는 외부 게이트웨이라고 한다. 인터넷 라우팅 프로토콜의 구조는 다음과 같다.

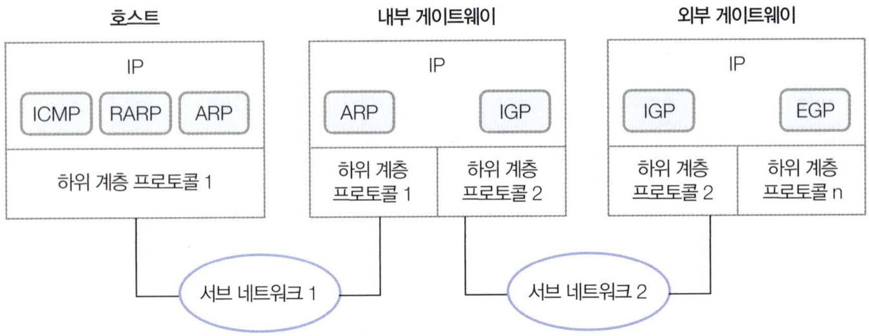

그림 7-16 자율 시스템에서 인터넷 라우팅 프로토콜의 구조

■ 주소 결정 프로토콜(ARP)

주소 결정 프로토콜ARP; Address Resolution Protocol은 IP 주소를 네트워크 인터페이스 카드NIC의 물리적 주소인 이더넷 주소로 변환한다. 즉, IP와 관련된 LAN 카드의 물리 주소를 알아내는 프로토콜이다. ARP 기능을 이용하면 스위치 아래에서 실제로 동작 중인 단말의 MAC 주소를 알 수 있다. ARP는 RFC 826 규격이다.

■ 역주소 결정 프로토콜(RARP)

역주소 결정 프로토콜RARP; Reverse Address Resolution Protocol은 네트워크 인터페이스 카드NIC의 물리적 주소인 이더넷 주소를 IP 주소로 변환한다. RFC 903 규격이다.

그림 7-17 ARP와 RARP의 기능

■ **내부 게이트웨이 프로토콜(IGP)**

내부 게이트웨이 프로토콜IGP; Interior Gateway Protocol은 내부 게이트웨이와 외부 게이트에 위치하며, 자율 시스템 내부에서 작동한다. IGP는 자율 시스템AS 내부에서 사용하는 라우팅 프로토콜로, RIP와 OSPF가 대표적인 종류다.

■ **외부 게이트웨이 프로토콜(EGP)**

외부 게이트웨이 프로토콜EGP; Exterior Gateway Protocol은 외부 게이트에 위치하며 서로 다른 자율 시스템 사이에서 작동한다. AS 간 라우팅 프로토콜을 EGP라 하며 BGP가 대표적인 종류다.

3 전송 계층 프로토콜

전송 계층은 포트를 사용하는 두 종단 호스트 사이에서 데이터를 전달한다. 대표적인 프로토콜로 TCP와 UDP가 있다. TCP와 UDP의 포트 번호는 서로 독립적이다. TCP와 UDP는 전송 계층에 해당하며 IP 상위에서 동작한다. TCP는 연결형, UDP는 비연결형 프로토콜이다.

3.1 TCP

TCPTransmission Control Protocol는 두 종단 간의 연결을 설정한 후 데이터를 8비트의 바이트 스트림으로 교환하는 연결형 프로토콜이다. TCP는 신뢰성 있는 스트림 전송 포트 대 포트 프로토콜이며 인터넷에서 사용하는 프로토콜이다. 두 프로세스 간의 연결을 설정, 유지, 종료시키는 기능이 있으며, 포트 번호를 사용해 송수신 간의 다중 연결을 허용한다.

[그림 7-18]은 TCP와 IP가 미치는 영역을 표시한 것이다. IP는 호스트 대 호스트, 즉 컴퓨터 간 통신에 관여하며 목적지 호스트에만 메시지를 전달한다. 반면, TCP는 응용 프로그램(프로

세스) 간에 메시지를 전달하며 이를 위해 포트 번호를 이용한다. TCP에서 전달되는 데이터는 세그먼트라고 한다. 각 TCP 접속의 종단에 일정 크기의 버퍼를 가지고 있어서 흐름 제어와 혼잡 제어를 수행한다. TCP에서는 혼잡을 회피하기 위한 방법으로 Slow-Start 알고리즘을 사용한다. 연결 설정 초기에 이미 혼잡한 환경이 있을 수 있으니 혼잡 회피를 위해 초기에 네트워크의 데이터 송출량을 조심스럽게 점증시켜가며 조사한다. 또한, TCP 발신자가 적절한 윈도 크기를 신속하게 찾도록 도와주고, 오류 제어를 위한 메커니즘을 제공한다. 느린 시작으로 인해 연결 초기에 다소 지연이 생기는 것이 단점이다.

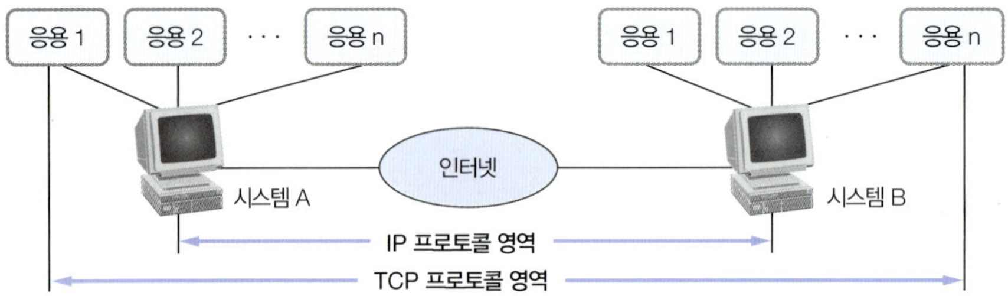

그림 7-18 TCP와 IP의 도메인 비교

TCP에서 전달되는 데이터인 세그먼트는 인터넷과 라우터를 거치기 때문에 다음 그림처럼 IP가 캡슐화하여 전송한다.

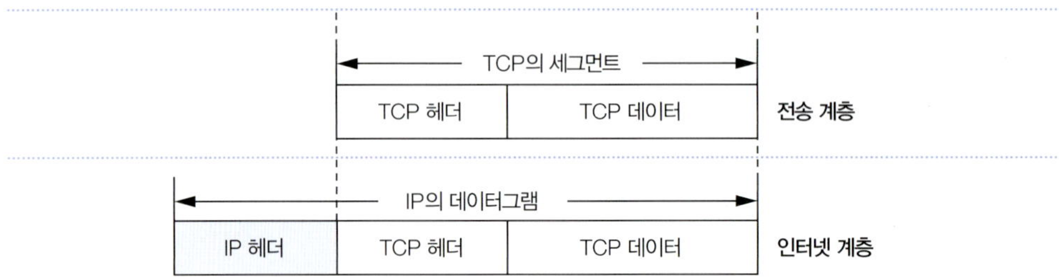

그림 7-19 IP의 TCP 패킷 캡슐화

TCP 세그먼트의 형식은 [그림 7-20]과 같다. [표 7-7]은 TCP 헤더의 항목을 정리한 것이다.

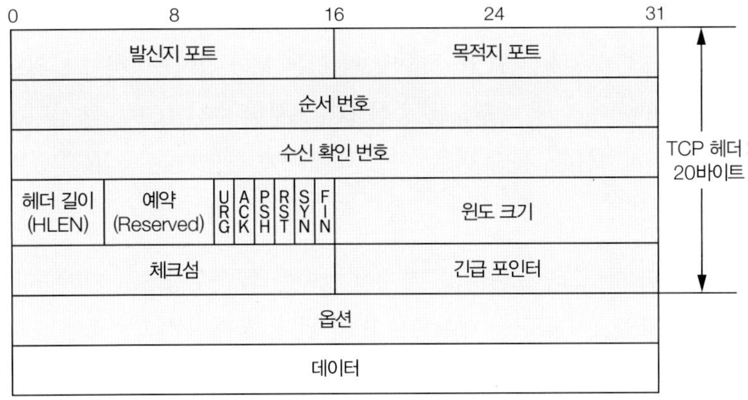

그림 7-20 TCP 세그먼트의 형식

표 7-7 TCP 헤더의 항목

항목	길이	설명
발신지 포트 (Source Port)	16	• 세그먼트를 보낸 호스트의 프로세스에 할당된 포트 번호
목적지 포트 (Destination Port)	16	• 세그먼트를 받는 호스트의 프로세스에 할당된 포트 번호
순서 번호 (Sequence Number)	32	• 세그먼트에 포함된 데이터의 첫 번째 바이트에 부여된 번호로, 목적지 TCP에 세그먼트의 첫 번째 바이트가 이 번호에 해당하는 것임을 알려줌 • TCP는 신뢰성 있는 스트림 전달 프로토콜이므로 전달하는 바이트마다 번호 부여 • 난수 발생기를 사용해 초기 순서 번호를 만들고, 각 방향에 따라 다른 번호 사용
수신 확인 번호 (Acknowledge Number)	32	• 상대편 호스트에서 받으려는 바이트의 번호 정의
헤더 길이(HLEN)	4	• TCP 헤더의 길이를 4바이트 워드 개수로 표시
예약(Reserved)	6	• 나중에 사용하려고 예약한 필드
플래그 비트	6	• 서로 다른 제어 비트 6개를 표시 – URG: 긴급 플래그 – ACK: 수신 확인 플래그 – PSH: 푸시 플래그 – RST: 리셋 플래그 – SYN: 동기화 플래그 – FIN: 종료 플래그
윈도 크기	16	• 송수신 측의 버퍼 크기 • 16비트이므로 최대 크기는 65,535
체크섬(Checksum)	16	• 데이터를 포함한 세그먼트 전체의 오류를 검사하는 필드로, 강제 수행함
긴급 포인터 (Urgent Pointer)	16	• 우선 처리할 긴급 데이터를 수신 측에 알려주는 필드
옵션	32	• 최대 40바이트의 정보 선택, 수신지에 추가 정보 전달

TCP 프레임 헤더 구조의 윈도 크기는 수신부가 응답 필드에서 지정한 번호부터 수신할 수 있는 바이트 수를 표시한다. 헤더 길이HLEN는 TCP 세그먼트에 있는 헤더 길이를 4바이트 워드 단위로 나타낸다. 순차 번호Sequence Number 필드는 송신 TCP로부터 수신 TCP로 송신되는 데이터 스트림 중 첫 바이트를 지정한다. 응답 번호Acknowledgement Number는 응답 제어 비트가 설정되어 있을 때만 제공한다.

TCP는 상위층이 넘겨준 데이터를 세그먼트 단위로 쪼개어 가공한 후 하위층으로 넘겨준다. 원래 IP에서 동작하도록 설계되었기에 하위층 대부분은 IP가 된다. 쪼개진 세그먼트에 순서를 부여한 후 전송 및 수신하여 순서가 바뀌는 일이 없도록 하는데, 패킷이 오고가다 순번이 바뀌어도 다시 복구해 상위층이 신뢰할 수 있는 연결 방식이다. TCP의 연결 지향형 방식을 신뢰성 스트림 서비스Reliable Stream Service라고도 한다.

3.2 UDP

UDPUser Datagram Protocol는 두 종단 간의 연결을 설정하지 않고 데이터를 교환하는 비연결형 프로토콜이다. 사용자 데이터를 데이터그램에 포함해 전송한다.

UDP 패킷은 인터넷과 라우터를 거쳐 전달되기 때문에 다음 그림처럼 IP가 캡슐화하여 운반한다.

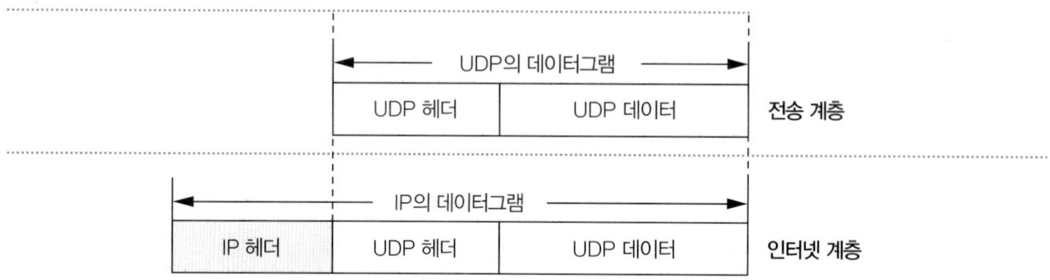

그림 7-21 IP의 UDP 패킷 캡슐화

UDP의 데이터그램 형식은 [그림 7-22]와 같고 [표 7-8]은 UDP 헤더의 항목을 간략히 정리한 것이다.

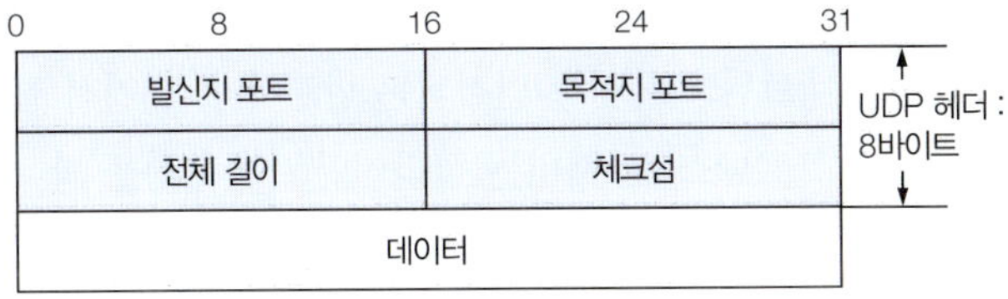

그림 7-22 UDP의 데이터그램 형식

표 7-8 UDP 헤더의 항목

항목	길이	설명
발신지 포트(Source Port)	16	• 데이터그램을 보낸 호스트의 프로세스에 할당된 포트 번호
목적지 포트(Destination Port)	16	• 데이터그램을 받는 호스트의 프로세스에 할당된 포트 번호
전체 길이(Total Length)	16	• 헤더와 데이터를 합한 사용자 데이터그램의 전체 길이로, 범위는 0~65,535
체크섬(Checksum)	16	• 데이터그램의 헤더와 데이터 전체의 오류 검사에 사용하며, 선택적으로 수행함

UDP는 TCP와 달리 비연결성이라 수신 측이 데이터가 제대로 도착했는지 확인하지 않는 비신뢰성 서비스를 제공한다. 사용자 데이터를 데이터그램에 포함해 전송하는 UDP는 매우 빠른 전달 서비스를 제공하는 대신 신뢰성이 없다. UDP는 TCP에 비해 오버헤드의 크기가 크지 않으며, 연결 등에 대한 상태 정보를 저장하지 않고 연결 설정 없이 데이터를 전송한다.

3.3 TCP와 UDP 비교

다음 표는 TCP와 UDP의 특징을 비교한 것이다.

표 7-9 TCP와 UDP의 특징 비교

프로토콜의 기능	TCP	UDP
데이터 전송 단위	세그먼트	블록 형태의 데이터그램
서비스 형태	연결형	비연결형
수신 순서	송신 순서와 일치	송신 순서와 불일치
오류와 흐름 제어	있음	없음

4 응용 계층 프로토콜과 인터넷 서비스

TCP/IP와 UDP/IP의 상위 계층인 응용 계층에서는 최종 사용자에게 인터넷 서비스를 제공한다. 응용 계층 프로토콜의 대부분은 클라이언트와 서버 모델로 구현된다. 클라이언트와 서버 모델은 다음 그림처럼 클라이언트, 서버, 네트워크가 서로 연결되는 환경이다. 여기서 클라이언트는 서버에 작업을 요청하는 장비나 프로세스를, 서버는 클라이언트의 요청을 받아 작업을 처리하거나 그 결과를 클라이언트에 통보하는 장비나 프로세스를 말한다. 이 모델에서는 클라이언트와 서버의 협동 처리Cooperative Processing를 통해 작업이 진행된다. 클라이언트와 서버 모델은 연결 방식에 따라 연결형과 비연결형으로 분류할 수 있는데, 연결형으로는 TCP/IP 프로토콜, 비연결형으로는 UDP/IP 프로토콜을 사용한다.

응용 계층의 프로토콜은 하위 계층인 전송 계층에서 어떤 프로토콜을 사용하느냐에 따라 분류할 수 있다.

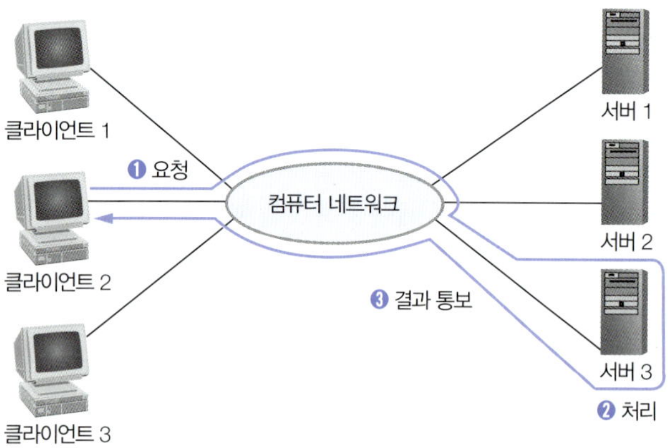

그림 7-23 클라이언트와 서버 모델

표 7-10 전송 계층의 프로토콜에 따른 응용 계층의 프로토콜 종류

전송 계층의 프로토콜	응용 계층의 프로토콜
TCP 사용	HTTP, FTP, 텔넷, SMTP 등
UDP 사용	SNMP 등

TIP
- HTTP: HyperText Transfer Protocol
- FTP: File Transfer Protocol
- SMTP: Simple Mail Transfer Protocol
- SNMP: Simple Network Management Protocol

4.1 HTTP

HTTPHyperText Transfer Protocol는 인터넷에서 하이퍼텍스트 문서를 교환하는 데 사용하는 통신 규약이다. 하이퍼텍스트Hypertext는 문서마다 특정 키워드를 두고 텍스트나 이미지를 유기적으로 결합 및 연결해 서로 다른 문서가 한 문서처럼 보여서 참조하기 쉽도록 해 주는 방식이다. HTTP는 1989년 팀 버너스 리Tim Berners Lee가 처음 설계했는데, 인터넷을 이용한 월드 와이드 웹WWW; World Wide Web에 기반을 두고 전 세계적으로 정보를 공유할 수 있게 하였다.

HTTP의 첫 번째 버전은 인터넷을 이용해 가공되지 않은 데이터를 전송만 해 주다가 점차 데이터 전송과 요구, 응답 수정 등 가공된 정보를 포함하는 프로토콜로 개선되었다. 인터넷 주소를 지정할 때 'http://www…'처럼 쓰는데, 이것은 www로 시작하는 인터넷 주소에서 하이퍼텍스트 문서의 교환을 http 통신 규약으로 처리하라는 뜻이다.

웹Web에서 HTMLHyperText Markup Language 문서를 송수신하는 데 사용하며, 텍스트, 이미지, 멀티미디어 파일 등 다양한 형태의 데이터를 전송할 수 있다.

HTTP에서 사용자가 인터넷에 접속해 웹 문서를 이용할 때는 클라이언트와 서버 방식을 이용한다. 클라이언트의 웹 브라우저가 서비스를 요구하면 하나의 TCP 연결을 생성한다. 그리고 웹 브라우저에서 요구한 URL 도메인명에 해당하는 컴퓨터 서버에 접근해 URL 경로의 HTML 파일을 찾아 클라이언트에게 보여준다.

다음은 www.hanbit.co.kr 서버에 있는 book 폴더(디렉터리)에서 test.html 문서를 찾아 클라이언트 쪽 웹 브라우저에 보여주는 과정이다.

① 클라이언트의 웹 브라우저에 http://www.hanbit.co.kr/book/test.html을 입력해 요청한다.
② 웹 브라우저가 DNS에 http://www.hanbit.co.kr의 IP 주소를 요청하면 DNS는 http://www.hanbit.co.kr의 IP 주소를 응답한다.

다음은 도메인명을 IP 주소로 변환하는 과정이다. DNS 서버는 네임 서버Name Server라고도 하는데, 도메인명을 입력받으면 해당하는 IP 주소를 DNS 정보 데이터베이스에서 검색한 결과를 웹 브라우저를 이용해 클라이언트에게 알려준다.

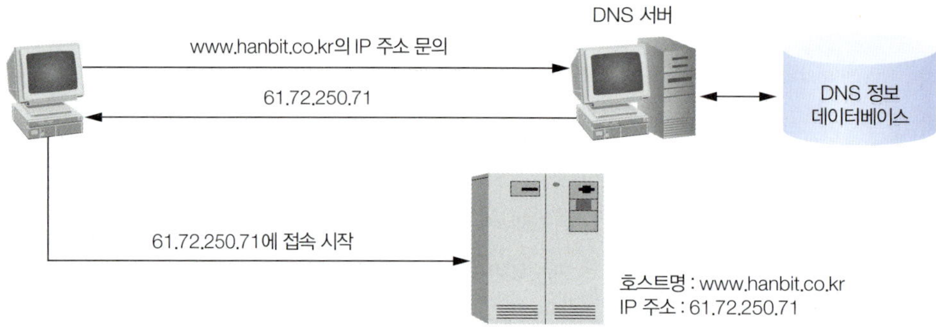

그림 7-24 도메인명을 IP 주소로 변환하는 과정

IP 주소를 받은 클라이언트의 웹 브라우저는 다음과 같이 동작한다.

① 웹 브라우저는 응답받은 IP 주소에 포트 80번으로 TCP를 연결해 설정한다.
② 클라이언트가 설정된 연결을 이용해 /book/test.html을 요청하는 명령어를 보낸다.
③ www.hanbit.co.kr 서버가 test.html 파일을 클라이언트에 보낸다.
④ www.hanbit.co.kr이 TCP 연결을 해제한다.
⑤ test.html을 수신한 웹 브라우저는 이 문서의 텍스트 정보를 먼저 보여준 다음 이미지 정보를 보여준다.

그림 7-25 클라이언트와 서버에서 TCP 연결

■ HTML과 보완 기술

HTML은 웹 문서를 작성할 수 있게 제정해 놓은 표준 형식으로, 일종의 서식 언어라고 할 수 있다. 비순차적으로 연결할 수 있는 구조인 하이퍼텍스트 문서를 작성하는 언어로, 클라이언트 입장에서 작성한다. HTML은 텍스트 위주의 웹 문서에는 적합하지만 동적인 효과를 표현하는 데는 부적합하다. 3차원 가상 공간을 만들어 주는 VRML ViRtual Markup Language, 속도는 느리지만 게임과 파도치는 효과를 낼 수 있는 자바 애플릿, 웹 문서에 동적 효과를 주는 자바스크립트 등은 모두 HTML의 한계를 보완하려고 만든 기술이다.

■ 웹 브라우저와 웹 페이지

웹 브라우저는 HTML 언어로 생성된 문서를 읽을 수 있는 프로그램이다. 현재 구글의 크롬, 마이크로소프트의 인터넷 익스플로러와 엣지, 애플의 사파리를 가장 많이 사용한다. 웹 페이지는 웹에서 페이지 단위로 상호 연결된 HTML 형식의 웹 문서다.

여기서 잠깐! | 팀 버너스 리(Tim Berners Lee, 1955~)

월드 와이드 웹(World Wide Web, WWW)의 창시자로, 현대 웹 표준의 시초를 고안한 연구자다. 이런 성과 덕분에 IT 분야의 노벨상인 튜링상을 2016년에 수상했다. 1989년 입자 물리학 연구소에서 일할 당시에 연구자들끼리 정보를 교환하기가 어렵다는 점에 착안해 웹을 고안했다. 하이퍼링크를 포함한 텍스트를 기반으로 하는 새로운 인터넷 정보 교환 시스템을 제안했다.

4.2 FTP

FTP^File Transmission Protocol^는 파일을 효율적으로 주고받을 수 있는 파일 전송 프로토콜이다. 인터넷을 이용해 컴퓨터끼리 파일을 송수신할 수 있게 지원하는 방법이나 그런 프로그램을 통칭하기도 한다. FTP를 이용하면 용량이 큰 파일도 빠르게 송수신할 수 있다. 파일을 송수신할 때는 적당한 자격, 즉 원격 호스트 컴퓨터를 이용할 수 있는 사용자 ID와 패스워드가 있어야 한다.

FTP는 두 개의 연결 중에서 하나는 파일 전송용, 다른 하나는 제어용으로 사용한다. 파일 전송용은 클라이언트 쪽에서 서버 쪽으로 파일을 전송할 때마다 생성해서 사용하고, 제어용은 클라이언트 쪽에서 서버 쪽으로 명령을 내리고 서버에 응답하려고 사용한다.

FTP의 동작 원리와 예는 다음과 같다.

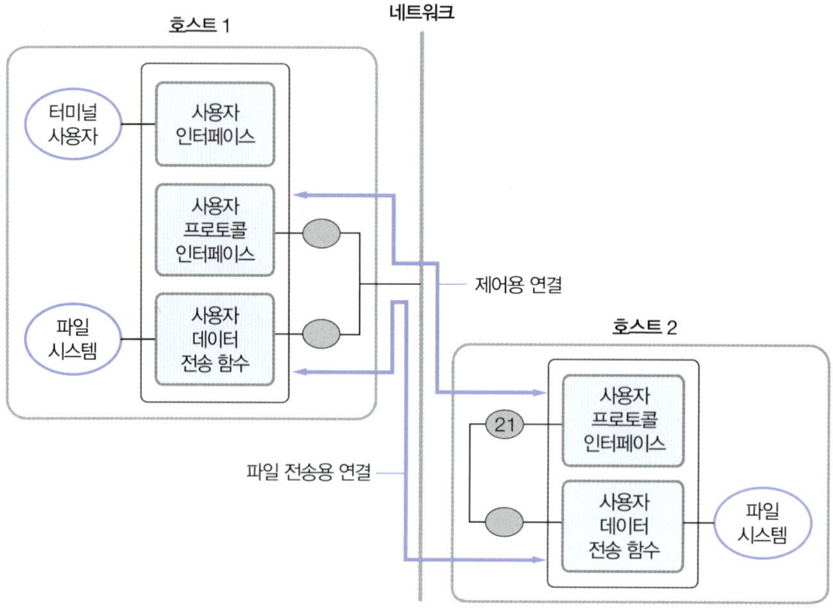

그림 7-26 FTP의 동작 원리와 예

① 서버는 FTP의 포트 21을 개방하고, 클라이언트가 접속하기까지 대기한다.

② 클라이언트는 연결 제어를 하기 위해 TCP 포트 21을 개방한다.

③ 클라이언트는 연결된 제어를 이용해 파일 전송을 요청한다.

④ 서버는 FTP의 21 포트로 클라이언트와 연결을 설정한다.

⑤ 서버는 연결을 이용해 클라이언트에 파일을 전송한다.

⑥ 파일 전송 후 서버는 연결을 해제한다.

⑦ 원하는 파일을 전부 수신했으면 클라이언트는 연결을 해제한다.

⑧ 서버는 다른 서비스 요청이 있을 때까지 대기한다.

여기서 잠깐! | **TFTP, NFS, FTP**

- **TFTP(Trial FTP)**: 하위 계층에서 UDP 프로토콜을 사용하며, 디스크가 없는 클라이언트와 서버 간에 파일을 전송할 때 사용한다.
- **NFS(Network File System)**: 파일 전송 기능 외에 네트워크로 연결된 기종이 다른 시스템 간에 파일 시스템을 공유하는 기능을 지원한다.
- **FTP**: 하위 계층에서 TCP 프로토콜을 사용한다.

4.3 텔넷

텔넷Telnet은 원격지에서 컴퓨터를 이용해 가상 단말 기능을 구현하는 프로토콜이다. 즉, 원격지에 위치한 호스트 컴퓨터를 로컬 컴퓨터처럼 사용할 수 있다. 인터넷 사용자는 텔넷을 이용해 전 세계에 있는 다양한 온라인 서비스를 제공받을 수 있다.

> **여기서 잠깐! | Rlogin과 텔넷**
>
> Rlogin(Remote login)은 원격 로그인 서비스의 또 다른 형태로, BSD(Berkely Software Distribution) 유닉스에 포함된 프로토콜이다. 다중 컴퓨터 환경에서 동일한 계정을 사용할 수 있어 텔넷보다 좀 더 융통성 있는 환경을 지원한다. 그러나 BSD 유닉스에서만 지원해 텔넷보다는 널리 사용되지 않는다.

4.4 SMTP

SMTPSimple Mail Transfer Protocol는 전자 우편 서비스를 사용할 수 있는 프로토콜이다. 하위 계층에서 TCP 프로토콜을 사용하며, 전자 우편을 송수신하려고 사용자 에이전트와 메시지 전송 에이전트를 사용한다. 전자 우편 사용자와는 직접 관계가 없고, 전자 우편 메시지가 통과하는 로컬 메인 시스템과만 정보를 교환한다. 즉, 사용자의 메시지 접수 방법, 사용자 인터페이스 구성 방법, 사용자의 메시지 저장 방법 등은 지정하지 않는다.

SMTP의 동작 원리와 예는 다음과 같다.

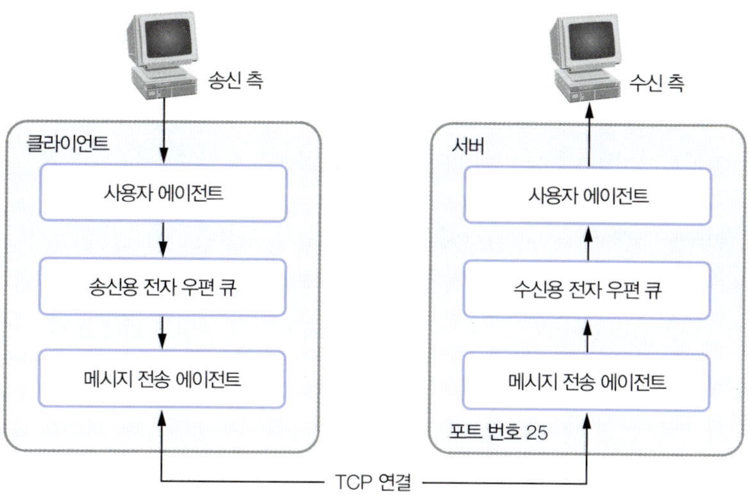

그림 7-27 SMTP의 동작 원리와 예

① 송신 측에서 메일 명령Mail Command을 수행한다.

② 송신 측에서 SMTP에 규정된 전자 우편 형식에 따라 내용을 작성한다.

③ 송신 측에서 송신용 메일 큐나 스풀에 송신할 내용의 전자 우편을 미리 저장한다.

④ 송신 측에서 수신용 메일 큐에 전자 우편이 있는지 검색한다. 있으면 헤더를 참조해 SMTP 규정에 따라 수신 측으로 발송한다.

⑤ 수신 측에서 수신용 메일 큐에 전자 우편이 있으면 전자 우편을 읽는다.

TIP 전자 우편은 퍼스컴 등의 단말을 통신 회선으로 접속해 메시지를 송수신하는 시스템으로, 네트워크, 그중에서도 인터넷을 이용한 메시지 송수신 규약이다. 1970년대 초반에 발명되었다.

여기서 잠깐! | MIME와 SMTP

MIME(Multipurpose Internet Mail Extension)는 ASCII 데이터 외에 다른 미디어를 전송하려고 IETF에서 제정한 프로토콜이다. 임의의 미디어 데이터를 ASCII 데이터 형식으로 인코딩한 후 표준 형식의 전자 우편 메시지로 전송한다.

4.5 SNMP

SNMPSimple Network Management Protocol는 인터넷에서 네트워크를 관리하는 프로토콜로, 네트워크 관리 정보를 교환하는 데 사용한다. 데이터베이스 검색 프로그램과 유사한 단순 프로토콜이 제대로 기능하는지와 인터페이스를 통과하는 트래픽의 양으로 표시되는 처리량이 얼마인지에 대한 정보가 들어 있다. SNMP는 하위 계층에서 UDP 프로토콜을 사용한다. SNMP는 포트 번호 161과 162를 사용하는데, 161번은 SNMP로 이용하고 162번은 이벤트를 보고하는 TRAP 메시지가 사용한다.

SNMP 모델은 관리 대상 노드, 관리국, 관리 에이전트로 구성되어 있다.

- **관리 에이전트**: 관리국Management Station과 관리 대상 노드에 있고, 기기의 상태나 이력 공간인 데이터베이스를 관리하며, 기기 조작에도 영향을 준다.
- **관리국**: 관리 에이전트와 SNMP 프로토콜로 통신한다. 즉, 관리 대상 노드의 상태를 조회하고 변경시킬 수 있다.
- **관리 대상 노드**: 일종의 디바이스로 관리 에이전트SNMP Agent가 동작하는 공간이다. 호스트, 프린터, 라우터, 브리지 등 외부에 상태 정보를 통신하는 능력이 있다.

SNMP의 동작은 관리국이 에이전트에서 관리 정보를 가져와서 설정하며, 오류 등 이상이 발생하면 에이전트가 관리국에 이를 알리는 일련의 과정이다. SNMP의 동작 원리와 예는 다음 그림과 같다.

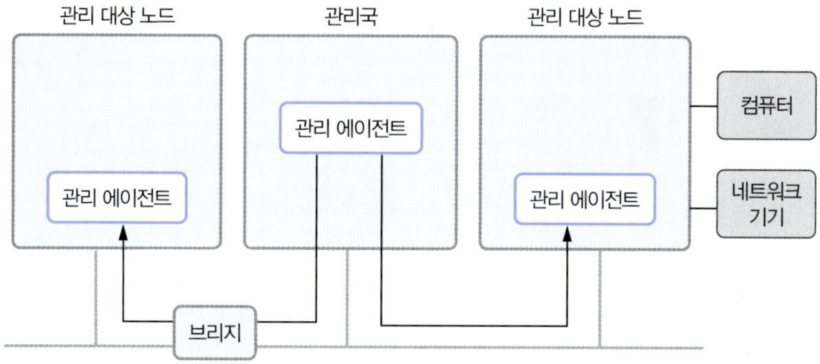

그림 7-28 SNMP의 동작 원리와 예

여기서 잠깐! | RIP와 OSPF

- **RIP(Routing Information Protocol)**: Distance Vector 알고리즘을 사용해 최단 경로를 구한다. 자신이 가진 라우팅 정보를 RIP 메시지로 작성해 인접한 모든 라우터에게 주기적으로 전송한다. 라우팅 정보의 기준인 서브 네트워크의 주소는 클래스 A, B, C의 마스크를 기준으로 구성한다.
- **OSPF(Open Shortest Path First)**: 링크 상태 라우팅에 근거를 둔 도메인 내 라우팅 프로토콜이다. RIP의 단점을 보완하고자 개발한 것이다.

04 인터넷의 발전 동향

1 웹의 진화와 발전

웹의 진화 과정과 발전 방향은 다음 그림과 같다. 웹 전문가인 노바 스피박은 새로운 웹 양상의 주기를 10년 단위로 나눌 수 있다고 주장하였다. 노바 스피박에 의하면 웹 1.0은 1990~2000년, 웹 2.0은 2000~2010년, 웹 3.0은 2010~2020년, 웹 4.0은 2020~2030년으로 구분할 수 있다.

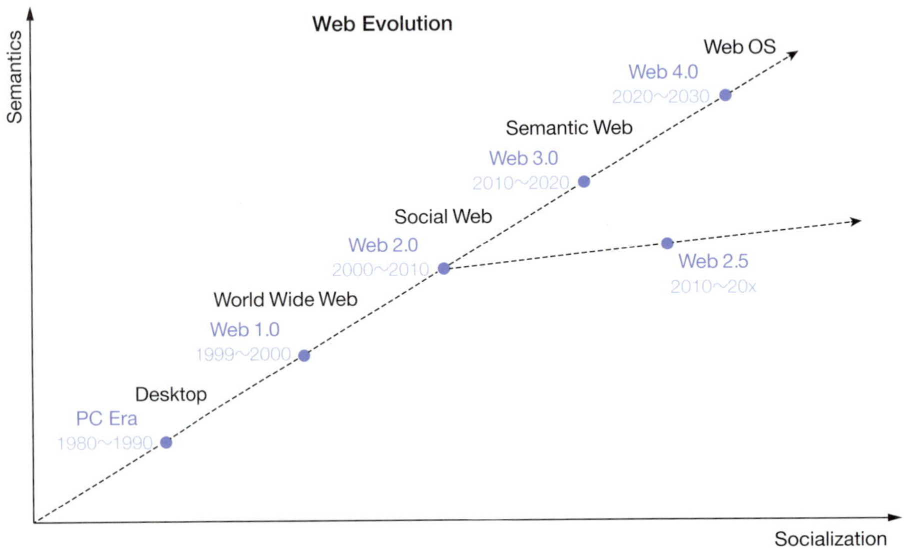

그림 7-29 웹의 진화 과정과 발전 방향 출처: www.radarnetworks.com

- **웹 1.0**

웹 1.0은 웹 2.0 이전의 월드 와이드 웹 상태를 일컬으며, 1990년~2000년 동안에 있던 대부분의 웹 사이트가 해당된다. 웹 1.0의 기본 개념은 모든 자료는 체계적으로 분류되어 있고 사용자들은 카테고리를 통해 자료를 검색한다. 즉, 디렉터리 검색이다. 1990년대 야후(www.

yahoo.com)는 체계적인 카테고리 분류로 대표적인 검색 사이트로 큰 인기를 끌었다.

■ 웹 2.0

웹에 기반을 둔 정보의 내용과 형식이 다양해지면서 이를 다루는 웹 응용 프로그램의 기능도 급속히 발전했다. 예전에는 인터넷으로 단순 데이터를 받는 작업도 버거웠지만 최근에는 용량이 큰 동영상이나 이미지 파일도 큰 제약 없이 쉽게 작업할 수 있다. 이 모두가 웹 응용 프로그램의 발달 덕분이다. 현재 웹의 가장 큰 자랑거리는 키워드로 검색하는 웹 엔진을 갖추고 있다는 점이다. 그러나 키워드가 길거나 키워드로 검색할 수 없는 경우에는 원하는 정보를 찾을 수 없다.

■ 웹 3.0

웹 3.0은 언제 어디서든 원하는 정보를 찾는 개인별 맞춤 서비스가 가능한 지능형 웹이다. 웹 2.0 시대의 특징이 공유와 참여라면 웹 3.0 시대는 사용자가 원하는 정보를 정확히 찾아주는 시맨틱 웹 기반의 지능형 웹 서비스다. 웹 서버, PC, 모바일의 경계가 사라지고 네트워크가 강화되면서 현실적인 유비쿼터스 환경이 구현될 것이다. 웹 3.0은 시맨틱 웹의 부분 집합으로 간주된다. 웹 2.0에서 웹 3.0으로 진화하는 과정에서 등장한 시맨틱 웹은 인터넷에서 정보를 검색하는 순간 검색자의 필요에 따라 결과물을 알아서 정렬하는 사용자 맞춤형 서비스다.

웹 진화 과정에서 볼 수 있는 각각의 특징을 정리하면 다음과 같다.

표 7-11 웹의 진화 과정과 특징

구분	1990년~2000년	2000년~2010년	2010년~2020년	2020년~2030년
	웹 1.0	웹 2.0	웹 3.0	웹 4.0
특징	• 단순한 웹 사이트 집합체	• 웹 응용 프로그램을 제공하는 플랫폼	• 시맨틱 웹	• 웹 OS 개념
내용	• 인터넷을 통해 일방적으로 정보를 보여줌	• 사용자가 직접 콘텐츠를 생산해 쌍방향 소통 가능 • 게시판, 댓글, 블로그 등	• 시맨틱 데이터를 이용하는 인텔리전트 소프트웨어와 같음	• 인터넷이 사람의 두뇌를 대체한다는 개념

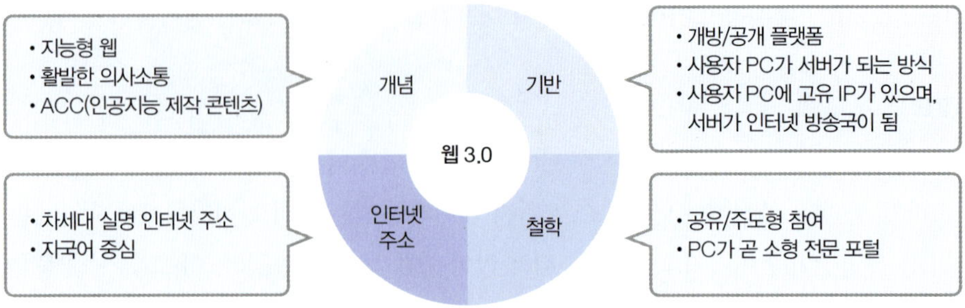

그림 7-30 웹 3.0의 특징

초기에는 웹 서비스가 분산 컴퓨팅을 실현할 수 있는 신기술이라는 기대감이 컸고 매체에서 자주 다루어 인지도가 올라갔지만 시장에서의 실효성으로 많이 보급되지는 않았다. 하지만 서비스 지향 아키텍처SOA; Service Oriented Architecture가 각광을 받으면서 그 기반 기술인 웹 서비스도 다시 주목받고 있다. 관련된 국제 표준화 기구에는 W3C, OASIS, WS-I 등이 있다. 웹 서비스의 진화 내용은 다음 표를 참고한다.

표 7-12 웹 서비스의 진화

구성 요소	주요 적용 기술	
제1세대: 웹 서비스 출현	• 웹 브라우저 기반으로 이용 • 콘텐츠, 응용 프로그램 지향	• 사용자 중심 • URL을 이용해 수동 접근
제2세대: 현재 웹 서비스	• 응용 프로그램 기반으로 이용 • 레지스트리를 이용한 검색, 바인딩	• 사용자, 응용 프로그램 중심 • 서비스 지향
제3세대: 시맨틱 웹 서비스	• 에이전트 기반으로 이용 • 온톨로지 기반의 서비스 검색, 실행, 조합	• 사용자, 응용 프로그램 기반 • 목적 지향

■ 웹 4.0

'웹 OS'로 규정되는 웹 4.0은 인터넷이 인간의 두뇌를 대체한다는 뜻이다. 인터넷이 '거대한 정보망'에 그치는 것이 아니라 인간의 두뇌가 병렬로 연결된 '인공지능'이 되는 것이다. 예측대로 흘러갈지 모르지만 중요한 사실은 이 순간에도 웹이 진화한다는 것이다.

시맨틱 웹 기술은 기존의 웹을 웹 문서에서 웹 서비스 개념으로 진화시켜 수많은 시맨틱 웹 서비스 간의 자발적인 협업을 끌어내는 환경을 만들어서 웹 4.0 시대를 이끌어 가는 핵심 역할을 하게 될 것이다. 웹 4.0 시대에서는 인간과 기계, 기계와 기계를 연결하는 역할을 시맨틱 웹이 수행할 것이며, 시맨틱 웹이 구현되면 웹은 더 이상 정적인 HTML 페이지의 집합이 아닌 모든 사람, 모든 것이 정보 그림자 역할을 하는 사물의 인터넷으로 변화될 것으로 전망한다.

시맨틱 웹은 인간을 대신하는 에이전트(로봇이나 인공지능)가 인간의 질문을 이해하고, 방대한 정보를 검색하고, 편집 후 적절한 답안을 스스로 추론해 제공하는 것이 목표인 시스템이다. '기계가 이해할 수 있는Machine Understandable'보다는 '기계로 처리할 수 있는Machine Processable'으로 이해하는 것이 더 정확하다. 기계가 정보를 이해한다는 것은 지능이 아니라 기계가 정보 처리 업무를 맡을 수 있는지를 따진다. 결국, 기계와 기계, 기계와 인간이 의사소통하는 웹 환경을 구현하겠다는 것이다.

2 웹 언어의 진화와 발전

웹 언어는 크게 CGICommon Gate Interface 언어와 마크업 언어Markup Language로 구분된다. CGI는 서버와 외부 데이터, 응용 프로그램 간의 인터페이스다. 브라우저에서 서버로 보낸 데이터를 가공해 응용 프로그램에 전달하고, 응용 프로그램에서 받은 데이터를 가공해 서버를 통해 브라우저로 전달한다. 이때, 다루는 정보는 사용자와 이용 시간대에 따라 내용과 표현이 달라지는 동적 정보다. 서버용 스크립트 언어로는 ASP, PHP, JSP 등이 있다.

마크업 언어는 웹 서버에 저장된 문자, 그림, 표, 음성, 동영상 등을 포함한 문서를 클라이언트가 내려받아 웹 브라우저에 표현할 때 사용한다. SGMLStandard Generalized Markup Language에서 HTMLHyperText Markup Language 순으로 발전했으며, XMLeXtensible Markup Language은 SGML과 HTML의 단점을 보완해 등장한 언어다.

표 7-13 SGML, HTML, XML의 비교

구분	SGML	HTML	XML
등장 시기	1986년	1991년	1996년
목적	정보의 구조화	정보의 표현	정보의 구조화
문법	엄격하고 복잡	느슨함	엄격하나 단순
사용 가능한 태그	확장 가능	확장 불가능	확장 가능
정보 검색	트리 검색	텍스트 검색	트리 검색
재사용	매우 쉬움	어려움	쉬움

SGML은 기기나 처리 시스템에 독립적이고, 문헌을 구조화시켜 내용이 물리적인 형태와 별도로 유지된다. 융통성 있고 확장이 가능하며 다양한 응용에 사용할 수 있다는 장점이 있지만, 기능이 복잡해 SGML을 지원하는 소프트웨어를 개발하기 쉽지 않으며, 비용도 많이 든다는 것이 단점이다. HTML을 흔히 표준 웹 언어라 하는데, 일반적인 웹 페이지를 작성하면 인터넷 익스플로러 같은 웹 브라우저에서 인식한다. HTML은 단순성, 이식성, 사용의 용이성이라는 장점이 있다. 그러나 태그 집합이 제한적이라 문서의 다양한 특성을 반영할 태그가 충분치 않다는 것이 단점이다.

XML은 1996년 W3C에서 제안했다. XML 문서는 웹에서 구조화된 문서를 전송할 수 있도록 내용(XML), 구조(DTD), 표현(XSL)이 분리된 구조적 문서다. 따라서 WWW, 인트라넷 등에서 데이터와 형식 두 가지를 모두 공유할 때 유용하다. XML을 이용하면 데이터베이스 조작이나 환경 및 서비스 관련 설정을 더 쉽게 처리할 수 있다. 또 HTML처럼 규정된 태그만 사용하지 않고 사용자가 원하는 태그를 만들어 적용할 수 있다. HTML로 작성한 웹 문서는 새로운 콘텐츠나 형식으로 변경하려면 처음부터 다시 작성해야 하지만 XML 문서는 수정할 것만 갱신하면 된다. XML 문서 작성은 구조인 DTD[Document Type Definition]와 XML 스키마 작성도 포함한다. DTD는 접근하기 쉽지만 정보의 구조까지 제어할 수는 없다. 반면, XML 스키마는 정보의 구조까지 제어할 수 있으며, 규칙이 엄격해 웹 서비스를 자동으로 구현하기 용이하지만 접근이 어렵다는 단점이 있다.

AJAX[Asynchronous JAvascript and XML]는 대화식 웹 응용 프로그램을 제작하기 위해 여러 기술을 조합해 만든 웹 개발 기법이다. 비동기 자바스크립트와 XML을 의미하며, 웹에 있는 DHTML, CSS, XML과 마이크로소프트 객체인 XMLHttpRequest 기술을 합쳐 만든 것이다. 개발자가 좀 더 쉽게 접근할 수 있도록 인터페이스를 만드는 방법론으로 볼 수 있다. DHTML, 자바스크립트, CSS 등 기존 웹 기술을 그대로 이용할 수 있다는 것이 장점이다.

jQuery는 HTML의 클라이언트 사이드 조작을 단순화하도록 설계된 크로스 플랫폼의 자바스크립트 라이브러리로, 존 레식이 2006년 뉴욕시 바캠프[Barcamp NYC]에서 공식 소개했다. jQuery는 오늘날 가장 인기 있는 자바스크립트 라이브러리 중 하나다.

HTML5는 차세대 웹 표준으로, 2014년 10월 28일에 W3C가 발표했다. 텍스트와 하이퍼링크만 표시하던 HTML이 멀티미디어 등 다양한 애플리케이션까지 표현 및 제공하도록 진화한 웹 프로그래밍 언어다. 오디오, 비디오, 그래픽의 처리, 위치 정보 제공 등 다양한 기능으로 향상되었다. HTML5의 장점은 홈페이지에서 사용한 시맨틱 태그 레이아웃을 다른 곳에서 검색하고 의미를 알아내기 쉽다는 것이다. 또한, 시각 장애인에게 사이트의 어디가 본문인지 아닌지 알려줄 수도 있다. 일부를 제외하고 HTML 4.01에서 사용되던 태그가 거의 그대로 사용된다. 원래 HTML을 표준에 맞게 사용했다면 큰 어려움 없이 HTML5에도 적응할 수 있다.

HTML5로 인해 명실상부한 One source Multi Device가 가능함에 따라 콘텐츠 활성화 기반을 마련하는 계기가 되었다. 기존의 웹 콘텐츠는 One source, One Device로 운영되었으나, HTML5가 적용됨에 따라 비로소 표준을 따르는 대부분의 기종(브라우저)을 수용하는 환경이 되었다. 이에 따라 개발하는 콘텐츠가 다양한 크기의 화면과 운영체제에서 운영될 수 있도록 PC와 모바일 기기의 웹 사용이 통합되었다.

그림 7-31 모바일 웹 사이트

미래의 인터넷은 화면 안이 아니라, 화면 밖으로 나와 현실을 확장하는 것이다. 일상 속에서 인터넷과 늘 함께하므로 인터넷이라는 말 자체가 의미가 없어지는 세상이 될 것이다. 인터넷 환경과 모바일 기기의 진화로 웹 세상과 현실 세계의 경계가 점차 없어진다는 뜻이다. 특히, 증강 현실AR; Augmented Reality 기술은 우리 신체와 현실을 확장시킨다.

3 사물인터넷

사물인터넷IoT; Internet of Things은 각종 사물에 컴퓨터 칩과 통신 기능을 내장해 인터넷에 연결하는 기술이다. 사물인터넷은 사물끼리 정보를 주고받기 위해 인터넷으로 연결된 사물 공간 연결망으로, 인간의 구체적인 개입이나 지시 없이 협력적으로 모든 사물이 센싱Sensing과 정보 처리, 네트워킹 등을 한다. 즉, ICT의 기능인 입력, 저장, 출력, 정보 처리 기능이 사물에 부여되어서 인간의 개입 없이 사물끼리 상황을 감지하고 데이터를 모아 인터넷에 전달한다.

사물인터넷은 스마트 홈, 헬스 케어, 원격 검침, 스마트 카 등 다양한 분야에 적용할 수 있고 건설, 에너지, 자동차, 교통, 물류, 환경, 디지털 콘텐츠에 이르기까지 다양한 산업에 융합해서 사용할 수도 있다.

사물인터넷에 연결되는 사물은 자신을 구별할 수 있는 유일한 아이디를 가져야 하고, 인터넷을 통해 통신할 수 있는 능력을 가져야 하며, 데이터를 처리하는 능력도 가져야 한다. 또한 외부 환경으로부터 데이터를 취득하기 위해 센서도 내장해야 한다. 사물인터넷의 기술 요소는 크게 하드웨어 기술과 소프트웨어 기술로 구분된다. 하드웨어 기술에는 센싱 기술과 유무선 통신 기술이 있고, 소프트웨어 기술에는 서비스 인터페이스 기술과 보안 기술이 있다. 사물인터넷의 3대 구성 요소는 사람, 사물, 서비스다.

표 7-14 사물인터넷을 구현하기 위한 기술 요소

<table>
<tr><th>기술</th><th>요소</th><th>내용</th></tr>
<tr><td rowspan="2">하드웨어 기술</td><td>센싱 기술</td><td>• 사물로부터 데이터를 인식하고 추출한 후 인터넷으로 전송하는 기술이다.
• 사물을 인식하고 추적할 수 있는 RFID, 바코드와 같은 태그 기술, 위치 추적 장치인 GPS, 수평을 감지할 수 있는 자이로스코프(Gyroscope), 속도를 감지하는 가속도계(Accelerometer) 등이 해당된다.</td></tr>
<tr><td>유무선 통신 기술</td><td>• 고속 처리와 병렬 처리를 할 수 있는 유무선 통신 기술 및 네트워크 인프라 기술이다.
• 근거리에서 정보를 송수신하는 기술로는 지그비, NFC, 블루투스 등이 있으며, 원거리에서 인터넷 접속을 위한 기술로 LAN과 WAN 등이 있다.</td></tr>
<tr><td rowspan="2">소프트웨어 기술</td><td>서비스 인터페이스 기술</td><td>• 각종 서비스 분야와 형태에 적합하게 정보를 가공하고 처리하고 융합하는 기술이다.
• 미들웨어는 수집된 데이터를 실제 응용 프로그램에 활용할 수 있도록 저장하고 가공하는 단계의 소프트웨어로, 일종의 소프트웨어 인프라로 작동한다. 미들웨어를 거친 데이터는 응용 프로그램 단계에서 실제 산업 현장이나 실생활에서 여러 가지 서비스나 관리 도구 형태로 활용된다.</td></tr>
<tr><td>보안 기술</td><td>• 대량의 데이터 등 사물인터넷 구성 요소에 대한 해킹이나 정보 유출을 방지하기 위한 기술이다.</td></tr>
</table>

여기서 잠깐! | 만물인터넷(IoE; Internet of Everything)

만물인터넷은 사물인터넷(IoT)이 진화하여 좀 더 넓은 분야를 아우르는 것으로, 사물인터넷은 기본이고 여기에 클라우드, 빅데이터 등의 다양한 기술을 접속한 것이다. 만물이 인터넷에 연결되는 미래의 인터넷을 나타내는 만물인터넷의 4대 요소는 모든 사람, 프로세스, 데이터, 사물이다.

01 인터네트워킹과 인터넷

- **인터네트워킹**: LAN이나 WAN 등 독립적인 네트워크를 상호 연결해 만든 복잡한 네트워크를 연결하는 과정이나 방법
- **인터넷**: 전 세계에 널리 퍼진 근거리 통신망이나 원거리 통신망으로 구성된 네트워크의 네트워크

02 IP(Internet Protocol)

- 인터넷 계층에서 가장 중요한 프로토콜로, 다양한 네트워크로 구성된 인터넷으로 발신지 호스트에서 목적지 호스트까지 데이터그램을 전송하는 라우팅 기능을 수행

03 TCP(Transmission Control Protocol)와 UDP(User Datagram Protocol)

- **TCP**: 두 종단 간의 연결을 설정한 후 데이터를 8비트의 바이트 스트림으로 교환하는 연결형 프로토콜
- **UDP**: 두 종단 간의 연결을 설정하지 않고 데이터를 교환하는 비연결형 프로토콜

04 웹 서비스

- 여러 시스템을 플랫폼에 독립적으로 연계하고, 통합과 자원을 공유할 목적으로 만든 표준화된 웹 기술
- 근간이 되는 기술은 XML, SOAP, UDDI, WSDL

05 지능형 웹 서비스

- 컴퓨터가 이해할 수 있는 웹
- 기계끼리 의사소통을 할 수 있는 지능형 웹

06 시맨틱 웹

- 인간을 대신하는 에이전트(로봇이나 인공지능)가 인간의 질문을 이해하고, 정보를 검색하고 편집한 후 적절한 답안을 스스로 추론하여 제공하는 것이 목표인 시스템
- 기계와 기계, 기계와 인간이 의사소통하는 웹 환경을 구현하는 것이 목표

07 HTML5

- 텍스트와 하이퍼링크 외에 멀티미디어 등 다양한 응용 프로그램을 표현 및 제공하도록 진화한 웹 프로그래밍 언어

08 사물인터넷(IoT)

- 각종 사물에 컴퓨터 칩과 통신 기능을 내장해 인터넷에 연결하는 기술
- 사물끼리 정보를 주고받기 위하여 인터넷으로 연결되어 있는 사물 공간 연결망

연습문제

01 IPv4의 주소 체계는 클래스 A, B, C, D, E로 구분하여 사용한다. 클래스 C가 수용할 수 있는 호스트 개수로 가장 적합한 것은?

① 65,536　② 1　③ 1,024　④ 256

02 IP 주소와 같은 숫자로 되어 있는 주소 정보를 문자열 정보로 변환하여 관리하는 서버이며, 주로 인터넷에서 사용하는 것은?

① TCP　② POP　③ DNS　④ SMTP

03 IPv4는 주소 부족, 보안성 취약, 실시간 전송 시의 문제점 등이 있다. 다음 중 IPv4의 주소 체계를 개선한 차세대 인터넷 프로토콜은?

① NAT　② Subnetting
③ IPv6　④ IPv5

04 IPv6에서 IP 주소는 몇 개의 비트로 구성되는가?

① 32　② 64　③ 128　④ 256

05 IPv6에 대한 설명으로 가장 거리가 먼 것은?

① 패킷 헤더와 레코드 라우트 옵션은 IPv6에서 새로 생긴 것이다.
② 암호와의 인증 옵션들은 패킷의 신뢰성과 무결성을 제공한다.
③ IPv4에서 옵션 필드는 IPv6에서 확장 헤더로 구현된다.
④ IPv6의 주소 길이는 128비트다.

06 IPv4와 IPv6를 비교한 설명으로 옳지 않은 것은?

① IPv6는 128비트로 구성되어 있다.
② IPv4는 32비트로 구성되어 있다.
③ 인터넷 프로토콜의 주소 표현 방식이다.
④ IPv6의 주소 부족으로 IPv4가 개발되었다.

07 TCP 프레임의 헤더 구조에 대한 설명으로 옳지 않은 것은?

① 발신지 포트 : 세그먼트를 보낸 호스트의 프로세스에 할당된 포트 번호다.

② 순서 번호 : 세그먼트에 포함된 데이터의 첫 번째 바이트에 부여된 번호 표시다.

③ 윈도 크기 : 송수신 측의 버퍼 크기를 나타낸다.

④ 긴급 포인터 : 데이터를 포함한 세그먼트 전체의 오류를 검사하는 필드다.

08 인터넷 전송 계층의 비연결형 서비스 프로토콜은?

① UDP ② TCP ③ ICM ④ IP

09 인터넷 전송 계층에서 오버헤드가 적고 매우 빠른 서비스를 제공하며, 신뢰성이 없는 비연결형 프로토콜은?

① UDP ② TCP ③ IP ④ ARP

10 TCP/IP 네트워크상에서 IP 주소를 물리적 네트워크 주소로 대응시키기 위해 사용하는 프로토콜은?

① ICMP ② ARP ③ PPP ④ SLIP

11 TCP/IP에 대한 설명으로 옳지 않은 것은?

① 인터넷에 기반을 둔 프로토콜이다.

② TCP/IP의 시초는 ARPANET이다.

③ 전송 제어 프로토콜과 인터넷 프로토콜을 의미한다.

④ FTP, TELNET, HTTP 등은 TCP/IP와는 별개로 동작하는 통신 프로토콜 또는 응용 프로그램이다.

12 TCP/IP상에서 운용되는 응용 서비스가 아닌 것은?

① FTP ② Telnet ③ SNA ④ E-Mail

13 다음 문장이 설명하는 것은?

> 데이터베이스 검색 프로그램과 유사한 단순 프로토콜이다. 관리 대상 장치의 데이터베이스에는 CPU, 네트워크 인터페이스, 버퍼와 같은 구성 요소가 제대로 기능하는지와 인터페이스를 통과하는 트래픽의 양으로 표시되는 처리량이 얼마인지에 대한 정보가 들어 있다.

① TCP/IP ② OSPF

③ SNMP ④ DNS

14 인터넷 프로토콜에 대한 설명으로 옳지 않은 것은?

① ICMP는 IP에서 발생하는 문제를 처리하기 위한 프로토콜이다.

② TCP와 UDP는 IP 상위에서 동작한다.

③ TCP와 UDP는 전달 계층에 해당된다.

④ UDP는 연결형(Connection-oriented) 프로토콜이다.

15 TCP와 UDP 헤더의 구조에 대한 설명으로 옳지 않은 것은?

① UDP는 비연결형 방식이고, TCP는 연결형 방식이다.

② TCP 포트 번호는 UDP 포트 번호와 서로 독립적이다.

③ TCP에서는 강제적으로 검사합(Checksum)을 수행하는 반면, UDP는 검사합을 선택적으로 수행한다.

④ TCP 세그먼트의 헤더는 8바이트인 반면, UDP는 20바이트의 크기를 갖는다.

16 IP 헤더 구조에 속하지 않는 것은?

① 긴급 포인터(Urgent Pointer)

② IP 주소

③ 헤더 길이(Header Length)

④ 버전(Version)

17 IP의 특성이 아닌 것은?

① 경로 설정 ② 주소 지정

③ 신뢰성 ④ 비접속형

18 IP 주소의 Class에 대한 설명으로 옳지 않은 것은?

① Class A는 첫 번째 바이트의 첫 비트가 0으로 시작한다.

② Class B의 가용 호스트 수는 65,534이다.

③ Class C는 가장 많은 네트워크를 수용할 수 있다.

④ Class D는 127로 시작하는 Loopback 주소로 사용된다.

19 TCP/IP 프로토콜 스택(구조)의 Internetwork Layer에서 사용되는 프로토콜이 아닌 것은?

① UDP ② ICMP ③ ARP ④ IP

20 네트워크 전문가로 어떤 사이트를 방문하여 네트워크 현황 파악을 해보니 PC의 수가 약 90대, 스위치가 2대, 라우터가 1대 운용 중이었다. 하지만 이 사이트는 앞으로 계속 확장되어 1년 이내 PC가 약 250대로 늘어날 예정이다. 이 사이트에는 어떤 클래스의 IP 주소를 배정하는 것이 가장 효율적인가?

① 클래스 A ② 클래스 B ③ 클래스 C ④ 클래스 D

21 괄호 안에 들어갈 알맞은 용어는?

(①)는 인터넷 도메인명과 IP 주소를 대응시켜 주는 거대 규모의 분산 시스템이다. 예를 들어, 인터넷 도메인명에서 IP 주소로 변환해 주는 프로토콜이 여기에 해당한다.

(②)은 인터넷에서 자원의 위치를 통일적으로 표현하는 주소다. 웹 브라우저에서 URL을 입력하면 그 URL이 가리키는 웹 서버에 있는 하이퍼미디어 문서를 찾는 용도로 사용한다.

22 괄호 안에 들어갈 알맞은 용어는?

(①)는 인터넷에서 하이퍼텍스트 문서를 교환하는 데 사용하는 통신 규약이다. 하이퍼텍스트(Hypertext)는 문서마다 특정 키워드를 두고 텍스트나 이미지를 유기적으로 결합 · 연결하여 서로 다른 문서가 한 문서처럼 보여서 참조하기 쉽도록 해주는 방식이다.

(②)는 파일을 효율적으로 주고받을 수 있는 파일 전송 프로토콜이다. 인터넷을 이용해 컴퓨터끼리 파일을 송수신할 수 있도록 지원하는 방법과 그런 프로그램을 통칭하기도 한다.

23 괄호 안에 들어갈 알맞은 용어는?

> (①)은 원격지에서 컴퓨터를 이용한 가상 단말 기능을 구현하는 프로토콜이다. 즉, 원격지에 위치한 호스트 컴퓨터를 로컬 컴퓨터처럼 사용할 수 있다.
>
> (②)는 인터넷에서 네트워크를 관리하는 프로토콜로, 네트워크의 관리 정보를 교환하는 데 사용한다.
>
> (③)는 ASCII 데이터 외에 다른 미디어를 전송하려고 IETF에서 제정한 프로토콜이다. 임의의 미디어 데이터를 ASCII 데이터 형식으로 인코딩한 후 표준 형식의 전자 우편 메시지로 전송한다.

24 다음은 무엇을 설명한 것인가?

> 인간을 대신하는 에이전트(로봇이나 인공지능일 수 있음)가 인간의 질문을 이해하고, 방대한 정보를 검색하고 편집한 후 적절한 답안을 스스로 추론하여 제공하는 것이 목표인 시스템이다. 결국, 기계와 기계, 기계와 인간이 의사소통하는 웹 환경을 구현하겠다는 것이다.

25 설명이 맞으면 ○, 틀리면 ×를 표시하시오.

(1) 통신망을 상호 연결하면 거대한 통신망이 되어 보다 다양한 정보와 서비스를 제공할 수 있다. 이때 상호망을 연결하는 기술을 집중화라고 한다.( )

(2) UDP는 TCP에 비해 오버헤드의 크기가 크다.( )

(3) UDP는 연결 등에 대한 상태 정보를 저장하지 않는다.( )

(4) 서브넷을 만들 때 사용하는 마스크를 서브넷 마스크라고 한다.( )

(5) 모든 IP 주소에는 서브넷 마스크가 있는데, 서브넷을 하지 않은 상태로, 즉 클래스의 기본 성질대로 쓰는 경우에는 디폴트 서브넷 마스크를 사용한다.( )

(6) 디폴트 서브넷 마스크를 사용하는 것은 IP 주소를 보다 효율적으로 낭비 없이 쓰기 위함과 적정한 주소 배정을 위함이 목적이다.( )

(7) 인터넷 프로토콜 중 TCP 및 IP 계층은 ISO의 OSI 모델 7계층 중 각각 전송 계층과 네트워크 계층에 해당된다.( )

26 사물인터넷(IoT)에 대해 개략적으로 설명하시오.

27 SMTP에 대해 설명하시오.

28 TCP와 UDP의 특징을 간략하게 표로 만들어 비교하시오.

29 인터넷 라우팅 프로토콜은 네 종류가 있다. 각각 설명하시오.

30 IP 라우팅(Routing)에 대해 설명하시오.

01 네트워크상에서 라우터가 멀티캐스트 통신 기능을 구비한 PC에 대하여 멀티캐스트 패킷을 분배하는 데 사용하는 프로토콜은?

① Routing Protocol
② IGMP(Internet Group Management Protocol)
③ Switching Protocol
④ ICMP(Inter Control Message Protocol)

02 IPv6의 주소 유형이 아닌 것은?

① Multicast ② Anicast ③ Unicast ④ Basiccast

03 다음 [보기]의 IP 주소는 어느 클래스에 속하는가?

> [보기] 128.216.198.45

① A Class ② B Class ③ C Class ④ D Class

04 SNMP에서 이벤트를 보고하는 TRAP 메시지가 사용하는 포트 번호는?

① 160 ② 161 ③ 162 ④ 163

05 OSI 7 계층과 TCP/IP 프로토콜의 관계에 대한 설명으로 옳지 않은 것은?

① TCP는 OSI 참조 모델의 네트워크 계층에 대응되고, IP는 트랜스포트 계층에 대응된다.
② OSI 모델은 7개 계층으로 TCP/IP 프로토콜은 4개 계층으로 구성되어 있다.
③ TCP/IP 프로토콜의 계층 구조는 OSI 모델의 계층 구조와 정확하게 일치하지 않는다.
④ TCP/IP 프로토콜은 OSI 참조 모델보다 먼저 개발되었다.

06 SNMP(Simple Network Management Protocol)에서 네트워크 장치의 상태를 감시하는 요소는?

① 로그 ② 병목
③ 에이전트(Agent) ④ NetBEUI

07 인터넷 네트워크의 자율 시스템(Autonomous System)에 관한 설명으로 옳은 것은?

① EGP(Exterior Gateway Protocol)는 목적지에 도달하기 위해 경유하는 자율 시스템의 순서를 전송하여 이용하게 되므로 RIP에서의 문제점을 해결한다.

② EGP(Exterior Gateway Protocol)는 RIP나 OSPF와 같게 기본 통신을 TCP 연결을 맺어서 동작한다.

③ 대표적인 AS 간 라우팅 프로토콜은 EGP(Exterior Gateway Protocol)가 있는데 EGP 이전에는 BGP가 이용되었다.

④ 내부에서 사용하게 되는 라우팅 프로토콜을 IGP(Interior Gateway Protocol)라 하는데 대표적인 것은 RIP와 OSPF가 있다.

08 TCP 프레임의 헤더 구조에 대한 설명으로 옳지 않은 것은?

① Windows 사이즈는 수신부가 응답 필드에서 지정한 번호부터 수신할 수 있는 바이트의 수를 표시한다.

② 헤더 길이(HLEN)는 TCP Segment에 있는 헤더의 길이를 4바이트 워드 단위로 나타낸다.

③ 순차 번호(Sequence Number) 필드는 송신 TCP로부터 수신 TCP로 송신되는 데이터 스트림 중 마지막 바이트를 지정한다.

④ 응답 번호(Acknowledgement Number)는 응답 제어 비트가 설정되어 있을 때만 제공된다.

09 RIP(Routing Information Protocol)의 동작 특성이 아닌 것은?

① 자신이 갖고 있는 라우팅 정보를 RIP 메시지로 작성하여 인접해 있는 모든 라우터에게 주기적으로 전송한다.

② 링크 상태 라우팅에 근거를 둔 도메인 내 라우팅 프로토콜이다.

③ Distance Vector 알고리즘을 사용하여 최단 경로를 구한다.

④ 라우팅 정보의 기준인 서브 네트워크의 주소는 클래스 A, B, C의 마스크를 기준으로 하여 라우팅 정보를 구성한다.

10 IPv4와 IPv6를 비교한 설명으로 옳지 않은 것은?

① IPv4는 네트워크 크기나 호스트의 수에 따라 A, B, C, D, E 클래스로 나누어진다.

② IPv4는 32비트의 주소 체계를 가지고 있다.

③ IPv4는 헤더 구조가 복잡하다.

④ IPv4는 확실한 QoS(Quality of Service)를 보장한다.

11 네트워크의 관리 및 네트워크 장치와 그들의 동작을 감시, 관리하는 프로토콜은?

① SDP ② SIP ③ SNMP ④ STMP

12 다음 [보기]의 IP 주소가 속하는 클래스를 바르게 연결한 것은?

> [보기] ⓐ 165.132.124.65
> ⓑ 210.150.165.140
> ⓒ 65.80.158.57

① ⓐ C Class, ⓑ E Class, ⓒ D Class

② ⓐ A Class, ⓑ B Class, ⓒ C Class

③ ⓐ B Class, ⓑ C Class, ⓒ A Class

④ ⓐ A Class, ⓑ B Class, ⓒ D Class

13 서브넷 마스크에 대한 설명으로 옳지 않은 것은?

① 호스트 ID에 해당되는 부분은 0으로 설정한다.

② 서브넷 마스크는 32비트의 이진수로 구성된다.

③ IP 주소와 대응되는 비트 간에 AND 연산을 적용한다.

④ 네트워크 ID를 서브넷 ID와 호스트 ID로 구분한다.

14 IPv4와 IPv6의 연동 방법으로 옳지 않은 것은?

① 라우팅(Routing) ② IPv4/IPv6 변환(Translation)

③ 터널링(Tunneling) ④ 이중 스택(Dual Stack)

15 인터넷 프로토콜 중 TCP/IP 계층은 ISO의 OSI 모델 7계층 중 각각 어느 계층에 대응되는가?

① 전송 계층 – 물리 계층

② 전송 계층 – 네트워크 계층

③ 물리 계층 – 데이터 링크 계층

④ 네트워크 계층 – 세션 계층

16 IPv4에 비해 IPv6에서 보완된 기능이 아닌 것은?

① 인증과 비밀성을 제공

② 특별한 처리를 위한 흐름 레이블링 능력 제공

③ 패킷 크기 확장

④ 제한된 주소 할당

17 IPv4의 클래스 C 네트워크를 26개의 서브넷으로 나누고, 각 서브넷에는 4~5개의 호스트를 연결하려고 한다. 이러한 서브넷을 구성하기 위해서는 서브넷 마스크값을 얼마로 해야 하는가?

① 255.255.255.248

② 255.255.255.240

③ 255.255.255.224

④ 255.255.255.192

18 만물인터넷(Internet of Everything)을 구성하는 핵심 요소가 아닌 것은?

① 데이터 ② 프로세스 ③ 사람 ④ OXC

19 IP 주소와 서브넷 마스크로 표시된 1.1.1.1 255.255.0.0을 CIDR 표기법으로 표현한 것은?

① 1.1.1.1/4

② 1.1.1.1/16

③ 1.1.1.1/10

④ 1.1.1.1/8

20 CIDR(Classless Inter–Domain Routing)에 대한 설명으로 옳지 않은 것은?

① 네트워크 식별자 범위를 자유롭게 지정할 수 있다.

② 인터넷을 단일 계층 구조로 만들어 효율적인 네트워킹을 지원한다.

③ 별도 서브넷팅 없이 내부 네트워크를 임의로 분할할 수 있다.

④ 소수의 라우팅 항목으로 다수의 네트워크를 표현할 수 있다.

01 ②	02 ④	03 ②	04 ③	05 ①	06 ③	07 ④	08 ③	09 ②	10 ④	11 ③	12 ③
13 ④	14 ①	15 ②	16 ④	17 ①	18 ④	19 ②	20 ②				

Chapter

08

무선 통신

학습목표

- 무선 통신의 개념을 이해하고 응용 분야를 알아본다.
- 위성 통신의 개념과 작동 원리, 종류, 최신 발전 동향을 알아본다.
- 마이크로파와 라디오파에 대해서 알아본다.
- TV 방송과 DMB의 개념과 특징을 알아본다.
- 이동통신의 1세대부터 4세대까지 세대별 특징을 학습한다.
- 4차 산업혁명 시대의 이동통신인 5세대(IMT-2020) 이동통신을 학습한다.
- 미래의 이동통신(6세대~7세대) 전망을 알아본다.

01 무선 통신의 개요

1 무선 통신의 개념과 역할

무선 통신은 물리적 회선이 아닌 지구 대기에서 전자기파Electro-magnetic Wave를 이용해 데이터를 전송하는 방식이다. 전자기파를 이용할 때는 신호의 주파수와 대역폭이 전기적 특성을 결정짓는다. 전자기파는 전파 또는 전자파라고도 한다.

TIP 전자파(전파)의 특징

- 진공 또는 물질 속을 전자장의 진동이 전파함으로써 전자 에너지를 운반함
- 파장이 짧을수록 직진성 및 지향성이 강함
- 파장이 짧은 것부터 순서대로 나열하면 감마선, X선, 적외선 등이 있음

무선 통신에서 사용하는 전파의 주파수 대역은 다음 표와 같다. 주파수 대역은 일정한 범위에 작용하는 주파수의 최솟값에서 최댓값까지의 구역을 말한다.

표 8-1 무선 통신에서 사용하는 주파수 대역

주파수	대역 구분	용도
~3kHz	극저주파(ELF)	전력
3~30kHz	초장파(VLF)	군용 선박 통신, 해상 통신
30~300kHz	장파(LF)	무선 항해, 장거리 고정국 통신, 무선 전신 전화
300kHz~3MHz	중파(MF)	표준 방송(AM)
3~30MHz	단파(HF)	항공, 선박, 아마추어 무선
30~300MHz	초단파(VHF)	FM 방송, 대륙 간 통신, 이동통신, 상업 아마추어 무선, TV 방송
300MHz~3GHz	극초단파(UHF)	TV 방송, 휴대용 전화기, 차량용 전화기
3~30GHz	초고주파(SHF)	위성 통신, 레이더
30~300GHz	극초고주파(EHF)	미래 통신, 특수 통신, 우주 통신

개인용 휴대전화에서 전자기파에 음성 신호를 실어 나르고 방송국에서 영상과 음성을 전자기파에 실어 가정까지 보낸다. 머나먼 해왕성 근처에서 보이저 2호가 찍은 영상도 지구까지 전

자기파를 통해 전송된다. 이처럼 전자기파는 우리 눈에는 보이지 않지만 없어서는 안 될 중요한 역할을 하고 있다.

2 무선 통신의 응용 분야

무선 통신의 응용 분야를 정리하면 다음 그림과 같다.

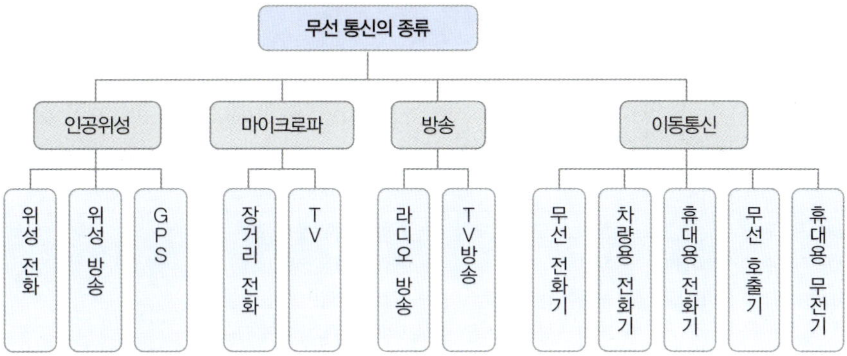

그림 8-1 무선 통신의 응용 분야

3 무선 통신에서 사용하는 정보 전송 다중화

하나의 무선 통신로(주파수 대역)를 여러 가입자가 동시에 이용해 통신할 수 있도록 하는 것이 다중화Multiplexing 기술이다. 예를 들면, 위성 통신에서 하나의 위성 중계기의 전송 용량을 분할하거나 이동통신에서 기지국의 전송 용량을 다수의 기지국이 나누어 사용하는 것이다. 다중화 기술에는 FDMA, TDMA, CDMA 등이 있다.

TIP 다중화 기술에 대한 자세한 내용은 3장을 참고한다.

다중화 기술을 이용한 다중 접속 방식의 특징과 장단점은 다음과 같다.

표 8-2 다중 접속 방식의 특징과 장단점

	FDMA	TDMA	CDMA
특징	• 주파수 영역에서 가입자 신호 구분 • 연속 전송 가능 • 주파수 대역의 일부만 사용 • 수신 시, 필터로 필요한 반송파 선택 • 아날로그 방식으로, 주파수 이용해 다중 접속	• 시간 영역에서 가입자 신호 구분 • 해당 슬롯에서만 전송 가능 • 전체 대역을 사용	• 코드 영역에서 가입자 신호 구분 • 연속 전송 가능 • 전체 대역 사용 • 전력 제어로 간섭을 극복하므로 회선 품질 좋음 • 통화 비밀 보장 • 아날로그 방식보다 10~15배 정도 용량 증가 가능 • GPS(Global Position System) 기반의 동기식 이동통신 시스템 • 스펙트럼 확산 기술로 변조된 신호를 공간적으로 다원 접속하는 기술
장점	• 수신기 구조 간단 • 할당된 주파수 대역의 일부를 사용해 대역폭 낭비 없음	• 통화 품질이 비교적 우수 • 용량이 비교적 큼 • 전력 소모량이 적음	• 통화 품질이 우수 • 용량이 가장 크며, 조절 가능 • 전력 소모량이 적음 • 주파수 계획이 거의 필요 없음
단점	• 용량이 작고 통화 품질 나쁨 • 전력 소모가 많음 • 주파수 계획 필요 • 회선 용량이 부족하고 간섭에 취약	• 수신기 구조가 비교적 복잡 • 주파수 계획 필요	• 수신기 구조가 매우 복잡 • 전력 제어 필요 • 트래픽 제어 필요

4 무선 통신의 기본적인 송수신 구성

무선 통신에서는 송신 측과 수신 측이 정보를 전파로 송수신한다. 송신 측에서는 고주파 발신기로 고주파 발생 후 변조기를 이용해 전파 신호로 변조한다. 그리고 증폭기로 증폭시켜 송신 안테나로 자유 공간에 전파를 송신한다. 이때 저주파 증폭 회로와 고주파 증폭 회로, 전력 증폭 회로 등이 필요하다. 수신 측에서는 수신 안테나로 전파를 수신한 후 전파 신호를 복조기로 복조하고 증폭기로 증폭해 정보를 추출한다.

TIP 무선 통신의 기본 구성에 대한 자세한 내용은 2장을 참고한다.

02 위성 통신

1 위성 통신의 개념

위성 통신Satellite Communication은 인공위성을 중계국으로 지상의 기지국을 연결하는 통신 방식이다. 전자기파를 이용해 데이터를 전송하는데, 대표적인 예가 위성 마이크로파다. 위성 마이크로파는 지상에서 약 35,860km 떨어진 상공에 위성을 띄워 놓고 지상의 여러 송수신국을 연결한다. 지상 송신국에서는 안테나 빔을 이용해 송신할 신호의 주파수 대역을 증폭(아날로그 전송)하거나 재생(디지털 전송)해 다른 주파수로 바꾸어 지상 수신국으로 송신한다. 통신 위성 측면에서 보면, 주파수 대역을 수신(상향 링크Uplink)하여 증폭하거나 재생한 후 송신(하향 링크Downlink)하는 것이다.

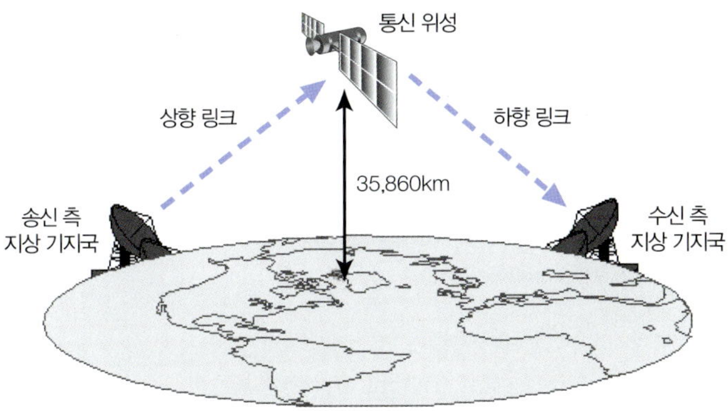

그림 8-2 위성 마이크로파를 이용한 위성 통신

통신 위성은 적도 상공에서 마치 고정된 것처럼 관측되어 정지 궤도 위성이라고도 한다. 지구의 인력과 원심력의 균형으로 등속 타원 운동을 하고, 자전 주기가 지구의 자전 주기와 일치하여 고정된 위치에 있는 것처럼 보인다.

통신 위성은 이론상 지구를 중심으로 세 개를 설치하면 일부 극지방을 제외한 모든 지역에서 위성 통신이 가능하다.

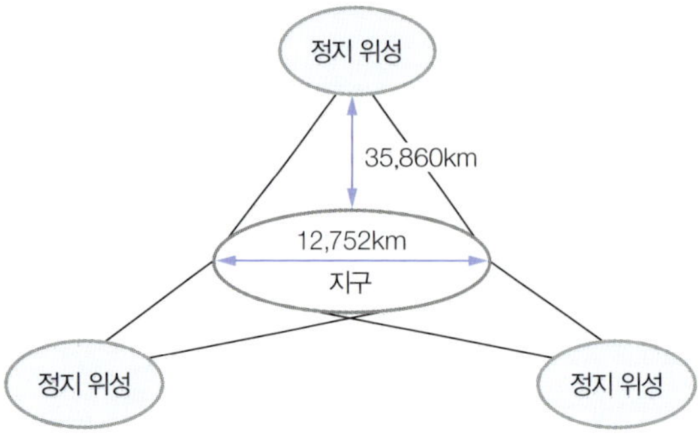

그림 8-3 정지 궤도 위성 통신의 예

다음 표는 위성 통신의 장단점을 정리한 것이다.

표 8-3 위성 통신의 장단점

장점	단점
• 지상의 재해에 영향이 적다. • 수신이 어려운 지역도 통신이 가능하다. • 서비스 지역이 광범위하다(광역성). • 지역에 관계없이 통신 품질이 균일하다. • 비용이 통신 거리에 무관해 경제적이다. • 회선 설정이 유연하다. • 같은 정보를 하나의 송신 장치에서 다수의 수신 장치로 동시에 보내는 동보 통신이 가능하다.	• 운용 시 지연 시간이 발생한다. • 태양에 의한 잡음 현상이 있다. • 초기 투자비가 많이 든다. • 유지 보수가 까다롭다. • 위성의 수명이 제한적이다.

TIP **위성 통신의 장애**: 위성 통신에서 수백 MHz 이하의 낮은 주파수에는 우주 잡음이 증가하고 전리층에 의한 감쇄가 크다. 10GHz 이상의 높은 주파수에서는 대기 가스나 강우 등에 의한 감쇄 증가로 위성 통신 장애가 발생한다. 전파의 창은 위성 통신에 가장 적합한 1~10GHz의 주파수 범위를 말한다.

2 위성 통신의 작동 원리

위성 통신은 초고주파SHF 마이크로파를 이용해 통신 위성의 중계를 거쳐 먼 거리까지 데이터를 전송한다. 위성 통신의 주파수 대역은 보통 1~10GHz다. 10GHz 이상은 자연 현상에 따라 감쇄가 발생하고, 1GHz 이하는 전자파의 간섭에 영향을 많이 받을 수 있기 때문이다. 지상국에 있는 주파수 변환 장치를 이용해 지상국에서 통신 위성으로 보낼 때는 6GHz로 상향 링크되고, 반대로 통신 위성에서 지상국으로 보낼 때는 4GHz로 하향 링크된다.

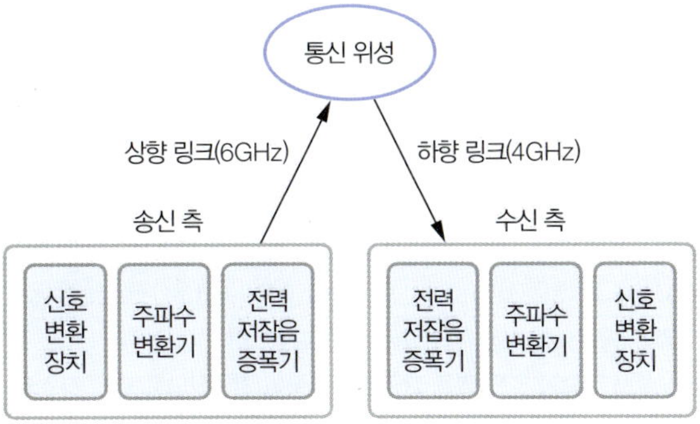

그림 8-4 위성 통신의 중계 과정

위성 통신은 전송로 하나에 데이터 신호 여러 개를 중복시켜 고속 신호 하나로 전송하는 다중화Multiplexing 방식을 사용한다. 다중화 방식을 사용하면 전송로의 이용 효율을 높일 수 있다. 사용하는 다중화 방식으로는 위성 중계기인 트랜스폰더Transponder를 접속하는 기술로 FDMA, TDMA, CDMA 등이 있다. 위성 통신의 회선 접속 방식 중 하나인 FDMA 방식은 하나의 위성 중계기를 여러 지구국이 공용할 수 있도록 위성 중계기의 주파수 대역폭을 분할해 지상국에 배당시켜 지구국들이 간섭 없이 서로 통신할 수 있게 한다.

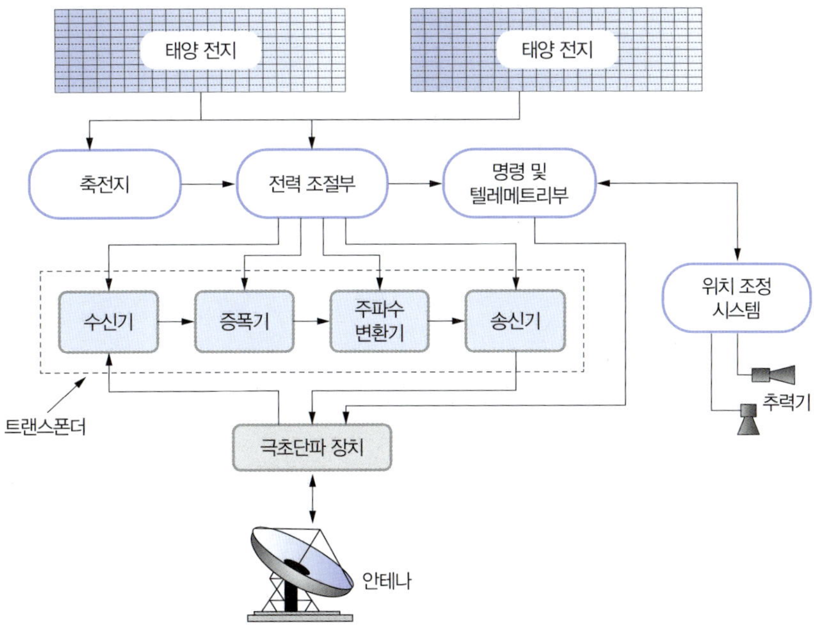

그림 8-5 다중화 방식 예

선정된 다원 접속 기술의 제원을 각 지국에 할당하는 위성 통신의 회선 할당 방식에는 사전 할당 다원 접속PAMA, 요구 할당 다원 접속DAMA, 임의 할당 다원 접속RAMA 기술이 있다.

표 8-4 위성 통신의 회선 할당 방식

종류	내용
사전 할당 다원 접속 (PAMA; Pre Assignment Multiple Access)	• 특별한 변경이 없는 한, 고정된 주파수 또는 시간 슬롯(Slot)을 한 쌍의 지구국에 항상 할당해 주는 방식으로 고정 할당 방식이라고도 한다. • 지구국에 송신하는 정보가 있든 없든 상관없이 슬롯이 할당되므로 모든 지구국은 할당된 슬롯 외에는 사용할 수 없다.
요구 할당 다원 접속 (DAMA; Demand Assignment Multiple Access)	• 사용하지 않는 슬롯은 비워두어 원하는 다른 지구국이 활용할 수 있게 하여 한정된 위성 중계기를 효율적으로 이용할 수 있다. • PAMA 시스템과 달리, DAMA 시스템에서는 슬롯을 할당받기 위해 신호를 교환하는 슬롯과 장비가 필요하다.
임의 할당 다원 접속 (RAMA; Random Assignment Multiple Access)	• 전송 정보가 발생한 즉시 임의의 슬롯으로 송신한다. • 데이터 형태가 버스트(Burst)한 특성을 갖고, 많은 지구국을 수용하려는 데이터망에서 주로 사용한다.

여기서 잠깐! | 트랜스폰더(Transponder)

트랜스폰더는 송신기를 나타내는 TRANSmitter와 응답기를 나타내는 resPONDER로 이루어진 복합어로, 수신된 전기 신호를 중계 송신하거나, 수신 신호에 응답을 돌려주는 기기의 총칭이다. 주파수 변환에 의한 트랜스폰더의 구분은 다음과 같다.

- **기저 주파수 검파(Regenerative) 시스템**: 수신된 신호를 검파해 기저 대역 신호로 변환한다.
- **이중 주파수 변환(Double Frequency Conversion)**: 상향 링크 주파수가 수신되면, 저잡음 증폭기에서 증폭되어 1차 국부 발진기와 혼합해 중간 주파수로 변환한다.
- **단일 주파수 변환(Single Frequency Conversion)**: 상향 링크 주파수가 수신되면, 저잡음 증폭기에서 증폭한 후 국부 발진기와 혼합해 하향 링크 주파수로 변환한다.

TIP **도플러 효과(Doppler Effect)**: 인공위성이나 우주 비행체는 매우 빠른 속도로 운동하고 있으므로 전파 발원지의 이동에 따라 수신 주파수가 변하는 현상을 말한다.

3 위성 통신의 종류

위성 통신의 종류는 용도, 위성 중계기 유무, 궤도에 따라 구분할 수 있다.

먼저, 용도에 따라 방송과 통신, 관측, 군사용으로 구분할 수 있다.

위성 중계기 유무에 따라 수동 위성과 능동 위성으로 구분할 수 있다. 수동 위성은 위성 중계기가 없고, 능동 위성은 위성 중계기가 있는 경우다. 능동 위성은 랜덤 위성 방식(지구 상공 수백 km에 주기를 갖고 돌며 통신하는 위성)과 위상 위성 방식(극궤도 상공에서 자원 탐사용이나 기상 관측용으로 사용하는 위성), 정지 궤도 위성 방식(궤도에 따라 지구의 자전과 같은 방향으로 회전하는 위성)이 있다.

궤도에 따라서는 정지 궤도GEO; Geostationary Earth Orbi 위성과 비정지 궤도 위성으로 구분한다. 정지 궤도 위성은 지상에서 약 35,860km 적도 상공에 위치해 지구의 자전 속도와 동일하게 움직이고, 한곳에 고정된 것처럼 지구에서 관측된다. 비정지 궤도 위성은 지구를 중심으로 계속 회전한다. 비정지 궤도 위성의 종류에는 2,000km 이하 궤도를 회전하는 저궤도LEO; Low Earth Orbit 위성과 2,000~8,000km 궤도를 회전하는 중궤도MEO; Medium Earth Orbit 위성, 타원 궤도HEO; Highly Elliptical Orbit 위성 등이 있다.

예를 들어, 대륙 간 국제 통화 회선을 구성할 때 고정 위성Geostationary Satellite 통신 링크를 두 개 포함하면(예 태평양 상공과 인도양 상공의 위성) 지연이 증가해 실시간 대화가 어렵다.

다음 그림은 위성 통신의 종류를 비교한 것이다.

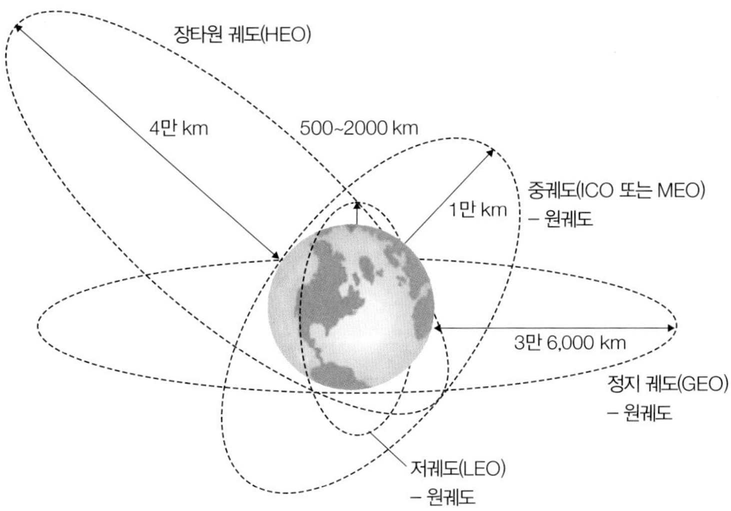

그림 8-6 위성 통신의 종류

다음 표는 위성 통신의 종류와 특징을 비교한 것이다.

표 8-5 위성 통신의 종류와 특징

종류		특징	사용 예
정지 궤도(GEO) 위성		• 지상에서 약 35,860km 적도 상공에 위치 • 지구 자전 속도와 동일하게, 24시간 움직임 • 적도 상공에만 위치 • 극지방 관측 불가능 • 궤도가 높을수록 지구를 한 바퀴 도는 시간이 길어짐 • 7.91km/s 속도로 움직여야 함 • 고정 통신에 적합하며 대량 정보 전송 가능 • 통신 영역이 넓고 난시청 지역이 적음 • 다원 접속 가능 및 고품질 통신 가능	CS-3, BS-3, 인텔샛
비정지 궤도 위성	저궤도(LEO)	• 고도 2,000km 이하의 궤도 회전 • 고도가 1,000km일 때 주기는 약 1시간 45분 • 연속해서 서비스하려면 위성이 수십 개 필요 • 다중 빔 방식으로 주파수를 효율적으로 사용 • 정지 위성에 비해 많은 수의 위성 필요 • 동일한 궤도에서도 여러 개의 위성 필요	Iridum, 글로벌스타, 오브컴
	중궤도(MEO)	• 고도 2,000~8,000km 궤도 회전 • 고도가 10,000km일 때 주기는 약 5~6시간	오디세이, ICO
	타원 궤도(HEO)	• 고도가 약 40,000km일 때 주기는 약 12~24시간 • 연속해서 서비스하려면 위성이 최소 2~3개 필요	몰냐, 아르키메데스

정지 궤도 위성의 경우에, 지구국으로부터 통신 위성까지 거리가 36,000km이면, 지구국에서 발사된 전파가 통신 위성을 경유해 지구국에 도착할 때까지 걸리는 시간을 이론적으로 계산해보자(단, 지구국과 통신 위성 장치에서 소요되는 시간은 고려하지 않는다).

- 거리(L) = ct/2(c: 광속, t: 시간, L: 거리)
- 시간(t) = 2L/c = 2×36,000×1,000/300,000×1,000 = 0.24초 = 240ms

4 위성 통신의 주파수 대역

위성 통신은 3~30GHz의 초고주파SHF; Super High Frequency 대역을 사용한다. 위성파 디지털 멀티미디어 방송DMB; Digital Multimedia Broadcasting에서 사용하는 주파수 대역은 Ku 밴드

(12~14GHz)와 S 밴드(2~3GHz)다. 지상의 방송 센터에서 높은 주파수 대역인 Ku 밴드를 통해 위성으로 방송을 쏘아 올리면 위성은 이를 낮은 주파수 대역인 S 밴드 주파수로 단말기에 보낸다. 위성 신호를 직접 받기 어려운 지역은 위성에서 Ku 밴드를 통해 신호를 갭필러Gap Filler라는 지상 중계기까지 보낸 뒤 여기에서 신호를 S 밴드로 바꾸어 단말기로 전송한다. 위성파 DMB는 두 가지 주파수 대역을 사용하고 갭필러를 설치해 난시청을 해소한다.

표 8-6 위성 통신의 주파수 대역

주파수대(GHz)(상향 링크/하향 링크)	밴드	고정 위성 통신	국가명	도메인명
1.6/1.5	L	–	O	–
2.6/2.5	S	–	O	O
6/4	C	O	–	O
8/7	X	O	O	–
14/12	Ku	O	–	O
30/20	Ka	O	O	O
50/40	O, Q	O	O	O

5 위성 통신의 역사 및 발전 방향

5.1 위성 통신의 역사

위성을 사용해 통신한다는 생각은 1945년 아더 클라크가 처음 제안했다. 이후 1962년 미국의 벨연구소와 미국 항공우주국NASA이 공동으로 제작한 텔스타Telstar 1호와 릴레이Relay 1호로 이 제안이 실현되었다. 최초의 상업용 인공위성은 1965년에 발사된 인텔샛INTELSAT으로, 인공위성이자 원격 통신 담당 기구다.

우리나라 최초의 위성은 무궁화 1호로, 방송 통신 복합용으로 개발되었다. 무궁화 1호는 1995년 8월 5일 미국의 케이프카나벨라 기지에서 발사되었으며, 적도 상공 고도 36,000km의 정지 궤도에서 동경 127.5도, 북위 36도를 중심점으로 직접 위성 방송용 중계기 세 개와 통신용 중계기 12개를 탑재하고 서비스를 제공했다. 2005년 12월, 10년 4개월간의 임무를 마치고 우주 공간 속으로 떠나갔다. 이 위성은 한반도와 연해주 일부 지역까지를 대상으로 위성 방송을 비롯한 유선 방송 중계, 고속 광대역 통신 서비스 등을 직접 제공했다.

한국의 첫 우주 발사체는 나로호다. 나로호는 우리나라가 인공위성, 우주 센터, 우주 발사체(로켓) 등 우주 강국(스페이스 클럽)이 되기 위한 3대 요건을 갖출 마지막 단계의 프로젝트다. 2013년 1월 30일 전남 고흥군 나로우주센터에서 발사되어 정상 궤도에 진입했다.

그림 8-7 무궁화 1호의 모습

5.2 위성 통신의 발전 방향

위성 통신은 인공위성이 중계소 역할을 하는 장거리 통신 방법이다. 국가 간 통신 수단으로 사용하는 전화, 전신, TV 방송, 위치 측정 시스템GPS; Global Positioning System 등에 많이 사용한다. 대표적인 예인 인텔샛은 국제 전화나 TV 중계 등에 이용되고 인말샛은 비행기, 선박 등의 통신에 많이 사용된다. 또한 우리나라의 무궁화 위성처럼 국가 단위의 위성 통신 서비스를 제공하기 위해서도 많이 사용된다. 위성 통신은 군사용, 재난용, 원격 교육용 및 의료용, 도서 및 인프라 취약 지역 등에서 공공의 목적으로 반드시 필요하다. 기내에서 와이파이Wi-Fi를 사용할 수 있는 것은 적도 위에 떠 있는 정지 궤도 위성인 인말샛Inmarsat 덕분이다.

위성 통신 기술은 단말국이 소형화되고, 지구국 기술 자체에서도 소형 경량화를 위한 다양한 기술이 개발되고 있어 추후 다양한 멀티미디어 서비스가 가능한 휴대 및 이동형 위성 단말기의 확대 보급이 가능할 것이다. 범세계적 위성 통신망 구축과 저궤도 이동통신의 확산으로 국가 간 통신 경계가 사라지고, 차세대 위성 통신은 이동성이 특히 강조되어 차세대 이동통신 시스템에 중요한 역할을 할 것이다.

03 마이크로파와 라디오파

마이크로파와 라디오파는 주파수의 범위와 방향성에 따라 분류할 수 있다. 마이크로파는 주파수의 방향성이 있으며, 범위는 2~40GHz다. 라디오파는 방향성이 없으며, 주파수 범위는 30kHz~1GHz다. 마이크로파는 위성 마이크로파와 지상 마이크로파로 나눈다. 마이크로파는 강처럼 분리되어 유선 선로를 설치하기 어렵고 비용이 많이 드는 지역에 사용하면 좋다. 라디오파는 주파수의 방향성이 없으며 범위는 30kHz~1GHz다. 방향성이 없으므로 방송용으로 적합하다.

1 마이크로파

지상 마이크로파Terrestrial Microwave는 극초단파 전송 또는 마이크로파 라디오Microwave Radio라고 한다. 보통 진동수가 1~300GHz, 파장이 1mm~1m인 전자기파다. 공중에 전파된 마이크로파를 사용한 통신 방식은 극초단파대(300MHz~3GHz)와 초고주파대(3~30GHz)를 지칭하는데 극초단파UHF, 센티미터파SHF, 밀리미터파EHF 등이 있다.

마이크로파는 파장이 짧아 직진, 반사, 회절 등 빛을 닮은 특성이 있다. 그리고 직진 현상을 이용한 가시거리 내 통신 방식과 산란, 회절 현상을 이용한 가시거리 외 통신 방식을 사용한다. 레이더, 통신, 전자레인지, 텔레비전 등에 폭넓게 사용한다.

지상 마이크로파는 동축 케이블 등의 유선 선로를 설치하기 곤란한 지역(습지대, 사막 등)에 설치하는 것으로, TV나 음성 전송용 동축 케이블 대신에 접시형 안테나(파라볼라)를 사용해 장거리 통신 서비스를 제공한다. 접시형 안테나는 직경 10피트 내외로, 고정되어 있고, 수신 안테나는 가느다란 빔을 발사한다. 송신과 수신 안테나 사이에 장애물을 없애려고 대개 높은 지대에 설치한다. 장거리를 전송할 때는 수 km마다 중계소가 필요하다. 단거리에서는 빌딩 사이를 서로 연결하는 데 사용한다.

대역폭은 2~40GHz 정도다. 마이크로파 통신은 높은 주파수의 반송파를 사용하므로 광대역 특성이 강하고 직진성도 강하다. 전파 손실이 적으며, S/N을 개선할 수 있다. 가시거리 통신이 행해지므로 송수신점 사이에 중계기를 설치해야 한다. 사용 파장이 짧고 소형이며 고이득의 안테나 사용이 가능하다. 단점은 보안에 취약하며 기상 조건에 따라 전송 품질이 영향을 받는다.

TIP 마이크로파는 레이더 또는 위성 통신에 이용되며 Ka 밴드, K 밴드, Ku 밴드, X 밴드, L 밴드 등 특수한 용어를 사용해 밴드를 분류한다.

그림 8-8 마이크로파의 예

2 라디오파

라디오파는 전자기파의 일종이다. 전자기파는 전기장과 자기장이 직각으로 구성되면서 날아가는 파장이다. 이론적으로는 주파수가 0~무한대이며, 주파수 크기에 따라 라디오파, 마이크로파, 적외선, 가시광선, 자외선, X-선, 감마선 등으로 분류한다.

라디오파는 주파수가 10kHz~1GHz인 방송파로, 라디오 공학에서 널리 사용한다. 라디오파를 사용해 컴퓨터 사이의 네트워크도 가능하다. 꼬임선이나 광섬유 케이블은 물리적으로 연결해야 네트워크를 만들 수 있지만, 라디오파는 안테나를 이용해 신호를 수신하거나 송신할 수 있다. 라디오파를 이용한 전송을 RF[Radio Frequency] 전송이라고 한다. 라디오파가 위성과 결합하면 거리 제약을 극복할 수 있어 더 높은 성능을 발휘한다.

라디오파는 방향성이 없어서 접시형 안테나가 필요 없고, 안테나를 정해진 위치에 정확히 설치할 필요도 없다. AM/FM 라디오와 VHF/UHF TV 방송에 주로 이용한다. 30MHz~1GHz의 주파수 범위는 방송 통신용으로 매우 적합하다. 왜냐하면, 라디오파가 30MHz 이상이라 전리층을 통과하는데, 멀리 떨어진 수신기는 반사나 강우에 영향을 덜

받기 때문이다. 그러나 디지털 통신에서는 전송률이 높지 않다는 단점이 있다. 예를 들어, 1,000kHz의 라디오파는 약 3km 정도까지만 전달할 수 있다.

전통적인 라디오 방송에서는 디지털이 아니라 아날로그 신호를 사용했다. 진폭 변조AM; Amplitude Modulation와 주파수 변조FM; Frequency Modulation는 전파에 정보를 싣는 방법이다. 각 경우에 반송파의 성질이 변화되는데 이를 변조라고 하며 이를 통해 전파에 정보를 실을 수 있다. AM과 FM의 차이점은 다음과 같다.

표 8-7 AM과 FM 차이점

AM	FM
• 진폭 변조 방식으로, 주파수는 변하지 않고 진폭만 변함 • 반송파에 신호를 단순히 혼합해 겹치는 방식 • 주파수가 1,000kHz인 라디오파는 약 3km 정도까지만 전달할 수 있으므로 큰 전파 대역폭이 필요하지 않음 • 중파 방송이라고도 함	• 주파수 변조 방식으로, 주파수만 음성의 강도에 따라 변함 • 초단파와 극초단파를 이용함 • 잡음이 적어 스테레오 방송에 적합함 • 라디오 네트워크와 수신기 제조사의 반대로 상업적인 FM 방송은 제2차 세계대전이 끝나기 전까지 널리 사용되지 못함

여기서 잠깐! | 기타 라디오파

• RFID(Radio-Frequency IDentification)

IC 칩과 소형 안테나를 탑재한 태그나 카드에 전파를 개입시켜 정보를 읽어내는 비접촉형 자동 인식 기술이다. 여러 매체의 정보를 일괄적으로 읽거나 내장된 IC 칩에 새로운 정보를 기입 또는 소거할 수 있어 재활용이 가능하다. 바코드 시스템과 다른 점은 빛 대신 전파를 이용하므로 바코드 판독기처럼 짧은 거리가 아닌 먼 거리에서도 태그를 읽을 수 있고 물체 사이에 있는 태그 정보도 수신할 수 있다.

• 적외선(Infrared)

리모컨에 가장 많이 쓰인다. 장점은 다른 방식보다 저렴하면서도 안테나 같은 추가 장비가 필요하지 않다. 노트북이나 적외선 키보드 등에도 응용할 수 있다.

• 레이저(Laser)

마이크로파와 특징이 비슷한 것으로, 유도를 방출해 빛을 증폭(Light Amplification by the Stimulated Emission of Radiation)시킨다. 즉, 광자를 결에 맞는 빛으로 방출하는 광원이다. 광디스크에 널리 사용하며 바코드 리더와 레이저 포인터에도 사용한다. 산업용은 철이나 금속을 자르거나 표면에 그림이나 글자를 새기는 데 사용하고, 군사용은 공격 대상을 식별하거나 미사일 등 무기를 유도하는 데 사용한다. 의학용은 안과 수술이나 미용 목적의 수술에 사용한다.

04 TV 방송과 DMB

1 TV 방송

TV[Television] 방송은 지상의 텔레비전 방송국에서 안테나가 있는 TV 수신기로 전파를 통해 텔레비전 신호를 전달하는 방송이다. 흑백 아날로그 방송이 국내에서 시작된 것은 1956년이며, 1980년대에 컬러 아날로그 방송이 도입되었다. 2001년부터 수도권 지역에서 디지털 본방송을 시작했으며, 2012년까지 아날로그 방송을 종료하고 2013년부터 본격적인 디지털 방송 시대를 맞이하였다.

2 DMB의 개념과 종류

디지털 멀티미디어 방송[DMB; Digital Multimedia Broadcasting]은 이동 중인 개인 단말기나 차량용 수신기(예 내비게이션), 비행기 등에서 TV나 라디오 방송, 데이터 방송을 시청 및 청취할 수 있는 서비스다. DMB는 무선 통신 방식에 따라 지상파 DMB와 위성 DMB로 나눌 수 있다.

■ 지상파 DMB

지상파 DMB[Terrestrial DMB]는 시속 200km로 고속 주행하는 단말에서도 고품질의 영상과 음향, 다양한 데이터 방송을 제공한다. 약 1.5MHz의 대역폭을 갖는 초단파[VHF] 대역으로 데이터를 전송한다. 주파수는 174~216MHz, 압축 방식은 MPEG4 기술을 이용한다. 전파는 장거리에 알맞게 회절 특성을 가지고 있다. ITU-R의 디지털 라디오 표준인 DSB System A(Eureka-147)에 기반해 우리나라에서 개발한 지상파 디지털 멀티미디어 방송 표준이다.

■ 위성 DMB

위성 DMB[Satellite DMB]는 지상파 DMB와 달리 위성체를 이용해 방송을 서비스한다. 수신율이 낮은 도심 지역은 갭필러[Gap Filler]라는 중계기를 이용해 방송을 수신한다. 주파수는

2.605GHz 이상, 압축 방식은 지상파와 같다. 채널 수는 비디오 20개 안팎, 오디오 50개 안팎이다. 극초단파 대역에서 방송하며, 인공위성으로 방송 전파를 쏘기 때문에 전국 서비스가 가능하다. 채널이 다양한 것이 장점이지만, 이용료가 지상파 DMB에 비해 비싸다.

다음 그림은 지상파 DMB와 위성 DMB 시스템 구성도의 예다.

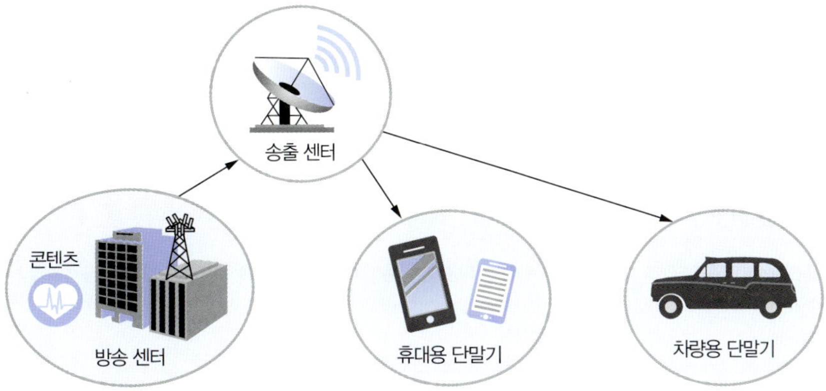

(a) 지상파 DMB 시스템 구성도의 예

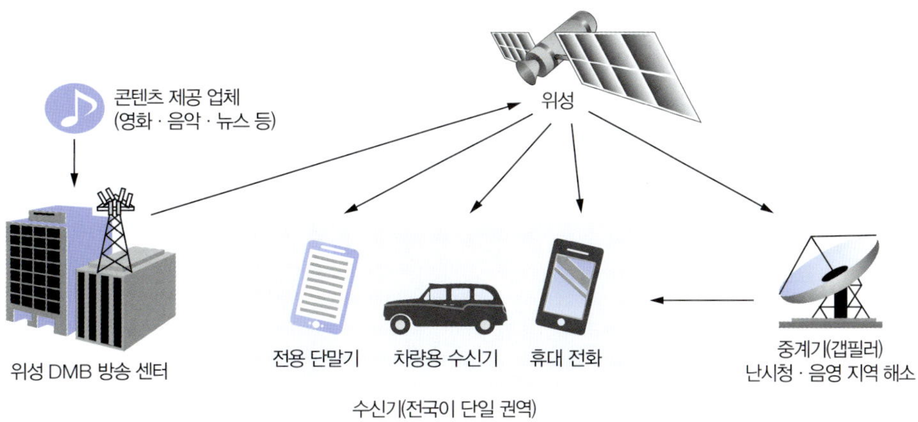

(b) 위성 DMB 시스템 구성도의 예

그림 8-9 DMB 시스템의 구성도

TIP 유럽에서 개발한 DAB 기술: 디지털 오디오 방송(DAB; Digital Audio Broadcasting)은 아날로그 주파수 변조(FM) 방송을 디지털로 전환하기 위해 유럽에서 개발한 디지털 오디오 방송이다. 유럽첨단기술개발계획(EUREKA1)의 프로젝트로 개발되어 유레카 147(Eureka-147)이라고도 한다.

TIP 우리나라가 세계 최초로 만든 DMB 기술: DMB는 아날로그 라디오를 디지털 오디오 방송으로 대체하기 위해 유럽에서 만든 DAB 기술을 기반으로 우리나라가 세계 최초로 만든 기술이다.

05 이동통신의 개념과 진화

1 이동통신의 개념

이동통신Mobile Telecommunication은 항공기나 선박, 열차, 자동차처럼 움직이는 대상과 일반 전화 사이 또는 이동하는 물체 상호 간에 발생하는 무선 통신을 말한다. 이동체 통신이라고도 하며 고정 통신과 반대되는 개념이다. 이동통신은 페이딩 현상이 나타날 수 있다.

TIP 페이딩 현상: 신호 전파의 도달 거리 차이에 의해 수신 전파가 지나온 매질이 변하면 수신 전파의 강도가 급격하게 변동되는 현상

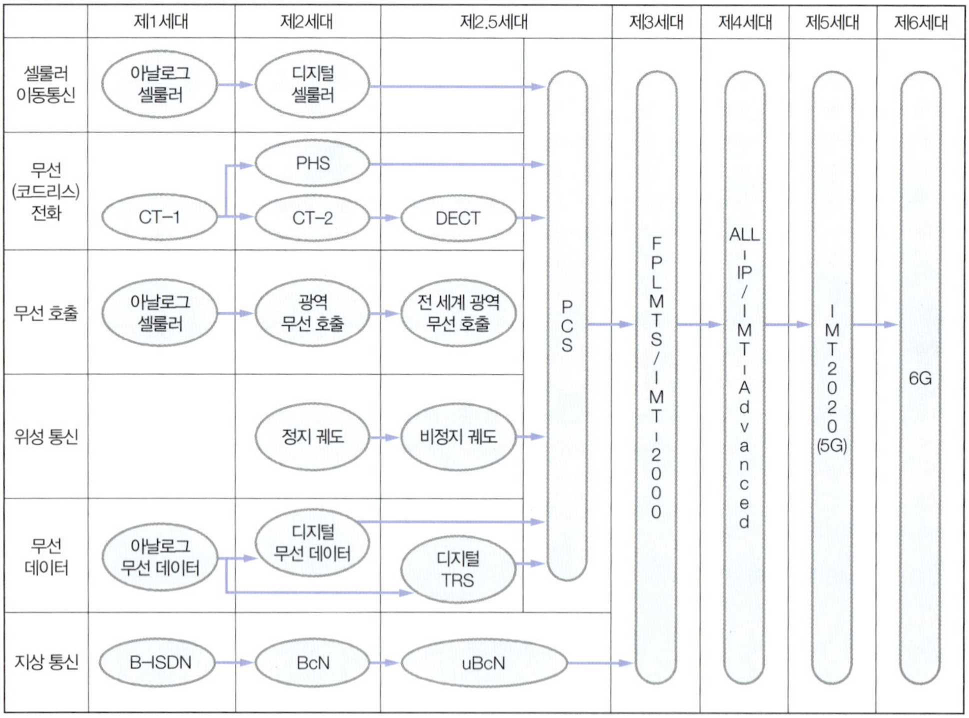

그림 8-10 이동통신의 진화 과정

2 이동통신 서비스의 진화 과정

이동통신 서비스는 진화 과정에 따라 1세대, 2세대, 2.5세대, 3세대, 3.5세대, 4세대, 5세대, 6세대, 7세대로 구분할 수 있다. 여기서 셀룰러 이동통신, 무선 전화, 무선 호출 등의 경계가 2.5세대 이후부터 사라졌음에 주목할 필요가 있다.

이동통신의 세대별 주요 기술 변화는 다음 그림과 같다.

TIP 이동통신의 세대별 기술 변화는 보는 관점에 따라 조금씩 다를 수 있다. 각 기간들은 칼로 무 자르듯이 확연히 구분되는 것이 아니라 서로 중첩되고 기술이 공존하면서 발전하고 있기 때문이다.

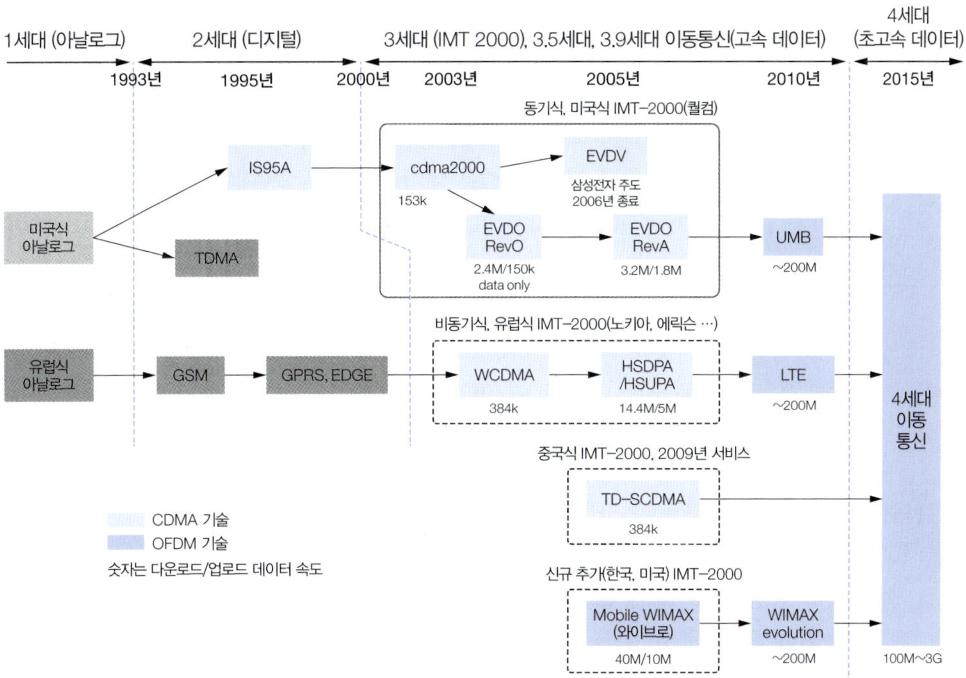

그림 8-11 이동통신의 세대별 주요 기술의 변화

이동통신의 세대별 서비스 변화를 정리하면 다음 표와 같다.

표 8-8 이동통신의 세대별 서비스 변화

구분	1세대(1G)	2세대(2G)	3세대(3G)	4세대(4G)	5세대(5G)	6세대(6G)
최고 전송 속도	14.4Kbps	144Kbps	14Mbps	75Mbps	1Gbps	100Gbps
가능 서비스	음성	음성, 텍스트 문자	멀티미디어 문자, 음성, 화상 통화, 인터넷	음성, 데이터, 실시간 동영상	입체 영상, 홀로그램, 사물인터넷	만물 지능 인터넷
상용화 시기	1984년	2000년	2006년	2011년	2019년	2028년(예상)

1G는 흔히 '카폰'이라 부르는 아날로그 이동통신 전화기로, 사람의 음성을 주파수로 변조해(FM) 보내는 것이다. 1G는 사용자가 늘어나자 주파수가 부족해지면서 이동 중 전화가 어려워지는 문제가 있었다. 그래서 음성 신호를 디지털 신호로 변형하고 전송 방식을 아날로그에서 디지털로 바꾸게 됐는데, 이것이 2G다. 3G는 여기에 인터넷 등 데이터를 전송할 수 있는 기술을 추가했다. 4G에서는 회선Circuit 방식 전송을 패킷Packet 방식으로 바꾸어 데이터 효율을 높였다.

5G는 접속 가능한 디바이스(개체) 수가 엄청나게 많아지는 상황, 즉 사물인터넷IoT 시대에 맞춰지고 있다. 사물과 사물, 사물과 사람 간 연결이 핵심이므로 데이터 전송에 많은 수의 센서가 필요하다.

6G는 기존보다 주파수의 전송 속도를 더 높이고 정확성, 시간 지연 감소, 신뢰성의 향상을 이루고자 한다. 6G는 하늘, 바다 등 전 지구를 아우를 수 있어야 하므로 인공위성의 역할도 중요하다. 2028년이면 드론, 에어 택시 등의 미래형 3차원 교통수단 서비스가 제공되고 시속 1,000km 속도에서 이동해도 통신이 지원될 것이다. 또 전체 통신망에 인공지능이 적용되어 자율적으로 운영되는 등 미래형 지능 서비스가 제공되는 초지능 네트워크가 구현될 것이다.

3 이동통신 시스템의 표준과 인증

1세대부터 5세대까지 이동통신 시스템에서 사용하는 인증 표준은 다음 표와 같다.

표 8-9 이동통신 시스템에서 사용하는 인증 표준

구분	3GPP 계열	3GPP2 계열	IEEE 계열	기타
1세대(1G)				• AMPS(1983)
2세대(2G)	• GSM(1991)	• cdmaOne(1995)		• D-AMPS(1990)
2.5세대 (2.5G)	• GPRS(2000) • EDGE(2003)	• CDMA2000 • 1x(2000)		
3세대(3G)	• WCDMA(2001) • UMTS(2001) • TD-SCDMA	• EV-DO(2002) • EV-DO rev. A · B (2006)		
3.5세대 (3.5G)	• HSDPA(2005) • HSUPA(2007) • TD-HSDPA • TD-HSUPA	• EV-DO rev.C(UMB)	• WiBro(2006)	
4세대(4G)	• HSPA+(2009) • LTE-FDD/TDD(2010) • LTD Advanced(2013) • LTE-U(2015)		• Mobile WiMAX (2008) • WiBro Evolution (2013)	
5세대(5G)	• NR(2019)			

TIP 국내 업체의 이동통신 표준 기술의 채택 이력

- KT: cdmaOne → EV-DO → WCDMA → LTE&Mobile WiMAX
- SK텔레콤: AMPS → cdmaOne → EV-DO → WCDMA → LTE&Mobile WiMAX
- LG유플러스: cdmaOne → EV-DO Rev.0 → EV-DO Rev. A → CDMA EV-DO Rev. B → LTE

TIP 최초의 스마트폰은 애플의 아이폰 2G(2007년)다. 우리나라에는 아이폰 3GS가 2009년에 출시되었고 그 후에 삼성이 갤럭시 S를 2010년에 발표했다.

4 핸드오프

핸드오프Hand Off 또는 핸드오버Hand Over는 다른 셀로 이동할 때 현재 통화 채널을 자동으로 전환해 주는 기술이다. 핸드오프의 종류는 다음과 같이 세 가지가 있다.

- **Soft 핸드오프**: 셀Cell 간의 핸드오프다. 즉, 이동통신 시스템에서 단말기가 이동 교환기 내에 있는 기지국에서 통화의 단절 없이 동일한 주파수를 사용하는 다른 기지국으로 옮겨서 통화하는 경우에 해당된다.
- **Softer 핸드오프**: 동일한 기지국 내 다른 섹터Sector 간의 핸드오프다.
- **Hard 핸드오프**: 이동국이 한 기지국에서 다른 기지국으로 이동할 때 기존 기지국과 연결된 채널을 끊고 새로운 기지국의 새로운 채널로 연결되는 핸드오프 방식이다.

TIP 섹터: 셀을 둘 또는 셋으로 분할한 각각을 섹터라고 한다. 섹터를 사용하면 각각에 대해 별도의 송수신 신호를 처리할 수 있다. 섹터는 셀 안의 서비스 품질을 강화하는 역할을 한다.

TIP 이동통신 시스템의 용량 증가 방법: 이동통신의 용량은 시스템에서 동시 처리가 가능한 최대 사용자 채널 수(또는 이용자 수)를 말한다. 이론적으로 이동통신 시스템의 용량을 증가시킬 방법은 다음과 같다.

- 점유 주파수 대역 넓히기
- 섹터 수 증가시키기
- 주파수 재사용 계수를 크게 하기
- 음성 활성화율 낮추기
- 섹터화 이득 높이기
- 다중 송수신 안테나 시스템 사용하기
- 비트 에너지 대 잡음 전력 밀도 비 낮추기

TIP 이동통신의 2차 전지: 이동통신에서 사용하는 2차 전지는 1차 전지와 달리 방전 후에도 다시 충전해 반복 사용이 가능한 배터리다. 충전과 방전을 반복할 수 있는 전지로 양극, 음극, 전해질, 분리막, 용기로 구성된다. 양극재와 음극재 사이의 전해질을 통해 리튬 이온이 이동하는 전기적 흐름으로 전기가 발생한다. 최근 많이 사용하는 2차 전지에는 리튬 이온 전지, 리튬 폴리머 전지 등이 있다.

06 초기 이동통신(1세대~2.5세대)

셀룰러Cellular는 서비스 지역을 작은 구역인 셀Cell 여러 개로 나누는 방식으로, 아날로그 셀룰러 시스템과 디지털 셀룰러 시스템이 있다.

셀은 이동통신에서 하나의 기지국이 관리하는 지역으로, 지역 내 할당된 전파를 이용해 이동국에서 서비스를 제공하는 영역이다. 셀은 영역의 크기에 따라 다음과 같이 분류한다.

- **펨토 셀**Femto Cell: 옥내 설치
- **피코 셀**Pico Cell: 반경 50m 이내, 도심 밀집 지역 설치
- **마이크로 셀**Micro Cell: 반경 1km 이내, 도심 설치
- **매크로 셀**Macro Cell: 반경 35km 이내, 교외 설치
- **메가 셀**Mega Cell: 반경 100~500km, 위성 통신 등 광역 설치

1 아날로그 셀룰러 시스템: 1세대 이동통신

아날로그 셀룰러 시스템은 전체 서비스 지역을 소규모의 서비스 영역인 셀로 분할한 후 각 셀에서 사용할 무선 채널을 할당한다. 하나 이상의 셀에 기지국BS을 두고, 이를 이동통신 교환기MSC 하나와 연결한다. 각 셀에 설치된 무선 기지국Cell Site은 교환기에서 집중 제어하며, 교환기는 공중 교환 전화망PSTN으로 연결한다. 모든 셀은 동일 주파수를 사용할 수 있으나, 서로 인접한 셀끼리는 동일 주파수를 사용할 수 없다. 따라서 가입자는 셀을 이동하더라도 주파수가 겹치지 않기 때문에 통화를 계속할 수 있다.

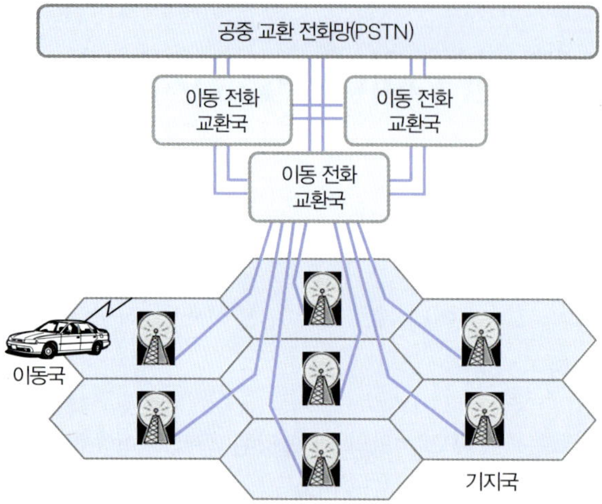

그림 8-12 아날로그 셀룰러 시스템

TIP 아날로그 셀룰러 이동통신은 1958년 벨(Bell)연구소에서 처음 제안했다. 벨연구소에서는 1970년대에 AMPS(Advanced Mobile Phone Service)를 개발했다.

아날로그 셀룰러 시스템에는 AMPS, NMT, TACS, JTACS 등이 있다. AMPS는 1983년 미국에서 처음 서비스를 시작했다. NMT Nordic Mobile Telephone는 북유럽, TACS Total Access Communication System는 영국, JTACS Japanese Total Access Communication System는 일본에서 사용하는 방식이다. 우리나라는 AMPS 방식을 사용하는데, 1984년부터 서비스를 개시했다.

아날로그 시스템은 주파수를 재활용하기 위해 주파수 분할 다중 접속 FDMA; Frequency Division Multiplexing Access 방식을 사용한다. 이 방식으로 음성만 전기적 신호로 전달했다.

2 디지털 셀룰러 시스템: 2세대~2.5세대 이동통신

이동통신은 서비스 종류에 따라 이동 단말기, 기지국, 이동통신 교환기, 홈 위치 등록기, 방문자 위치 등록기, 운용 보존국 등으로 구성된다. 이 사이에서 SS No.7 공통선 신호망을 사용해 제어 신호를 교환한다.

이러한 이동통신망은 관할 등록 지역 RA; Registration Area인 셀로 나누어 무선 채널을 효율적으로 활용하는데, 하나 이상의 셀에 기지국 BS을 두고 각 기지국을 하나의 이동통신 교환기 MSC와 연결한다. 이동통신 교환기에는 가입자 정보를 일시적으로 저장하는 데이터베이스인 방문자 위치 등록기 VLR, 영구적으로 저장하는 데이터베이스인 홈 위치 등록기 HLR가 있다.

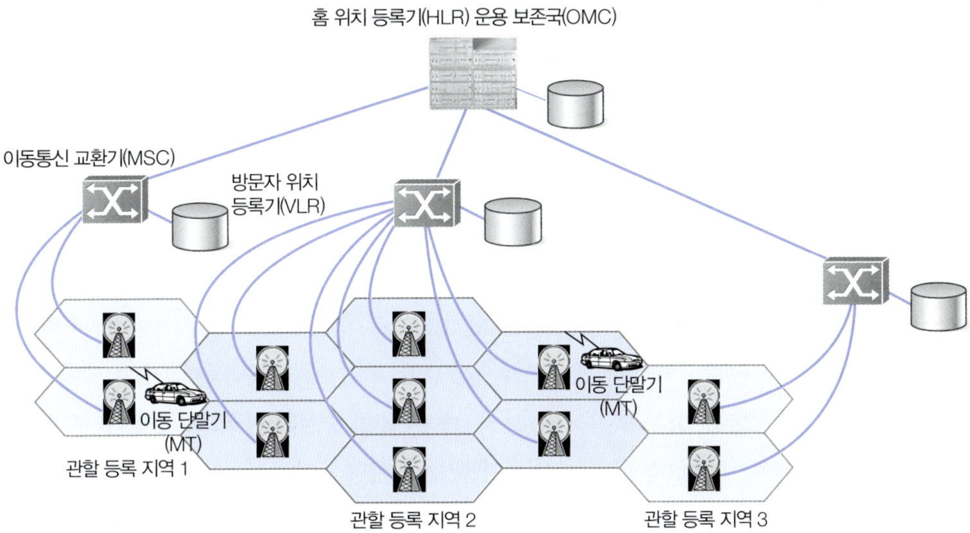

그림 8-13 디지털 셀룰러 전화망에서 이동통신의 구성 요소

- **이동 단말기**MT; Mobile Terminal: 모든 이동체에 설치된 통신 단말기다. 휴대폰처럼 가입자쪽 종단에 있는 무선 인터페이스로, 무선 송수신기, 안테나, 제어 장치로 구성된다.
- **기지국**BS; Base Station: 이동국과 교환국 사이에서 이동국과의 무선 전송을 담당한다. 셀룰러 이동통신 방식에서 기지국 서비스 영역을 확대하는 방법은 기지국 안테나 높이를 증가시키거나, 다이버시티 수신기를 사용하거나, 고이득 지향성 안테나를 사용하면 된다. 기지국의 위치를 적절한 곳으로 선정하고, 지형에 맞는 안테나를 사용하며 중계기 등을 사용해 전파 음영 지역을 해소한다. 저잡음 수신기를 사용해 기지국의 송신 출력을 증가시킨다. HPA를 사용하는 기지국에서 송신 안테나의 개수를 줄이기 위해 사용하는 장치를 컴바이너Combiner라고 한다.
- **이동통신 교환기**MSC; Mobile Switching Center: 이동통신망과 일반 공중망을 연결하거나, 각 기지국에서 발생하는 착·발 신호를 처리하고 기지국을 감시 및 제어하며, 공중 전화망의 시내 교환기와 연결한다. 또한 이동통신 가입자의 위치를 검출하고, 핸드오버Hand Over, 가입자 상호 간의 정보도 교환한다. MTSOMobile Telephone Switching Office라고도 한다.
- **홈 위치 등록기**HLR; Home Location Register: 이동 단말기의 가입자 정보와 위치 정보 등을 영구적으로 저장하는 데이터베이스다. 이동통신 시스템에서 가입자 관리를 책임지는 데이터베이스로, 단말기 정보 확인, 위치 확인, 등록 인식 등의 기능을 한다.

- **방문자 위치 등록기**VLR; Visitor Location Register: 이동 단말기가 다른 지역에서 관할 등록 지역RA인 현재 지역으로 이동했을 때 이동 단말기의 가입자 정보를 일시적으로 저장하는 데이터베이스다. 디지털 이동통신 시스템에서 이동국(단말기)이 자신의 위치와 상태를 교환기에서 수시로 알려줌으로써 전체 시스템 부하를 줄이고 이동국 착신호의 신뢰성을 증가시킬 수 있다.
- **운용 보존국**OMC; Operation and Maintenance Center: 이동통신의 요소를 운용하고, 유지 및 보존하는 기능을 한다.

디지털 셀룰러 시스템의 종류에는 IS-54, GSM, PDC 등이 있다. IS-54Interim Standard-54는 1992년부터 미국에서 채택한 방식으로, AMPS 제어 채널 규격을 그대로 수용하고 TDMA에 기반을 두었다. GSMGroup Special Mobile은 유럽 중심의 방식으로 1993년부터 상용 서비스를 시작했다. PDCPersonal Digital Cellular는 일본에서 채택한 방식이다.

디지털 셀룰러 시스템에서는 시분할 다중 접속TDMA이나 코드 분할 다중 접속CDMA 방식을 사용한다. 1989년부터 세계 표준화 방식으로 시분할 다중 접속 방식이 채택되었다.

TIP 세계에서 처음으로 CDMA 기술을 상용화한 우리나라는 다양한 CDMA 첨단 기술을 차례차례 선보이면서 디지털 이동 전화 강국이라는 이미지를 각인시켰다.

3 무선 전화와 무선 데이터 통신 서비스: 1세대~2.5세대

무선 전화는 선이 없는(코드리스) 전화에 사용되는 기술로, 1세대~2.5세대 이동통신까지 CT-1, CT-2, PHS, DECT 순으로 발전했다.

■ 1세대 이동통신: CT-1

CT-1Cordless Telephone-1은 아날로그 무선 전화 방식으로, 일반 가정에서 사용하는 무선 전화기가 이 방식을 사용했다. CT-1은 아날로그 통화 범위가 50~100m로 매우 짧으며, 핸드오프 기능이 없다. 반면, 아날로그 셀룰러 시스템은 통화 범위가 수 km이고, 핸드오프 기능이 있다.

■ 2세대 이동통신: CT-2

CT-2Cordless Telephone-2는 가정 내 무선 전화기, 가정 외 휴대용 전화기, 사무실 등의 구내 전화기에서 사용하는 디지털 방식이었다.

■ 2세대~2.5세대 이동통신: PHS

PHS Personal Handyphone System는 일본에서 1995년 7월부터 상용 서비스를 시작한 가격이 저렴한 대중적인 무선 통신 서비스로, TDMA 방식을 사용했다.

TIP PCS(Personal Communication System)로 불리던 개인 휴대 통신은 개인용 이동통신 서비스로, 유럽에서는 PCN(Personal Communication Network), 일본에서는 PHS라고 명명한다. 개인 휴대 통신은 대역에 따라 협대역 PCS와 광대역 PCS로 구분한다. 협대역 PCS 서비스에는 전자 우편이 있으며, 광대역 PCS 서비스에는 휴대 전화나 데이터 통신 등이 있다.

■ 2.5세대 이동통신: DECT, TRS

DECT Digital European Cordless Telephone는 아날로그에 비해 음질이 깨끗하고, 도 · 감청이 불가능하다. 대용량의 전화번호부를 저장하거나 문자 메시지 송수신 SMS; Short Messaging System/Short Message Service이 가능해 휴대폰과 비슷한 기능을 제공하는 가정용 디지털 무선 전화기로, 미국과 한국을 제외한 거의 모든 나라에서 사용했다. DECT 기술은 무선 전화 분야에서 사용하나 제약이 있어 많이 보급되지 않았다.

주파수 공용 통신 TRS; Trunked Radio System은 1978년 미국에서 처음 채택한 방식으로, 무선 중계국에 할당된 일정 주파수를 독립된 각각의 채널로 묶어 다수의 사용자가 공동으로 사용할 수 있게 한다. 일정 주파수를 전용하는 기존 셀룰러 시스템과는 다르다.

07 3세대 이동통신

1 3세대 이동통신: IMT-2000

IMT-2000은 ITU에서 전 세계적으로 동일한 주파수인 1,885~1,980MHz, 2,010~2,025MHz, 2,110~2,170MHz 대역폭을 채택했는데, 미국에서 이 중 일부를 제2세대 PCS 사업자에게 배분함으로써 아쉽게도 서로 통일시키지 못했다. 1996년 이전에는 플림스FPLMTS; Future Public Land Mobile Telecommunication System라는 이름으로 사용하다 1996년에 IMT-2000으로 바뀌었다. 지상과 위성 통신 전체가 하나로 융합되고, 각 사용자가 개인 단말기로 음성, 이미지, 텍스트 등 멀티미디어 서비스를 제공받을 수 있는 네트워크다.

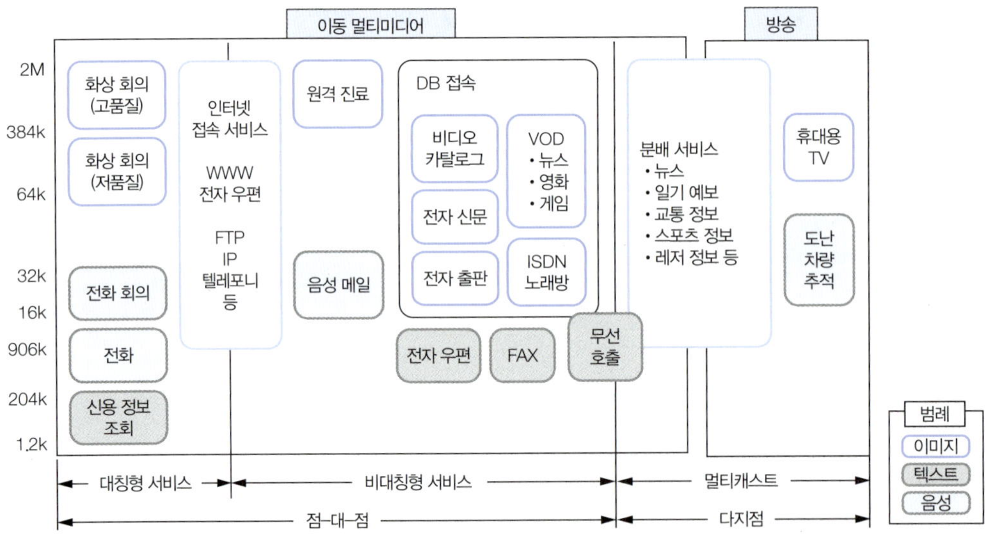

그림 8-14 실시간 멀티미디어 서비스에 필요한 속도

1.1 IMT-2000 시스템의 구성과 표준화

1990년대 이후부터 전 세계에서 이동통신 서비스 요구가 폭발적으로 증가했다. 화상 회의나 영화 감상 등 대용량 멀티미디어 데이터를 실시간으로 이용하기 위해 32Kbps~2Mbps 속도가 필요했다. 이를 위해 IMT-2000이 출현했다.

IMT-2000 시스템은 이동 단말기MT, 기지국BS, 이동통신 교환기MSC 등으로 구성된다. 이동 단말기와 기지국 사이는 무선 접속 구간이라 하고, 기지국과 이동통신 교환기 사이의 다른 망과 연동하기 전까지 교환망을 핵심망이라 한다. IMT-2000 시스템은 세계 단일 표준안으로 만드는 데 실패하면서 두 가지 방식으로 양분되었다.

- **유럽과 일본 중심의 비동기식**: 무선 접속 구간에서는 W-CDMA, 핵심망에서는 GSMMAP에 기반한다. 표준화 기구는 3GPP3rd Generation Partnership Project 협의체다.
- **북미 중심의 동기식**: 무선 접속 구간에서는 CDMA 2000, 핵심망에서는 ANSI-41에 기반한다. 표준화 기구는 3GPP23rd Generation Partnership Project 2 협의체다.

1.2 IMT-2000의 진화 과정

IMT-2000은 유럽과 일본 중심의 비동기식, 북미 중심의 동기식으로 양분되어 진화했다.

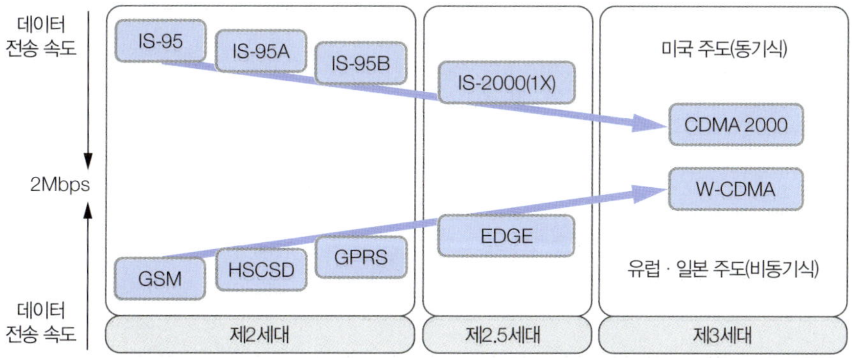

- **IS-95**: Interim Standard-95
- **CDMA 2000**: Code Division Multiple Access 2000
- **HSCSD**: High Speed Circuit Switched Data
- **GPRS**: General Packet Radio Service
- **EDGE**: Enhanced Data GSM Environment
- **W-CDMA**: Wideband-Code Division Multiple Access

그림 8-15 IMT-2000의 진화 과정

■ W-CDMA(비동기식)

W-CDMA Wideband CDMA(광대역 부호 분할 다중 접속) 시스템은 음성 품질이 높고, 이동성을 보장하며, PCS에도 응용할 수 있다. 32Kbps ADPCM Adaptive Differential Pulse Code Modulation을 채택해 음성을 부호화하고, 시속 100km로 움직여도 통화가 가능하다.

TIP UMTS(Universal Mobile Telecommunications System): GSM 통신 표준에 기반한 이동통신 기술이다. 이동 전화 및 컴퓨터 사용자가 어디에 있더라도 광대역 패킷 기반의 텍스트, 디지털 음성 및 비디오, 멀티미디어 데이터를 2Mbps 이상의 속도로 전송할 수 있는 서비스를 제공한다.

■ CDMA 2000(동기식)

CDMA 2000은 2G에서 발전된 형태로, 데이터 전송 속도를 높여 다양한 응용 프로그램을 수행하게 하는 서비스다. 기술적인 면에서 전송 속도는 14.4~144Kbps로 증가하고, 수용 용량도 IS-95A보다 2배 정도 증가하며, 단말기 대기 시간도 2배 더 길다.

TIP IS-95(Interim Standard 95): 미국 퀄컴사가 개발한 첫 번째 CDMA 기반의 디지털 셀룰러 표준이다. CDMA1로 불리기도 하며 TIA-EIA-95로도 잘 알려져 있다. CDMA는 미국, 한국, 캐나다, 멕시코, 인도, 이스라엘, 뉴질랜드, 스리랑카, 베네수엘라, 브라질, 칠레, 베트남 등에서 사용했다.

IMT-2000의 비동기식과 동기식 방식의 특징 비교는 다음 표와 같다.

표 8-10 IMT-2000의 비동기식과 동기식 특징

구분	WCDMA	CDMA 2000
서비스 형태	WCDMA	CDMA 1x EV-DO
기초 기술	GSM	IS-95(CDMAOne)
표준화 기관	3GPP	3GPP2
동기 방식	비동기식	동기식
망 설계	단순함	복잡함
사용 지역	유럽 중심, 일본	미국 중심, 한국

2 3.5세대 이동통신

3.5G 또는 3.9G 이동통신 기술은 3G 기술보다 진화했으나, 4G 기술 기준에는 못 미치는 중간 단계의 프로토콜이다. 3GPP 계열과 3GPP2 계열로 구분한다.

2.1 3GPP 계열

3GPP 계열의 기술에는 HSDPA, HSUPA, HSPA+, LTE가 있다.

■ HSDPA

HSDPA High-Speed Downlink Packet Access(고속 하향 패킷 접속)는 시속 250km로 움직이는 차 안에서도 서비스가 가능하며, 하향 14.4Mbps, 상향 2Mbps 속도를 제공한다. HSDPA는 전 세계 어디서나 하나의 단말기로 음성, 영상, 메시지, 데이터 등을 국내처럼 사용할 수 있는 글로벌 로밍이 가능하다.

■ HSUPA

HSUPA High-Speed Uplink Packet Access(고속 상향 패킷 접속)는 업로드 전송 속도를 HSDPA보다 늘려 최대 5.8Mbps까지 구현할 수 있는 이동통신 서비스다. 휴대 전화에서 업로드를 이전보다 고속으로 할 수 있다. 흔히 3.5G 이동통신 서비스로 불리는 WCDMA/HSDPA보다 한 단계 진일보한 WCDMA R6 기술이며, 한국에서는 2007년 6월 상용화된 HSDPA처럼 WCDMA 규격을 따른다.

■ HSPA+

HSPA는 모바일 프로토콜 HSDPA와 HSUPA를 합친 것으로, UMTS 프로토콜을 사용하는 기존 3G 모바일 전기 통신망의 성능을 확장하고 개선했다. 더 개선된 3GPP 표준인 HSPA+ Evolved HSPA; Evolved High Speed Packet Access(진화형 HSPA)는 2008년 출시되었으며 2010년을 기점으로 전 세계적으로 채택되었다. HSPA가 인터넷 전화 서비스를 안정적으로 지원하기 힘든 것과 달리, HSPA+는 향상된 속도와 용량을 바탕으로 상용망에서의 서비스가 강화되었으며, 4세대 이동통신 기술의 이전 단계로 간주된다.

■ LTE

LTE Long Term Evolution는 4세대 이동통신 서비스에 가장 가깝다. HSDPA보다 한층 진화된 고속 무선 데이터 통신 규격으로, 휴대 전화 네트워크의 용량과 속도를 증가시킨다. 반송파 대역폭을 1.4MHz에서 20MHz까지 상향시키고, TDD와 FDD를 이용한 전이중 통신을 지원한다. 하향 링크 최고 속도는 100Mbps, 상향 링크 최고 속도는 50Mbps다. LTE는 데이터를 100Mbps 속도로 전송할 수 있어 2시간짜리 영화를 3분 이내에 내려받을 수 있다.

WCDMA에서 진화한 기술로, OFDM과 MIMO는 이 방식에서 사용되는 핵심 기술이다. HSPA+와 더불어 3.9세대 무선 이동 통신 규격이다. LTE에는 IP망과 음성망, 데이터망을 하나로 묶는 개념도 적용되어 있다. 이 기술을 실현하려면 OFDM에 기반한 무선 접속과 단말기 단순화, 계층 간 통합 기술이 필요하다.

TIP HSOPA(High Speed OFDM Packet Access, 초고속 OFDM 패킷 접근): 최대 패킷 전송 속도가 하향 100Mbps, 상향 50Mbps를 지원한다. 기존의 패킷 프로토콜과 달리 새로운 공중 인터페이스 시스템을 도입했으며, 다중 입출력 안테나(MIMO)와 4G 이동통신 기술인 직교 주파수 다중 분할 접속(OFDMA)을 적용했다. HSDPA와 HSUPA의 차세대 통신 규격으로, 3GPP의 UMTS 시스템의 장기 계획 표준안이다.

2.2 3GPP2 계열

3GPP2 계열의 기술에는 CDMA 2000 1x EV-DO, Wibro가 있다.

■ CDMA 2000 1x EV-DO Revision A/B/C

미국 통신 업체 퀄컴이 3세대 이동통신 시장을 겨냥해 1999년 하반기에 선보인 초고속 무선 데이터 통신 기술이다. 문자, 영상, 음악 등의 데이터를 최고 2.54Mbps 속도로 전송할 수 있어 CDMA 2000 1x(144Kbps)나 IMT-2000(2Mbps)보다도 빠른 속도를 자랑한다. EV는 Evolution을 나타내고, DO는 Data Only 또는 Data Optimized를 의미한다. TDM Time Division Multiplex 방식으로 전송하고 최대 출력으로 전송한다. 2000년 10월에 열린 동기식 국제표준화기구(3GPP2)는 HDR을 CDMA2000 1x EV-DO라는 이름의 기술 표준으로 채택했다. 우리나라 이동통신사도 2002년부터 CDMA 2000 1x EV-DO 서비스를 본격 실시했는데, LGU+에서 CDMA2000 1x EV-DO의 하위 규격인 CDMA2000 1x EV-DO Revision A 방식 중심의 3G 서비스를 제공했다. CDMA2000 1x EV-DO Revision C 방식은 UMB라고도 한다.

■ Wibro

Wibro Wireless Broadband Internet(무선 광대역 인터넷)는 이론적으로 최대 다운로드 속도 10Mbps, 최대 전송 거리 1km, 시속 120km로 이동하면서 사용할 수 있다. Wibro의 평균 속도는 100Mbps급 초고속 인터넷에 미치지 못하지만, 3G 이동통신망보다는 빠르다. 2006년 6월 30일부터 서울과 경기도 일부 지역에서 상용화 서비스를 시작했고, 2018년 12월 31일 24시를 기준으로 서비스가 종료되었다.

여기서 잠깐! | **주요 이동통신 기술 비교**

① LTE와 Wibro의 차이점과 공통점

구분	LTE	Wibro	
차이점	3G 기술에서 출발	무선 랜 서비스에 휴대성을 더함	
공통점	• MIMO 기술 적용 • 무선 접속 방식	• OFDMA • ALL IP 기반 패킷 교환망 구조	• 64 QAM 변조

② Wibro, WiMax, WiFi 비교

	Wibro	WiMax	WiFi
서비스	• 휴대 인터넷	• 고정 인터넷	• 고정 무선 랜
단말기 이동성	• 휴대폰형/노트북형(차량 탑재 가능)	• 고정	• 고정
접속 방식	• OFDMA	• OFDMA	• DSSS/OFDMA
주파수 대역	• 2.3GHz	• 2~11GHz	• 2.4GHz/5.0GHz
대역폭	• 8.75MHz	• 1.25~28MHz	• 20MHz
최대 전송 속도	• 30Mbps	• 36Mbps	• 11/24/54Mbps
커버리지	• 도심: 1~1.5km • 외곽: 3~5km	• 3.5~7km	• 100m
특징	• '무선 랜'이라고 하는 IEEE 802.16e 근거리 무선 통신 기술 • 고속 이동 중에도 사용 가능	• 미국 인텔사가 개발한 IEEE 802.16d 규격의 무선 통신 기술 • 휴대 인터넷의 기술 표준이 목표 • 기존 Wimax는 고정형(fixed) Wimax라고도 함	• IEEE 802.11 무선 통신 표준에 입각한 제품임을 표시하는 상표명 • 전송 속도는 빠르지만 사용 반경이 좁음 • 노트북, 스마트폰, 태블릿 PC 등에 보편적으로 사용

08 4세대 이동통신

1 All-IP 네트워크와 4세대 이동통신

4세대4G라는 이름으로 등장한 표준 네트워크인 All-IP의 특징은 다음과 같다.

- 개인 통신에서 옥외 통신, 위성 통신은 물론 IMT-2000의 전체 물리 계층 모델을 모두 포함한다.
- 실제 무선 접근 네트워크가 단일화된 코어 네트워크Core Network를 공유하여 글로벌 로밍과 관련된 솔루션을 제공한다.
- 차세대 All-IP 네트워크 환경에서는 장비 하나로 모든 것을 처리하는 통합형 장비를 기능별로 나눠서 사용할 수 있다.

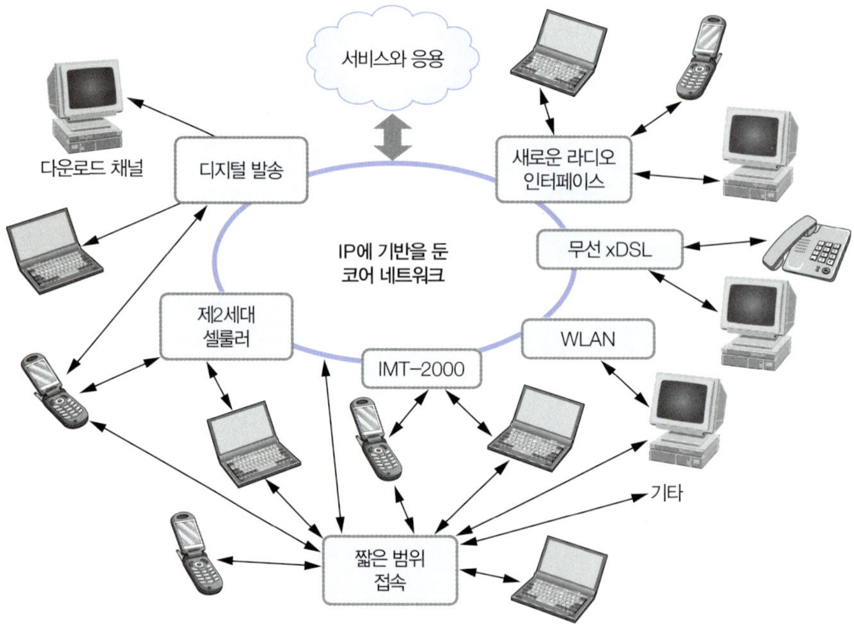

그림 8-16 All-IP 네트워크 환경

4세대 이동통신 시스템의 또 다른 특징은 융합으로, 이동통신 기술뿐만 아니라 무선 랜, 휴대 인터넷, 디지털 방송 기술까지도 포함한다.

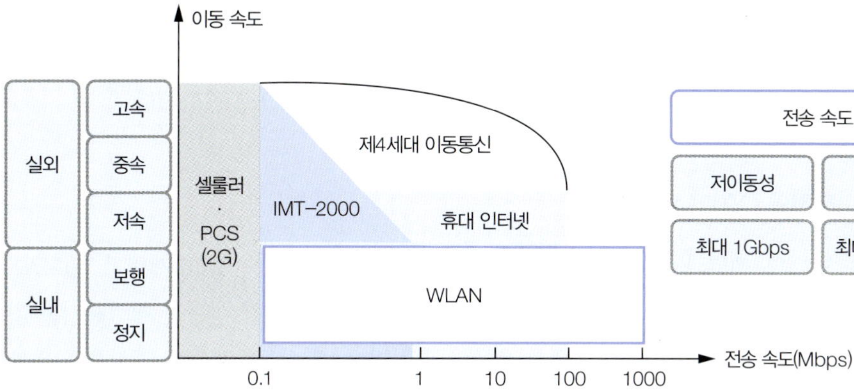

그림 8-17 제4세대 이동통신 시스템의 융합 기술

IMT-2000에서 무선 자원의 비효율성 때문에 새로운 이동통신망이 필요하게 되었다. 표준화를 제정하는 협의체인 GPP, GPP2에서는 차세대 이동통신망인 All-IP를 진행했다. All-IP 네트워크는 제4세대 이동통신망으로, IP 프로토콜에 기반해 음성, 영상, 텍스트 등을 실시간/비실시간으로 서비스한다. 기존의 이동통신망이 발신자와 수신자를 연결하는 교환기를 이용해 통신했다면, All-IP는 단말기별로 IP 주소를 이용해 발신 측과 수신 측을 연결해 통신한다.

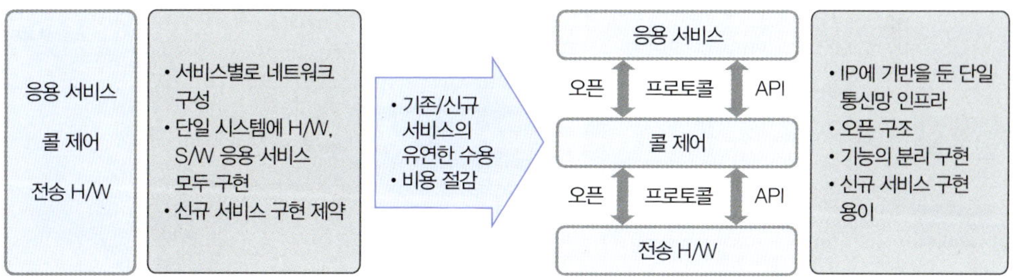

그림 8-18 All-IP의 등장 배경

2 4세대 이동통신: LTE-A, Mobile WiMAX Evolution

이동통신 기술에는 유럽 중심의 3GPP LTE-A3rd Generation Partnership Project Long Term Evolution-Advanced, 우리나라가 주도적으로 이끈 모바일 와이맥스 에볼루션Mobile WiMAX Evolution, 미국 퀄컴사가 내세운 3GPP2 MBWAMobile Broadband Wireless Access가 있었다. 이 중 LTE-A와 Mobile WiMAX Evolution이 전 세계 양대 산맥으로 진화했다.

2.1 4G의 진화와 OFDMA 기술

2G와 3G는 TDMA 계열과 CDMA 계열로 나뉘어 발전했고 4G에서는 LTE 계열과 WiMAX 계열로 나뉘어 발전했다. 4G의 핵심 기술은 OFDMA로, 사용자 체감 성능을 개선시키는 기술이다. OFDMA는 매우 혼잡한 영역에서 예측하기 어려운 대부분의 사용자 경험을 완화해 준다. 예를 들면, 한 사람이 공항 출국 게이트에 한두 시간 일찍 도착했다. 작은 공간에 사람도 적어 무리 없이 WiFi로 유튜브도 시청하고 인스타그램 피드도 올린다. 시간이 지나면서 출국 게이트는 혼잡해지고 네트워크는 더 이상 사용할 수 없는 상태가 된다. 이때 문제가 되는 것은 대역폭이 아니라 너무 많은 사용자로 인한 혼잡이다. OFDMA는 더 많은 클라이언트를 AP(무선 공유기) 한 대에 동시에 연결해 이러한 문제를 해결한다. 2G, 3G, 4G의 진화 과정과 OFDMA 기술의 관계는 다음 그림과 같다.

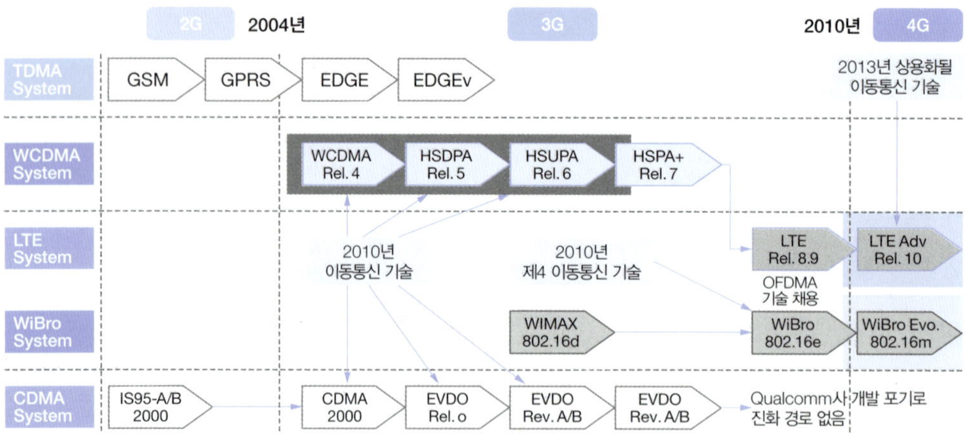

그림 8-19 2G, 3G, 4G의 진화 과정과 OFDMA 기술 관계

2.2 4G의 진화 - 3GPP 계열

3GPP는 규격을 Release 단위로 관리하는데 LTE 계열 규격은 다음과 같다. 참고로, 5G 규격은 Release 15부터 시작된다.

- Release 8~9: LTE
- Release 10~12: LTE-A
- Release 13~14: LTE-A Pro

■ LTE-A

LTE-A^LTE Advanced^는 2009년 국제전기통신연합에서 ITU-T 표준 4G 시스템 후보로 제출 후 IMT-어드밴스드^Advanced^로 승인되었다. LTE-A는 2011년 3월에 3GPP가 Release 10을 기반으로 완성한 WCDMA 계열의 4세대 이동통신으로, LTE^Long Term Evolution; 롱텀 에볼루션^의 본래 규격이다. 2012년 9월 10일 러시아 이동통신사인 요타에서 세계 최초로 세 개의 100Mbps급 LTE 대역을 묶어 300Mbps급 서비스를 상용화했다. 우리나라에서는 SK텔레콤이 2013년 6월 두 개의 75Mbps급 LTE 대역을 묶어 150Mbps급 서비스를 상용화했다. 뒤이어 LG유플러스가 LTE-A 상용화와 동시에 LTE 전용 모드로 지원되는 통신 방식을 7월에 상용화했으며, KT는 9월에 상용화했다.

■ LTE-A Pro

LTE-A Pro는 LTE 계열 규격 중 가장 진화된 것으로 4.5G라고도 불린다. 500Mbps 이상 1Gbps급 속도를 지원하며 유선망처럼 기가급 속도가 가능한 Gbit LTE다. 5G 도입 후에도 4.5G와 같은 LTE 기술은 계속 사용된다.

■ 광대역 LTE

광대역 LTE는 LTE보다 넓은 주파수 대역폭을 사용하는 서비스다. 주파수 대역폭이 넓어졌기 때문에 기존 LTE보다 훨씬 빠른 데이터 전송 속도를 자랑한다. 광대역 LTE는 LTE-A와 함께 LTE보다 속도가 빠르다는 점은 유사하지만 크게 다른 점이 있다. 광대역 LTE는 같은 대역의 주파수를 넓히지만 LTE-A는 서로 다른 대역을 묶어 주파수 대역을 확장한다. 고속도로를 예로 들자면 광대역 LTE는 기존 도로를 2배로 넓히는 것이고 LTE-A는 기존 도로 옆에 새로운 도로를 지어서 사용하는 방식이다. 2013년 9월 KT가 가장 먼저 광대역 LTE 서비스를 시작했다.

■ 광대역 LTE-A

20MHz 광대역 주파수에 10MHz인 일반 주파수를 묶어 최고 225Mbps의 다운로드 속도를 내는 LTE 서비스다. 기존 LTE 서비스가 2차로라면 LTE-A는 서로 떨어진 두 개의 2차로를 묶어 4차로처럼 이용하는 것이고, 광대역 LTE는 원래 4차로를 사용하는 것이다. 광대역 LTE-A는 4차로(광대역 LTE)와 떨어진 2차로를 묶어 6차로처럼 사용한다. 최대 다운로드 속도는 225Mbps로 기존 LTE(75Mbps)보다 3배, 광대역 LTE나 LTE-A(150Mbps)보다 1.5배 빠르다. 2014년 6월 19일 SK텔레콤이 세계 최초로 상용 서비스를 시작했다.

TIP 주파수 묶음 기술(CA; Carrier Aggregation): 더 빠른 속도를 위한 LTE 기술은 이종 대역 주파수를 묶어 단일 대역 주파수처럼 활용하는 CA를 핵심으로 급속히 발전했다. 기술 표준상 단일 대역폭으로는 20MHz가 최대지만, CA 기술을 활용하면 이를 뛰어넘는 속도를 구현할 수 있다. 3GPP가 정한 Rel.10 기술 표준에 따르면 이론적으로 20MHz 대역 5개를 연결해 최대 750Mbps까지 구현이 가능하다.

2.3 4G의 진화 - 우리나라와 3GPP2 계열

우리나라는 와이브로 에볼루션 기술을 개발하고, 3GPP2 계열에서는 모바일 광역 무선 액세스MBWA 표준을 발표했다.

■ 와이브로 에볼루션

4세대 이동통신 규격에 맞게 우리나라에서 개발한 무선 광대역 인터넷 기술이다. 2006년 우리나라가 세계 최초로 상용화하기 시작해 3세대 통신 기술인 Wibro의 성능을 크게 개선했다. 와이브로 에볼루션은 2011년 이후 상용화되었다. 이동 중에는 WCDMA 속도(2Mbps)의 50배, 정지 중에는 초고속 유선 통신 속도의 10배 이상을 지원하기 때문에 5분이면 휴대전화로 2시간 분량의 영화 한 편을 내려받을 수 있다.

■ 모바일 광역 무선 액세스(MBWA)

IEEE 802.20 또는 모바일 광역 무선 액세스MBWA; Mobile Broadband Wireless Access는 전기전자기술자협회인 IEEE 표준협회가 규정한 모바일 무선 인터넷 액세스 네트워크를 위한 표준이다. 하지만 2008년 발표 후 더 이상 개발되지 않고 있다.

09 4차 산업혁명 시대의 5세대 이동통신

1 5세대 이동통신의 개념과 서비스

4세대 기술인 LTE보다 1,000배 빠르며, 2019년에 상용화를 시작한 5세대 이동통신은 사람, 사물, 정보를 언제 어디서나 연결할 수 있도록 1Gbps급으로 데이터를 전송한다. 이 기술은 사람과 사람, 사람과 사물, 사물과 사물이 연결되어 다양한 정보를 실시간으로 활용할 수 있는 사물인터넷IoT이 핵심 서비스다.

그림 8-20 5G 이동통신의 개념

■ 5G

5G 이동통신은 증가한 트래픽을 감당할 기술이다. 5G 이동통신 기술이 보편화되면 실감 미디어로의 세대교체가 일어날 것이다. 초고화질UHD 멀티미디어 서비스, 홀로그램 및 초다시점 영상 서비스 등이 가시화될 것이다. 홀로그램은 영상 속 3D가 아닌 현실 공간의 3D 개체를 구현하는 기술이다.

CDMA(2세대), WCDMA(3세대), LTE-A(4세대)가 휴대 전화와 연결하는 통신망에 불과했던 반면, 5G는 모든 전자 기기를 연결하는 기술이다. 5G는 가상 현실VR, 사물인터넷IoT, 인공지능AI, 빅데이터 등과 연계해 스마트 팩토리, 원격 의료, 무인 배달, 클라우드, 스트리밍 게임까지 다양한 분야에서 변화를 일으키고 있다.

■ IMT-2020

IMT-2020International Mobile Telecommunication-2020은 국제전기통신연합ITU에서 2020년 상용화를 목표로 표준화 계획에 들어간 5세대 이동통신의 정식 명칭이다. 2015년 6월에 열린 국제전기통신연합ITU의 전파 부문ITU-R 산하 이동통신작업반WP5D; Working Party 5D 회의에서 이름과 핵심 성능 등의 내용이 결정되었다. IMT-2020이라는 명칭은 2015년 스위스에서 열린 국제전기통신연합 전파통신총회RA; Radiocommunication Assemblies에서 최종 승인되었다.

2 5G 상용화와 국내 주파수 할당 현황

2018년 평창 동계 올림픽에서 세계 최초로 5G 시범 서비스가 이뤄졌다. 평창 올림픽 이전부터 적극적인 기술 개발 투자가 있었는데, 5G 시범 서비스를 선보인 KT에 따르면, 5G 상용화를 위한 표준화 작업 등이 LTE 대비 21개월 빨랐다고 한다.

5세대 이동통신 기술은 4세대 이동통신인 LTE보다 1,000배 빠른 기술로, 2020년에 상용화될 것으로 예상했지만, 한국은 2019년 4월 3일에 세계 최초로 3개 업체(SK텔레콤, KT, LG 유플러스)가 5세대 통신을 상용화하고 미국보다 2시간 앞서 5G 단말기를 개통했다.

SK텔레콤은 스위스 1위 이동통신 사업자인 스위스콤과 2019년 7월 16일부터 세계 최초로 5G 로밍 서비스를 시작했다. SKT 5G 이용자가 스위스에 방문할 경우 스위스콤 5G망 커버리지 안에서 5G 서비스를 이용할 수 있다. 취리히, 제네바, 베른 등 주요 관광지를 포함한 110개 도시에서 5G 서비스를 제공 중이다.

3 5G 이동통신의 주요 서비스

5세대 이동통신의 주요 서비스는 다음 표와 같다.

표 8-11 5세대 이동통신의 주요 서비스

영역	서비스	내용
사물인터넷	커넥티드 차량 서비스	차량의 자율 주행, 정비 시스템, 교통 제어
	공장 건물 설비 관리 시스템	에너지 절감, 탄소 배출 규제, 위험물 누출 감시 자동화
	스마트 홈서비스	가전 기기 원격 제어 및 기기 간 통신으로 자동화
빅데이터	상황 맞춤형 서비스	사용자 성향, SNS 및 웹 활동을 종합 분석해 상황에 맞는 맞춤 서비스 제공
	인공지능 서비스	빅데이터 분석으로 미래 예측, 예방 조치 및 최적의 서비스 제공
몰입형 통신	실감형 서비스	몰입형 통신 경험을 제공하는 8K-UHD 등 초고용량 영상 콘텐츠, 3D 영상, 홀로그램 서비스 제공 확대
증강 현실	증강 현실 모바일 인식 및 증강 서비스	다양한 센서, 상황 인지, 지능화된 네트워크 정보 자원과 융합
초실시간	실시간 원격 제어 서비스	원격 조종 로봇의 외부 환경 변화에 즉각 반응, 원격 의료 서비스 등 실시간 원격 제어 서비스
	기기 간 통신 서비스	자동 주행 차량 등 기기 간 통신 서비스

4 5G 이동통신의 성능

국제전기통신연합의 전파 부문ITU-R 이동통신작업반WP5D 회의에서 합의된 IMT-2020의 성능은 다음 그림과 같다.

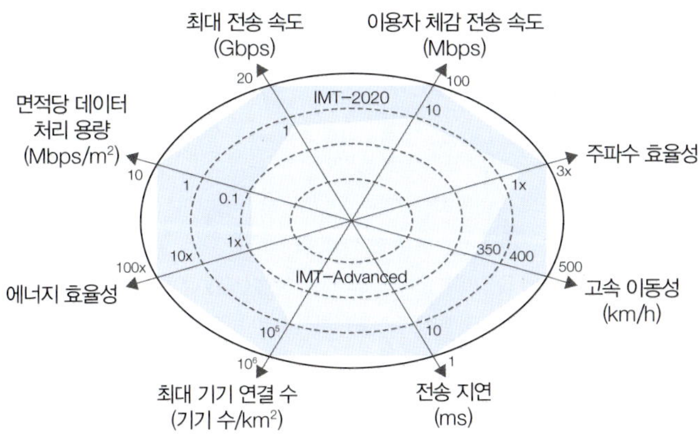

그림 8-21 4G와 5G의 성능 비교 출처: 한국정보통신기술협회

4세대와 5세대 이동통신의 성능을 비교하면 다음과 같다.

표 8-12 4세대와 5세대 이동통신의 성능 비교

구분	5세대(5G)	4세대(4G)
주파수 대역	• 30~300GHz 범위의 무선 밀리미터 대역 사용	• 6GHz 미만 주파수에서 작동
낮은 지연 속도	• 신속한 응답이 필요한 애플리케이션에 적합 • 이상적인 조건에서 100분의 1초 미만의 지연 속도 가능 • 일반적인 4G 지연 속도보다 60~120배 더 빠름 • 유선과 맞먹는 속도, 매우 낮은 지연 속도를 거의 모든 곳에서 제공할 것으로 예상	• 통신 업체와 셀(Cell)마다 다름
다운로드 속도	• 최소 20Gbps 속도(18GB FHD 영화 다운로드에 7.2초 소요)	• 1Gbps(18GB FHD 영화 다운로드에 2분 25초 소요)
최대 전송 속도	• 20Gbps(4G보다 20배)	• 1Gbps
체감 전송 속도	• 100Mbps(4G보다 10배)	• 10Mbps
전송 지연 시간	• 1ms(4G보다 10배 감소)	• 10ms
이동성	• 500km/h(고속 철도에서 끊김 없는 기능 제공)	• 350km/h
최대 연결 수	• 100만 개/km^2(4G보다 10배)	• 10만 개/km^2
데이터 처리 용량	• 10Mbps/m^2(4G보다 100배)	• 0.1Mbps/m^2
주파수 효율	• 30bps(4G보다 2배)	• 15bps

여기서 잠깐! | WiFi 6/6E/7

① Wi-Fi 6

IEEE 802.11ax라고 표기하던 Wi-Fi 6은 다중 접속 환경에 최적화해 공공 와이파이 환경에서도 최상의 인터넷 품질을 제공하도록 IEEE에서 고안한 규격이다. 최대 속도 10Gbps를 지원하며 1Gbps 속도를 더 넓은 커버리지와 낮은 레이턴시로 구현한다.

② Wi-Fi 6E

Wi-Fi 6의 확장 표준으로 비면허 주파수인 6GHz에서 통신을 표준으로 정의했다. 기존의 2.4GHz와 5GHz 외에 6GHz 대역을 추가해 세 대역을 모두 사용한다. Wi-Fi 6보다 2배 이상 빠른 전송 속도를 제공하며 5G와 Wi-Fi 6E로 인해 메타버스(Metaverse) 증강 현실(AR), 가상 현실(VR)을 결합한 혼합 현실(MR)과 드론에서 촬영한 고해상도 영상의 실시간 전송이 가능하고, 드론 간 통신망을 구축해 군집 비행이나 드론 제어 등 실시간 정보 공유가 가능하다. 영상 회의나 대용량 무선 데이터 전송도 끊김 없이 매우 빠르게 할 수 있다. 최신 보안이 탑재된 국내 무선 보안 Wi-Fi 6E 기술은 양질의 무선 인터넷을 제공한다.

③ Wi-Fi 7

IEEE 802.11be 표준을 기반으로 하는 진화된 차세대 와이파이 기술이다. 물리 계층 및 매체 액세스 제어(MAC) 개선에 중점을 둬 최대 대역폭을 30Gbps 이상 속도로 구현한다. 성능을 높이고 전송 시간에 민감하게 반응하는 네트워킹 앱의 지연 시간과 지터(Jitter)를 획기적으로 줄인다. 비디오 스트리밍, 클라우드 컴퓨팅, 게임, 비디오 프로그램을 비롯해 산업 전반에서 성능 향상이 가능하다.

10 미래 이동통신: 6세대~7세대

1 6세대 이동통신의 개념과 서비스

이동통신의 발전 속도를 고려했을 때 6세대 이동통신6G은 2026년에 기술 시연, 2028~2030년 상용화가 이루어질 것으로 예측된다. 6G는 5G의 다음 단계 기술로, 2030년이면 현재 5G의 20Gbps보다 50배 빠른 1Tbps 전송 용량, 10배 우수한 1Gbps 사용자 체감 속도, 테라헤르츠급 통신 대역폭 등의 테라급 통신 서비스가 제공될 것으로 예측된다. 드론, 에어 택시, 하이퍼루프Hyperloop 등 미래형 3차원 교통수단 서비스도 제공하며 시속 1,000km 이동 속도에서도 통신이 지원될 것이다. 또 저궤도 통신 위성을 연계해 지상 120m 이하에 그쳤던 서비스 고도를 지상 10km까지 확장하고 무선 구간 1ms, 유선 구간 5ms의 초저지연 서비스도 제공될 것이다.

이외에도 전체 통신망에 인공지능AI이 적용되어 자율적으로 운영되고 미래형 지능 서비스에 의한 초지능 네트워크도 구현된다. 인공지능을 이용해 이용자 단말, 중계기, 네트워크 간 최상의 데이터 전송 방법을 결정하고 지연 시간을 더욱 개선하고 음영 지역을 줄이기 위해 위성 및 성층권 통신 기술과의 융합도 검토되고 있다. 최초로 수중 통신 실현이 거론되고 있는데 해양 관련 데이터 수집, 수중 환경오염 및 해저 탐사 등에 활용될 예정이다. 6G가 상용화되면 사물을 연결하는 사물인터넷IoT을 넘어 모든 환경이 연결되는 만물지능인터넷AIoE; Ambient Internet of Everything도 가능해질 전망이다. 6G 이동통신의 서비스 목표는 다음 그림과 같다.

여기서 잠깐! | 드론, 에어 택시, 하이퍼루프

- **드론(Drone)**: 조종사가 탑승하지 않은 무인기로, 무선 전파 유도에 의해 비행과 조종이 가능하다. 군사용으로 탄생했지만 고공 영상 및 사진 촬영, 배달, 기상 정보 수집, 농약 살포 등 다양한 분야에서 활용되고 있다.
- **에어 택시(Air Taxi)**: 여객 운송을 목적으로 공항과 공항 사이를 비정기적으로 운항하는 소형 항공기로, 우리나라에서는 에어 택시 사업자를 '소형항공운송사업자'라 한다.
- **하이퍼루프(Hyperloop)**: 저압의 튜브 안에서 공기압의 차를 이용해 빠르게 움직이는 튜브형의 초고속 열차다. 튜브 안 공기를 제거해 압력이 매우 낮은 환경을 만들어 공기 저항을 최소화한 것이 특징이다. 공기 마찰이 거의 없어 같은 출력으로도 일반 열차보다 빠른 속도를 낼 수 있다.

그림 8-22 6G 이동통신의 서비스 목표 출처: 과학기술정보통신부

2 6세대 이동통신의 성능

5G와 6G의 성능 목표와 기술을 비교하면 다음과 같다.

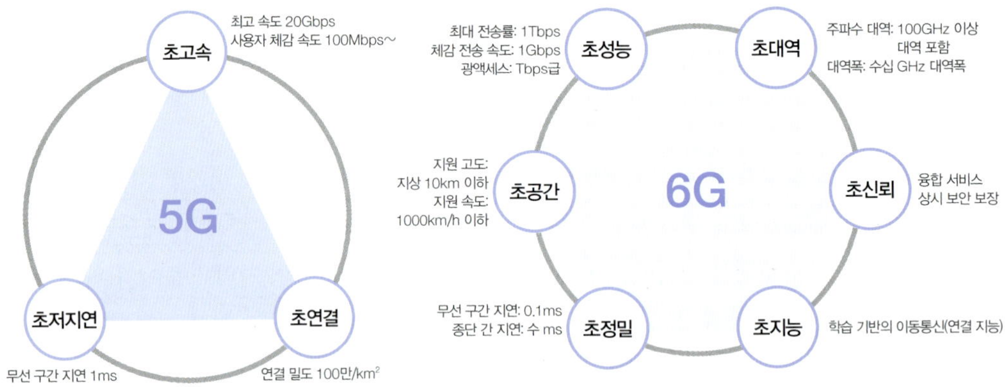

그림 8-23 5G와 6G의 성능의 목표 비교 출처: 과학기술 정보통신부

표 8-13 5G와 6G 기술 비교 출처: IITP

항목	5G	6G
최대 전송 용량	20Gbps	1Tbps
사용자 체감 전송 속도	100Mbps	1Gbps
밀집 환경 근거리 통신 최대 전송 속도	< 1Gbps	1Tbps
신호 대역폭	~ 수 Gbps	~ 수십 GHz
적용 빔 포밍 제공 신호 대역폭	< 1Gbps	~ 수십 GHz
측위 정밀도	–	10cm

3 6세대 이동통신의 기술 목표와 추진 전략

6G 기술은 다음과 같은 특징으로 고도화된 융합 서비스의 대중화가 가능할 전망이다.

그림 8-24 6G 이동통신의 기술 목표 출처: 과학기술정보통신부

그림 8-25 6G의 중점 분야와 세부 추진 전략 출처: 과학기술정보통신부

정부는 6G 상용화가 2028~2030년경 시작될 것으로 보고 사업을 2단계로 나누어 추진 및 대응할 계획이다.

- **1단계**: 핵심 기술 개발, 2021~2025년(5년간)
- **2단계**: 상용화 지원, 2026~2028(3년간)

4 7세대 이동통신 전망

ETRI 미래 사회 연구실의 보고서에 의하면 7세대 이동통신7G은 2040년경에 이루어질 전망이며, 사람이 존재하는 모든 공간 자체가 네트워크화될 것으로 예측한다. 즉, 지구에 존재하는 모든 산업과 인프라가 조 단위의 센서로 연결되는 '초연결' 생태계가 조성된다. 7G 이동통신은 깊은 바다에서 우주까지 연결하는 초연결 정보 시스템이 될 것이다. 인간 개인의 마음까지도 실시간으로 연결하는 세상, 텔레파시까지도 연결할 수 있으리라 전망한다.

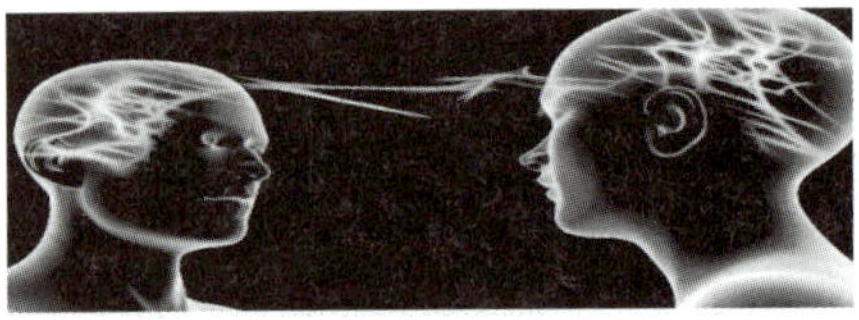

그림 8-26 7세대 이동통신의 전망

세대별 이동통신 속도의 발전 동향을 정리하면 다음과 같다.

표 8-14 세대별 이동통신 속도의 발전

구분	시기	속도
3세대~4세대	~2020년	최대 1Gbps
5세대	2020~2030년	10Gbps
6세대	2030~2040년 (예측)	100Gbps
7세대	2040년 이후(예측)	1Tbps(6G 대비 10배 빠른 속도)

01 무선 통신과 위성 통신

- **무선 통신**: 물리적 회선이 아닌 지구 대기에서 전자기파를 이용해 데이터를 전송하는 통신 방식
- **위성 통신**: 인공위성을 중계국으로 지상의 기지국을 연결하는 통신 방식

02 세대별 이동통신

- 1세대~2.5세대 이동통신
  - **셀룰러 이동통신**: 서비스 지역을 셀 여러 개로 나누는 방식, 아날로그 셀룰러 시스템과 디지털 셀룰러 시스템이 있음
  - **무선 전화**: 선이 없는 전화에 사용되는 기술로 CT-1, CT-2, PHS, DECT 순으로 발전함
- 3세대 이동통신
  - **IMT-2000**: 지상과 위성 통신 전체가 하나로 융합되고, 각 사용자가 개인 단말기로 음성, 이미지, 텍스트 등 멀티미디어 서비스를 제공받을 수 있는 네트워크
  - **비동기식**: 유럽과 일본 중심으로, 무선 접속 구간은 W-CDMA, 핵심망은 GSM-MAP에 기반하며, 표준화 기구는 3GPP 협의체
  - **동기식**: 북미 중심으로, 무선 접속 구간은 CDMA 2000, 핵심망은 ANSI-41에 기반하며, 표준화 기구는 3GPP2 협의체
- 3.5세대 이동통신
  - **LTE**: 반송파 대역폭을 1.4MHz에서 20MHz까지 상향, TDD와 FDD를 이용한 전이중 통신 지원, 링크 최고 속도는 하향 100Mbps, 상향 50Mbps
  - **Wibro**: 이론적상 최대 다운로드 속도는 10Mbps, 최대 전송 거리는 1km, 시속 120km로 이동하면서 사용 가능
- 4세대 이동통신
  - **All-IP**: IP 프로토콜에 기반해 음성, 영상, 텍스트를 실시간/비실시간 서비스하는 것으로, 단말기별 IP 주소를 이용해 발신 측과 수신 측을 연결해 통신함
  - **OFDMA**: 사용자 체감 성능을 개선시키는 기술로, 매우 혼잡한 영역에서 예측하기 어려운 사용자 경험 대부분을 완화해줌
- 5세대 이동통신
  - LTE보다 1,000배 빠르며, 사람, 사물, 정보를 언제 어디서나 연결할 수 있게 1Gbps급으로 데이터 전송
- 6세대 이동통신
  - 2030년 상용화 예정이며, 5G보다 50배 빠른 1Tbps 최대 전송 용량으로 테라급 통신 서비스 제공
- 7세대 이동통신
  - 2040년경 이루어질 전망이며, 사람이 존재하는 모든 공간 자체가 네트워크화 되는 '초연결' 생태계 조성

연습문제

01 위성 통신의 다중 접속 방법으로 옳지 않은 것은?

① WDMA ② FDMA ③ TDMA ④ CDMA

02 인공위성망(Satellite Network)에 대한 설명으로 옳지 않은 것은?

① 전송 채널을 미리 확보해야 하며, 가능한 재전송이 없도록 해야 한다.

② 지상의 재해에 영향이 적다.

③ 인공위성은 전송 지연이 없기 때문에 재전송이나 데이터의 전송이 빠르다.

④ 인공위성을 중계기로 하여 수신이 어려운 지역에도 통신이 가능하다.

03 제4세대 이동통신 서비스에 가장 가까운 서비스는?

① Bluetooth ② Wibro ③ WiFi ④ LTE

04 일반적인 셀룰러 이동통신 시스템의 구성 요소 가운데 다른 지역에서 이동해온 이동국의 가입자 정보를 일시적으로 저장하는 데이터베이스는?

① VLR ② MTSO ③ HLR ④ BS

05 디지털 이동통신 시스템에서 이동국(단말기)이 자신의 위치와 상태를 교환기에서 수시로 알려줌으로써 전체 시스템 부하를 줄여주고 이동국 착신호의 신뢰성을 증가시키는 것은?

① 전력 제어 ② 위치 등록 ③ 핸드오프 ④ 호 처리

06 위성 통신 시스템의 장점이 아닌 것은?

① 통신 비용 및 품질이 균일하다.

② 광대역 고속 통신이 가능하다.

③ 동보 통신이 가능하다.

④ 극지방도 서비스 지역에 포함된다.

07 셀룰러 이동통신 시스템에서 통화 중에 이루어지는 핸드오프가 아닌 것은?

① 아이들(Idle) 핸드오프 ② 하드(Hard) 핸드오프

③ 소프터(Softer) 핸드오프 ④ 소프트(Soft) 핸드오프

08 디지털 이동통신 시스템에서 BS(Base Station)의 설명으로 옳은 것은?

① 이동국과 이동통신 교환기에 등록된 이동국인지를 확인하는 데이터베이스다.

② 이동국과 이동통신 교환국 중간에 위치하여 이동국과의 무선 전송을 담당한다.

③ 무선 가입자 단말기로써 기지국과 무선 채널을 통하여 통신을 한다.

④ 디지털 셀룰러 이동통신 교환기다.

09 이동국이 한 기지국에서 다른 기지국으로 이동할 때 기존 기지국과 연결되었던 채널을 끊은 후에 새로운 기지국의 새로운 채널로 연결하는 핸드오프 방식은?

① 아이들(Idle) 핸드오프
② 하드(Hard) 핸드오프
③ 소프터(Softer) 핸드오프
④ 소프트(Soft) 핸드오프

10 위성 통신에서 다운링크(Down Link)에 대한 설명으로 옳은 것은?

① 송신 지구국으로부터 수신 지구국으로의 회선

② 수신 지구국으로부터 송신 지구국으로의 회선

③ 위성으로부터 송신 지구국으로의 회선

④ 위성으로부터 수신 지구국으로의 회선

11 이동통신의 무선 다중 접속 방식 중 FDMA 방식의 특징이 아닌 것은?

① 수신 시에는 필터에 의해 필요한 반송파를 선택한다.

② 가입자 단위로 서로 다른 코드를 할당하므로 통신의 비밀이 보장된다.

③ 아날로그 방식이고, 주파수를 이용하여 다중 접속한다.

④ 회선 용량이 부족하고 간섭에 취약하다.

12 전자파(전파)에 대한 설명으로 옳지 않은 것은?

① 전자파는 진공 또는 물질 속을 전자장의 진동이 전파함으로써 전자 에너지를 운반하는 것이다.

② 전자파는 파장이 짧을수록 직진성 및 지향성이 강하다.

③ 전자파를 파장이 짧은 것부터 순서대로 나열하면 감마선, X선, 적외선 등이 있다.

④ 전파는 인공적인 유도에 의해 공간에 퍼져 나가는 파다.

13 스펙트럼 확산 기술에 의해 변조된 신호를 공간적으로 다원 접속하는 방식은?

① CDMA ② FDMA ③ TDMA ④ CSMA

14 인공위성 궤도의 종류에 해당되지 않는 것은?

① 저궤도(Low Earth Orbit) ② 중궤도(Medium Earth Orbit)

③ 정지 궤도(Geostationary Orbit) ④ 임의 궤도(Random Earth Orbit)

15 저궤도 위성 통신 시스템의 일반적인 특징이 아닌 것은?

① 다중 빔 방식으로 주파수를 효율적으로 사용한다.

② 정지 위성에 비해 많은 수의 위성이 필요하다.

③ 동일한 궤도에서도 여러 개의 위성이 필요하다.

④ 정지 위성에 비해 저궤도 위성의 수명이 길다.

16 이동통신망의 위치 등록 장치인 HLR(Home Location Register)의 기능이 아닌 것은?

① 단말기 정보 확인 ② 채널 할당

③ 위치 확인 ④ 등록 인식

17 레이더 또는 위성 통신에 이용되며, Ka 밴드, K 밴드, Ku 밴드, X 밴드, L 밴드 등 특수한 용어를 사용하여 밴드를 분류하는 파는?

① 마이크로파 ② 초단파 ③ 밀리미터파 ④ 단파

18 이동통신 방식 중의 하나인 LTE 방식에 대한 설명으로 옳지 않은 것은?

① WCDMA에서 진화한 기술이다.

② OFDM과 MIMO는 이 방식에서 사용되는 핵심 기술이다.

③ HSPA+와 더불어 3.9세대 무선 이동통신 규격이라고 한다.

④ CDMA2000 계열 방식이다.

19 이동통신 시스템 중 GPS를 기반으로 하는 동기식 이동통신 시스템으로 옳은 것은?

① AMPS ② CDMA ③ GSM ④ WCDMA

20 위성 통신의 회선 할당 방식 중 전송 정보가 발생한 즉시 임의 슬롯으로 송신하는 방식으로 데이터의 형태가 Burst한 특성을 갖고, 많은 지구국을 수용하고자 하는 데이터망에서 주로 사용하는 회선 할당 방식은?

① 임의 할당 방식　　② 요구 할당 방식
③ 사전 할당 방식　　④ 고정 할당 방식

21 괄호 안에 들어갈 알맞은 용어는?

> (①)은 국가 간 통신 수단으로 사용하는 전화, 전신, TV 방송, 위치 측정 시스템(GPS, Global Positioning System) 등에 많이 사용한다. 대표적인 예로 인텔샛은 국제전화나 TV 중계 등에 이용되고, (②)은 비행기, 선박 등의 통신에 많이 사용된다. 또한 우리나라의 무궁화 위성처럼 국가 단위의 위성 통신 서비스를 제공하기 위해서도 많이 사용된다.

22 괄호 안에 들어갈 알맞은 용어는?

> (①)은 서비스의 종류에 따라 이동 단말기, 기지국, 이동통신 교환기, 홈 위치 등록기, 방문자 위치 등록기, 운용보존국 등으로 구성된다. 이런 이동통신의 동작 원리를 디지털 셀룰러 전화망을 예로 들어 알아보자. 이동통신망은 관할 등록 지역(RA, Registration Area)인 셀로 나누어 무선 채널을 효율적으로 활용하는데, 하나 이상의 셀에 (②)을 두고 각 기지국을 하나의 이동통신 교환기(MSC)와 연결한다. 이동통신 교환기(MSC)에는 가입자 정보를 일시적으로 저장하는 데이터베이스인 방문자 위치 등록기(VLR), 영구적으로 저장하는 데이터베이스인 (③)가 있다.

23 괄호 안에 들어갈 알맞은 용어는?

> (①)는 아날로그에 비해 음질이 깨끗하고, 도·감청이 불가능하다. 대용량의 전화번호부를 저장하거나 문자 메시지를 송수신(SMS, Short Messaging System/Short Message Service)할 수 있어 휴대폰과 비슷한 기능을 제공하는 디지털 가정용 무선 전화기로, 미국과 한국을 제외한 거의 모든 나라에서 사용한다. DECT 기술은 무선 전화 분야에서 사용하나 사용할 때 제약이 있어 많이 보급되지 않았다.
>
> (②)은 1978년 미국에서 처음 채택한 방식으로, 무선 중계국에 할당된 일정 주파수를 독립된 각각의 채널로 묶어 다수의 사용자가 공동으로 사용할 수 있게 한다. 일정 주파수를 전용하는 기존 셀룰러 시스템과는 다르다.

24 설명이 맞으면 ○, 틀리면 ×를 표시하시오.

(1) 이동통신 시스템에서 가입자의 관리를 책임지는 데이터베이스는 VLR이다.(　　)

(2) CDMA 방식의 특징은 전력 제어를 통해 간섭을 극복하므로 회선 품질을 좋게 한다.(　　)

(3) 정지 궤도 위성에 대하여 정지 궤도란 적도 상공 약 36,000km를 말한다.(　　)

(4) 정지 궤도에 있는 통신 위성에서는 극지방 관측이 불가능하다.(　　)

(5) 궤도가 높을수록 위성이 지구를 한 바퀴 도는 시간이 길어진다.(　　)

(6) 위성 통신의 회선 접속 방식 중 하나로 하나의 트랜스폰더를 여러 지구국이 공용할 수 있도록 트랜스폰더의 주파수 대역폭을 분할하여 지상국에 배당시켜 줌으로써 지구국들이 간섭 없이 서로 통신할 수 있게 하는 방식은 CDMA이다.(　　)

(7) 셀룰러 이동통신 방식에서 기지국 서비스 영역을 확대하는 방법은 수신기의 수신 한계 레벨을 높게 조정한다.(　　)

(8) 셀룰러 이동통신 방식에서 기지국 서비스 영역을 확대하는 방법은 고이득 지향성 안테나를 사용한다.(　　)

25 무선 통신에서 사용하는 주파수 대역 분류를 표로 그려 비교하시오.

26 마이크로파와 라디오파를 비교하여 설명하시오.

27 이동통신 서비스의 진화 과정을 제1세대, 제2세대, 제2.5세대, 제3세대, 제4세대로 구분하고 각각 도식화하시오.

28 주파수 묶음 기술(CA; Carrier Aggregation)에 대해 설명하시오.

29 5세대 이동통신에서의 주요 서비스에 대해 표로 정리하시오.

01 이동통신 시스템에서 단말기가 이동 교환기 내에 있는 기지국에서 통화의 단절 없이 동일한 주파수를 사용하는 다른 기지국으로 옮겨 통화하는 경우에 해당되는 Hand Off는?

① Dual Hand Off　② Softer Hand Off
③ Hard Hand Off　④ Soft Hand Off

02 무선 통신 송신기의 구성 요소가 아닌 것은?

① 복조기　② 변조기　③ 발진기　④ 증폭기

03 위성 통신의 특징으로 옳지 않은 것은?

① 운용 시 지연 시간이 발생하지 않는다.
② 비용이 통신 거리에 무관해 경제적이다.
③ 서비스 지역이 광범위하다.
④ 회선 설정이 유연하다.

04 이동통신의 세대와 기술이 바르게 짝지어진 것은?

① 1세대: GSM　② 2세대: AMPS
③ 3세대: WCDMA　④ 4세대: CDMA

05 이동통신 시스템에서 Hand Off 기능에 대한 설명으로 옳은 것은?

① 한 서비스 지역 내에서 다수의 사용자가 동시에 통화할 수 있는 기능
② 사용자가 가입 등록되어 있는 서비스 사업자의 시스템 이외의 시스템에서도 정상적인 서비스를 제공하는 기능
③ 자동 우회 기능 및 통화량의 자동 차단 기능
④ 사용자가 현재 서비스를 제공받고 있는 기지국을 벗어나더라도 인접 기지국으로 채널을 자동으로 전환해 주는 기능

06 이동통신 시스템에서 전체 가입자의 관리를 책임지는 데이터베이스는?

① AC(Authentication Center)　② VLR(Visitor Location Register)
③ HLR(Home Location Register)　④ EIR(Equipment Identity Register)

07 이동통신 기지국의 섹터 간 전파가 겹치는 지역에서 통화 전환이 이루어질 때의 핸드오프는?

① 미들 핸드오프(Middle Hand Off) ② 소프트 핸드오프(Soft Hand Off)

③ 하드 핸드오프(Hard Hand Off) ④ 소프터 핸드오프(Softer Hand Off)

08 셀룰러 이동통신 방식에서 기지국 서비스 영역을 확대하는 방법이 아닌 것은?

① 기지국 안테나 높이를 증가시킨다.

② 수신기의 수신 한계 레벨을 높게 조정한다.

③ 다이버시티 수신기를 사용한다.

④ 고이득 지향성 안테나를 사용한다.

09 통신 위성 트랜스폰더에 대한 구성 방법으로 옳지 않은 것은?

① 기저 주파수 검파(Regenerative) 시스템

② 대역 통과(Bandpass) 시스템

③ 이중 주파수 변환(Double Frequency Conversion)

④ 단일 주파수 변환(Single Frequency Conversion)

10 이동통신에서 사용하는 셀 종류 중 가장 작은 것은?

① Macro Cell ② Micro Cell

③ Pico Cell ④ Mega Cell

11 마이크로파 통신의 특징으로 옳지 않은 것은?

① 파장이 길다. ② 광대역성이 강하다.

③ 강한 직진성을 가진다. ④ S/N을 개선할 수 있다.

12 위성 통신망의 회선 할당 방식으로 옳은 것은?

① PAMA ② FDMA ③ CDMA ④ TDMA

13 다음 문장에서 (a), (b), (c), (d)의 순서대로 바르게 나열된 것은?

> 위성 통신에서 수백 MHz 이하의 낮은 주파수에서는 (a), (b)에 의한 감쇄가 크고, 10GHz 이상의 높은 주파수에서는 (c) 또는 (d) 등에 의한 감쇄 증가로 위성 통신 장애가 발생한다.

① 강우 – 우주 잡음의 증가 – 대기 가스 – 전리층
② 대기 가스 – 전리층 – 우주 잡음의 증가 – 강우
③ 대기 가스 – 강우 – 우주 잡음의 증가 – 전리층
④ 우주 잡음의 증가 – 전리층 – 대기 가스 – 강우

14 이동통신에서 이론적으로 시스템 용량을 증가시킬 수 있는 방법이 아닌 것은?

① 섹터화 이득을 높인다.
② 점유 주파수 대역을 넓힌다.
③ 음성 활성화율을 높인다.
④ 비트 에너지 대 잡음 전력 밀도 비를 낮춘다.

15 인공위성이나 우주 비행체는 매우 빠른 속도로 운동하고 있으므로 전파 발원지의 이동에 따라서 수신 주파수가 변하는 현상은?

① 전파 지연 현상 ② 도플러 현상
③ 플라즈마 현상 ④ 페이져 현상

16 정지 위성은 이론상 지구를 중심으로 몇 개를 설치하면 일부 극지방을 제외하고 모든 지역에서 위성 통신이 가능한가?

① 10 ② 6 ③ 5 ④ 3

17 지구국으로부터 통신 위성까지의 거리가 36,000km일 때, 이 지구국에서 발사된 전파가 통신 위성을 경유하여 지구국에 도착할 때까지 걸리는 이론적 시간은 얼마인가?(단, 지구국과 통신 위성 장치에서 소요되는 시간은 고려하지 않음)

① 240ms ② 245ms
③ 250ms ④ 255ms

18 정지 위성 통신에 대한 설명으로 옳지 않은 것은?

① 고정 통신에 적합하며 대량 정보 전송이 가능하다.

② 채널 수의 증가로 채널당 고비용을 소모한다.

③ 통신 영역이 넓고 난시청 지역이 적다.

④ 다원 접속 가능 및 고품질 통신이 가능하다.

19 이동통신망에서 착·발신되는 신호 처리, 기지국 감시 및 제어, 위치 등록의 기능을 수행하는 구성 요소는?

① HLR/AC ② BSC ③ 이동통신 교환기 ④ 휴대용 단말기

20 위성 중계기의 구성 요소가 아닌 것은?

① 주파수 변환부 ② 수신부 ③ 송신부 ④ 헤드엔드

21 위성 통신 방식의 종류가 아닌 것은?

① 항행 위성 방식 ② 정지 위성 방식

③ 위상 위성 방식 ④ 랜덤 위성 방식

22 무선 통신 송신기의 구성으로 옳지 않은 것은?

① 중간 주파 증폭 회로 ② 저주파 증폭 회로

③ 고주파 증폭 회로 ④ 전력 증폭 회로

01 ④	02 ①	03 ①	04 ③	05 ④	06 ③	07 ④	08 ②	09 ②	10 ③	11 ①	12 ①
13 ④	14 ③	15 ②	16 ④	17 ①	18 ②	19 ③	20 ④	21 ①	22 ①		

Part

03

최신 정보통신 서비스

Part 03
최신 정보통신 서비스

Chapter

09

멀티미디어 통신과 미디어

학습목표

- 미디어의 개념과 멀티미디어 통신에 대해서 학습한다.
- 멀티미디어의 구현 기술과 압축 기술에 대해서 알아본다.
- 미디어와 멀티미디어 통신의 발달 과정에 대해서 학습한다.
- 방송 분야의 뉴미디어와 융합 서비스에 대해 알아본다.
- 통신 분야의 뉴미디어와 융합 서비스에 대해 알아본다.
- 패키지 분야의 뉴미디어와 융합 서비스에 대해 알아본다.
- 소셜 미디어의 개념과 유무선 통합 서비스에 대해 알아본다.
- 4차 산업혁명 시대의 실감 미디어와 멀티미디어의 발전 방향에 대해 알아본다.

01 미디어와 멀티미디어 통신의 개요

1 미디어의 개념

미디어Media란 사람 사이에서 지식이나 감정, 의사를 전달하는 정보 전달 수단으로, 문자, 그림, 음향, 영상 등 정보를 표현하는 방법과 정보를 전달하는 도구의 두 가지 개념으로 볼 수 있다. 활자 미디어(신문/잡지), 전파 미디어(라디오, TV), 비디오 미디어(비디오) 등이 있다. 전파 미디어는 활자 미디어에 비해 역사가 훨씬 짧지만 현대 과학 기술의 발전에 비례해 하루가 다르게 변하고 있다. 특히 인터넷으로 대표되는 컴퓨터 가상 공간의 등장으로 전파 미디어는 제3의 미디어로 확실하게 자리 잡았다.

그림 9-1 정보 전달 도구로써의 미디어

미디어의 형태에 따른 정보통신 서비스를 정리하면 다음 표와 같다.

표 9-1 미디어 형태별 정보통신 서비스

형태	설명	서비스
데이터 통신	숫자나 문자를 디지털 형태로 전송	전자 우편
음성 통신	전화망을 이용해 음성 전달	음성 메일, 음성 응답 서비스(ARS)
이미지 통신	정지 영상 전달	팩스
영상 통신	동영상 전달	TV 방송, 영상 응답 시스템(VRS), 영상 회의
멀티미디어 통신	복합된 여러 미디어 전달	원격 회의, 원격 교육, 원격 진료, 인터넷 방송, VOD, IPTV

2 멀티미디어

인간은 문자나 그림 같은 단순한 정보 전달 방법에서 벗어나 그림, 음향, 영상 등이 복합된 형태의 컴퓨팅 환경을 만들기 위해 노력했는데, 바로 멀티미디어Multimedia다. 멀티미디어는 여럿을 의미하는 멀티Multi와 정보 전달 매체를 뜻하는 미디어Media의 합성어로, 문자(텍스트), 그림(그래픽), 영상(비디오), 음향(오디오) 등을 통해 정보를 전달하는 종합 정보 매체다.

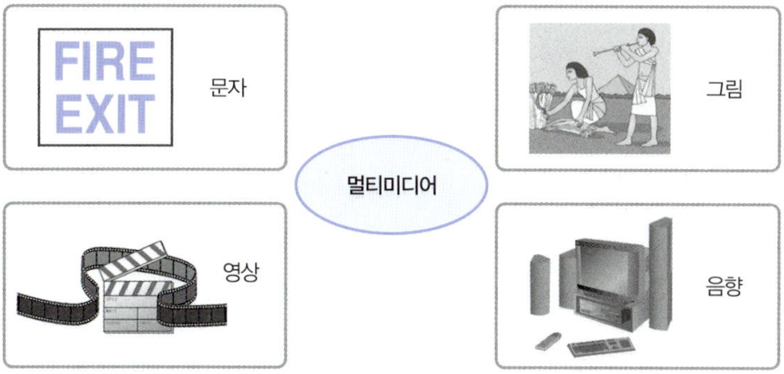

그림 9-2 멀티미디어의 다양한 형태

멀티미디어는 독립된 기술이 아니라 컴퓨터, 네트워크 그리고 인간과 컴퓨터의 상호 작용 등이 합쳐진 복합 기술이다. 이러한 멀티미디어의 특징은 정보 전달 효과를 크게 향상시킬 수 있다. 인간은 매체의 종류에 따라 정보를 이해하는 정도가 다르다. 예를 들어, 이야기를 듣기만 하면 이해도가 20%에 불과하지만, 시각적으로 보면 40%로 증가하고, 음성 및 애니메이션과 함께 보면 70%까지 향상된다.

TIP 하이퍼미디어(Hypermedia): 서로 다른 미디어를 같은 환경에서 이용할 수 있게 연결된 미디어 시스템을 일컫는다.

멀티미디어의 특징으로 상호 작용성, 대용량성, 디지털화, 통합성, 쌍방향성 등이 있다.

- **상호 작용성**: 멀티미디어는 반드시 쌍방향 대화식이어야 한다.
- **대용량성**: 일반적으로 멀티미디어 데이터는 크기가 크다.
- **디지털화**: 멀티미디어는 디지털의 성격을 갖는다.
- **통합성**: 멀티미디어는 텍스트, 그래픽, 오디오, 비디오 등 여러 매체를 광범위하게 통합한다.
- **쌍방향성**: 멀티미디어는 사용자 간에 서로 작용할 수 있어 정보 전달 효과를 극대화하며, 공유도 이루어진다.

멀티미디어 서비스를 위한 요구 사항은 다음과 같다.

- 동적인 정보 사이에 동기화 속성을 부여할 수 있는 기술
- 분산 환경의 통신 프로토콜 및 그룹 환경의 통신 프로토콜
- 영상 정보의 고압축 알고리즘 기술
- 영상 정보의 실시간 전송을 위한 고속 통신망 구축
- 통합된 환경에서 정보 서비스를 위한 사용자 인터페이스 구비
- 시시각각 변하는 정보의 효과적인 처리를 위한 유연한 내부 구조 및 통합 모델링
- 방대한 양의 멀티미디어 정보 처리를 위한 대용량 저장 장치 구비

3 멀티미디어 통신

멀티미디어를 연속해서 송수신하는 통신을 멀티미디어 통신이라고 한다. 멀티미디어는 통신과 결합되었을 때 더 높은 효과를 발휘한다. 예를 들어, 멀티미디어 환경으로 구성된 전자 회의에서 동일한 회의 도구와 장치를 공유하면 한 사람이 칠판에 그린 그림에 다른 장소에 있는 사람이 글자를 추가할 수 있다. 멀티미디어 통신을 이용하면 현장감 있는 소통이 가능하다.

멀티미디어 통신과 관련된 기술에는 프로토콜, 단말, 데이터베이스, 분산 처리 기술 등이 있다.

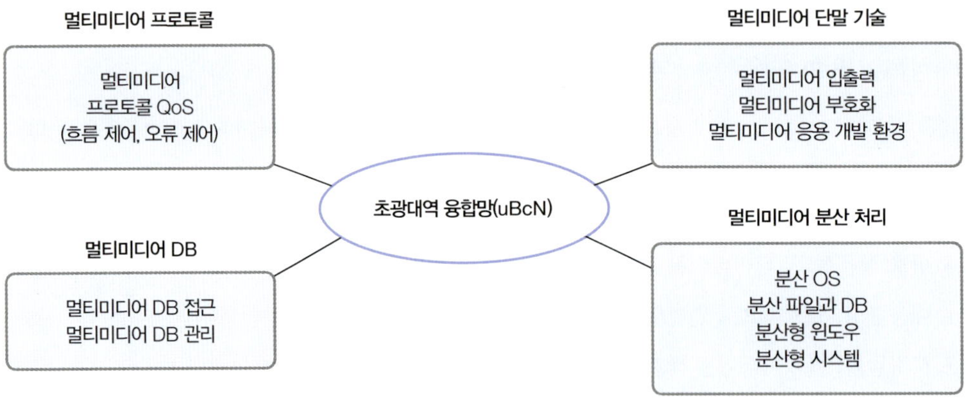

그림 9-3 멀티미디어 통신 관련 기술

네 가지 기술 중 기존 데이터 통신과 달리, 멀티미디어 통신에서 꼭 필요한 기술이 바로 멀티미디어 프로토콜의 QoS다. QoSQuality of Service는 서비스 제공자가 이용자에게 제공하는 서비스의 품질이다. QoS가 멀티미디어 통신에서 꼭 필요한 이유는 음성이나 영상 등 연속 미디어를 전송하는 도중에 오류가 발생하면 재전송과 같은 불필요한 경우가 발생하기 때문이다. 따라서 이를 미연에 방지하기 위해 전송 오류율, 전송 지연 시간, 처리율, 보안 등의 문제를 제어해 사전에 합의된 통신 수준을 보장해 주는 QoS가 필요하다. 다음 그림은 통신에서 QoS 제어 메커니즘을 사용한 예다.

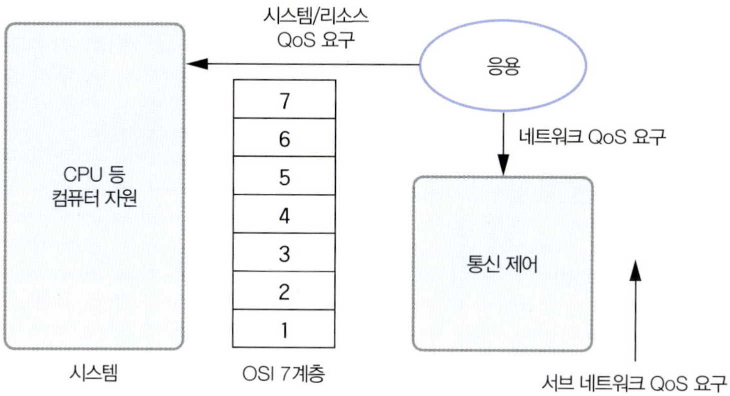

그림 9-4 QoS 제어 메커니즘의 예

멀티미디어 단말의 하드웨어 구성 요소로는 입력 장치, 처리 장치, 출력 장치, 저장 장치, 포트 등이다. 입력 장치에는 스캐너, 마이크, 디지털 카메라, 비디오카메라 등이 있고 처리 장치에는 오디오, 비디오 캡처 보드, 그래픽 카드, 사운드 카드 등이 있다. 출력 장치에는 모니터, 스피커, 프린터, 플로터 등이 있으며, 저장 장치에는 CD-ROM, DVD 등이 있다. 포트에는 USB 포트, IEEE 1394 포트 등이 있다.

02 멀티미디어의 구현 기술과 압축 기술

1 멀티미디어의 구현 기술

멀티미디어 시스템이란 둘 이상의 미디어를 동시에 통합해서 보여주고 사용자 응답을 받아 처리하는 컴퓨터 시스템이다. PC나 스마트폰에서 멀티미디어 시스템을 구현하려면 시스템 기술, 데이터 처리 기술, 연결·통신 기술, 데이터 압축·저장 기술이 필요하다.

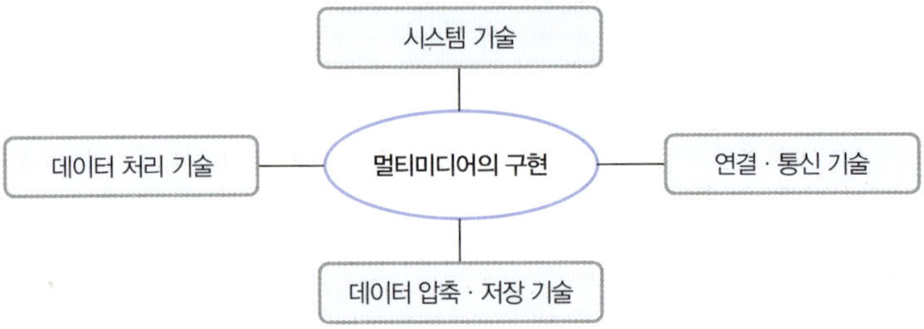

그림 9-5 멀티미디어를 구현하는 기술

1.1 시스템 기술

PC 또는 스마트폰 자체의 구조와 관련된 사항이다. 스마트폰은 인터넷 통신과 정보 검색 등 컴퓨터 지원 기능을 추가한 지능형 단말기로, 사용자가 원하는 애플리케이션을 설치할 수 있는 멀티미디어 기기다. 멀티미디어 단말기는 영상 정보의 실시간 전송을 위해 고속 통신망 구축과 동적 정보 간의 동기화 속성을 부여할 수 있는 기술, 분산 환경의 통신 프로토콜 및 그룹 환경의 통신 프로토콜 등이 전제되어야 한다.

1.2 데이터 처리 기술

멀티미디어 데이터는 텍스트, 그래픽, 이미지, 사운드, 비디오 등으로 이루어진 만큼 용량이 매우 커서 쉽게 처리할 수 없다. 그래서 대용량의 데이터 처리 기술이 필요하다.

1.3 연결 · 통신 기술

멀티미디어를 송수신하는 것과 관련된 모든 기술과 장비의 인터페이스 기술 등을 포함한다. 초고속 통신망을 위해 uBcN 등의 기반 기술이 있어야 하며, 이동통신에는 모든 통신 서비스를 하나의 단말기로 통합해 멀티미디어 서비스를 하는 IMT-2000, LTE, 더 나아가 5G 또는 6G, 7G 이동통신 서비스가 있다.

1.4 데이터 압축 · 저장 기술

대용량 데이터를 고속으로 실시간 처리하려면 데이터를 압축하고 저장하는 기술이 매우 중요하다. 데이터 압축 기술은 이미지, 사운드, 비디오 등 미디어별로 여러 가지 방법이 있다. 멀티미디어 데이터베이스 기술은 기존 기술 외에 멀티미디어 데이터를 효율적으로 저장하고 검색하며 복합적으로 처리하는 더 나은 방향으로 발전하는 추세다. 영상 통신 기기의 압축에 대한 평가 기준으로는 압축/복원 속도, 압축률, 복원화된 데이터의 품질 등이다.

2 멀티미디어 데이터의 압축 기술과 표준화

멀티미디어 데이터의 압축 기술과 표준화 현황은 다음 표와 같다.

표 9-2 멀티미디어 데이터의 압축 기술과 표준화 현황

구분	내용
MHEG	• MHEG(Multimedia and Hypermedia information coding Experts Group) • 멀티미디어 및 하이퍼미디어의 저장 방식, 다중화 방식, 데이터 부호화/압축 방식 등을 규정하는 국제 표준 규격
JPEG	• JPEG(Joint Photographic Experts Group) • CCITT와 ISO에서 정의 • 컬러 순간 동작(Steal) 이미지를 위한 국제적인 압축 표준
GIF	• GIF(Graphics Interchange Format) • 요약 이미지를 빠르게 전송하기 위한 압축 저장 방식 • JPEG 파일에 비해 압축률은 떨어지지만 전송 속도 빠르고, 이미지 손상 적음
PNG	• PNG(Portable Network Graphic) • 웹에서 최상의 비트맵 이미지를 구현하기 위해 W3C에서 제정한 비손실 그래픽 파일 포맷 • GIF와 JPG 포맷 사이에 얽힌 특허 문제를 해결하고 개선하기 위해 고안

AVI	• AVI(Audio Video Interleave) • 마이크로소프트가 개발한 소프트웨어로 윈도 운영체제에서 디지털 동영상을 재생하기 위한 파일 포맷 • 1992년에 출시 • 이 소프트웨어를 장치 구동기로 윈도 MME에 삽입해 디지털 동영상 재생
H.264	• 고선명 비디오의 녹화, 압축, 배포를 위한 블록 단위 움직임 보상 기반의 영상 압축 표준 기술 • 가장 일반적인 포맷으로 데이터 압축 효율이 매우 높음 • 다양한 비디오 프레임 사용 가능, 직사각형 비디오 프레임 데이터 지원 • 비디오 프레임 종류는 I–Frame(Intra picture Frame), P–Frame(Predictive Frame), B–Frame(Bi-predictive inter Frame) - I–Frame: 다른 이미지 참조하지 않고 독립적으로 해독 가능한 독립형 프레임 - P–Frame: 이전 프레임과 차이 나는 부분을 부호화하는 프레임 - B–Frame: 기본 프로파일에 사용되지 않으며, 이전 혹은 이후의 I–Frame과 P–Frame을 모두 참조해 부호화하는 프레임
HEVC	• HEVC(High Efficiency Video Coding) • H.264/MPEG–4 AVC 기술과 비교해 약 2배 높은 압축률에 동일한 비디오 품질을 제공하는 고효율 비디오 코딩(압축) 표준 • H.265라고도 부름
MPEG	• MPEG(Moving Picture Experts Group) • 비디오/오디오 압축, 멀티미디어 다중화, 멀티미디어 파일 포맷, 멀티미디어 메타 데이터, 멀티미디어 전자상거래 프레임워크 등 멀티미디어 전 분야 표준화 • MPEG 표준은 비디오, CD, 스마트폰, 통신 서비스, 전자 상거래 등 멀티미디어 콘텐츠의 제작과 판매 및 소비까지 광범위하게 적용 가능 • MPEG–1, –2, –4, –7, –21, –A, –B, –C, –D, –E, –H, –M, –U, –V 등의 표준이 DTV/HDTV/UHDTV/3DTV, DMB, DVD, 인터넷 멀티미디어 등 여러 분야의 핵심 표준으로 사용

TIP H.264와 MPEG–4: 이 표준은 ITU–T의 비디오 코딩 전문가 그룹(VCEG; Video Coding Experts Group)과 ISO/IEC의 동영상 전문가 그룹(MPEG; Moving Picture Experts Group)이 공동으로 조인트 비디오 팀(JVT; Joint Video Team)을 구성하고 표준화를 진행한 결과물로, 2003년 5월에 발표되었다. ITU–T의 H.264와 ISO/IEC의 MPEG–4 파트 10 AVC(공식적으로는 ISO/IEC 14496–10–MPEG–4 파트 10, 고급 비디오 부호화)는 기술적으로 동일한 표준안이다. H.264/MPEG–4 기술과 비교해 약 2배 높은 압축률을 가지면서도 동일한 비디오 품질을 제공하는 고효율 비디오 코딩(압축) 표준이 AVC(Advanced Video Coding)다.

멀티미디어 데이터의 압축 기법은 무손실 압축, 손실 압축, 혼성 압축으로 구분한다.

- **무손실 압축**: 압축 과정에서 데이터 손실이 전혀 없어 입력 영상과 복원된 영상이 완전히 같다. 종류로는 반복 길이 코딩, 허프만 코딩, 렘펠–지프 코딩 등이 있다.
- **손실 압축**: 중복되고 불필요한 정보의 손실을 허용해 데이터의 양을 줄이는 방법이다. 종류로는 변환 코딩(FFT, DCT), 예측 코딩(DPCM, ADPCM, DM, ADM), 웨이블릿 코딩, 보간법, 프랙털 압축 등이 있다.

- **혼성 압축**: 종류로는 JPEG, GIF, MPEG, H.261, H.263 등이 있다.

서비스별 MPEG 표준 개발 현황은 다음과 같다.

표 9-3 서비스별 MPEG 표준 개발 현황

구분	주요 특징	활용 분야
MPEG-1 (ISO/IEC 11172)	• 오디오/비디오 압축·복원 기술 • VHS 수준의 비디오 화질 재생	MP3 플레이어, 비디오 CD
MPEG-2 (ISO/IEC 13818)	• 방송용 멀티미디어 압축·복원 기술 • 화상, 음성, 문자, 그래픽 등 다양한 콘텐츠 합성 • IMT-2000 이동통신 비디오 지원	DVD 플레이어, HDTV 방송, 셋톱박스
MPEG-4 (ISO/IEC 14496) AVC (ISO/IEC 14496-10)	• 멀티미디어 정보 표현 표준 • 화상, 음성 멀티미디어 정보 검색 • 멀티미디어 저작권 보호 기술	비디오 휴대폰, 대화형 인터넷 TV 방송
MPEG-7 (ISO/IEC 15938)	• 통합 멀티미디어 프레임워크 표준 • 디지털 콘텐츠 유통과 전자 상거래 지원	전자 상거래 서비스, VOD 서비스, 문화 정보 서비스
MPEG-21 (ISO/IEC 21000)	• 멀티미디어 응용과 서비스	멀티미디어 전자 상거래, 콘텐츠 유통 산업
MPEG-A (ISO/IEC 23000)	• 미디어 환경 및 제어 표현	차세대 MP3, 포토 앨범
MPEG-V (ISO/IEC 23005)	• MPEG Rich-media 사용자 인터페이스	4D 영화, 가상 현실
MPEG-U (ISO/IEC 23007)	• UHD 방송을 포함한 고화질 멀티미디어 서비스 표준	방송 통신 융합 콘텐츠, 사용자 인터페이스
MPEG-H (ISO/IEC 23008)	• 인터넷 기반 적응형 스트리밍 서비스 표준	Part 1: MMT(MPEG-2 TS 전송 표준을 대체할 차세대 미디어 전송 표준) Part 2: HEVC(UHD 서비스용 비디오 압축 표준) Part 3: 3D 오디오(UHD 서비스용 오디오 압축 표준)
MPEG-DASH (ISO/IEC 23090)	• Immersive 미디어 서비스 표준	360 비디오를 포함한 Immersive 미디어 서비스 기술
MPEG-G (ISO/IEC 23092)	• Genome 정보 압축 표준	Genome 정보 압축을 위한 표준

MPEG 표준은 방송 영역이나 스마트폰뿐만 아니라 5G 이동통신, 실감형 콘텐츠, 사물인터넷 등에도 활용된다.

03 미디어와 멀티미디어 통신의 발달 과정

1 미디어의 발달 과정

미디어의 발달 과정은 다음 그림과 같다.

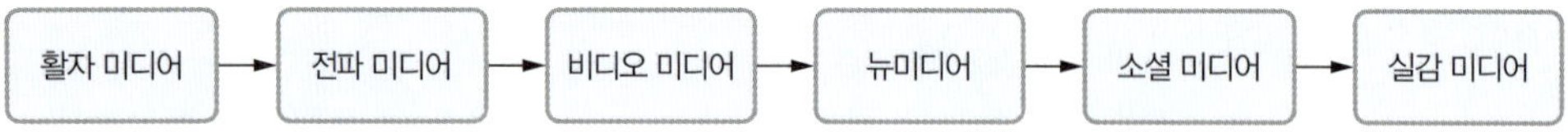

그림 9-6 미디어의 발달 과정

활자 미디어가 최초로 정보를 기록하고 저장하며 전달할 수 있게 해주었다면, 전파 미디어는 거리와 시간 개념을 초월해 정보를 전달할 수 있게 해주었다. 비디오 미디어는 음성 외에도 화상까지 전달할 수 있게 해주었고 그 다음으로 등장한 뉴미디어는 정보를 전달하고 처리하며 보존하는 수단인 기존 미디어에 신기술을 도입해 새롭게 개발한 미디어다. 소셜 미디어Social Media란 사람들의 의견, 생각, 경험, 관점을 서로 공유하기 위해 사용하는 온라인 도구나 플랫폼이다. 실감 미디어Immersive Media는 다른 대상이 된 것 같은 느낌을 주거나, 영상 속에 들어가 있는 것 같은 생생함을 주는 콘텐츠를 말한다.

2 멀티미디어 통신과 뉴미디어 융합 서비스의 발전 방향

뉴미디어 다음 단계는 차세대 미디어로, 대표적인 예는 실감 미디어(지능형 미디어)와 초고속 무선 인터넷 방송이다. 실감 미디어는 탁월한 선명감과 현실감으로 차세대 미디어의 총아로 손꼽힌다. 사용자의 몰입감과 현장감을 극대화할 수 있도록 시각, 청각, 후각, 미각, 촉각 등의 감각 정보를 효과적으로 전달하는 융합 콘텐츠를 제작, 전송, 서비스한다. 실감 미디어는 3차원과 4차원 기술, 오감 사용자 인터페이스UI 기술 등을 망라한다. 종류로는 초고화질 실감 미디어 방송 서비스, 지능형 착용 미디어 서비스, 스마트 체감 미디어 서비스 등이 있다. 멀티미디어 통신과 뉴미디어 융합 서비스의 발전 방향은 다음 그림과 같다.

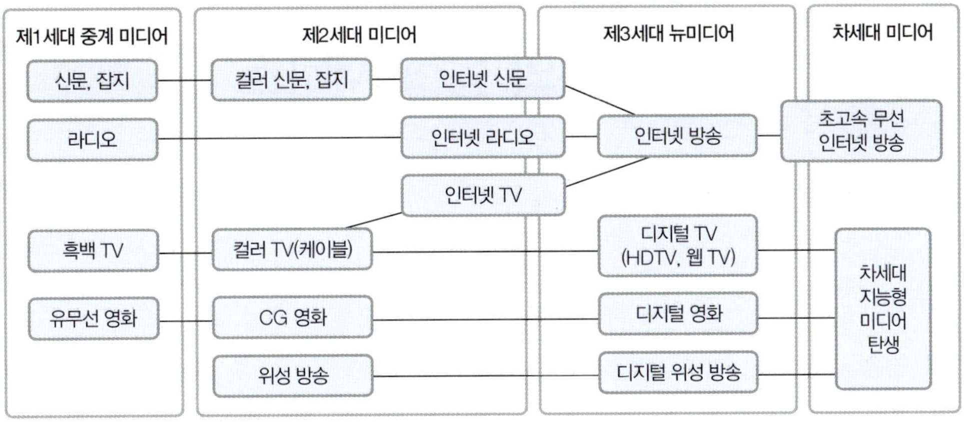

그림 9-7 멀티미디어 통신과 뉴미디어 융합 서비스의 발전 방향

3 뉴미디어와 융합 서비스

뉴미디어는 기존 미디어에 신기술이 융합한 형태로, 다음 그림과 같다.

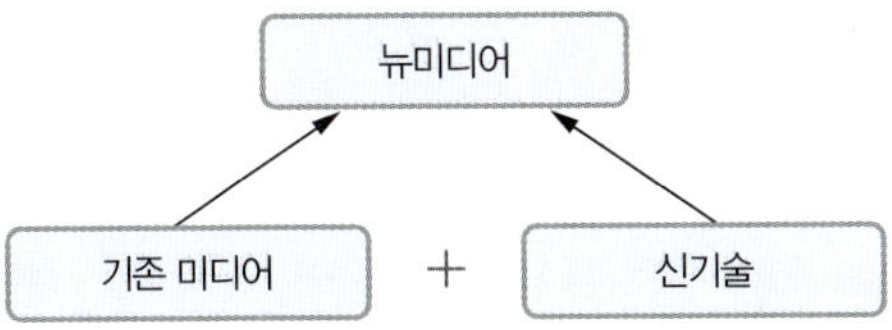

그림 9-8 뉴미디어의 개념

뉴미디어는 사용 기술이나 접근 방법에 따라 통신 분야, 방송 분야, 패키지 분야로 분류할 수 있다. 현재는 세 분야의 뉴미디어를 하나로 융합하는 형태로 발전하고 있다.

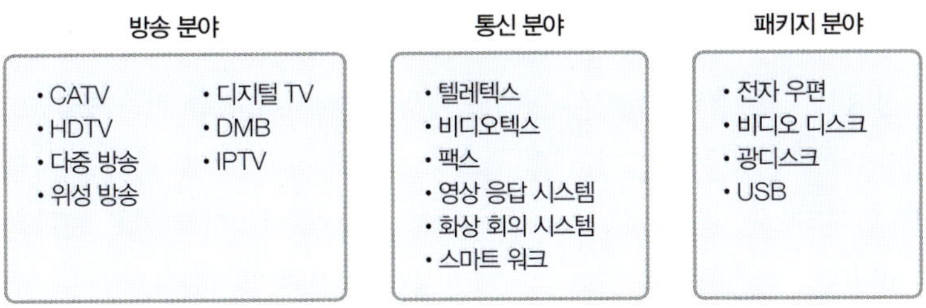

그림 9-9 뉴미디어의 분류

04 뉴미디어와 융합 서비스

1 방송 융합 서비스

1.1 방송 서비스

TV는 방송 분야의 뉴미디어로, 장면을 화면에 뿌리는 주사 방식을 사용한다. 국제 표준 방식으로는 NTSC, PAL, SECAM이 있다. NTSC는 한국, 미국, 일본 등에서 사용하며, 수직 해상도가 525, 프레임 수가 30이다. PAL은 영국, 중국, 호주 등에서 사용하며, 수직 해상도가 625, 프레임 수가 25다. SECAM은 프랑스, 독일, 러시아 등에서 사용하며, 수직 해상도가 625, 프레임 수가 25다. TV 방식의 기능 중 전기장 또는 자기장에 의해 전자 빔의 방향을 바꾸는 편향 기능이 있다. 방송 통신망과 관계되는 것은 CATV망, 패킷 라디오망, 위성 통신망 등이다.

우리나라는 1961년 12월 24일 서울중앙방송국에서 TV 방송 시험 전파를 발사했다. 이어 12월 31일 서울텔레비전방송국으로 독립해 채널 9, 호출 부호 H1CK, 영상 출력 2kW, 음향 출력 1kW로 방송을 개시함으로써 TV 시대에 돌입했다.

1.2 디지털 방송 서비스

디지털 방송은 쌍방향으로 운용, 재생, 축적이 가능한 방송 기술로, 고품질 수신, 압축 변조 기술의 진보로 다채널 프로그램을 제공한다. 그리고 하나의 방송파에 의한 멀티미디어 서비스나 대화형 서비스, 안정적인 이동 휴대 등 수신 형태의 다양화, 데이터 방송 가능 등의 효과가 있는 기술이다. 1998년 9월 영국 BBC가 세계 최초로 지상파 디지털 TV 방송을 시작했고, 스페인은 1999년 말부터, 독일과 프랑스는 2000년부터 서비스를 시작했다. 미국은 2009년 2월 17일부터 아날로그 방송을 중단하고 디지털 방송으로 전면 전환했다.

우리나라도 미국식인 ATSC 방식으로 2001년부터 수도권 지역에서 디지털 본방송을 시작했으며, 2012년까지 아날로그 방송을 종료하고 2013년부터 본격적인 디지털 방송 시대를 맞이하였다.

디지털 TV 방송DTV; Digital TV Broadcasting 기술의 특징은 오류 정정 기술을 사용할 수 있고 저장, 복제에 따른 손실이 적다. 멀티미디어 서비스가 가능하고 영상 및 음향 신호의 압축이 용이하며 녹화 재생 시 화질이나 음질의 열화가 없다.

여기서 잠깐! | **DTV 표준**

우리나라가 채택한 디지털 TV(DTV) 표준은 ATSC 방식이다. 미국은 ATSC, 유럽은 DVB, 일본은 ISDB 방식을 채택하고 있다. 각 방식의 특징은 다음과 같다.

국가	한국/미국	유럽	일본
표준 방식	ATSC	DVB-T	ISDB-T
영상 압축	MPEG-2	MPEG-2	MPEG-2
음성 압축	Dolby AC-3	MPEG-2 오디오	MPEG-2 오디오
채널당 대역폭	6MHz	7 또는 8MHz	6MHz
캐리어	Single	Multi	Multi
전송 방식	8-VSB	COFDM(QPSK, 64QAM)	BST-OFDM(DQPSK, 64QAM)

DTV의 장점은 고품질화, 고신뢰성, 고기능화, 다채널화, 양방향화 등이다.

- **고품질화**: 잡음이나 고스트Ghost 등을 줄이고, 부호화 기술로 고화질의 영상 및 고음질이 가능함
- **고신뢰성**: 디지털 변조를 이용해 잡음과 에러 정정 등 잡음 배제에 강함
- **고기능화**: 다양한 형태의 멀티미디어 서비스로 발전함
- **다채널화**: 1개 채널에 4~6개의 SD급 프로그램을 압축해서 보냄
- **양방향화**: 대화형 TV와 멀티미디어 형태로 발전 가능

TIP 고스트(Ghost): TV 영상에서 정상 위치를 약간 벗어나 감쇄 반복으로 나타나는 거짓 영상

DTV의 단점은 주파수 배분 문제, 저작권 분쟁 문제, 방송국 설비 투자 증대 등이다.

디지털 방송의 종류에는 디지털 지상파 방송과 디지털 위성 방송이 있다.

■ **디지털 지상파 방송**

디지털 지상파 방송Terrestrial-Digital TV Broadcasting은 디지털 기술로 제작해 송출하는 지상파 TV 방송으로, 기존에 설치한 안테나를 이용할 수 있다는 것이 장점이다. 우리나라에서는 2001년 10월부터 수도권을 중심으로 지상파 DTV 본방송(ATSC 8-VSB 방식)을 시작해 2004년에는 광역시, 2005년 이후에는 도청 소재지 및 시·군 소재지 방송국까지 확대되었다.

■ **디지털 위성 방송**

디지털 위성 방송Digital Satellite Broadcasting은 위성으로 신호를 보내고 접시형 안테나로 수신되는 기본적인 위성 송수신 과정에서 신호를 디지털 신호로 변환해 수신받는 위성 방송이다. 기존 위성 방송과 차이는 중간 과정에 디지털 신호로 변환하는 기술이 사용된다. 장점은 장애물에 구애를 덜 받으므로 외딴섬이나 산간벽지 등에서도 선명한 화질로 방송을 수신할 수 있다.

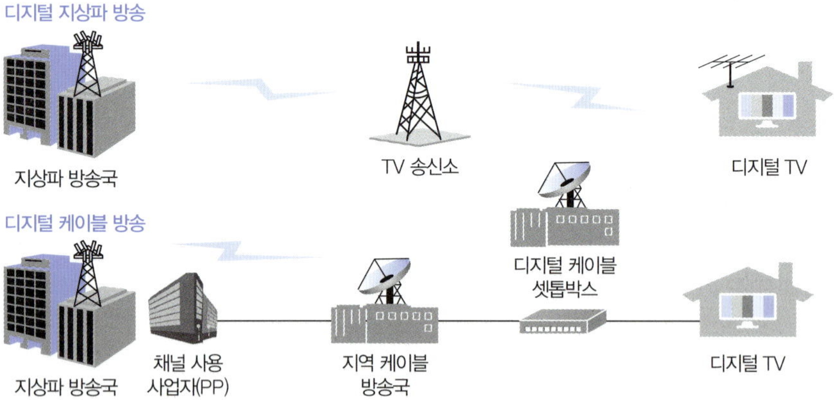

그림 9-10 디지털 지상파 방송과 디지털 케이블 방송의 구성 예

TIP 셋톱박스(Set Top Box): 가정에서 지상파, 케이블, 위성 방송을 수신해 시청하기 위한 장치다. 디지털 콘텐츠를 TV 또는 이용자 단말 장치를 통해 볼 수 있게 하는 장치로, 이용자와 직접 인터페이스하는 IPTV의 핵심 요소다. TV 위에 설치된 상자라는 의미에서 명명된 용어다.

1.3 HDTV

HDTVHigh Definition TeleVision는 주사선 수를 약 2배로 늘려 화질은 향상시키고, 화면의 가로와 세로 비를 4:3에서 16:9로 늘려 기존 텔레비전에서는 느낄 수 없었던 시각과 심리 효과를 이끌어내는 고선명 텔레비전이다.

HDTV는 1960년대 일본에서 개발하기 시작했는데, 1980년대 아날로그 HDTV인 뮤즈MUSE를 탄생시켰다. 유럽은 1980년대 후반 아날로그 HDTV인 HDTV-MAC을 개발하고, 미국은 1950년대 초 아날로그 HDTV 방식을 고려하다 1990년대 초 디지털 HDTV 방식으로 방향을 바꾸었다. 미국에서 디지털 HDTV 방식을 개발하는 방향은 영상과 멀티미디어 응용 분야의 개발을 촉진시켰다. 한국은 2001년 11월부터 디지털 HDTV 방송을 시작했다.

HDTV는 가로 대 세로 비율이 사람 시야에 가장 적합한 16:9다. 국내 지상파 HDTV 방식에서 1채널의 주파수 대역폭은 6MHz다.

TIP 대역폭 효율(Special Efficiency): 주어진 대역폭 내에서 최대로 가능한 데이터 전송률이다. 스펙트럼 효율이라고도 하는 대역폭 효율은 특정 변조 방법이 사용 가능한 대역폭을 어떻게 효율적으로 사용하는가의 척도이며, 단위는 bps/Hz다.

- 대역폭 효율 = 전송 속도(비트 전송률) / 전송 대역폭

멀티미디어 기기의 전송 대역폭이 6MHz, 전송 속도가 19.39Mbps이면 대역폭 효율은 19.39/6=3.23bps/Hz다.

HDTV와 기존 TV의 특징을 비교하면 다음 표와 같다.

표 9-4 HDTV와 기존 TV 비교

항목	HDTV	기존 TV
주사선 수	1,125선	525선
화면 크기(가로:세로 비율)	16:9	4:3
전송 대역폭	6MHz의 약 4~8배	6MHz

HDTV는 HDTV 전송 센터, 중계 전송망, HDTV 수신기로 구성된다.

- **HDTV 전송 센터**: 프로그램과 데이터 소스를 방송국에서 가정까지 전송하는 것으로 구성 요소에는 부호화기, 다중화기, 변조기 등이 있다.
- **중계 전송망**: 유선망과 무선망으로 분류된다. 유선망은 유선 방송을 뜻하며, 케이블망, 공중 전화망PSTN, 광대역 종합정보통신망B-ISDN, 인터넷 등을 이용해 전송한다. 무선망으로는 지상 방송과 위성 방송을 사용한다.
- **HDTV 수신기**: 신호를 수신한다. 구성 요소는 안테나(HDTV 수상기), 셋톱박스, HDTV(컴퓨터) 등이다.

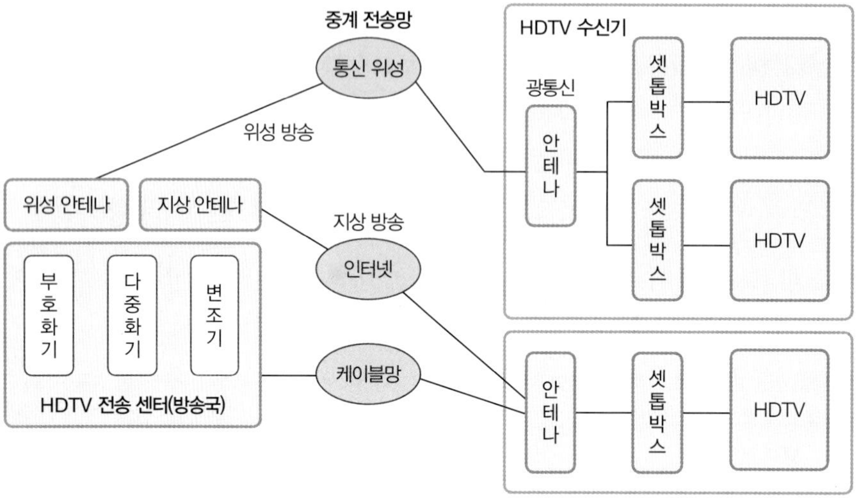

그림 9-11 HDTV의 구성

디지털 TV는 포맷 명칭에 따라 분류할 수 있다. TV는 SD^Standard Definition^(표준 선명도), HD^High Definition^(고선명도), FHD^Full High Definition^, UHD^Ultra High Definition^, 8K UHD^Ultra High Definition^로 분류하며, 시네마는 2K, 4K로 분류한다.

이러한 분류는 해상도의 발전, 화면의 선명도를 나타내는 주사선의 차이이다. 예를 들면, HDTV 영상 화면의 정밀도는 SDTV보다 약 4~5배 정도 차이가 있다. HDTV의 영상에서는 출연자의 표정이나 땀구멍, 분장 상태를 알 수 있다. 음악도 좋은 음질을 제공할 수 있다. UHD TV는 Full HD(1920×1080 화소) TV보다 4배 이상 화질이 선명한 4K급 초고화질 TV 방송 및 실물에 가까운 생생한 화질을 제공하는 멀티미디어 기기다.

표 9-5 디지털 TV의 포맷 명칭에 따른 분류

분류	명칭	해상도(픽셀)	총 화소 수	FHD 기준(배)
TV	SD	720×480	345,600	0.17
TV	HD	1,280×720	921,600	0.44
TV	FHD	1,920×1,080	2,073,600	1.00
TV	UHD	3,840×2,160	8,294,400	4.00
TV	8K UHD	7,680×4,320	33,177,600	16.00
시네마	2K	2,048×1,080	2,211,840	1.07
시네마	4K	4,096×2,160	8,847,360	4.27

디지털 TV의 종류를 정리하면 다음과 같다.

- **일반 TV/CRT TV**: 브라운관 TV라고 불리는 옛날 TV다. 화질은 비교적 선명하고 가격도 저렴하지만 TV 자체가 두껍고 무거워 공간을 많이 차지한다.
- **PDP TV**: 부드러운 색 재현을 기반으로 안정된 화질을 보여주며, 크기나 제품 두께는 LCD TV와 비슷하다. 초창기에는 전기가 많이 소모되었으나 스마트 에너지 세이빙 기술 등을 이용해 예전보다 약 60% 이상의 에너지 효율을 구현해냈다.
- **LCD TV**: 선명한 고해상도의 부드러운 이미지 재현이 특징이다. 얇고 가벼우며 인체에 유해한 전자파 발생이 다른 제품에 비해 적고, 전기 소비도 줄일 수 있어 환경 친화적인 제품으로 평가 받았다. PDP TV보다 두께가 얇아 색감이 자연스럽고 전력 소모가 낮아 효율적인 면에서 인기가 많았다.
- **LED LCD TV**: LCD TV를 지속적으로 진화시킨 것으로, LED를 백라이트 유닛으로 채용한 LCD TV다. 화질과 디자인, 다양한 기술을 이용한 LCD TV의 완성형이라 할 수 있다.
- **OLED TV**: 화소 하나를 구성하는 소자가 스스로 빛을 내는 OLED 패널을 사용한 TV다. 스스로 빛을 낼 수 없어 패널 뒤에 별도의 조명(백라이트)을 배치하는 LCD와 가장 큰 차별화 요소다. 신호에 따라 스스로 빛을 제어하므로 자연스러운 화질과 색감을 구현할 수 있다.
- **QLED TV(또는 QD-LED TV)**: QLEDQuantum dot Light-Emitting Diodes는 별도의 광원이 필요하지 않은 자발광 기술이다. QD-LED는 OLED 기술과 매우 유사하지만, 발광층이 양자점Quantum Dot 물질로 구성되어 있는 점이 다르다. 양쪽 전극에서 주입된 전자Electron와 정공Hole이 양자점 발광층에서 만나 엑시톤Exciton을 형성하고 발광 재결합을 통해 빛을 내는 구조다.
- **AMOLED TV**: 능동형 유기 발광 다이오드라는 뜻의 AMOLED TV의 특징은 3.2mm에 불과한 두께의 초슬림 디자인에서 초고화질 영상을 재현하고, 소비 전력을 최소화한 것이다. 2009년 가을, 독일 베를린에서 열린 IFA 2009에서 공개되어 세계의 이목을 끌었다.
- **프로젝션 TV**: 강당 같은 곳에서 흔히 볼 수 있는 대형 TV로, 원리는 CRT TV와 같지만, 화면을 크게 늘리다 보니 화질과 밝기가 떨어지고, 각도에 따라 화질 편차가 심하게 나타난다. 초창기에는 상당히 고가였지만 현재는 대형 TV치고는 무척 저렴하다는 것이 장점이다.
- **3D TV**: 가정에서도 언제든지 3D 콘텐츠를 즐길 수 있게 만든 TV로, 2010년 1월에 개최된 CES에서 가장 화제가 되었던 기술이다. 양안 시차와 폭주Vergence를 이용하는 방식인데, 양안 시차는 두 눈의 시점 차이를 이용하는 것이고, 폭주는 그래픽이 튀어나온 듯한 느낌으로 미쳐 날뛴다는 원어를 직역한 것이다.

여기서 잠깐! | 디지털 TV 관련 용어 정리

- **스마트 TV**: TV와 컴퓨터의 기능이 합쳐진 TV다. 운영체제(OS)와 중앙 처리 장치(CPU)를 탑재하고 컴퓨터의 기능을 갖춤으로써 방송 시청은 물론 인터넷 검색, 게임, 애플리케이션, SNS 등을 활용할 수 있다.
- **크롬캐스트**: 구글에서 만든 멀티미디어 스트리밍 어댑터다. HDTV의 HDMI 포트에 꽂아 오디오나 비디오를 와이파이를 통해 수신한 뒤 TV에서 스트리밍 재생한다.
- **미라캐스트**: 와이파이 얼라이언스가 발표한 무선 디스플레이 기술이다. 와이파이 기반의 무선 통신으로 스마트폰과 같은 모바일 기기를 TV와 직접 연결해 모바일 기기 속의 콘텐츠를 큰 화면으로 감상할 수 있는 기술이다.
- **에어플레이**: 애플이 개발한 프로토콜 스택이다. 무선으로 아이폰, 아이패드 등의 애플 기기에 있는 음악, 영상, 사진과 같은 멀티미디어 콘텐츠를 다른 기기로 스트리밍해서 보낼 수 있다. 애플의 기기와 소프트웨어 사이에만 사용이 가능하지만, 애플의 별도 인증 과정을 통해 에어플레이의 음악만 수신할 수 있게 스피커 라이선싱을 하기도 한다.
- **HD-SDI(High Definition-Serial Digital Interface)**: 아날로그 카메라에 설치된 동축 케이블을 활용해 고화질 영상을 전송할 수 있게 하는 디지털 신호 전송 방식이다.
- **HDMI(High Definition-Multimedia Interface)**: 비압축 방식의 디지털 비디오/오디오 인터페이스 규격 중 하나다.

1.4 CATV

CATV CAble TeleVision는 케이블을 이용해 가입자에게 프로그램을 전송하는 통신 시스템이다. 영상, 음성, 음향 등을 유선 선로를 통해 일반 수신자에게 송신하는 다채널 방송이다. 1949년 미국 오리건주 아스토리아 지방에서 TV 전파 수신이 어려운 난시청을 해소하려고 산 위에 공용 안테나를 세워 거기서 받은 텔레비전 프로그램을 동축 케이블로 각 가정에 보내려는 목적에서 시작되었다. CATV는 원래 지역 공용 안테나 텔레비전 Community Antenna TeleVision의 약어였으나, 현재는 단순히 방송을 재송신하려는 목적 이상의 기술로 발전했다.

CATV는 단말계, 전송계, 센터계로 구성된다. 단말계는 가입자 설비로, 컨버터, 홈 터미널, TV 수상기 등으로 구성되고 전송계는 간선, 분배선, 인입선 등으로 구성된다. 센터계는 헤드엔드 Head-end 설비, 스튜디오 설비, 수신 설비, 편집 및 검색 설비, 송출 설비, 망 감시 설비, 가입자 관리 설비, 부속 설비 등으로 구성된다.

CATV망 구성으로는 Switch 형, Star 형, Tree and Branch 형 등이 있다. 헤드엔드(케이블 헤드+안테나 헤드) Head End는 CATV의 정보를 공급하는 역할을 하는 것으로, 구성 요소에는 공동 수신 안테나, 주파수 변환기, 변복조기, 중계 장치, 음성 처리와 통신 제어 장치를 위한 컴퓨터와 송신기 등이 있다. CATV 헤드엔드의 주요 기능은 신호 송출, 분리, 혼합 및 채널 변환 등이다. 각 채널의 방송 신호를 중간 주파수대로 변환해 영상 및 음성 레벨을 조종한 후 VHF대로 재변환하고 각각의 신호를 혼합해 중계 전송망으로 송출한다.

CATV는 송신자인 방송국이 수용자인 대중에게 일방적으로 똑같은 정보만 전달하던 기존의 방식에서 자체 제작 프로그램이나 지역 소식, 기타 정보를 TV 채널로 상호 제공하는 지역 데이터 통신망 형태로 발전하였다. 무선 방식의 기존 텔레비전 방송이 광섬유 케이블 등을 이용해 전달하는 유선 중계 방송의 개념을 넘어서, 연결된 쌍방이 정보를 교환하는 새로운 유통 시스템이다.

TIP CCTV(Closed Circuit TeleVision): 특정 건축물이나 시설물에서 특정 수신자를 대상으로 유선 또는 특수 무선 전송로를 이용해 화상을 전송하는 시스템으로, 산업용, 교육용, 의료용, 교통관제용, 방재용 및 사내 화상 정보 전달용 등 다양하다. 기본 구성 요소로는 촬상 장치(카메라, 광학 렌즈계, 지지 보호 체계), 표시 장치, 전송 장치(광케이블 사용, 속도는 100Mbit/s), 기록 장치(VTR, DVR, NVR) 등이다. 일반 대중은 임의로 수신할 수 없어 폐쇄 회로 TV라고도 한다.

1.5 IPTV

IPTV^Internet Protocol TeleVision^는 초고속 인터넷망을 이용해 사용자가 요청한 실시간 방송 콘텐츠, 주문형 비디오^VOD^, 인터넷 등의 다양한 멀티미디어 콘텐츠와 개인 맞춤형 서비스, 데이터 서비스 등을 제공하는 양방향 TV다. DSL TV 또는 Telco TV라고도 한다. IPTV는 인터넷망과 TV 단말기를 융합해 인터넷과 TV 기능을 넘어서는 다양한 멀티미디어 콘텐츠를 제공하며 확장 가능성도 크다.

IPTV는 인터넷 TV와는 다른 개념으로, TV 수준의 영상 품질을 유지하고 영상 QoS를 만족해야 한다. IPTV 서비스의 데이터 전송에 가장 많이 쓰이는 방식은 멀티캐스트^Multicast^다. IPTV 서비스의 구성 요소에는 셋톱박스가 포함될 수 있다. IPTV를 상용화함에 따라 인터넷망에서 고려할 요소는 IP 멀티캐스팅 기술, 스트리밍 기술, 초고속 인터넷 회선의 소요 대역폭 등이다.

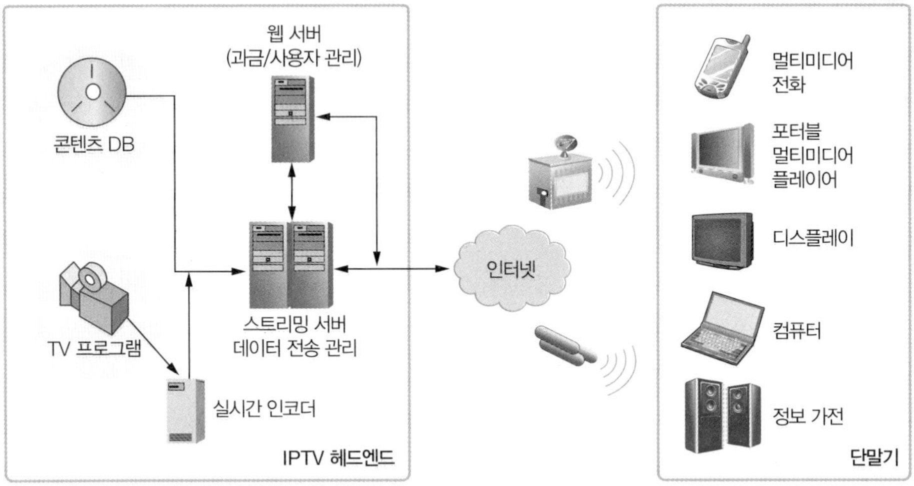

그림 9-12 IPTV의 서비스 개념도

IPTV 서비스에는 통신 서비스, 통신·방송 연계형 서비스, 방송 서비스 등이 있다.

통신 서비스	통신 · 방송 연계형 서비스	방송 서비스
• 인터넷 정보 검색 • VOD • 메신저, 문자 메시지 • 전자 상거래, 인터넷 뱅킹 • 게임, 노래방 등	• 방송 프로그램 연동 정보 • 각종 방송 연계 상호 작용 (향후 발전 분야) 등	• 실시간 방송 프로그램 전송 (풀 방식으로 채널별 전송)

그림 9-13 IPTV 서비스의 종류

1.6 인터넷 방송

멀티미디어 통신 환경이 발달하면서 인터넷에서도 멀티미디어 데이터의 전송이 가능해졌다. 인터넷 방송은 인터넷 회선을 이용해 원하는 사람에게 오디오와 비디오 미디어를 보내는 것으로, 인터넷과 미디어의 결합으로 생겨난 방송 형태다. 일반 방송국은 많은 기자재와 인원을 갖추어야 해서 개인이 운영할 수 없지만, 인터넷 방송국은 규모에 따라 혼자서도 운영할 수 있다.

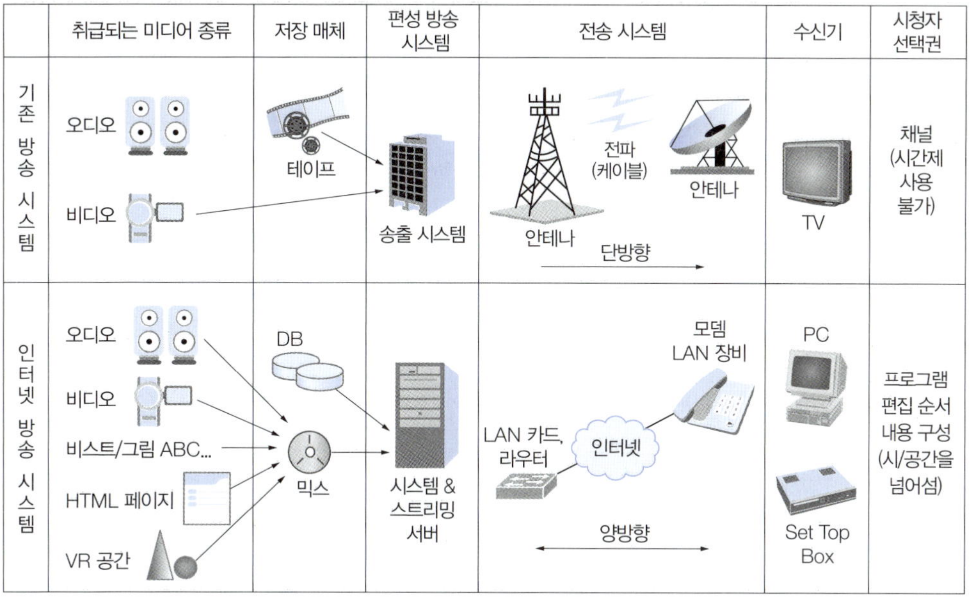

그림 9-14 기존 방송과 인터넷 방송의 차이점 출처: 월간인터네트

인터넷 방송은 라디오 같은 오디오 방송과 TV 같은 비디오 방송으로 구분할 수도 있고 라이브 방송과 주문형 비디오VOD 방송으로도 나눌 수 있다. 주문형 비디오 방송은 시청자가 원하는 비디오를 선택하면, 서버가 관련 데이터를 검색해 네트워크를 통해 해당 비디오를 전송한다. 주문형 비디오의 핵심 기술은 비디오 서버 기술과 재생 전용 장치, 고속의 멀티미디어 통신이다.

인터넷 기술을 바탕으로 동영상을 실시간 전송하려면 스트리밍 기술이 필요하다. 기존 방송국은 스트리밍 기술로 브로드캐스팅 방식을 사용하는데, 인터넷 방송국은 유니캐스트 방식을 사용해 망과 서버에 많은 부담을 주었다. 그러나 멀티캐스트 방식을 사용하면서 망과 서버의 부담을 많이 덜게 되었다.

다음은 방송에서 사용하는 캐스팅 모드의 종류와 특성을 비교한 것이다.

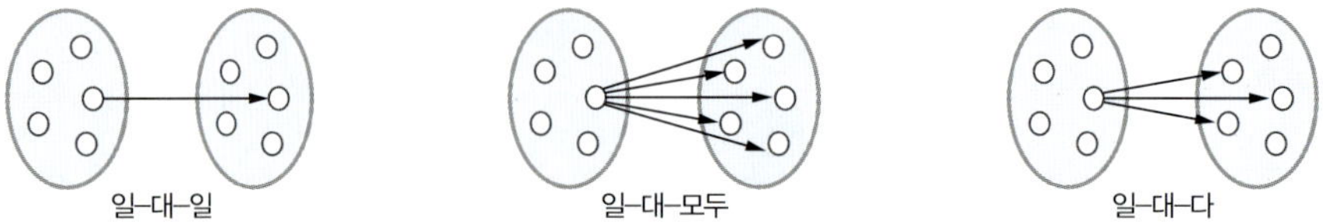

- 원하는 사람에게 원하는 정보(VOD 형식) 제공
- 다수의 수신자에게 각각 여러 번 전송
- 중복 전송으로 네트워크 효율 저하
- 수신자 수가 증가하면 문제점은 더욱 커짐

(a) 유니캐스트

- 일반 공중파 방송에서 사용하는 방식
- 수신을 원하든 원하지 않든 상관없이 송신하는 방식

(b) 브로드캐스트

- 인터넷에 있는 가상의 멀티캐스트 백본
- 멀티미디어를 실시간으로 전송하는 가상망
- 네트워크 효율이 가장 높음

(c) 멀티캐스트

그림 9-15 캐스팅 모드의 종류 비교

여기서 잠깐! | 그 외 다양한 방송 서비스

① OTT(Over The Top)

기존의 통신 및 방송 사업자와 더불어 제3 사업자들이 인터넷을 통해 드라마나 영화 등의 다양한 미디어 콘텐츠를 제공하는 서비스다. 정해진 방송 전용망으로 콘텐츠를 전송하던 기존의 방송 서비스와 달리 OTT는 불특정 다수가 접근하기 용이한 범용 인터넷으로 콘텐츠를 전송해 이용 시간이 자유롭고 스마트폰과 태블릿 PC 등 다양한 기기에서 원하는 프로그램을 볼 수 있어 소비자 중심 서비스라 할 수 있다. 전파나 케이블이 아닌 인터넷망을 통해 멀티미디어 콘텐츠를 볼 수 있는 서비스인 OTT는 Over The Top의 약어로, 여기서 Top이 의미하는 기기는 셋톱박스다.

② VOD(Video On Demand)

기존 공중망 방송이나 케이블 TV에서 프로그램을 일방적으로 수신하는 것이 아니라 가입자가 원하는 시간에 원하는 내용을 이용할 수 있는 맞춤 영상 서비스다. 사용자가 방송을 요청만 하면 동영상을 마음대로 볼 수 있는 서비스를 의미하며, 주로 PC를 단말기로 삼아 연결된 인터넷을 기반으로 서비스한다.

③ P2P(Peer to Peer)

중앙 서버를 거치지 않고 클라이언트 컴퓨터끼리 직접 통신하는 방식을 통칭한다. 일반적으로 컴퓨터의 쌍방향 파일 전송 시스템을 의미하지만, 파일 전송에만 쓰이는 것은 아니다. 중앙 서버 없이 컴퓨터와 컴퓨터를 연결하며, 프로그램 엔진만 만들면 되기 때문에 매우 간편하게 파일을 전송할 수 있다.

1.7 방송 서비스와 기술의 발전 방향

방송은 기존의 방송망을 통한 고품질의 방송 프로그램 전송의 범주를 벗어나고 있다. 위성망, 이동통신망, 지상 고정망 등의 유무선 인터넷망에 의한 다양한 전송 매체를 통해 가변 품질의 프로그램이나 정보를 전달하는 수단으로 확대, 발전하고 있다. 프로그램의 제작 및 편집, 전송 및 송출, 방송 단말 기기 및 방송 서비스 산업 등 전 분야에 걸쳐 디지털 통신, 방송, 컴퓨터 산업이 융합된 형태로 발전하고 있다.

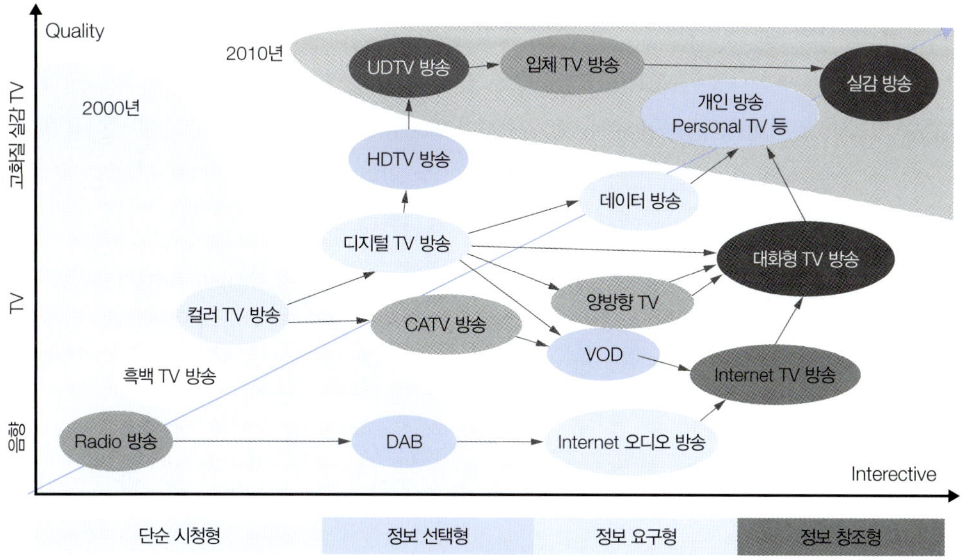

그림 9-16 방송 서비스의 발전 추세

2 통신 융합 서비스

2.1 텔레텍스

텔레텍스Teletex는 통신 기능을 하던 텔렉스Telex에 문서 편집기 기능을 추가해 국제적으로 표준화한 시스템이다. 통신망을 이용해 문서를 페이지 단위로 전송하는 것으로, 통신망과 텔레텍스 단말 장치로 구성된다. 1980년 스위스 제네바에서 열린 CCITT 총회에서 표준안이 제안된 텔레텍스의 특징은 기존 텔렉스보다 전송 속도가 빠르고, 기억 장치가 있어 화면을 보면서 편집 및 저장 작업을 할 수 있다. 부재중에도 수신이 가능하고, 텔렉스보다 저가로 서비스할 수 있다. 데이터 전송은 동기식 전이중 방식을 사용하며 속도는 약 2,400bps이고, 비디오텍스, 팩스와 연결할 수도 있다.

텔레텍스트는 TV를 사용해 정보를 서비스하는 것으로, TV 전파 공간을 이용해 다른 신호를 겹쳐서 정보를 제공한다. 문자 다중 방송이라고도 하며, 방송 분야의 뉴미디어이다.

2.2 비디오텍스

비디오텍스Videotex는 TV 수상기 규격을 갖춘 단말 장치와 전화 회선을 이용해 회화형 화상 정보를 제공하는 서비스다. 사용자의 단말 장치가 요구하는 정보를 전화 통신망을 이용해 즉시 제공해 주는 통신 방식으로 양방향으로 통신할 수 있다. 문자와 그림으로 구성된 정보가 있는 정보 센터의 데이터베이스에서 해당 정보를 제공한다. 비디오텍스 서비스의 예는 각종 예약 업무, 홈 쇼핑, 홈뱅킹 등이다. 비디오텍스의 특성은 정보 제공자와 운용 주체가 다르고, 쌍방향 통신 기능을 갖는 검색 및 회화형 화상 정보 서비스이며, 대용량의 축적 정보를 제공한다는 것이다. 시간 제한은 없으나 화면 전송이 느리고 인터페이스가 필요하며 개발 비용이 비싼 것이 단점이다.

비디오텍스는 정보 센터(정보 축적 장치), 통신망(통신 처리 장치), 비디오텍스 단말 장치(입력 장치)로 구성된다.

CCITT에서 비디오텍스의 표준 방식을 논의했지만 단일 표준안을 도출하지 못해 북미의 NAPLPS 방식, 유럽의 CEPT 방식, 일본의 CAPTAIN 방식의 세 가지로 결정했다. NAPLPS 방식은 점, 선, 원, 사각형 같은 도형을 화면에 표시할 때 임의의 위치에서 기하학적 명령을 조합해 그려내는 것으로, 알파-지오메트릭Alpha-Geometric 방식이라고도 한다. 도형을 섬세하게 그려주지만 단말기 가격이 비싸다. CEPT 방식은 문자 블록과 크기가 똑같은 모자이크 조각을 조합해 화면에 표시하는 것으로, 알파-모자이크Alpha-Mosaic 방식이라고도 한다. 화면에 표시하는 시간이 짧고 단말기 가격이 싸지만, 도형을 섬세하게 그리기 어렵다. CAPTAIN 방식은 문자와 도형을 패턴 정보로 구성해 부호화한 후 화면에 표시하는 것으로, 알파-포토그래픽Alpha-Photographic 방식이라고도 한다. 복잡한 도형도 쉽게 그릴 수 있고 한자도 표현하지만, 단말기 가격이 비싸다.

여기서 잠깐! | 텔레마틱 서비스와 텔레매틱스

- **텔레마틱 서비스(Telematique Service)**: 통신과 정보 처리를 결합한 비전화계 단말 장치를 이용해 통신하는 서비스로, 불어에서 유래한 말이다. 통신 분야의 뉴미디어에 해당하는 텔레텍스, 비디오텍스, 팩스를 총칭한다.
- **텔레매틱스(Telematics)**: 자동차에 위성 위치 확인 시스템(GPS)과 지리 정보 시스템(GIS)을 장착하고 운전자와 탑승자에게 교통 정보, 응급 상황 대처, 원격 차량 진단, 인터넷 이용 등 각종 이동 업무를 제공하는 것이다.

2.3 팩스

팩스FAX; Facsimile는 종이에 작성한 임의의 문자나 도표, 그림, 사진을 화상 정보(화소)로 분해한 후 전기 신호로 변환해 전송하는 장치다. 수신 측에서 원화와 같은 기록 화상을 다시 얻을 수 있다.

송신 측 문서를 수신 측에 전송하려면 주사와 광전 변화를 이용해 화상 신호를 전기 신호로 변환한다. 그런 다음 변조를 이용해 전송 매체로 실어 보내고, 수신 측에서는 송신 측과 역순으로 전기 신호를 화상 신호로 변환해 수신 화상을 생성 및 재현한다.

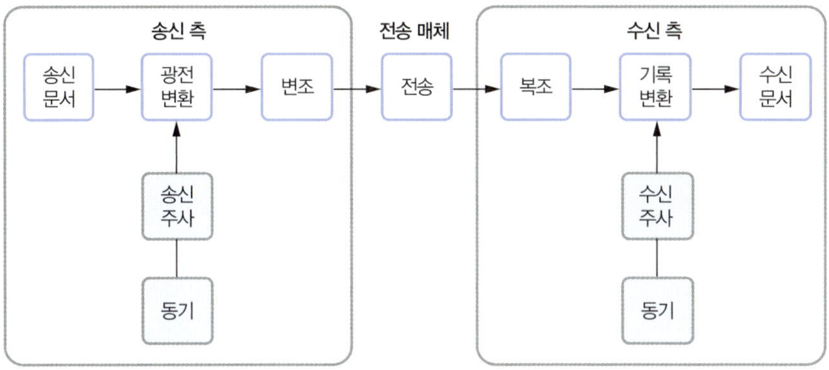

그림 9-17 팩스의 작동 원리

TIP 주사(Scan)는 일반적으로 알고 있는 '스캔'을 말한다. 어떤 문서나 화면을 정해진 순서대로 읽어 문자나 화상을 구성하는 요소를 정보로 받아들이는 것이다. 팩스 주사에서는 화상을 가로로 길고 가느다란 띠의 모임으로 포착하여 차례로 입출력한다. 텔레비전의 화상도 가로로 늘어선 빛의 점을 왼쪽에서 오른쪽으로 고속으로 표시하는 것이다.

팩스는 1843년 영국의 알렉산더 베인Alexander Bain이 특허 신청한 기술을 토대로 만들어졌다. 베인은 화학식 전신기를 만들어 이미지를 복사한 것처럼 전송했는데, 이 기술이 훗날 팩스의 기본 원리로 사용되었다. 이후 1865년 조반니 카셀리Giovanni Caselli가 최초의 팩스인 팬텔레그래프Pantelegragh를 만들었다. 현재 사용하는 것과 유사한 전자식 팩스는 1906년에 독일의 아서 코른Arthur Korn이 만들었다. 코른은 이미지를 전기 신호로 변환해 전송하는 기계를 발명했다. 이후 1964년, 제록스Xerox가 저가형 팩스를 개발하면서 팩스는 대중화되었다.

팩스 종류에는 문서 팩스, 사진 팩스, 컬러 팩스, 특수 팩스와 FAX over IP가 있다. 문서 팩스는 일반적인 팩스로, 전송 기술에 따라 G1Group1, G2Group2, G3Group3, G4Group4로 분류된다. ITU-T에서 분류한 규격으로, 각각의 기술은 ITU-T 권고 T계열로 규정되어 있다.

G1에서 G3까지는 아날로그 전화 회선을, G4는 종합정보통신망ISDN과 같은 디지털 회선을 이용한다. G1은 저속도 기기, G2는 중속도 기기, G3는 고속도 기기다. 정리하면, G4는 G3보다 고속의 고기능 기종이다. 각각의 규격에는 부호화 방식, 해상도, 데이터 전송 프레임 구성 및 제어 방식이 결정되어 있다. G1, G2는 거의 사용되지 않고 있으며 가장 많이 사용하는 기종은 G3다. G3는 MHModified Huffman와 MRModified Read 방식의 데이터 압축 기술을 사용하며, A4 원고 기준으로 전송 시간이 약 1분 정도 소요된다.

2.4 영상 응답 시스템

영상 응답 시스템VRS; Video Response System은 정지 또는 움직이는 화상이나 음성 정보 파일을 저장하거나 설치한 화상 정보 센터에서 화상 단말기를 이용해 각종 정보를 얻는 회화형 화상 정보 시스템이다. 영상 음성 정보를 저장하는 정보 센터와 컬러 TV 수상기, 전용 키패드를 단말기로 하여 정보 센터와 단말기를 광섬유 케이블로 연결해 '필요한 때에 필요한 정보'를 주고받을 수 있는 대화형 영상 응답 시스템이다. 교육, 의료, 관광, 패션 등의 분야에서 주로 사용된다.

영상 응답 시스템은 1973년 일본의 전신전화공사NTT가 처음 개발해 1977년 1월에 설치 시험을 거친 후 1978년 3월과 1980년 11월에 시스템 기능을 보완 후 최종 개발되었다. 영상 응답 시스템은 VRS 센터, 단말기, 전송로로 구성되는데, 단말기로는 TV 수상기, 컨버터Converter, 푸시 버튼 전화기(또는 키보드) 등이 있고 전송로는 광섬유 케이블이나 광대역 케이블 등을 사용한다.

영상 응답 시스템은 공중망을 사용해 화상 단말기에서 요구를 받지만 비디오텍스와 달리 광대역 전송로를 이용해 정보를 내보낸다. 즉, 일반 비디오텍스가 발전한 형태로, 정지 화상뿐만 아니라 동영상과 음성 서비스도 지원한다. 또한 개별 배선망으로 되어 있어 단말기마다 개별 화상을 제공할 수 있다. 유선 텔레비전CATV은 분기 배선망의 한 형태다.

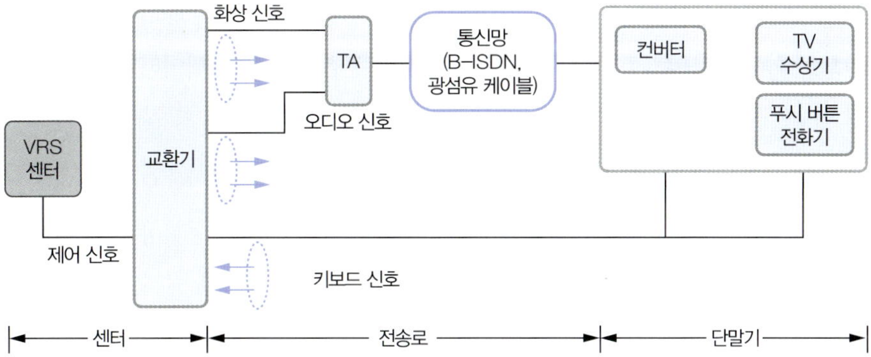

그림 9-18 영상 응답 시스템의 구성

2.5 화상 회의 시스템

화상 회의 시스템Teleconference System은 원격으로 회의를 할 수 있는 시스템이다. 화면으로 상대방을 보면서 마치 바로 옆에 있는 것처럼 회의를 진행할 수 있도록 서로의 회의실을 영상과 음성 통신 회선으로 연결한다. 화상 회의 시스템의 주요 구성부로는 음성을 송수신하는 음향 신호 처리부, 영상을 송수신하는 영상 신호 처리부, 음성과 영상 데이터를 상대방에게 전송하는 TV 프로세서인 제어부 등이 있다. 영상 회의 시스템Video Conference System이라고도 한다.

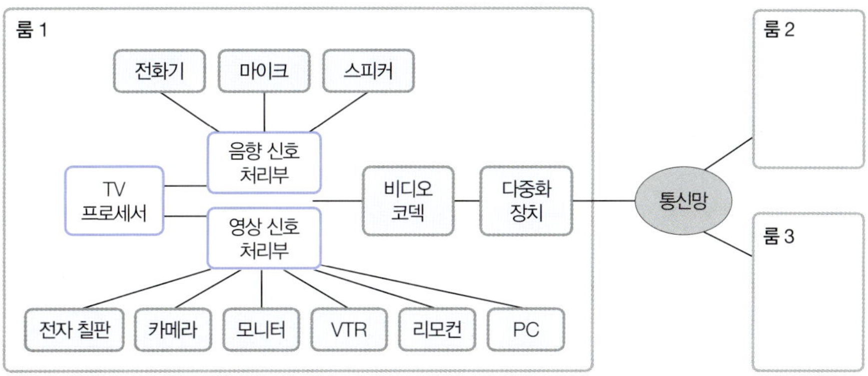

그림 9-19 화상 회의 시스템의 구성

화상 회의 시스템을 이용하면 회의 참가자끼리 직접 만나지 않아도 정보를 신속하게 전달할 수 있어 시간, 경비 등을 절감할 수 있다. 또한 회의 내용을 다시 보거나 편집도 가능하다. 화상 회의 시스템은 음성, 영상 압축 기술이 필요하며 광대역 고속 통신망이 유리하다. 멀티미디어를 기반으로 하는 응용이므로 대화형Dialogue 응용에 관한 설명으로 데이터의 압축과 복원이 동시에 이루어져야 하고 생성된 멀티미디어 데이터는 일정 시간 내에 전송되어야 한다.

디지털 영상 회의 시스템 기술에는 음성 처리, 동화상 처리, 벡터 양자화Vector Quantization 등이 있다. 음성 처리 과정에서는 하울링이나 에코 현상이 일어날 수 있다. 동화상 처리 방식에는 프레임 다중 방식이 있는데, 여러 발신자가 보낸 신호를 모두 샘플링해 각 신호로부터 하나씩 표본을 취하고 한 표본과 동기 신호 혹은 시작과 끝을 나타내는 플래그를 묶어서 한 프레임을 형성하는 방식이다. 반복되는 프레임에서 각 신호의 위치는 정해진 순서로 나열되며, 이렇게 형성된 프레임을 공통의 전송 경로로 보냄으로써 얻는 다중 방식이다. 벡터 양자화란 연속으로 샘플링된 진폭값을 그룹으로 묶어, 그룹 단위를 몇 개의 대푯값으로 양자화한다. 이전이나 다음 값에 영향을 받지 않는 스칼라 양자화와 달리, 연속으로 샘플링된 데이터들이 강한 시간 상관성Temporal Correlation을 갖고 있을 때 유리하다.

여기서 잠깐! | 화상 회의 시스템 관련 표준

① H.323 표준

LAN 전용 회선을 통한 화상 회의 표준 규격이다. 인터넷 등 패킷 기반의 망으로 전송되는 영상, 음성, 데이터 등의 멀티미디어 통신을 포괄적으로 다룬다. 1996년 ITU-T SG(Study Group)에서 제안한 표준이다.

② H.320 표준

회선 교환 네트워크를 통한 화상 회의 표준 프로토콜이다.

③ H.261 표준

실시간 화상 회의를 위한 동영상 압축 및 부호화 표준이다. CIF(Common Intermediate Format)와 QCIF(Quarter CIF)의 두 가지 해상도를 지원한다. 초기에는 ISDN망을 이용한 영상 회의, 영상 전화 등에 이용되었다.

2.6 원격 진료

상호 작용하는 정보통신 기술을 이용해 의료 정보와 서비스를 원거리로 전달하는 모든 활동을 말한다. 우리나라에서는 1994년부터 정부가 범국가적으로 추진한 초고속 정보통신망 구축 사업의 한 분야로 원격 진료 시범 사업을 의료 환경이 열악한 농어촌 지역을 대상으로 시작했다. 이후 정부의 예산을 지원받은 원격 치매 진료 시범 사업, 재택 진료 시범 사업 등을 개발 및 운영했다. 또한 국내 민간 의료 기관에서도 원격 진료 시스템을 자체적으로 도입해 운영 중이다.

현재 우리나라 의료법은 의료인의 원격 자문만 허용하고 있는데, 팬데믹 기간 중 원격 진료를 한시적으로 허용했다. 이를 계기로 의료인과 환자 간의 원격 진료를 허용하는 방향으로 의료법 개정을 논의 중이며 개정 시 관련 기술이 함께 발전할 것으로 예상한다.

2.7 스마트 워크

스마트 워크Smart Work는 정보통신 기술을 이용해 시간과 장소의 제약 없이 동료 직원들과 원활하게 협업하고 끊김 없이 업무를 수행하는 근로 형태 또는 이를 가능하게 하는 환경을 말한다. 스마트 워크는 원래의 사무실 근무를 벗어나 언제 어디서나 효율적으로 일할 수 있는 업무 개념이다. 스마트 워크에는 모바일 기기를 이용해 업무를 수행할 수 있는 모바일 오피스, 영상 회의 시스템 등을 활용하는 원격 근무, 재택근무 등이 포함된다. 스마트 워크를 도입하면 서류 위주의 탁상 업무가 현장 중심의 업무로 옮겨져 신속한 처리가 가능하다.

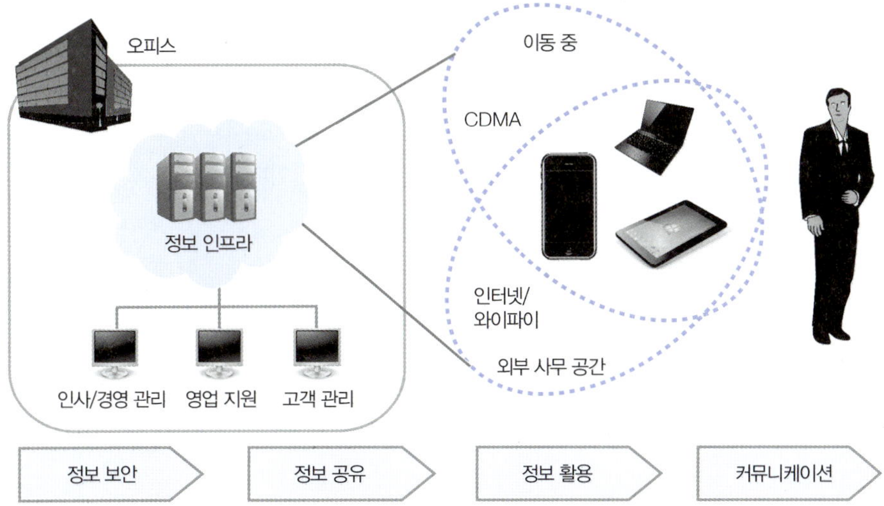

그림 9-20 스마트 워크의 예 출처: 한국정보화진흥원

국내 기업 중 포스코는 시간과 장소에 상관없이 회의를 할 수 있도록 TV, PC, 스마트폰, 고화질 영상 회의를 통합한 영상 회의 시스템을 갖추었으며, 특히 PC 영상 회의 시스템을 월 3,000여 회 이상 사용하고 있다.

해외는 우리나라와 상황이 조금 다르다. 단순히 사내 환경에 스마트폰이나 태블릿 PC를 도입해 스마트 워크 환경을 만들기보다는 스마트 워크 문화를 만들려고 노력한다. 스마트 워크가 가장 활성화된 나라는 네덜란드로, 전체 사업체 중 49%가 원격 근무 제도를 운영하고 있다. 고용 규모가 큰 기업일수록 원격 근무자 비율이 높고 500인 이상의 경우에는 91%가 원격 근무를 할 만큼 해외에서는 스마트 워크가 이미 보편적 형태로 자리 잡고 있다.

3 패키지 융합 서비스

패키지Package 분야의 뉴미디어란 전자 우편, 레코드 테이프, CD나 DVD 같은 광디스크, USB, 스마트카드, 패키지 게임 등을 말한다. 여기서 패키지는 포장하거나 필요에 따라 미리 조립한 부분품을 의미한다.

3.1 전자 우편

전자 우편 서비스EMS; Electronic Mail Service는 이용자가 컴퓨터에서 작성한 메시지를 전자 수단을 이용해 전송, 축적, 검색하는 기능을 제공한다. 이용자가 컴퓨터를 이용해 보내고 싶은 정보를 요구 조건에 따라 축적, 전송하는 메시지 통신 서비스다. 이전의 텔렉스처럼 단순히 문자 데이터만이 아니라 음성, 수치, 데이터, 도형, 화상 등 각종 정보를 메시지 대상으로 한다. 특징은 발신자와 수신자 간의 비동시성 통신이 가능하다는 것이다.

3.2 디스크

디스크는 시스템 메모리와 달리 데이터를 영구적으로 보관할 수 있는 저장 매체다. 테이프, 자기 디스크(플로피 디스크, 하드 디스크), 광디스크(CD, DVD, 블루레이 디스크) 등으로 구분한다.

3.3 USB

USBUniversal Serial Bus는 범용 직렬 버스로, 컴퓨터와 주변 기기를 연결하는 데 사용하는 인터페이스 장치다. 키보드, 마우스, 스캐너, 디지털 카메라, PDA, USB 메모리 등 다양한 기기를 표준 방식으로 연결한다. USB 1.0은 1996년 1월에 출시되었고, USB 2.0은 2000년 4월, USB 3.0 Spec(Rev. 1.0)이 2008년 11월에 발표되었고 2010년에 출시되었다.

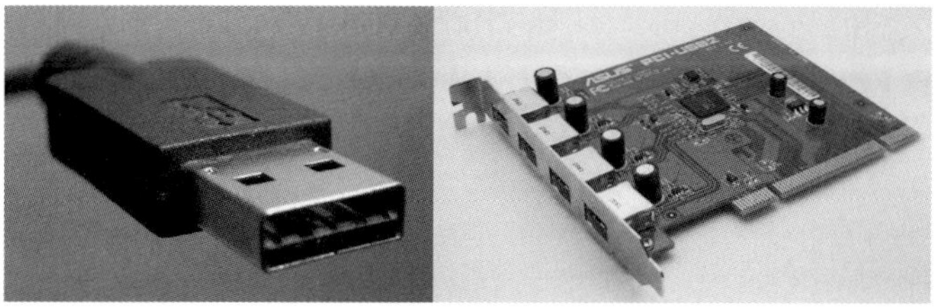

그림 9-21 USB의 예

3.4 스마트카드

스마트카드Smart Card는 신용 카드, 현금 카드, 교통 카드, 신분증, 출입 카드 등으로 사용되고 있다. 스마트카드를 안전하게 이용하려면 암호가 필수다. 가장 쉽게 볼 수 있는 것은 위조 방지를 위해 신용 카드에 붙어 있는 반사형 홀로그램이다. 스마트카드는 구조에 따라 접촉식, 비접촉식, 하이브리드, 콤보 카드로 나뉜다.

3.5 패키지 게임

패키지 게임은 패키지 박스에 포장해 판매하는 게임이나 물리적 카피가 존재하는 게임을 나타낸다. 이 용어는 한국에서만 통용된다. 해외에서는 저장 매체를 기준으로 분류하므로 물리적 카피가 존재하는 게임을 하드 카피Hard Copy 또는 물리 디스크Physical Disc라 한다. 디지털 카피Digital Copy는 온라인으로 다운로드받은 게임을 말한다.

05 소셜 미디어와 유무선 통합 서비스

1 소셜 미디어의 개념

소셜 미디어Social Media란 인터넷이나 모바일을 기반으로, 자신의 생각, 관점, 경험, 의견 등을 공유하기 위해 만든 온라인 미디어 플랫폼Online Media Platform이다. 타인과의 관계를 생성 또는 확장시킬 수 있는 개방적인 공간으로, 집단 지능Collective Knowledge으로부터 사회적 관계 맺기, 평판, 추천 등을 통해 정보의 신뢰성과 투명성을 확보한다. 소셜 미디어는 페이스북, 인스타그램 등과 같은 소셜 네트워킹 서비스SNS; Social Networking Service에 가입한 이용자들이 정보와 의견을 공유하며 대인 관계망을 넓힐 수 있는 플랫폼이다.

그림 9-22 소셜 미디어의 개념

소셜 미디어는 인터넷, 모바일, 양방향 멀티미디어 통신이 발달하면서 쉽게 소통하고 표현하려는 인간의 자기표현 욕구와 친화 욕구를 충족할 수 있는 환경이 마련되면서 탄생했다.

2 소셜 미디어의 특징과 속성

소셜 미디어는 이용자들이 자발적으로 참여하고 정보를 공유하며 콘텐츠를 만든다. 다양한 형태의 콘텐츠가 다양한 이용자에 의해 생성 및 공유되는 다-대-다의 쌍방향 커뮤니케이션 속성을 가진다. 반면에 TV, 신문, 잡지, 라디오 같은 전통 매체는 일-대-다의 일방적 관계형에 기초한 커뮤니케이션 속성을 가진다.

소셜 미디어의 특징과 속성은 다음과 같다.

표 9-6 소셜 미디어의 특징과 속성

구분	항목	
특징	• 참여(Participation) • 공유(Sharing) • 연결(Connectedness) • 기회의 평등(Equality of Opportunity)	• 개방(Openness) • 커뮤니티(Community) • 소통(Communication) • 집단 지능(Collective Knowledge)
속성	• 평판(Reputation) • 정체성(Identity) • 대화(Conversation) • 존재(Presence) • 진실(Sincerity) • 행복(Happiness)	• 관계(Relationships) • 집단(Groups) • 공유(Sharing) • 투명(Transparency) • 신뢰(Trust)

소셜 미디어는 방송 매체의 일방적 독백을 사회적 매체의 대화로 변환시키고, 이용자들이 콘텐츠 소비자임과 동시에 생산자가 되는 것을 가능케 하여 정보의 민주화와 개방화를 촉진시켰다. 매스 미디어와 소셜 미디어를 비교하면 다음과 같다.

표 9-7 매스 미디어와 소셜 미디어의 비교

구분	특성
매스 미디어	• 주요 언론사가 뉴스, 정보, 엔터테인먼트를 생산(소수 독점) • 불특정 다수, 수동적 독자층에게 공적 · 일방적 · 간접적으로 전달
소셜 미디어	• 참여, 공유, 웹 2.0 정신을 기반으로 누구나 생산 가능(다수 생산) • 관계 · 친분 중심의 쌍방향 소통, 피라미드식 전달

3 소셜 미디어의 변화

사회적 소통을 위해 사용되는 온라인 도구나 플랫폼이라는 관점에서 보면 1995년 미국에서 서비스된 Classmate.com이 소셜 미디어의 시초다. Classmate(동창생) 모임은 커뮤니티 특성을 가지며, 1999년 국내에서 서비스된 아이러브스쿨과 유사하다.

국내에서는 PC 기반의 SNS 형태인 싸이월드 미니홈피가 유행했고, 스마트폰 같은 모바일 기기가 대중화되면서 카카오톡, 카카오스토리, 네이버 밴드, 인스타그램 등 사용자를 넓혀갔다.

정보통신 기술을 이용하는 소셜 미디어는 매스 미디어의 일방적인 일-대-다 방식에서 벗어나 일-대-일, 일-대-다, 다-대-다 등 모든 형태의 커뮤니티가 가능하다. 페이스북, 트위터로 촉발되고 대변되는 소셜 미디어는 인스타그램, 유튜브 등 이미지와 영상 중심의 소셜 미디어로 발전했다. 또한, 유무선 기술의 발전으로 유무선 통합 서비스 형태로 발전을 지속하고 있다. 소셜 미디어는 분야에 상관없이 마케팅의 가장 중요한 수단 중 하나로 대두되고 있으며 영향력 또한 급속히 확대되고 있다. 어떠한 영역에서 사업을 전개하든지 소셜 미디어의 활용 여부가 사업의 성패를 좌우할 수도 있다.

TIP 다중 채널 네트워크(MCN): 여러 개의 유튜브 채널과 제휴한 조직으로, 제품, 프로그래밍, 자금 지원, 교차 프로모션, 파트너 관리, 디지털 저작권 관리, 수익 창출/판매, 잠재 고객 확보와 같은 다양한 분야에서 도움을 준다. 채널끼리 계약을 맺는 것으로, 연예인으로 치면 엔터테인먼트와 같은 소속사 개념이다. MCN은 유튜브 채널의 인기가 높아지고 수익을 내는 채널이 많아지자, 이들을 관리해주는 곳이 필요해서 생긴 것이 출발이다.

TIP 해시태그(#, hash tags): 단어나 여백 없는 구절 앞에 해시 기호 #을 붙이는 형태의 표시 방법 혹은 메타데이터(Meta Data) 태그로, 마이크로블로깅(Microblogging) 혹은 소셜 네트워크 서비스에서 사용된다. 태그가 붙여진 즉, 태깅(Tagging)된 메시지는 동일한 해시태그로 검색이 가능하다. 예를 들면, '#재즈음악'이라는 해시태그를 검색한 사용자들은 해당 소셜 네트워크 서비스에서 '재즈음악'이라는 해시태그를 가진 모든 글을 모아 볼 수 있다. 해시태그는 메시지(게시물)를 주제별로 그룹화하는 기능을 하는 것으로, 처음에는 관련된 정보를 묶는 용도로 쓰였지만, 지금은 검색 등 활용 범위가 확대되었다.

4 유무선 통합 서비스 기반의 모바일 메신저와 MMS

유무선 통합 서비스를 기반으로 하는 소셜 미디어의 한 영역이 모바일 메신저와 MMS 등이다. 우리나라 사람들이 가장 많이 사용하는 카카오톡도 모바일 메신저의 일종이다. 모바일 메신저Mobile Messenger는 무선 인터넷망을 기반으로 스마트폰에서 문자, 파일, 음성 메시지를 주고받을 수 있는 소프트웨어다. 최초의 모바일 메신저 서비스는 단순한 메시지만 주고받을 수 있는 형태였고, 현재는 이모티콘을 주고받고 손으로 그림을 그려서 전송할 수 있는 드로잉톡으로까지 발전했다. 이미지나 동영상도 주고받을 수 있고 일대일 채팅을 넘어 다중 채팅도 가능하다. 그룹 채팅을 일컫는 단체 모바일 메신저 공간인 '단톡방'이 대중에게 일상어로 통용되고 있다. 모바일 메신저는 2000년대 중반부터 활발히 개발되었으며, 현재 강세인 모바일 메신저들은 대부분 2010년대 초반에 서비스를 시작했다. 우리나라는 2010년 카카오톡 서비스가 나오면서 대중화되기 시작했다.

MMS Multimedia Messaging Service(멀티미디어 메시징 서비스)는 기존의 문자 메시지가 이름 그대로 문자만 보낼 수 있던 반면에, 문자 외에 그림과 동영상을 함께 보낼 수 있으며 요금은 문자 메시지보다 비싼 편이다. SK텔레콤에서는 컬러 메일, KT에서는 멀티 메일, LG유플러스에서는 샷메일이란 이름으로 서비스했으며, 유럽에서는 자주 쓰이지만 한국에서는 자리를 잡지 못했다. 특히 MMS를 대체할 수 있는 카카오톡의 등장으로 가격이 비싼 MMS는 거의 쓰지 않게 되었다.

TIP 스마트폰(Smart Phone): 휴대 전화에 인터넷 통신과 정보 검색 등 컴퓨터 지원 기능을 추가한 지능형 단말기로 사용자가 원하는 애플리케이션을 설치할 수 있는 멀티미디어 기기다.

TIP 와이브로(Wibro): 정지 및 이동 환경에서 고속으로 인터넷에 접속해 멀티미디어 콘텐츠를 이용할 수 있는 통신 규격이다.

06 4차 산업혁명 시대의 실감 미디어와 멀티미디어의 발전 방향

1 실감 미디어의 발전 방향

미디어 전문가들은 2030년 미래 미디어 로드맵에서 미디어의 미래로 초지능화, 융합화, 상호작용화를 전망한다. 그리고 구체적인 미디어의 형태로 오감을 충족시키는 실감 방송, 분산 공간 방송, 개인 맞춤형 방송, 웨어러블Wearable 방송 등의 출현을 예상하고 있다. 2010년에서 2020년대까지의 실감 미디어 서비스의 발전 방향은 융합 미디어에서 스마트 실감 미디어로, 2020년 이후로는 네오스마트 실감 미디어로 진화하고 있다. 다중 융합 서비스 환경에서 실감 미디어 서비스의 발전 방향은 다음 그림과 같다.

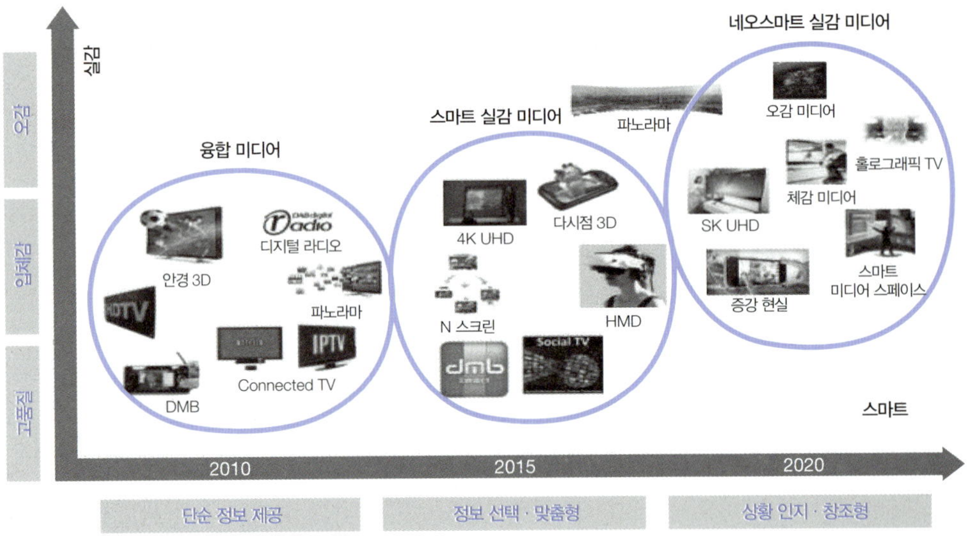

그림 9-23 실감 미디어 서비스의 발전 방향 출처: 한국산업기술평가관리원

1.1 실감 미디어

다중 융합 서비스 환경에서는 언제, 어디서나, 누구든지 양방향 맞춤형 서비스를 이용할 수 있다. 네트워크 대상이 사람 중심에서 사물까지 확대되고, UHD TV, 홀로그램 등과 같은 초실감형 미디어, 빅데이터, 클라우드, 모바일 등 ICT 이용 환경이 4차 산업혁명 시대로 급속하게 진입하고 변화하고 있어 서비스 특성에 최적화된 기가급 속도 이상의 네트워크가 필요하다. 네트워크 속도가 해결된다는 전제하에 가정에서 TV가 홈 네트워크의 중심이 되면 방송, 전화, 교육, 의료, 전자 정부, 전자 상거래 등 다양한 양방향 서비스를 얻을 수 있다. 또한, 집에서 UDTV를 통해 아이맥스 영화관과 같은 실감나는 영상을 볼 수도 있다. 대표적인 실감 미디어로는 가상 현실VR, 증강 현실AR 등이 있다. 가상 현실 및 증강 현실의 기술적 발전 방향은 동적 기술로 임장감presence 확대, 다중 사용자 환경 기술, 오감 기술 도입 등이다.

TIP 가상 현실, 증강 현실에 대한 자세한 사항은 11장을 참고한다.

1.2 다중 실감 미디어

다중 실감 미디어Multiple Sensorial Media는 사용자의 오감 정보를 통해 미디어의 실감 효과를 극대화하는 기술이다. 텔레비전이나 영화에서 3차원 영상3D이나 특수 음향 효과로 실감 나는 장면을 재현하던 기존 방식과 달리, 집 안의 다양한 주변 장치와 연동해 오감으로 미디어를 체험하는 기술이다. 4D 극장이나 일부 체험관을 통해 구현되고 있으며, 수요가 날로 증가하고 있다.

1.3 스마트 스페이스

스마트 스페이스Smart Space란 모든 사물과 미디어가 사물인터넷으로 상호 연결되고, 혼합 현실 기술이 더해져 현실계와 가상계 간의 경계가 허물어지는 공간을 말한다. 스마트 미디어 스페이스는 현실 공간에 가상의 정보, 콘텐츠, 서비스를 연계해 생성되는 초연결 미디어 서비스를 제공하는 공간 스크린 기반의 지능형 혼합 현실 공간이다. 삶의 질이 향상되면서 환경, 의료 등의 산업과 IT가 접목되어 진화한 똑똑한 공간, 스스로 조치를 취하는 지능화된 공간을 말한다. 스마트 스페이스 플랫폼의 진화 단계는 다음과 같다.

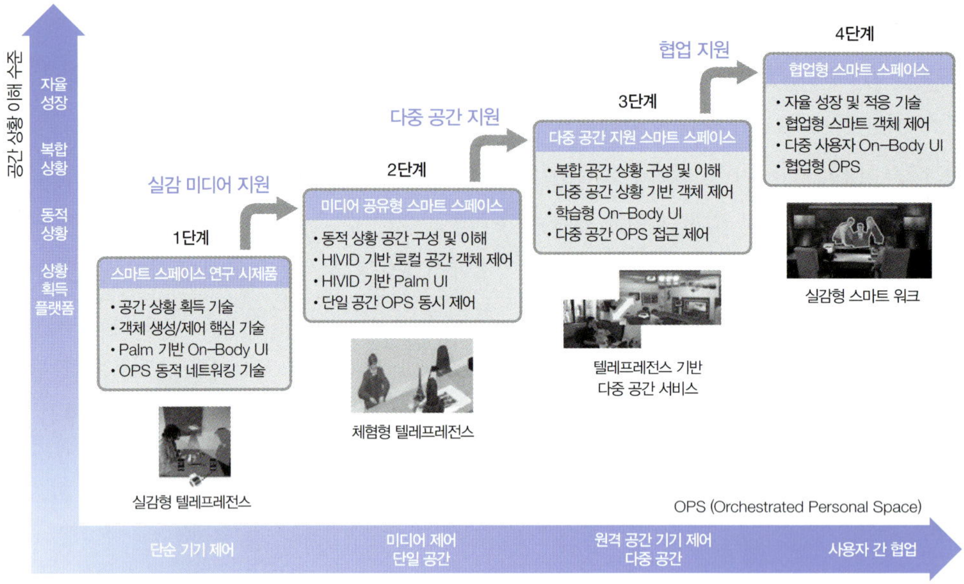

그림 9-24 스마트 스페이스 플랫폼의 진화 단계 출처: ETRI

스마트 스페이스의 기술 활용 분야는 다음과 같다.

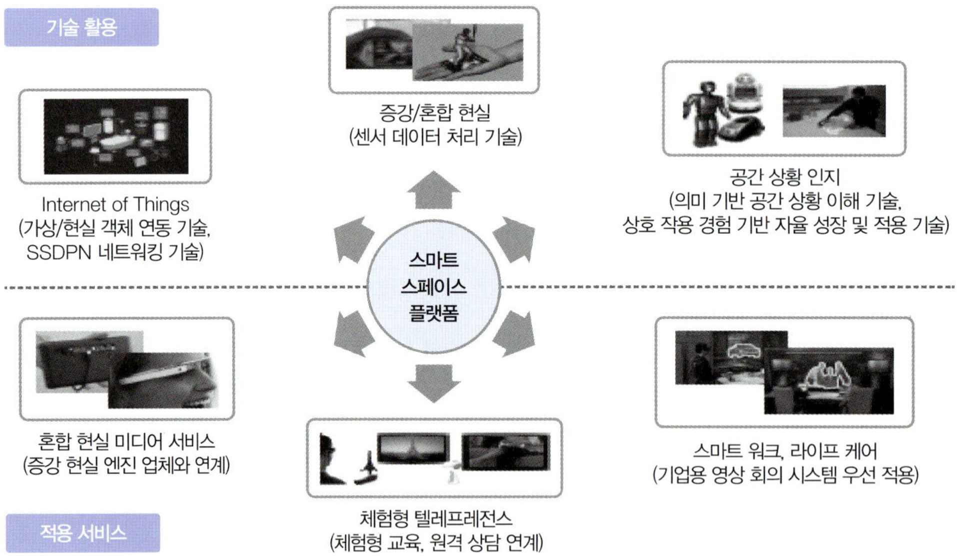

그림 9-25 스마트 스페이스의 기술 활용 분야 출처: ETRI

1.4 텔레프레젠스

텔레프레젠스Telepresence는 가상 화상 회의 시스템이다. 상대방과 실제로 마주하고 있는 듯한 착각을 일으키게 하는 가상 현실(디지털 디스플레이) 기술과 인터넷 기술이 결합된 영상 회의 시스템이다. tele와 presence의 합성어로, 텔레프레젠스 로봇은 비디오카메라, 스피커, 마이크 및 스크린이 내장된 컴퓨터 로봇으로, 로봇을 통해 멀리 있는 사람과 화상 전화를 하는 등 상호 작용을 할 수 있다.

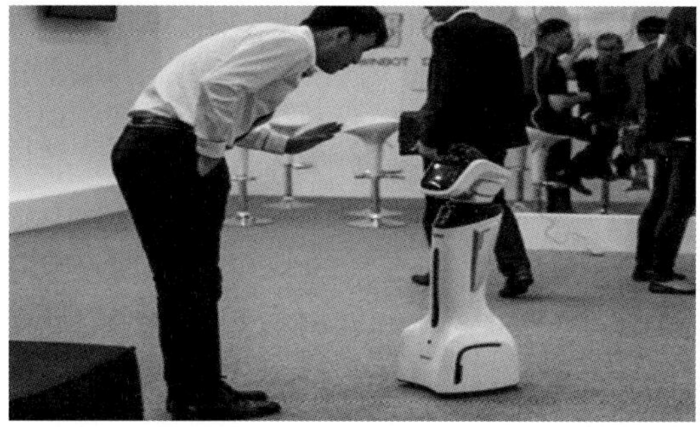

그림 9-26 텔레프레젠스 로봇을 사용 중인 모습 출처: 폴리커

1.5 스마트 월

스마트 월Smart-Wall은 실감 영상 회의와 몰입형 텔레프레젠스의 수준을 넘어 물리적으로 떨어져 있는 원격 다지점Multi-Point 공간을 초실감적으로 가상 연결을 할 수 있는 기술이다. 스마트 월 기술은 사용자가 마치 현장에 있는 것처럼 실감성을 제공하는 핵심 기술이다.

1.6 홀로그램

홀로그램Hologram은 두 개의 레이저 광이 서로 만나 일으키는 빛의 간섭 효과를 이용해 사진용 필름과 유사한 표면에 3차원3D 이미지를 기록하는 기술로, 다음과 같은 특징이 있다.

- 실제 사물의 3차원 영상을 획득해 홀로그램 영상으로 만드는 컴퓨터 기술이다.
- 홀로그램 데이터로부터 객체를 실공간에 광학적으로 재현하고, 대용량의 홀로그래픽 간섭 패턴을 컴퓨터로 고속 처리한다.
- 실공간에 대한 3차원 영상 정보를 활용해 데이터를 획득한다.
- 홀로그램은 완전함, 전체를 뜻하는 Holo와 정보/메시지를 의미하는 Gram의 합성어다.
- 3D 영상의 문제점이었던 안경 착용에 의한 불편함, 공간 왜곡 현상, 시각적 피로에 의한 어지러운 증상 등을 해결한 완전한 입체 영상 기술이다.

1.7 스마트 미디어 기기

스마트 미디어Smart Media 기기는 미디어와 ICT 인프라가 결합해 발전하고 있는 매체다. 시공간 및 기기 제약 없이 다양한 콘텐츠를 이용자에게 융합적·지능적으로 전달하는 것이 목적이다. 스마트폰, 태블릿, 네트워크 컴퓨터, 헤드 마운트 디스플레이HMD; Head Mounted Display, VR 기기 등이 그 예다.

2 멀티미디어 서비스의 발전 방향

다중 융합 서비스 환경에서 멀티미디어 서비스는 다양한 방면으로 발전하고 있다.

2.1 콘택트 렌즈 디스플레이

미래에는 눈에 넣고 다니는 TV가 나올지도 모른다. 영국의 미래학자인 이안 피어슨이 언론과의 인터뷰에서 언급한 콘택트 렌즈 TV의 개념은 눈 속의 체온을 동력으로 영상을 보여주고, 음성 명령이나 손짓으로 채널 선택을 한다.

2.2 디지털 아나운서

아바타 기술과 모션 캡처 기술을 활용한 디지털 아나운서의 등장도 예상된다. 실제 인간과 같은 형태의 디지털 캐릭터나 가상의 캐릭터가 등장해 TV 프로그램을 진행하는 개념이다.

2.3 미러 월드 기술

미러 월드Mirror World 기술이 구현되면 자신의 모습을 손쉽게 아바타Avatar로 모델링하고 움직임을 복제해 넣을 수 있으며 가상 공간에서 주인공이 되어 역할과 행동을 할 수도 있다. 이런 기술을 활용하면 미디어는 훨씬 더 실감 나는 현장을 보여줄 수 있고, 소비자들은 마치 자신이 실제 경험을 한 듯 현장을 기억할 것이다. 한국과학기술연구원KIST에서 현실의 환경과 공간을 그대로 복제해 가상 환경 속에 구현하는 미러 월드 기술을 개발하고 있다.

2.4 포켓몬고

포켓몬고Pokemon GO는 나이앤틱사Niantic, Inc.가 개발한 위치 기반 증강 현실 게임으로, 이용자의 현재 공간 위치에 따라 모바일 기기에 출현하는 가상의 포켓몬을 포획하고 훈련시켜 대전을 하고 거래도 할 수 있다. 2016년 7월 6일 미국, 오스트레일리아, 뉴질랜드에서 출시했으며, 우리나라는 2017년 1월 구글 플레이 스토어와 앱 스토어를 통해 출시되었다.

그림 9-27 포켓몬고의 예

2.5 클라우드 게임

게임 내용을 서버에 저장한 채 게임을 이용하려는 단말기에 바로 스트리밍하는 서비스로, 클라우드 서비스의 일종이다. 마이크로소프트의 엑스박스 클라우드 게이밍이 대표적인 예다.

TIP 클라우드 컴퓨팅: 개인 컴퓨터나 기업의 응용 서버 등을 대규모의 컴퓨터 집합인 클라우드(Cloud of Computers)로 옮겨간 네트워크 형태다. 클라우드라 불리는 집합소 내의 컴퓨터에 데이터를 저장하고, 인터넷 접속이 가능한 단말기로 언제 어디서나 데이터를 불러와 작업하는 사용자 환경이다. 클라우드 컴퓨팅은 웹에 기반한 소프트웨어 서비스로, 각종 소프트웨어와 데이터를 별도로 저장하지 않고 인터넷과 연결된 중앙 컴퓨터에 저장한 뒤 필요할 때마다 단말기로 접속해 데이터를 사용하고, 다시 업로드하는 방식이다.

3 CPND

CPNDContents Platform Network Device는 멀티미디어 서비스 활성화를 위한 이동통신 기술의 핵심 분야인 콘텐츠(C), 플랫폼(P), 네트워크(N), 디바이스(D)를 함께 일컫는 말이다. 네 가지를 서로 구별하지 않고 하나로 합쳐야 효율적으로 이동통신 산업과 시장을 활성화할 수 있다는 뜻이다. 정보통신기술ICT 융합 생태계를 가리키는 용어로도 쓰인다. 예를 들면, 실감 미디어가 제대로 정착되려면 CPND 생태계가 조성되어야 하며, 정책과 기술의 조화를 통해 CPND 생태계를 구축하고, 수용자의 마음을 움직일 수 있는 콘텐츠가 충분히 제작되어야 한다.

요약

01 멀티미디어 통신

- 멀티미디어를 연속해서 송수신하는 통신
- **관련 기술**: 프로토콜, 단말, 데이터베이스, 분산 처리 기술 등

02 뉴미디어와 융합 서비스

- **방송 융합 서비스**: 방송, 디지털 방송, HDTV, CATV, IPTV, 인터넷 방송
- **통신 융합 서비스**: 텔레텍스, 비디오텍스, 팩스, 영상 응답 시스템, 화상 회의 시스템, 원격 진료, 스마트 워크
- **패키지 융합 서비스**: 전자 우편, 디스크, USB, 스마트카드, 패키지 게임

03 4차 산업혁명 시대의 실감 미디어와 멀티미디어

- **실감 미디어**: 다중 실감 미디어, 스마트 스페이스, 텔레프레젠스, 스마트 월, 홀로그램, 스마트 미디어 기기
- **멀티미디어**: 콘택트 렌즈 디스플레이, 디지털 아나운서, 미러 월드 기술, 클라우드 게임

04 CPND

- 멀티미디어 서비스 활성화를 위한 이동통신 기술의 핵심 분야인 콘텐츠(C), 플랫폼(P), 네트워크(N), 디바이스(D)를 함께 일컫는 말
- 네 가지를 서로 구별하지 않고 하나로 합쳐야 효율적으로 이동통신 산업과 시장을 활성화할 수 있다는 뜻

01 멀티미디어 및 하이퍼미디어의 저장 방식과 다중화 방식 등을 규정하는 국제 표준 규격은?

① XML ② HTML
③ MPEG ④ MHEG

02 비디오텍스의 하드웨어 구성 요소가 아닌 것은?

① 헤드엔드 ② 중앙 정보 센터
③ 사용자 단말기 ④ 정보통신망

03 CATV의 기본 구성 요소가 아닌 것은?

① 헤드엔드 ② 모뎀
③ 중계 전송망 ④ 가입자 설비

04 화상 회의 시스템에 대한 설명으로 적합하지 않은 것은?

① 정지 화상 통신 회의 시스템은 협대역 전송로를 사용하므로 가격이 비싸다.
② 음성, 영상 압축 기술이 필요하며 광대역 고속 통신망이 유리하다.
③ 음성 처리 과정에서 하울링이나 에코 현상이 일어날 수 있다.
④ 동화상 처리 방식에는 프레임 다중 방식 등이 있다.

05 디지털 영상 회의 시스템 기술에 속하지 않는 것은?

① 송/수신 주사 방식 ② 벡터 양자화
③ 음성 처리 ④ 동화상 처리

06 팩시밀리 중 MH(Modified Huffman)와 MR(Modified Read) 방식의 데이터 압축 기술을 사용하며, A4 표준 원고인 경우 전송 시간이 약 1분 정도 소요되는 것은?

① G1 ② G2
③ G3 ④ G4

07 IPTV를 상용화함에 따라 인터넷망상에서 고려해야 하는 기능과 관련이 없는 것은?

① IP Broadcasting

② IP Multicasting

③ Streaming

④ 초고속 인터넷 회선의 소요 대역폭

08 멀티미디어를 기반으로 하는 응용으로써 대화형(Dialogue) 응용에 관한 설명으로 옳지 않은 것은?

① 데이터의 압축과 복원이 동시에 이루어져야 한다.

② 생성된 멀티미디어 데이터가 일정 시간 내에 전송되어야 한다.

③ 응용 분야는 화상 전화, 화상 회의 등이다.

④ 비대칭(Asymmetric) 멀티미디어 응용이다.

09 CATV망 구성으로 적합하지 않은 것은?

① Switch 형 ② Tree and Branch 형

③ Star 형 ④ Mesh 형

10 비디오텍스에서 직선, 원호 및 다각형 등의 기하학적 형상을 가진 도형 요소를 사용하여 부호화하는 방식은?

① 알파 캐릭터 방식 ② 알파 모자이크 방식

③ 알파 지오메트릭 방식 ④ 알파 포토그래픽 방식

11 휴대 전화에 인터넷 통신과 정보 검색 등 컴퓨터 지원 기능을 추가한 지능형 단말기로 사용자가 원하는 애플리케이션을 설치할 수 있는 멀티미디어 기기는?

① Smart Phone ② Smart Grid

③ Tablet PC ④ PDA

12 Full HD(1920×1080 화소) TV 보다 4배 이상 화질이 선명한 '4K급 초고화질' TV 방송 및 실물에 가까운 생생한 화질을 제공하는 멀티미디어 기기는?

① IPTV ② UHD TV

③ Smart TV ④ 3D TV

13 양안 시차와 폭주(Vergence)를 이용하는 방식의 TV는?

① IPTV ② SDTV

③ HDTV ④ 3D TV

14 IPTV 서비스의 데이터 전송 방식으로 가장 많이 쓰이는 방식은?

① 브로드캐스트(Broadcast) ② 애니캐스트(Anycast)

③ 유니캐스트(Unicast) ④ 멀티캐스트(Multicast)

15 디지털 TV 방송 기술에 대한 설명으로 옳지 않은 것은?

① 오류 정정 기술 등을 사용할 수 있고 저장, 복제, 저장에 따른 손실이 적다.

② 멀티미디어 서비스가 가능하다.

③ 영상 및 음향 신호의 압축이 용이하고 녹화 재생 시 화질이나 음질의 열화가 없다.

④ 상호 간섭이 적고 신호의 열화가 완만하다.

16 영상 회의 시스템에 대한 설명으로 옳지 않은 것은?

① 고속 및 광대역의 네트워크가 필요하다.

② 시간과 경비가 절약된다.

③ 회의 참석이 용이하다.

④ 신속하고 정확한 정보 전달이 어렵다.

17 영상 통신 기기의 압축에 대한 평가 기준으로 맞지 않는 것은?

① 압축/복원 속도 ② 복원화된 데이터의 품질

③ 암호화율 ④ 압축률

18 OTT(Over The Top)는 전파나 케이블이 아닌 인터넷망을 통해 멀티미디어 콘텐츠를 볼 수 있는 서비스를 말한다. Over The Top에서 'Top'이 의미하는 기기는?

① TV ② 공유기

③ 셋톱박스 ④ 모뎀

19 괄호 안에 들어갈 알맞은 용어는?

(①)는 정보통신기술을 이용해 시간과 장소의 제약 없이 동료 직원들과 원활하게 협업하고 끊김 없이 업무를 수행하는 근로 형태나 이를 가능케 하는 환경을 말한다.

(②)는 모든 사물과 미디어가 사물인터넷으로 상호 연결되고, 여기에 혼합 현실 기술이 더해지면 현실계와 가상계 간의 모든 경계가 허물어지는 공간이 형성되는데, 그 공간을 말한다.

20 괄호 안에 들어갈 알맞은 용어는?

(①)은 인터넷 회선을 이용해 원하는 사람에게 오디오와 비디오 미디어를 보내는 것이다. 즉, 인터넷과 미디어의 결합으로 생겨난 방송 형태다. 인터넷에서 멀티미디어 통신 환경이 발달하면서 멀티미디어 데이터 전송도 가능해졌다.

(②)은 시청자가 원하는 비디오를 선택하면, 서버가 관련 데이터를 검색하여 네트워크를 통해 해당 비디오를 전송한다. 주문형 비디오의 핵심 기술은 비디오 서버 기술과 재생 전용 장치, 고속의 멀티미디어 통신이다.

(③)는 초고속 인터넷망을 이용해 이용자의 요청에 따라 실시간 방송 콘텐츠와 주문형 비디오(VOD), 인터넷, T-커머스 등 다양한 멀티미디어 콘텐츠를 제공하는 양방향 서비스다. DSL TV 또는 Telco TV라고도 한다.

21 다음은 무엇을 설명한 것인가?

주사선 수를 약 2배로 늘려 화질은 향상시키고, 화면의 가로와 세로 비를 4:3에서 16:9로 늘려 기존 텔레비전에서는 느낄 수 없었던 시각과 심리 효과를 이끌어내는 고선명 텔레비전이다.

22 설명이 맞으면 ○, 틀리면 ×를 표시하시오.

(1) FFT는 멀티미디어 데이터 압축 기법 중 혼성 압축 기법이다.( )

(2) 정지 및 이동 환경에서 고속으로 인터넷에 접속하여 멀티미디어 콘텐츠를 이용할 수 있는 것은 WiBro다.( )

(3) 방송 통신망과 관계되는 것은 CATV망, 패킷 라디오망, 위성 통신망 등이다.(　)
(4) 멀티미디어 단말기의 요구 사항에 연관된 것은 영상 정보의 Real Time 전송을 위한 고속 통신망의 구축이다.(　)
(5) 멀티미디어 단말기의 요구 사항에 연관된 것은 음성 정보의 고압축 알고리즘 기술이다.(　)
(6) 멀티미디어 단말기의 요구 사항에 연관된 것은 동적인 정보들 간의 동기화 속성을 부여할 수 있는 기술이다.(　)
(7) 멀티미디어 단말기의 요구 사항에 연관된 것은 분산 환경의 통신 Protocol 및 Group 환경의 통신 Protocol이다.(　)
(8) 기존 통신 및 방송 사업자와 더불어 제3 사업자들이 인터넷을 통해 드라마나 영화 등의 다양한 미디어 콘텐츠를 제공하는 서비스를 VOD라고 한다.(　)
(9) 문자나 그림으로 구성된 화상 정보가 축적되어 있는 데이터베이스로부터 TV 수상기와 전화 회선을 이용하여 사용자가 원하는 각종 정보를 제공하는 것을 비디오텍스라고 한다.(　)

23 뉴미디어는 사용하는 기술이나 접근 방법에 따라 크게 통신 분야의 뉴미디어, 방송 분야의 뉴미디어, 패키지 분야의 뉴미디어로 분류할 수 있다. 각 예를 열거하시오.

24 화상 회의 시스템에 대해 설명하시오.

25 소셜 미디어의 정의를 설명하시오.

26 텔레프레젠스(Telepresence)의 개념을 설명하시오.

27 스마트 월(Smart-Wall)의 개념을 설명하시오.

01 국내 지상파 HDTV 방식에서 1채널의 주파수 대역폭은?

① 27MHz ② 18MHz ③ 9MHz ④ 6MHz

02 홀로그램(Hologram) 핵심 기술의 주요 내용으로 가장 거리가 먼 것은?

① 실공간에 재현된 그래픽의 안경형 홀로그램 구현
② 홀로그램 데이터로부터 객체를 실공간에 광학적으로 재현
③ 대용량의 홀로그래픽 간섭 패턴을 컴퓨터로 고속 처리
④ 실공간에 대한 3차원 영상 정보를 활용하여 데이터 획득

03 CCTV 구성 요소로 옳지 않은 것은?

① 전송 장치 ② 단말 장치 ③ Camera ④ DVR/NVR

04 어느 멀티미디어 기기의 전송 대역폭이 6MHz이고 전송 속도가 19.39Mbps일 때, 이 기기의 대역폭 효율값은 약 얼마인가?

① 2.23 ② 3.23 ③ 5.25 ④ 6.42

05 스마트 미디어 기기의 영상 표출 디바이스로써 가장 거리가 먼 것은?

① VR 기기 ② Smart Phone
③ 화상 스크린 ④ HMD(Head Mounted Display)

06 웨어러블(Wearable) 디바이스가 갖춰야 할 기본 기능으로 옳지 않은 것은?

① 경량화 ② 저전력 ③ 항시성 ④ 가시성

07 멀티미디어 화상 회의 데이터를 TCP/IP와 같은 패킷망을 통해 전송하기 위한 ITU-T의 표준은?

① H.221 ② H.231 ③ H.320 ④ H.323

08 DTV의 특징 중 잡음에 강하고, 전송 에러 자동 교정 및 Ghost 감소의 특징으로 맞는 것은?

① 다채널화 ② 고기능화 ③ 고품질화 ④ 양방향화

09 기존 통신 및 방송 사업자와 더불어 제3 사업자들이 인터넷을 통해 드라마나 영화 등의 다양한 미디어 콘텐츠를 제공하는 서비스를 무엇이라고 하는가?

① OTT ② P2P ③ VOD ④ IPTV

10 영상 회의 시스템의 구성 요소로 옳지 않은 것은?

① TV 프로세서(송수신 장치) ② 음성 신호 처리
③ SCAN(주사 회로) ④ 영상 신호 처리

11 멀티미디어의 특징으로 옳지 않은 것은?

① 상호 작용성 ② 디지털화 ③ 통합성 ④ 단방향성

12 CCTV와 CATV에 대한 설명으로 옳지 않은 것은?

① CCTV는 헤드엔드, 중계 전송망, 가입자 설비로 구성되어 있다.
② CATV는 다수의 채널에 쌍방향 서비스를 제공한다.
③ CCTV는 특정 건물 및 공장 지역 등 서비스 범위가 한정적이다.
④ CATV는 방송국에서 가입자까지 케이블을 통해 프로그램을 전송하는 시스템이다.

13 가상 현실(VR) 및 증강 현실(AR)의 기술적 발전 방향이 아닌 것은?

① 동적 기술로 임장감 확대 ② 증강 현실(AR)로 단일화
③ 다중 사용자 환경 기술 ④ 오감 기술 도입

14 멀티미디어 기기의 특징으로 옳지 않은 것은?

① 정보의 디지털화 ② 정보의 공유
③ 인간과 컴퓨터의 독립성 ④ 양방향성 서비스

15 멀티미디어 단말의 구성 요소가 아닌 것은?

① 저장 장치 ② 오디오, 비디오 캡처 장치
③ 처리 장치 ④ 매체 전송 장치

16 기존의 아날로그 카메라에 설치되어 있는 동축 케이블을 활용해 고화질 영상 전송이 가능한 디지털 신호 전송 방식은?

① HD-SDI　② WDR　③ HDMI　④ DNR

17 IPTV 서비스의 구성 요소 중 보기의 설명에 대한 것으로 적절한 것은?

> [보기]
> 디지털 콘텐츠를 TV 또는 이용자 단말 장치를 통해 볼 수 있게 해주는 장치로써 이용자와 직접 인터페이스하는 IPTV의 핵심 요소로 TV 위에 설치된 상자라는 의미에서 명명된 용어다.

① 셋톱박스　② 방송 소스　③ 인코더　④ 헤드엔드

18 CATV의 구성 요소 중 가입자 설비로 컨버터, 홈 터미널, TV 수상기 등으로 구성된 것은?

① 분배계　② 단말계　③ 전송계　④ 센터계

19 CCTV의 기본 구성에 해당되지 않는 것은?

① 표시 장치　② 스펙트럼 분석 장치
③ 전송 장치　④ 촬상 장치

20 멀티미디어 서비스를 위한 요구 사항과 거리가 먼 것은?

① 동적인 정보들 간의 동기화 속성을 부여할 수 있는 기술
② 분산 환경의 통신 Protocol 및 Group 환경의 통신 Protocol
③ 음성 정보의 고압축 알고리즘 기술
④ 영상 정보의 Real Time 전송을 위한 고속 통신망의 구축

21 우리나라 DTV 표준에 관한 설명 중 옳지 않은 것은?

① 전송 방식: OFDM　② 채널당 대역폭: 6MHz
③ 영상 표준: MPEG-2　④ 오디오 표준: Dolby AC-3

22 CATV의 헤드앤드(Head End)의 주요 기능이 아닌 것은?

① 신호 분리 및 혼합　② 신호 송출
③ 채널 변환　④ 옥내 분배

23 초고속 인터넷을 이용하여 다양한 디지털 영상 서비스, 개인 맞춤형 서비스, 양방향 데이터 서비스 등을 제공하는 TV로 옳은 것은?

① IPTV　② HDTV　③ DTV　④ UHDTV

24 정보통신 기술을 이용해 시간과 장소의 제약 없이 동료 직원들과 원활하게 협업하고 끊김 없이 업무를 수행 가능하게 하는 환경으로 옳은 것은?

① 화상 회의 시스템　② 스마트 워크
③ 영상 응답 시스템　④ 원격 회의

25 TV 방식의 기능 중 전기장 또는 자기장에 의하여 전자 빔의 방향을 바꾸는 기능으로 옳은 것은?

① 비동기 기능　② 비월 주사 기능
③ 편향 기능　④ 동기 기능

26 영상 회의 시스템의 구성 요소로 옳지 않은 것은?

① 영상부　② 음향부
③ 편집부　④ 제어부

27 H.261의 화상 통신에 대한 지원 포맷으로 맞는 것은?

① Sub-QCIF, 4CIF　② Sub-QCIF, QCIF
③ 4CIF, CIF　④ CIF, QCIF

28 멀티미디어 서비스 활성화를 위한 CPND의 의미로 옳지 않은 것은?

① C: Contents(콘텐츠)　② P: Platform(플랫폼)
③ N: Network(네트워크)　④ D: Digital(디지털)

29 멀티미디어 압축 기술로 옳지 않은 것은?

① MIDI ② MPEG ③ JPEG ④ AVI

30 멀티미디어 압축에 사용되는 방식이 아닌 것은?

① MPEG-1 ② MPEG-2

③ MPEG-4 ④ MPEG-21

31 멀티미디어 활용 분야 중 기존 공중망 방송이나 케이블 TV에서 프로그램을 일방적으로 수신하는 것이 아니라 가입자의 요구에 따라 원하는 시간에 원하는 내용을 이용할 수 있는 맞춤 영상 서비스는?

① VR(Virtual Reality) ② VOD(Video On Demand)

③ VCS(Video Conference System) ④ VDT(Video Dial Tone)

32 멀티미디어 기기 중 비디오텍스의 특성으로 옳지 않은 것은?

① 정보 제공자와 운용 주체가 같다.

② 시간적인 제한은 없으나 화면의 전송이 느리고 Interface가 필요하다.

③ 쌍방향 통신 기능을 갖는 검색 및 회화형 화상 정보 서비스다.

④ 대용량의 축적 정보를 제공한다.

33 멀티미디어 데이터 압축 기법 중 손실 압축 기법으로 옳지 않은 것은?

① DCT(Discrete Cosine Transform)

② DPCM(Differential Pulse Code Modulation)

③ Huffman Code

④ FFT(Fast Fourier Transform)

01 ④	02 ①	03 ②	04 ②	05 ③	06 ④	07 ④	08 ③	09 ①	10 ③	11 ④	12 ①
13 ②	14 ③	15 ④	16 ①	17 ①	18 ②	19 ②	20 ③	21 ①	22 ④	23 ①	24 ②
25 ③	26 ③	27 ④	28 ④	29 ①	30 ④	31 ②	32 ①	33 ③			

Chapter

10

정보통신 보안

학습목표

- 정보통신 보안의 필요성과 개념, 보안 방법에 대해서 살펴본다.
- 보안 위협과 악성 프로그램을 학습한다.
- 네트워크 보안에 대해서 살펴본다.
- 애플리케이션 보안에 대해서 살펴본다.
- 시스템 보안에 대해서 살펴본다.
- 정보보안 요소 기술과 암호학에 대해서 학습한다.
- 디지털 포렌식과 인터넷 품질 보증(SLA)에 대해서 살펴본다.
- 4차 산업혁명 시대의 정보통신 보안의 동향에 대해서 알아본다.

01 정보통신 보안의 개요

1 정보통신 보안의 필요성

4차 산업혁명 시대에는 정보통신 보안을 철저하게 해야 한다. 정보 시스템이나 정보통신 시스템에 허가받지 않고 침투하는 행위인 해킹Hacking으로 저장된 정보가 변경 또는 삭제되어 막대한 손해를 입을 수 있다. 기술이 발전하는 만큼 해킹 기술도 발전하고 있으며, 이에 따라 보안 기술도 발전할 수밖에 없는 서로 밀접한 연결 관계가 있다. 보안이 중요하고 보안 문제가 심각해지는 것은 확산된 인터넷 사용, 개방형 네트워크, 전자 상거래 등 각종 응용 서비스의 출현 등이다.

그림 10-1 정보통신 보안

2 정보통신 보안의 개념

정보통신 보안은 관점에 따라 다양하게 구분할 수 있지만, 여기서는 네트워크 보안, 애플리케이션 보안, 시스템 보안으로 구분한다.

- **네트워크 보안**Network Security: 네트워크에 불법 침입하는 요소나 비정상 동작으로 네트워크 노드가 마비되는 현상을 방지해 서비스의 연속성을 제공하는 역할을 한다.

- **애플리케이션 보안**Application Security: 인터넷 기반의 애플리케이션을 개발 및 운영하는 과정에서 발생하는 보안 문제점에 대한 기술적 · 물리적 · 관리적 대응책이다.
- **시스템 보안**System Security: 권한이 없거나 허가받지 않은 사용자가 컴퓨터의 하드웨어나 소프트웨어에 대해 물리적 또는 비물리적인 위협(정보의 유출, 전송, 변경, 파괴)을 가하여 시스템이 피해를 입는 것을 방지한다. 예를 들면, 허가받지 않은 사용자가 파일을 사용하는 것을 제한하거나 라이브러리 폴더 및 장치를 사용하는 것을 제한하여 시스템을 보호한다.

이를 토대로 정보통신 보안을 정의하면 다음과 같다.

> 사용자 시스템에 불법으로 침입해 공격하는 위협으로부터 시스템을 보호하거나, 네트워크를 통해 데이터를 전송할 때 발생하는 데이터 누설과 변조로부터 데이터를 보호하는 것을 정보통신 보안이라고 한다.

보안 요구 사항은 시스템의 신뢰성을 유지한다. 암호의 목적은 기본적으로 통신하는 당사자 외의 다른 사람에게 메시지를 알려주지 않으려는 것이며, 이것은 보안 요구 사항과 유사하다. 다음은 기본적인 보안 요구 사항이다.

- **기밀성**Confidentiality: 허가된 사람 외에는 그 내용을 알 수 없게 한다.
- **무결성**Integrity: 외부 요인으로 데이터가 변조되었는지 알 수 있게 한다. 즉, 시스템 내의 정보는 인가된 사용자만 수정이 가능하고, 정보의 내용은 전송 중에 수정되지 않고 전달되는 것을 의미한다.
- **인증**Authentication: 통신하는 상대방이 맞는지 확인한 후 서로에게 전송한 데이터가 위조되지 않았음을 확인할 수 있게 한다.
- **부인 방지**Non-Repudiation: 통신 내용을 보낸 적이 없다고 속이지 못하게 한다. 즉, 데이터를 받은 사람은 나중에라도 보낸 사람이 실제로 데이터를 보냈음을 증명할 수 있어야 한다. 송신자와 수신자 간에 전송된 메시지를 놓고, 전송치 않았음을 또는 발송되지 않은 메시지를 받았다고 주장할 수 없게 하는 정보의 속성이다.

3 정보통신 보안의 방법

보안의 방법은 관점에 따라 다를 수 있는데, 여기서는 다음 그림처럼 기술적 보안, 물리적 보안, 관리적 보안으로 구분한다.

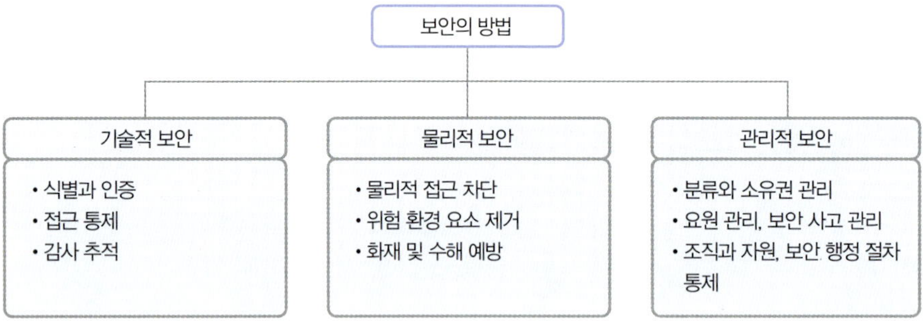

그림 10-2 정보통신 보안의 방법

■ 기술적 보안

기술적 보안은 물리적 보안을 수행할 수 있게 하는 모든 기반 기술과 정보화 역기능에 대한 탐지 기술, 예방 기술, 조치 기술 등의 기술적 통제 방법을 의미한다.

모든 기반 기술의 예는 암호화, 지문 인식 시스템, 백업 체계 구축 등이다. 역기능의 예는 해킹, 스팸 메일 등이고, 기술적 보안 기술 요소는 EAM Enterprise Access Management, SSO Single Sign On, 보안 표준, 접근 통제 등이다.

TIP
- EAM: 시스템별, 사용자별 인증 및 접근 권한을 통합 관리하며, 보안 정책 수립을 지원하는 통합 보안 관리 솔루션
- SSO: 한 번의 시스템 인증으로 여러 시스템에 접근할 수 있는 통합 로그인 솔루션

■ 물리적 보안

물리적 보안은 재해에 대한 대비 및 대책, 출입 통제 등이 해당된다. 시스템 정보 자산을 절도, 파괴, 화재와 같은 물리적 위협에서 보호하는 것으로, 건물, 시설, 장비 등을 보호하는 것이 목적이다. 물리적 보안을 위한 출입 통제 방법으로는 보안 요원 배치, 근접식 카드 리더기, CCTV, 출입 통제 보안 시스템, 침입 경보 시스템 등이 있다.

물리적 보안 구역에 대한 자체 점검 항목의 예는 다음과 같다.

- 일반인의 출입 경로가 보안 지역을 지나가지 않게 배치되어 있는가
- 특별한 보호를 요하는 시설과 장비를 위한 보호 구역을 정의하고, 그에 따른 보안 대책을 수립 및 이행하고 있는가
- 물리적 보호 구역을 보안 등급에 따라 정의하고 각각에 대한 보안 조치와 절차가 수립되어 있는가
- 보호 구역 내 중요한 장비, 문서, 매체를 반출입하기 위한 적절한 절차가 있는가

■ 관리적 보안

관리적 보안은 조직에서 보안 관리를 위한 절차, 규정, 대책을 세우는 것을 말한다. 보안 계획, 결재 및 승인 절차, 관리 대장 작성, 절차적 보안 등이 있다. 관리적 보안의 예로는 보안 위협 관리 시스템SRM; Security Risk Management이 있다.

TIP SRM: 조직의 자산을 보호하기 위해 자산에 대한 보안상 위험을 분석하고 비용 및 효과 측면에서 적절한 보호 대책을 수립하는 시스템이다.

02 보안 위협과 악성 프로그램

1 크래커의 공격

크래커Cracker는 다른 사람의 컴퓨터 시스템에 무단으로 침입해 정보를 훔치거나 프로그램을 훼손하는 등 불법 행위를 하는 사람으로, 침입자 또는 공격자라고도 한다. 크래커가 행하는 불법 공격의 유형으로는 방해, 가로채기, 변조, 위조 등이 있다.

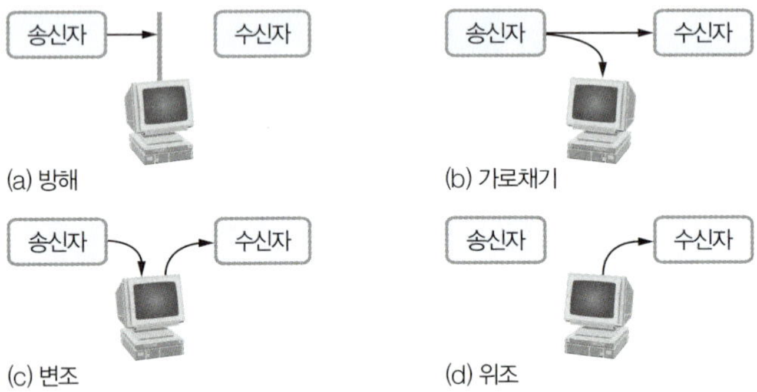

그림 10-3 불법 공격의 유형

1.1 방해

방해Interruption는 송신자의 데이터를 수신자에게 전달하지 못하도록 시스템의 일부를 파괴하거나 사용할 수 없게 하는 것이다. 통신 회선 절단, 기억 장치 같은 하드웨어 파괴, 파일 관리 시스템 마비 등이 해당된다.

1.2 가로채기

가로채기Interception는 통신 선로 등을 가로채 데이터를 얻는 행위로, 송수신자는 이러한 사실을 전혀 느끼지 못한다. 도청이나 파일 및 프로그램의 불법 복사 등이 해당된다. 가로채기는 권한이 없는 사람이 정보의 기밀성을 침해하는 문제를 일으킨다.

1.3 변조

변조Modification는 송신자의 데이터를 수신자에게 전달할 때 허가되지 않은 주체가 시스템에 불법으로 접근해 데이터를 변경하는 것이다. 관련 없는 제3자가 송수신자는 알아채지 못하게 네트워크로 전송 중인 메시지를 변조하거나 프로그램을 변경하고 데이터 파일의 값을 변경하는 것이 이에 해당된다.

1.4 위조

위조Fabrication는 송신자의 데이터를 수신자에게 전달할 때 허가되지 않은 주체가 시스템에 거짓 정보를 삽입해 수신자가 착각하게 만드는 것이다. 네트워크에 위조된 메시지를 삽입하거나 파일에 레코드를 추가하는 것이 이에 해당된다.

여기서 잠깐! | 해커(Hacker)

일반적으로 해커라고 하면 다른 사용자의 컴퓨터에 몰래 침입해 불법으로 자료를 열람해 변조하거나 파괴하는 침입자, 파괴자 등 부정적인 의미로 많이 쓴다. 해커의 원래 의미는 컴퓨터 프로그램을 개발하고 컴퓨터 문화를 이룩한 사람이었으나 현재는 침입자, 파괴자라는 뜻에서 크래커와 혼용된다. 블랙 해커(Black Hacker)는 개인 컴퓨터 시스템 등을 파괴하는 해커, 화이트 해커(White Hacker)는 선의의 해커로, 보안 시스템의 취약점을 발견해 관리자에게 제보함으로써 블랙 해커의 공격을 예방하기도 한다. 아키텍처(설계)를 분석해 시스템에 존재하는 취약점을 찾아 공격 시나리오를 짤 수 있는 최고 수준의 인력은 엘리트 해커라고도 부른다.

2 악성 프로그램

악성 프로그램Malicious Program은 악성 소프트웨어Malicious Software, 줄여서 멀웨어Malware 또는 악성 코드Malicious Code라고도 한다. 악성 프로그램은 악의적 목적을 가지고 작성된 실행 가능한 코드다. 프로그램, 매크로, 스크립트, 데이터 형태도 해당된다.

2.1 컴퓨터 바이러스

컴퓨터 바이러스Computer Virus는 MS 워드나 엑셀처럼 컴퓨터에서 실행되는 프로그램의 일종이다. 자기 복제를 하며, 컴퓨터 시스템을 파괴하거나 작업을 지연 및 방해한다.

2.2 웜

웜Worm은 실행 코드 자체로 번식하며, 주로 PC에서 실행된다. 1999년에 전자 우편을 이용해 다른 사람에게 전달되는 형태로 많이 출현하면서 일반인에게도 널리 알려졌다.

TIP 세계 최초의 웜(악성 코드)을 만든 사람은 로버트 모리스로, 24살에 웜 바이러스 프로그램으로 NASA와 미국 국방부를 포함해 6,000대 PC를 일시 마비시킨 해커다. 웜은 모리스 웜으로 불리기도 하며, 네트워크 통신 분야의 최강자다. 컴퓨터 범죄에 대한 법률이 공포된 후에 처음으로 처벌을 받은 해커다.

2.3 트로이 목마

트로이 목마Trojan Horse는 컴퓨터 사용자의 정보를 빼가는 악성 프로그램이다. 목마 속에서 나온 그리스 병사가 트로이를 멸망시킨 것처럼 상대방이 눈치채지 못하게 컴퓨터에 프로그램을 몰래 설치한다는 의미로 트로이 목마라고 한다. 특정 환경 및 조건이나 배포자의 의도에 따라 사용자 정보 유출, 자료 파괴 등의 피해를 입힌다. 유틸리티 프로그램에 악의적인 코드를 포함시키거나 그 자체를 유틸리티 프로그램으로 위장한다. 백도어 종류도 트로이 목마의 일종이다. 발견하기에 쉽지 않지만 CPU나 네트워크 사용이 느려진다면 의심해볼 만하다. 컴퓨터 바이러스나 웜과는 달리, 다른 파일에 삽입되거나 스스로 전파되지는 않는다.

2.4 백도어

백도어Back Door는 트랩도어Trapdoor라고도 한다. 백도어는 시스템 보안이 제거된 비밀 통로를 말하며, 서비스 기술자의 접근 편의를 위해 시스템 설계자가 일부러 만들어 놓은 시스템의 보안 구멍이다. 정상적인 인증 절차를 거치지 않고, 컴퓨터와 암호 시스템 등에 접근할 수 있는 방법이다. 예를 들면, 중국 제조사의 스마트폰에 사용자의 개인 정보를 암호화 없이 수집하는 백도어가 심어져 있다는 것이 밝혀져 논란이 있었다.

2.5 스파이웨어

스파이웨어Spyware는 스파이Spy와 소프트웨어Software의 합성어로, 다른 사람의 컴퓨터에 잠입해 사용자 모르게 개인 정보를 추적, 모니터링, 소유하여 제3자에게 유출시키는 프로그램이다. 연구에 따르면 한때 미국 가정용 컴퓨터의 90%가 스파이웨어에 감염된 것으로 나타났다.

2.6 루트킷

루트킷Rootkit은 불법 해킹에 사용되는 기능을 제공하는 프로그램의 모음이다. 트로이 목마 설치, 내부 사용 흔적 삭제, 관리자 권한 획득, 원격 접근, 백도어 등의 모음이라 할 수 있다.

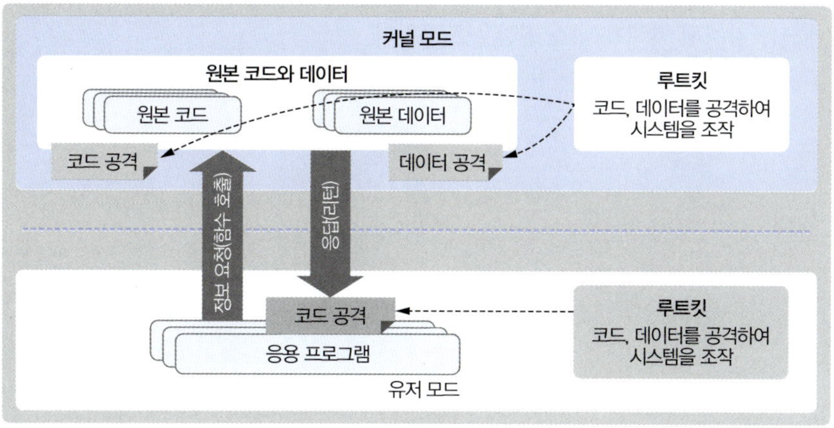

그림 10-4 루트킷

3 불법 공격의 종류

3.1 스니핑

스니핑Sniffing은 네트워크에 돌아다니는 패킷(정보의 작은 조각)을 중간에서 도청하는 해킹 유형이다. 원격지로 로그인을 시도하는 사용자들이 입력한 패스워드를 중간에서 가로채는 해킹용 툴로 많이 사용된다. 네트워크 공격 중 같은 LAN에 있는 공격 대상에게 MAC 주소를 속여 클라이언트에서 서버로 가는 패킷이나 서버에서 클라이언트로 가는 패킷을 중간에서 가로챈다. 스니핑을 탐지하는 방법으로 ARP, DNS, ping 등이 있다.

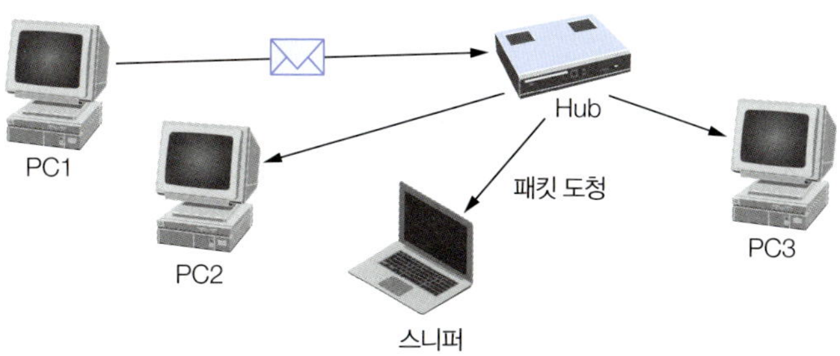

그림 10-5 스니핑 공격

3.2 세션 하이재킹

세션 하이재킹Session Hijacking은 TCP 신뢰성에 기반한 연결을 이용한 공격 방법이다. 통신 내용을 엿볼 수도 있고, 세션을 가로채 정상적인 인증 과정을 무시하며, 불법으로 시스템에 접근할 수 있다. 스니핑을 이용해 통신 내용을 훔쳐볼 때 또는 피해자가 특정 서버와 세션을 맺을 때 해당 세션을 갈취해 피해자 계정 권한을 도용한다.

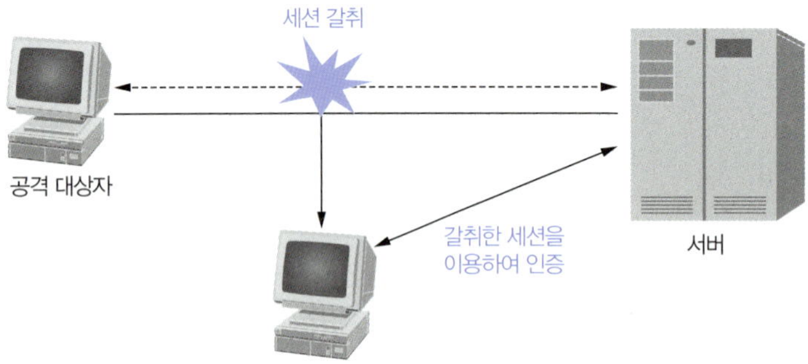

그림 10-6 세션 하이재킹 공격

3.3 IP 스푸핑과 ARP 스푸핑

IP 스푸핑Internet Protocol Spoofing은 IP를 속이는 것으로, 공격자가 다른 사람의 IP를 강탈해 우회적으로 공격하는 방법이다. 1995년에 해커인 케빈 미트닉이 이론을 실제화하여 해킹을 시도하다가 체포된 사건이 있었다.

그림 10-7 IP 스푸핑 공격

TCP/IP 약점을 이용한 여러 가지 공격 기법은 현재까지도 지속적으로 나오고 있다. 대표적인 것이 ARP 스푸핑 방법이다. 주소 결정 프로토콜ARP; Address Resolution Protocol은 IP 네트워크에서 IP 주소를 가지고 수신 측의 물리적 주소MAC를 찾는 데 사용된다. ARP 스푸핑은 LAN에서 사용하는 ARP 프로토콜의 허점을 이용해 자신의 MAC 주소를 다른 컴퓨터의 MAC인 것처럼 속이는 것으로, 2계층(인터넷 계층) 공격 기법이다. ARP 스푸핑을 막을 수 있는 방법은 ARP 명령어를 사용해 ARP cache table 정보를 정적Static으로 구성한다. ARP 스푸핑 공격 대상은 같은 네트워크 대역에 있어야 가능하며 ARP 스푸핑은 스위칭 환경에서 스니핑을 하는 하나의 수단이다.

3.4 스머핑

스머핑Smurfing은 여러 호스트가 특정 공격 대상에 다량의 ICMP echo request를 보내 서비스 거부를 유발시키는 공격이다. 호스트는 IP 브로드캐스트 주소로 전송된 ICMP echo request 패킷에 응답하지 않도록 시스템을 설정할 수 있다. 스머핑 공격에 대응하기 위해 중간 매개지로 쓰이는 것을 막으려면 다른 네트워크에서 자신의 네트워크로 들어오는 직접Directed 브로드캐스트 패킷을 막도록 라우터를 설정한다.

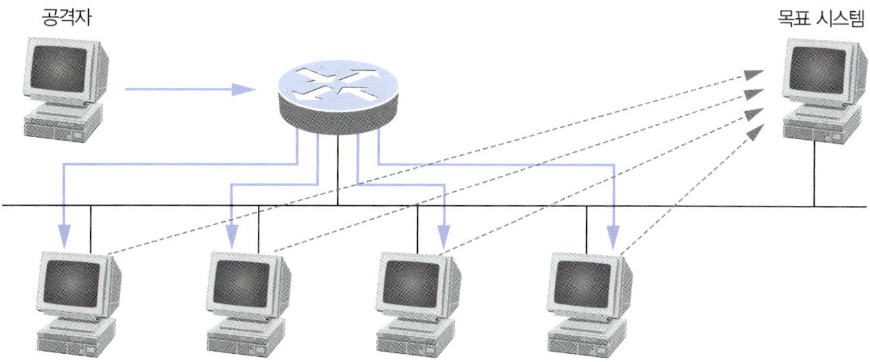

그림 10-8 스머핑 공격

3.5 APT

APT(Advanced Persistent Threat)는 일정 기간을 잠복해 내부 네트워크 정보를 수집한 후 주요 서버에 침입해 중요한 자료를 외부로 유출시키는 것이다. 내부 사용자가 이메일에 첨부된 파일을 실행시키거나 SNS 등에 있는 파일을 다운로드해 실행시키면 내부 네트워크에 침입이 시작된다. 2011년 농협 시스템 해킹, 현대 캐피탈 고객 정보 유출, 네이트 고객 정보 유출 등의 주요 원인이다.

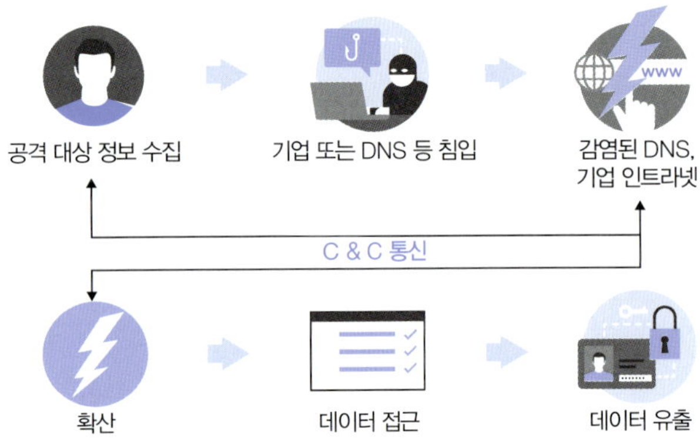

그림 10-9 APT 공격

3.6 DoS와 DDoS

DoS(Denial of Service)(서비스 거부)는 관리자 권한 없이도 특정 서버에 (처리할 수 없을 정도로) 대량의 접속 신호를 한꺼번에 보내 해당 서버를 마비시키는 해킹 기법이다. 한 사용자가 시스템 리소스를 독점하거나 파괴함으로써 다른 사용자들이 해당 시스템 서비스를 올바르게 사용할 수 없게 만드는 것이다. DDoS(Distribute Denial of Service)(분산 서비스 거부)는 공격자를 분산시켜 여러 PC(좀비 PC)를 이용해 공격하는 것으로, 공격자는 좀비 PC에게 명령을 내려주면 된다. 2003년 1월 25일 우리나라를 사상 초유의 인터넷 대란으로 내몰기도 했다.

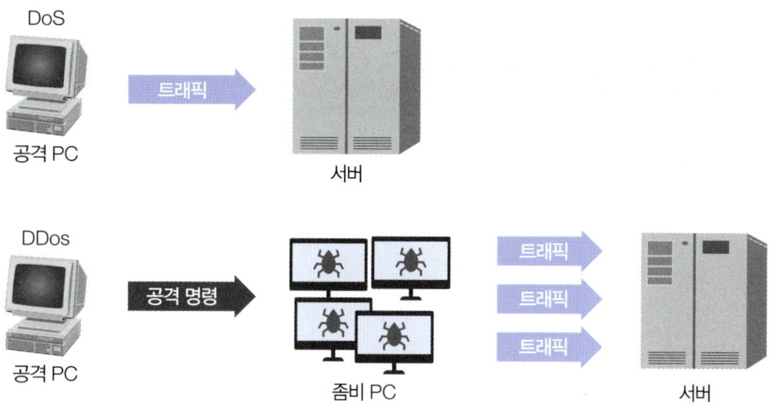

그림 10-10 DoS와 DDos 공격

TIP 미라이 보넷(Mirai Botnet): IP 카메라, 로봇 청소기, CCTV, 라우터 등의 IoT 장비를 해킹해 DDoS 공격을 발생시키는 악성 코드다.

3.7 워터링 홀

워터링 홀Watering Hole은 공격 대상이 방문할 가능성이 있는 합법적인 웹 사이트를 미리 감염시켜서 잠복하고 있다가 공격 대상이 방문하면 악성 코드를 감염시키는 공격 방법이다.

3.8 피싱과 스피어 피싱

피싱Phishing은 개인의 중요 정보를 불법적으로 얻으려는 시도다. 주로 공공 기관 등을 사칭한 메일 등을 보낸 뒤, 해킹이 가능한 가짜 사이트로 유도해 각종 정보를 빼내는 것으로 관련 사건이 빈번하게 일어나고 있다. 피싱은 개인 정보를 의미하는 Private Data와 낚시를 의미하는 Fishing이 합쳐진 말이다. 스피어 피싱Spear Phishing은 특정인의 정보를 캐내는 것이다.

3.9 파밍

파밍Pharming은 특정 사이트가 공식적으로 운영하고 있는 도메인을 중간에서 탈취하는 것이다. 파밍을 방지하려면 브라우저의 보안성을 강화하고 사이트 변조 여부를 검증할 수 있는 프로그램을 활용해야 한다. 파밍은 피싱에서 더 진화한 형태의 사기 수법이다.

03 네트워크 보안

1 방화벽

방화벽Firewall은 내부 네트워크와 외부 네트워크 사이에 있는 하드웨어와 소프트웨어로 구성한다. 네트워크 사이에 전송되는 패킷을 정해진 규칙에 따라 차단하거나 통과시켜 공격자에게서 내부 자산을 보호하는 네트워크 보안 장비다. 보통은 라우터나 서버 등에 위치하는 소프트웨어이며, 방화벽을 침입 차단 시스템이라고도 한다. 방화벽의 목적은 네트워크 간의 허가받지 않은 접근을 막는 것이다.

TIP DMZ: 외부 네트워크와 내부 네트워크 사이에서 비무장 지대 역할을 하는 것으로 내부 네트워크를 보호하는 보안층 역할을 한다. 외부에서 자주 접속하는 웹이나 메일 서버 등의 공개 서버는 DMZ에 위치시키고, 중요 정보가 있는 데이터베이스 서버 등의 시스템은 내부 네트워크에 설치한다.

그림 10-11 방화벽의 구성

방화벽의 구성 방법은 다음과 같다.

- **패킷 필터링**: 초기 방화벽 방식으로, 낮은 계층에서 동작하므로 애플리케이션과 연동이 쉽다.
- **서킷 게이트웨이**: 5~7계층에서 작동하며, 하나의 게이트웨이로 모든 서비스를 처리할 수 있다.
- **프록시 애플리케이션 게이트웨이**: 애플리케이션 계층에서 작동하고 프록시를 이용해 높은 보안성을 제공한다.

- **하이브리드**: 패킷 필터링과 애플리케이션 게이트웨이를 융합한다.
- **상태 추적 방식**: 패킷의 상태 정보를 이용한다.

2 침입 탐지 시스템(IDS)

침입 탐지 시스템IDS; Intrusion Detection System은 인증 절차를 거치지 않고 시스템이나 네트워크에 불법으로 침입한 사용자를 찾아내는 시스템이다. 단순한 접근 제어 기능을 넘어 네트워크 시스템을 실시간으로 모니터링하고 비정상적인 침입을 탐지하는 보안 시스템이다.

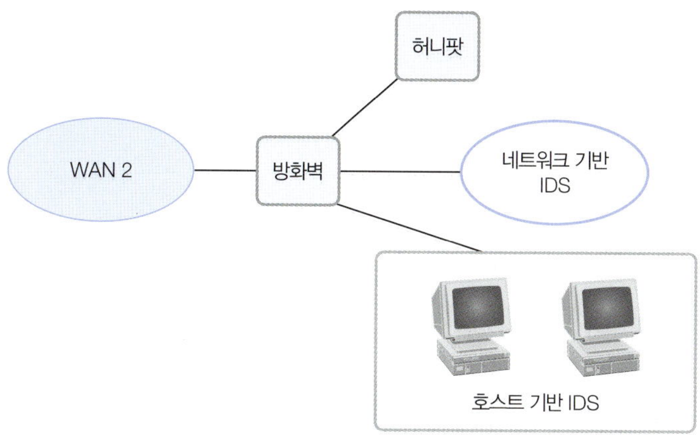

그림 10-12 침입 탐지 시스템의 구성

TIP 허니팟: 비정상적인 접근을 탐지하기 위해 의도적으로 설치해 둔 시스템

3 가상 사설망(VPN)

가상 사설망VPN; Virtual Private Network은 게이트웨이 사이에서 물리적으로 통신을 하되, 암호화 통신은 논리적으로 하는 방식이다. 주로 단말과 단말 사이에 통신하는 패킷을 압축 및 암호화한 뒤 터널링 기술을 이용해 패킷을 전송한다. 악의적인 의도가 있는 누군가가 패킷을 가로채기 어렵게 하거나 가로챘더라도 해석할 수 없게 하는 발전된 방식의 보안 서비스다. 인터넷 등 공중망을 이용해 사설망과 같은 효과를 얻는 기술로, 기존 전용선을 이용한 사설망에 비해 훨씬 저렴한 비용으로 연결성이 뛰어나고 안전한 망을 구성할 수 있다. 구현 기술은 터널링, 인증/암호화, 접근 통제로 나눌 수 있다. VPN에서 자동으로 키가 교환되는 프로토콜은 IKEInternet Key Exchange다.

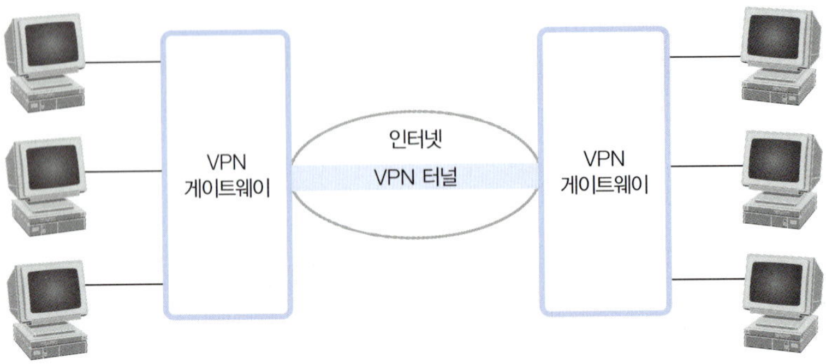

그림 10-13 가상 사설망(VPN)의 구성

4 통합 보안 관리(ESM)

ESM[Enterprise Security Management]은 방화벽, 침입 탐지 시스템[IDS], 가상 사설망[VPN] 등의 보안 솔루션을 하나로 모은 통합 보안 관리 시스템이다. 일관된 보안 정책을 기반으로 보안 관리 프로세스의 효율성과 보안성을 향상시키기 위한 보안 관제, 운영 및 관리를 지원하는 통합 보안 관리 체계다.

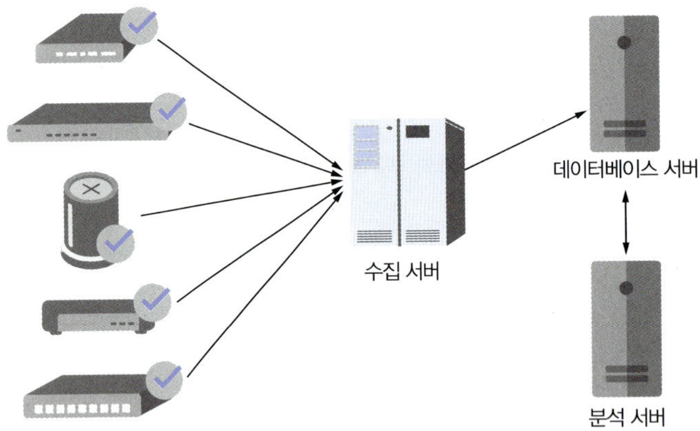

그림 10-14 ESM의 개념

5 침입 방지 시스템(IPS)

IPSIntrusion Prevention System는 침입 탐지 시스템IDS의 탐지와 방화벽Firewall의 차단 능력을 결합해 알려지지 않은 공격 패턴에 대응하고, 명백한 공격은 사전에 방지하는 보안 방식이다. 비정상 트래픽을 능동적으로 차단하고 격리하는 등 방어 조치를 취하는 보안 솔루션이다.

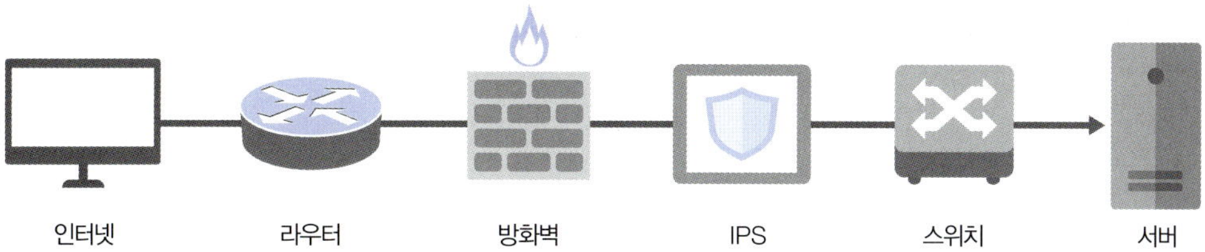

그림 10-15 IPS의 개념

무선 네트워크 환경에서 보안을 담당하며, 관제-탐지-차단의 3단계 메커니즘으로 작동되는 것을 WIPSWireless Instruction Prevention System라고 한다.

6 네트워크 접근 제어(NAC)

NACNetwork Access Control는 허가되지 않거나 악성 코드에 감염된 컴퓨터 또는 모바일 기기 등으로 네트워크에 접속하는 것을 원천 차단하여 시스템 전체를 보호하는 보안 솔루션이다. 사용자의 기본적인 보안 상태와 다양한 사용자 보안 프로그램의 상태 정보를 파악해 적절한 보안 기능을 갖추지 못한 경우에는 자동 격리 및 치료하는 기술이다. 사용자가 적절한 보안 기능을 가지고 있는지를 점검하는 기술이므로 사전 방어의 목적을 갖는다.

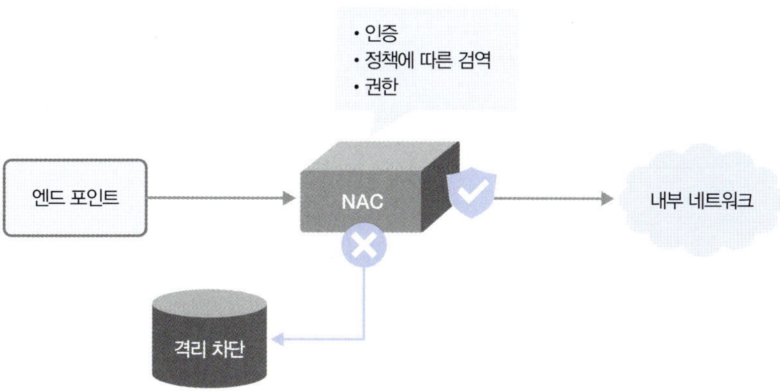

그림 10-16 NAC의 개념

7 TCP/IP 보안

TCP/IP 보안은 응용 계층, 전송 계층, 네트워크 계층 등에 적용할 수 있다.

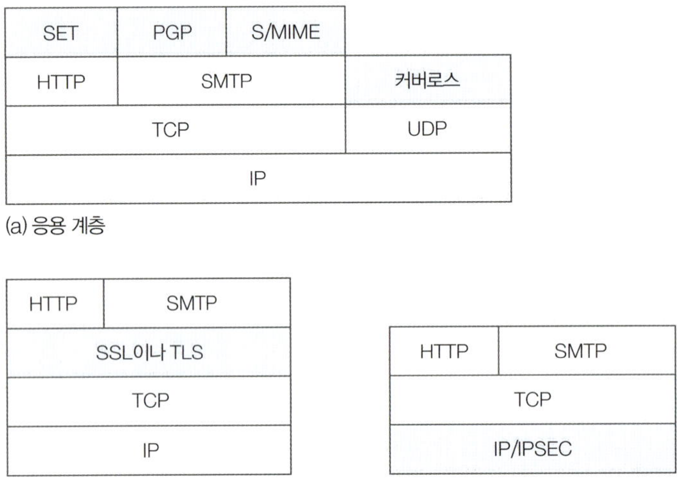

(a) 응용 계층

(b) 전송 계층

(c) 네트워크 계층

그림 10-17 TCP/IP 보안 계층의 구성

IPSEC^IP SECurity^은 네트워크 계층에서 IP 패킷을 보호하는 인터넷 표준 방식이다. 안전에 취약한 인터넷에서 안전한 통신을 실현하는 통신 규약으로, 데이터를 구성하고 관리하기 위한 인터넷 표준이다. IPSEC은 이 방식의 표준화를 추진한 IETF^Internet Engineering Task Force^의 작업 그룹 이름인 IPSEC WG에서 따온 것이다. IPSEC은 두 장비 간에 보안 네트워크와 전자 터널을 개발하기 위한 표준 플랫폼을 제공하는 것으로, 응용에는 영향을 주지 않으면서 네트워크 구조에 보안성을 부여하는 방식이다. IPSEC의 키 교환은 IKE를 이용한다. ESP^Encapsulation Security Payload^는 IP 페이로드를 암호화해 데이터 기밀성을 제공하고, 제3자가 데이터를 캡처하는 것으로 데이터를 보호한다. AH^Authentication Header^는 인증 데이터와 순서 번호를 가져서 송신자를 확인하고, 메시지를 송신하는 동안 수정하지 않았음을 보장하며, 데이터 암호화는 제공하지 않는다.

8 역추적 시스템

역추적 시스템^Traceback System^은 공격을 시도하는 공격자의 위치와 네트워크상 실제 위치가 서로 다를 때 실제 공격자의 근원지를 실시간으로 추적하는 기술이다. 사람에 의한 역추적, TCP 연결 역추적, IP 패킷 역추적이 있다. 예를 들어, IP 주소가 변경된 패킷의 실제 송수신지를 추적하는 기술은 IP 패킷 역추적이고 해커의 실제 위치를 추적하는 기술은 TCP 연결 역추적이다.

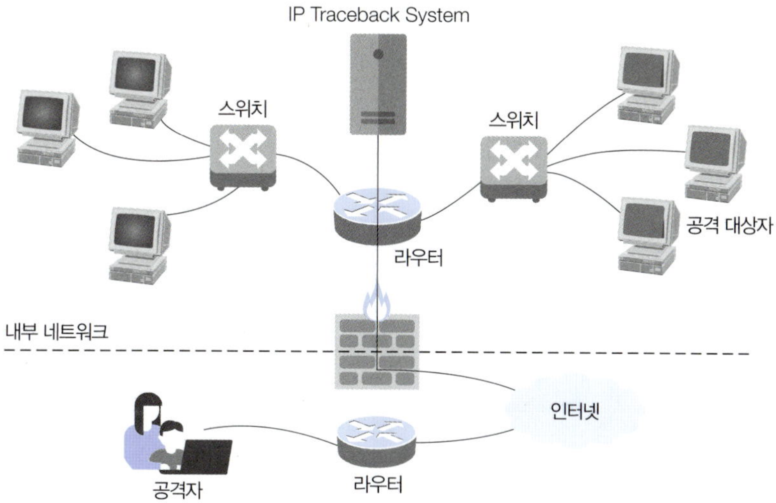

그림 10-18 역추적 시스템의 예

9 망 분리 기술

인터넷망을 통한 악성 코드 유입, 내부 자료의 외부 유출, DDoS 공격 등의 위험을 차단하기 위해 외부망(인터넷망)과 내부망을 분리하는 것을 망 분리 기술이라 한다. 망 분리는 방식에 따라 물리적 망 분리와 논리적 망 분리로 구분할 수 있다. 물리적 망 분리는 외부망/내부망에 접속하기 위한 PC를 각각 사용해 완전히 분리된 네트워크 접속 환경을 구축한다. 물리적으로 완전히 분리되어 있어 보안상 가장 안전한 방식이다. 논리적 망 분리는 가상화 기술을 이용해 논리적으로 분리하여 운영한다. 상대적으로 관리가 용이해 효율성이 높다. 구성 방식에 따라 취약점이 발생하여 상대적으로 보안성이 낮다는 단점이 있다.

망 분리 적용 시 PC 보안 관리, 망 간 자료 전송 통제, 인터넷 메일 사용, 네트워크 접근 제어, 보조 저장 매체 관리 등을 고려해야 한다.

10 통합 위험 관리 시스템(UTM)

통합 위험 관리 시스템UTM; Unified Threat Management은 다양한 보안 솔루션을 하나로 묶어 비용을 절감하고 관리의 복잡성을 최소화하며, 복합적인 위협 요소를 효율적으로 방어하는 솔루션이다. UTM의 장점은 공간 절약, 관리 용이, 패킷 필터링을 통한 내외부 네트워크 접근 통제, 간단한 인프라 구성, 저렴한 비용, 네트워크 지연 감소 등이다. 단점은 장애가 발생하면 전체에 영향을 줄 위험이 있다.

11 무선 LAN 보안

무선 랜LAN은 선 연결 없이 인터넷을 이용하는 무선 인터넷 이용 환경이다. 무선 랜 환경을 구축하기 위해서는 무선 공유기 등의 무선 접속 장치가 필요하다.

본질적으로 무선 랜은 개방된 네트워크이므로 보안 취약점을 다수 갖고 있다. 다음은 무선 랜의 보안 문제점에 대한 대응책을 정리한 것이다.

- AP의 DHCP 서비스를 사용하지 않고, 고정 IP를 사용한다.
- AP의 접속 MAC 주소를 필터링한다.
- SSIDService Set Identifier와 WEPWired Equivalent Privacy를 설정한다.
- AP 보호를 위해 전파가 건물 내부로 한정되도록 출력을 조정하고 창이나 외부에 접한 벽이 아닌 건물 안쪽 중심부, 특히 눈에 띄지 않는 곳에 설치한다.

TIP DHCP: 동적으로 IP 주소 및 기타 구성 정보를 부여 및 관리하는 프로토콜

일반적으로 무선 공유기에서 제공하는 보안 기술은 다음과 같다.

표 10-1 무선 공유기의 보안 기술

구분	WEP	WPA	WPA2
인증	• 사전에 공유된 비밀키 사용(64비트, 128비트)	• 사전에 공유된 비밀키 또는 별도의 인증 서버 사용	• 사전에 공유된 비밀키 또는 별도의 인증 서버 사용
암호 방법	• 고정 암호키 사용 • RC4 알고리즘 사용	• 암호키 동적 변경(TKIP) • RC4 알고리즘 사용	• 암호키 동적 변경 • AES 등 강력한 암호 알고리즘 사용
보안성	• 가장 취약해 널리 사용되지 않음	• WEP 방식보다는 안전하지만 여전히 불안전함	• 가장 강력한 보안 기능 제공

TIP • **WEP**: Wired Equivalent Privacy • **WPA**: Wi-Fi Protected Access • **WPA2**: Wi-Fi Protected Access 2

04 애플리케이션 보안

1 바이러스 백신

컴퓨터 바이러스 감염을 사전에 막기는 힘들다. 바이러스에 감염되지 않도록 자체적으로 면역성이 있는 프로그램도 있지만, 완벽하게 방어하는 프로그램은 아직 없다고 볼 수 있다. 바이러스 백신은 이러한 컴퓨터 바이러스를 찾아 기능을 정지시키거나 제거하는 프로그램이다.

2 PGP

PGP Pretty Good Privacy는 1991년 필 짐머맨이 개발한 것으로, 인터넷 전자 우편을 암호화 및 복호화시켜 제3자가 알 수 없게 하는 보안 프로그램이다. 전자 우편을 마치 편지 봉투처럼 만든 것으로, 일반 편지 봉투는 뜯어서 내용을 보거나 바꿀 수 있는 것처럼, 이 프로그램도 전자 우편의 내용을 암호 알고리즘을 이용해 암호화하고 내용을 보려면 암호를 푸는 특정키가 있어야 한다. PGP는 기밀성을 제공하기 위해 비밀키와 공개키를 조합해서 사용한다. 그리고 무결성, 인증, 부인 방지를 제공하기 위해 전자 서명을 사용한다.

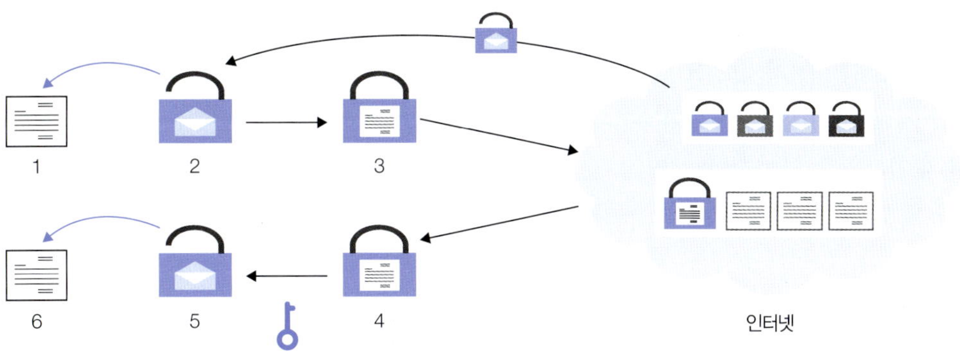

그림 10-19 PGP

3 S/MIME

S/MIME Secure Multi-purpose Internet Mail Extensions(에스마임)은 RSA 암호화를 사용해 전자 우편을 안전하게 보내는 방법이다. 마이크로소프트와 넷스케이프의 웹 브라우저에 포함되어 있으며 메시지 관련 제품을 만드는 많은 공급사에서도 제공한다. RSA는 S/MIME을 IETF에 표준으로 제안했고, S/MIME의 대안인 PGP/MIME도 표준으로 제안했다. RFC 1521인 IETF 표준에 설명된 MIME이 전자 메시지를 구성하는 방법을 설명한다면, S/MIME은 암호화 정보와 디지털 인증서를 메시지 본문의 일부로 포함하는 방법을 설명한다.

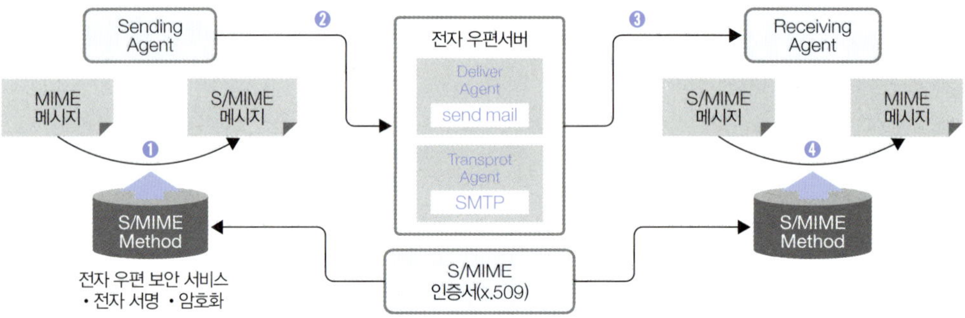

그림 10-20 S/MIME

4 PEM

PEM Privacy Enhanced Mail은 프라이버시 향상 이메일이란 뜻으로, 인터넷에서 사용되는 이메일 보안 시스템의 하나다. 인터넷 환경에서 이메일은 무수한 호스트를 거쳐 전송되며, 송수신자의 주소와 내용까지도 그대로 볼 수 있는 엽서와 같은 구조를 가진다. 이러한 과정에서 얼마든지 탈취, 변조, 위조될 가능성이 있으므로 보안을 유지하기 위해 내용을 암호화하여 제3자가 알아볼 수 없게 한다.

5 데이터베이스 보안

데이터베이스 보안Database Security은 의도하지 않은 활동으로부터 데이터베이스를 보호하는 시스템, 프로세스, 프로시저를 의미한다. 여기에서 의도하지 않은 활동이란 권한 오용, 악의 있는 공격, 공인된 개인이나 프로세스에 의해 만들어진 부주의한 실수로 분류할 수 있다. 데이터베이스 보안 유형에는 암호화Encryption, 가상 테이블Views, 접근 제어Access Control, 허가 규칙Authorization Rules이 있다. 암호화는 데이터를 암호화하여 데이터에 접근하더라도 알 수 없는 형태로 변환한다.

6 SSL/TLS

SSLSecure Socket Layer은 전자 상거래 보안 프로토콜이다. 응용 계층의 다양한 서비스에 보안을 제공하는 것으로, https://를 사용해 웹 사이트에 접속하며 record 계층과 handshake 계층으로 구성된다. SSL에서 제공하는 정보보호 서비스는 교환되는 메시지의 무결성 서비스, 두 응용 간의 기밀성 서비스, 클라이언트와 서버 간의 상호 인증 서비스 등이다. TLSTransport Layer Security는 두 개의 통신 응용 프로그램 사이에서 개인의 정보 보호와 데이터의 무결성을 제공하기 위해 만들었는데, 응용 프로토콜에 독립적이라는 장점이 있다. 전송 계층을 바탕으로 개발되었기에 어떤 응용 프로그램에서든 TLS를 이용하면 안전하게 통신 기반을 구축할 수 있다. 상위 계층의 프로토콜은 TLS 프로토콜에서 동작할 수 있고, TLS 보안 메커니즘을 사용하면 응용 프로그램의 보안성을 향상시킬 수 있다.

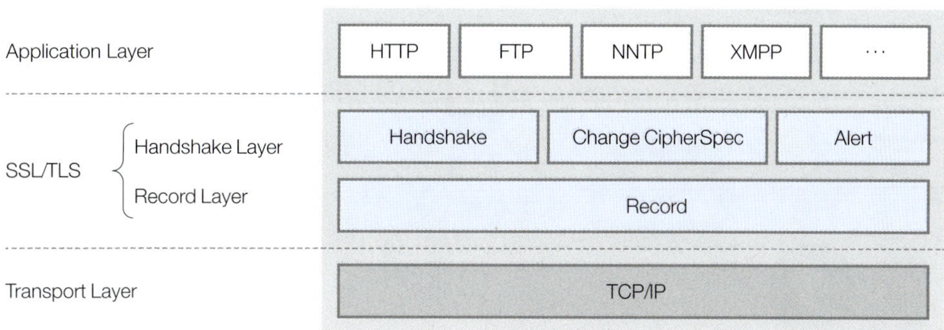

그림 10-21 SSL/TLS

7 SET

SET Secure Electronic Transaction는 인터넷 등의 오픈 네트워크에서 안전한 전자 상거래를 보장해 주는 보안 프로토콜이다. 신용 카드를 이용한 안전한 지불을 위해 개발되었으며, 이중 서명으로 안전한 대금 결제가 가능하다. 또한, SET 지불 시스템 참여자로 지불 게이트가 있다.

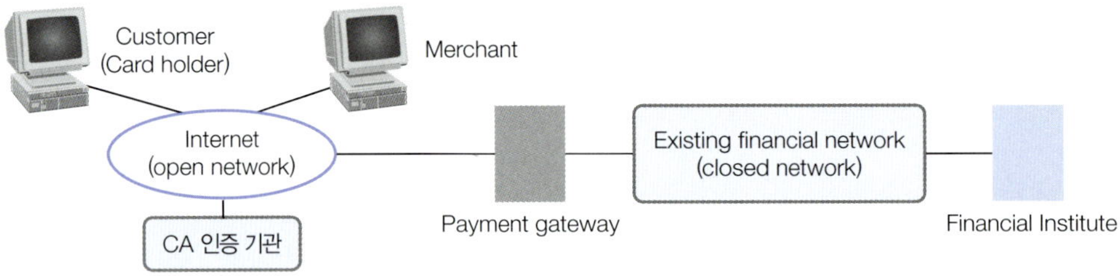

그림 10-22 SET

8 SSO

SSO Single Sign On는 사용자가 한 번만 증명을 입력하면 주 네트워크 도메인과 보조 네트워크 도메인의 모든 자원에 접근할 수 있는 기술이다. 인증 시간을 단축시켜 주고, 관리자가 사용자 계정을 효율적으로 관리하는 것을 도와주며, 접근 권한을 효율적으로 통제할 수 있게 한다. SSO 방법에 해당하는 것은 Kerberos, SESAME, Scripting 등이다.

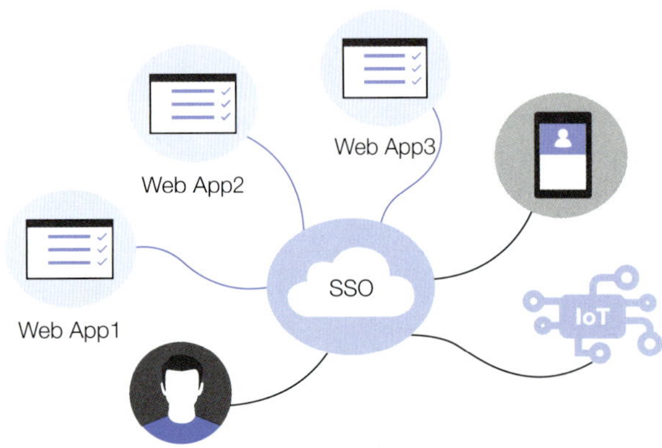

그림 10-23 SSO

9 DRM

DRM^Digital Rights Management^은 디지털 콘텐츠를 무분별하게 복제할 수 없게 하는 보안 기술로, 허가된 사용자만 접근할 수 있게 만드는 제한 기술이다. 넓게 보면 콘텐츠 불법 복제 방지 기술, 사용료 부과를 통한 유통 및 관리 지원 서비스, 기업 내 문서 보안과 저작권 관리 기술을 포함하는 방대한 개념이다.

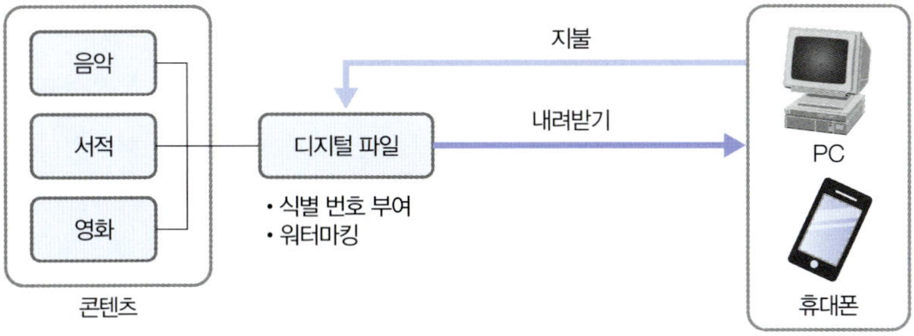

그림 10-24 DRM

05 시스템 보안

1 보안 운영체제

보안 운영체제Secure OS; Secure Operating System는 시스템의 보안 유지를 위해 기존 운영체제에 보안 기능을 추가한 것이다. 보안 운영체제의 특징은 접근 권한 통제Authorization에 있다.

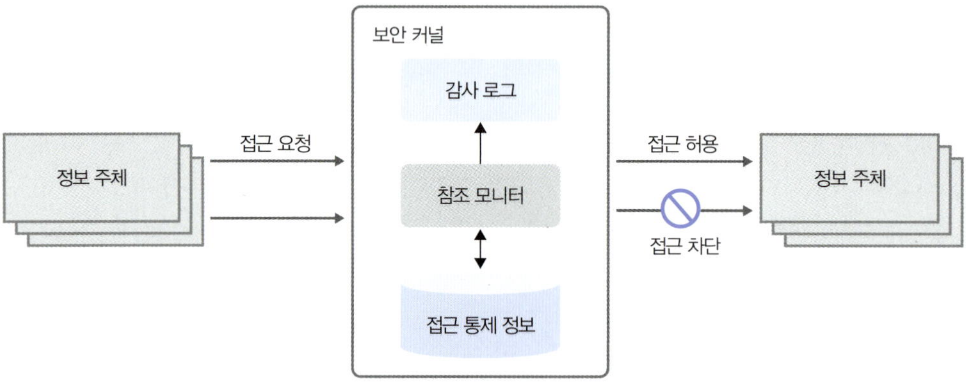

그림 10-25 보안 운영체제

2 클라이언트 보안

단순하게 보면 클라이언트는 PC를 의미하지만 큰 범주에서 보면 클라이언트를 사용하는 사용자까지 포함할 수 있다. 클라이언트 단에서 보안이 어려운 이유는 기술적인 문제보다는 사회적인 문제가 더욱 부각되기 때문인 것으로 보인다. 보안을 위해 개인의 PC를 조작하는 것이 인권 침해 등의 논란을 가져올 수 있기 때문에 적극적인 보안이 어려운 것이다.

- **윈도 보안**: 윈도 운영체제에서는 디스크 파티션을 통해 시스템과 데이터를 분리할 수 있다. 그리고 데이터 백업을 통해 안전하게 데이터를 복구할 수 있다. 디스크 파티션은 하나의 물리적인 하드 디스크에 논리적으로 분할된 영역을 만드는 것이다.
- **웹 브라우저 보안**: 웹 브라우저에 인터넷 보안을 적용한 것으로, 네트워크화된 데이터와 컴퓨터 시스템을 악성 소프트웨어나 사생활 침해로부터 보호하기 위한 것이다.
- **메일 클라이언트 보안**: PGP Pretty Good Privacy를 활용해 보안을 한다.

3 SSH

SSH Secure Shell(시큐어 셸)은 보안 등급이 낮은 네트워크에서 보안 등급이 높은 원격 접속 캐시나 데이터 전송을 실현하는 프로토콜이다. SSH 프로토콜에는 전송 계층 프로토콜, 사용자 인증 프로토콜, 연결 프로토콜이 있다.

- **전송 계층 프로토콜**: TCP/IP의 상위에서 사용하는 것으로, 암호화 데이터 전송이나 서버 인증 기능이 있다.
- **사용자 인증 프로토콜**: SSH 전송 계층 프로토콜의 상위에서 동작한다.
- **연결 프로토콜**: 암호 통신을 이용해 다른 컴퓨터에 접속한 후에 명령을 실행하거나 파일 조작을 행하기 위한 프로토콜이다.

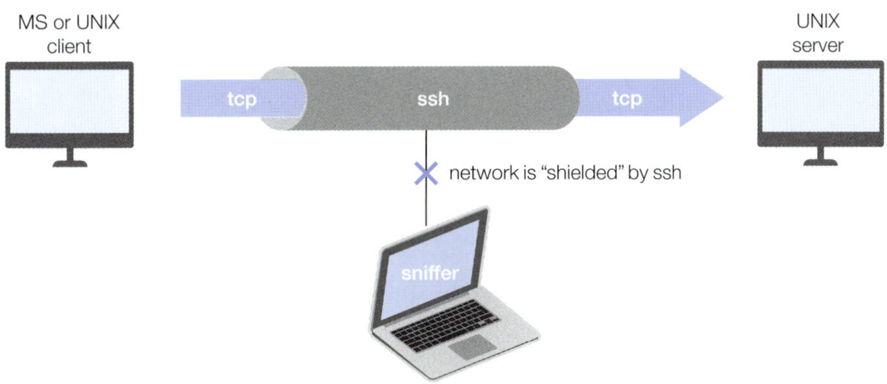

그림 10-26 SSH

06 정보보안 요소 기술과 암호학

1 인증 기술

인증 기술은 정보통신과 관련된 자산에 접근을 요청할 때 본인임을 인증하는 방법이다. 인증 요소는 다음과 같이 분류할 수 있다.

- **지식 기반**: 인증자와 검증자만 알고 있는 지식을 서로 비교해 본인임을 인증한다. 예 문자나 이미지를 이용한 비밀번호 질의응답
- **소지 기반**: 소지한 별도 매체의 고유 정보를 제시하거나 고유 정보를 바탕으로 별도의 정보를 생성해 매체 소지자가 본인임을 인증한다. 예 IC 카드, 보안 카드, OTP 토큰, 휴대 전화
- **생체 인식 정보 기반**: 인증자의 신체 특성이나 행동 특성을 이용해 본인임을 인증한다. 예 지문, 홍채, 서명, 음성, 걸음걸이 등

인증 기술은 사용자 인증 기술, 메시지 인증 기술, 디바이스 인증 기술, 커버로스 프로토콜로 분류할 수 있다.

- **사용자 인증 기술**: 사용자가 정보 자산 접근을 요청할 때 본인임을 인증하는 방법이다. 주민등록번호나 패스워드와 같이 본인만이 아는 것, 스마트카드나 메모리 카드와 같이 본인만이 가지고 있는 것, 지문, 음성, 홍채 등 본인만의 특징 등을 인증 방법으로 사용한다.
- **메시지 인증 기술**: 네트워크를 통해 메시지를 송수신할 때, 메시지가 전송 도중에 위변조되지 않았음을 확인하는 보안 방법이다. 예 해시 함수를 이용한 메시지 무결성 수행
- **디바이스 인증 기술**: 정보통신망에 연결한 다양한 디바이스(휴대용 단말기, 지능형 가전 단말 등)를 식별 및 인증하는 기술이다.
- **커버로스 프로토콜**: 커버로스는 오픈 네트워크에서 인증과 통신의 암호화를 시행해 보안성을 확보하는 알고리즘이다. 신뢰할 수 있는 제3기관인 키 분배 센터KDC에서 클라이언트의 패스워드를 기초로 생성한 티켓TGT; Ticket-Granting Ticket을 발급하고 클라이언트는 이를 접근할 서버에서 사용해 패스워드 누출 위험을 줄여 더 높은 상호 인증을 구현한다. 다른 인증법과 달리 공개

키 암호화 알고리즘을 사용하지 않고, 비밀키 알고리즘만 사용한다. 커버로스의 인증 과정에서 인증 서버는 사용자 대칭키로 메시지를 암호화해서 전송한다. 분산 환경을 위한 단일 승인SSO; Single Sign On을 사용한다. 커버로스는 분산 인증 서비스에서 무결성과 기밀성을 제공한다.

TIP 해시 함수(Hash Function): 주어진 원문에서 고정된 길이의 의사 난수를 생성하는 연산 기법으로, 생성된 값을 '해시값'이라고 한다. 컴퓨터 암호화 기술의 일종으로, 사용자 인증, 전자 서명, 통신의 암호화 보조 수단으로 활용된다. 해시 함수 암호화의 특징은 출력 지점에서 원본 비트 문자열을 찾아내는 것이 불가능하며, 주어진 입력에 대해 같은 코드를 생성하는 또 다른 입력값을 찾아내는 것도 불가능하다는 것이다.

인증 프로토콜은 다음과 같이 분류할 수 있다.

- **CHAP**Challenge Handshake Authentication Protocol: PPP를 통한 인터넷 접속에서 사용자 아이디와 패스워드를 검증하는 데 쓰이는 두 가지 인증법 중 하나다. 개인 PC와 원격 호스트 사이에서 초기 접속이 이루어질 때 세 가지 방법으로 검사를 하기 때문에 PAP에 비해 더 안전한 방법이다. 이 방법은 접속이 이루어진 후에도 지속적으로 인증을 반복한다.
- **EAP**: 유선 랜 환경에서 포트 기반 인증 표준으로 사용되는 IEEE 802.1x 표준과 함께 다양한 인증 메커니즘을 수용할 수 있도록 IETF의 EAP 인증 프로토콜을 채택한 것이다.
- **PAP**Password Authentication Protocol: 프린터에 액세스할 때 이용하는 프린터 접속 규약이다. 포스트스크립트의 프린터는 이 프로토콜을 지원하고 있어 프린터에 데이터를 보낼 때 프린터 상황을 조회할 수 있다.

2 전자 서명

전자 서명Digital Signature은 인터넷 등의 가상 공간에서 문서나 메시지를 송수신할 때 사용하는 것으로, 개인의 고유성을 인정받기 위해 디지털 문서에 전자 방식을 이용해 서명하는 것이다. 전자 서명은 공개키 암호화 기법을 이용한다. 즉, 송신자는 자신이 전송하려는 메시지 M과 이를 자신의 비밀키(D_k)로 서명한 서명문 s=D_k(M)을 함께 보낸다. 이 수신자는 서명문 s에 송신자의 공개키를 적용해 M′=(s)를 구한 후 계산된 M′과 수신된 M을 비교해 서로 같으면 M을 송신자가 보냈음을 인증하는 증거로 삼는다. 이때, 비밀키 D_k를 아는 송신자만 서명 s를 만들 수 있으므로 전자 서명의 증거가 될 수 있다. 전자 서명 기술과 관계되는 내용은 부인 방지Non-Repudiation, 무결성Integrity, 인증Authentication이다. 부인 방지는 메시지의 송수신이나 교환 후, 또는 통신이나 처리가 실행된 후에 그 사실을 증명함으로써 부인을 방지하는 보안 기술이다. 무결성은 전자 기록의 상대적인 개념으로, 기록의 본질적인 성격이 변하지 않았음을 판단하는 기준이라고 할 수 있다. 인증은 기록이 부당하게 변경 또는 변조되지 않았으므로 진짜Genuine이거나 원래 그대로임Original을 확인하는 과정이다.

전자 서명의 원리는 다음과 같다.

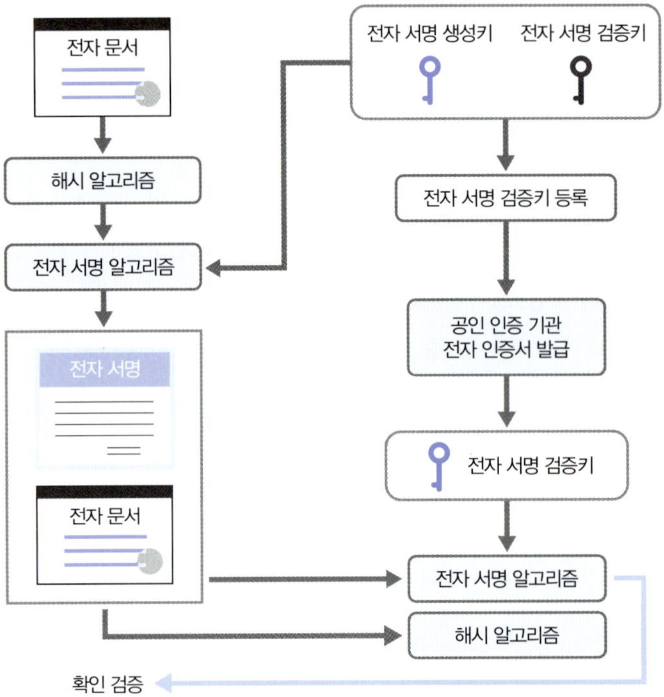

그림 10-27 전자 서명의 원리

3 전자 인증서

전자 인증서는 전자 상거래나 비즈니스를 위한 문서 교환 시 사용자의 신원과 문서의 내용을 보증하는 것이다. 국가에서 인증한 공인 인증 기관에서 발급되며, 수령인이 그 인증서의 진위 여부를 확인할 수 있도록 소유자의 이름, 일련 번호, 유효 기간, 인증서 소유자의 공개키 사본(메시지나 전자 서명의 암호화 및 복원에 사용됨), 인증서 발급 기관의 전자 서명 등이 포함된다.

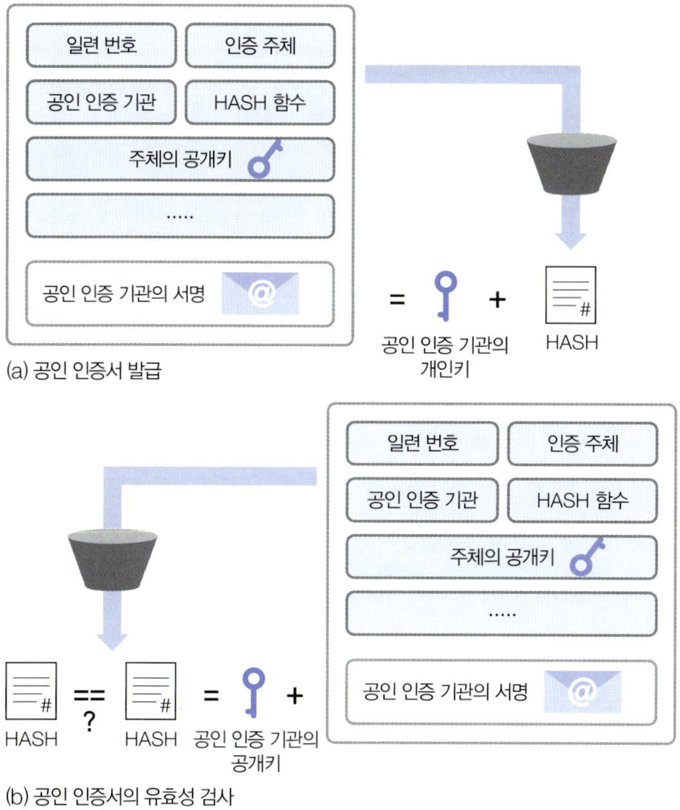

그림 10-28 공인 인증서 발급과 유효성 검사

4 공개키 기반 구조(PKI)

공개키 기반 구조PKI; Public Key Infrastructure는 전자 상거래 시스템과 같은 네트워크에 연결된 각 사용자 및 메시지에 인증 기능을 부여하기 위해 공개키 방식을 이용한 인증용 기반 구조다. 공개키 암호 시스템을 안전하게 사용하고 관리하기 위한 정보보호 표준 방식이다.

공개키 기반 구조PKI는 ITU-T의 X.509 방식과 비X.509 방식으로 구분되며, X.509 방식은 인증 기관에서 발행하는 인증서를 기반으로 상호 인증을 제공하며, 비X.509 방식은 국가별, 지역별 실정에 맞게 보완 개발되고 있다. 공개키 기반 구조PKI가 제공하는 보안 서비스는 사용자 인증, 무결성, 비밀성이며, 공개키 기반 구조는 인증 기관CA, 등록 기관RA, 디렉터리, 사용자 및 시스템으로 구성된다.

- **인증 기관**CA; Certification Authority: 공개키 기반 구조의 핵심 객체로, 인증서 등록 발급 조회 시 인증서의 정당성에 대한 관리를 총괄하는 시스템이다.
- **등록 기관**RA; Registration Authority: 인증 기관과 멀리 떨어져 있는 사용자를 위해 인증 기관과 인증서 요청 객체 사이에서 등록을 위한 기관이다.
- **디렉터리**Directory: 인증서와 사용자 관련 정보, 인증서 취소 목록 등을 저장 및 검색하는 장소다.

5 암호화와 복호화

암호화Encryption 또는 Encoding Processing는 암호화되지 않은 상태의 평문을 암호문으로 만드는 것이고, 그 역인 복호화Decryption 또는 Decoding Processing는 암호문을 평문으로 바꾸는 것이다. 평문을 M, 암호문을 C, 암호화 과정은 함수 E라 하면 E(M)=C가 된다. 그리고 복호화 과정은 함수 D라 하고 D(C)=M으로 표시한다. 암호화키는 보통 K로 표시하는데, E_k는 암호화에 필요한 키, D_k는 복호화에 필요한 키를 말한다. 키가 있는 암호화와 복호화 과정은 다음 그림처럼 나타낼 수 있다.

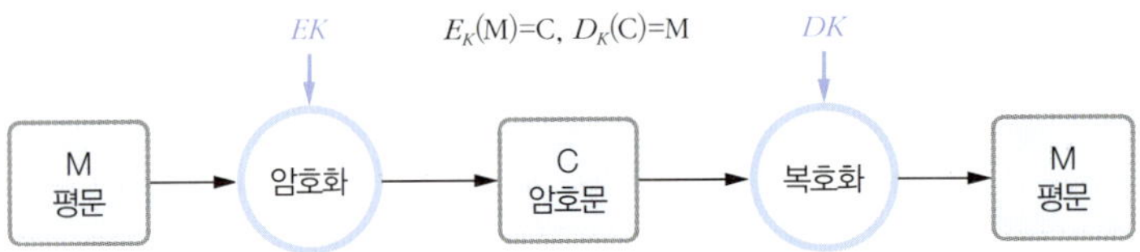

그림 10-29 키가 있는 암호화와 복호화 과정

암호화 기술은 다음과 같이 분류할 수 있다.

- **암호화 기술 동작 형태에 따른 분류**: 대치 암호, 치환 암호
- **평문 처리 방법에 따른 분류**: 블록 암호화, 스트림 암호화
- **분류키에 따른 분류**: 관용 암호화(비밀키 암호화, 대칭키 암호화), 공개키 암호화(비대칭키 암호화)

5.1 대치 암호

대치 암호Substitution Cipher는 평문의 각 문자를 다른 문자나 기호로 일-대-일 대응시켜 암호 문자로 변환하는 방식이다.

① **시저**Caesar **암호:** 각 문자를 세 번째 뒤에 있는 문자로 대체한다.

평문 = M	a b c d e f g h i j k l m n o p q r s t u v w x y z
암호문 = E_k(M)	d e f g h i j k l m n o p q r s t u v w x y z a b c

② **단일 알파벳 암호:** 문자를 다른 문자로 일-대-일 대응한다.

평문 = M	a b c d e f g h i j k l m n o p q r s t u v w x y z
암호문 = E_k(M)	o f j g z h r e k t a x d v q i s l u p m y n c b w

5.2 치환 암호

치환 암호Transposition Cipher는 평문에 있는 문자의 위치를 바꾸는 방식이다.

① 각 단어의 알파벳 순서를 뒤집어 끝부터 적는 방법으로, 간단하게 암호화한다.

평문 = M	data communication
암호문 = E_k(M)	atad noitacinummoc

② 각 단어의 알파벳 순서를 뒤집어 끝부터 적은 다음에 다섯 글자씩 묶어 상대적으로 복잡하게 암호화한다.

평문 = M	data communication
암호문 = E_k(M)	atadn oitac inumm oc

5.3 블록 암호화와 스트림 암호화

블록 암호화Block Encryption는 평문을 블록 단위로 모아 암호화하고, 스트림 암호화Stream Encryption는 평문을 연속적으로 입력해 암호화한다. 대표적인 블록 암호화 시스템으로 DESData Encryption Standard, 3-DESTriple DES, 유럽에서 사용하는 IDEAInternational Data Encryption Algorithm, 일본에서 사용하는 FEALFast data Encipherment ALgorithm 등이 있다.

5.4 관용 암호화

관용 암호화Conventional Encryption는 암호화와 복호화에 쓰는 키가 같아 속도가 빠르다는 장점이 있다. 그러나 데이터를 보내는 사람과 받는 사람 모두 암호화키를 알아야 하므로, 암호화할 때 쓴 키를 어떻게 상대방에게 전달할지, 즉 키의 분배와 관리 문제를 해결해야 한다. 비밀키 암호화Secret Key Encryption 방식 또는 대칭키 암호화 방식이라고도 한다. DES 암호화는 대칭키 암호화이면서 동시에 블록 암호화다.

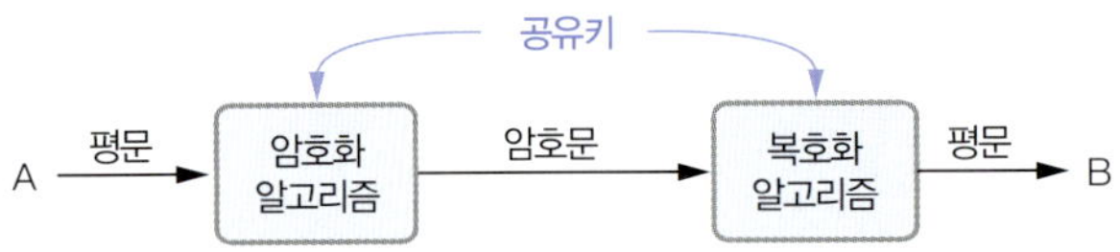

그림 10-30 관용 암호화의 예

DES는 루시퍼Lucifer를 보완해 IBM에서 개발한 블록 암호 알고리즘으로, 64비트 입력 블록을 56비트 비밀키를 사용해 암호화한다. DES 암호화는 대칭키 암호이자 블록 암호화이기도 하다. 그러므로 평문을 적당히 변환해 비트열로 바꾼 다음 64비트 단위 간격으로 블록화한다. DES는 1977년 미국 국립표준국NIST에서 표준으로 채택되었다. 이후 미국에서 금융 정보를 보호하는 표준으로 사용하는 정도까지 확대되어 현재 전 세계적으로 널리 사용되었다. 그러나 키 길이가 56비트로 짧아 더는 안전하지 않다는 견해가 일반적이며, IPSEC 등 새로운 분야에서 응용하려면 DES를 3회 반복하는 3-DESTriple DES를 사용하도록 권고한다.

DES는 미국 표준으로 AESAdvanced Encryption Standard가 확정되면서 점차 사용이 줄어들고 있다. NIST는 3-DES보다 더 효율적이고 안전한 AES 알고리즘을 2000년 10월 최종 선정해 발표하였다. AES에 채택된 블록 암호는 대먼Daemem과 리즈멘Rijmen이 개발했는데, DES와 3-DES를 대신해 새로운 업계 표준으로 자리 잡았다.

TIP 우리나라가 독자 개발한 대칭키 암호화 기술은 SEED이며 국제 표준으로 채택되었다. 전자 상거래, 금융, 무선 통신 등에서 전송되는 개인 정보처럼 중요한 정보를 보호하기 위해 1999년 2월 한국 인터넷 진흥원과 국내 암호 전문가들이 개발한 128비트 블록 암호 알고리즘이다.

TIP 왈시 코드(Walsh Code): IS-95 방식에서 사용하는 Walsh 함수는 64비트로 구성되어 64개 종류가 있다. 이를 W1, W2, W3, …로 구분한다. Walsh 함수는 서로 다른 코드를 곱하면(Exclusive OR) 0(또는 -1)과 1이 섞여서 나오고 이를 모두 평균하면 0이 되도록 되어 있다. 같은 코드를 곱하면 모두 1이 나와서 확산 신호에 숨어 있는 데이터를 복구할 수 있다.

대칭키 암호화 방식인 왈시 코드를 이용해 암호화와 복호화를 수행하는 예를 살펴보자. 아래와 같은 조건일 때 어떤 데이터가 추출되는가?

- 원 데이터: 1010
- 암호화 코드: 0101
- 복호화 코드: 0110

① 각 데이터에서 0을 −1로 치환한다.

- 원 데이터 1010에서 0을 −1로 치환하면 1−11−1이다.
- 암호화 코드 0101에서 0을 −1로 치환하면 −11−11이다.
- 복호화 코드 0110에서 0을 −1로 치환하면 −111−1이다.

② **암호화 과정**: (−1로 치환된 원 데이터) × (−1로 치환된 암호화 코드)

	1	−1	1	−1	(−1로 치환된 암호화 코드)
×	−1	1	−1	1	(−1로 치환된 암호화 코드)
	−1	−1	−1	−1	(암호화 과정 거친 −1로 된 데이터)

③ **복호화 과정**: (암호화 과정 거친 데이터) × (−1로 치환된 복호화 코드)

	−1	−1	−1	−1	(암호화 과정 거친 −1로 된 데이터)
×	−1	1	1	−1	(−1로 치환된 복호화 코드)
	1	−1	−1	1	(복호화 과정 거친 −1로 된 데이터)
	1	0	0	1	(복호화 과정 거친 0으로 된 데이터)

즉, 1001이 추출된다.

5.5 공개키 암호화

공개키 암호화 방식은 메시지를 암호화할 때 사용하는 암호화키와 암호문을 해독할 때 사용하는 해독키가 서로 다르다. 예를 들어, 송신자 A가 수신자 B에게 암호문을 전송할 때 수신자 B의 암호화키는 공개하고 B의 해독키는 B만 알고 있다. 암호화키가 공개되어 있으므로 누구나 메시지를 암호화하여 B에게 전송할 수 있지만, 해독은 B만 할 수 있다.

공개키 암호화의 장점은 암호화키를 공개함으로써 키의 생성과 분배가 쉽다는 점이고, 단점은 관용 암호화보다 암호화와 복호화 속도가 느리다는 점이다. 대표적인 예는 RSA 방식이다. 이 방식은 1977년 MIT대학교의 로널드 리버스트Ronald Rivest, 아디 샤미르Adi Shamir, 레오나르도 애들먼Leonard Adleman이 개발한 것으로, 현재 가장 널리 인정받는 공개키 암호화 기법이다. 비교적 짧은 평문 블록을 암호화하고, 전자 서명과 키 교환에도 이용하는 것으로, 비대칭키 암호화 방식이라고도 한다. 암호화와 사용자 인증을 동시에 수행하는 공개키 방식으로 되어 있으며, 일반에 공개되는 공개키와 본인만 알고 있는 비밀키로 구성되어 있다. 데이터 암호화 및 수신된 데이터의 부인 방지Non-Repudiation 기능도 있다.

RSA에서는 평문도 키도 암호문도 숫자다. 공개키 암호는 소인수 분해의 어려움에 기반을 두고 있다. 데이터 암호화에는 공개키가 사용되고 복호화에는 비밀키가 사용된다. 비밀키는 공개키와 연관 있게 생성해야 한다.

TIP 실제로는 공개키 암호화와 관용 암호화를 함께 사용한다. 다른 사람이 자신의 전자 우편이나 파일을 읽지 못하도록 뒤섞는 소프트웨어인 PGP(Pretty Good Privacy)도 공개키 암호화와 관용 암호화 방식을 함께 사용해 효율을 높이고 있다.

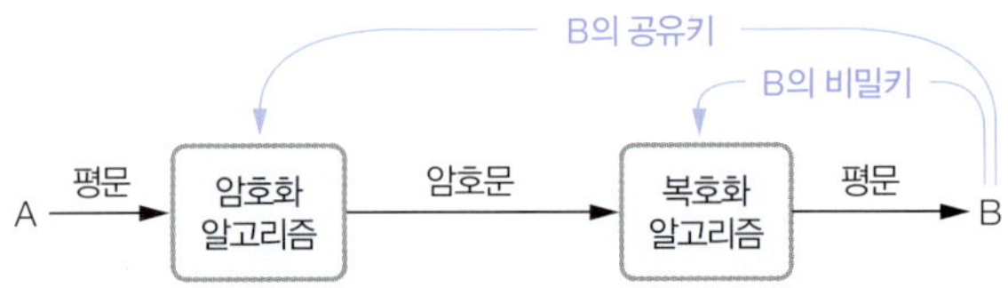

그림 10-31 공개키 암호화의 예

예를 들어, A가 B에게 암호화 메시지를 보내는 경우 공개키 암호화 모델의 동작 절차는 다음과 같다.

① B가 공개키와 개인키 쌍을 생성한다.
② B는 공개키는 공개하고 개인키는 자신이 소유한다.
③ A는 B의 공개키로 메시지를 암호화한다.
④ B는 자신의 개인키로 메시지를 복호화한다.

관용 암호화와 공개키 암호화를 비교하면 다음 표와 같다.

표 10-2 관용 암호화와 공개키 암호화의 비교

종류 항목	관용 암호화	공개키 암호화
키 대칭 여부	• 대칭키 암호화로 암호화키와 복호화키 동일 • 비밀키 방식	• 비대칭키 암호화로 암호화키와 복호화키 다름 • 공개된 키로 암호화하고 개인키로 복호화하는 공개키 방식
암호화키	• 비밀	• 공개
복호화키	• 비밀	• 비밀
비밀키 전송	• 필요	• 불필요
대표적인 예	• DES, 3-DES, AES, SEED 등	• RSA, 전자 서명 등
암호화 속도	• 고속	• 저속
키 분배	• 어려움	• 용이
키 길이	• 짧다	• 길다
장점	• 수행 속도 빠름	• 키 분배 불필요 • 기밀성/인증/부인 방지 기능 제공
단점	• 안전한 키 교환 필요 • 사용자가 증가할수록 키 관리 복잡	• 수행 속도 느림
인원수 n일 때 키 개수	• n(n-1)/2 예 6	• 2n 예) 8

07 디지털 포렌식과 인터넷 품질 보증

1 디지털 포렌식

디지털 포렌식Digital Forensic은 PC나 노트북, 휴대 전화 등의 각종 저장 매체나 인터넷에 남아 있는 디지털 정보를 분석해 범죄 단서를 찾는 수사 기법이다. 그리고 기술의 발달로 범행을 숨기기 위해 삭제한 자료 등도 복원이 가능해 범죄 수사에 널리 활용할 수 있다.

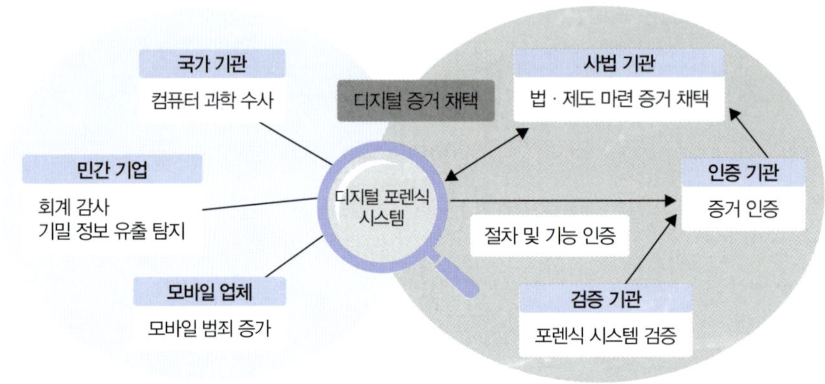

그림 10-32 디지털 포렌식 시스템

디지털 포렌식 수사 단계는 다음과 같이 요약할 수 있다.

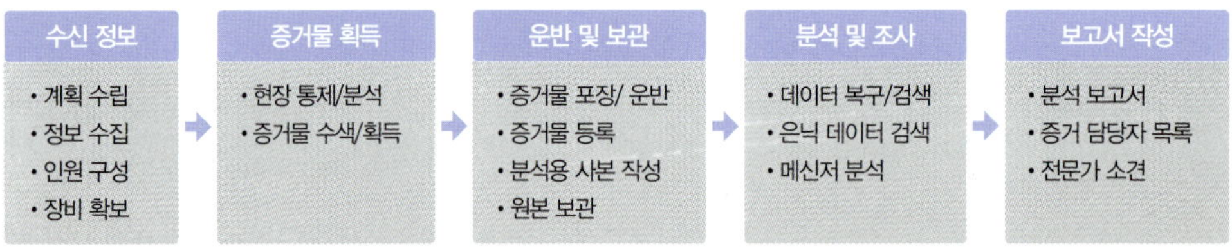

그림 10-33 디지털 포렌식 수사 단계 흐름도

2 인터넷 품질 보증(SLA)

인터넷 품질 보증SLA; Service-Level Agreement은 주로 호스팅 업체가 사용자와 맺는 계약으로, 기업뿐만 아니라 개인과도 맺을 수 있다. SLA는 호스팅 받는 고객과 업체만의 계약이기 때문에 호스팅 받은 고객이 만든 서비스를 이용하는 또 다른 고객은 호스팅 업체로부터 보상을 받을 수 없다. 법적으로 SLA 계약을 강제하지는 않지만 대부분의 경우 SLA를 맺을 수 있도록 지원한다. 가장 일반적인 계약 내용은 제공할 서비스 유형, 제공할 서비스 수준, 안정성, 대응성, 서비스 관리법, 문제 보고 방법, 문제 해결 기간, 보상 등이며 업체에 따라 다를 수 있다. SLA의 구성 요소와 프로세스는 다음과 같다.

표 10-3 SLA의 구성 요소

기본 계약서	계약 전반에 관한 내용
서비스 카탈로그	서비스 내역, 특성 기술
SOW(Statement of Work)	상세 항목 업무 기술
SLM(Service Level Matrix)	정량 파악을 위한 지표
SLO(Service Level Object)	관리 지표별 목표
SLM(Service Level Measurement)	정량적 측정 방법
SLR(Service Level Report)	보고 형식 및 방법
보상 체계	보상 및 벌칙금 기준

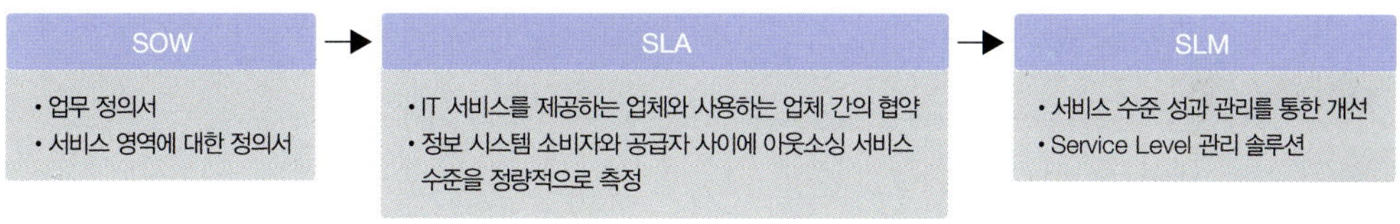

그림 10-34 SLA의 프로세스

08 4차 산업혁명 시대의 정보통신 보안

1 블록체인

블록체인Blockchain Security Technology은 블록Block에 데이터를 담아 연결한 모음Chain 형태로, 수많은 컴퓨터에 이를 동시에 복제해 저장하는 분산형 데이터 저장 기술이다. 공공 거래 장부라고도 부른다. 다음 그림은 블록체인의 거래 과정을 나타낸 예다.

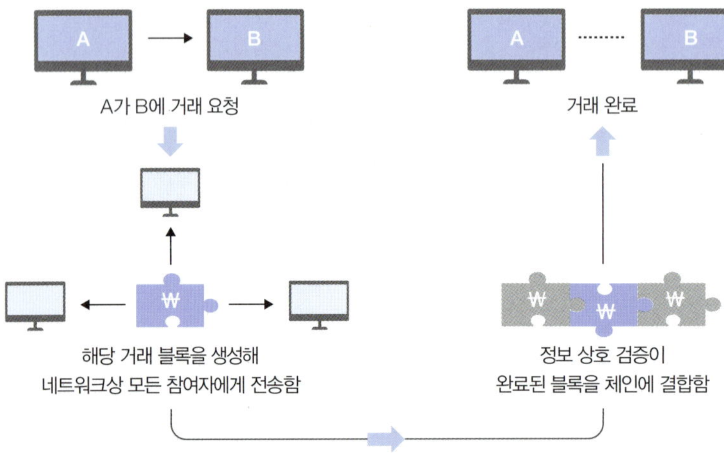

그림 10-35 블록체인의 거래 과정 예

블록체인은 중앙 집중형 서버에 거래 기록을 보관하지 않고 거래에 참여하는 모든 사용자에게 거래 내역을 보내준다. 거래 때마다 모든 참여자들이 정보를 공유하고 이를 대조해 데이터 위조나 변조를 할 수 없도록 한다. 블록체인은 신뢰성이 요구되는 다양한 분야에 매우 광범위하게 활용할 수 있다. 가상 화폐나 전자 결제, 디지털 인증뿐만 아니라 화물 추적 시스템, 위조 화폐 방지, 전자 투표, 전자 시민권 발급, 병원 간 공유되는 의료 기록 관리 등이다.

TIP 2007년 글로벌 금융 위기 사태 때 나카모토 사토시가 중앙 집권화된 금융 시스템의 위험성을 인지한 후 개인 간 거래가 가능한 블록체인 기술을 고안했다. 이후 2009년에 사토시는 블록체인 기술을 적용한 암호 화폐인 비트코인을 개발했다.

비트코인Bitcoin은 블록체인 기술을 기반으로 만들어진 온라인 암호 화폐다. 비트코인의 화폐 단위는 BTC 또는 XBT로 표시한다.

그림 10-36 비트코인 예

2 생체 인식

생체 인식Biometrics은 각 개인이 갖고 있는 특징을 인식해 보안을 유지하는 기술이다. 이때 신체적 특성으로는 지문, 홍채, 얼굴, 정맥 등이 있으며 행동적 특성으로는 목소리, 서명 등이 있다. 이러한 특성은 열쇠나 패스워드처럼 타인의 도용이나 복제에 이용될 수 없을 뿐만 아니라, 변경되거나 분실할 위험성이 없어 보안 분야에 활용도가 뛰어나다. 특히 이용자에 대한 사후 추적이 가능하여 관리 측면에서도 안전한 시스템을 구축할 수 있다는 장점이 있다.

표 10-4 생체 인식의 종류

종류	내용
지문 인식	지문을 인식하는 것으로, 현재 가장 대중적인 방법
정맥 인식	손등이나 손목의 혈관 형태를 인식하는 기법
홍채 인식	사람마다 고유한 안구의 홍채 패턴을 인식하는 기법
음성 인식	사람의 억양과 말하는 습관에 따른 음의 높낮이 정보를 인식하는 기법(다른 생체 인식과 달리 원격지에서 전화로 인식 가능)
얼굴 인식	얼굴 형태를 3차원으로 파악하거나 열 분포를 분석하는 방법
장문(손금) 인식	손바닥에 분포되어 있는 손금을 인식하는 기법
다중 생체 인식	생체 인식 방법 2~3개를 융합해 사용하는 방법

생체 인식 기술은 사물인터넷IoT, 모바일, 웨어러블 디바이스와 융합된 제품과 서비스로 확대될 것으로 전망한다. 예를 들어, 의료 복지 분야에서는 원격 진료, 환자 신분 확인, 무인 전자 처방전 등에 적용될 수 있다. 자동차 산업 분야에서는 지정맥 기술을 이용한 생체 인식 자동

차 열쇠로 시동을 걸고 운전자의 생체 리듬 및 건강 진단과 구난 활동 등에 활용할 수 있다.

TIP 지정맥 기술은 손가락 정맥을 이용하는 생체 인식 기술이다.

3 양자 암호 통신

양자는 더 이상 나눌 수 없는 최소량의 에너지 단위로 중첩Superposition 가능, 복제 불가능, 얽힘Entanglement 상태 유지, 원격 전송 등의 특성이 있다. 양자 암호 통신은 양자의 복제 불가능 특성을 이용해 완벽한 보안 통신을 구현하는 것이다. 양자 컴퓨터는 초고속 연산이 가능해 기존 PC에서 100만 년 걸릴 연산을 10분 내에 처리할 수 있다. 또한 양자 통신도 묶음 단위 정보 전송으로 현재의 광통신보다 100만 배 빠른 속도로 정보를 전송하는 것이 가능하다.

TIP 양자 정보 과학(QIS): 양자 효과(Quantum Effect)에 종속되는 양자 정보(Quantum Information)의 연구 분야로 양자 컴퓨터, 양자 통신 등의 기초 과학이다.

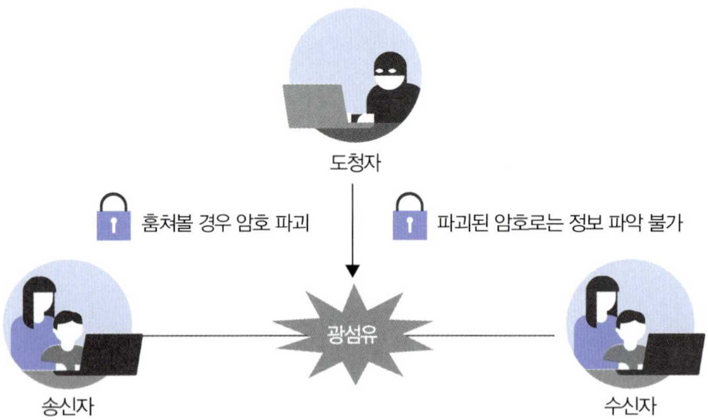

그림 10-37 양자 암호 통신의 개념

양자 컴퓨터, 양자 센서 등 여러 양자 응용 기술 중에서 양자 암호 통신은 가장 상용화에 가까운 기술로 평가받고 있다. 이미 제한적인 용도에서는 상용화 서비스가 이루어지고 있고, 단계적인 발전을 통해 널리 기술이 보급될 것이라고 많은 전문가들이 예상하고 있다. 암호 기술의 특성상 외국으로부터의 기술 도입이 제한적인 국가 전략 기술이므로 국내에서 연구 개발이 반드시 필요하다. 다행히 우리나라는 전 세계적으로 경쟁력 있는 통신 인프라를 구축하고 있고, 특히 통신 사업자들의 선의의 경쟁을 통해 선도적인 통신 기술을 확보해 나가고 있다.

01 정보통신 보안

- 사용자 시스템에 불법으로 침입해 공격하는 위협으로부터 시스템을 보호하거나, 네트워크를 통해 데이터를 전송할 때 발생하는 데이터 누설과 변조로부터 데이터를 보호하는 것

02 정보통신 보안의 종류

- **네트워크 보안**: 권한 밖의 사용자가 주요 자원에 접근하면, 조직 경계에서 자원을 보호
- **애플리케이션 보안**: 자원의 사용 결정
- **시스템 보안**: 권한이 부여된 사람만 시스템을 활용하게 하여 시스템을 보호

03 보안 위협의 종류

- **크래커의 공격**: 방해, 가로채기, 변조, 위조
- **악성 프로그램**: 컴퓨터 바이러스, 웜, 트로이 목마, 백도어, 스파이웨어, 루트킷
- **불법 공격**: 스니핑, 세션 하이재킹, IP 스푸핑, 스머핑, APT, DoS와 DDoS, 워터링 홀, 피싱과 스피어 피싱, 파밍

04 네트워크 보안 기술

방화벽, 침입 탐지 시스템(IDS), 가상 사설망(VPN), 통합 보안 관리(ESM), 침입 방지 시스템(IPS), 네트워크 접근 제어(NAC), 역추적 시스템, TCP/IP 보안, 망 분리 기술, 통합 위험 관리 시스템(UTM), 무선 LAN 보안

05 애플리케이션 보안 기술

바이러스 백신, PGP, S/MIME, PEM, 데이터베이스 보안, SSL/TLS, SET, SSO, DRM

06 시스템 보안 기술

보안 운영체제, 클라이언트 보안, SSH

07 4차 산업혁명 시대의 정보통신 보안

블록체인, 생체 인식, 양자 암호 통신

연습문제

01 트로이 목마에 대한 설명으로 옳지 않은 것은?

① 네트워크나 이메일 등으로 자신을 복제하는 악성 프로그램을 말한다.

② 특정 환경 및 조건이나 배포자의 의도에 따라 사용자의 정보 유출, 자료 파괴 등 피해를 입힌다.

③ 유틸리티 프로그램에 악의적인 코드를 내장하거나 그 자체를 유틸리티 프로그램으로 위장한다.

④ 백도어 종류로 트로이 목마의 일종이다.

02 다음은 어떤 공격 방법을 설명하고 있는가?

> 네트워크 공격 중 같은 LAN에 있는 공격 대상에게 MAC 주소를 속여 클라이언트에서 서버로 가는 패킷이나 서버에서 클라이언트로 가는 패킷을 중간에서 가로챈다.

① DoS　　② IP-Spoofing

③ ARP-Spoofing　　④ Sniffing

03 DES에 대한 설명으로 옳지 않은 것은?

① DES는 56비트 단위로 메시지를 암호화한다.

② DES에 사용하는 실질적인 키의 크기는 56비트다.

③ DES는 현재 가장 널리 사용하는 암호화 알고리즘이다.

④ DES는 대칭키 암호 알고리즘이다.

04 암호화와 사용자 인증을 동시에 수행하는 공개키(Public Key) 방식으로 되어 있으며, 일반에 공개되는 공개키와 본인만 알고 있는 비밀키(Private Key)로 구성되어 있다. 데이터 암호화 및 수신된 데이터의 부인 방지(Non-Repudiation) 기능도 있는 암호화 방식은?

① RSA　　② SSL

③ PEM　　④ DES

05 공개키 기반 구조(PKI)가 제공하는 보안 서비스가 아닌 것은?

① 침입 탐지　　② 사용자 인증

③ 무결성　　④ 비밀성

06 해시 함수를 이용하여 수행할 수 있는 주된 기능은?

① 키 분배 및 관리
② 메시지의 오류 확인
③ 메시지에 대한 무결성
④ 메시지에 대한 기밀성

07 인증 프로토콜이 아닌 것은?

① CHAP
② EAP
③ PAP
④ PGP

08 SSL(Secure Socket Layer)에서 제공되는 정보보호 서비스가 아닌 것은?

① 교환되는 메시지의 무결성 서비스
② 상거래에서 응용하는 부인 방지 서비스
③ 두 응용 간의 기밀성 서비스
④ 클라이언트와 서버 간의 상호 인증 서비스

09 SSO(Single Sign On)는 사용자가 한 번만 증명을 입력하면 주 네트워크 도메인과 보조 네트워크 도메인의 모든 자원에 접근할 수 있도록 해주는 기술이다. 이것은 인증 시간을 단축시켜 주고, 관리자가 사용자 계정을 효율적으로 관리하는 것을 도와주며, 접근 권한을 효율적으로 통제할 수 있게 한다. 다음 중 SSO 방법에 해당되지 않는 것은?

① Kerberos
② SESAME
③ Scripting
④ RADIUS

10 Kerberos 인증에 대한 설명으로 적절하지 않은 것은?

① Kerberos의 인증 과정 중에서 인증 서버는 사용자의 비대칭키로 메시지를 암호화해서 전송한다.
② 인증을 위해 네트워크상에서 패스워드가 전송된다.
③ 분산 환경을 위한 단일 승인(SSO, Single Sign On)을 사용한다.
④ Kerberos는 분산 인증 서비스에서 무결성과 기밀성을 제공한다.

11 SET의 설명으로 가장 거리가 먼 것은?

① 이중 서명으로 안전한 대금 결제가 가능하다.

② 신용 카드를 이용한 안전한 지불을 위해 개발되었다.

③ SET 지불 시스템 참여자로 지불 게이트가 있다.

④ 암호 프로토콜이 간단하다.

12 PGP(Pretty Good Privacy)에 대한 설명이다. 옳지 않은 것은?

① PGP는 기밀성을 제공하려고 비밀키와 공개키를 조합하여 사용한다.

② PGP는 기밀성을 위해 비밀키를 메일 송수신자 간에 미리 교환한다.

③ PGP는 무결성, 인증, 부인 방지를 제공하려고 전자 서명을 사용한다.

④ PGP는 전자 우편에서 기밀성, 무결성, 인증과 부인 방지를 제공한다.

13 전자 우편 보안 기술이 아닌 것은?

① PEM ② PGP

③ S/MIME ④ SSL

14 네트워크 간 전송되는 패킷들을 정해진 규칙에 따라 차단하거나 통과시켜 공격자에게서 내부 자산을 보호하는 네트워크 보안 장비는?

① 침입 차단 시스템(Firewall) ② 가상 사설망(VPN)

③ 침입 방지 시스템(IPS) ④ 침입 탐지 시스템(IDS)

15 다음은 무엇을 설명한 것인가?

> 일정 기간 잠복해 있으면서 내부 네트워크에 대한 정보를 수집한 후 주요 서버에 침입하여 중요한 자료를 외부로 유출시킨다. 내부 사용자가 이메일에 첨부된 파일을 실행시키거나 SNS 등에 있는 파일을 다운로드하여 실행시키면 내부 네트워크에 침입이 시작된다. 2011년 농협 시스템 해킹, 현대 캐피탈 고객 정보 유출, 네이트 고객 정보 유출 등의 주요 원인이다.

① APT(Advanced Persistent Threat) ② DDoS 공격

③ Sniffing 공격 ④ Session Hijacking 공격

16 침입 탐지 시스템(IDS)과 방화벽(Firewall)의 기능을 조합한 솔루션은?

① IPS(Intrusion Prevention System)

② IP 관리 시스템

③ DRM(Digital Rights Management)

④ SSO(Single Sign On)

17 단순한 접근 제어 기능을 넘어 네트워크 시스템을 실시간으로 모니터링하고 비정상적인 침입을 탐지하는 보안 시스템은?

① PKI ② DMZ ③ Fire Wall ④ IDS

18 네트워크의 보안 기술로 옳은 것은?

① DoS(Denial of Service) ② 스푸핑

③ 스니핑 ④ VPN

19 스머핑에 대한 설명으로 옳지 않은 것은?

① 헤더의 조작된 일련의 IP 패킷 조각들을 전송함으로써 수신자가 패킷을 조합하는 과정에서 성능을 저하시키는 것이 하나의 대응 방법이다.

② 호스트는 IP 브로드캐스트 주소로 전송된 ICMP echo request 패킷에 응답하지 않도록 시스템을 설정할 수 있다.

③ 스머핑에 대응하려고 중간 매개지로 쓰이는 것을 막으려면 다른 네트워크에서 자신의 네트워크로 들어오는 Directed Broadcast 패킷을 막도록 라우터를 설정한다.

④ 스머핑이란 여러 호스트가 특정 공격 대상에 다량의 ICMP echo request를 보내 서비스 거부를 유발시키는 공격이다.

20 역추적 시스템(Traceback)에 대한 설명으로 옳지 않은 것은?

① TCP 연결 역추적 기법으로 해커가 전송하는 패킷에 해당 패킷을 전달한 라우터를 표시함으로써 추적할 수 있게 하는 패킷 표시 기법을 이용한 기술이다.

② IP 주소가 변경된 패킷의 실제 송수신지를 추적하는 기술로 IP 패킷 역추적이 있다.

③ 해커의 실제 위치를 추적하는 기술로 TCP 연결 역추적이 있다.

④ 역추적이란 해킹을 시도하는 해커의 실제 위치를 실시간으로 추적하는 기술을 말한다.

21 괄호 안에 들어갈 알맞은 용어는?

(①)는 전자 상거래, 금융, 무선 통신 등에서 전송되는 개인 정보와 같은 중요한 정보를 보호하기 위해 국내 암호 전문가들이 개발한 128비트 블록 암호 알고리즘이다.

(②)는 출력 지점에서 원본 비트 문자열을 찾아내는 것이 불가능하며, 주어진 입력에 대해 같은 코드를 생성하는 또 다른 입력값을 찾아내는 것도 불가능하다.

22 괄호 안에 들어갈 알맞은 용어는?

(①)은 침입 차단 시스템, 침입 탐지 시스템, 가상 사설망 등 서로 다른 보안 제품에서 발생하는 정보를 한 곳에서 손쉽게 관리하여 불법적인 행위에 대해서 대응할 수 있도록 하는 보안 관리 시스템을 말한다.

(②)는 사용자의 기본적인 보안 상태와 다양한 사용자 보안 프로그램들의 상태 정보를 파악하여 만약 사용자가 적절한 보안 기능을 갖추지 못한 경우 자동 격리하고 치료하는 기술이며, 사용자가 적절한 보안 기능을 갖고 있는지를 점검하는 기술이다.

23 괄호 안에 들어갈 알맞은 용어는?

(①)는 내부 네트워크를 보호하는 보안층 역할을 하며, 외부에서 자주 접속해야 하는 웹, 메일 서버 등 공개 서버들을 위치시키고, 중요한 정보들이 있는 데이터베이스 서버 등 시스템들은 내부 네트워크에 설치한다.

(②)은 TCP 신뢰성에 기반을 둔 연결을 이용한 공격 방법으로 통신 내용을 엿볼 수도 있고, 세션을 가로채어 정상적인 인증 과정을 무시하며, 불법으로 시스템에 접근할 수 있다.

24 다음은 무엇을 설명한 것인가?

관리자 권한 없이도 특정 서버에 (처리할 수 없을 정도로) 대량의 접속 신호를 한꺼번에 보내 해당 서버가 마비되도록 하는 해킹 기법이다. 한 사용자가 시스템의 리소스를 독점하거나 파괴함으로써 다른 사용자들이 이 시스템의 서비스를 올바르게 사용할 수 없도록 만드는 것을 말한다.

25 설명이 맞으면 ○, 틀리면 ×를 표시하시오.

(1) 무결성은 시스템 내의 정보는 인가된 사용자만 수정이 가능하며, 정보의 내용이 전송 중에 수정되지 않고 전달되는 것을 의미한다.(　　)

(2) 방화벽은 해킹 등 외부의 불법적인 침입으로부터 내부를 보호하는 역할을 한다.(　　)

(3) IPSec의 키 교환은 IKE를 이용한다.(　　)

(4) IPSec에서 ESP(Encapsulation Security Payload)는 IP 페이로드를 암호화하여 데이터 기밀성을 제공하고, 제3자가 데이터를 캡처하는 것으로 데이터를 보호한다.(　　)

(5) IPSec에서 AH(Authentication Header)는 인증 데이터와 순서 번호를 가져서 송신자를 확인하고, 메시지를 송신하는 동안 수정하지 않았음을 보장하며, 데이터의 암호화는 제공하지 않는다.(　　)

(6) IPSec은 응용 계층에서 사용하는 암호 알고리즘이다.(　　)

(7) 스니핑(스니퍼)을 탐지할 수 있는 방법으로 looping(루핑)을 이용하는 방법이 있다.(　　)

(8) ARP 스푸핑에서 스위칭 환경에서는 간단히 인터페이스 카드를 무차별 모드(Promiscuous Mode)로 설정하면 손쉽게 스니핑이 가능하나, 허브 환경에서는 불가능하다.(　　)

(9) ARP 스푸핑을 막을 수 있는 방법은 ARP 명령어를 사용하여 ARP cache table 정보를 정적(static)으로 구성한다.(　　)

(10) ARP 스푸핑 공격 대상은 같은 네트워크 대역에 있어야 가능하다.(　　)

(11) ARP 스푸핑은 스위칭 환경에서 스니핑을 하는 하나의 수단이다.(　　)

26 보안의 방법을 기술적 보안, 물리적 보안, 관리적 보안으로 구분하여 설명하시오.

27 암호화 기술에서 암호화와 복호화 과정을 설명하시오.

28 관용 암호화 기법과 공개키 암호화 기법의 차이점을 표로 그려 비교하시오.

29 블록체인 보안 기술(Blockchain Security Technology)에 대해 설명하시오.

30 양자 암호 통신에 대해 설명하시오.

기출문제

01 물리적 보안을 위한 출입 통제 방법이 아닌 것은?

① 보안 요원 배치
② 근접식 카드 리더기
③ CCTV
④ 자동문 설치

02 무선 네트워크 환경에서 보안을 담당하며, 관제-탐지-차단의 3단계 메커니즘으로 작동되는 것은?

① IDS(Instruction Detection System)
② Firewall
③ SSO(Single Sign On)
④ WIPS(Wireless Instruction Prevention System)

03 내부 네트워크와 외부 네트워크 사이에 있는 하드웨어와 소프트웨어로 구성되며 보통은 라우터나 서버 등에 위치하는 소프트웨어는?

① VPN
② Firewall
③ IDS
④ TCP/IP 보안

04 ARP(Address Resolution Protocol) 스푸핑은 몇 계층 공격에 해당하는가?

① 1계층
② 2계층
③ 3계층
④ 4계층

05 기술적 보안 기술 요소가 아닌 것은?

① SRM(Security Risk Management)
② EAM(Enterprise Access Management)
③ SSO(Single Sign On)
④ 보안 표준

06 논리적 망 분리의 특징으로 옳지 않은 것은?

① 상대적으로 관리가 용이하여 효율성이 높음
② 구성 방식에 따라 취약점이 발생하여 상대적으로 보안성이 낮음
③ 완전한 망 분리 방식으로 가장 안전한 방식
④ 가상화 기술을 이용해 논리적으로 분리하여 운영

07 물리적 보안 구역에 대한 자체 점검 항목으로써 적절하지 않은 것은?

① 일반인의 출입 경로가 보안 지역을 지나가지 않도록 배치되어 있는지 점검한다.

② 특별한 보호를 요하는 시설과 장비를 위한 보호 구역을 정의하고, 이에 따른 보안 대책을 수립하여 이행하고 있는지 점검한다.

③ 물리적 보호 구역이 보안 등급에 따라 정의되고 각각에 대한 보안 조치와 절차가 수립되어 있는지 점검한다.

④ 응용 시스템을 코딩 표준에 따라 구현하고, 보안 요구 사항을 따랐는지 점검한다.

08 다음 중에서 망 분리 적용 시 고려 사항으로 옳은 것을 모두 고른 것은?

> ㉠ PC 보안 관리
> ㉡ 망간 자료 전송 통제
> ㉢ 인터넷 메일 사용
> ㉣ 네트워크 접근 제어
> ㉤ 보조 저장 매체 관리

① ㉠, ㉡ ② ㉠, ㉡, ㉢

③ ㉠, ㉡, ㉢, ㉣ ④ ㉠, ㉡, ㉢, ㉣, ㉤

09 공격 대상이 방문할 가능성이 있는 합법적인 웹 사이트를 미리 감염시키고 잠복하고 있다가 공격 대상이 방문하면 악성 코드를 감염시키는 공격 방법은?

① Spoofing ② Watering Hole

③ Pharming ④ Spear phishing

10 무선 랜의 보안 문제점에 대한 대응책으로 옳지 않은 것은?

① AP의 DHCP를 가능하도록 설정한다.

② AP의 접속 MAC 주소를 필터링한다.

③ SSID(Service Set Identifier)와 WEP(Wired Equivalent Privacy)를 설정한다.

④ AP 보호를 위해 전파가 건물 내부로 한정되도록 전파 출력을 조정하고 창이나 외부에 접한 벽이 아닌 건물 안쪽 중심부, 특히 눈에 띄지 않는 곳에 설치한다.

11 다양한 보안 솔루션을 하나로 묶어 비용을 절감하고 관리의 복잡성을 최소화하며, 복합적인 위협 요소를 효율적으로 방어할 수 있는 솔루션은?

① IPS(Intrusion Prevent System)

② IDS(Intrusion Detection System)

③ UTM(Unified Threat Management)

④ UMS(Unified Messaging System)

12 UTM(Unified Threat Management)의 장점이 아닌 것은?

① 공간 절약

② 관리 용이

③ 장애 발생 시 전체에 영향 없음

④ 패킷 필터링을 통한 내외부 네트워크 접근 통제

13 사용자 A가 사용자 B에게 메시지에 전자 서명과 메시지를 암호화하여 전송하려 한다. 어떤 순서로 A, B의 공개키와 A, B의 비밀키를 사용해 암호화해야 하는가?

① B의 공개키 → A의 공개키

② A의 공개키 → B의 비밀키

③ A의 비밀키 → B의 공개키

④ B의 비밀키 → A의 비밀키

14 보안 위협의 유형 중 다음 내용에 해당되는 것은?

> 보안 요건 중 무결성을 위협하는 것으로 인가받지 않은 제3자가 자원에 접근할 뿐만 아니라 내용을 변경하는 것

① 계정 탈취 ② 가로채기

③ 흐름 차단 ④ 변조

15 정보 통신 보안의 요건 중 다음 내용에 해당되는 것은?

> 시스템 내의 정보는 인가된 사용자만 수정이 가능하며, 정보의 내용이 전송 중에 수정되지 않고 전달되는 것을 의미한다.

① 인증 ② 가용성 ③ 기밀성 ④ 무결성

16 보안의 중요성이 점차 증가하고 있다. 다음 중 보안 문제가 심각해지는 원인이 아닌 것은?

① 인터넷의 확산

② 폐쇄형 네트워크

③ 개방형 네트워크

④ 전자 상거래 등 각종 응용 서비스의 출현

17 송신자와 수신자 간에 전송된 메시지를 놓고, 전송치 않았음을 또는 발송되지 않은 메시지를 받았다고 주장할 수 없게 하는 정보의 속성은?

① 부인 방지 ② 인증

③ 기밀성 ④ 무결성

18 공개키 암호인 RSA 암호에 관한 설명 중 옳지 않은 것은?

① RSA에서는 평문도 키도 암호문도 숫자다.

② 공개키 암호는 소인수 분해의 어려움에 기반을 두고 있다.

③ 알고리즘의 안전성을 유지하기 위해 비밀키는 공개키와 무관하게 생성해야 한다.

④ 데이터의 암호화에는 공개키를 사용하고 복호화에는 비밀키를 사용한다.

19 암호화 형식에서 4명이 통신을 할 때, 서로 간 비밀 통신과 공개 통신을 하기 위한 키의 수는?

① 비밀키 6개, 공개키 8개 ② 비밀키 8개, 공개키 10개

③ 비밀키 2개, 공개키 4개 ④ 비밀키 4개, 공개키 6개

20 우리나라가 독자 개발한 대칭키 암호화 기술은 무엇인가?

① RSA ② SEED ③ DES ④ RC4

21 A가 B에게 암호화 메시지를 보내는 경우 공개키 암호화 단순 모델의 동작 절차로 적합하게 나열한 것은?

> (가) B가 공개키와 개인키 쌍을 생성한다.
> (나) B는 공개키는 공개하고 개인키는 개인이 소유한다.
> (다) A는 B의 공개키로 메시지를 암호화한다.
> (라) B는 자신의 개인키로 메시지를 복호화한다.

① (나) – (다) – (가) – (라)
② (나) – (가) – (다) – (라)
③ (가) – (다) – (라) – (나)
④ (가) – (나) – (다) – (라)

22 정보통신 시스템에 대한 보안 방법으로 적합하지 않은 것은?

① 물리적 보안
② 심층적 보안
③ 기술적 보안
④ 관리적 보안

23 방화벽의 구성 형태에 해당하지 않은 것은?

① 서킷 게이트웨이
② SSL–VPN
③ 패킷 필터링
④ 프록시 애플리케이션 게이트웨이

24 대칭키 암호화 방식인 왈시 코드를 이용하여 암호화와 복호화를 수행하려 한다. 다음과 같은 조건일 때 어떤 데이터가 추출되는가?

> 원 데이터: 1010
> 암호화 코드: 0101
> 복호화 코드: 0110

① 1111
② 0110
③ 0000
④ 1001

01 ④	02 ④	03 ②	04 ②	05 ①	06 ③	07 ④	08 ④	09 ②	10 ①	11 ③	12 ③
13 ③	14 ④	15 ④	16 ②	17 ①	18 ③	19 ①	20 ②	21 ④	22 ②	23 ②	24 ④

Chapter

11

AI 리터러시 시대의 정보통신

학습목표

- 4차 산업혁명과 인공지능 시대에 대해 알아본다.
- 사물인터넷, 클라우드, 빅데이터, 모바일 기술을 이해한다.
- 인공지능(AI)과 로봇, 응용 기술을 알아본다.
- 융합 기술과 미래 유망 기술을 살펴본다.
- 4차 산업혁명과 인공지능 시대의 컴퓨터와 소프트웨어에 대해 알아본다.
- 4차 산업혁명과 인공지능 시대에 변화된 윤리, 직업, 교육 분야를 알아본다.

01 4차 산업혁명과 인공지능 시대

4차 산업혁명 시대는 정보통신 기술을 기반으로 한 공간의 융합과 변화가 특징이다. 주요 기술로는 사물인터넷IoT, 클라우드 컴퓨팅 기술, 빅데이터 기술, 이동통신 기술 등이 있다. 이 외에도 인공지능AI과 딥러닝, 로봇 기술, 자율 자동차와 위치 기반 지능형 교통 정보 서비스, 드론, 웨어러블 컴퓨터, 온라인과 오프라인이 결합하는 O2OOnline To Offline, 증강 현실 기술AR; Augmented Reality 등이 있다.

TIP 웨어러블 컴퓨터(Wearable Computer): 인간의 몸에 시계, 안경, 의복처럼 착용할 수 있는 형태의 컴퓨터다. 목적은 인간의 능력을 보완하거나 배가시키는 것으로, 웨어러블 디바이스라고도 한다. 웨어러블 컴퓨터는 항시성(언제 어디서나), 편의성(쉽게 사용 가능), 착용성(쉽게 착용 가능), 저전력(전력 소모 최소화), 경량화(무게와 크기 최소화) 등의 특성을 갖추어야 한다.

4차 산업혁명 시대에는 사물인터넷 기술로 빅데이터를 얻고, 그 내용을 클라우드에 저장하며, 저장된 빅데이터를 인공지능 기술로 분석하고 활용한다. 그 활용 예로는 스마트 자동차, 스마트 시티, 스마트 공장 등 고도화된 스마트 세계다.

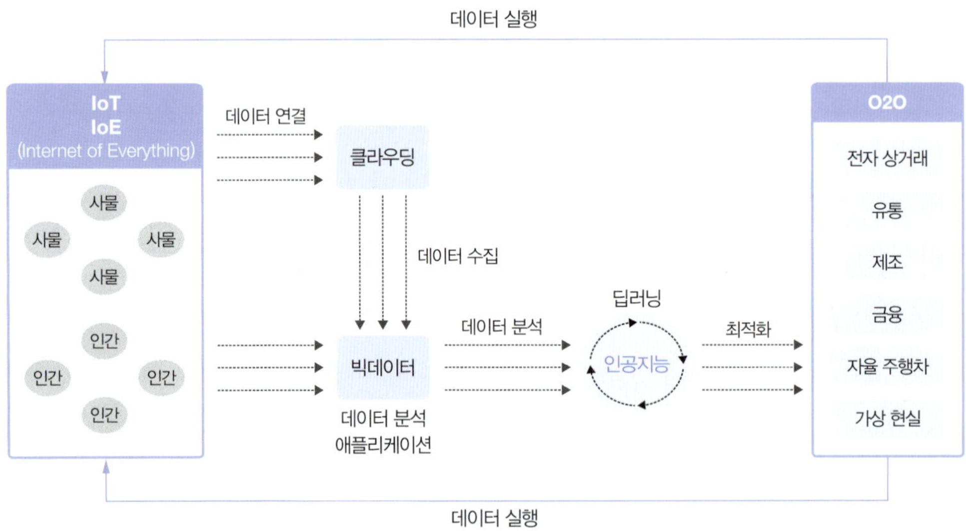

그림 11-1 4차 산업혁명과 인공지능 시대의 정보통신 기술과 서비스 작동 원리

02 ICBM(IoT/Cloud/Big Data/Mobile)

4차 산업혁명의 원천이 되는 대표적인 정보통신 기술로는 사물인터넷, 클라우드, 빅데이터, 모바일 기술이 있다. 이를 ICBM(IoT, Cloud, Big Data, Mobile)이라고 한다.

1 사물인터넷

사물인터넷(IoT; Internet of Things)은 각종 사물에 컴퓨터 칩과 통신 기능을 내장해 인터넷에 연결하는 기술이다. 스마트폰, 헬스 케어, 자율 주행 자동차, 스마트 홈, 스마트 팩토리, 스마트 팜 등 다양한 분야에 적용해 정보를 통합 관리할 수 있어서 농축 산업, 건설, 에너지, 자동차, 교통, 물류, 환경, 디지털 콘텐츠에 이르기까지 다양한 산업에 융합해서 사용할 수 있다.

TIP 사물인터넷(IoT) 개념을 처음 제시한 사람은 케빈 애쉬튼(Kevin Ashton)으로, 인터넷과 연결되지 않은 일반 사물(Things)을 네트워크로 연결한 것을 사물인터넷이라고 제안했다.

사물인터넷의 예로 구글의 스마트 화재 경보기인 네스트 프로텍트(Nest Protect)와 구글 글래스가 있다. 네스트 프로텍트는 사용자가 평소 맞춰놓은 온도를 유지하다가 화재 관련된 이상 징후를 발견하면 경보를 울린다. 구글 글래스는 안경에 각종 센서와 통신 기능을 탑재한 것으로 사진이나 영상을 찍어 스마트폰에 바로 전송하거나 SNS에 공유할 수 있고, 안경으로 보는 실제 사물에 가상의 데이터를 융합시켜 증강 현실을 구현할 수도 있다.

그림 11-2 사물인터넷의 활용 사례

1.1 사물인터넷의 참조 모델

사물인터넷 참조 모델은 응용 계층, 서비스 지원 및 응용 지원 계층, 네트워크 계층, 디바이스 계층의 네 개 계층과 각 계층에 적용되는 관리 및 보안 기능으로 구성된다. 다음 그림은 ITU-T의 규정을 기반으로 사물인터넷 참조 모델과 기능을 정의한 것이다.

그림 11-3 사물인터넷의 참조 모델과 기능

1.2 사물인터넷의 발전 과정과 진화

사물인터넷은 사물 통신(3G, 4G 이동통신) → 사물인터넷(5G 이동통신) → 만물인터넷(6G, 7G 이동통신) 순으로 발전하며 진화하고 있다.

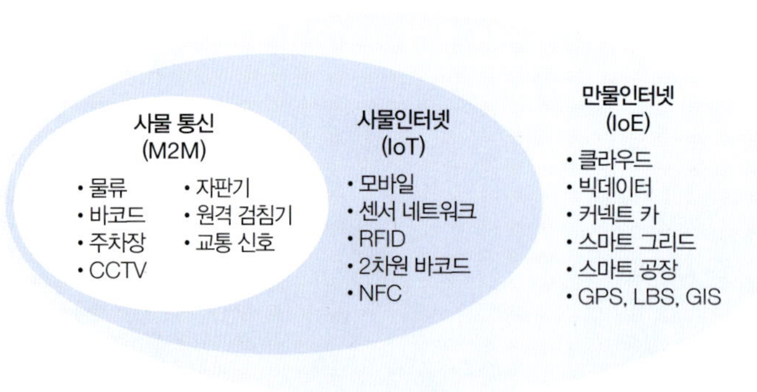

그림 11-4 사물 통신, 사물인터넷, 만물인터넷 관련 기술과 서비스 적용 예

사물 통신M2M; Machine to Machine은 기기와 사람 사이의 통신이 주된 목적인데, 사물인터넷IoT은 사물끼리 통신을 한다는 점이 다르다. M2M은 이동통신 기술을 이용해 멀리 떨어진 기계 장치 사이를 연결해 효율적으로 장치를 운용하는 기술이다. 은행의 현금 지급기ATM나 택시에 설치된 카드 결제기가 대표적인 예다.

사물인터넷의 시장 규모는 다음과 같이 급속한 성장을 이루어 왔다.

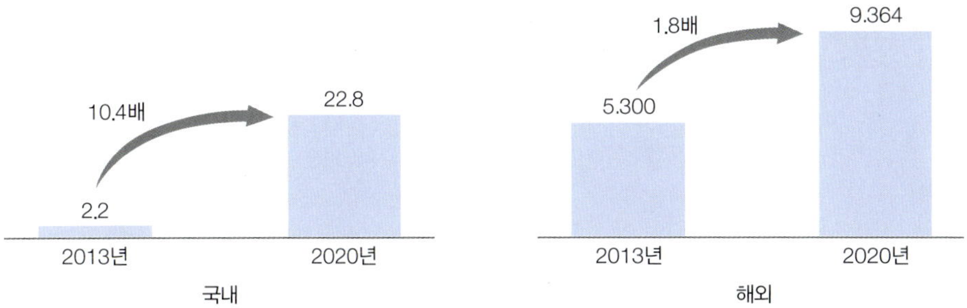

그림 11-5 사물인터넷 시장 규모

사물인터넷의 세계 시장 규모는 2013년 약 2,000억 달러 수준에서 2020년 1조 2,000억 달러 규모로 연평균 약 21.7% 성장했다. 국내 시장은 2013년 2조 3천억 원 수준에서 2020년 22조 8천억 원으로 성장했다.

1.3 사물인터넷의 미래와 시장 전망

사물인터넷은 이제 만물인터넷으로 진화하고 있다. 만물인터넷IoE; Internet of Everything은 사물끼리 연결된 것에 사람까지 포함해 만물이 연결된다는 의미다. 사물, 사람, 데이터, 프로세스 등 세상에서 연결 가능한 모든 것을 인터넷으로 연결해 상호작용하는 초연결 시대라 할 수 있다. IoT가 컴퓨터 밖의 사람과 기계가 연결되는 것을 의미했다면 IoE는 IoT와 함께 프로세스와 데이터가 독립적인 개체로 서로 연결된다는 것이 차이다.

IoE 기술은 IoT가 다른 미래 기술과 융합해 '지능형 IoTAIoT' 기술로 발전하고 있다. 초연결 시대가 되려면 IoT와 AI, 로보틱스, 첨단 센서, 5G 통신의 융합이 이루어져 기술이 점차 고도화되어야 한다. IoT 센서가 수집한 많은 양의 실시간 데이터를 AI가 알고리즘을 이용해 분석하고 의사 결정을 한 뒤 서비스를 제공한다. 지능형 IoT의 최종 목표는 단순히 사물을 연결하는 것을 넘어, 스스로 판단해 최적의 서비스를 제공하는 '자율형'까지 나아가는 것이다.

예를 들어 스마트 시티, 메타버스, 디지털 트윈 등의 가상 세계를 '초연결'하기 위해 현실과 동기화하는 지능형 IoT 기술이 필요하다. 또한, 교통, 재난, 환경 등의 문제에 초연결 자율 지능 개념을 더하면 센싱–판단–대응이 사물을 중심으로 이루어질 것으로 전망한다.

다음은 전 세계 산업용 사물인터넷 시장의 현재 규모와 미래 전망을 나타낸 것이다. 글로벌 시장 분석 업체인 테크나비오Technavio에 따르면 2021년 767억 달러(약 103조 원)에서 2026년에는 1,061억 달러(약 142조 5,000억 원) 규모로 성장할 것으로 전망한다. 연평균 성장률CAGR은 6.7%에 달한다.

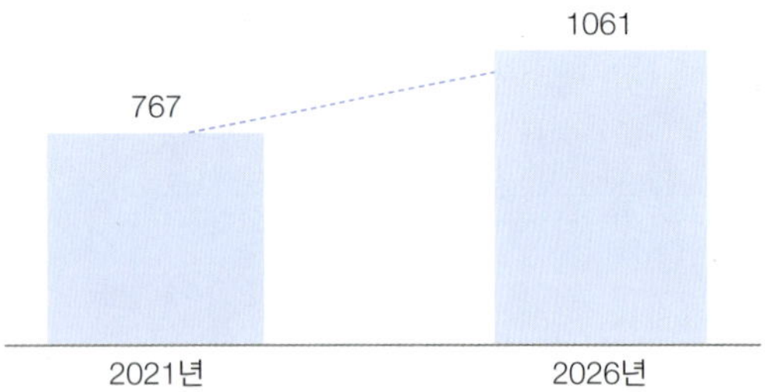

그림 11-6 전 세계 산업용 사물인터넷의 시장 규모와 미래 전망(단위: 억 달러) 출처: 테크나비오

2 클라우드

클라우드Cloud 컴퓨팅은 정보의 처리, 저장, 관리, 유통, 분석 등의 작업을 제3의 공간(웹하드)에서 수행하는 시스템이다. 개인 컴퓨터나 기업의 응용 서버 등을 대규모의 컴퓨터 집합소인 클라우드Cloud of Computers로 옮겨간 형태의 네트워크다. 클라우드라 불리는 집합소 내의 컴퓨터에 데이터를 저장하고, 인터넷 접속이 가능한 단말기 등으로 언제 어디서나 데이터를 불러와 작업할 수 있는 사용자 환경이다.

TIP 클라우드 컴퓨팅은 일반적으로 과학에서 구름처럼 먼 거리에서도 시각적으로 보이는 물건들의 커다란 집합체를 나타내기 위해 사용한 용어로, 세세한 부분은 관찰되지 않는 물건들의 집합을 의미한다.

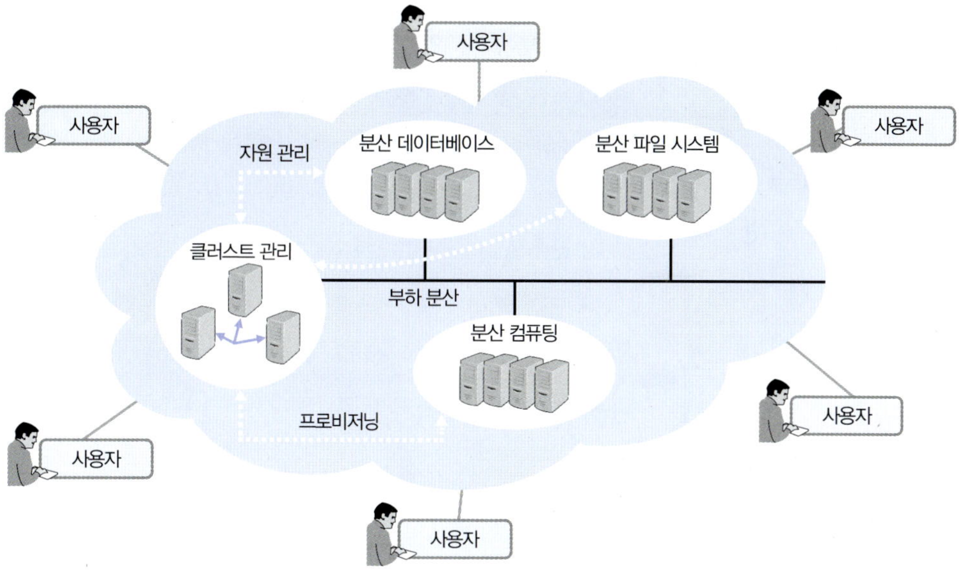

그림 11-7 클라우드 컴퓨팅의 개념

2.1 클라우드 컴퓨팅의 서비스 유형

클라우드 컴퓨팅은 서비스 유형에 따라 애플리케이션 클라우드 서비스SaaS; Software as a Service, 플랫폼 클라우드 서비스PaaS; Platform as a Service, 인프라 클라우드 서비스IaaS; Infrastructure as a Service로 구분된다. 그리고 비즈니스 프로세스 클라우드 서비스BPaaS; Business Process as a Service를 포함시키기도 한다.

- **SaaS**: 일반 사용자를 대상으로 웹 브라우저를 통해 소프트웨어를 제공하는 서비스다. 대표적인 예는 지메일Gmail 등이다.
- **PaaS**: 애플리케이션 개발자를 대상으로 표준화된 플랫폼을 제공하는 서비스다. 대표적인 예는 구글 앱 엔진Google AppEngine, 마이크로소프트 애저Microsoft Asure 등이다.
- **IaaS**: 네트워크 아키텍처를 대상으로 인프라 스트럭처를 제공하는 서비스다. 대표적인 예는 AWSAmazon Web Service 등이다.
- **BPaaS**: 고객을 대신해 비즈니스 프로세스를 실행하는 서비스 공급 담당자가 사용하는 서비스다.

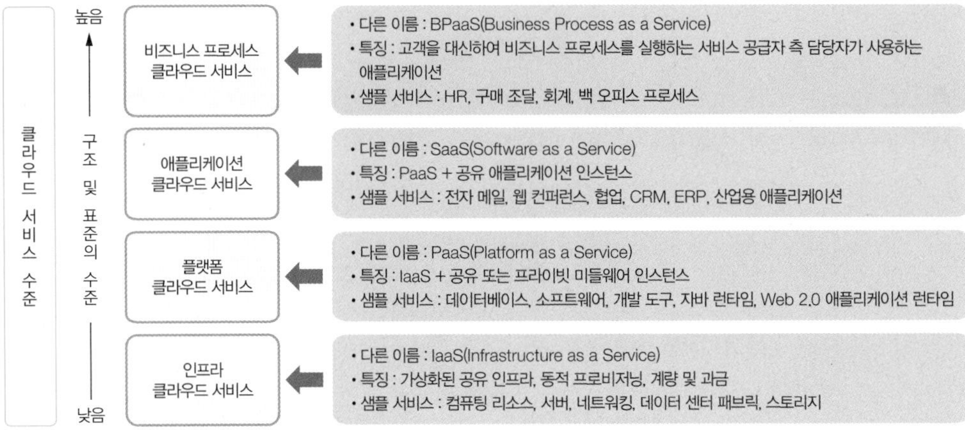

그림 11-8 클라우드 컴퓨팅의 서비스 유형

2.2 클라우드 컴퓨팅의 발전 과정

클라우드 컴퓨팅 개념은 1960년대 미국의 컴퓨터 학자인 존 맥카시John McCarthy가 "컴퓨팅 환경은 공공시설을 사용하는 것과 동일한 것"이라고 한 데에서 시작하였다. 아마존은 2005년에 자사의 웹 서비스를 통해 유틸리티 컴퓨팅을 기반으로 하는 클라우드 컴퓨팅 서비스를 시작했다. 세계적인 인터넷 오픈 마켓인 아마존에서 서비스하고 있는 클라우드 컴퓨팅은 서버와 스토리지를 자체적으로 소유하기 힘든 소기업이나 개발자들에게 제공해 큰 호응을 얻었다. 2007년 구글과 IBM 그리고 몇몇 대학들도 큰 규모의 클라우드 컴퓨팅 연구를 시작했다. 우리나라의 경우 대기업과 통신사를 중심으로 초기 클라우드 시장이 형성되었다. 국내 클라우드 서비스의 종류에는 네이버의 N드라이브, KT의 유클라우드, 다음의 클라우드 등이 있다.

미국의 정보기술연구 및 자문 회사인 가트너Gartner는 2023년 전 세계 클라우드 시장 규모가 2022년 4,903억 달러에서 20.7% 증가한 5,918억 달러에 이를 것으로 예상했다(2023년 4월 기준). 이는 2022년 전망치였던 18.8%보다 높은 수치로 클라우드 시장의 성장세를 잘 보여준다.

2.3 클라우드 컴퓨팅의 미래와 시장 전망

클라우드 컴퓨팅은 인공지능의 성장세와 함께 중요한 역할을 담당할 것으로 전망한다. 기업들이 생성형 AI Generative AI, 웹3, 메타버스와 같은 신기술을 통해 혁신을 추구함에 따라서 클라우드 컴퓨팅은 차세대 디지털 비즈니스를 이끌고 있다. 생성형 AI는 대규모 언어 모델LLM; Large Language Model의 지원을 받는데, LLM은 실시간 데이터 처리를 위해 강력하고 확장성이 뛰어난 컴퓨팅 기능을 요구한다. 클라우드는 여기에 맞는 솔루션과 플랫폼을 제공한다.

엣지 컴퓨팅Edge Computing은 새로운 클라우드로, 클라우드 컴퓨팅의 문제점인 데이터의 처리 속도, 용량, 보안을 보완하기 위해 탄생한 개념이다. 과거 클라우드에 위임했던 대부분의 작업을 엣지(기기의 가장자리)에 맡기는 방식인데, 그 사이에 추려진 상위 작업이 다시 클라우드로 전달된다. 이때 엣지는 클라우드 데이터 센터보다 물리적으로 단말기 가까운 곳에 위치한다. 이 방식의 장점은 기존 클라우드 방식에 비해 데이터 처리 시간이 현저하게 줄어든다는 것이다. IoT, 5G 이동통신, 자율 주행 자동차, 증강 현실과 가상 현실, 생체(얼굴·음성) 인식 등 신속한 처리가 요구되는 기술에서 매우 유용하다. 인공지능과 5G에 의해 엣지 컴퓨팅 사용이 확장될 것으로 보인다. 특히 5G의 확산은 클라우드-엣지 애플리케이션 수요를 크게 촉발할 것으로 전망된다.

클라우드 컴퓨팅 시장은 지속적으로 성장 가능한 분야다. 효율적으로 IT 자원을 관리할 수 있고 비용 절감 효과가 크기 때문이다. 또한 빅데이터 및 사물인터넷 기술과 융합해 추가 응용 서비스를 개발할 수도 있다. 앞으로 클라우드 컴퓨팅 기술은 기존 IT 서비스 패러다임에 큰 영향을 주면서 다양한 형태로 발전할 것이다. 미래의 클라우드 서비스는 기존의 서버 수준을 넘어서 미들웨어나 플랫폼 수준으로 진화할 것이며, 다양한 미디어 기술과 접목한 미디어 클라우드, 모바일 단말기를 서로 연동한 모바일 클라우드 등의 형태로 발전할 것이다.

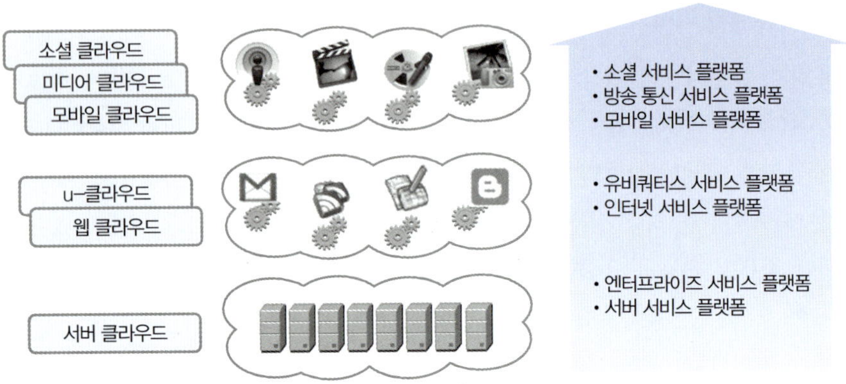

그림 11-9 클라우드 플랫폼의 미래

2023년을 기준으로 봤을 때 클라우드 시장의 모든 부문이 성장하고 있다. 인프라 클라우드 서비스IaaS가 30.9%로 가장 높은 최종 사용자 지출 증가율을 보인다. 플랫폼 클라우드 서비스PaaS는 24.1%, 애플리케이션 클라우드 서비스SaaS 지출은 17.9% 증가할 것으로 가트너가 예측하고 있다. 특히 가트너는 2026년까지 75%의 조직들이 클라우드를 기본 플랫폼으로 하는 디지털 혁신 모델을 채택할 것으로 전망한다.

3 빅데이터

빅데이터Big Data란 굉장히 많은 양의 데이터에서 빠르게 정보를 추출 및 분석해 가치 있는 정보를 발견하는 기술이다. 빅데이터는 어마어마한 대량의 정형 또는 비정형 데이터를 다룬다. 빅데이터 기술은 컴퓨터 명령어로 짜여진 정보가 아니라 사람들이 평상시에 쓰는 말이나 글을 컴퓨터가 이해하고, 정보화하는 것으로부터 시작된다. 이를 통해 모아진 대용량의 정보를 분석할 수 있도록 프로그래밍하고, 여기에 여러 가지 통계 기법, 머신러닝과 같은 인공지능 프로그램을 사용해 정보가 담고 있는 복합적인 의미를 분석하고 추론하는 것이 빅데이터 분석이다.

빅데이터는 데이터의 규모Volume, 속도Velocity, 다양성Variety이라는 세 가지 속성을 가진다. 최근에는 가치Value나 복잡성Complexity을 포함시키기도 하지만 3V로 보는 것이 일반적이다.

3.1 빅데이터 플랫폼

빅데이터 플랫폼은 데이터의 생성에서 표현에 이르기까지 생명 주기를 거쳐 유용한 정보를 생산하는데, 이 과정에서 다양한 기술을 활용한다.

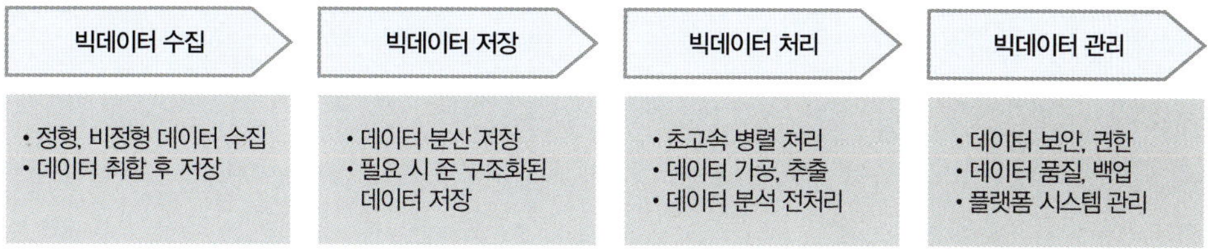

그림 11-10 빅데이터 플랫폼의 동작 예

대표적인 빅데이터 플랫폼에는 하둡Hadoop이 있다. 하둡은 많은 국가나 기업에서 대용량 데이터를 처리하는 데 이용하고 있어 산업체 표준으로 통용되고 있다. 대표적인 하둡 구조는 다양한 소프트웨어로 구성된 에코 시스템Ecosystem이다.

TIP R 프로그램: 정형 또는 비정형 데이터를 IT, 제조, 금융, 방송 등 기업의 목적에 맞게 분석하고 시각화하여 마케팅이나 공공화 사업에 활용할 수 있게 만든 소프트웨어다. 무료 오픈 소스로 보통 하둡 플랫폼과 연동해 사용한다.

3.2 빅데이터 활용 사례

대표적인 빅데이터 활용 사례는 '유튜브 알고리즘'이라고 부르는 유튜브의 추천 영상이다. 즐겨보는 영상이나 구독, '좋아요'를 누른 영상 데이터를 종합해 사용자 취향에 맞는 영상을 추천해준다. 오픈 마켓의 상품 추천, 중고 거래 플랫폼의 카테고리 자동 분류 등도 빅데이터 활용 사례에 해당한다.

3.3 빅데이터의 미래 전망

다양한 기술 프로젝트에 대한 정부와 산업계의 투자 증가, 인터넷 보급의 확산과 사이버 보안, 사물인터넷, 5G 인프라의 확대가 빅데이터 시장의 성장을 견인하고 있다. 특히 빅데이터 분석 솔루션은 정부와 기업들이 정기적으로 처리해야 하는 대량의 데이터를 성공적으로 분석 및 수집할 수 있기 때문에 도입이 늘고 있다.

한국 IDC가 최근 발간한 '국내 빅데이터 및 분석 시장 전망, 2021–2025' 연구 보고서에 따르면 국내 빅데이터 및 분석 시장은 2021년에 전년 대비 5.5% 성장한 2조 296억 원의 매출 규모를 형성했고, 향후 5년 동안 연평균 성장률 6.9%를 기록하며 2025년에는 2조 8,353억 원 규모에 이를 것으로 전망한다.

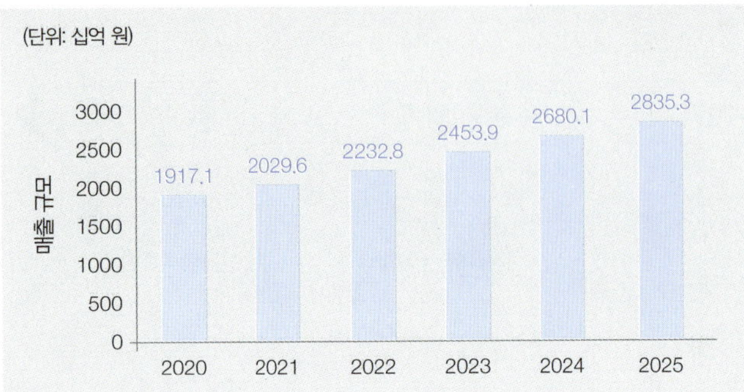

그림 11-11 국내 빅데이터 시장의 매출 규모 전망 출처: IDC

4 모바일

정보통신에서 모바일Mobile은 스마트폰과 태블릿 PC처럼 이동 중 사용이 가능한 컴퓨터 환경을 뜻하며, 원래는 '움직일 수 있는'이라는 의미다.

5세대 이동통신(5G)은 4세대 기술인 LTE보다 1,000배 빠르며, 2019년에 상용화를 시작했다. 5세대 이동통신은 사람, 사물, 정보가 언제 어디서나 연결될 수 있도록 1Gbps급으로 데이터를 전송한다.

2030년이면 현재 5G보다 50배 빠른 1Tbps의 최대 전송 용량과 10배 우수한 1Gbps의 사용자 체감 속도를 가지는 통신 서비스가 나올 것으로 전망된다. ITU국제전기통신연합에서는 2030년 6G 네트워크 실현을 위한 기술연구그룹FG NET-2030을 구축하기 시작했다. 일부 국가에선 이미 6G 개발을 위한 연구도 진행 중이다. 미국과 중국은 이미 5G 상용화에 앞서 6G 연구를 시작했고, 우리나라의 한국전자통신연구원ETRI도 테라헤르츠THz 대역의 주파수를 쓰는 6G 개발에 돌입했다.

7G 이동통신은 2040년경에 이루어질 전망이며, 사람이 존재하는 모든 공간 자체가 네트워크화될 것이다. 또한 지구에 존재하는 모든 산업과 인프라가 조 단위의 센서로 연결되는 '초연결' 생태계가 조성될 전망이다.

TIP 이동통신과 관련된 자세한 사항은 8장을 참고한다.

03 인공지능(AI)과 로봇, 응용 기술

1 인공지능(AI)

인공지능AI; Artificial Intelligence은 인간이 지닌 사고나 학습 등 지적 능력의 일부 또는 전체를 인공적으로 구현하는 기술이다. 인공지능은 개념적으로 강 인공지능Strong AI과 약 인공지능Weak AI으로 구분할 수 있다. 강 인공지능은 사람처럼 자유로운 사고가 가능한 자아를 지닌 인공지능을 말하고, 약 인공지능은 자의식이 없는 인공지능을 말한다. 현재까지 개발된 인공지능은 모두 약 인공지능이며, 자아를 가진 강 인공지능은 등장하지 않았다. AI의 예로는 인공지능 바둑 프로그램인 알파고AlphaGo, 의료 분야에 사용되는 왓슨Watson 등이 대표적이다.

1.1 인공지능의 구현 방법

소프트웨어를 기반으로 인공지능을 구현하는 두 가지 방법은 지식 기반 시스템Knowledge Base System과 머신러닝Machine Learning이 있다. 지식 기반 시스템은 규칙Rule을 이용해 인간처럼 사고하는 방법이고 규칙 기반 시스템Rule-Based System 또는 전문가 시스템Expert System 범주에 속한다. 머신러닝 방법은 인간이 컴퓨터에게 규칙을 입력해주는 것이 아니라 기계 스스로 배우게 하는 방식이다.

■ **머신러닝**

머신러닝Machine Learning은 인간이 자연적으로 수행하는 학습 능력과 같은 기능을 컴퓨터나 로봇에서 실현하려는 소프트웨어 기술이나 방법을 말한다. 머신러닝의 핵심은 경험으로부터의 지식이라고 할 수 있다. 머신러닝의 종류에는 지도 학습, 비지도 학습, 강화 학습Reinforcement Learning이 있다.

- **지도 학습**Supervised Learning: 정답이 있는 학습 데이터Training Data를 통해 학습을 수행하고 예측(또는 인지) 모형을 구성한다. 정확한 답이 존재하는 양질의 데이터가 주어지는 것이 중요하다. 정답이 있는 검증 데이터를 통해 학습된 모형의 성능을 향상시킨다. 예를 들어, 강아

지와 고양이 사진을 각각 10장씩 학습한 후 강아지와 고양이를 맞추게 한다.

- **비지도 학습**Unsupervised Learning: 정답이 없는 데이터를 통해 학습을 수행하고 학습 결과의 향상은 오직 학습기에 탑재된 규칙이나 절차에 의해 수행한다. 예를 들어, 캐릭터 100개의 유사성을 학습한 후 그룹으로 분류하게 한다.
- **강화 학습**Reinforcement Learning: 비지도 학습의 한 영역으로, 지도/비지도 학습에 이용한 훈련 데이터 대신에 주어진 상태에 맞는 행동의 결과에 대해 보상Reward을 준다. 컴퓨터는 보상을 이용해 성능을 향상시킨다. 주로 게임이나 로봇 제어 등에 적용된다.

■ 딥러닝

딥러닝Deep Learning은 컴퓨터가 사람의 뇌처럼 사물이나 데이터를 분류할 수 있도록 훈련시키는 머신러닝의 일종이다. 딥러닝의 기본 개념은 인공 신경망ANN; Artificial Neural Network과 유사하다. 2006년 캐나다 토론토 대학교의 제프리 힌톤Geoffrey Hinton 교수의 논문에서 처음으로 딥러닝이란 용어가 사용되었다.

머신러닝과 딥러닝의 차이점을 정리해보자. 머신러닝은 사람의 데이터 입력을 통해 학습하고 비교하고 판단한다. 반면에, 딥러닝은 많은 양의 데이터에서 공통 사항을 집합으로 묶고 그 결과를 바탕으로 새로운 입력이 들어왔을 때 판단하고 결정한다.

여기서 잠깐! | 인공지능 관련 용어

- **인공 신경망**: 인공 신경망(Artificial Neural Network)은 소프트웨어적으로 인간의 뉴런 구조를 본떠 만든 머신러닝 모델로 인공지능을 구현하기 위한 기술의 한 형태다. 생물의 신경망, 특히 인간의 시각/청각 피질을 본떠 만든 알고리즘이다.
- **인지 컴퓨팅**: 인지 컴퓨팅(CC; Cognitive Computing)은 인간의 의사 결정 개선을 도와주기 위한 새로운 하드웨어나 소프트웨어를 의미하며, 인간의 뇌 기능을 모방한다. 인간의 뇌나 마음이 어떻게 느끼고 추론하고 자극에 반응하는지를 정확히 모형화하는 것이 목적이다. 예를 들어, 움직임, 제스처, 얼굴 표정을 분석해 감정 상태를 파악하게 하는 컴퓨터 기술이다. 지각 컴퓨팅(Perceptual Computing)이라고도 한다.
- **뉴로모픽 컴퓨팅**: 뉴로모픽 컴퓨팅(Neuromorphic Computing)은 뉴런의 형태를 모방한 회로를 만들어 인간의 뇌 기능을 하드웨어적으로 모사 및 구현하려는 공학 분야다. 인간의 뇌를 모델로 회로 보드를 구성하고 각각의 칩은 뉴런(뇌 세포)과 유사한 처리 방식 및 연결 구조를 가지고 있어서 뇌세포의 역할을 시뮬레이션해서 작동한다. 오직 신경망 연산을 위해 필요한 회로만으로 구성된 컴퓨터 칩이기에 CPU와 GPU를 이용해 신경망 연산을 하는 것보다 전력, 면적, 속도 측면에서 수백 배 이상의 이득을 볼 수 있다.

1.2 인공지능의 미래

가까운 미래에는 마트나 편의점에 점원이 없고, 공장에서는 로봇들만 일을 하고, 도로에는 자율 주행 자동차만 다닐 수 있다. 이처럼 편리함과 관련된 거의 모든 일에 로봇이나 자율 자동차를 고도화시키는 기술을 인공지능이 가능하게 한다.

인공지능 진화의 핵심은 인간의 '감정'이다. 딥러닝이라 하여 인공지능이 스스로 학습하는 수준까지는 왔으나 스스로 감정을 가지고 자의적으로 행동하지는 못한다. 약 인공지능 분야는 많은 진전을 이루었으며, 게임 분야에서는 인공지능 소프트웨어 알고리즘이 이미 인간의 역량을 뛰어넘었다. 하지만 자아를 가지는 강 인공지능 분야에서는 진전이 많이 없는 실정이다.

2 로봇

로봇Robot은 사람과 유사한 모습과 기능을 가진 기계 또는 무엇인가 스스로 작업하는 능력을 가진 인공지능 기계를 말한다. 로봇 공학Robotics은 로봇에 관한 과학이자 기술학이며, 로봇의 설계, 제조, 응용 분야를 다룬다.

그림 11-12 로봇의 개념

인간은 소프트웨어인 인공지능을 통해 지적인 약점을 보완하고 하드웨어인 로봇 기술을 통해 신체적 약점을 강화시키려고 한다.

2.1 로봇의 종류

로봇은 크게 '산업용 로봇'과 '비산업용 로봇'으로 구분할 수 있다. 산업용 로봇은 주로 제조업이나 물류, 농업, 축산 등의 분야에서 활약하고 비산업용 로봇은 경비나 의료, 복지, 우주 등의 현장에서 이용되는 경우가 많다. 예를 들어 로봇 청소기는 비산업용 로봇에 포함된다.

로봇은 산업용 로봇, 지능형 로봇, 안드로이드 등으로 구분할 수도 있다. 산업용 로봇이 일의 효율성과 성과에 초점을 두는 데 반해, 지능형 로봇은 모든 행동이 인간에 초점을 맞춘다.

■ **산업용 로봇**

산업용 로봇은 자동 제어에 의한 조작 또는 이동 기능을 가지고 프로그램에 의해 각종 작업을 실행하여 산업에 사용되는 기계를 말한다. 세계 최초의 산업용 로봇은 1962년에 미국에서 탄생했다. '가르침과 재생에 의해 자동화로 유연하게 대응하는 로봇'이라는 개념으로 '유니메이트(범용 능력을 가진 작업 동료)'라 이름 붙여졌다.

TIP 코봇: 사람들과 함께 작업하는 협업 로봇이다.

■ **지능형 로봇**

지능형 로봇Intelligence Robot은 외부 환경을 인식하고Perception, 스스로 상황을 판단하며Cognition, 자율적으로 동작하는Manipulation 로봇이다. 기존 로봇과의 차별점은 상황 판단 기능과 자율 동작 기능이 추가된 것이다. 상황 판단 기능은 다시 환경 인식 기능과 위치 인식 기능으로 나뉘고 자율 동작 기능은 조작 제어 기능과 자율 이동 기능으로 나눌 수 있다. 인간처럼 시각과 청각 등을 이용해 외부 환경을 스스로 탐지하고, 필요한 작업을 자율적으로 실행하는 로봇이다.

노동을 대체하고 생산성을 향상하기 위해 만들어진 전통적인 로봇과 달리, 인간과 공존하고 삶의 질을 향상시키고자 한다. 인간의 감각을 가지고 있다 하여 지능형 로봇이라 하며 지능형 로봇이 물체를 구분하는 능력을 인식 기능Pattern Recognition이라 한다. 인식 기능에서 아직은 미비한 입체 인식, 이동 인식, 사물 관련 추리와 학습 기능 등이 머지않은 미래에 보완되면 지능형 로봇은 훨씬 더 다양한 일을 처리해낼 것이다. 이와 같은 로봇은 인식 로봇이라고 한다.

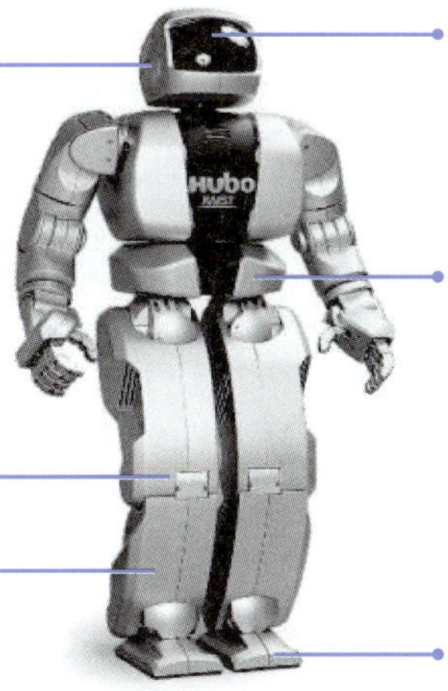

그림 11-13 지능형 로봇의 기술적 구성 요소

■ 안드로이드와 사이보그, 휴머노이드

안드로이드Android는 인간의 표정과 동작, 피부, 체모 등을 닮은 로봇을 말한다. 우리나라는 2003년에 한국생산기술연구원에서 '에버EveR'라는 세계 최초의 여성 안드로이드 로봇을 개발했고, 2006년 5월 '에버원EveR-1'을 발표했는데 상반신을 움직이고 네 가지 표정을 만들 수 있었다. 2012년 여수 엑스포에서는 더욱 다양한 얼굴 표정을 지을 수 있는 에버를 전시했다.

TIP 에버(EveR)라는 이름은 성경에 나오는 인류 최초의 여성인 이브(Eve)와 로봇의 R을 합쳐서 만들었다.

사이보그Cyborg: Cybernetic Organism는 사이버네틱스Cybernetics와 생물Organism의 합성어로, 기계와 인간의 결합체인 인조인간을 의미한다. 사이보그라는 단어는 1960년에 《사이보그와 우주》를 통해 최초로 도입되었다.

인간형 로봇인 휴머노이드Humanoid는 인간의 형태를 가진 로봇을 의미한다. 형태뿐만 아니라, 인간과 같은 인식 기능, 운동 기능을 구현하기 위해서는 궁극의 발전을 이루어야 하므로 가장 고난도의 지능형 로봇이라 할 수 있다. 소프트뱅크에서 개발한 휴머노이드 '페퍼'는 발 대신 바퀴를 달았기 때문에 세미 휴머노이드Semi-Humanoid라고 부른다. 페퍼는 2015년부터 2021년까지 2만 7,000대가 판매된 소셜 로봇이다.

2023년 영국에서 열린 로봇 자동화 분야 최고의 국제 학술 행사에는 아메카를 비롯해 AI 기술이 탑재된 아바타 로봇 등 최첨단 정밀 로봇이 함께했다. 아메카는 영국의 로봇 기업 엔지니어드 아츠가 12가지 표정을 추가해 공개했는데 2022년 1월 첫선을 보인 이후 아메카는 진화를 거듭하고 있다. 특히 챗GPT-3와 GPT-4 등으로 학습해 여러 언어를 구사하고 창작 능력도 갖췄다. 현재 가장 진보된 형태의 휴머노이드 로봇으로 주목받은 회색 피부의 '아메카Ameca'는 '사람 같은 표정을 짓는 로봇'이다.

그림 11-14 소프트뱅크의 휴머노이드 '페퍼'

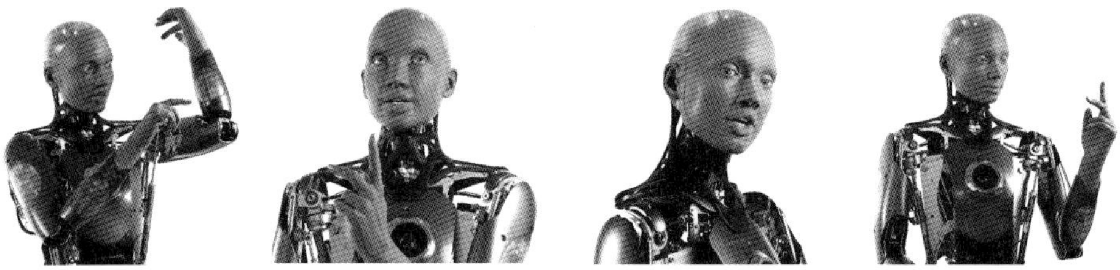

그림 11-15 엔지니어드 아츠의 휴머노이드 '아메카'

2.2 로봇의 미래

산업 전반에서 로봇으로 인한 혁신이 일어나고 있다. 예를 들어, 소프트뱅크에서 개발한 휴머노이드 '페퍼'는 IBM에서 개발한 AI인 '왓슨'을 기반으로 만들어져 언어 인식률이 매우 높다. 하지만 페퍼에 슈퍼컴퓨터를 내장한 것은 아니다. 클라우드를 통해 페퍼와 왓슨을 연결했을 뿐이며, 음성 인식 AI 스피커도 클라우드 기술 덕분에 가능해졌다. 또한, 자율 동작을 할 수 있을 만한 충분한 공간 인식 능력을 갖추어야 한다. 이를 위해서는 하드웨어나 소프트웨어가 지금보다 수천 배 이상 강화되어야 하며 자체 인공지능 학습 칩이 실시간으로 공간 데이터를 해석하고 처리하는 능력도 갖춰야 한다. 미래의 로봇은 로봇 기술끼리 융합Convergence이 가능할 것이라 전망된다. 지능형 로봇 기술은 첨단 신기술 분야의 복합체로 메카트로닉스, 인공지능, 컴퓨터, 첨단 IT 기술 등을 융합한다.

과거와는 차원이 다르게 로봇이 진화하고 발전하면서 인간과 로봇이 공존하는 시대가 성큼 다가왔다. 로봇 기술의 발전과 함께 고민할 과제도 있고, 우려의 목소리도 있지만 분명한 건 로봇 기술의 발달은 인간을 위해 진화하고 있다는 것이다. 인간의 역할을 대신하는 것을 넘어 사람과 꼭 닮은 모습으로 뛰고, 달리고, 춤을 추기도 한다.

3 자율 자동차

자율 자동차Autonomous Vehicle는 운전자가 직접 조작하지 않아도 자동차가 주행 환경을 인식해 위험을 판단하고, 주행 경로를 계획해 스스로 운전하는 자동차다.

3.1 자율 자동차의 서비스와 기술

자율 자동차는 감지 시스템, 중앙 제어 장치, 액추에이터 등으로 구성되며 로봇 및 컴퓨터 공학, GPS, 정밀 센서, 전자 제어 등의 첨단 기술로 만들어진다. 현재까지는 철도에 자율 주행 기술이 가장 많이 적용되고 있다. 기관사 없이 운행되는 '경전철'을 통해 우리는 이미 자율 주행을 경험하고 있다. 이제는 점차 자동차 시장에도 적용되어 상용화되고 있다.

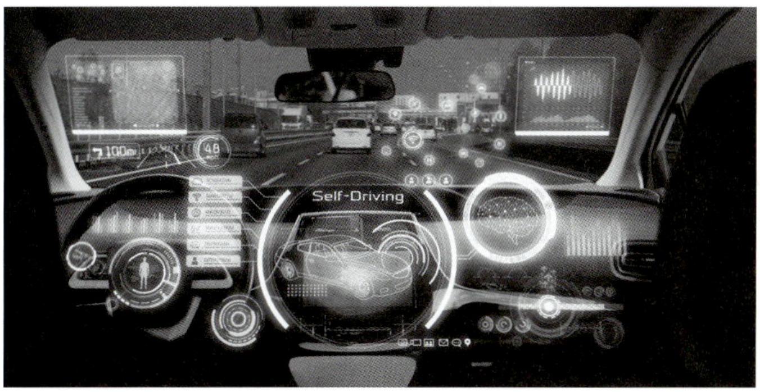

그림 11-16 자율 자동차

자율 자동차와 관련한 서비스와 기술에는 텔레매틱스, 위치 기반 서비스, 지능형 교통 시스템이 있다.

- **텔레매틱스**Telematics: 무선 통신과 GPSGlobal Positioning System 기술을 결합해 자동차에서 위치 정보, 안전 운전, 오락, 금융 서비스, 예약 및 상품 구매 등의 다양한 이동통신 서비스를 제공한다. 더 넓은 의미로는 원격 진료Telemedicine, 원격 검진Telemetry 등을 포함하기도 한다.
- **위치 기반 서비스**LBS: LBSLocation Based Service는 이동 중인 사용자의 위치 정보를 다른 정보와 다양하게 실시간으로 결합해 부가적인 응용 서비스를 제공하는 것이다. GPS를 중심으로 하는 차량 내비게이션이 대표적이다. 측위, 통신 등 다양한 복합 응용이 가능하다.
- **지능형 교통 시스템**ITS: ITSIntelligent Transportation Systems는 차량용 양방향 멀티미디어 기술로, 정보화 및 지능 기반 사회에 알맞은 신속, 안전, 쾌적한 차세대 교통 체계를 구현하는 데 목적을 두고 있다.

3.2 자율 주행의 단계

미국 자동차기술회SAE; Society of Automotive Engineers에서는 자율 주행 기술을 총 6가지 단계로 세분화해 정의했는데 이것이 현재 글로벌 기준으로 통용되고 있다. 자율 주행의 단계는 다음 표처럼 레벨 0부터 레벨 5까지로 구분할 수 있다.

표 11-1 자율 주행 단계별 특성 출처: SAE

자율 유무	레벨	정의	차량 제어	환경 인지	운전 반응	제어 능력
비자율	0	비자동화(No Automation)	운전자	운전자	운전자	제한적
	1	운전자 보조(Driver Assistance)	운전자, 시스템	운전자	운전자	제한적
	2	부분 자율(Partial Automation)	운전자, 시스템	운전자	운전자	제한적
자율	3	조건부 자율 (Conditional Automation)	운전자, 시스템	운전자, 시스템	운전자, 시스템	제한적
	4	고도 자율(High Automation)	시스템	시스템	시스템	제한적
	5	완전 자율(Full Automation)	시스템	시스템	시스템	무제한

레벨 0은 운전자의 개입을 필수로 하는 자율 주행 시스템의 가장 기초 단계다. 레벨 1은 자동차의 속도와 거리를 유지하고 차선 이탈을 방지하는 등의 보조 역할을 한다. 레벨 2는 자연스러운 커브에서 방향을 조종하거나 앞차와의 간격을 유지하는 등의 보조 주행이 가능하다. 레벨 3은 위험 요소나 변수가 발생할 시 자율 주행 시스템이 운전자의 개입을 요청한다. 레벨 4는 주행 제어와 주행 책임 등이 모두 자율 주행 시스템에게 주어진다. 운전자의 개입은 악천

후와 같은 상황을 제외하고는 불필요한 단계로 자율 주행 시스템이 점차 고도화되었음을 알려주는 단계다. 레벨 5는 운전자가 아닌 탑승자가 목적지를 입력하면 어떠한 개입도 필요 없이 자율 주행 시스템이 전적으로 자동차를 운행한다. 운전석을 비롯해 어떠한 제어 장치도 필요하지 않는 단계다.

3.3 자율 자동차의 미래

미래에 운전자를 완전히 대체할 자율 주행차가 상용화되면 자율 주행차의 운행 여건을 확보하기 위해 도로에 물리적 변화가 생길 것이다. 기존의 도로 시설물(차선, 표지판 등)은 센서 친화적으로 변화될 것이다. 일부 도로나 차선은 자율 주행차 전용 구간으로 지정되고 이 구간에서는 신호등이 불필요해질 수도 있을 것이다. 교통 체증, 사고, 자동차 보험 등도 자연스레 줄어들 것으로 예상된다.

자율 주행차의 도입은 직간접적으로 사회적 비용을 감소시킬 것으로 보인다. 교통 혼잡 완화에 따라 통행 시간이 줄어들고, 차량 운행 시간에 업무를 처리하거나 휴식을 취할 수 있어 생산성 증대에도 기여할 수 있다.

하지만, 우려되는 점도 많다. 고용 측면에서는 운전직의 수요가 줄어 이들의 대량 실직이 사회 문제로 대두될 가능성이 있다. 자율 주행차 특성상 운행 경로의 추적이 쉬워 사생활 노출 가능성이 증대할 것이라는 우려도 있다. 이러한 새로운 변화를 사회 발전의 기회로 삼고, 예상되는 위기에 현명하게 대처하기 위한 노력과 연구가 필요한 시점이다.

04 융합 기술과 미래 유망 기술

1 실감 미디어

1.1 실감 미디어의 개념

실감 미디어Immersive Media는 다른 대상이 된 것 같은 느낌을 주거나, 영상 속에 들어가 있는 것 같은 생생함을 주는 콘텐츠로, 실감 기술을 활용해 몰입도 높은 경험을 전달하는 디지털 콘텐츠다. 가상 현실VR, 증강 현실AR, 혼합 현실MR, 프로젝션 매핑Projection Mapping, 미디어 파사드Media Facade, 홀로그램 기술 등이 대표적이다.

TIP
- 프로젝션 매핑(Projection Mapping): 대상물의 표면에 빛으로 이루어진 영상을 투사해 변화를 주는 것으로, 현실에 존재하는 대상이 다른 성격을 가진 것처럼 보이게 하는 기술
- 미디어 파사드(Media Facade): 건축물 외관의 가장 중심을 가리키는 파사드(Facade)와 미디어(Media)의 합성어로, 건물 외벽에 LED 조명을 설치해 미디어 기능을 구현하는 것

실감 미디어의 실제 예로는 광화문 일대 모습을 디지털 공간으로 변화시킨 초대형 프로젝트 '광화시대'가 있다. 또한, 프로젝터를 이용해 경기장 바닥을 눈밭으로 바꾸고 빛 기둥이 솟아올랐던 2018년 평창 동계올림픽의 개·폐회식 장면 일부에 '프로젝션 맵핑' 기술이 선보였다.

그림 11-17 실감 미디어 예

1.2 실감 미디어 서비스 및 기술의 종류

실감 미디어 서비스 및 기술의 종류는 다음과 같다.

- **가상 현실**VR; Virtual Reality: 컴퓨터를 이용해 실제와 비슷한 가상 환경을 만들고, 현실처럼 느끼도록 만드는 기술
- **증강 현실**AR; Augmented Reality: 가상 현실과 실제 현실을 조합한 것으로, 사용자가 눈으로 보는 현실 세계에 가상의 물체를 겹쳐 보여주는 기술
- **증강 가상**AV; Augmented Virtuality: 가상 세계에 카메라로 포착된 물건, 사람 등과 같은 현실 이미지를 더해 가상 환경과 실시간으로 상호 작용할 수 있는 기술
- **혼합 현실**MR; Mixed Reality: 현실을 기반으로 가상 정보를 부가하는 증강 현실AR과 가상 환경에 현실 정보를 부가하는 증강 가상AV의 의미를 포함하는 기술
- **확장 현실**XR; Extended Reality: 가상 현실, 증강 현실, 혼합 현실을 포함한 몰입형 기술을 총칭하는 용어
- **실감형 사용자 인터페이스**Tangible User Interface: 실제로 물건을 만지고 느끼고 잡고 옮기는 등의 행위를 통해 디지털 정보를 조작하는 인터페이스 기술. 예 사용자가 컴퓨터 안에 있는 그림을 끄집어내어 책상 위에 올려놓고 다른 사람이 다시 드래그해 자신의 컴퓨터 안에 담기도 함
- **실감형 가상 현실**Immersive VR: 가상 현실VR에서 사용자 몰입감을 증대시켜 주변 환경이 현실이라고 느낄 정도로 실감을 주는 기술
- **홀로그램**Hologram: 홀로그래피 원리를 이용해 3차원으로 만들어진 입체적 시각 정보로, 레이저 광선 두 개의 간섭 효과를 이용해 간섭 무늬를 저장한 필름

1.3 실감 미디어의 미래 전망

실감 미디어 분야는 메타버스의 원천 기술이라 불리며 많은 관심 속에 빠른 속도로 성장하고 있다. 실감 미디어 기술력은 다양한 대형 이벤트, 테마파크, 전시회 등을 통해 대중에게 다가서고 있으며, 빠른 속도로 몰입의 정교함을 더해가고 있다.

2 디지털 트윈

2.1 디지털 트윈의 개념

디지털 트윈Digital Twin은 물리적 객체의 가상 모델이다. 객체의 라이프 사이클 전반에 걸쳐 실시간으로 업데이트된 정보를 이용해 시뮬레이션, 머신러닝, 추론을 통해 의사 결정을 돕는다. 사람, 자동차, 제조 설비 등 현실 세계의 객체에 대한 쌍둥이를 가상 세계에 만들고, 현실 객체의 동작을 가상 세계에서도 동일하게 실현시켜 현실 세계와 가상 세계의 쌍둥이 객체를 서로 동기화시키는 것으로, 한 쪽의 변화는 다른 쌍둥이 객체에게도 일어난다.

디지털 트윈은 2002년 미국에서 제품생애주기관리PLM의 이상적 모델로 설명하면서 등장했고 나사NASA의 존 비커스 박사가 이 개념에 디지털 트윈이란 이름을 붙였다. 2010년에 나사가 우주 탐사 기술 개발 로드맵에 디지털 트윈을 반영하면서 우주 산업에서 계속 쓰여 왔다.

디지털 트윈은 제조, 교통, 스마트 시티, 스마트 국방, 자율 주행 자동차, 스마트 헬스 케어 등에 활용되고 있다. 디지털 모델 시뮬레이션을 기반으로 최적화와 예측이 가능한 지능형 소프트웨어 개발이 가속화되고 있다.

2.2 디지털 트윈의 구조와 기술

디지털 트윈을 구성하는 기술은 사물인터넷, 클라우드, 5세대 통신, 인공지능, 증강 현실, 혼합 현실, 모델링이 있다. 디지털 트윈을 구성하는 소프트웨어는 수집/전달/저장/처리, 모델링 및 튜닝, 런타임 엔진 및 연동, 응용, 결정/제어, 2D/3D 그래픽스가 있다. 디지털 트윈이 가능하려면 사물인터넷 기술 발전이 전제가 된다. 왜냐하면 실시간 정보 수집이 중요한 요소 중 하나이기 때문이다. 또한, 디지털 트윈 기술은 인공지능 중 머신러닝 알고리즘을 사용해 대량의 센서 데이터

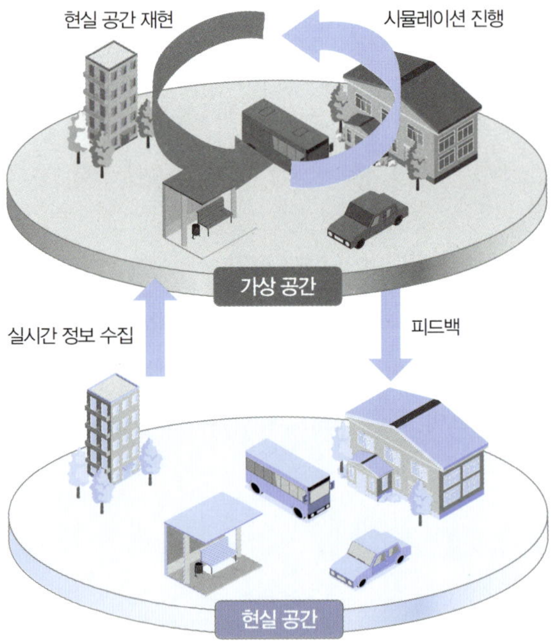

그림 11-18 디지털 트윈 구조의 예 출처: 일본 경제 신문

를 처리하고 데이터 패턴을 식별한다. 인공지능 및 머신러닝은 성능 최적화, 유지 관리, 효율성에 대한 데이터를 제공한다.

2.3 디지털 트윈의 이점

디지털 트윈은 성능 개선, 예측, 원격 모니터링, 시간 단축 등의 이점이 있다. 예를 들어, 디지털 트윈이 제공하는 실시간 정보와 인사이트를 활용하면 장비, 플랜트, 시설 등의 성능을 최적화할 수 있다. 문제가 발생하면 처리해주므로 시스템이 최대 성능으로 작동하도록 보장하고 가동 중지 시간을 줄일 수 있다. 장비가 완전히 고장 날 때까지 기다리는 것이 아니라 문제 징후가 나타나는 초기에 미리 조치를 취할 수 있다. 가상화되어 있는 디지털 트윈의 특성으로 시설을 원격으로 모니터링하고 제어할 수 있다. 실제 제품 및 시설을 만들기 전에 디지털 복제본을 만들어 시행착오를 줄여 전체 작업 시간을 단축할 수 있다.

2.4 디지털 트윈의 시장 규모와 전망

시장 조사 기관인 마켓리서치퓨처Market Research Future에 따르면 디지털 트윈은 2016년 18억 달러 규모에서 연평균 성장률 37%로 성장하고 있으며 2023년에는 약 157억 달러 규모를 형성할 것으로 전망했다. 국가별로는 북미 시장이 32%, 유럽 30%, 아시아태평양 24% 순으로 시장 점유율을 차지하는 것으로 분석했다. 글로벌 리서치 회사인 마켓앤마켓Markets and Markets에 따르면, 국내 디지털 트윈 시장은 2016년 271억 원에서 2020년 742억 원으로 연평균 28.6% 증가했으며 2025년까지 연평균 52.5% 성장할 것으로 전망되어 지속적으로 성장할 것으로 나타났다.

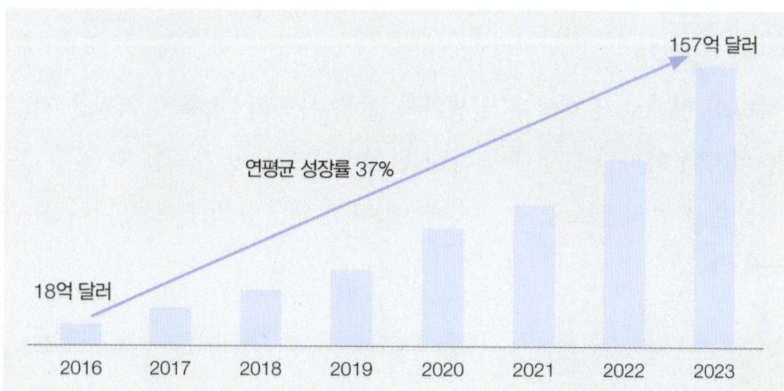

그림 11-19 글로벌 디지털 트윈 시장 전망 출처: 마켓리서치퓨처

앞으로 국내 디지털 트윈은 제조업을 필두로 다양한 산업 분야에서 활용될 것으로 예상된다. 특히, 제조업에서는 IoT 기반의 클라우드 플랫폼별 소프트웨어가 확산될 것으로 예상된다. 빅데이터, 인공지능, 클라우드, 엣지 컴퓨팅, 5G 등 디지털 트윈에 필요한 개별 핵심 기술의 시장 규모도 다양한 분야에 활용되면서 지속적으로 확산될 것이다.

3 메타버스

3.1 메타버스의 개념

메타버스Metaverse는 현실 세계와 가상 세계가 공존하는 새로운 디지털 유니버스로, 현실을 디지털 기반의 가상 세계로 확장해 가상 공간에서 모든 활동을 할 수 있게 만드는 시스템이다. 사회적 교류, 교육, 업무, 경제 활동 등 다양한 현실 세계의 활동을 가상 공간에 반영한다. 가상, 초월을 의미하는 Meta와 세계를 의미하는 Universe의 합성어로, 1992년 출간된 소설 《스노 크래시》 속 가상 세계 명칭인 메타버스에서 유래한다. 메타버스는 가상 현실과 증강 현실 등 여러 실감 미디어를 결합한 상위 개념이다.

3.2 메타버스의 필수 요소

메타버스를 구현하기 위해서는 실감 미디어 기술이 필수다. 특정 가상 공간에서 자연스럽게 소통할 수 있는 환경이 구축되어야 하는데, 가상 현실VR, 증강 현실AR, 혼합 현실MR, 확장 현실XR을 포함한 실감 미디어 기술과 네트워크 및 클라우드 컴퓨팅 시스템 기술의 발전 및 융합 등으로 환경 구축이 가능하다.

3.3 메타버스의 미래 전망

메타버스에서 사람은 아바타의 형태로 존재하여 실생활과 같은 사회적, 경제적 역할을 가상 현실에서 수행할 수 있다. 여기에 디지털 트윈을 접목해 현실과 가상을 동기화할 수 있다. 현실 세계와 가상 세계의 결합은 혼합의 정도Degree of Mix에 따라 다양한 모습으로 나타날 수 있고, 필요한 기술이 달라질 수 있다.

그림 11-20 메타버스의 예

4 스마트 공장

4.1 스마트 공장의 개념

스마트 공장은 제품의 기획부터 판매까지 모든 생산 과정을 정보통신[ICT] 기술로 통합해 최소의 비용과 시간으로 고객 맞춤형 제품을 생산하는 첨단 지능형 공장이다.

그림 11-21 스마트 공장

스마트 공장의 개념도는 다음과 같다.

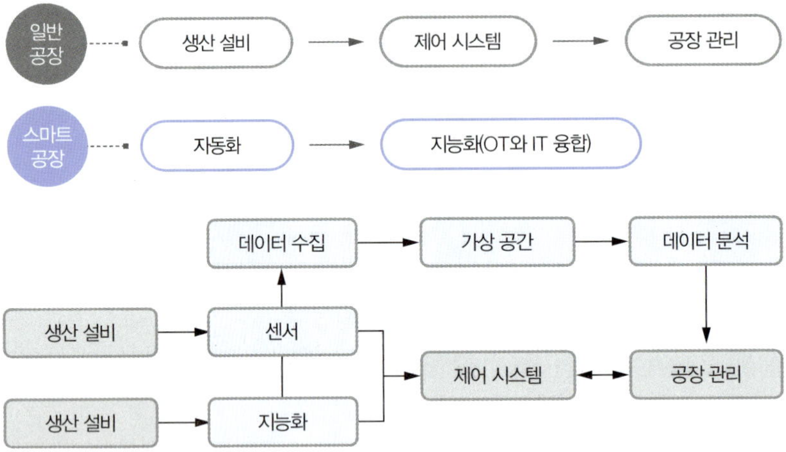

그림 11-22 스마트 공장의 개념도 출처: 스마트제조혁신추진단

TIP 운영 기술(OT)과 정보 기술(IT)의 융합: 운영 기술(OT; Operational Technology)은 산업용 장비를 제어하는 방식으로, 하드웨어와 소프트웨어를 사용한다. OT 시스템은 물리적 환경과 상호 작용하는 데 주로 사용되며, 제조, 에너지, 의료, 건물 관리 등에서 사용하는 전문 시스템을 포괄한다. 정보 기술(IT)은 데이터 시스템을 다루고 비즈니스 문제를 해결하는 데 사용된다. OT 시스템이 네트워크와 연결되는 경우가 많아지면서 더 많은 양의 데이터를 생성하고 사용함에 따라 OT와 IT의 여러 측면이 융합되고 있다.

4.2 스마트 공장의 기술 요소

스마트 공장의 기술 요소는 다음과 같다.

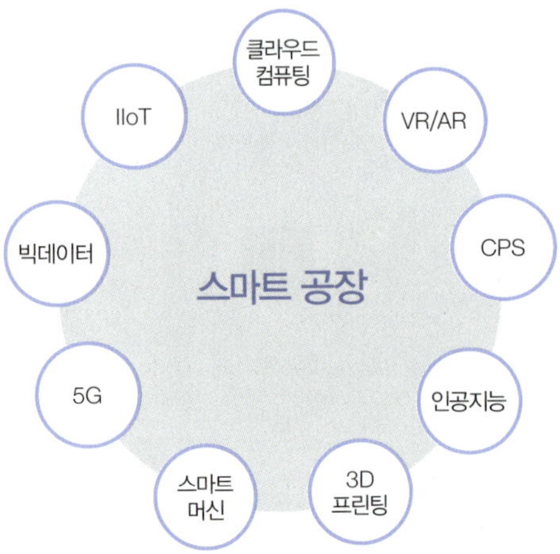

그림 11-23 스마트 공장의 기술 요소 출처: 한국 경제 매거진

스마트 공장의 기술 요소 중에서 산업용 사물인터넷IIoT은 사물인터넷IoT의 산업용 버전으로, 사물에 센서를 부착해 인터넷으로 실시간 데이터를 주고받는 것은 같지만, 산업용 목적에 중심을 둔 것이라 IoT보다 센서 응답성이 뛰어나다. CPSCyber-Physical Systems는 현실 세계와 사이버 시스템을 유기적으로 결합해 자연환경을 스스로 인지하고 주어진 임무를 수행하는 스마트 시스템이다. 스마트 공장에서는 CPS를 이용해 가동률 등을 예측하고 문제가 발생하면 보완할 수도 있다. 최적화된 설비와 인력의 배치 또한 CPS를 이용해 결정할 수 있다.

4.3 스마트 공장의 시장 규모와 전망

스마트 공장의 고도화를 위해서는 OT와 IT의 융합 기술이 중요하다. 이 융합 기술은 바로 클라우드, 특히 엣지 컴퓨팅이다. AI를 접목해 실시간으로 생산성 및 불량을 분석하고 최적화를 위한 IT 솔루션도 클라우드화가 되어 가고 있다. 엣지 컴퓨팅에는 사용자 또는 데이터 소스의 물리적 위치로 컴퓨팅 리소스를 이용하는 작업이 수반된다. 흔한 예로 공장 작업장에서 이루어지는 데이터 분석을 들 수 있다. 이러한 융합의 일부로 과거에는 IT팀의 영역이던 소프트웨어가 이제 OT 프로세스 지원에도 사용된다.

스마트 공장은 도입 수준에 따라 기초, 중간1, 중간2, 고도화 단계로 구분된다. 기초는 부분적인 데이터화로 실적 집계 등을 하는 단계, 중간1은 본격적으로 설비 데이터를 수집하는 단계, 중간2는 수집된 설비 데이터로 제어까지 자동화할 수 있는 단계, 고도화는 전 공장의 IoT화로 빅데이터 기반의 운영·협업 등까지 가능한 단계다.

2022년 스마트 공장의 국내 시장 규모는 약 2조 2,000억 원으로 집계되며 스마트 공장 3만 개 시대를 열었다. 그러나 국내 대부분의 스마트 공장은 기초 단계와 중간1 단계에 머물러 있다. 2023년 이후에는 본격적인 '고도화' 작업이 진행될 것으로 예상된다. 모든 설비와 장치가 무선 통신으로 연결되어 전 공정을 실시간으로 모니터링하고 분석할 수 있는 스마트 공장은 정보통신 기술ICT의 융합으로 이뤄지는 차세대 산업혁명인 4차 산업혁명의 핵심이다.

그랜드 뷰 리서치의 보고서에 따르면, 2025년까지 전 세계 스마트 공장 시장의 규모는 거의 3,952억 달러로 2016년의 1,723억 달러에서 크게 성장할 것으로 전망했다. 주요 성장 요인으로는 연결된 공급망과 지식 기반 제조 프로세스에 대한 수요 증가 등이다.

5 NFT

NFT^Non-Ffungible Token^란 블록체인 기술을 이용해 디지털 자산의 소유주를 증명하는 가상의 대체 불가능 토큰^Token^이다. 그림이나 영상 등의 디지털 파일을 가리키는 주소를 토큰 안에 담아 고유한 원본성 및 소유권을 나타내는 용도로 사용된다. 즉, 일종의 가상 진품 증명서다.

NFT는 거래 내역을 블록체인에 영구적으로 남겨 고유성을 보장받는다. 대체 불가능한 토큰은 고유성을 지니는 것으로 동일품이 존재할 수 없는 주민등록번호와 비슷하다. 초창기에는 뜨거운 관심을 받았으나 2021년 이후로는 급격하게 관심이 줄었다.

TIP 블록체인(Block Chain): 블록(Block)에 데이터를 담아 모음(Chain) 형태로 연결해 동시에 수많은 컴퓨터에 복제 및 저장하는 분산형 데이터 저장 기술이다. 공공 거래 장부라고도 부른다.

6 웨어러블 컴퓨터

웨어러블 컴퓨터는 신체에 착용하는 컴퓨터다. 대표적인 제품으로는 구글 글래스, 스마트 워치 등이 있으며 심장 박동수, 혈압, 체온 등을 측정하는 의료 서비스 분야와 위치 정보를 수집하는 군사 분야에 활용된다. 웨어러블 컴퓨터는 편의와 패션이라는 인간 욕구의 실현이자 창의력의 산물이다.

(a) 구글 글래스

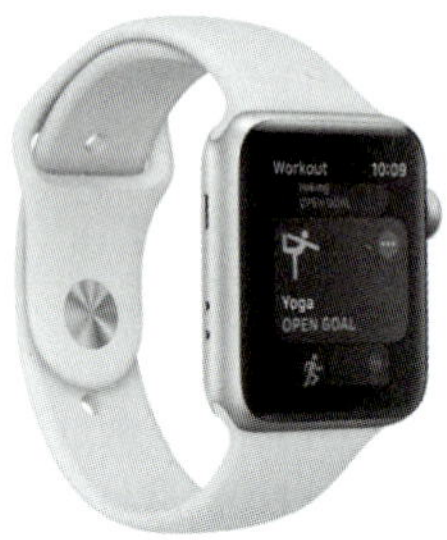

(b) 스마트 워치

그림 11-24 웨어러블 컴퓨터 예

7 3D 프린팅

3D 프린팅은 겹겹이 재료를 뿌려서 3차원 물체를 만들어 내는 기술이다. 인간의 귀를 스캔해 맞춤형 이어폰을 만들거나 인간의 신체를 스캔해 맞춤형 신발이나 의류를 만드는 것이 모두 3D 프린팅 기술을 사용한 예다. 네덜란드, 미국, 영국에서는 3D 프린팅으로 집을 짓는 회사들도 생겨났다. 3D 프린팅 기술은 의류, 음식, 주택, 의료, 유통, 건설 등 다양한 산업 분야에 적용할 수 있어 경제적 가치가 크다. 《메이커스》의 저자 크리스 앤더슨은 향후에 3D 프린팅이 인터넷보다 더 큰 영향력을 발휘할 것이라고 주장하며 3D 프린터 소재 전문가, 3D 프린터 비용 산정 전문가, 3D 프린터 잉크 개발자, 3D 프린팅 패션 디자이너, 3D 프린터 음식 요리사, 3D 비주얼 상상가, 3D 신체 장기 에이전트 등 다양한 직업도 탄생할 것이라고 했다.

8 지능 정보 단말기와 딥러닝 단말기

지능 정보 단말기는 인간의 오감을 중심으로 하는 휴먼 인터페이스를 제공하며, 사용자 편의성, 의사소통의 효율성, 자연성을 극대화시키는 형태의 지능적인 휴대용 단말기다. 차세대 PC라고도 한다.

딥러닝 단말기는 겉모양은 USB 메모리처럼 보이지만, 컴퓨터와 연결하면 딥러닝 처리를 할 수 있다. 다음 그림은 인텔이 개발한 USB 메모리 형태의 딥러닝 단말기인 '모비듀스 신경망 컴퓨터 스틱'이다. 그림처럼 단말기를 동시에 네 개를 꽂으면 처리 속도가 더 빨라진다.

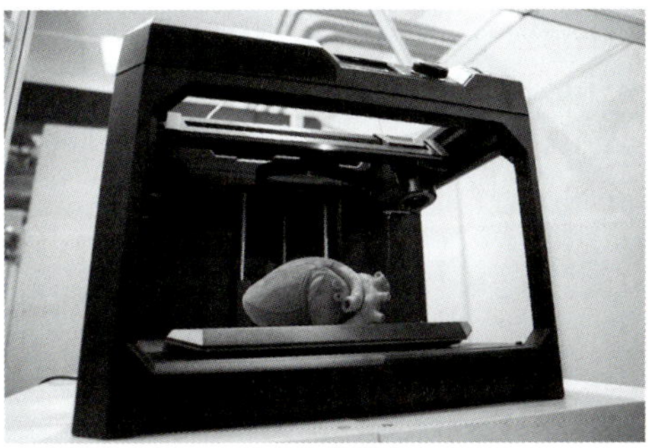

그림 11-25 3D 프린팅 예

그림 11-26 인텔의 딥러닝 단말기

9 드론

드론Drone은 지상에 있는 드론 파일럿Drone Pilot이 무선으로 조종하여 사전에 프로그램된 경로에 따라 자동 또는 반자동으로 날아가는 항공기다. 무인 항공기UAV; Unmanned Aerial Vehicle 또는 무인기라고도 한다.

그림 11-27 드론

드론 산업은 항공, ICT, 소프트웨어, 센서, 소재 등 첨단 기술이 융합된 것으로, 현재 시장 규모는 작으나 IoT, 빅데이터, 무인 모빌리티와 연계된 신시장을 창출하며 지속적으로 성장하고 있다. 드론은 군대뿐만 아니라 취미, 촬영, 국토 조사, 물품 수송, 농·임업, 재난 방재 등 다양한 산업 분야에서 활용되어 업무의 효율성과 안전성을 높이고 있다. 드론 관련 기술은 미래 교통 혁신을 가져올 개인용 자율 비행 항공기PAV; Personal Air Vehicle 등 미래 항공 산업의 핵심 기술이 되고 있다.

드론 산업이 중요한 것은 산업의 특성상 기술 파급력이 높은 융합 기반의 미래 선도 사업이기 때문이다. 자율 비행을 위한 AI, 드론 간 통신을 위한 IoT, 기체 제작을 위한 3D 프린팅 등 4차 산업혁명의 핵심 기술을 적용 및 검증할 수 있는 최적의 테스트 실험장이 되기 때문이다.

05 4차 산업혁명과 인공지능 시대의 컴퓨터와 소프트웨어

1 인간을 닮아 가는 컴퓨터 기술

미래의 컴퓨터는 인간의 사고 체계와 유사한 방식으로 동작하는 바이오 컴퓨터, DNA 컴퓨터, 광컴퓨터, 양자 컴퓨터, 신경망 컴퓨터 등으로 그려볼 수 있다.

1.1 바이오 컴퓨터

바이오 컴퓨터Bio Computer는 실리콘 등을 이용한 반도체 대신에 생물을 구성하는 단백질 등의 생체 고분자나 더 미세한 분자 소자 등을 이용해 만든 컴퓨터다.

1.2 DNA 컴퓨터

DNA의 네 가지 염기인 아데닌A, 티민T, 구아닌G, 시토신C으로 신호가 구성되는 컴퓨터다. 보통 컴퓨터는 실리콘 칩과 전기 회로로 구성되는데 DNA 컴퓨터는 입력, 출력, 소프트웨어가 모두 DNA 분자로 이루어지면 이 DNA 분자들은 생명체에 관한 암호화된 정보를 저장 및 처리할 수 있다.

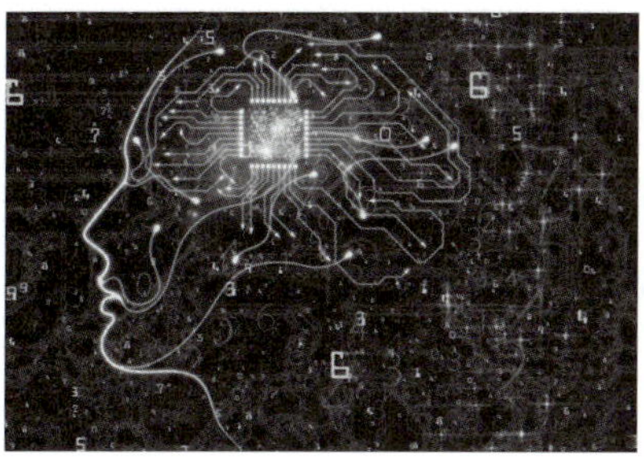

그림 11-28 바이오 컴퓨터 출처: 연합뉴스

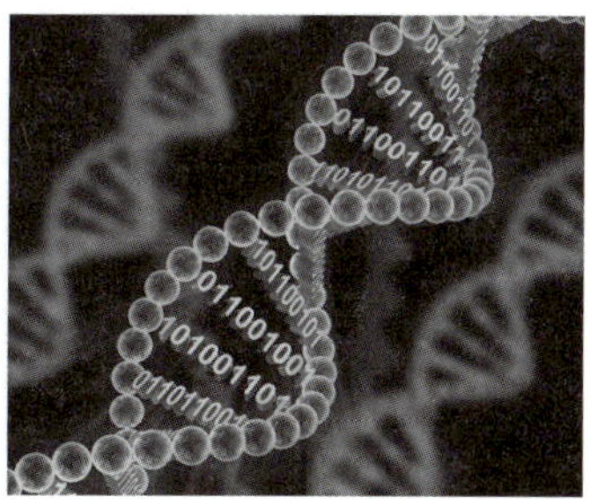

그림 11-29 DNA 컴퓨터

1.3 광컴퓨터

현재의 컴퓨터는 반도체를 기본으로 전자의 흐름을 제어한다. 광컴퓨터는 전자 대신에 빛을 컴퓨터 분야에 적용하려는 시도다. 빛은 전자에 비해 높은 전송 용량을 갖고 있고 서로의 정보를 파괴하지 않는 것이 장점이다. 광소자를 광섬유로 결합하여 만든 기억·연산·제어 등의 광회로로 이루어진 컴퓨터다.

1.4 양자 컴퓨터

양자 컴퓨터Quantum Computer는 원자 이하의 차원에서 입자의 움직임에 기반을 두고 계산을 하는 컴퓨터다.

그림 11-30 광컴퓨터

그림 11-31 양자 컴퓨터 출처: 과학지식백과

1.5 신경망 컴퓨터

신경망 컴퓨터Neuron Computer는 인간의 사고 체계 및 행동 양식을 따라 하기 위해 신경 세포의 동작 원리에 기초한 컴퓨터다. 생물의 신경망을 응용해 비교적 간단한 구조를 가지는 계산 요소인 뉴런Neuron을 연결하고 이들 간에 연산을 수행하는 개념을 하드웨어로 실현한 것이다. 퍼셉트론Perceptron은 인공 신경망의 한 종류로, 초기 신경망 분야에 커다란 영향을 미쳤다.

TIP 퍼셉트론(Perceptron)은 1957년에 코넬 항공 연구소의 프랑크 로젠블라트(Frank Rosenblatt)에 의해 고안되었다. 퍼셉트론의 동작 방식은 각 노드의 가중치와 입력치를 곱한 뒤 모두 합친 값을 활성 함수로 판단한다. 그 값이 임계치(보통 0)보다 크면 뉴런이 활성화되고 결괏값으로 1을 출력한다. 뉴런이 활성화되지 않으면 결괏값으로 −1을 출력한다.

2 인간을 닮아 가는 소프트웨어 기술

소프트웨어의 기능은 혁신을 통해 갈수록 다양해지고 세분화되고 있다.

표 11-2 소프트웨어 기능의 진화

영역	3차 산업혁명	4차 산업혁명
감지 범위	사람이 직접 수집 · 입력한 데이터만 활용해 감지 → 감지 범위가 매우 제한적	사물 센서가 스스로 실시간 데이터를 수집해 활용 → 빅데이터 축적, 감지 범위 확대
자율 판단	사전에 프로그래밍된 업무를 신속 · 정확하게 반복 수행 → 자율성 부재	학습을 통한 진화, 자율적 사고 및 유연한 해법 제시 → 자율 판단 가능
실행력	컴퓨터, 스마트폰 등 IT 기기에 한정해 제어 및 실행 가능 → 실행의 시차 발생, 수단 제한	모든 사물을 손쉽게 제어 → 목표 달성 용이

특히, 소프트웨어 연구는 단순히 자료를 다루는 것이 아니라 스스로 판단까지 할 수 있는 인공지능 개발에 집중되고 있다. 컴퓨터를 더 작게 만들기 위한 노력도 계속되고 있다. 대부분의 전문가들은 가까운 미래에도 집적 회로로 만든 컴퓨터를 계속 사용할 것으로 예상한다.

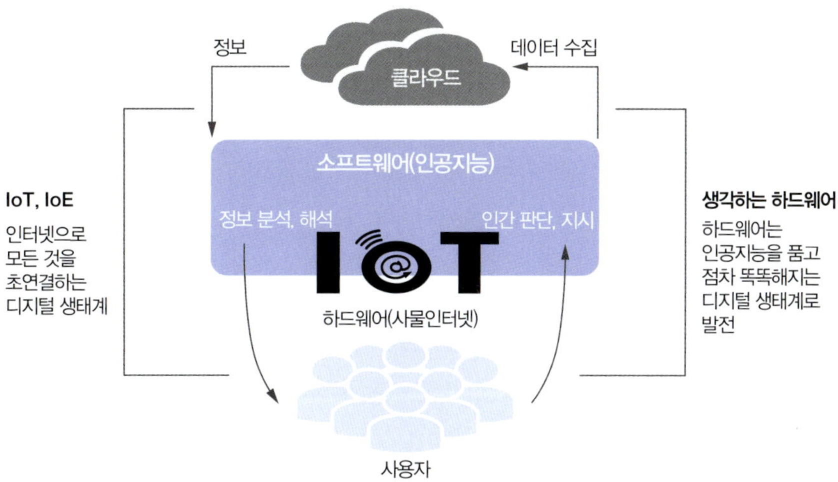

그림 11-32 소프트웨어의 진화

06 4차 산업혁명과 인공지능 시대의 변화 – 윤리, 직업, 교육

1 4차 산업혁명과 인공지능이 가져오는 변화와 영향

4차 산업혁명과 인공지능의 기술 변화는 사회, 경제, 생활 방식 등 사회 전반에 변화를 주고 있다. 정보통신 기술은 어떻게 사용하느냐에 따라 '훌륭한 도구'가 될 수도 있고, '나쁜 도구'가 될 수도 있다. 무한한 힘과 가능성을 지닌 이런 도구를 잘 개발하고 활용하는 방향으로 개척하는 것이 지금 우리 사회가 해야 할 역할이다.

1.1 4차 산업혁명과 인공지능 시대의 순기능

정보통신 기술은 우리 삶에 깊숙이 들어와 여러 가지 이점을 안겨주고 있다. 공장 자동화로 생산성이 향상되고, 사무 자동화로 노동 시간을 단축할 수 있으며, 가정 자동화로 생활 수준이 높아졌다. 미래 사회에는 가정에서도 전자 제품을 컴퓨터와 통신해 제어함으로써 훨씬 안락하고 편안한 생활을 영위할 수 있을 것이다. 또한 산업체에서는 인공지능 능력을 갖춘 로봇을 사용해 사무실과 공장 업무를 자동화하여 근로자들이 더 많은 여유 시간을 가질 수 있게 될 것이다.

이에 따라 레저 산업이 더욱 발달하게 되고, 문화적 측면으로는 3차원 컴퓨터 그래픽 기술 및 멀티미디어 기술을 사용한 입체 영상과 대화식 멀티미디어 예술이 탄생할 것이다. 컴퓨터를 이용한 음악과 미술이 일반화되고 일부 계층에서만 향유하던 예술을 ICT 기술을 통해 손쉽게 접할 수 있을 것이다.

인공지능의 목표는 우리의 생활을 편리하게 만들어주는 것이다. 인공지능 기술은 인간의 단순 노동뿐만 아니라 감정 노동도 대체할 수 있다. 일상생활에서 편리함을 제공하고 인간의 판단과 결정에 도움을 줄 수 있어 업무의 효율성과 생산성은 향상된다.

1.2 4차 산업혁명과 인공지능 시대의 역기능

정보화 사회가 되면서 원격 통신을 이용한 업무 처리나 재택근무가 보편화되면 인간관계가 소원해지고, 개인의 프라이버시Privacy가 침해당할 우려도 높아진다. A 국가 상공에 B 국가의 무인 전투기가 등장해 목표물에 정밀 타격을 하는 등 로봇을 이용한 전쟁도 일어날 수 있다. 전문가들은 머지않아 조종사가 탑승한 전투기가 사라지는 등 전쟁 양상이 혁명적으로 바뀔 것으로 전망하고 있다. 또한, 첨단 사회의 기계적이고 파괴적인 단상들도 있을 수 있다. 각 부문이 네트워크로 연결되어 있으므로 사소한 전산망 고장으로 한 곳의 시스템이 정지되면 일종의 공황 현상이 일어날 수 있다.

이전의 산업혁명은 노동과 일자리를 새로운 형태로 전환시켜 왔으나, 4차 산업혁명은 일자리의 형태를 바꿀 뿐만 아니라 많은 일자리를 단기간에 없앨 수 있다.

TIP 1차 산업혁명은 농업에서 공장제 제조업과 육체노동으로, 2차 산업혁명은 근육질 노동에서 사무 관리직 업무로, 3차 산업혁명은 서비스와 지식 산업 중심으로 이동하면서 더 많은 일자리를 창출했다.

본격적인 인공지능 시대가 도래하면 나의 업무를 인공지능이 대신하게 되어 직업을 구하기가 더 어려워진다. 사생활 침해와 개인 감시가 이루어질 수 있어 개인정보 오남용에 의한 윤리적인 문제를 발생시킬 수 있다.

인공지능을 연구 및 개발하는 회사의 독점 체제가 강화될 우려가 있다. 편향된 데이터를 습득한 잘못된 인공지능을 개발할 위험도 있다. 최근 챗봇 '이루다' 사건과 같이 사용자들이 부적절한 데이터를 인공지능에게 학습시키면, 잘못된 가치관을 그대로 학습한 잘못된 인공지능이 우리 삶에 침투할 위협이 있다. 또한, 학습되지 않았거나 추론할 수 없는 상황에 엉뚱한 결과를 내놓게 되면 자칫 큰 사고로 이어질 수도 있다.

2 4차 산업혁명과 인공지능 시대의 윤리

정보통신 기술로 만들어진 사이버 공간은 현실과는 엄연히 다른 공간이다. 사이버 공간과 현실 세계는 모두 사람에 의해 유지되고 노력 없이는 아무것도 할 수 없다는 공통점이 있지만, 분명히 인지하고 있어야 할 차이점도 있다.

■ 사이버 공간과 현실 세계의 차이점

- 사이버 공간은 내가 상상한 대로 만들 수 있고 사회적 타협이 배제될 수 있다. 반면 현실 세계는 정신적·육체적 노력과 사회적 환경이 뒷받침되어야 성과를 낼 수 있다.
- 사이버 공간은 현실이 뒷받침되지 않으면 유지할 수 없는 현실 의존적이다.
- 사이버 공간은 현실 세계보다 자유롭고 평등하다. 따라서 사회적 실재감이 결여되기 쉬워 일탈 행동으로 이어지기 쉽고, 익명성이 보장되어 정보를 왜곡시키거나 과장할 가능성이 있다.
- 사이버 공간은 현실 세계의 대면 대화보다 더 복잡하고 다양한 방법으로 소통한다. 이메일, SNS 등이 대표적인 예다.
- 사이버 공간은 현실 세계보다 공간 제약을 극복하기 쉬워 정보가 실시간으로 확산된다.

정보통신 윤리란 정보통신 사회에서 야기되는 윤리 문제를 해결하기 위해 정보 사회를 살아가는 사회 구성원이 갖추어야 할 규범과 행동 양식이다. 단순히 정보통신 기기를 다루는 것뿐만 아니라 정보통신 사회를 살아가는 데 있어서 옳음과 그름, 좋음과 나쁨, 윤리적인 것과 비윤리적인 것을 올바르게 판단하고 실천하는 데 필요한 규범이다. 정보통신사업법 측면에서 보면 거짓 정보나 불법 정보, 해가 되는 정보의 유통을 억제하고, 불건전한 것을 유통시키지 않으며 건전한 정보 공유 문화가 형성되도록 노력하는 것이다.

정보통신 윤리의 대상은 정보통신 전문가, 정보통신 사업자, 정보통신 사용자 등이며, 이들은 각각 정보통신 전문가의 윤리, 정보통신 사업자의 윤리, 정보통신 사용자의 윤리를 지켜야 한다. 정보통신 윤리는 넓게 본 정보통신 윤리가 있고, 좁게 본 정보통신 윤리가 있다. 넓게 본 경우는 정보의 생성, 유통, 사용까지 모두 포괄하는 것이고, 좁게 본 경우는 배포 및 전달 과정만 관여하는 것이다. 두 가지 범위로 나누어 보았지만 결국 정보통신 윤리는 법적인 차원이 아닌 윤리적인 차원이며, 상대방에게 욕설을 하는 인신공격, 불법적인 정보 거래, 기밀 정보 누설 등이 모두 정보통신 윤리에 어긋나는 행동이다.

■ 정보통신 윤리의 기본 원칙

- **정의**Justice: 사이버 공간에서 사용자는 자신이 제공하는 정보의 진실성, 비편향성, 완전성, 공정한 표현성 등을 추구해야 한다. 타인의 기본 자유와 권리를 침해하지 않기 위해서다.
- **책임**Responsibility: 사이버 공간에서 정보 이용자 및 정보 제공자는 자신의 행동이 어떤 결과를 가져올 것인지 미리 심사숙고해야 한다.

- **존중**Respect: 자신과 타인에 대한 존중을 의미한다.
- **해악 금지**Non-Maleficence: 사이버 공간에서의 비도덕적인 행동은 수많은 불특정 다수에게 엄청난 피해를 줄 수 있다. 따라서 따뜻하고 정감 있는 공간을 만들기 위해 각자 타인의 복지를 증진시키는 방향으로 행동해야 한다.

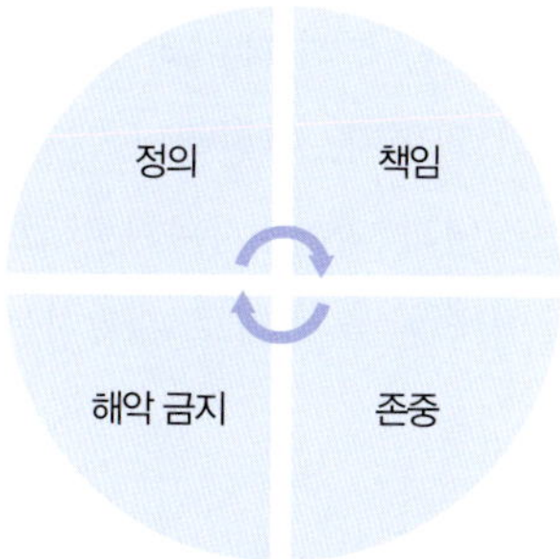

그림 11-33 정보통신 윤리의 기본 원칙

대량의 인명 피해가 예상되는 자율 살상 무기 개발은 인공지능을 비윤리적으로 활용하는 대표적인 경우다. 2025년에는 인공지능을 탑재한 군사용 로봇과 드론 시장의 규모가 민간 시장의 규모를 압도할 것으로 전망된다. 미국 스탠포드 대학교가 2017년 발표한 연구에서 인공지능에게 온라인 데이트 사이트에 공개된 남녀 프로필 사진으로 성적 지향성을 추론하게 한 결과, 인공지능은 사람보다 더 정확한 판단을 내렸다. 기업 인사팀이 수많은 구직자들의 이력서를 1차 필터링하기 위해 인공지능을 도입한다면 구직자들은 인공지능에 의해 차별을 당하게 될 수도 있다.

4차 산업혁명과 인공지능 시대에서는 의도적으로 가짜 이미지나 영상, 뉴스, 음성을 생성 및 배포하는 행위인 딥페이크가 개인의 평판을 훼손하고 사회 구성원 간의 신뢰를 떨어뜨린다. 인터넷 통신망과 휴대 전화에 범람하는 음란 정보를 차단하고, 게임 증후군을 예방하기 위해 철저한 윤리 의식과 교육이 필요하다. 특히 청소년들에게 미치는 해악을 제거하기 위해 사회 구성원들이 공동으로 노력해 나가야 한다.

TIP
- 네티켓(Netiquette): 네트워크(Network)와 에티켓(Etiquette)의 합성어로, 가상 공간에서 지켜야 할 예절이다. 타인의 요구와 자아를 배려하고, 타인의 네티켓 위반에 과잉 반응하지 않는다. 불필요한 문제를 일으키지 않고, 상업적 목적으로 이용하지 않는다.
- 모티켓(Motiquette): 모바일(Mobile)과 에티켓(Etiquette)의 합성어로, 휴대 전화를 사용할 때 지켜야 할 예절이다.
- 딥페이크(Deepfake): 인공지능을 기반으로 인간 이미지를 합성하는 기술이다. 기존에 있던 인물의 얼굴이나 특정 부위에 다른 영상을 합성한 편집물을 총칭한다.

3 4차 산업혁명과 인공지능 시대의 직업

4차 산업혁명 시대가 도래하면서 직업 선택에 많은 변화가 생겨나고 있다. 특히, 현존하는 직업의 50~70% 정도가 없어지고 새로운 직업이 생겨나며, 존속하는 직업도 일하는 방법이 많이 바뀌게 될 것이다. 직업을 선택할 때도 이러한 변화를 염두에 두지 않을 수 없다.

인공지능과 로봇의 발전으로 과거에는 없던 새로운 직군도 생겨났다. 특히 데이터 분야는 중요도가 높아지고 있다. 데이터 엔지니어, 데이터 분석가, 데이터 과학자, 머신러닝 엔지니어 등이다. 오늘날에는 머신러닝으로 빅데이터를 분석하므로 머신러닝과 데이터 분야는 서로 중요한 관계가 되었다. 데이터 과학자는 데이터 분석에 머신러닝 방법론을 추가로 개발하는 역할도 하며, 더욱 더 넓은 범위를 담당하는 직업이다.

쿠팡, 마켓컬리와 같은 유통업에서는 상품 판매 데이터를 분석해 고객이 어떤 상품을 선호하는지 살펴볼 수 있다. 프랜차이즈 카페나 편의점에서도 지점별 매출, 고객 정보 데이터를 분석해 신규 지점을 어디에 여는 것이 좋을지 결정할 수 있다. 이때 필요한 것이 데이터 분석가다. 데이터 분석가는 기업이 데이터 기반 의사 결정Data Driven Decision Making을 할 수 있게 도와준다.

4차 산업혁명 시대의 위기 직업군의 예는 다음과 같다.

표 11-3 4차 산업혁명 시대의 위기 직업군 출처: 한국고용정보원

직업명	관련 기술
고객 상담원	인공지능, 빅데이터
생산 및 제조 관련 단순 종사원	스마트 공장
치과 기공사	3D 프린팅
의료 진단 전문가	의료 기기, 인공지능
금융 사무원	핀테크, 빅데이터, 인공지능
번역가	인공지능, 음성 인식
창고 작업원	사물인터넷, 센서 기술, 증강 기술
계산원	디지털화, 핀테크

4차 산업혁명 시대의 유망 직업군의 예는 다음과 같다.

표 11-4 4차 산업혁명 시대의 유망 직업군 출처: 한국고용정보원

직업명	관련 기술
사물인터넷 전문가	무선 통신, 프로그램 개발
인공지능 전문가	인공지능, 딥러닝
빅데이터 전문가	빅데이터
가상(증강) 현실 전문가	가상(증강) 현실
3D 프린팅 전문가	3D 프린팅
드론 전문가	드론
생명 공학자	생명 공학, IT
응용 소프트웨어 개발자	보안
로봇 공학자	기계 공학, 재료 공학, 컴퓨터 공학, 인공지능 등

4 4차 산업혁명과 인공지능 시대의 교육

4차 산업혁명으로 시스템이 급속하게 재편되는 분야 중 하나가 교육이다. 1·2차 산업혁명을 거치면서 틀에 박힌 육체노동 기술이나 인지적 기술을 교육의 지향점으로 여겼다. 4차 산업혁명 시대에는 대량 생산 체제에 맞춰진 획일화된 교육을 받은 인재상을 원하지 않는다. 4차 산업혁명 시대가 요구하는 교육 모델은 인문 사회의 학문과 이공계의 기술이 접목된 창의적인 융합 교육이다.

4차 산업혁명은 ICT 분야의 발달을 기반으로 변화되는 사회다. 즉, 컴퓨터의 하드웨어, 소프트웨어, 통신 장비 관련 모든 부품과 서비스 등 ICT 분야의 기술이 변화의 중심에 설 것이다. 이러한 미래 사회의 핵심 기술은 프로그래밍을 통해 만들어진다고 할 수 있다.

현재 우리나라에서는 초중고 교육 과정에 소프트웨어SW 교육을 대폭 강화하고 있다. 2018년부터 중학교는 34시간의 SW 교육을 필수로 받아야 하고 초등학교는 2019년부터 코딩 교육이 필수가 되었다.

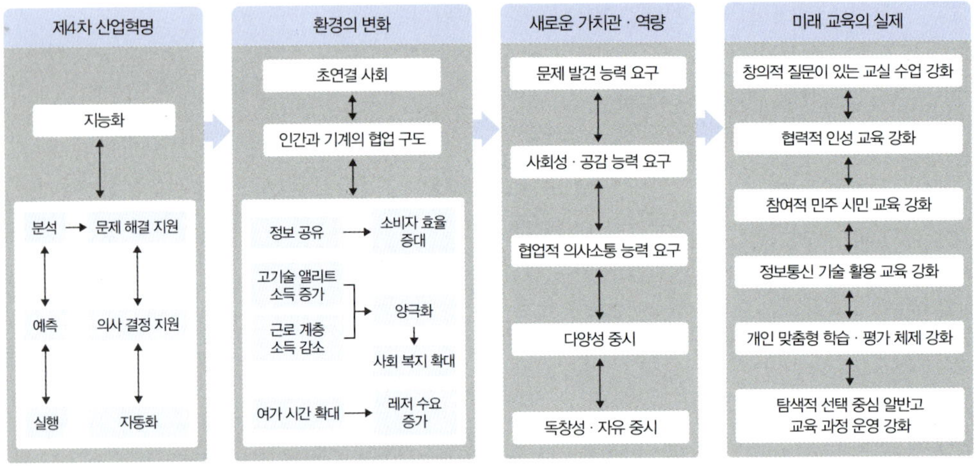

그림 11-34 4차 산업혁명 시대의 창의적인 융합 교육의 필요성

2020년 이후에 요구되는 교육 목표로는 복잡한 문제를 해결할 수 있는 능력, 비판적 사고력, 창의력, 사람 관리와 협업 능력 등을 갖춘 인재를 길러내는 데 초점이 맞춰져야 한다.

교육은 시대에 따라 변하고, 국가의 자원은 전략적으로 집중되어야 한다. 학습자를 생산자로 보면 컴퓨터는 도구가 되고, 교수자의 역할은 더욱 중요해진다. AI를 이용한 교육은 학습자를 감시하는 것이 아니라, 학습자가 AI를 도구로 이용해 새로운 것을 창조해내는 교육이다. 이것은 블렌디드 러닝을 통해 가능하다. 블렌디드 러닝은 AI 시대를 대비하는 교육이자 그동안 우리가 추구해온 역량 중심, 학습자 중심의 교육을 하는 방법이다.

TIP 블렌디드 러닝(Blendid Learning): 온라인과 오프라인이 혼합된 형태로 LMS(Learning Management System)를 통해 온라인 수업을 진행하고 오프라인 수업에서는 토론 등으로 심화 학습을 진행하는 형태다.

현재의 주입식 교육 시스템은 4차 산업혁명과 인공지능 시대에 대응할 미래형 인재를 양성할 역량을 갖추지 못하고 있다는 것이 전문가들의 공통된 의견이다. 초중고뿐만 아니라 대학 이상의 고등 교육에서도 이러한 미래 지향적 교육 목표와 인재를 키우는 데 주력해야 개개인의 능력뿐만 아니라 국가 경쟁력도 갖출 수 있으리라 전망한다.

최근 몇 년 사이 인공지능AI은 우리 사회 전 분야의 미래 핵심 기술이 되면서 영향력은 점점 더 커지고 있다. 그러므로 AI로 대용량 데이터를 처리해낼 수 있는지를 판단하는 능력이 필요하다. 이것이 바로 인공지능 리터러시AI Literacy다. 이것은 소프트웨어 코딩과는 다른 차원의 컴퓨터 이해력이다. 개발자나 엔지니어에 국한해 요구되는 능력이 아니라 AI 시대를 살아갈 우리 모두에게 필요한 AI 리터러시를 기르는 방법에 대한 지식이다. 우리가 하는 일과 AI를 결합하지 못한다면 우리는 디지털 문맹인이 될 수도 있다. 따라서 AI 기술을 현명하게 사용하는 방법과 윤리적 및 비윤리적 관행의 구별 방법을 배워야 한다.

AI 기술을 통해 사람들은 디지털 세계에서 살고, 배우고, 일해야 하는 필수 능력을 갖추어야 하므로 AI 리터러시는 초·중등학교에서뿐만 아니라 인공지능 시대를 살아가는 사람들에게 평생 교육 차원에서 가르칠 필요가 있다.

요약

01 ICBM(IoT/Cloud/Big Data/Mobile)

- **사물인터넷**IoT: 각종 사물에 컴퓨터 칩과 통신 기능을 내장해 인터넷에 연결하는 기술
- **클라우드**Cloud **컴퓨팅**: 정보의 처리, 저장, 관리, 유통, 분석 등의 작업을 클라우드라 불리는 제3의 공간에서 수행하는 컴퓨팅 시스템
- **빅데이터**Big Data: 굉장히 많은 양의 데이터에서 빠르게 정보를 추출 및 분석해 가치 있는 정보를 발견하는 기술
- **모바일**Mobile: 스마트폰과 태블릿 PC처럼 이동 중 사용이 가능한 컴퓨터 환경

02 인공지능

- 인간이 지닌 사고나 학습 등 지적 능력의 일부 또는 전체를 인공적으로 구현하는 기술
- **머신러닝**: 인간이 자연적으로 수행하는 학습 능력과 같은 기능을 컴퓨터나 로봇에서 실현하려는 소프트웨어 기술이나 방법
- **딥러닝**: 머신러닝의 일종으로 컴퓨터가 사람의 뇌처럼 사물이나 데이터를 분류할 수 있게 훈련시키는 것

03 실감 미디어

- **가상 현실**: 컴퓨터를 이용해 실제와 비슷한 가상 환경을 만들어 현실처럼 느끼도록 만드는 기술
- **증강 현실**: 사용자가 눈으로 보는 현실 세계에 가상의 물체를 겹쳐 보여주는 기술

04 디지털 트윈

- 객체의 라이프 사이클 전반에 걸쳐 실시간으로 업데이트된 정보를 이용해 시뮬레이션, 머신러닝, 추론을 통해 의사 결정을 돕는 것

05 메타버스

- 현실 세계와 가상 세계가 공존하는 디지털 유니버스로, 현실을 디지털 기반의 가상 세계로 확장해 모든 활동을 할 수 있게 만드는 시스템

06 AI 리터러시

- AI로 대용량 데이터를 처리해낼 수 있는지를 판단하는 능력
- AI 기술을 현명하게 사용하는 방법과 윤리적 및 비윤리적 관행의 구별 방법을 배워야 함

01 사물인터넷의 개념을 설명하시오.

02 클라우드 컴퓨팅의 개념과 클라우드 컴퓨팅의 서비스 유형에 대해 설명하시오.

03 빅데이터의 개념과 역할에 대해 설명하시오.

04 5G 이동통신에 대해 설명하시오.

05 인공지능에 대해 설명하시오.

06 딥러닝(Deep Learning)에 대해 설명하시오.

07 로봇(Robot)에 대해 설명하시오.

08 로봇 공학(Robotics)에 대해 설명하시오.

09 자율 자동차에 대해 설명하시오.

10 지능형 교통 시스템에 대해 설명하시오.

11 위치 기반 서비스(LBS)에 대해 설명하시오.

12 웨어러블 컴퓨터의 개념을 설명하시오.

13 3D프린팅의 개념을 설명하시오.

14 제4차 산업혁명 시대의 순기능과 역기능에 대해 설명하시오.

15 디지털 트윈에 대해 간략히 설명하시오.

16 메타버스에 대해 간략히 설명하시오.

17 스마트 공장에 대해 간략히 설명하시오.

18 NFT에 대해 간략히 설명하시오.

19 드론에 대해 간략히 설명하시오.